国家出版基金项目
NATIONAL PUBLICATION FOUNDATION

“十四五”时期国家重点图书出版专项规划项目

STUDIES ON RICE-WHEAT DOUBLE CROPPING IN CHINA

中国稻麦两熟研究

张洪程　戴其根　郭保卫　吴文革　等　著

江苏凤凰科学技术出版社 · 南京

图书在版编目(CIP)数据

中国稻麦两熟研究 / 张洪程等著. — 南京 : 江苏凤凰科学技术出版社, 2023.6
ISBN 978-7-5713-1732-4

Ⅰ. ①中… Ⅱ. ①张… Ⅲ. ①水稻栽培②小麦-栽培技术 Ⅳ. ①S511②S512.1

中国版本图书馆 CIP 数据核字(2021)第 010757 号

审图号 苏 S(2019)022 号

中国稻麦两熟研究

著　　　者	张洪程　戴其根　郭保卫　吴文革 等
责任编辑	张小平　沈燕燕　严　琪
责任校对	仲　敏
责任监制	刘文洋
责任设计	徐　慧　焦莽莽
出版发行	江苏凤凰科学技术出版社
出版社地址	南京市湖南路 1 号 A 楼，邮编：210009
出版社网址	http://www.pspress.cn
照　　　排	南京新洲印刷有限公司
印　　　刷	南京新世纪联盟印务有限公司
开　　　本	889 mm×1 194 mm　1/16
印　　　张	26.5
字　　　数	702 000
插　　　页	4
版　　　次	2023 年 6 月第 1 版
印　　　次	2023 年 6 月第 1 次印刷
标准书号	ISBN 978-7-5713-1732-4
定　　　价	268.00 元(精)

主　著

张洪程

著写人员

第一章：张洪程、郭保卫、戴其根

第二章：第一节，张洪程、郭保卫、戴其根、邢志鹏、朱　明、庄　春、周有炎、陈春生

　　　　第二节，杨四军、顾克军、樊平声、张斯梅、张传辉、顾东祥

　　　　第三节，魏海燕、朱金燕、刘炳亮

　　　　第四节，张洪程、郭保卫、邢志鹏、戴其根

　　　　第五节，张洪程、郭保卫、庄　春、朱　明、戴其根

　　　　第六节，郭文善、李春燕、张明伟、周有炎、陈春生

第三章：第一、二、四节，陈新华、景　闻、沈有柏、张　璐、万春柳

　　　　第三节，张瑞宏、张翼夫

　　　　第五、六节，李永丰、葛玉林、杨　霞、张自常、谷　涛

　　　　第七节，徐德进、徐广春、徐　鹿、顾中言

　　　　第八节，杨红福、庄义庆、束兆林

　　　　第九节，霍中洋、赵　灿

　　　　第十节，王德建、张　刚

　　　　第十一节，朱新开、李春燕、张明伟

　　　　第十二、十三节，周有炎、王继汉、陈春生、王　洁、钱有宏、王正波、钱正长

第四章：第一节，王继汉、周有炎、陈春生、王　洁

　　　　第二节，高　辉、窦　志

　　　　第三节，杨洪建

第五章：吴文革、孔令聪、杜祥备、李　忠、周永进、习　敏

第六章：曹凑贵、江　洋、涂德宝

第七章：周　伟、樊高琼、任万军

统稿整理

张洪程、郭保卫、戴其根

序

水稻和小麦是世界范围的两大主粮作物，我国是世界人口大国，促进水稻和小麦的高产稳产，对我国的粮食安全具有极其重要的意义。

稻麦两熟就是在同一块田地里，一年内收种稻麦两种作物的一种种植制度。这是我国劳动人民在长期生产实践中总结出来的一种水旱轮作耕种模式，具有典型的中国特色。稻麦两熟制，初现于东晋、南朝时期，经唐、宋时期的发展，到明、清时期已遍及整个长江流域，现今又向华北平原发展。它不仅能充分利用光、热、水资源，提高土地利用率，而且稻、麦水旱交替可以改善土壤结构，提高土壤肥力，清除土壤有毒物质，防止稻田次生潜育化和减少病、虫、杂草等。

目前，我国采用稻麦两熟栽培的常年种植面积约 8 000 万亩，其中江苏占三分之一多，是稻麦两熟种植面积最大的省份，稻麦两熟区水稻和小麦总产、单产总体呈稳步上升趋势，对稳定发展粮食生产起到了重要的“压舱石”作用。

由于受气候环境变化、经济形势发展、农村劳动力人口转移等因素影响，我国的粮食生产发展也面临新的挑战。稻麦两季的茬口衔接互相影响，水稻迟熟严重影响并推迟小麦的播种与收获，而小麦迟播迟熟又推迟水稻的播栽期与成熟期，这样会形成恶性循环。稻麦两熟制就如同其在不同历史时期的演变一样，新时期也形成了创新发展的内在迫切要求。

张洪程院士作为国家重点学科作物栽培学与耕作学学科带头人，率先从农业系统论和可持续发展视角，对稻麦两熟的创新发展提出了“更加科学高效利用自然资源和人为投入资源，达到稻麦周年平衡高产优质高效生态安全”的综合目标。他带领科研团队，立足江苏、面向全国，分项和综合潜心研究十多年，取得了诸多突破性重要创新成果，其中“多熟制地区水稻机插栽培关键技术创新及应用”荣获 2018 年度国家科学技术进步奖二等奖。

综合十多年的研究成果，张洪程院士领衔著成《中国稻麦两熟研究》一书，纵观该书，有以下几方面特点值得推荐：

（1）内容集成创新。该书把稻麦两熟作为一个整体，放在周年栽培温光水肥的大农时系统里统筹技术应用。俗话说“人误地一时，地误人一季”，全书以稻麦两熟周年平衡高产高效为目标、新品种耕作栽培新模式等科技创新为动力、生产条件改善为基础、经营体制改革为机制，创新稻麦两熟制度新结构及配套关键技术和经营服务体系，集成了品种选育与适配品种筛选、全程机械化农艺、绿色化生产、信息化监控服务和现代稻麦产业规模化经营等诸多新成果新理念。

（2）技术先进实用。该书选择水稻栽培核心技术作为突破口，创新现代稻麦两熟制度。全书融入了 2 项国家科技进步奖二等奖及多项省部级奖项的创新成果，相关技术达到了国际领先水平。同时，该书介绍的技术又具有很强的实用性，充分体现了作物耕作栽培作为农业基础应用型学科的“初心”和使命。

（3）呈现形式创新。该书的编创呈现形式，一改传统专著系统性介绍和逐步展开论述的著作方式，开门见山，紧贴科研和生产实际，每一节专题都从“ 科学问题与技术需求”入手，接着就介绍“开展的试验和研究及结果”，提出“创新的技术方案”，讲述“示范应用的效果与效益”，同时对“应用前景与发展建议”做进一步剖析。如此著作方式，是对科学本质的一种回归，即发现问题、分析问题、解决问题、再发现问题；是让专著更接近专业读者、更“接地气”的呈现形式；也是更具实用性和“将论文写在大地上”的表现。

（4）填补专著空白。世面上关于水稻或小麦的专著并不鲜见，但是将稻麦两熟作为一个整体系统研究论述，国内外尚未见相关同类专著。张洪程院士领衔团队，以大量创新成果为支撑，著成《中国稻麦两熟研究》，不仅对我国的粮食安全具有重要的现实意义，而且也是一部填补空白之作。

特此作序。

2022 年 12 月 23 日

前言

稻麦两熟，也叫稻麦复种或稻麦轮作，是在同一块田里一年内种植稻麦两种作物的一种种植制度。稻麦两熟复种在我国有悠久的历史，但它产生于何时，则并无确切的记载。有学者认为我国历史上的稻麦两熟复种产生于东汉时期，最早出现于河南南阳一带。长江下游稻麦两熟复种可能产生于东晋、南朝时期（李根蟠，1989）。此后东晋、南朝时期随着中原人民的南渡，有面食习俗的人口逐渐增加，小麦得到了进一步的推广。但这时仅是小麦在江南推广种植的肇始时期，不仅种植范围有限，而且多数分布在水源不足的丘陵冈阜（韩茂莉，2000）。唐、宋时期稻麦两熟有较快发展，在宋代已成为分布广泛且比较稳定的耕种制度，江南平原在这一发展时期处于领先地位（李根蟠，2002）。到明、清时期已是长江流域很普遍的一种种植制度。

新中国成立后，增加粮食产量一直是我国农业生产的重点，改革种植制度、提高复种指数是粮食生产的重要途径。随着气候变暖，稻麦两熟由原先的长江流域推进到华北平原的北缘（40°N）（章秀福 等，2003），温光是稻麦两熟地区取得高产的最基本资源条件，这些地区稻麦轮作的作物既能安全成熟，又充分利用光热资源，利于周年高产。

我国稻麦两熟主要分布在长江流域和黄河以南的稻区，包括江苏、安徽、湖北、四川、重庆、河南、山东、浙江、上海等省（市），常年种植面积 8 000 万亩*左右。江苏是我国最大的稻麦两熟区，历来稻麦生产的科技和产量水平较高。安徽、四川等种植面积也较大，也是稻麦两熟的重要产区。稻麦两熟是一种水旱轮作、集约化程度高的种植制度，不仅能充分利用温光资源，提高土地复种率，而且水旱交替可以改善土壤结构，提高耕地地力，清除土壤中对作物生长有害的物质，防治田间病虫草害，减少病虫草等发生。在气温条件稍差、降水量稍逊、一年种植两季水稻条件相对不足的地方，采用稻麦两熟轮作方式，能够充分利用温光资源，提高两季作物产量。20 世纪 70 年

* “亩”是我国最常用的耕地面积计量单位，本书保留使用。15 亩 = 1 hm^2。

代，随着杂交稻的推广，长江以南的部分丘陵地区将双季稻改为稻麦两熟，也显著增产。

稻麦两熟制度作为我国粮食生产的最主要复种模式，其生产能力的稳定提高和可持续发展，对国家粮食安全有着至关重要的作用。首先，稻麦是我国最主要的粮食作物，其总产量占到粮食总产的70%以上，且该制度是长江流域和黄淮平原两大粮仓的主体模式，其稳定发展关系到粮食生产全局；其次，稻麦两熟是我国多熟制生产中的成功典范，它不仅充分利用了我国广大区域的自然资源，而且技术成熟，目前稻麦两熟大面积周年亩产900~1 000 kg，高产水平周年亩产超1 200 kg，生产发展潜力巨大，可为粮食安全提供重要保障，随着优质稻麦品种的推广，稻麦两熟生产也可满足消费者的更高需求；第三，稻麦两熟种植制度作为一种水旱轮作复种模式，可改善土壤结构与清除土壤有毒物质，有利于改善稻田生态系统，增强其稳定性，保持稻田土壤可持续生产能力（章秀福 等，2003）。

新中国成立以来，我国稻麦两熟稳步发展，江苏稻麦两熟面积2 800万亩左右，为我国稻麦两熟面积最大的省份。随着生产机械化、稻麦育种与栽培技术的发展，稻麦两熟种植方式、品种搭配、栽培模式多样化，进一步促进了稻麦两熟的快速发展。然而，这种多样化在缺乏科学规划与新技术指导的情况下又带来了新问题。

（1）稻麦种植“双迟”。在稻麦两熟地区，导致稻麦种植均推迟的情况很多，如在一些温光资源相对少的地方，水稻机械直播、小苗机插延迟了稻季生育期，进而推迟了麦季播种。为追求产量，长生育期水稻品种的应用推迟了成熟期，这也使得麦季迟播。生产上肥料施用过多，也一定程度导致稻麦贪青，推迟熟期。另外有些天气状况也会导致稻麦迟播迟收，如部分年份收获时遭遇阴雨被迫推迟了收获期，下茬作物相应也得推迟播种。一些种植大户，由于种植面积过大，或受晒场和烘干条件的限制，有时不得不推迟稻麦收获和播种，等等。以上这些问题使得稻麦接茬矛盾加深，两季生产不协调，影响产量和品质的协调提高。

（2）优质稻麦品种搭配不好。随着消费水平的提高，必须种植优质稻麦才能更好地满足市场需求。另外生产成本的上升，也只有种植优质稻麦，才能提高生产效益，稻麦茬口与品种如何选择、如何搭配，仍是稻麦两熟正在研究的重要课题。

（3）稻麦高效作业机型选配亟待加强。随着机械化的发展，稻麦两熟作业机器较多，特别在秸秆还田条件下，高质量秸秆还田和整地对提高稻麦栽播质量尤为重要，也是决定稻麦两熟优质高产的技术关键，这就需要对稻麦两熟涉及的机械装备进行优化选配，这也是稻麦两熟生产优化发展要解决的问题。

（4）病虫草害绿色高效防治与现代稻麦生产不太配套。绿色高效植保技术是稻麦生产中优质高产的保障，在机械化条件下，种植户不会像以前那样精耕细作，病虫草害防治需要物理防治、生物防治及化学防治三者相结合，对于有机、绿色和无公害不同等级稻麦产品，其病虫草害防治技术又不同。因此，如何按现代稻麦生产的要求，针对有机、绿色和无公害不同等级在技术上把握好绿色高效也是稻麦生产上植保的重要课题。

（5）缺少农民乐意推广的稻麦两熟优质高产高效机械化生产技术模式。目前生产上，稻麦两熟模式多且杂，如水稻种植方式有机插和直播，机插中有毯苗机插和钵苗机插，直播中有撒直播和机械直播，直播按水分管理又分为旱直播和水直播，小麦有机条播、机撒播，部分地区人工撒播等，甚至部分地区还有稻套麦。稻麦不同生育期品种的搭配模式不一样，即使同一类型稻麦品种在不同种植方式下其搭配又不一样。各地需要发展主体的稻麦两熟综合技术模式，同时因地制宜发展辅助的稻麦两熟技术模式，这就要求在栽培方式、品种、机械、肥水、植保等各个环节研究明确及试验示范的基础上进行优化集成，可见稻麦两熟生产模式综合性、系统性强，需要解决的科学问题和技术也多。

（6）稻麦两熟全程生产信息化、智能化是未来的发展方向。这方面也需要探索和研究。

（7）稻麦两熟现代生产经营运作模式需要探索和推广。在现代新形势下，稻麦两熟技术的研究与推广中，新型经营主体、稻麦相关龙头企业、技术推广部门、教学科研单位等，如何高效协同协作，创建稻麦品牌，延长稻麦产业链，提高稻麦生产效益，促进稻麦两熟及产业健康高效发展，也是目前要解决的问题。

保障我国粮食安全，稳定和发展稻麦两熟尤为重要。一是稳定稻麦两熟产区的面积。二是提高稻麦两熟种植科技水平。特别针对稻麦两熟涉及环节的主要限制问题加大研发与示范，这方面正是本书的主要内容。三是产量和品质的协同提高。提高稻麦两熟效益和从业者收入，这对发展稻麦两熟也很重要。在江苏省农业科技自主创新资金、江苏省重点研发计划及农业三新工程等项目支持下，著者组织有关优势力量对江苏稻麦两熟开展了多年深入系统的研究和攻关，研究结果作为本书中江苏稻麦两熟的主要内容。另外，稻麦两熟主要省份安徽、四川和湖北三地多年的研究与示范应用成果也纳入本书的重要内容。

在相关项目研究及本书编写过程中，得到了扬州大学、江苏省农业农村厅、江苏省财政厅、江苏省农业科学院等单位的关心与支持。我国著名农学家、小麦育种家、中国工程院院士程顺和研究员在百忙之中为本书作序。在此，我谨代表全体作者致以诚挚的谢忱！

由于本书涉及稻麦生产的环节多，问题也较复杂，又是首次尝试，许多资料尚不够充分、完备，一些观点也是基于当时当地研究和试验示范得出的，错误、缺点难免，欢迎读者和农业研究的同仁们不吝赐教。

张洪程

2022 年 12 月 23 日于扬州

参考文献

韩茂莉,2000. 中国古代农作物种植制度略论[J]. 中国农史,19(3):91-99.

李根蟠,1989. 中国古代耕作制度的若干问题[J]. 古今农业,(1):1-7.

李根蟠,2002. 长江下游稻麦复种制的形成和发展——以唐宋时代为中心的讨论[J]. 历史研究,(5):3-28.

章秀福,王丹英,2003. 我国稻—麦两熟种植制度的创新与发展[J]. 中国稻米,(2):3-4.

目录

第一部分　江苏稻麦两熟

第一部分

江苏稻麦两熟

第一章
江苏稻麦两熟发展现状

第一节 江苏稻麦两熟特点

新中国成立后，江苏苏南及苏中南部在20世纪60年代及以前，主要实行稻麦两熟复种，此后由于季节允许，还一度大力发展了麦—稻—稻三熟制。20世纪80年代还有麦—玉—稻、麦—瓜—稻等三熟模式(章熙谷 等，1989)。20世纪80年代后，稻麦两熟为江苏省主体种植制度，即实施稻麦轮作的一年两熟制。江苏是我国稻麦两熟面积最大的省份，常年种植面积2 800万亩左右，超过水稻或小麦种植面积的3/4。江苏稻麦两熟具有自身特点。

一、江苏发展稻麦两熟的生产条件较为适宜

江苏地处江淮下游，东临黄海，地势平坦，耕地与水利条件较好。以淮河(苏北灌溉总渠)、长江为界将全省分为苏北(灌溉总渠以北)、苏中(江淮之间)及苏南三大稻麦两熟种植区(图1-1-1)。

江苏南北跨5个纬度，东西受海陆影响，气候复杂多样，属温带向亚热带过渡性气候。气温，可满足稻麦两熟生产需要，但苏北、苏中积温偏紧，须抢收抢种。日照时数，在水稻生育期区域间相差小，小麦生育期区域间呈北多南少趋势，表明苏北周年产量潜力更高。降水，在水稻生育期区域间接近，小麦生育期区域间北少南多，需注意北灌南排(表1-1-1)。

表1-1-1 江苏不同生态区稻麦周年生产气象资源条件

项目	时期	水稻			小麦		
		苏北	苏中	苏南	苏北	苏中	苏南
平均气温/℃	全生育期	23.7	23.8	24.8	10.2	11.0	10.9
	大田期	24.1	24.5	25.4			
平均日照/h	全生育期	911.1	1 018.1	975.7	1 389.6	1 242.6	1 023.5
	大田期	697.5	822.4	855.2			
平均降水/mm	全生育期	703.6	742.3	710.9	270.3	386.9	474.8
	大田期	647.2	670.3	652.0			

注：数据来自江苏省农业技术推广总站。

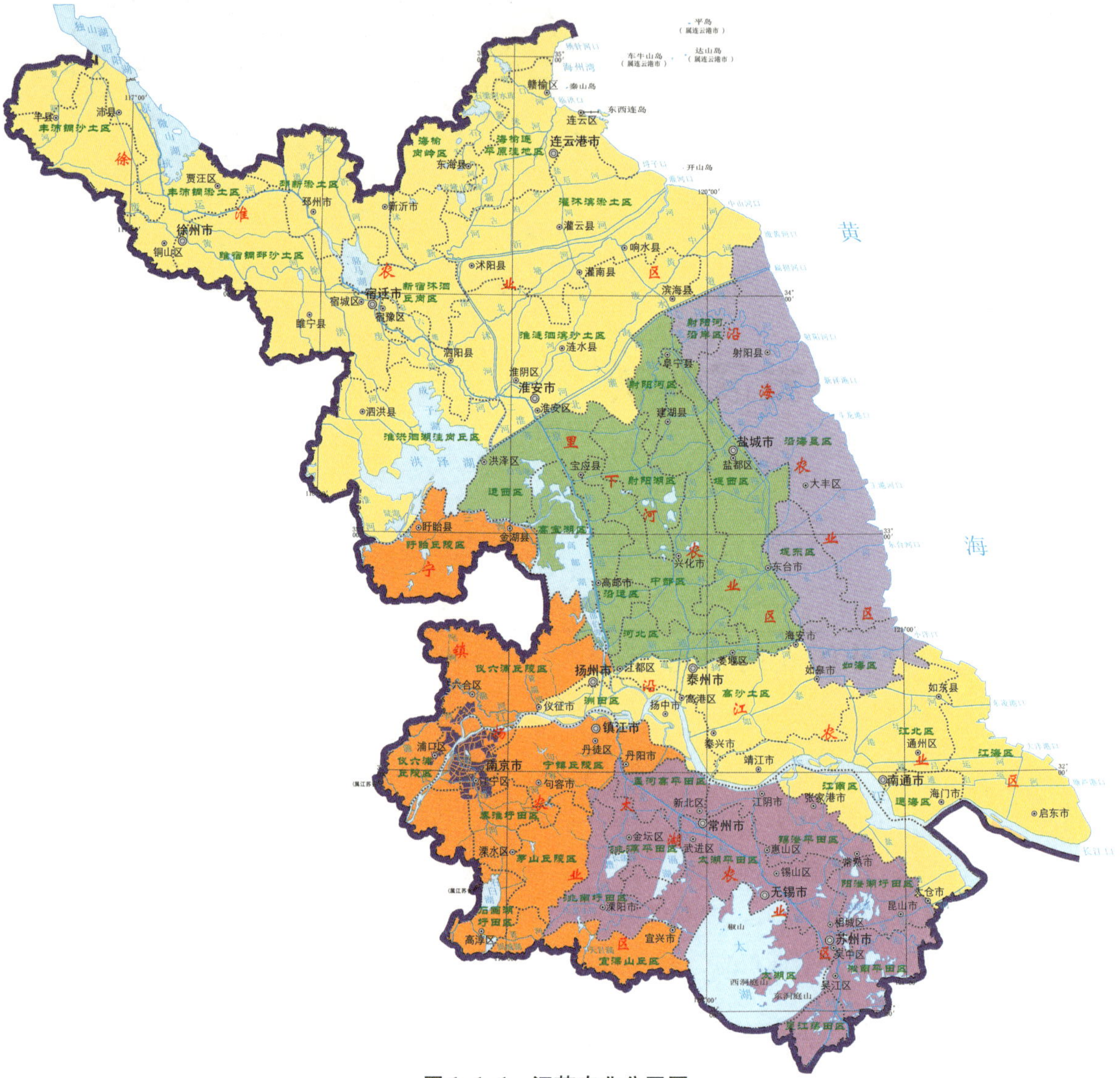

图 1-1-1　江苏农业分区图

二、江苏稻麦两熟稳定发展，在粮食生产中地位极为重要

1980 年以来，江苏通过种植制度改革，如双季稻改单季稻，单季稻改稻麦两熟等，实施稻麦两熟为主体的种植制度后，水稻、小麦种植面积总体较稳定(2017 年，水稻种植面积 3 356. 4 万亩，小麦种植面积 3 619. 0 万亩)。水稻、小麦总产和单产总体呈稳步上升趋势(图 1-1-2)，对江苏稳定

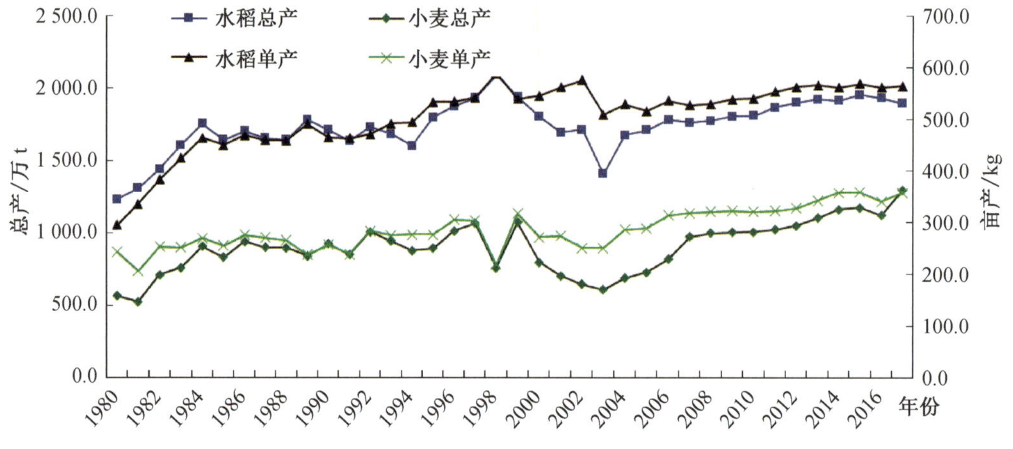

图 1-1-2　1980 年以来江苏省稻、麦单产与总产变化

（数据来源:农业农村部种植业管理司）

发展粮食生产起到极其重要的作用。例如，截至 2017 年，全省水稻、小麦亩产分别为 563. 9 kg、358. 0 kg，总产分别为 1 892. 6 万 t、1 295. 5 万 t。稻麦年亩产为 921. 8 kg，两季产粮 3 188. 1 万 t。确保了江苏 8 000 多万人的口粮自给。

三、江苏稻麦两熟生产作业环节多、技术要求高

一年两熟制稻麦轮作生产工序较多，稻麦轮作生产所涉及的田间作业项目有耕整地、育秧（种子处理与育秧）、种植（小麦播种或水稻插秧、水稻直播）、开沟、灌溉、施肥、除草、植保、收获、秸秆处理，以及水稻和小麦的产后烘干、产后加工、仓储物流等（曹卫华 等，2015）（图 1-1-3）。

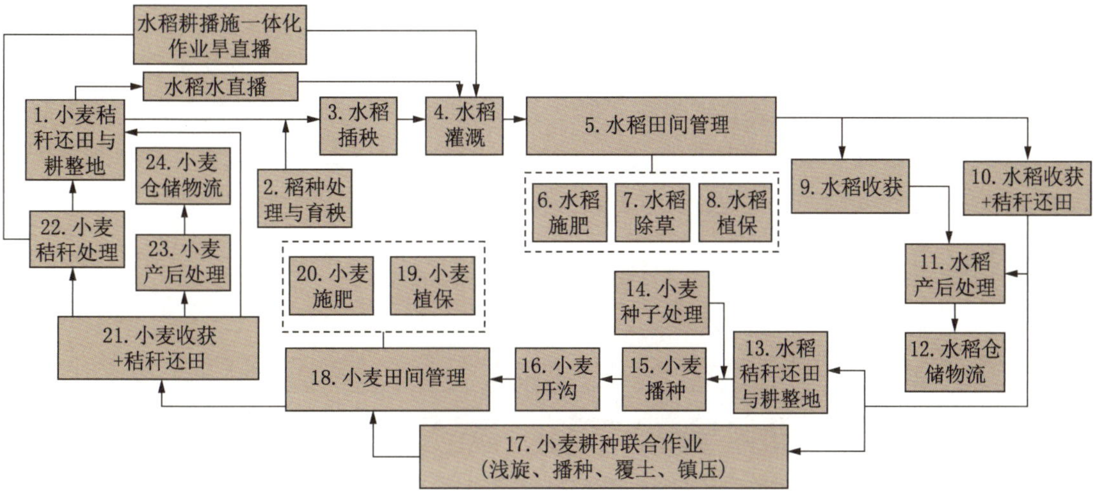

图 1-1-3　一年两熟制稻麦轮作生产流程与农艺

第二节　江苏稻麦两熟的技术成就

一、改革创新稻麦两熟制度

（一）大面积扩种粳稻，建立粳稻—小麦为主体的稻麦两熟制度

随着水稻新品种的选用、生产条件的改善等，江苏水稻生产经历了多次的籼粳稻更替和布局调整（江苏省农学会，1990；江苏省农林厅，1992），稻麦两熟也经历多次籼稻—小麦和粳稻—小麦搭配变化。在 20 世纪，60 年代籼改粳、70 年代粳改籼，从 80 年代初起，扩大了中籼杂交稻，使籼稻占比达到 85%以上，此时两熟模式主要为杂交籼稻—小麦两熟。20 世纪 90 年代以来，为了适应对米质改善及生产效益提高的要求，实施了“压籼扩粳”，粳稻面积占比达 90%以上（金建松 等，1998），稻麦两熟模式以常规粳稻—小麦两熟为主（图 1-2-1）。目前，江苏稻麦两熟中，粳稻—小麦两熟种植面积约 2 400 万亩，籼稻—小麦两熟种植面积 400 多万亩。

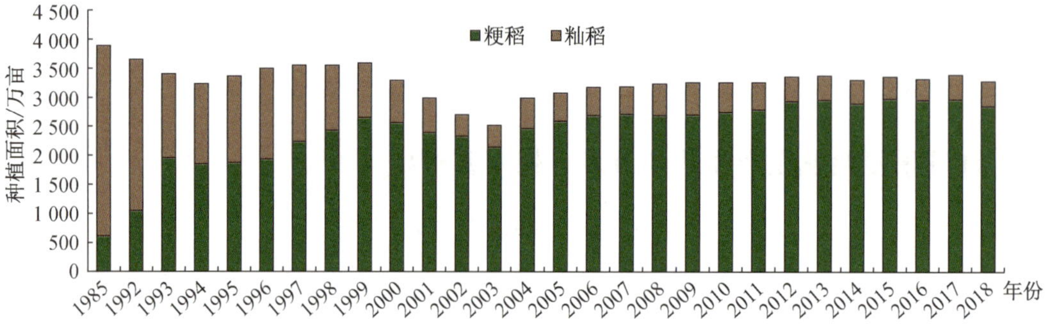

图 1-2-1　1985—2018 年江苏省粳稻、籼稻种植面积变化

（二）创新稻麦少免深轮耕+秸秆全量还田的稻麦两熟耕作制度

作者等通过对多种耕作法与土壤肥力、稻麦产量关系的研究，阐明稻麦轮耕机理，率先创立了不同农区稻麦两熟以少耕为主体的少免交替、定期深耕的轮耕新制度(图 1-2-2)，解决了长期少免耕造成的耕层浅化与地力衰退难题(黄细喜 等，1991)。进入 21 世纪以来，又改进了这些轮耕制度，因地制宜在其中增加了深旋、深翻耕或深松，并采取秸秆全量还田。

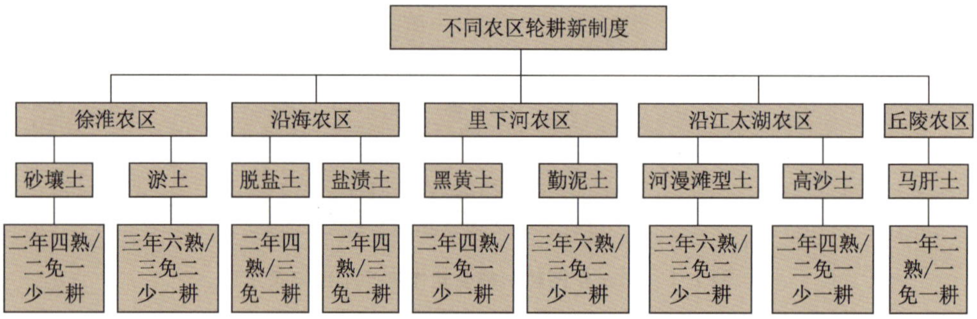

图 1-2-2　江苏不同农区轮耕少免耕模式

（三）轻简化、机械化生产的稻麦两熟制发展迅速

传统稻麦两熟人工作业程序繁多，水稻毯苗机插、水稻直播与小麦机条播等机械化技术的应用推动稻麦两熟发展到一个新高度。江苏省不同生态区不同稻麦品种组合、不同种植方式下，高产田均能达到周年亩产 1 200 kg，最高周年亩产达 1 300 kg 以上；小麦生育期变化不大，淮北地区约 230 d，苏中地区约 220 d，苏南地区约 210 d。水稻有机插秧、机直播等播栽方式，全生育期趋同于 150 d 左右，苏中、苏南地区由于秧龄期缩短，全生育期有缩短趋势，但淮北地区水稻生育期延迟(表 1-2-1)。

表 1-2-1　江苏省不同地区稻麦周年高产品种种植组合

生态区	水稻			小麦			周年	
	种植方式	品种	生育期天数/d	种植方式	品种	生育期天数/d	生育期天数/d	亩产/kg
淮北	盘育机插	连粳 6 号	155	机条播	济麦 22	234	389	1 305. 2
	抛秧/钵苗机插	连粳 7 号	154	机匀播	济麦 22	232	386	1 304. 6

（续表）

生态区	水稻			小麦			周年	
	种植方式	品种	生育期天数/d	种植方式	品种	生育期天数/d	生育期天数/d	亩产/kg
苏中	盘育机插	武运粳 27 号	144	半精量机匀播	扬辐麦 4 号	218	362	1 238.0
	抛秧/钵苗机插	淮稻 5 号	145	扩行机条播	宁麦 13	216	361	1 229.3
苏南	盘育机插	武运粳 24 号	155	机匀播	扬麦 16	210	365	1 231.6
	机直播	武运粳 19 号	142	机匀播	扬麦 16	213	355	1 216.4

注：数据来自江苏省农业技术推广总站。

（四）不同农区形成了各具特色的稻麦两熟种植制度与模式

江苏各地稻麦两熟经多年的研究与实践，形成了苏北、苏中、苏南三大区域性稻麦两熟周年技术模式。苏北地区主要是水稻毯状小苗（或钵苗）机插—小麦机条（撒）播、水稻盘育小苗抛秧—小麦机条（撒）播与水稻壮秧手栽中大苗（主要籼稻）—小麦机条（撒）播 3 种模式，随着机械化的发展，手栽大苗已越来越少，主要存在于丘陵与黄河故道籼稻区分散作业的农户。但近年来，苏北地区直播稻蔓延较快，需要引起关注和加以引导。苏中地区主要有水稻毯状小苗机插—小麦机条（撒）播、水稻盘育小苗抛秧—小麦机条（撒）播与水稻直播—小麦机条（撒）播 3 种模式。苏南地区主要是水稻毯状小苗机插—小麦机条（撒）播与水稻直播—小麦机条（撒）播 2 种模式。

二、改革创新稻麦两熟关键技术

（一）培育出众多粳稻丰产新品种及部分春性耐迟播小麦品种

江苏省已培育出了两熟制条件下水稻亩产 700 kg 以上、小麦亩产 500 kg 以上有潜力的一批稻麦品种。‘武运粳 23 号’‘南粳 49’‘镇稻 18’‘连粳 7 号’等超级稻品种涌现，促进了高产粳稻品种的面积扩展，近几年以‘南粳 46’‘南粳 5055’‘南粳 9108’等南粳系列为代表的一批优质食味稻推广较快。江苏里下河地区农业科学研究所培育的耐迟播春性小麦‘扬麦 16’‘扬麦 23’等，适应小麦适当推迟播种。这些品种合理搭配（表 1-2-2），利于稻麦两熟高产。

表 1-2-2　江苏省不同地区稻麦周年高产品种组合类型

生态区	水稻		小麦	
	目前主推品种	适宜品种类型	目前主推品种	适宜品种类型
淮北	连粳 7 号、连粳 17 号、连粳 18 号、中稻 1 号、徐稻 9 号、南粳 505、南粳 2728、南粳 5718、南粳 58、南粳 9108 等	中熟中粳：全生育期控制 150 d 内，培育大、中秧苗移栽	徐麦 30、济麦 22、烟农 19、连麦 5 号、淮麦 29 等	半冬性中晚熟为主，生育期约 230 d，搭配半冬性中熟（如‘连麦 5 号’‘矮抗 58’）或弱春性早熟品种
苏中	武运粳 27 号、武运粳 80、扬粳 805、淮稻 5 号、南粳 49、泗稻 17 号、丰粳 1606、宁粳 7 号、南粳 0212、南粳 3818、南粳 9108 等	迟熟中粳：全生育期控制 155 d 内，培育中、小秧苗移栽	扬辐麦 4 号、扬麦 16、宁麦 13、扬麦 13、扬麦 15、扬麦 23 等	春性中熟为主，生育期约 220 d，搭配春性中早熟品种（如‘扬麦 13’）

（续表）

生态区	水稻		小麦	
	目前主推品种	适宜品种类型	目前主推品种	适宜品种类型
苏南	武运粳 30 号、武育粳 39 号、镇稻 16 号、镇稻 18 号、常农粳 12 号、南粳 52、南粳 5055、南粳 46、南粳 3908、南粳晶谷、苏香粳 100 等	早熟晚粳为主，搭配迟熟中粳、中熟晚粳；全生育期控制 160 d 左右，可培育小苗机插	扬辐麦 4 号、镇麦 9 号、生选 6 号、扬麦 16 等	春性中熟为主，生育期约 210 d

（二）创建稻麦轻简化、机械化精确栽培模式

1. 精确选择最适播栽方式

江苏不同生态区最佳稻麦轻简化、机械化搭配模式不同。苏北地区，粳稻选择抛秧或钵苗机插（秧龄 30～35 d）与毯苗机插（秧龄 20～25 d），小麦首选少免耕机条播；苏中地区，粳稻选择钵苗机插（秧龄 30 d）或毯苗机插（秧龄 20 d），小麦首选旋耕机条播，其次旋耕机撒播或旋耕人工撒播；苏南地区，粳稻首选毯状小苗机插，其次机直播，小麦首选旋耕机条播或带状机播。

2. 精确确定稻麦最适群体起点（合理基本苗数）

经过多年研究与实践，应用水稻中大苗、小苗或直播基本苗计算公式（凌启鸿，2007）与小麦基本苗计算公式（凌启鸿 等，2000），提高了群体起点质量。

水稻中大苗基本苗计算见式（1-2-1）：

$$X = \frac{Y}{(1+t_1)[1+(N-n-SN-1-a)Cr_1]+t_2r_2} \tag{1-2-1}$$

式中，X 为合理的基本苗数；

Y 为每亩适宜穗数；

N 为水稻主茎总叶数；

n 为伸长节间数；

SN 为移栽时秧苗叶龄数；

a 为矫正系数；

t_1 为移栽时秧苗具 3 叶以上分蘖数；

t_2 为移栽时秧苗具 2 叶以下分蘖数；

r_1 为秧苗具 3 叶以上分蘖与移栽后发生分蘖的发生率；

r_2 为秧苗具 2 叶以下分蘖移栽后的成活率；

C 为应变参数，C=理论分蘖数/有效叶龄数。

水稻小苗或直播基本苗计算见式（1-2-2）：

$$X = \frac{Y}{1+(N-n-SN-bn-a)Cr} \tag{1-2-2}$$

式中，bn 为移栽到始蘖的叶龄数；

其他字母与中大苗基本苗计算公式含义一样。

小麦基本苗计算见式(1-2-3)：

$$X = \frac{Y}{R_{N-n-tN+3} \times r} \tag{1-2-3}$$

式中，X 为合理的基本苗数；

Y 为每亩适宜穗数；

tN 为主茎拔节时有效分蘖具有的可靠叶片数；

$N-n-tN+3$ 为有效分蘖可靠叶龄期；

r 为茎蘖实际发生率；

$R_{N-n-tN+3}$ 为有效分蘖可靠叶龄期的单株理论茎蘖数。

根据基本苗计算公式和生产实践情况，淮北地区水稻钵苗机插的亩适宜基本苗为6.0万~8.0万、毯苗机插亩适宜基本苗为7.0万~8.0万，小麦适期机械匀播的亩适宜基本苗为16.0万。苏中地区水稻钵苗机插亩适宜基本苗为6.0万~7.0万、毯苗机插亩适宜基本苗为6.0万~8.0万，小麦适期机条播的亩适宜基本苗为16.0万左右。苏南地区常规粳稻毯苗机插亩适宜基本苗为5.0万~7.0万、机直播亩适宜基本苗为8.0万~10.0万，机条播小麦亩适宜基本苗为12.0万~15.0万；杂交稻毯苗机插亩适宜基本苗为2.0万~2.5万、机直播亩适宜基本苗为3.0万~4.0万。

3. 稻麦精确施肥

创造了差值法精确确定水稻总施氮量的方法，即应用目标产量施氮量=(目标产量需氮量-土壤供氮量)/氮肥当季利用率的方程，研究提出了目标产量需氮量、土壤供氮量与氮肥当季利用率的实用取值法，进而根据目标产量精确定量总施氮量。提出了水稻基蘖肥与穗肥精确比例，单季稻大苗栽培为4∶6，中苗为5∶5，小苗为6∶4。改革了生产上普遍重前期施氮肥的传统方法。提出了水稻高效施用叶龄期，穗肥一次性追施在倒4叶期，两次追施分别在倒4叶、倒2叶期。

明确小麦氮肥施用量及基肥与追肥比例。中、强筋高产栽培每亩施纯氮为15~18 kg，基肥、促(壮)蘖肥、拔节肥、孕穗肥比例以5∶1∶2∶2为宜；弱筋小麦亩施氮量为12~16 kg，基肥、蘖肥、拔节肥比例为7∶1∶2。小麦拔节孕穗肥施用时期为倒3叶期，即叶色褪淡、高峰苗下降、基部第一节间基本定长、第二节间开始伸长时施用。

4. 稻麦精确水分管理

在水稻灌溉上，依生育进程系统阐明了水稻定时、定量灌溉指标，创立了至有效分蘖临界叶龄期前一个叶龄期、群体茎蘖数达到80%够苗时早搁田的“浅—搁—湿”定时定量灌溉模式，改革了以保持水层为主、拔节期迟搁田的传统灌溉方法。

小麦水分管理上，苏北地区越冬前视土壤墒情灌好越冬水，拔节孕穗期，视天气、土壤墒情灌好拔节水或孕穗水；苏中、苏南地区，三沟配套、清沟理墒，遇连阴雨及时排水降渍。黏土地区，播种期遇干旱，主动洇水出苗。

(三)机械化秸秆还田农艺研究与应用有新发展

1. 麦草全量还田后水稻栽培农艺改进

麦草全量还田后，稻季精细埋茬耕整(或先泡再整)、沉实1~3 d待栽，栽后活棵期间适度露田，以增加土壤氧气，促进有毒物质分解，促进新根发生，提高白根比例。稻季增施分蘖肥，适当减少穗肥。

2. 稻草全量还田后小麦栽培农艺的改进

发展和完善了麦季栽培农艺。上茬水稻及时断水，成熟即收，使稻田处于适耕状态；碎草匀铺，碎草长度≤5 cm；深旋还田，稻草埋深 12~20 cm；适墒镇压，播后或冬前适墒适度镇压，促进草土沉实、种(根)土密接，增温保墒，防冻抗灾。

三、创造性地集成应用其他适用新技术

(一) 配套推广适用的农机装备设施

水稻育秧上，规模化集中育供秧基地发展迅速，或工厂化设施育秧，插秧采用水稻毯苗高速插秧机；整地上，秸秆还田采用反旋灭茬机，小麦播种采用多功能复式播种机等，促进稻麦两熟机械化的发展。

(二) 示范推广稻麦配方施肥

根据“3414”(N、P、K 3 个因素，4 个水平，14 个处理)和“3417”(N、P、K 3 个因素，4 个水平，17 个处理)测土配方施肥试验结果，即依据土壤肥力精确确定 N、P、K 用量，提高肥料利用率，减少肥料用量，促进稻麦肥料精确施用与利用。

(三) 研究解决病虫草害防治出现的新问题

除稻麦病虫草常规防治外，重点研究新出现或危害加重的病虫草害绿色高效防治措施，如水稻条纹叶枯病与黑条矮缩病、水稻趋重的稻曲病、水稻杂草稻，小麦趋重的纹枯病与白粉病、赤霉病等。

(四) 研究应用绿色标准化生产技术

优质稻麦基地清洁生产标准化技术集成与产业化示范发展较快，各稻麦主产县(市、区)建立了一批优质粳稻和小麦绿色标准化生产基地。扬州大学等与江苏省农垦总公司、兴化贤人米业、苏三零面粉公司等企业及相关生产基地合作，完善了“龙头企业+*X*+基地农户”的一体化运作模式，显著提高了稻米、面粉安全质量水平，进一步延长了稻麦产业链。

四、创造一批稻麦两熟高产典型

(一) 建设一批稻麦两熟亩产超吨粮高产县(市、区)

稻麦两熟高产县(市、区)实现整体亩产超吨粮(表 1-2-3)，带动了稻麦两熟发展，对粮食稳产和增产具有重要意义。

表 1-2-3 江苏稻麦两熟亩产超吨粮县(市、区)

县(市、区)	稻麦亩产/kg	水稻亩产/kg	小麦亩产/kg	县(市、区)	稻麦亩产/kg	水稻亩产/kg	小麦亩产/kg
海安	1 104.8	660.9	443.9	灌云	1 019.2	621.0	398.2
宝应	1 055.5	636.3	419.2	东台	1 017.3	612.3	405.0
兴化	1 039.5	626.3	413.2	洪泽	1 015.5	608.3	407.2
高邮	1 037.1	622.4	414.7	滨海	1 015.2	618.3	396.8

（续表）

县（市、区）	稻麦亩产/kg	水稻亩产/kg	小麦亩产/kg	县（市、区）	稻麦亩产/kg	水稻亩产/kg	小麦亩产/kg
扬中	1 036.6	651.3	385.4	亭湖	1 013.9	625.7	388.2
泰兴	1 030.5	620.3	410.2	通州	1 010.5	630.3	380.2
姜堰	1 030.0	620.7	409.2	淮阴	1 010.4	615.8	394.6
如东	1 026.5	632.3	394.2	大丰	1 010.3	613.3	397.0
阜宁	1 024.0	633.0	391.0	建湖	1 009.1	617.9	391.1
高港	1 021.6	620.8	400.7	赣榆	1 008.6	627.1	381.5
盐都	1 021.4	626.2	395.2	金坛	1 004.7	644.3	360.3
灌南	1 020.3	621.3	399.0	江都	1 004.5	604.3	400.2
靖江	1 019.3	614.8	404.5	溧阳	1 002.7	640.1	362.7
射阳	1 019.3	624.0	395.3				

注：表中数据来自江苏省农业技术推广总站(2014)。

（二）创建一批稻麦万亩丰产方

水稻高产创建中，万亩方亩产 664.3～802.2 kg(表 1-2-4)；小麦万亩丰产方亩产 480.8～673.8 kg(表 1-2-5)。

表 1-2-4　江苏水稻部分高产创建万亩方产量

序号	县（市、区）	地点	亩产/kg	序号	县（市、区）	地点	亩产/kg
1	太仓	城厢镇	802.2	17	建湖	建阳镇瓦瓷村	712.8
2	昆山	锦溪镇长云村	797.2	18	宝应	山阳镇	710.9
3	吴江	同里镇北联村	790.9	19	泗洪	城头乡城头居	709.6
4	高邮	临泽镇营南村	787.2	20	高淳	阳江镇西莲村	707.1
5	灌南	堆沟港镇	780.1	21	溧阳	南渡镇	705.6
6	昆山	淀山湖镇晟泰村	778.1	22	姜堰	俞垛镇	704.7
7	海安	李堡镇	775.7	23	大丰	白驹镇	701.2
8	兴化	钓鱼镇姚家村	768.7	24	洪泽	岔河镇	701.2
9	盱眙	官滩镇新桥村	765.4	25	江都	小纪镇西贾村	700.8
10	海安	南莫镇沙岗村	726.0	26	金湖	陈桥镇振兴村	700.7
11	睢宁	庆安镇杨圩村	724.8	27	通州	石港镇	691.5
12	江阴	徐霞客镇北渚村	723.6	28	灌云	同兴镇	684.6
13	江宁	湖熟街道尚桥社区	718.4	29	射阳	四明镇新南村	677.0
14	金坛	指前镇	717.1	30	沛县	沛县湖西农场	676.6
15	靖江	马桥镇	715.4	31	泗阳	裴圩镇	676.1
16	东海	张湾乡马墩村	713.7	32	沭阳	悦来镇	664.3

注：表中数据来自江苏省农业技术推广总站(2014)。

表 1-2-5　江苏小麦部分万亩丰产方产量

序号	县（市、区）	地点	亩产/kg	序号	县（市、区）	地点	亩产/kg
1	灌南	稻麦科技示范中心	673.8	14	姜堰	沈高镇河横村	553.0
2	新洋农场	新北分场 5 大队	666.8	15	宝应	鲁垛镇三新村	544.8
3	铜山	柳新农场	657.3	16	常熟	梅李镇寨角村	539.3
4	新沂	草桥镇纪集村	648.2	17	扬中	油坊镇长旺村	533.6
5	东海	桃林镇桃北村	644.8	18	建湖	粮棉原种场	531.7
6	高邮	三垛镇春生村	633.7	19	沭阳	茆圩乡杨兴村	530.2
7	泗阳	城厢镇陶圩村	614.0	20	金湖	陈桥镇振兴村	510.4
8	丰县	范楼镇徐平楼村	603.6	21	金坛	指前镇建春村	508.3
9	沛县	湖西农场二分场	600.8	22	射阳	四明镇新南村	496.5
10	响水	大有镇民强村	592.7	23	江阴	徐霞客镇北渚村	492.9
11	兴化	钓鱼镇姚家村	579.7	24	如东	马塘镇蔡渡村	484.3
12	海安	城东镇爱凌村	560.2	25	浦口	汤泉街道	480.8
13	盱眙	河桥镇龙泉村	556.3				

注：表中数据来自江苏省农业技术推广总站(2014)。

（三）典型百亩攻关方创造稻麦超高产

水稻超高产多次刷新稻麦两熟制产量纪录，如兴化市钓鱼镇在同一百亩攻关方上连续多年水稻亩产超过 900 kg，其中，2012 年亩产 947.6 kg、最高亩产 965.3 kg，2013 年亩产 962.1 kg、最高亩产 992.6 kg，2014 年亩产 902.2 kg、最高亩产 937.2 kg。

小麦多次创造超高产实绩，如 2011 年‘扬辐麦 4 号’亩产 689 kg(江苏方强农场)，2014 年‘淮麦 13’亩产 695.8 kg(江苏新洋农场)、‘宁麦 13’亩产 693.2 kg(高邮市三垛镇)。

第三节　江苏稻麦两熟存在问题及成因

江苏稻麦生产取得了较快发展和较多成就，随着轻简化、机械化技术的应用，原先适合手栽或抛秧的水稻品种在毯苗机插和直播条件下生育期偏长，迟熟迟收，影响下茬麦季播种，稻麦周年茬口矛盾依旧存在。

一、稻麦两熟对全年温光资源未能统筹协调高效利用

水稻大面积实施机插、直播等短生育期类型的栽培方式，突出问题是使得水稻播栽期推迟，进而成熟期也推迟，不利于水稻高产(表 1-3-1)。尤其是苏北、苏中地区问题更突出。

由于水稻的迟熟，苏北地区 10 月上中旬、苏中地区 11 月上旬小麦不能适期播种，使得 60% 以上面积小麦播种期推迟，不利于小麦增产高产(表 1-3-2)。

表 1-3-1　水稻不同种植方式播种期、成熟期和产量情况

生态区	种植方式	播种期（月/日）	成熟期（月/日）	成熟期较手栽推迟天数/d	亩产量/kg
苏北	手栽	5/1—5/15	10/10—10/15		650~700
	正常机插	5/20—6/5	10/20—10/25	5~10	600~650
	迟播迟插	6/5—6/15	10/25—11/10	15~30	500~550
	直播	6/15—6/20	10/25—11/10	15~30	450~550
苏中	手栽	5/10—5/15	10/15—10/20		700~750
	正常机插	5/25—5/30	10/25—10/30	5~10	650~700
	迟播迟插	6/1—6/10	11/5—11/10	15~25	550~650
	直播	6/10—6/15	10/25—11/10	5~25	500~600

表 1-3-2　小麦播种期对产量的影响

苏北					苏中				
播种期（月/日）	亩穗数/万穗	每穗粒数/粒	千粒重/g	亩产量/kg	播种期（月/日）	亩穗数/万穗	每穗粒数/粒	千粒重/g	亩产量/kg
10/2	39.3	31.7	46.1	553.8	10/24	31.0	41.7	43.8	553.5
10/8	41.2	31.8	46.3	580.9	10/30	31.2	44.3	45.3	596.4
10/14	38.3	30.2	46.7	520.1	11/5	33.1	42.9	45.9	585.6
10/20	36.3	30.2	45.1	474.4	11/11	31.4	38.4	44.8	519.1
10/26	35.1	29.0	40.4	395.2	11/17	31.1	37.2	43.8	500.7

二、稻麦两熟农机农艺协调配套性差

（一）品种生育期长，缺少“短生快发”品种

以往推出的水稻品种主要是适应传统中大苗移栽方式，生育期偏长，许多品种不能适应水稻机插或机械直播，往往造成水稻成熟期推迟，不利于下茬小麦生产。特别是杂交稻品种在毯苗机插条件下难以发挥其高产潜力，亟待农机农艺配合进行创新。在麦季，缺少耐迟播、优质高产、抗赤霉病的小麦品种。

（二）水稻毯苗育秧机插方式存在明显局限性

与插秧机相配套，必须在特定的秧盘内培育 3.0~3.5 叶小苗，秧龄 15~20 d。播种密度极高，常规稻用种每盘 120~150 g，是传统旱(湿)育秧的 10 倍以上，在十分拥挤的密生环境中出苗生长，不利于形成壮苗，更易超秧龄。移栽后植伤重，返青期较长，甚至僵苗不发，使得产量不高不稳。

（三）轻简栽培方式任意粗放性应用

水稻直播、小麦大播种量人工撒播等简单粗放生产方式相当普遍。在任意的耕作栽培方式下，稻麦播栽粗放，密度过高，植株分布不均匀、生长不平衡，群体茎蘖数量大、个体质量差，部分地区存在肥水投入盲目、大肥大水问题，生产成本高，效益低。

（四）农机装备不适应高产优质低耗生产要求

稻麦两熟高产优质低耗生产对农机装备提出了更高要求。稻麦两熟生产中，现有机械不能满

足稻麦高质量播栽对整地质量的要求，机插毯苗育秧设备培育的秧苗不够健壮、质量不稳定；缺乏大面积适用的稻麦高效施肥机械，灌溉设施与机械老化，不利于提高水肥利用效率；同时还缺乏稻麦田大面积适用的高效植保机械。

三、稻麦秸秆全量还田质量不高和少免耕栽培应用不当

（一）局部地区秸秆全量粗放还田影响稻麦播栽质量

稻麦产量高，秸秆量大。生产上因机械动力不足、农机农艺不配套等问题，往往秸秆还田质量不高，埋草不深不匀，影响小麦播种出苗和水稻栽插质量。

（二）局部地区秸秆全量还田不当，不利于稻麦生长发育

在稻麦秸秆全量还田条件下，秸秆腐解过程中不仅要吸收肥水，还会释放出有毒有害物质，影响稻麦苗期养分吸收与正常生长。目前，秸秆全量还田条件下田间管理粗放，稻麦根系浅生，植株生长瘦弱，前期僵苗，抵御高低温、干旱、涝渍等能力显著下降，稻麦倒伏等风险加大。

（三）局部地区少免耕栽培应用不当

随着稻麦少免耕栽培长期应用，稻麦田间杂草和杂稻危害加重，带来杂草防除难题；少免耕栽培肥料不能深施，肥料利用效率下降。因此，少免耕栽培使得除草剂使用量和肥料施用量增加，增加农田化学污染风险。

四、部分地区资源投入量大，生态环境未得到改善

（一）部分地区肥料施用量大、利用效率低

江苏水稻精确施肥推广不到位地区水稻亩施氮肥折氮素 20~24 kg，氮肥利用率仅为 30%~35%，小麦亩施氮肥折氮素 16~20 kg，氮肥利用率仅为 30%~40%。肥料过量施用通过淋洗、硝化—反硝化、挥发损失，而对生态环境造成不良影响，如水体富营养化。

（二）部分地区水稻用水量大，水分利用效率低，小麦烂耕烂种现象普遍

水稻精确灌溉未推广到位地区仍采用传统的大水漫灌，浪费大量水资源。部分地区排灌系统不到位，小麦播种季遇上阴雨天气，烂耕烂种现象常见。

（三）农药用量大、使用次数多

江苏地处我国南北过渡带，高温湿润，稻麦生长量又大，易遭病虫害，打保险药意识普遍存在，农药使用次数多、用量偏大。

第四节　江苏稻麦两熟发展对策

按照稻麦两熟要求更加科学地高效利用自然资源和人为投入资源，以期达到周年高产优质高效生态安全的综合目标。以科技创新为动力，生产条件改善为基础，经营体制改革为机制，创新稻麦两熟种植制度、配套技术体系及经营服务体系，建设稻麦两熟规模化经营、全程机械化作业、绿色化生产、信息化监控服务的现代稻麦产业。

根据上述发展方向，针对性解决前述存在问题的对策主要有以下几方面：

一、进一步创新与优化稻麦两熟制度

针对江苏稻麦迟种迟收、接茬矛盾大的现实，加强优化稻麦品种布局与技术模式研究，创新现代稻麦两熟制度。

（一）创建熟期正常的水稻钵苗机插高产优质栽培—小麦适期机条播高产优质栽培的稻麦两熟新制度

通过水稻育秧方式和育秧技术的改进，延长秧龄 5～15 d，促进稻季早播早收，缓解接茬矛盾。

（二）创建工业化培育标准毯苗壮秧机插水稻稳定高产栽培—小麦偏迟机播高产栽培的稻麦两熟新制度

以毯苗机插培育壮秧为突破口，建立播种系统、补水系统、降温系统、防虫系统、炼苗系统和运输系统在内的水稻智能化温室立体育秧工厂，培育标准化壮秧。研究建立“减轻高密度生态压力提高秧质、精确机插提高群体起点质量、早促有效分蘖、及早控制无效生长、提高中后期群体质量”的高产优质栽培技术。

（三）创建水稻精确机直播丰产栽培—小麦机械化精确迟播增产的稻麦两熟新制度

在苏南、沿江地区，温光资源充裕，可适度发展水稻精确机直播。以提高机械精确播种质量为研究突破口，开发应用水稻高质量智能化精量直播机，建立相配套的高产栽培技术。并通过筛选小麦耐迟播品种，研究密植种植方式、肥料运筹模式等关键技术，建立迟播麦增产技术体系。

二、选育与筛选利于协调两熟制机械化生产的高产优质多抗品种

对于水稻，要加强适合机插或机直播的速生早发、紧凑抗倒、早熟高产优质多抗水稻品种的培育与筛选。对于小麦，要加强耐迟播、灌浆快、优质高产、抗赤霉病品种的选育与鉴选。

三、研究建立稻麦全量秸秆机械化高质量还田技术

通过对稻麦收割和耕整机械选型配套，提高秸秆还田质量。要求机械碎草匀抛，碎草长度不超过 5 cm，均匀喷撒于土表，机械深翻或深旋耕还田，秸秆均匀地稀释埋在 15～20 cm 的耕作层内。

四、农机农艺融合，建立精确化、标准化栽培技术体系

研究建立适合不同农区的水稻钵苗机插、毯苗机插与机直播 3 种机械化栽培方式精确化和标准化高产优质栽培技术体系。研究建立小麦适期播种和偏迟播 2 种类型的机械化、精确化、标准化栽培技术体系。

五、研究与示范稻麦两熟全程绿色生产技术

研究与示范稻麦两熟病虫草绿色防治、减肥减药节水控污、生物污染监控新技术，绿色生产标准及标准体系、质量安全监控与溯源体系，推动江苏稻麦全程绿色生产。

六、加强发展规模化生产的农田基础设施与现代装备建设

（一）加强农业基础设施建设

改造江苏西部丘陵、苏北黄河故道带及东部盐土 3 大块中低产田。在中高产地区，建立适应规模化生产、全程机械化作业、信息化监控服务的高标准农田。

（二）加强稻麦两熟新型机械与装备的研究及示范

加强开发研制快速高质量秸秆还田耕整机械；研制新型钵苗移栽机、侧深施肥插秧机、自动导航插秧机、新型精确直播机等先进农机具，并开展适应性研究；研制智能化多功能精量播种机及适合稻茬麦高质量播种的新型农机具，提高小麦播种质量与速度；研制和筛选高地隙高效防治的植保机具；筛选出最利于高产秸秆切碎匀抛，并降低收获损失率与提高清洁度的收割机；开展管道化灌溉研究与示范，大幅度提高水分利用率；开展不同类型机械烘干设备与技术的比较试验，研究明确适应规模化生产的粮食烘干配套设备与仓储模式。

（三）加强稻麦生产专业化社会化服务组织建设与科技信息服务

建立适应社会化服务的多种类型专业服务组织，实现从种苗供应—大田生产管理(耕作、播栽、施肥、灌排、喷药)—收获—烘干—储运的全程社会化服务。创新与示范稻麦规模化生产管理服务模式。基于物联网技术，建设远程感知、视频监控、在线诊断、决策支持、短信发布、农机调度等融于一体的稻麦产业科技信息服务系统。

稻麦两熟是江苏确保粮食安全最基本的种植制度，其内涵丰富、技术复杂。虽然江苏以往在稻麦两熟的研究与应用已有较好的基础与较多积累，但面临资源环境“硬压束”加剧的形势与现代化发展的新需求，亟须研究解决的问题还很多。对此江苏省委、省政府十分重视，江苏省科学技术厅、财政厅、农业农村厅等加强了部署立项，组织开展了相关研发。在江苏省农业自主创新资金等项目资助下，作者及课题组针对江苏稻麦两熟的问题开展了较系统的研究，本书以下几章内容将重点介绍这方面的研究与应用成果。

参考文献

曹卫华，杨敏丽，2015. 江苏稻麦两熟区机械化生产模式的效率分析[J]. 农业工程学报，31(增刊)：89-101.

黄细喜，1991. 新型耕作技术及理论[M]. 南京：东南大学出版社：14-15.

江苏省农林厅，1992. 江苏农业发展史略[M]. 南京：江苏科学技术出版社：98-99.

江苏省农学会，1990. 江苏稻作科学[M]. 南京：江苏科学技术出版社：4-6.

金建松，夏有龙，1998. 江苏粳稻发展的原则及配套技术[J]. 江苏农业科学，(1)：6-10.

凌启鸿，2000. 作物群体质量[M]. 上海：上海科学技术出版社：267-269.

凌启鸿，2007. 水稻精确定量栽培理论与技术[M]. 北京：中国农业出版社：77-79.

章熙谷，王绍华，1989. 江苏几种主要多熟种植制度的经济生态效益及其生产弹性分析[J]. 耕作与栽培，(3)：14-17.

第二章 稻麦两熟综合模式与技术

第一节 江苏江淮之间水稻毯苗机插—小麦机条播两熟制优质高产高效技术

提要：针对江苏稻麦两熟存在全年温光资源未能高效利用、稻麦两熟农艺农机协调配套性差等突出问题，选择江淮之间的里下河地区兴化市钓鱼镇为重点试验基地，目标是稻麦周年高产高效。试验研明了毯苗机插增产机理，重点创新集成了水稻常规秧龄(15~20 d)毯苗机插、长龄(25~30 d)毯状大苗机插栽培配套小麦机播栽培的稻麦周年高产模式。在兴化市钓鱼、周庄、城东、临城、陈堡、茅山、戴南等7个镇建立该模式核心示范方，增产增效显著。2016—2018年，7镇示范方3年的水稻平均亩产分别为715.2 kg、725.2 kg、731.5 kg，较全镇平均亩产增加7.90%~16.27%；2015—2018年小麦3个生产周年，7镇示范方平均亩产分别为457.8 kg、468.4 kg、465.3 kg，较全镇平均亩产增加5.13%~15.5%。7镇示范方3年的水稻和小麦平均亩产较兴化全市平均亩产分别增加16.01%、16.03%、16.48%和18.91%、17.69%、17.80%；示范方稻麦周年平均亩产较全镇平均水平增加8.21%~14.52%，较兴化全市平均水平分别增加17.12%、16.68%、16.99%。

一、科学问题与技术需求

江淮下游是我国稻麦两熟最集中的重要种植区，稻麦两熟也是江苏省的主体种植模式。江苏南北跨5个纬度，东西受海陆影响，气候复杂多样，属亚热带向温带过渡性气候。气温，可满足稻麦两熟生产需要，但苏北、苏中积温偏紧，须抢收抢种。日照时数，水稻季南北相差小；小麦季呈北多南少的趋势，表明苏北、苏中周年产量潜力更高。降水，在水稻季接近，小麦季北少南多，需注意北灌南排。

1980年来，江苏通过种植制度改革（双季稻改单季稻，单季稻改稻麦两熟等）（江苏省农林厅，1992），实施稻麦两熟为主体种植制度后，水稻、小麦面积总体较稳定（2014年，水稻3 407.5万亩，小麦3 239.9万亩）。水稻、小麦总产及单产总体呈稳步上升趋势，对江苏粮食生产稳定发展起到极其重要的作用。

近年来，随着稻麦栽培方式的发展及粳稻品种的大面积应用，稻麦周年生产出现一些新问题。

（一）稻麦两熟迟播迟栽下迫切需要对全年温光资源统筹协调高效利用

水稻大面积实施小苗机插、直播等短生育期类型的栽培方式，突出问题是使得水稻推迟播栽期，进而成熟期推迟，不利于水稻安全成熟与高产优质，尤其是苏北、苏中地区更为严重(李杰等，2011)。由于水稻的迟熟迟收，接茬紧张，苏北地区小麦不能在10月上旬、苏中地区不能在10月底至11月上旬适期播种，使得60%以上面积小麦播种期推迟，不利于小麦优质高产。因此，稻麦两熟迟播迟栽下迫切需要对全年温光资源统筹协调高效利用。

（二）稻麦两熟农机农艺急需融合配套

1. 缺少适应迟播迟栽的“短生快发”稻麦品种

以往推出的水稻品种都是适应传统中大苗移栽方式，生育期偏长，多数品种不能适应水稻机插或直播，不仅造成水稻成熟期推迟，而且带来能否安全成熟的隐患，还十分不利于下茬小麦适期播种。特别是杂交稻品种在毯苗机插条件下不仅用种量大，成本高，且难以发挥其高产潜力，亟待农机农艺融合配合进行创新。麦季缺少耐迟播、早熟优质高产、抗赤霉病的小麦品种。

2. 水稻毯苗育秧机插方式存在明显约束性和局限性

与水稻插秧机相配套的毯苗，受秧盘的限制只能培育3.0~3.5叶小苗，秧龄15~20 d。播种密度极高，常规稻用种每盘120~150 g，是传统育秧的10倍以上，在密生环境下出苗生长，不利于形成壮苗，更易超秧龄。移栽后植伤重，缓苗返青期较长，甚至僵苗不发，产量不高不稳(张洪程 等，2014；许轲 等，2014)。

3. 轻简栽培方式粗放式应用

水稻直播、小麦大播种量人工撒播等简单粗放生产方式相当普遍。在任意轻简的耕作栽培方式下，秸秆还田效果差，田面不平整，稻麦播栽粗放，密度过高，出苗不整齐，分布不均匀、生长不平衡，群体茎蘖数量大且大起大落、个体质量差(郑克武，2010；邱友凤 等，2014；房霞娣，2017)。部分地区还存在肥水药投入过量、盲目，导致成本高、效益低。

4. 农机装备不适应高产优质高效生产要求

稻麦秸秆量大，接茬时间紧，现有耕作机械不能满足秸秆全量还田下稻麦高质量播栽对整地质量的要求；现有机插育秧设备培育的秧苗不够健壮、苗质不稳定；更缺乏大面积适用的稻麦高效施肥和植保机械；灌溉设施与机械老化，不利于提高水分利用效率。

二、开展的试验与研究

（一）水稻毯苗机插—小麦机条播周年高产模式定位试验

2014—2016年在兴化市钓鱼镇开展水稻毯苗机插—小麦机条播周年高产模式综合定位试验，并以水稻机械直播—小麦机条播周年模式为对照(邢志鹏，2017)。

水稻品种包括常规粳稻(‘南粳9108’和‘武运粳27号’)、籼粳杂交稻(‘甬优2640’和‘甬优1640’)和杂交籼稻(‘新两优6380’和‘Ⅱ优084’)。根据生产地小麦常年收获时间，各机械种植方式生产特点，以及水稻及时抢播抢栽的要求，分别设计毯苗机插方式和机械直播方式下具有当地大面积生产代表性的水稻播栽期，并根据高产栽培要求，充分发挥各种植方式下水稻产量潜力，配套适宜的高产管理技术措施。毯苗机插采用塑料软盘育秧。两年均于5月28日播种，常规粳稻每盘播种120 g，籼粳杂交稻和杂交籼稻每盘播种90 g，旱育壮秧。6月15日机械移栽，行株距30.0 cm×13.3 cm，移栽后定苗至常规粳稻每穴3苗，籼粳杂交稻和杂交籼稻每穴2苗。机械直播两年均于6月13日机械条播，行距30 cm。1叶1心期人工定苗至常规粳稻每亩6万株，籼粳杂交稻和杂交籼稻每亩4万株。机械种植方式为主区，水稻品种为裂区，小区间用塑料薄膜包埂隔离，保证可以单独肥水管理。每小区面积30 m^2，3次重复。常规粳稻和籼粳杂交稻每亩施纯N 18 kg，杂交籼稻每亩施纯N 15 kg。氮肥运筹为基肥：分蘖肥：穗肥=3：3：4，分蘖肥于分蘖初期施用，穗肥于倒4叶期和倒2叶期分2次等量施用。磷肥一次性基施，亩总施P_2O_5 9 kg。钾肥分别作基肥和促花肥等量施入，亩总施K_2O 18 kg。水分管理及病虫草害防治按照高产栽培要求实施。系统追踪不同模式的生产力及其形成过程，通过比较评价，筛选并创立能有效破解稻麦迟播迟栽难题、使小麦播期提前5~10 d的稻麦周年平衡高产优质增效新模式。

小麦品种为'扬麦23'，依据水稻收获茬口及农耗安排2个播种期和3个播种量，播期为11月6日和11月14日，毯苗机插水稻茬口下小麦每亩播种量分别为10.5 kg、13.0 kg和15.5 kg，机械直播水稻茬口下小麦每亩播种量分别为13.0 kg、15.5 kg和18.0 kg。试验以水稻机械化种植方式茬口(小麦播种期)为主区，播种量为裂区安排，重复3次。播种方式为干种撒播，机械覆土。主区间作埂，用塑料薄膜包埂隔离，保证可以单独肥水管理。施肥策略，基肥于播种前施用，亩施45%复合肥(氮、磷、钾含量均为15%)24 kg+尿素8 kg；壮蘖肥亩用尿素2.7 kg，于4~5叶期施用；拔节肥亩施45%复合肥24 kg，于倒3叶期施用。其他田间管理均按照当地高产栽培要求统一进行。

(二) 稻麦丰产方试验示范

同时在项目核心示范方兴化市钓鱼镇开展优质食味水稻品种'南粳9108'、大穗籼粳杂交稻'甬优2640'，以及强筋小麦'扬麦23'的百亩丰产方试验示范，从大面积示范进一步研究稻麦周年高产模式，同时也验证稻麦周年定位试验。

(三) 水稻长龄毯苗机插试验示范

除了水稻常用毯苗机插—小麦机条播周年高产模式外，同时研究并创建稻麦两熟周年平衡生产新模式，在稻麦现有生育期类型良种搭配模式条件下，研究并突破机械化移栽秧苗现行适龄标准的限制，通过化控及印刷播种技术把毯苗机插育秧秧龄从15~20 d延长至25~30 d，促使水稻成熟提早5~7 d。试验在兴化(2015—2016)和淮安(2016)两地进行，其中，兴化为长龄毯苗适宜密度小区与大田示范，淮安为大田试验。

兴化小区密度试验中，试验总共设置印刷播种(培育长龄毯苗)与常规播种两种方式。印刷播种(采用淮安汉德农业科技有限公司生产的HDBZ-600型印刷播种机)，于5月21日播种，每盘播种量为95 g，旱育壮秧，秧龄30 d，6月20日移栽；常规播种方式于5月31日播种，每盘播种量为120 g，旱育壮秧，秧龄20 d，6月20日移栽。栽插行距30 cm，共设5个株距处理，分别为10.5 cm、11.7 cm、13.0 cm、14.8 cm和17.0 cm，每穴栽插4苗，对应的每亩基本苗分别为8.5万、7.6万、6.8万、6.0万和5.2万。

兴化大区示范中，印刷播种：采用水稻印刷播种机提前精准播种在专用纸上，播种量折每盘95 g，5月21日铺纸入盘育秧，旱育壮秧，秧龄30 d；6月20日采用高速插秧机栽插，栽插行株距30 cm×13 cm，移栽密度每亩1.71万穴，控制与常规播种方式相同机械抓秧秧块大小栽插。常规播种方式：5月31日播种，每盘播种量为120 g，旱育壮秧，秧龄20 d；6月20日，采用高速插秧机栽插，栽插行株距30 cm×13 cm，移栽密度每亩1.71万穴，每穴4苗，田间亩基本苗6.84万。小区与大区试验的水稻肥料运筹为每亩施纯N 18 kg(基蘖肥：穗肥=6：4)，P_2O_5 9 kg

（全作基肥），K_2O 18 kg（50%基肥、50%促花肥）。基肥亩用尿素（含 N 45.9%）11.8 kg；分蘖肥亩用尿素 11.8 kg，在移栽后 1 个叶龄施；穗肥分 2 次等量施用，促花肥、保花肥分别在倒 4 叶期、倒 2 叶期，各亩用 7.8 kg。在有效分蘖临界叶龄的前 1 个叶龄，当茎蘖数达到预期穗数的 80%时，开始排水搁田，轻搁、多搁，拔节至成熟期干干湿湿。

2016 年在淮安市城南区做了大壮苗机插大田示范对比试验。以‘南粳 9108’为供试品种，采用 4 种方式培育的机插秧苗进行了大田生产对比试验。其中：长龄壮苗（A1），5 月 26 日采取印刷播种，种子经机插秧大壮苗专用拌种剂拌种，每盘播种量为 90 g。长龄壮苗（A2），5 月 26 日播种育秧，播种器精量匀播，每盘播种量为 90 g，2 叶 1 心期用 15%多效唑以每盘 0.05 g 兑水 500 倍叶面喷雾。常规长龄苗（A3），5 月 26 日流水线干种播种，每盘播种量为 130 g。常规适龄苗（A4），6 月 5 日育秧，流水线干种播种，每盘播种量为 130 g。播种育秧当日上水湿润覆盖出苗，湿润育苗管理。6 月 27 日移栽，A1～A3 秧龄 32 d，A4 秧龄 22 d。

三、主要研究结果

（一）苏中地区水稻毯苗机插—小麦机条播两熟平衡高产技术模式研究

1. 苏中地区水稻毯苗机插—小麦机条播两熟平衡高产技术

1.1　稻季毯苗机插与直播水稻产量

稻麦周年生产模式试验中，稻季不同类型水稻产量均表现为毯苗机插>机械直播，其中，2014 年、2015 年与 2016 年毯苗机插水稻产量较机械直播增幅范围分别为 11.8%～16.3%（平均 14.4%）、10.6%～14.1%（平均 11.9%）与 11.2%～14.2%（平均 12.6%）（表 2-1-1）。

表 2-1-1　机械化种植方式对水稻产量的影响

类型	品种	种植方式	2014 年		2015 年		2016 年	
			亩产量/kg	较直播增产/%	亩产量/kg	较直播增产/%	亩产量/kg	较直播增产/%
籼粳杂交稻	甬优 2640	毯苗	761.3	15.4	795.3	14.1	780.0	14.2
		直播	659.6		697.3		683.3	
	甬优 1640	毯苗	746.7	13.7	776.0	12.3	769.3	14.0
		直播	656.7		690.7		674.7	
常规粳稻	南粳 9108	毯苗	724.7	11.8	754.0	10.6	748.7	11.6
		直播	648.0		682.0		670.7	
	武运粳 27 号	毯苗	725.3	13.1	746.7	10.6	736.7	12.1
		直播	641.3		675.3		657.3	
杂交籼稻	新两优 6380	毯苗	668.0	16.2	682.7	11.6	714.7	11.2
		直播	574.7		612.0		642.7	
	Ⅱ优 084	毯苗	656.7	16.3	678.0	12.3	705.3	12.7
		直播	564.7		604.0		626.0	
平均		毯苗	713.3	14.3	738.7	11.9	742.7	12.6
		直播	624.0		660.0		659.3	

不同类型水稻的群体颖花量和结实率均表现为毯苗机插>机械直播，且结实率总体上也呈毯苗机插>机械直播，这是影响产量的主要因素，但千粒重在两种种植方式间差异不大。常规粳稻的结实率在两种方式间较稳定，而籼粳杂交稻和杂交籼稻在机械直播方式下的结实率显著低于毯苗机插（表 2-1-2）。

表 2-1-2　机械化种植方式对水稻产量构成因素的影响

品种	种植方式	亩穗数/万穗		每穗粒数/粒		亩群体颖花量/万朵		结实率/%		千粒重/g	
		2014 年	2015 年	2014 年	2015 年	2014 年	2015 年	2014 年	2015 年	2014 年	2015 年
甬优 2640	毯苗	16.0	15.5	218.2	227.8	3 495.9	3 530.7	90.1	93.2	24.8	24.8
	直播	16.1	16.1	187.9	198.4	3 106.2	3 187.2	88.0	90.5	24.9	24.9
甬优 1640	毯苗	17.9	17.6	189.3	200.5	3 380.8	3 528.1	92.3	92.4	24.4	24.5
	直播	18.5	17.9	166.7	178.4	3 083.3	3 187.4	89.6	91.3	24.6	24.4
南粳 9108	毯苗	23.3	23.1	127.8	131.3	2 979.1	3 029.1	94.2	96.0	26.4	26.4
	直播	23.9	23.7	111.3	117.2	2 655.2	2 782.3	95.0	96.3	26.6	26.3
武运粳 27 号	毯苗	24.2	24.5	119.4	120.3	2 891.7	2 946.3	94.1	95.5	27.3	27.3
	直播	25.0	25.1	103.9	105.8	2 595.1	2 658.3	94.2	96.0	27.1	27.4
新两优 6380	毯苗	17.1	17.4	173.3	175.1	2 968.6	3 046.1	84.2	84.1	27.6	27.4
	直播	17.7	17.9	152.8	152.7	2 709.7	2 737.8	79.3	81.9	27.9	28.0
Ⅱ优 084	毯苗	19.5	19.4	154.7	155.8	3 012.9	3 024.7	82.8	84.3	27.3	27.2
	直播	19.6	19.8	140.8	143.1	2 759.5	2 838.4	77.5	80.2	27.5	27.5
平均	毯苗	19.7	19.6	163.8	168.5	3 121.5	3 184.1	89.6	90.9	26.3	26.3
	直播	20.1	20.1	143.9	149.3	2 818.1	2 898.5	87.3	89.4	26.4	26.4

1.2　稻季毯苗机插与直播水稻生育期

机械化种植方式对水稻生育进程影响较大（表 2-1-3）。据试验，当地小麦让茬时间和水稻抢播抢栽的要求，与机械直播相比，毯苗机插水稻播种期提前了 16 d，致水稻拔节期提早 5~9 d，抽穗期提前 4~10 d，成熟期提前 2~11 d。该结果表明，与机械直播相比，毯苗机插提早了水稻拔节、抽穗和成熟时间，利于水稻生育后期籽粒灌浆，并能为后茬小麦提早播种提供有利条件。

表 2-1-3　不同机械化种植方式下水稻拔节期、抽穗期和成熟期

品种	种植方式	2014 年日期（月/日）			2015 年日期（月/日）		
		拔节期	抽穗期	成熟期	拔节期	抽穗期	成熟期
甬优 2640	毯苗	7/26	9/1	10/25	7/23	8/29	10/23
	直播	7/31	9/7	10/29	7/31	9/6	10/28
甬优 1640	毯苗	7/28	9/3	10/23	7/27	8/30	10/24
	直播	8/2	9/7	10/26	8/2	9/3	10/26
南粳 9108	毯苗	7/29	9/5	10/26	7/28	9/2	10/25
	直播	8/3	9/10	10/30	8/4	9/8	10/29

（续表）

品种	种植方式	2014 年日期(月/日)			2015 年日期(月/日)		
		拔节期	抽穗期	成熟期	拔节期	抽穗期	成熟期
武运粳 27 号	毯苗	8/2	9/7	10/27	8/3	9/5	10/28
	直播	8/7	9/11	10/31	8/8	9/10	10/31
新两优 6380	毯苗	8/1	9/7	10/25	7/31	9/5	10/23
	直播	8/8	9/14	11/2	8/6	9/12	10/29
Ⅱ优 084	毯苗	8/2	9/13	10/22	8/1	9/11	10/23
	直播	8/11	9/23	11/2	8/9	9/20	10/31

进一步分析水稻主要阶段生长持续时间(表 2-1-4、表 2-1-5)发现，各水稻品种播种至拔节期、拔节至抽穗期和抽穗至成熟期持续时间在不同种植方式间表现趋势一致，均为毯苗机插>机械直播，其中播种至拔节期阶段尤其显著，毯苗机插方式比机械直播延长 7~11 d，因此毯苗机插全生育期天数显著多于机械直播，但毯苗机插大田期的生长天数明显缩短，反而早熟。相同种植方式下，播种至拔节期生长持续时间表现为‘甬优 2640’和‘甬优 1640’<‘新两优 6380’‘Ⅱ优 084’≈‘南粳 9108’和‘武运粳 27 号’，但拔节至抽穗期持续时间无明显差异，抽穗至成熟期经历的时间表现为‘甬优 2640’‘甬优 1640’>‘南粳 9108’‘武运粳 27 号’>‘新两优 6380’‘Ⅱ优 084’。该结果表明，早熟和相对较长的籽粒灌浆充实期是供试籼粳杂交稻高产的重要特征。

表 2-1-4 不同机械化种植方式下水稻主要生育阶段持续时间(2014)

品种	种植方式	播种至拔节/d	拔节至抽穗/d	抽穗至成熟/d	全生育期/d	较直播增/d	大田期天数/d	较直播缩短/d	早熟天数/d
甬优 2640	毯苗	59	37	54	150	12	132	6	4
	直播	48	38	52	138		138		
甬优 1640	毯苗	61	37	50	148	13	130	5	3
	直播	50	36	49	135		135		
南粳 9108	毯苗	62	38	51	151	12	133	6	4
	直播	51	38	50	139		139		
武运粳 27 号	毯苗	66	36	50	152	12	134	6	4
	直播	55	35	50	140		140		
新两优 6380	毯苗	65	37	48	150	8	132	10	8
	直播	56	37	49	142		142		
Ⅱ优 084	毯苗	66	42	39	147	5	129	13	11
	直播	59	43	40	142		142		

表 2-1-5　不同机械化种植方式下水稻主要生育时期持续时间(2015)

品种	方式	播种至拔节/d	拔节至抽穗/d	抽穗至成熟/d	全生育期/d	较直播增/d	大田期天数/d	较直播缩短/d	早熟天数/d
甬优2640	毯苗	56	37	55	148	11	130	7	5
	直播	48	37	52	137		137		
甬优1640	毯苗	60	34	55	149	14	131	4	2
	直播	50	32	53	135		135		
南粳9108	毯苗	61	36	53	150	12	132	6	4
	直播	52	35	51	138		138		
武运粳27号	毯苗	67	33	53	153	13	135	5	3
	直播	56	33	51	140		140		
新两优6380	毯苗	64	36	48	148	10	130	8	6
	直播	54	37	47	138		138		
Ⅱ优084	毯苗	65	41	42	148	8	130	10	8
	直播	57	42	41	140		140		

1.3　稻季毯苗机插与直播水稻生物产量及日产量

由表 2-1-6 分析，各水稻品种的经济产量和生物产量于种植方式间的变化趋势一致，均表现为毯苗机插>机械直播，差异显著。与毯苗机插相比，机械直播平均降低了水稻经济产量 11.6%，降低了生物产量 10.5%。相同种植方式下，‘甬优 2640’和‘甬优 1640’的经济产量和生物产量高于‘南粳 9108’和‘武运粳 27 号’，‘新两优 6380’和‘Ⅱ优 084’的最低。

表 2-1-6　机械化种植方式对水稻经济产量、生物产量、生育期和日产量的影响

品种	种植方式	亩经济产量/kg		亩生物产量/t		生育期/d		日产量/($g \cdot m^{-2} \cdot d^{-1}$)	
		2014 年	2015 年	2014 年	2015 年	2014 年	2015 年	2014 年	2015 年
甬优2640	毯苗	760.6a	793.3a	1.33a	1.37a	150a	148a	7.61a	8.06a
	直播	700.0b	700.0b	1.16b	1.21b	138b	137b	7.16b	7.64b
甬优1640	毯苗	773.3a	773.3a	1.31a	1.35a	148a	149a	7.57a	7.81a
	直播	693.3b	693.3b	1.17b	1.21b	135b	135b	7.30b	7.67b
南粳9108	毯苗	753.3a	753.3a	1.24a	1.29a	151a	150a	7.20a	7.54a
	直播	680.0b	680.0b	1.12b	1.18b	139b	138b	6.99b	7.41b
武运粳27号	毯苗	746.7a	746.7a	1.23a	1.28a	152a	153a	7.16a	7.32a
	直播	673.3b	673.3b	1.12b	1.17b	140b	140b	6.87b	7.23b
新两优6380	毯苗	680.0a	680.0a	1.18a	1.19a	150a	148a	6.68a	6.92a
	直播	613.3b	613.3b	1.04b	1.07b	142b	138b	6.07b	6.65b
Ⅱ优084	毯苗	680.0a	680.0a	1.15a	1.18a	147a	148a	6.70a	6.87a
	直播	606.7b	606.7b	1.02b	1.05b	142b	140b	5.96b	6.47b

与机械直播相比，毯苗机插延长水稻生育期 5～14 d。由此推断，毯苗机插水稻经济产量和生物产量显著高于机械直播，可能与毯苗机插能延长水稻生育期，改善水稻生长环境，促进光合物质生产、积累与转运有关。相同种植方式下，‘新两优 6380’和‘Ⅱ优 084’生育期在毯苗机插方式下与其他品种相当或略短，在直播方式下长于其他品种。

日产量由经济产量与生育期相除得出(表 2-1-6)。各水稻品种的日产量在种植方式间有较大差异，‘甬优 2640’‘甬优 1640’‘新两优 6380’和‘Ⅱ优 084’的日产量在种植方式间表现趋势基本一致，呈现毯苗机插>机械直播，且差异显著。与机械直播相比，毯苗机插上述水稻品种的日产量增加 1.2%～12.3%。相同种植方式下，水稻品种日产量表现为‘甬优 2640’和‘甬优 1640’>‘南粳 9108’和‘武运粳 27 号’>‘新两优 6380’和‘Ⅱ优 084’的趋势。因此，高日产量可能是籼粳杂交稻和高产水稻高产形成的重要特征之一。

阶段日干物质积累量由阶段干物质积累量与阶段持续时间相除得出(表 2-1-7)。各阶段水稻品种的日干物质积累量在种植方式间有较大差异。全生育期日干物质积累量呈现毯苗机插显著大于机械直播。该结果表明，毯苗机插较高的生物产量与其较高的日干物质积累量关系密切。将水稻全生育期分为营养生长期(播种至拔节)、拔节长穗期(拔节至抽穗)和灌浆结实期(抽穗至成熟)3 个阶段，发现各阶段日干物质积累量与种植方式间表现趋势不一致，呈营养生长期毯苗机插<机械直播，拔节长穗期和灌浆结实期毯苗机插>机械直播的显著趋势。该结果表明，拔节后较高的日干物质积累量是毯苗机插积累更高生物产量的重要途径。

表 2-1-7 机械化种植方式水稻各生育阶段日干物质积累量

年度	种植方式	营养生长期/($g\cdot m^{-2}\cdot d^{-1}$)	拔节长穗期/($g\cdot m^{-2}\cdot d^{-1}$)	灌浆结实期/($g\cdot m^{-2}\cdot d^{-1}$)	全生育期/($g\cdot m^{-2}\cdot d^{-1}$)
2014	毯苗	7.11b	19.68a	13.69a	12.42a
	直播	8.08a	17.65b	11.60b	11.89b
2015	毯苗	7.61b	21.05a	13.35a	12.82a
	直播	8.63a	19.44b	11.58b	12.48b

1.4 稻季毯苗机插与直播水稻的稻米品质

(1) 加工品质 毯苗机插和机械直播 2 种种植方式水稻的糙米率、精米率和整精米率差异显著，表现为毯苗机插稻的糙米产量、精米产量和整精米产量均显著高于机械直播稻(表 2-1-8)。

表 2-1-8 不同机械化种植方式对水稻加工品质的影响

年度	品种	种植方式	糙米率/%	精米率/%	整精米率/%	亩糙米产量/kg	亩精米产量/kg	亩整精米产量/kg
2015	甬优 2640	毯苗	84.92a	75.67a	70.65a	675.3a	602.0a	562.0a
		直播	84.43b	75.23b	68.12b	588.7b	524.7b	475.3b
	甬优 1640	毯苗	84.20a	75.50a	71.10a	653.3a	586.0a	551.3a
		直播	83.50b	74.56b	69.21b	576.7b	514.7b	478.0b
	南粳 9108	毯苗	87.33a	77.11a	73.82a	658.0a	581.3a	556.7a
		直播	87.08a	76.11b	71.50b	594.0b	519.3b	488.0b

（续表）

年度	品种	种植方式	糙米率/%	精米率/%	整精米率/%	亩糙米产量/kg	亩精米产量/kg	亩整精米产量/kg
2015	武运粳27号	毯苗	85. 54a	77. 73a	72. 53a	638. 7a	580. 7a	542. 0a
		直播	85. 06b	76. 71b	69. 97b	574. 7b	518. 0b	472. 7b
	新两优6380	毯苗	83. 10a	74. 90a	69. 05a	567. 3a	511. 3a	471. 3a
		直播	82. 66b	74. 41a	67. 03b	506. 0b	455. 3b	410. 0b
	Ⅱ优084	毯苗	82. 34a	74. 37a	68. 25a	558. 7a	504. 7a	462. 7a
		直播	81. 65b	73. 17b	66. 34b	493. 3b	442. 0b	400. 7b
2014	甬优2640	毯苗	84. 19a	74. 02a	70. 42a	640. 7a	563. 3a	536. 0a
		直播	83. 93a	73. 52a	68. 51b	553. 3b	484. 7b	451. 3b
	甬优1640	毯苗	83. 35a	75. 11a	72. 58a	622. 7a	560. 7a	542. 0a
		直播	82. 61b	74. 39b	69. 83b	542. 7b	488. 7b	458. 7b
	南粳9108	毯苗	86. 19a	75. 91a	72. 42a	624. 0a	550. 0a	524. 7a
		直播	86. 05a	75. 63a	70. 21b	558. 0b	490. 0b	455. 3b
	武运粳27号	毯苗	85. 31a	76. 59a	72. 02a	618. 7a	555. 3a	522. 0a
		直播	85. 20a	75. 64a	69. 40b	546. 7b	485. 3b	445. 3b
	新两优6380	毯苗	82. 79a	74. 40a	68. 51a	552. 7a	496. 7a	457. 3a
		直播	82. 12a	73. 21b	67. 24b	472. 0b	420. 7b	386. 7b
	Ⅱ优084	毯苗	83. 26a	75. 49a	69. 32a	546. 7a	495. 3a	454. 7a
		直播	82. 52b	74. 66b	66. 54b	466. 0b	421. 3b	375. 3b

（2）外观品质　由表 2-1-9 分析，与机械直播相比，毯苗机插稻米粒长度呈缩短趋势，米粒宽度呈增大趋势，长宽比呈减小趋势，表明毯苗机插稻整米较机械直播呈变短圆趋势。毯苗机插稻的垩白米率、垩白面积占比和垩白度大于机械直播（剔除了不成熟米粒），差异显著，说明毯苗机插灌浆期所处温度相对高，稻米外观品质变劣。根据垩白度等级划分，供试品种稻米在毯苗机插方式下属垩白度 3 级，在机械直播方式下属垩白度 2 级。种植方式对‘甬优 2640’‘南粳 9108’‘武运粳 27 号’的透明度影响较大，机械直播稻稻米的透明度较毯苗机插等级提升，说明机械直播稻的稻米更加晶亮，这可能与 2014 年、2015 年直播稻结实期温光条件较好有关。

表 2-1-9　不同机械化种植方式对水稻外观品质的影响

年度	品种	种植方式	粒长/mm	粒宽/mm	长宽比	垩白米率/%	垩白面积占比/%	垩白度/%	透明度/级
2015	甬优2640	毯苗	5. 882a	2. 798a	2. 10b	27. 32a	24. 51a	6. 70a	2
		直播	5. 912a	2. 767a	2. 14a	24. 90b	17. 95b	4. 50b	1
	甬优1640	毯苗	5. 901a	2. 866a	2. 06b	24. 22a	26. 79a	6. 35a	2
		直播	5. 948a	2. 832b	2. 10a	24. 06a	16. 42b	3. 92b	2
	南粳9108	毯苗	4. 720a	3. 095a	1. 53b	13. 67a	28. 02a	3. 75a	4
		直播	4. 769a	3. 073a	1. 55a	7. 17b	23. 82b	1. 71b	3

（续表）

年度	品种	种植方式	粒长/mm	粒宽/mm	长宽比	垩白米率/%	垩白面积占比/%	垩白度/%	透明度/级
2015	武运粳27号	毯苗	4.836a	3.221a	1.50b	18.13a	20.63a	3.69a	2
		直播	4.879a	3.191a	1.53a	12.59b	19.54b	2.43b	1
	新两优6380	毯苗	6.991a	2.540a	2.75b	32.79a	15.52a	5.06a	2
		直播	7.023a	2.506a	2.80a	28.46b	11.80b	3.33b	2
	Ⅱ优084	毯苗	6.756a	2.572a	2.63a	29.01a	26.22a	7.60a	1
		直播	6.782a	2.553a	2.66a	24.56b	16.84b	4.12b	1
2014	甬优2640	毯苗	5.707a	2.740a	2.08b	28.12a	24.63a	6.92a	2
		直播	5.742a	2.709a	2.12a	25.51b	18.62b	4.76b	1
	甬优1640	毯苗	5.764a	2.727a	2.11b	25.76a	19.76a	5.08a	2
		直播	5.789a	2.695a	2.15a	23.99b	13.54b	3.27b	2
	南粳9108	毯苗	4.881a	3.196a	1.53a	13.70a	29.10a	3.91a	4
		直播	4.895a	3.176a	1.54a	9.48b	21.10b	2.01b	3
	武运粳27号	毯苗	4.829a	3.188a	1.51a	22.51a	17.99a	4.07a	2
		直播	4.853a	3.162a	1.53a	14.27b	16.77a	2.39b	2
	新两优6380	毯苗	6.942a	2.526a	2.75a	32.55a	15.43a	4.98a	2
		直播	6.966a	2.512a	2.77a	28.43b	12.47b	3.54b	2
	Ⅱ优084	毯苗	6.612a	2.597a	2.55a	30.77a	16.72a	5.16a	2
		直播	6.636a	2.580a	2.57a	27.07b	9.14b	2.48b	1

（3）蒸煮食味和营养品质　由表2-1-10分析，各品种稻米直链淀粉含量均表现为毯苗机插低于机械直播，胶稠度表现趋势相反，表明毯苗机插稻蒸煮食味品质较机械直播方式呈变优趋势。毯苗机插稻米蛋白质含量和蛋白质产量均高于机械直播，且蛋白质产量差异显著，说明毯苗机插较直播改善了稻米的营养品质。

表2-1-10　不同机械化种植方式对水稻蒸煮食味和营养品质的影响

年度	品种	种植方式	直链淀粉含量/%	胶稠度/mm	蛋白质含量/%	亩蛋白质产量/kg	外观	口感	食味值
2015	甬优2640	毯苗	16.7a	74.5a	9.4a	56.3a	6.6a	6.7a	68.7a
		直播	17.1a	73.0a	9.4a	49.1b	7.1a	6.8a	70.0a
	甬优1640	毯苗	18.4a	64.5a	9.3a	54.7a	6.9a	6.8a	69.0a
		直播	18.8a	62.9a	9.0a	46.5b	7.0a	6.9a	70.3a
	南粳9108	毯苗	15.0a	85.2a	8.4a	48.6a	8.4b	8.5b	83.3a
		直播	15.3a	84.3a	8.1b	41.9b	8.7a	8.8a	85.7a
	武运粳27号	毯苗	17.8a	71.6a	9.5a	54.9a	7.0b	6.8b	69.0a
		直播	18.3a	71.0a	9.1b	46.9b	7.5a	7.5a	73.7a
	新两优6380	毯苗	24.0a	77.2a	10.4a	53.2a	6.5a	6.4a	65.3a
		直播	24.7a	75.8a	10.0b	45.7b	6.3a	6.3a	62.7b

（续表）

年度	品种	种植方式	直链淀粉含量/%	胶稠度/mm	蛋白质含量/%	亩蛋白质产量/kg	外观	口感	食味值
2015	Ⅱ优084	毯苗	21.8a	63.9a	10.2a	51.5a	6.5a	6.5a	66.7a
		直播	22.4a	62.2b	9.7b	42.9b	6.6a	6.4a	65.0a
2014	甬优2640	毯苗	16.6a	75.0a	9.6a	53.9a	6.4a	6.6a	65.7a
		直播	16.9a	73.4b	9.3b	45.2b	6.7a	6.7a	67.3a
	甬优1640	毯苗	17.5a	63.4a	10.2a	57.0a	6.7a	6.8a	68.7a
		直播	17.9a	62.1a	9.8b	48.1b	6.9a	6.7a	69.3a
	南粳9108	毯苗	13.9a	83.4a	8.6a	47.3a	8.2b	8.1b	82.0a
		直播	14.2a	82.3b	8.5a	41.5b	8.4a	8.3a	83.0a
	武运粳27号	毯苗	17.9a	73.0a	8.9a	49.6a	7.4b	7.3b	72.7b
		直播	18.4a	71.4b	8.8a	42.5b	7.7a	7.5a	77.0a
	新两优6380	毯苗	25.1a	76.9a	10.4a	51.9a	6.7a	6.7a	68.0a
		直播	25.9a	75.7a	10.1b	42.3b	6.6a	6.7a	64.7b
	Ⅱ优084	毯苗	22.2a	63.9a	10.7a	52.9a	6.6a	6.6a	67.3a
		直播	23.0a	63.1a	10.4b	44.0b	6.6a	6.6a	63.7b

籼粳杂交稻和常规粳稻的食味值均表现为机械直播>毯苗机插，但多数差异不显著。除2015年‘Ⅱ优084’食味值外，杂交籼稻的食味值在机械直播方式下低于毯苗机插。进一步分析食味评分参数发现，籼粳杂交稻外观评分在机械直播方式下高于毯苗机插，口感评分在种植方式间差异不显著。常规粳稻的外观和口感评分均在机械直播方式下显著高于毯苗机插，而杂交籼稻在种植方式间差异不显著。

（4）稻米淀粉RVA谱特征　从稻米淀粉RVA谱特征值在种植方式间的变异系数（CV）分析，峰值黏度、热浆黏度、崩解值、最终黏度和消减值受种植方式的影响均较大，而峰值黏度时间和糊化温度受种植方式影响较小，其中消减值受种植方式的影响明显大于其他特征值（表2-1-11）。受种植方式的影响，与毯苗机插相比，机械直播降低了稻米淀粉RVA谱特征值中的峰值黏度、热浆黏度、崩解值、最终黏度，增大了消减值和糊化温度，多数差异显著。峰值黏度时间在种植方式间无明显规律，差异不显著。多数研究认为，稻米淀粉RVA谱特征值峰值黏度高、崩解值大、消减值小，则米饭质地较优。由此可见，与机械直播相比，毯苗机插优化了稻米淀粉RVA谱特征值，改善了稻米蒸煮食味品质。

表2-1-11　不同机械化种植方式对稻米淀粉RVA谱特征的影响

年度	品种	种植方式	峰值黏度/cP	热浆黏度/cP	崩解值/cP	最终黏度/cP	消减值/cP	峰值黏度时间/min	糊化温度/℃
2015	甬优2640	毯苗	2 418a	1 328a	1 090a	2 467a	49b	6.1a	69.3a
		直播	2 194b	1 188b	1 006b	2 301b	107a	5.9a	71.4a
	甬优1640	毯苗	2 334a	1 410a	925a	2 612a	278b	6.2a	69.9b
		直播	2 218b	1 314b	904a	2 533a	315a	6.1a	71.4a

（续表）

年度	品种	种植方式	峰值黏度/cP	热浆黏度/cP	崩解值/cP	最终黏度/cP	消减值/cP	峰值黏度时间/min	糊化温度/℃
2015	南粳9108	毯苗	2 152a	934a	1 219a	1 529a	-623b	5.7a	68.2b
		直播	1 990b	845b	1 145b	1 481b	-509a	6.0a	69.7a
	武运粳27号	毯苗	2 260a	1 074b	1 187a	2 366a	106b	5.9a	69.8b
		直播	2 169b	1 222a	947b	2 323a	154a	5.8a	70.9a
	新两优6380	毯苗	1 713a	1 014a	699a	2 032a	319b	5.9a	71.6b
		直播	1 619b	956b	664a	2 037a	418a	5.9a	73.6a
	Ⅱ优084	毯苗	2 446a	1 467a	980a	2 897a	451b	5.8a	75.5b
		直播	2 279a	1 476a	803b	2 824a	545a	5.9a	78.3a
2014	甬优2640	毯苗	2 180a	1 351a	830a	2 439a	259b	6.0a	72.3a
		直播	1 608b	1 008b	600b	2 104b	496a	5.9a	72.4a
	甬优1640	毯苗	2 366a	1 135a	1 231a	2 436a	71b	5.8a	69.3a
		直播	1 874b	957b	917b	2 046b	173a	5.8a	69.7a
	南粳9108	毯苗	2 134a	1 032a	1 103a	1 670a	-464b	6.0a	67.4b
		直播	1 846b	849b	998b	1 631a	-216a	6.0a	68.4a
	武运粳27号	毯苗	2 299a	1 324a	976a	2 442a	143b	6.0a	70.3b
		直播	1 872b	1 070b	802b	2 224b	353a	5.9a	71.8a
	新两优6380	毯苗	1 746a	935a	811a	1 866a	120b	5.7a	73.4b
		直播	1 491b	837b	654b	1 709b	218a	5.9a	75.2a
	Ⅱ优084	毯苗	2 255a	1 109a	1 146a	2 521a	266b	5.9a	77.0b
		直播	2 153a	1 106a	1 048b	2 462a	309a	5.8a	78.6a

1.5 水稻毯苗机插与机械直播茬口的小麦产量

基于前茬稻季水稻毯苗机插和机械直播2种栽插方式，根据水稻收获时间，设置了下茬小麦机条播试验，毯苗机插和机械直播水稻茬口下小麦播种期分别为11月6日与11月16日，每个播期下设置3个播种量(表2-1-12)。

表2-1-12 不同水稻机械化种植方式下后茬小麦播种期和播种量

水稻茬口	播种期	亩播种量(编号)/kg
毯苗机插	11月6日	10.5(A)
		13.0(B)
		15.5(C)
机械直播	11月16日	13.0(B)
		15.5(C)
		18.0(D)

试验中，毯苗机插水稻腾茬较机械直播水稻早，致小麦经济产量和生物产量均呈毯苗机插水稻茬口>机械直播水稻茬口的显著趋势(表2-1-13)，与机械直播水稻茬口小麦相比，毯苗机插

水稻茬口小麦经济产量高出 14.5%，小麦生物产量提高 12.4%。受水稻机械化种植方式茬口的影响，小麦收获指数也呈毯苗机插水稻茬口>机械直播水稻茬口的显著趋势。与机械直播水稻茬口小麦相比，毯苗机插水稻茬口提高小麦收获指数 1.8%。

由表 2-1-13 可知，不同茬口的播种对小麦经济产量和生物产量有显著影响。毯苗机插水稻茬口下，小麦经济产量和生物产量均呈 B>C>A 的显著趋势，与 B 播种量相比，C 和 A 播种量下小麦经济产量分别降低 3.1%和 5.2%，生物产量分别降低 2.8%和 3.1%。该结果表明，B 播种量是毯苗机插水稻茬口下小麦的最佳播种量。机械直播水稻茬口下，小麦经济产量和生物产量均呈 C>D>B 的显著趋势，与 C 播种量相比，D 和 B 播种量下小麦经济产量分别降低 4.5%和 8.2%，生物产量分别降低 3.8%和 5.1%。该结果表明，C 播种量是机械直播水稻茬口下小麦最佳播种量。由此可见，随着水稻收获的推迟，增加小麦播种量可减少产量损失，但并没有比早播下产量高。因此，提前稻季腾茬时间，麦季适当早播是高产稳产的前提。

表 2-1-13 茬口和播种量对小麦产量、生育期的影响(2015—2016)

水稻茬口	播种量编号	亩经济产量/kg	亩生物产量/kg	生育期/d	日产量/$(g \cdot m^{-2} \cdot d^{-1})$	收获指数
毯苗机插	A	430.9	919.1	213	3.0	0.408
	B	454.9	948.5	213	3.2	0.417
	C	440.9	922.5	213	3.1	0.416
平均		442.2a	930.0a	213a	3.1a	0.414a
机械直播	B	370.2	809.1	208	2.7	0.398
	C	403.5	852.4	208	2.9	0.411
	D	385.5	820.4	208	2.8	0.409
平均		386.4b	827.3b	208b	2.8b	0.406b

小麦理论产量和经济产量在不同水稻机械化种植方式茬口下的变化趋势一致，呈毯苗机插水稻茬口>机械直播水稻茬口的显著趋势(表 2-1-13、表 2-1-14)。进一步分析产量构成发现，每亩小麦粒数和千粒重均呈毯苗机插水稻茬口>机械直播水稻茬口的显著趋势，其中每亩小麦粒数在不同水稻机械化种植方式茬口下的变化幅度远大于千粒重。与机械直播水稻茬口小麦相比，毯苗机插水稻茬口增加每亩小麦粒数 13.9%，提高小麦千粒重 0.8%。由此推断，增粒数、保粒重是晚播小麦较早播小麦减少产量损失的重要途径。进一步分析穗数和穗粒数的变化发现，穗数呈机械直播水稻茬口>毯苗机插水稻茬口的趋势，穗粒数呈毯苗机插水稻茬口>机械直播水稻茬口的显著趋势。与机械直播水稻茬口小麦相比，毯苗机插水稻茬口增加小麦穗粒数 14.1%。

表 2-1-14 茬口和播种量对小麦产量构成因子的影响

水稻茬口	播种量	亩穗数/万穗	每穗粒数/粒	亩总粒数/万粒	千粒重/g	亩理论产量/kg
毯苗机插	A	32.9	37.3	1 225.0	37.8	462.2
	B	35.3	36.1	1 273.2	37.7	479.6
	C	36.6	34.2	1 250.0	37.6	470.2
平均		34.9a	35.9a	1 249.4a	37.7a	470.7a

（续表）

水稻茬口	播种量	亩穗数/万穗	每穗粒数/粒	亩总粒数/万粒	千粒重/g	亩理论产量/kg
机械直播	B	32.4	32.7	1 062.1	37.5	398.2
	C	35.7	31.7	1 128.9	37.6	424.2
	D	36.9	29.8	1 099.5	37.0	407.5
平均		35.0a	31.4b	1 096.8b	37.4b	410.0b

1.6　水稻毯苗机插—小麦机条播模式周年生产

麦季设置 3 个播种量，考虑通过增加播种量可以弥补因播期推迟引起麦季产量的降低，故在探讨水稻毯苗机插—小麦机条播周年生产模式时，选取小麦的最高产量进行论述。总的稻麦周年数据部分，水稻产量按所有品种的平均值算。对于水稻类型的数据，由于水稻部分，同类型品种的经济产量、生物产量和生育期差异不大，因此，各指标的值采用 2 个品种的平均值进行论述，探究高产栽培模式下毯苗机插水稻—小麦稻麦周年生产力差异，其中机械直播水稻—小麦轮作方式作为对照。

（1）稻麦周年经济产量、生物产量　由表 2-1-6、表 2-1-13 与表 2-1-15 可知，水稻、小麦和稻麦周年的经济产量与生物产量均表现为毯苗机插水稻—小麦>机械直播水稻—小麦的显著趋势。与机械直播水稻—小麦相比，对于籼粳杂交稻、常规粳稻与杂交籼稻 3 种类型品种，毯苗机插水稻—小麦增加周年经济产量幅度分别为 12.7%、11.7%与 11.8%（表 2-1-15）。该结果表明，毯苗机插较机械直播能更好协调稻麦生产，提高周年粮食产量。这可能与毯苗机插方式较机械直播能直接改善水稻生长环境，间接改善小麦生长环境，促进稻麦光合物质生产和积累有关。相同种植方式下，籼粳杂交稻—小麦和常规粳稻—小麦周年生物产量较杂交籼稻—小麦高，也说明江苏地区粳稻—小麦模式更利于周年高产。

表 2-1-15　水稻类型和种植方式对稻麦周年产量的影响（2015—2016）

类型	种植方式	亩周年经济产量/kg	亩周年生物产量/kg	周年生育期/d	日产量/$(g \cdot m^{-2} \cdot d^{-1})$
籼粳杂交稻	毯苗机播	1 240.6a	2 307.8a	361.5a	5.1a
	机械直播	1 100.6b	2 061.0b	344.0b	4.8b
常规粳稻	毯苗机播	1 207.3a	2 234.5a	364.5a	5.0a
	机械直播	1 080.5b	2 027.7b	347.0b	4.7b
杂交籼稻	毯苗机播	1 133.9a	2 134.4a	361.0a	4.7a
	机械直播	1 013.8b	1 914.3b	347.0b	4.4b
总平均	毯苗机播	1 193.9a	2 225.6a	362.3a	4.9a
	机械直播	1 065.0b	2 001.0b	346.0b	4.6b

（2）稻麦周年日产量　由表 2-1-6、表 2-1-13 与表 2-1-15 可知，水稻、小麦和稻麦周年的日产量均表现为毯苗机插>机械直播。与机械直播水稻—小麦相比，毯苗机插水稻—小麦模式下水稻、小麦和稻麦周年的日产量分别增加 5.0%（2 年所有品种增幅的平均值）、10.7%（2 种方式下总平均值的比较）与 6.5%（2 种方式下总平均值的比较）。该结果表明，与机械直播相比，高日产量是毯苗机插方式促进稻麦周年粮食高产生产的重要特征。

（3）稻麦周年生育进程　分析水稻毯苗机插和直播茬口对稻麦生育进程的影响发现，由于毯苗机插具有秧田期，因此，在稻麦周年生产过程中，毯苗机插重叠一段水稻和小麦生长时间，提早水稻播种期（图 2-1-1）。水稻毯苗机插较机械直播提前播种 16 d，致抽穗期提前 4~9 d，成熟期提前 2~8 d。受前茬水稻收获期的影响，毯苗机插水稻—小麦轮作方式较机械直播水稻—小麦轮作，小麦提前 8 d 播种，致扬花期提早 6 d，成熟期提前 3 d。从图 2-1-1 中分析，麦稻换茬季，小麦收获后就得整地准备直播，时间紧，不利于农事操作，若遇上阴雨天气，则小麦收获期和机械直播水稻播种期都会推迟。稻麦换茬季，机械直播水稻收获期晚于毯苗机插水稻，小麦播种也较晚，不利于小麦的早播，更不利于促进稻麦周年高产高效生产。

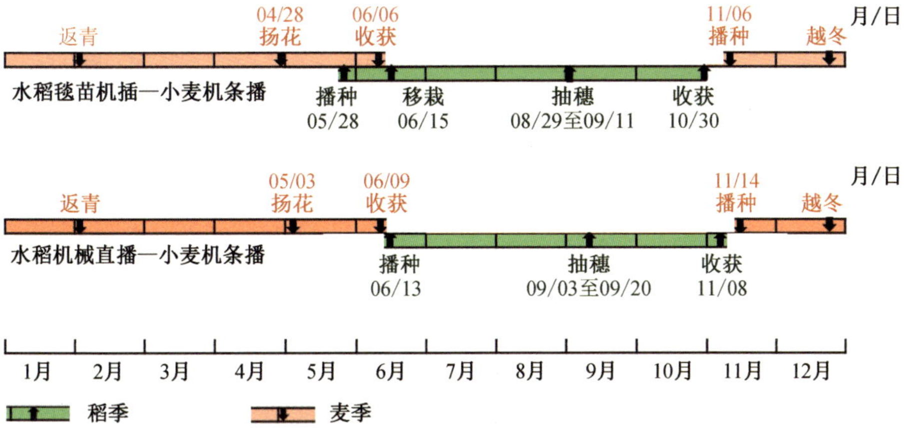

图 2-1-1　毯苗机插、水稻机械直播—小麦机条播 2 种周年种植模式下稻麦生育进程差异

（4）周年稻麦生育期　稻季，毯苗机插的大田期较机械直播缩短 5~9 d，生育期延长 9~13 d。麦季，毯苗机插水稻茬口小麦的生育期较机械直播茬口延长 5 d（表 2-1-16）。周年，毯苗机插水稻—小麦全生育期较机械直播水稻—小麦延长生育期 14~18 d。由于选用水稻品种的差异，周年大田期的天数在 3 种轮作方式下趋势不一致。选用籼粳杂交稻和常规粳稻，周年大田期的天数呈现毯苗机插水稻—小麦与机械直播水稻—小麦一致，选用杂交籼稻，呈机械直播水稻—小麦>毯苗机插水稻—小麦的趋势。可能与杂交籼稻在机械直播方式下的抽穗期较毯苗机插推迟较多有关，致生育后期温度偏凉，不利于杂交籼稻落黄，灌浆慢，推迟成熟。就稻麦生长重叠期而言，毯苗机插水稻—小麦存在 11 d 重叠期，利于温光资源的高效利用。综上分析，毯苗机

表 2-1-16　不同轮作方式下稻麦生育进程（2015—2016）

类型	处理	稻季		麦季	周年		稻麦重叠期/d
		大田期/d	生育期/d	生育期/d	大田期/d	生育期/d	
籼粳杂交稻	MCR-W	131b	149a	213a	344a	362a	11
	MDR-W	136a	136b	208b	344a	344b	
常规粳稻	MCR-W	134b	152a	213a	347a	365a	11
	MDR-W	139a	139b	208b	347a	347a	
杂交籼稻	MCR-W	130d	148a	213a	343b	361a	11
	MDR-W	139a	139b	208b	347a	347a	

MCR-W：毯苗机插水稻—小麦机条播；MDR-W：机械直播水稻—小麦机条播。下同。

插较机械直播能缩短稻季大田期，延长稻、麦生长时间，不仅延长稻麦两季的总生育期，而且使周年大田期得到更满负荷的配置，利于温光等环境资源的高效利用，更利于土地资源的合理利用与产出。

（5）周年温光资源利用　由表2-1-17分析，稻季、麦季和周年有效积温积累量在不同轮作方式下表现趋势一致，呈毯苗机插水稻—小麦>机械直播水稻—小麦的显著趋势。与机械直播水稻—小麦相比，毯苗机插水稻—小麦的稻季、麦季和周年有效积温积累量分别增加9.93%~11.35%、1.58%和5.48%~6.14%，说明更多的有效积温利用是毯苗机插水稻—小麦机条播模式中稻、麦及周年粮食高产的重要特征。

表2-1-17　不同轮作方式下稻麦有效积温利用差异

类型	处理	稻季		麦季		周年	
		有效积温/℃	较MDR-W增/%	有效积温/℃	较MDR-W增/%	有效积温/℃	较MDR-W增/%
籼粳杂交稻	MCR-W	2 044.6a	10.86	2 150.4a	1.58	4 195.0a	5.90
	MDR-W	1 844.3b		2 117.0a		3 961.3b	
常规粳稻	MCR-W	2 066.2a	11.35	2 150.4a	1.58	4 216.6a	6.14
	MDR-W	1 855.6b		2 117.0a		3 972.6b	
杂交籼稻	MCR-W	2 039.8a	9.93	2 150.4a	1.58	4 190.2a	5.48
	MDR-W	1 855.6b		2 117.0a		3 972.6b	

由表2-1-18分析，受不同轮作方式的影响，太阳辐射积累量与有效积温积累量变化趋势一致。与机械直播水稻—小麦相比，毯苗机插水稻—小麦的稻季、麦季和周年太阳辐射积累量分别增加8.99%~10.99%、1.05%和4.86%~5.82%，毯苗机插较机械直播更能促进稻麦植株太阳辐射的利用。

表2-1-18　不同轮作方式下稻麦太阳辐射积累量差异

类型	处理	稻季		麦季		周年	
		太阳辐射/（$MJ\cdot m^{-2}$）	较MDR-W增/%	太阳辐射/（$MJ\cdot m^{-2}$）	较MDR-W增/%	太阳辐射/（$MJ\cdot m^{-2}$）	较MDR-W增/%
籼粳杂交稻	MCR-W	2 769.6	10.87	2 776.3	1.05	5 545.9	5.72
	MDR-W	2 498.1		2 747.5		5 245.6	
常规粳稻	MCR-W	2 811.4	10.99	2 776.3	1.05	5 587.8	5.82
	MDR-W	2 533.0		2 747.5		5 280.5	
杂交籼稻	MCR-W	2 760.8	8.99	2 776.3	1.05	5 537.1	4.86
	MDR-W	2 533.0		2 747.5		5 280.5	

1.7　大面积稻麦周年高产

江苏省农业自主创新项目稻麦周年高产千亩示范展示区在兴化市钓鱼镇、城东镇、临城镇、陈堡镇、周庄镇、茅山镇、戴南镇等7镇实施（表2-1-19）。2016—2018年，7镇示范展示区3年的水稻平均亩产分别为715.2 kg、725.2 kg、731.5 kg，较全镇平均亩产增7.90%~16.39%；2015—2018年小麦3个生产周年，7镇示范方平均亩产分别为457.8 kg、468.4 kg、465.3 kg，较

表 2-1-19　项目实施示范展示区稻麦亩产量对比（2015—2018）

作物	钓鱼镇		城东镇		临城镇		陈堡镇		周庄镇			茅山镇		戴南镇		全市平均	7 镇示范方平均
	全镇平均	示范方	全镇平均	示范方	全镇平均	示范方	全镇平均	示范方	全镇平均	示范方 1	示范方 2	全镇平均	示范方	全镇平均	示范方		
水稻（2016）/kg	662. 1	751. 5	637. 2	714. 8	647. 0	705. 7	649. 3	712. 1	652. 0	703. 5		644. 6	708. 1	613. 8	710. 8	616. 5	715. 2
增产/%		13. 50		12. 18		9. 07		9. 67		7. 90			9. 85		15. 80		16. 01
小麦（2015—2016）/kg	436. 2	470. 2	416. 4	453. 1	408. 3	458. 3	403. 5	454. 5	422. 7	459. 4		418. 6	452. 4	405. 4	456. 4	385. 0	457. 8
增产/%		7. 79		8. 81		12. 25		12. 64		8. 68			8. 07		12. 58		18. 91
稻麦（2015—2016）/kg	1 098. 3	1 221. 7	1 053. 6	1 167. 9	1 055. 3	1 164. 0	1 052. 8	1 166. 6	1 074. 7	1 162. 9		1 063. 2	1 160. 5	1 019. 2	1 167. 2	1 001. 5	1 173. 0
增产/%		11. 24		10. 85		10. 30		10. 81		8. 21			9. 15		14. 52		17. 12
水稻（2017）/kg	658. 3	765. 4	625. 4	718. 7	639. 5	728. 8	637. 4	709. 4	648. 3	739. 7	716. 7	637. 2	711. 3	611. 4	711. 6	625. 0	725. 2
增产/%		16. 27		14. 92		13. 96		11. 30		14. 10	10. 55		11. 63		16. 39		16. 03
小麦（2016—2017）/kg	448. 4	492. 0	426. 3	458. 2	434. 6	468. 8	418. 3	455. 6	438. 7	478. 6	461. 2	432. 0	470. 4	422. 4	462. 4	398. 0	468. 4
增产/%		9. 72		7. 48		7. 87		8. 92		9. 10	5. 13		8. 89		9. 47		17. 69
稻麦（2016—2017）/kg	1 106. 7	1 257. 4	1 051. 7	1 176. 9	1 074. 1	1 197. 6	1 055. 7	1 165. 0	1 087. 0	1 218. 3	1 177. 9	1 069. 2	1 181. 7	1 033. 8	1 174. 0	1 023. 0	1 193. 6
增产/%		13. 62		11. 90		11. 50		10. 35		12. 08	8. 36		10. 52		13. 56		16. 68
水稻（2018）/kg	677. 9	770. 3	646. 3	721. 7	662. 0	719. 5	667. 5	726. 9	671. 2	743. 2	734. 3	665. 4	721. 9	628. 6	714. 2	628. 0	731. 5
增产/%		13. 63		11. 67		8. 69		8. 90		10. 73	9. 40		8. 49		13. 62		16. 48
小麦（2017—2018）/kg	431. 7	498. 6	421. 3	453. 8	416. 2	461. 3	409. 8	452. 6	425. 4	473. 8	464. 8	426. 3	462. 4	413. 4	455. 1	395. 0	465. 3
增产/%		15. 50		7. 71		10. 84		10. 44		11. 38	9. 26		8. 47		10. 09		17. 80
稻麦（2017—2018）/kg	1 109. 6	1 268. 9	1 067. 6	1 175. 5	1 078. 2	1 180. 8	1 077. 3	1 179. 5	1 096. 6	1 217. 0	1 199. 1	1 091. 7	1 184. 3	1 042. 0	1 169. 3	1 023. 0	1 196. 8
增产/%		14. 36		10. 11		9. 52		9. 49		10. 98	9. 35		8. 48		12. 22		16. 99

全镇平均亩产增 5.13%~15.5%。7 镇示范方 3 年的水稻、小麦平均亩产较兴化全市平均亩产分别增 16.01%、16.03%、16.48%和 18.91%、17.69%、17.80%；示范方稻麦周年平均亩产较全镇平均水平增 8.21%~14.52%，较兴化全市平均水平分别增 17.12%、16.68%、16.99%。

项目实施主要基地是兴化市钓鱼镇，项目创新区攻关方也在此地。‘南粳 9108’是兴化市种植面积最大的水稻品种(面积超 70 万亩)，籼粳杂交稻‘甬优 2640’是产量潜力最高的水稻品种，将项目创新区‘南粳 9108’和‘甬优 2640’的产量与全市水稻、小麦平均产量进行对比分析，可发现项目实施效果明显。

就稻季产量而言，2014—2017 年稻季‘甬优 2640’和‘南粳 9108’超高产攻关方亩均产量均较兴化市亩均水稻产量增产显著，增产幅度分别为 36.6%~56.6%和 27.6%~34.4%(表 2-1-20)。

就麦季产量而言，2014—2018 年攻关方后茬小麦亩均产量均较兴化市小麦亩均产量增加，增产幅度为 21.4%~28.2%(表 2-1-21)。

表 2-1-20　2014—2017 年兴化市钓鱼镇攻关方和全市水稻产量比较

年度	钓鱼镇创新区亩均产量/kg		兴化市亩均产量/kg	较兴化市分别增产/%	
	甬优 2640	南粳 9108		甬优 2640	南粳 9108
2014	903.4	805.1	626.0	44.3	28.6
2015	986.8	810.1	630.0	56.6	28.6
2016	884.3	786.8	616.5	43.4	27.6
2017	853.6	840.3	625.0	36.6	34.4

表 2-1-21　2014—2018 年兴化市钓鱼镇攻关方和全市小麦产量比较

年度	钓鱼镇创新区攻关方亩均产量/kg	兴化市亩均产量/kg	较兴化市平均增产/%
2014—2015	501.5	413.0	21.4
2015—2016	493.6	385.0	28.2
2016—2017	497.6	398.0	25.0
2017—2018	488.3	395.0	23.6

就稻麦周年产量而言，2014—2018 年‘甬优 2640’项目区稻麦周年粮食亩均产量为 1 341.9~1 480.4 kg，较兴化市稻麦周年粮食亩均产量增产 31.6%~45.9%；‘南粳 9108’稻麦周年粮食亩均产量为 1 284.4~1 328.6 kg，较兴化市稻麦周年粮食亩均产量增产 25.8%~30.3%(表 2-1-22)。

表 2-1-22　2014—2018 年兴化市钓鱼镇攻关方和全市周年粮食产量比较

年度	钓鱼镇创新区攻关方平均亩产/kg		兴化市平均亩产/kg	较兴化市增产/%	
	甬优 2640 茬口	南粳 9108 茬口		甬优 2640 茬口	南粳 9108 茬口
2014—2015	1 404.9	1 306.6	1 039.0	35.2	25.8
2015—2016	1 480.4	1 303.7	1 015.0	45.9	28.4
2016—2017	1 381.9	1 284.4	1 014.5	36.2	26.6
2017—2018	1 341.9	1 328.6	1 020.0	31.6	30.3

2. 水稻长龄毯苗机插—小麦机条播周年高产新模式研究

针对水稻品种生育期长、迟收等问题，在水稻育秧和栽插方式上进行改革，采用长龄秧与栽插技术，延长水稻秧田时间，促进水稻早熟早收，为下茬麦季适当及早腾茬，利于稻麦周年平衡高产优质。为此，有人探索研究了江淮之间稻麦两熟平衡高产创新技术——水稻长秧龄毯苗机插—小麦机条播周年高产模式(朱明，2017)。

2015—2016 年笔者在兴化市开展了水稻毯苗长秧龄机插—小麦机条播周年高产模式研究。稻季试验共设置 2 种播种方式，分别为常规毯苗机插与长龄毯苗机插。常规毯苗机插，于 5 月 31 日播种，每盘播种量为 120 g，旱育壮秧，秧龄 20 d，6 月 20 日移栽。长龄毯苗机插，采用印刷播种机，于 5 月 21 日播种，每盘播种量为 95 g，旱育壮秧，6 月 20 日移栽，秧龄 30 d。栽插行距 30 cm，共 5 个株距处理，每穴栽插 4 苗，详细株距栽插密度及田间基本苗数量见表 2-1-23。

表 2-1-23　小区试验密度设计

株距/cm	亩穴数/万穴	亩基本苗/万苗
10. 5	2. 12	8. 48
11. 7	1. 90	7. 60
13. 0	1. 71	6. 84
14. 8	1. 50	6. 00
17. 0	1. 31	5. 24

2.1　水稻长龄毯苗机插产量

由表 2-1-24 可以看出，长龄毯状大苗机插的各密度水稻产量均高于常规毯苗机插，2015 年产量增幅在 2. 9%~7. 7%之间，平均增产 4. 7%，2016 年平均增产 4. 0%。从产量构成因素来看，与常规毯苗播种比，长龄毯苗穗数略高，穗粒数和亩群体颖花量分别增加 4. 0%、8. 7%，随着株

表 2-1-24　不同育秧方式和密度机插水稻产量及其构成(2015—2016)

育秧方式	株距/cm	亩有效穗数/万穗	每穗粒数/粒	亩群体颖花量/万朵	结实率/%	千粒重/g	2015 年亩实际产量/kg	2016 年亩实际产量/kg
长龄毯苗(印刷播种)	10. 5	25. 5a	124. 4c	3 171. 2b	92. 6a	26. 3a	707. 0d	713. 7c
	11. 7	24. 8b	127. 9b	3 172. 7b	93. 5a	26. 6a	720. 4b	727. 0b
	13. 0	24. 5b	130. 5a	3 199. 6a	93. 4a	26. 3a	747. 0a	753. 7a
	14. 8	23. 8c	123. 5c	2 934. 7c	94. 2a	26. 4a	713. 7b	727. 0b
	17. 0	23. 3d	121. 1d	2 817. 5d	93. 5a	26. 4a	693. 7c	700. 4d
常规毯苗	10. 5	24. 8a	116. 8d	2 900. 8b	92. 3a	26. 2a	687. 0b	700. 4c
	11. 7	24. 4b	122. 4a	2 981. 5a	93. 4a	26. 5a	700. 4a	713. 7a
	13. 0	24. 3b	121. 8b	2 953. 6b	93. 2a	26. 2a	693. 7b	707. 0b
	14. 8	23. 5c	119. 8c	2 821. 7c	92. 2a	26. 3a	680. 3c	693. 7d
	17. 0	23. 0d	117. 8c	2 409. 7d	93. 1a	26. 2a	660. 3d	667. 0e
长龄毯苗	平均	24. 4	125. 5	3 059. 1	93. 4	26. 4	716. 4	724. 4
常规毯苗	平均	24. 0	119. 7	2 813. 5	92. 8	26. 3	684. 3	696. 4

距增加，长龄毯苗的千粒重和结实率均高于常规播种。相对常规毯苗播种，长龄毯状大苗不但解决了秧龄弹性小的问题，而且具有增产优势。长龄毯状大苗在株距 13 cm(行距 30 cm)时产量最高，常规毯苗在株距 11.7 cm(行距 30 cm)时产量最高，2015 年和 2016 年印刷播种的长龄毯苗较常规毯苗最高产量分别增加 6.7%和 5.6%。

2.2 水稻长龄毯苗机插生育期

由表 2-1-25 可以看出，长龄毯苗较常规毯苗机插的播种期提早 10 d，拔节提早 6 d，抽穗提早 5 d，成熟提早 3 d，促进了水稻早熟，延长了水稻生育期。从各生育阶段来看，播种至拔节、拔节至抽穗、抽穗至成熟分别延长 4 d、1 d、2 d，全生育期延长 7 d，可见全生育期的延长主要是由于播种至拔节阶段的延长，而拔节至抽穗、抽穗至成熟两个阶段时长短差异则相对较小。长龄毯状大苗主要通过培育壮秧，提高秧苗素质，且增加前期的营养生长时间。

表 2-1-25 不同育秧方式和密度机插水稻生育期之间的差异(2015，‘南粳 9108’)

处理	播种期(月/日)	移栽期(月/日)	拔节期(月/日)	抽穗期(月/日)	成熟期(月/日)	播种至移栽天数/d	播种至拔节天数/d	拔节至抽穗天数/d	抽穗至成熟天数/d	全生育期天数/d
长龄毯苗(A)	5/21	6/20	8/1	9/4	10/23	30	72	34	49	155
常规毯苗(B)	5/31	6/20	8/7	9/9	10/26	20	68	33	47	148
A-B 处理天数差						10	4	1	2	7

2.3 水稻长龄毯苗机插干物质积累及其比例

由表 2-1-26 可知，长龄毯苗机插的干物质积累量高于常规毯苗机插，随着株距的增加，它们的积累量都呈现出先递增后递减的趋势，差异显著。从各个生育阶段来看，长龄毯苗机插在株距 13 cm 条件下的总物质积累量最高，常规毯苗机插在株距 11.7 cm 条件下的总物质积累量最

表 2-1-26 不同育秧方式和密度机插水稻亩干物质积累量及其比例

处理	株距/cm	播种至拔节/kg	占比/%	拔节至抽穗/kg	占比/%	抽穗至成熟/kg	占比/%
长龄毯苗	10.5	262.8c	22.12	464.2d	39.08	460.9d	38.80
	11.7	278.1a	22.45	478.9b	38.66	481.6b	38.88
	13.0	283.5a	22.49	489.6a	38.84	487.6a	38.68
	14.8	269.5b	22.41	467.6c	38.88	465.6c	38.71
	17.0	252.1d	21.65	457.6e	39.30	454.9e	39.06
常规毯苗	10.5	259.5b	22.17	456.9d	39.03	454.2e	38.80
	11.7	279.4a	22.56	482.2a	38.93	476.9a	38.51
	13.0	263.5b	21.93	471.6b	39.26	466.2b	38.81
	14.8	247.5c	21.11	464.2c	39.59	460.9c	39.31
	17.0	237.6d	20.89	450.9d	39.64	448.9d	39.47
长龄毯苗	平均	269.2	22.23	471.6	38.95	470.1	38.82
常规毯苗	平均	257.5	21.75	465.2	39.29	461.4	38.97

高，这与产量趋势一致。在播种至拔节阶段，除株距 10.5 cm 外，长龄毯苗机插的干物质积累比例高于常规毯苗机插，而在拔节至抽穗与抽穗至成熟两阶段，干物质积累比例低于常规毯苗机插。可见长龄毯苗机插前期缓苗期短，物质积累多，中期积累量适宜，群体适中，抽穗后群体生长量大。

2.4 水稻长龄毯苗机插的稻米品质

在同一密度下，较常规毯苗机插，水稻长龄毯苗机插提高了糙米率、精米率和整精米率；降低了垩白粒率和垩白度，改善了外观品质；直链淀粉含量降低，胶稠度和蛋白质相当。

在同一栽插方式下，随密度增加，糙米率、精米率和整精米率均变低，垩白粒率和垩白度增加，蛋白质含量与直链淀粉含量升高，胶稠度无明显变化规律(表 2-1-27)。

表 2-1-27 不同育秧方式和密度机插水稻的稻米品质

处理	株距/cm	糙米率/%	精米率/%	整精米率/%	垩白粒率/%	垩白度/%	蛋白质含量/%	直链淀粉含量/%	胶稠度/mm
长龄毯苗	10.5	84.82c	75.94c	69.27c	27.3a	5.6ab	9.8a	15.3a	70a
	11.7	85.17d	76.02b	69.49c	27.0a	4.9b	9.7a	15.2a	70a
	13.0	85.21b	76.54ab	69.62b	23.4cd	4.0c	9.5ab	14.6b	71a
	14.8	85.58ab	76.64ab	70.11ab	22.6d	3.5c	9.5ab	14.5b	70a
	17.0	85.65a	76.88a	70.81a	21.9e	3.4c	9.3b	14.3b	72a
常规毯苗	10.5	84.65c	75.84c	68.79c	28.7a	6.0a	9.8a	15.4a	70a
	11.7	84.84bc	76.03b	69.92a	26.4b	4.8b	9.6ab	15.2ab	71a
	13.0	85.07b	76.08b	69.24b	24.8c	3.9c	9.6ab	15.3ab	70a
	14.8	85.14ab	76.41a	69.54ab	23.4cd	3.7c	9.6ab	14.8ab	72a
	17.0	85.22a	76.48a	69.57ab	22.5d	3.5c	9.5ab	14.6b	71a
长龄毯苗	平均	85.29	76.40	69.86	24.44	4.28	9.56	14.8	70.6
常规毯苗	平均	84.98	76.17	69.41	25.16	4.38	9.62	15.1	70.8

2.5 水稻长龄毯苗机插大田示范性验证

2015—2016 年同时进行长龄毯状大苗机插大田试验(表 2-1-28)，并以常规毯苗机插为对照。试验发现，相同株行距条件下，长龄毯状大苗机插产量较常规毯苗机插高出 5.4%，增产显著。从产量构成因素看，长龄毯苗机插的每穗粒数明显多于常规毯苗，千粒重和结实率差异不大，说明长龄毯状大苗机插主要通过增加每穗粒数而获得高产。

表 2-1-28 不同播种方式机插粳稻大田产量及其构成因素

育秧方式	亩穗数/万穗	每穗粒数/粒	亩群体颖花量/万朵	结实率/%	千粒重/g	亩实际产量/kg 2015	亩实际产量/kg 2016	较 CK 平均增产/%
长龄毯苗	24.1a	128.7a	3 103.1a	93.8a	26.5a	733.7a	700.4a	5.4
常规毯苗	25.0b	120.3b	3 008.9b	93.2a	26.3a	693.7b	660.3b	

2.6 水稻长龄毯苗机插—小麦机条播轮作麦季和周年产量

2015 年和 2016 年，通过对长龄毯苗和常规毯苗稻茬口的麦季和周年的追踪(表 2-1-29)发现，在麦季，毯状大苗机插茬口小麦亩产量和日产量均高于常规毯苗机插茬口，主要是由于麦季生育期延长提高了干物质积累量而高产。2 年长龄毯苗机插茬口麦季亩产量较常规毯苗机插茬口分别提高 4.6%和 6.1%；周年亩产量和日产量也表现为长龄毯苗机插茬口高于常规毯苗机插茬口，周年亩产量分别提高 5.4%和 6.3%；周年生育期延长 14 d，提高了温光资源利用率。

表 2-1-29 不同机插水稻茬口稻麦周年产量

年份	方式	稻季			麦季			周年		
		亩产量/kg	生育期/d	日产量/($g \cdot m^{-2} \cdot d^{-1}$)	亩产量/kg	生育期/d	日产量/($g \cdot m^{-2} \cdot d^{-1}$)	亩产量/kg	生育期/d	日产量/($g \cdot m^{-2} \cdot d^{-1}$)
2015	长龄毯苗	735.7	155	7.12	469.6	220	3.20	1 205.3	375	4.82
	常规毯苗	694.3	148	7.03	448.9	213	3.16	1 143.2	361	4.75
2016	长龄毯苗	701.7	153	6.88	474.9	219	3.25	1 176.6	372	4.74
	常规毯苗	659.0	147	6.72	447.6	211	3.18	1 106.6	358	4.63

2.7 淮安市水稻长龄毯状大壮苗机插试验

为明确毯状大壮苗育秧技术与所育秧苗对机插水稻产量及成熟期的影响，2016 年在淮安市城南采用不同方式培育机插秧苗，做了毯状大壮苗机插大田对比示范试验。

（1）不同育秧方式秧苗机插时秧苗素质　对所育秧苗进行了素质调查，观测发现：大壮苗技术(印刷播种加专用拌种剂)育出的毯状秧苗粗壮、挺实，色较深；机械化播种加多效唑化控培育的毯状苗素质次之；常规毯苗流水线播种育出的超龄苗叶色淡、苗整体细软，卷秧运输后秧苗倾倒，秧苗偏长、绿叶片数少、基茎宽小。表 2-1-30 表明，大壮苗育秧技术对苗高有良好调控作用，秧苗单株绿叶片数、绿叶率、百株干重、粗壮度均高于其他处理，秧苗不超高，适栽秧龄弹性大。大壮苗技术(印刷播种加专用拌种剂)培育秧苗的素质好于苗后多效唑调控培育的苗。不加化控的超龄秧苗，秧苗两极分化明显，总体素质明显下降。不加化控的适龄小苗，因为秧龄较小，绿叶率最高，但苗体小，素质不如化控的长龄秧苗好。从调节大苗的株高来看，15%多效唑 0.05 g 每盘的用量还有点少，秧苗调控效果不太理想。

表 2-1-30 不同处理秧苗移栽时秧苗素质

处理代号	叶龄/叶	株高/cm	单株绿叶/张	绿叶率/%	10 株茎宽/cm	百株地上干重/g	重高比/($mg \cdot cm^{-1}$)
A1	4.7	19.5	3.5	74.5	3.62	3.56	1.83
A2	4.7	21.2	3.1	66.0	3.36	3.47	1.64
A3	4.4	23.6	2.7	61.4	2.88	2.86	1.21
A4	3.6	16.9	3.2	88.9	2.45	1.97	1.16

注：A1 代表印刷播种加专用拌种剂培育的长龄大苗(大壮苗育秧技术所育，32 d)；A2 代表机械化播种加多效唑化控培育的长龄大苗(32 d)；A3 代表常规毯苗流水线播种常规育秧的 32 d 长秧龄大苗；A4 代表常规毯苗流水线播种常规育秧的 22 d 适龄大苗。

（2）不同育秧方式水稻的群体分蘖动态　通过定点调查不同处理秧苗插后成活数，计算秧苗成活率，结果表明：化控培育的大壮苗成活率高，缓苗期较短，插后 7 d 开始出现分蘖，分蘖起步早，早期群体茎蘖数上升较快。而常规毯状小苗机插缓苗期长于大壮苗，分蘖发生相对较迟，但之后分蘖发生速度快于大壮苗，群体茎蘖总数急速上升，很快超过大壮苗，高峰苗期与大壮苗大体一致。后期群体茎蘖总数下降比较快。常规毯状超龄苗插后死苗严重，成活率明显降低，只有 68.3%，同时缓苗期长达 12 d，且分蘖发生缓慢，群体茎蘖总数上升迟缓，茎蘖总数明显不足（图 2-1-2）。

图 2-1-2 不同育秧方式水稻抽穗期植株形态

（A1 至 A4 处理方式同表 2-1-30）

（3）不同育秧方式水稻的生育时期 ‘南粳 9108’印刷播种加拌种剂所育的大壮苗始穗期比多效唑化控的大龄苗、无化控的超龄苗晚 1 d，齐穗期相同，成熟期晚 1 d，全生育期 155 d，比同期播种多效唑化控大苗、常规超龄苗长 1 d。与常规小苗比，拔节期、始穗期均早 4 d，齐穗期早 3 d，成熟期早 4 d，全生育期长 6 d（表 2-1-31）。

表 2-1-31 不同育秧方式水稻的生育进程

处理代号	播种期（月/日）	拔节期（月/日）	始穗期（月/日）	齐穗期（月/日）	成熟期（月/日）	全生育期/d
A1	5/26	8/2	8/30	9/3	10/28	155
A2	5/26	8/2	8/29	9/3	10/27	154
A3	5/26	8/2	8/29	9/3	10/27	154
A4	6/5	8/6	9/3	9/6	11/1	149

注：A1 至 A4 处理方式同表 2-1-30。

（4）不同育秧方式水稻产量 通过测产与实收，印刷播种加拌种剂化控培育的长龄壮苗产量最高，流水线播种多效唑化控培育的长龄苗次之，无化控的超龄大苗产量最低（表 2-1-32）。从实收产量看，与常规毯苗相比，印刷播种长龄苗增产 6.25%，流水线播种长龄苗增产 3.63%，与生产上经常出现的常规超秧龄苗相比，印刷播种长龄苗和流水线播种长龄苗分别增产 17.88% 和 14.97%。

表 2-1-32 不同育秧方式水稻产量及构成

处理代号	成穗率/%	亩有效穗/万穗	每穗粒数/粒	亩群体颖花量/万朵	结实率/%	千粒重/g	亩理论产量/kg	亩实收产量/kg	较 A4 实收增产/%
A1	71.1	23.1	131.0	3 026.1	92.8	26.2	735.8	705.6	6.25
A2	70.5	22.5	130.9	2 945.3	92.0	26.2	709.9	688.2	3.63
A3	73.5	20.8	124.3	2 585.4	91.6	26.1	618.1	598.6	-9.86
A4	69.5	24.2	120.4	2 913.7	92.4	25.9	697.3	664.1	

（二）江淮之间稻麦两熟平衡高产技术

1. 水稻常规毯状小苗机插与小麦机条播周年两熟平衡高产的关键技术

基于以上研究结果，针对苏中地区稻麦迟种迟收矛盾突出的问题，笔者针对苏中地区提出以下稻麦两熟平衡高产技术方案：稻季迟熟中粳毯状小苗机插配麦季偏迟机条播春性小麦模式。该模式稻麦两季生育期见图 2-1-3。

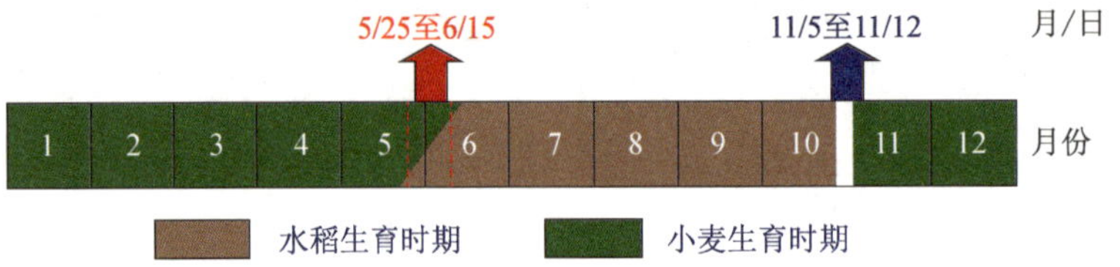

图 2-1-3　苏中地区水稻毯状小苗机插与小麦机条播两熟平衡高产技术方案中稻麦生育时期

1.1　稻麦品种的筛选

在已培育出的适应稻麦两熟制且具有水稻亩产 700 kg 以上、小麦亩产 500 kg 以上潜力的一批新品种（系）中，进行了新品种筛选试验（表 2-1-33），结合多地其他品种筛选试验，稻季筛选‘武运粳 27 号’‘武运粳 80’‘扬粳 805’‘淮稻 5 号’‘南粳 49’‘丰粳 1606’‘宁粳 7 号’‘南粳 0212’‘南粳 3818’‘南粳 9108’等优质丰产粳稻及籼粳杂交稻‘甬优 2640’‘甬优 1530’‘甬优 4963’等大穗型超高产品种；以武进农科所等单位育成的高产粳稻品种促进扩粳，以江苏省农科院育成的优质食味粳稻品种促进优质粳稻的推广，如‘南粳 9108’等；麦季筛选里下河农科所培育的耐迟播春性小麦‘扬麦 16’等，适应小麦适当推迟播种。这些品种合理搭配，有利于稻麦两熟平衡高产。

表 2-1-33　水稻高产新品种（系）筛选（兴化市钓鱼镇，2015）

处理（品种品系）	亩穗数/万穗	每穗粒数/粒	结实率/%	千粒重/g	亩理论产量/kg	亩实际产量/kg
长江 1515	23.7	89.8	93.3	28.0	554.8	532.6
长江 1425	18.4	192.5	86.5	25.8	790.1	766.1
池 7	17.8	181.4	60.0	24.6	476.5	412.1
清秀新南一	15.6	212.7	78.3	24.0	622.9	454.1
津稻选 2	13.3	146.1	90.5	26.6	466.8	596.6
池 36	20.4	190.4	76.0	26.0	767.6	746.9
池 13	12.2	226.7	69.0	23.6	450.0	428.6
池 47	22.4	150.1	93.6	25.7	809.0	779.7
池 37	19.0	181.9	84.8	24.8	726.7	703.2
池 55	18.8	166.5	78.0	25.8	628.7	593.1
池 35(25)选	15.5	163.9	93.3	26.6	631.0	603.1
食香选 14	14.3	203.3	75.0	23.5	512.3	514.1
津稻选 1	13.9	155.9	90.2	25.8	505.2	611.4
池 11	11.8	198.3	89.5	31.6	660.8	641.3
长江 1516	14.1	177.9	94.0	22.6	531.5	505.3

（续表）

处理（品种品系）	亩穗数/万穗	每穗粒数/粒	结实率/%	千粒重/g	亩理论产量/kg	亩实际产量/kg
池 74	16.0	169.1	79.8	25.4	547.5	519.7
津稻选 3	17.8	151.8	90.2	26.2	638.0	607.5
池 63	13.3	174.9	83.3	25.1	486.5	465.0
金粳 818	16.6	134.2	96.0	25.6	546.7	530.8
早优粳 1 号	17.9	136.1	95.9	24.5	571.2	550.2
长江 1517	19.9	158.7	96.2	25.4	770.5	743.8
长江 1518	19.8	165.4	95.5	25.1	784.9	753.6
国庆稻	20.0	108.5	91.3	24.9	493.4	469.8
南粳 9108	21.8	148.7	94.5	25.8	790.3	769.4
武运粳 30 号	21.2	146.3	93.9	26.3	766.0	742.5
武运粳 24 号	21.6	148.3	94.8	26.3	798.7	771.4
南粳 49	21.2	146.6	93.7	26.0	757.2	735.7
武运粳 27 号	21.5	145.4	94.3	26.3	775.3	752.4
连粳 7 号	22.5	143.4	93.6	25.7	776.1	748.5
甬优 2640	16.5	215.4	91.3	25.6	830.7	816.3
甬优 1530	16.2	217.4	92.3	25.8	838.7	821.5

1.2　优化稻麦轻简化、机械化精确栽培

（1）精确选择最适播栽方式　苏中地区水稻选择粳稻 20 d 秧龄毯苗机插；小麦首选旋耕机条播，其次旋耕机撒播。

（2）精确确定稻麦最适群体起点（密度）　苏中地区水稻机插秧基本苗每亩 6 万～8 万苗；按照株距 11.7～13.3 cm、每亩 1.67 万～1.90 万穴、每穴 4 苗算，每亩 6.7 万～7.6 万苗。机条播小麦基本苗每亩 16 万苗。

（3）稻麦精确施肥　根据差值法精确确定水稻总施氮量，每亩施纯 N 17～20 kg。提出了水稻机插小苗基蘖肥与穗肥 6∶4 或 7∶3（秸秆还田）的精确比例，穗肥一次性追施在倒 4 叶期，两次追施分别在倒 4 叶和倒 2 叶期。水稻基肥有旱整施基肥和湿整施基肥两种方式（图 2-1-4、图 2-1-5）。

图 2-1-4　水稻旱整施基肥

图 2-1-5　水稻湿整施基肥

小麦机条播高产栽培每亩施纯氮 15~18 kg，基肥、促(壮)蘖肥、拔节肥、孕穗肥比例以 5∶1∶2∶2 为宜(弱筋小麦亩施氮量 12~16 kg，基肥、蘖肥、拔节孕穗肥比例为 7∶1∶2)。小麦拔节孕穗肥在倒 3 叶期施用，即叶色褪淡、高峰苗下降、基部第一节间基本定长第二节间开始伸长时施用。

（4）稻麦精确水分管理　对于水稻，依生育进程系统阐明了定时、定量灌溉指标，创立了至有效分蘖临界叶龄期前一个叶龄期(如图 2-1-6 中所示第 10 叶)、群体茎蘖数达到 80%够苗时早搁田的“浅—搁—湿”定时定量灌溉模式，改革了以保持水层为主、拔节期迟搁田的传统灌溉方法。为了更好地实施水分精确管理，部分稻田建有智能灌溉设备(图 2-1-7)。

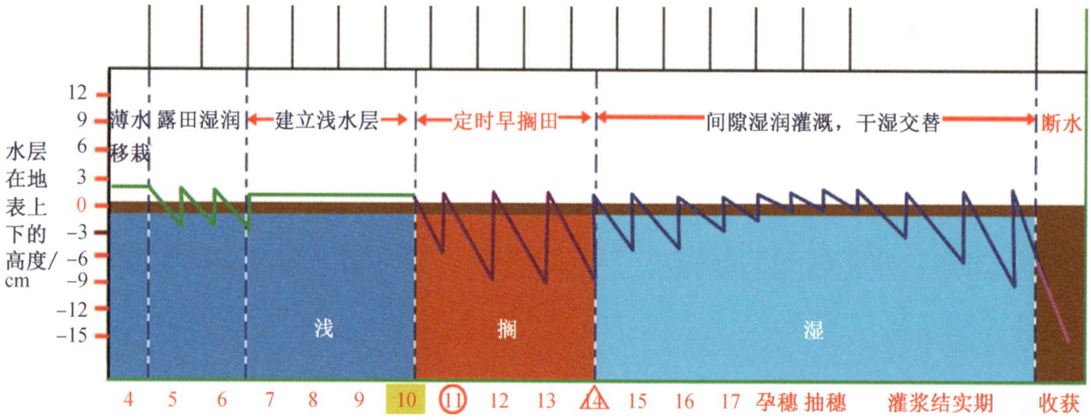

图 2-1-6　水稻精确管水模式

(横坐标数字表示水稻叶龄)

海安雅周基地　　扬州沙头基地

图 2-1-7　水稻田智能灌溉系统

对于小麦，苏中地区要求三沟配套、清沟理墒，遇连阴雨及时排水降渍(图 2-1-8)。

1.3　应用机械秸秆还田新农艺

麦草全量还田后水稻栽培农艺的改进：

一是精细耕整泡田(或先泡再整)、沉实约 3 d 待栽(图 2-1-9、图 2-1-10)。

图 2-1-8 小麦田配套的沟渠

二是栽后活棵期间适度露田。适度露田利于改善土壤氧化还原状况，促进有害物质分解，促进新根发生，提高白根比例。

三是增施分蘖肥，适当减少穗肥。基蘖肥与穗肥比例在秸秆还田条件下为 7∶3。

图 2-1-9 项目实施地秸秆还田

图 2-1-10 麦秸秆还田与整地

稻草全量还田后小麦栽培农艺的改进：

一是水稻及时断水，成熟即收，使稻田处于适耕状态。

二是碎草匀铺，碎草长度≤5 cm(图 2-1-11)。

三是深旋还田，稻草埋深≥12 cm；播后或冬前适墒适度镇压，促进草泥沉实、种(根)土密接，增温保墒，防冻抗灾(图 2-1-12)。

收割机粉碎秸秆　　粉碎后秸秆

图 2-1-11　泰州市姜堰区河横基地水稻秸秆粉碎

机械作业背面效果　　机械作业正面效果

图 2-1-12　泰州市姜堰区河横基地水稻秸秆还田与小麦播种

1.4　集成应用其他适用新技术

(1) 配套推广适用的农机装备设施　稻麦两熟作业中配套适用的农机装备及设施，如水稻集中育秧、工厂化育秧的场地及微喷灌设备(图 2-1-13)，水稻栽插的高速插秧机，水稻收获后耕整地的反旋灭茬机，小麦播种的少免耕播种机、项氏播种机等(图 2-1-14)。

(2) 示范推广稻麦配方施肥　根据“3414”“3417”法测土配方施肥，根据土壤地力精确确定 N、P、K 配方与用量。

(3) 解决病虫草害防治出现的新问题　除稻麦常见病虫草害外，重点研究新出现或危害加重的病虫害防治，如黑条矮缩病，水稻趋重的稻曲病、稻瘟病、杂草稻、抗性杂草，小麦趋重的纹枯病与白粉病、赤霉病等。

露天场地集中育秧

硬地硬盘微喷灌育秧

大棚硬地微喷灌育秧

棚架育秧

图 2-1-13　机插水稻不同育秧方式

小麦条带免耕施肥播种机

小麦旋耕智能施肥播种机

图 2-1-14　小麦播种机

2. 水稻长秧龄毯苗机插(印刷播种机插、流水线播种)—小麦机条播两熟平衡高产模式的关键技术

采用迟熟中粳或大穗型水稻品种长秧龄毯苗机插(毯状大苗)配套适期机条播春性小麦模式，稻麦生育期见图 2-1-15。水稻长秧龄毯苗可以采用印刷播种技术，通过印刷播种机械及播种纸把种子均匀分播于带黏胶的纸上，播种密度一般为每盘 60~80 g(图 2-1-16、图 2-1-17)，秧苗素质较常规毯状小苗好(图 2-1-18、表 2-1-34)。

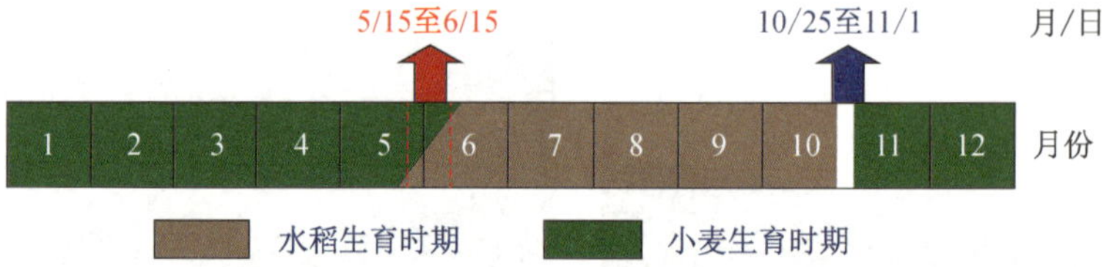

图 2-1-15　迟熟中粳或大穗型水稻长秧龄毯苗机插—春性小麦适期机条播模式的稻麦生育期

图 2-1-16　印刷播种纸上播的水稻种子

图 2-1-17　流水线稀播匀播

20 d 常规播种毯状小苗　　20 d 印刷播种毯状大苗　　22 d 印刷播种毯状大苗　22 d 常规播种毯状小苗

图 2-1-18　常规播种毯状小苗与印刷播种毯状大苗育秧 20 d、22 d 秧龄时秧苗对比

表 2-1-34　印刷播种毯状大苗与常规毯状小苗秧苗素质差异

处理	苗高/cm	叶龄	绿叶数	基茎粗/cm
印刷播种毯状大苗	15~20	4~6	3~4	2.5~3.5
常规毯状小苗	12~20	3~3.5	2~3	2.0~2.5

2.1　稻麦品种的筛选

在已培育出的适应稻麦两熟制且具有水稻亩产 700 kg 以上、小麦亩产 500 kg 以上潜力的一批品种中，稻季筛选‘武运粳 27 号’‘武运粳 80’‘扬粳 805’‘淮稻 5 号’‘南粳 49’‘丰粳 1606’‘宁粳 7 号’‘南粳 0212’‘南粳 3818’‘南粳 9108’等优质丰产粳稻品种与‘甬优 2640’‘甬优 1530’等超高产品种；麦季筛选里下河农科所培育的春性小麦‘扬麦 16’‘扬辐麦 4 号’‘宁麦 16’等。通过稻麦品种合理搭配，利于稻麦两熟平衡高产。

2.2　稻麦机械化精确栽培

（1）精确选择最适播秧龄和播栽方式　苏中地区水稻选择 30 d 秧龄大苗机插，小麦首选旋耕机条播，其次旋耕机撒播或旋耕人工撒播。

（2）精确确定稻麦最适群体起点（密度）　根据前文研究结果，毯状大苗栽插的适宜规格为行株距 30.0 cm×13.0 cm，每亩 1.71 万穴，按每穴 4 苗算，每亩 6.84 万苗，在此条件下能取得较高的产量。一般以最大取秧量 1.4 cm×1.7 cm（2.38 cm^2）计，以取较大秧接近正方块为好，苗用量 30 盘为佳，一般建议准备 28~35 盘。小麦基本苗每亩 16 万苗。

（3）稻麦精确施肥　根据差值法精确确定水稻总施氮量。提出了水稻机插小苗基蘖肥与穗肥 6∶4 或 7∶3（秸秆还田）的精确比例，穗肥一次性追施在倒 4 叶期，两次追施分别在倒 4 叶和倒 2 叶期。

2015 年水稻不同基蘖肥比例试验表明，随着基蘖肥比例减少，水稻产量先增加后减少，当基蘖肥与穗肥比例为 6∶4 时产量最高，显著高于其他处理（表 2-1-35）。‘南粳 9108’‘南粳 5055’实际亩产量分别为 712.6 kg 和 707.6 kg，分别较两品种 10∶0 处理时最低的亩产量 643.4 kg 和 634.0 kg 增产 10.8% 和 11.6%。进一步分析产量构成因素，随着基蘖肥占总施氮量比例的降低，不同处理的结实率和千粒重呈现先增加后减少的趋势，除不施氮对照处理最高外，均以 6∶4 处理时最高。群体颖花量构成因素中的穗数随着基蘖肥占总施氮量比例的降低呈减少的趋势，而每穗粒数随着基蘖肥占总施氮量比例的降低而增加，而后又略有下降。

表 2-1-35　不同氮肥运筹下水稻的产量及其构成因素

品种	处理	亩穗数/万穗	每穗粒数/粒	亩总颖花量/万朵	结实率/%	千粒重/g	亩理论产量/kg	亩实际产量/kg
南粳 9108	10∶0	22.6a	123.3e	2 785.0de	93.1g	25.88e	671.1e	643.4d
	9∶1	22.4ab	125.8e	2 812.4cd	94.6f	25.89e	690.4de	649.6d
	8∶2	22.1b	129.9d	2 867.0bc	95.8d	25.92e	711.6c	676.0c
	7∶3	21.6c	134.5c	2 900.3ab	96.1c	26.42c	736.6b	699.8b
	6∶4	20.9d	141.7a	2 960.5a	96.4b	26.61b	759.2a	712.6a
	5∶5	20.2e	139.7ab	2 824.5cd	95.7d	26.23d	708.8cd	668.2c
	4∶6	19.9e	137.9b	2 742.6e	95.3e	26.19d	684.4e	654.2d
	CK	13.1f	117.9f	1 550.1f	97.1a	27.23a	409.9f	361.5e

（续表）

品种	处理	亩穗数/万穗	每穗粒数/粒	亩总颖花量/万朵	结实率/%	千粒重/g	亩理论产量/kg	亩实际产量/kg
南粳5055	10∶0	23.5a	116.3f	2 734.1d	94.2e	25.92g	667.3d	634.0e
	9∶1	23.3a	119.7e	2 794.4bcd	94.2de	26.14f	687.9cd	646.6d
	8∶2	23.0b	122.5d	2 816.9bc	94.3de	26.19ef	695.5c	660.4c
	7∶3	22.2c	129.0c	2 857.8ab	95.8c	26.47c	724.5b	697.9b
	6∶4	21.7d	134.0a	2 913.7a	96.4b	26.67b	749.3a	707.6a
	5∶5	20.9e	132.1ab	2 761.2cd	95.8c	26.38cd	698.0c	667.4c
	4∶6	20.8e	131.5b	2 736.7d	94.5d	26.30de	680.3cd	649.8d
	CK	13.3f	110.1g	1 465.9e	97.1a	27.21a	387.1e	345.8f

小麦施肥方案同小麦机条播相关技术。

（4）稻麦精确水分管理　类同于水稻常规毯状小苗机插与小麦机条播相关技术。

2.3　应用机械秸秆还田新农艺

类同于水稻常规毯状小苗机插与小麦机条播相关技术。

四、稻麦两熟制新技术方案（水稻毯苗机插—小麦机条播两熟配套技术方案）

（一）两种模式与接茬安排

对于水稻常规毯苗机插—小麦机条播两熟高产优质模式而言，稻季选择‘南粳 9108’‘扬农香 28’‘金香玉 1 号’‘武香粳 113’‘扬粳 805’‘淮稻 5 号’‘苏垦 118’‘南粳 3818’等高产或优质高产迟熟中粳品种，生育期 150~160 d，也可以适当选择‘南粳 2728’‘南粳 5718’‘南粳 505’‘徐稻 9 号’等中熟中粳品种，生育期 145~150 d。稻季主导品种为‘南粳 9108’。麦季选择耐迟播春性小麦‘扬麦 23’‘扬麦 25’‘宁麦 14’‘宁麦 15’‘扬辐麦 4 号’等，生育期 210~220 d，主导品种为‘扬麦 23’。

对于水稻长龄毯苗机插—小麦机条播两熟高产优质模式而言，稻季还可选择生育期延长7~10 d 的品种，如‘南粳5055’‘南粳3908’等早熟晚粳品种，生育期155~165 d。麦季选择春性小麦‘扬麦23’‘扬麦25’‘宁麦14’‘宁麦15’‘扬辐麦 4 号’等，生育期 210~215 d，主导品种为‘扬麦 23’。

（二）水稻毯苗机插高产栽培技术方案

1. 毯苗机插水稻生产指标、产量结构及生育期

毯苗机插水稻目标亩产量 650~700 kg，亩有效穗数 22 万~25 万，每穗粒数 120~140 粒，结实率 90%以上，千粒重 24~26 g，生育期 150 d 左右。

2. 麦秸秆高质量还田整地

麦秸秆匀铺后，精细耕整还田，泡田整平后沉实约 3 d 后插秧。

3. 毯苗机插水稻毯苗实行集中规模化育秧或工厂化育秧

水稻常规毯苗机插秧龄 15~20 d，硬盘基质机械化流水线播种，大田规模化集中育秧，条件适宜的可以在温室或硬地上采用硬盘微喷灌育秧。

4. 毯苗机插水稻机械化精确播栽

常规毯苗机插秧基本苗每亩 6 万~8 万，采用高速插秧机作业，株距 11.7~13.3 cm，每亩 1.67 万~1.90 万穴，每穴 4 苗。长龄毯苗机插，株距 13.3 cm，每亩 1.67 万穴，每穴 4 苗。

5. 毯苗机插水稻肥料精确施用

根据“3414”“3417”法测土配方施肥，根据土壤地力精确确定N、P、K配方与用量。根据差值法精确确定水稻总施氮量。提出了水稻机插小苗基蘖肥与穗肥6∶4或7∶3(秸秆还田)的精确比例，穗肥一次性追施在倒4叶期、两次追施分别在倒4叶和倒2叶期。

6. 毯苗机插水稻精确水分管理

对于水稻，薄水移栽，浅水促蘖，有效分蘖临界叶龄期前一个叶龄期(群体茎蘖数80%够苗)搁田，之后干湿交替灌溉，收获前7 d断水。

7. 水稻主要病虫害的综合防治

重点防治水稻纹枯病及趋重的稻瘟病、稻曲病、稻田杂草稻、水稻螟虫等，实行物理防治、生物农药及化学农药防治相结合的植保技术。

(三)水稻毯苗机插茬口机条播小麦高产栽培技术方案

1. 机条播小麦生产指标、产量结构及生育期

小麦亩产量450~500 kg，每亩穗数35万穗左右，每穗35~40粒，千粒重40 g左右。

2. 稻秸秆还田

水稻及时断水收获后，粉碎稻秸秆(碎草长度≤5 cm)，深旋还田(稻草埋深≥12 cm)，播后适墒适度镇压。

3. 机条播小麦机械化精确播种

小麦采用机条播，每亩16万苗，采用条带免耕施肥播种机或旋耕智能施肥播种机(项氏施肥播种机)。

4. 机条播小麦肥料精确施用

小麦亩施纯氮15~18 kg，基肥、促(壮)蘖肥、拔节肥、孕穗肥比例以5∶1∶2∶2为宜，弱筋小麦亩施氮量12~16 kg，基肥、蘖肥、拔节孕穗肥比例为7∶1∶2。

5. 机条播小麦精确水分管理

对于小麦，要求三沟配套，遇连阴雨及时排水降渍。若在稻收麦播交替期间遇到阴雨，则必须及时排水后适墒抢播麦种。

6. 加强病虫草害的绿色综合防治

重点防治小麦趋重的纹枯病、白粉病、赤霉病等，实行物理防治、生物农药及化学农药防治相结合。

五、示范应用取得的效果与效益

(一)“五区”协同推动项目实施

项目实施地为江苏苏中地区稻麦生产具有代表性的产粮大县兴化市(稻138万亩，麦115万亩)。分别设立技术创新区、集成展示区、核心示范方与全程化服务集中区及辐射推广区，采取“五区”协同实施。

1. 技术创新区

设在兴化市钓鱼镇农机专业合作社农场，面积300亩。重点进行稻麦两熟模式创新定位实验，并开展稻麦品种筛选、秸秆还田、深耕整地、机插大龄苗、不同机插方式、节肥节水节药以及机具配套选型等关键技术专题研究。

2. 集成展示区

重点开展稻麦两熟平衡高产优质增效技术的熟化集成与示范，在兴化市钓鱼、城东、临城、陈堡、周庄、茅山与戴南7个重点乡镇的家庭农场，沿兴泰公路线各建成1~2个千亩连片集成技术的标志性展示区。

3. 核心示范方

在上述7个乡镇沿兴泰公路线建立15万亩集成技术核心示范方（其中新型经营主体规模化生产面积约10万亩），以带动全市推广应用。

4. 全程化服务集中区

在钓鱼和戴南等地建设稻麦现代化生产技术与机械、植保、粮食烘干等为主要内容的全程化服务集中区。

5. 辐射推广区

将成熟的技术成果普及推广到兴化市百万亩水稻与百万亩小麦生产上。同时与苏中、苏北代表性县市（高邮、海安、洪泽、泗洪、睢宁、东海）协作，加快新技术的示范推广。

（二）试验示范取得的效果与效益

一是筛选了一些适合机插稻育苗秧龄延长和熟期提前的高产优质水稻品种，如‘南粳9108’‘南粳0212’‘南粳3818’‘扬粳805’‘苏垦118’‘淮稻5号’‘武运粳27号’‘武运粳80’等，创建水稻适期提早成熟5~10 d、从而使小麦播期提前5~10 d的稻麦两熟周年平衡高产优质增效新模式与配套技术。

二是着重以现有的先进适用技术为主体，集成并示范迟熟中粳型（优质食味水稻）毯苗机插高产优质增效技术。

三是重点集成示范稻茬麦适期机条播与偏迟机播两套高产优质增效技术。

四是建立高水平集成展示区带动15万亩核心示范方，增产水平比大面积提高10%以上，亩增效10%~15%。同时与龙头加工企业紧密合作，通过优质食味稻米与中筋小麦的高产优质绿色生产，有效提升了“兴化牌”大米和“五得利”面粉的品牌知名度。

五是凝练出稻麦两熟平衡高产优质增效的共性模式与配套技术，列入江苏全省农业技术推广计划，并在苏中和苏北的高邮、海安、洪泽、泗洪、睢宁、东海等县市建立扩大示范推广区，带动全省稻麦平衡增产。

六、与对照技术的技术经济指标比较

通过稻麦两熟制高产平衡技术方案项目在兴化等地的实施，提高了水稻毯苗机插的育秧质量、栽插质量和中后期群体高效生长量。项目的展示区在兴化市钓鱼、周庄等7镇，2016—2018年7镇展示区3年水稻平均亩产量724.0 kg，较非展示区增产16.2%；小麦平均亩产量463.8 kg，较非展示区增产18.1%；展示区稻麦周年平均亩产量1 187.8 kg，较非展示区增产16.9%。2016—2018年7镇示范方3年水稻平均亩产量673.0 kg，较非示范方增产8.0%；小麦平均亩产量428.6 kg，较非示范方增产9.1%；示范方稻麦周年平均亩产量1 101.6 kg，较非示范方增产8.4%。2016—2018年全市辐射推广区3年水稻平均亩产量654.6 kg，较非推广区增产5.0%；小麦平均亩产量415.1 kg，较非推广区增产5.7%；辐射推广区稻麦周年平均亩产量1 071.3 kg，较非推广区增产5.3%。促进了兴化市稻麦两熟的平衡增产增收。

在技术创新区及淮安地区开展新型水稻毯苗长秧龄机插技术研究，通过稀播培育长龄壮秧。将播种量由每盘 120 g 降低至 95~100 g，机插毯苗秧龄延长至 30 d，促进了早熟换茬，长龄毯苗机插水稻比粗放型迟播迟栽方式水稻收获期提前 3~5 d 或更多，小麦播期也相应提前 3~5 d，从全年季节利用上有效地破解稻麦两熟生产失衡的难度。技术创新区示范的水稻大苗机插产量较常规毯苗机插水稻增产 6.0%~7.0%，稻麦周年增产较水稻毯苗机插—小麦机条播增产 4.5%~5.0%。

七、应用前景与发展建议

经过在核心基地苏中兴化市 3 年的项目实施，提出了利于江苏省江淮之间稻麦两熟平衡高产的技术方案。通过稻麦周年品种的合理搭配，通过“标秧、精插、稳发、早搁、优中、强后”的水稻毯苗机插精确定量栽培技术，提高了群体起点质量和穗后物质光合生产能力，提高了毯苗机插水稻的高产稳产性，水稻毯苗机插—小麦机条播周年生产模式使得稻麦生产比较平衡、协调。研发水稻长龄毯状大苗机插栽培技术，降低了播种量，提高秧苗素质及延长了秧田期，大壮毯苗利于早发、足穗、壮秆，塑造中后期高效群体结构，提高水稻产量，并提早 3~5 d 成熟和收获，利于下茬麦季提早播种，提高稻麦周年产量。水稻毯苗机插精确定量栽培技术、长龄毯状大苗机插技术，再加上小麦精确机条播等技术的精确应用，有效缓解 3 龄稻麦两熟茬口紧张的矛盾，促进了稻麦周年平衡高产与优质高效。该技术对解决苏中和苏北地区稻麦两熟周年高产矛盾意义重要，项目实施地区 3 年的稻季和稻麦周年增产增效显著。

项目实施期间的 2016 年麦季和稻季遭遇连阴雨及低温等灾害，2015 年和 2017 年水稻孕穗、抽穗期遭遇高温，对稻麦生产造成较大影响，特别是稻麦收获期的连阴雨造成很多稻麦籽粒穗发芽，严重影响产量和品质，也给机械化收割带来严重影响。虽然该项目稻麦周年高产技术模式在遭遇极端天气影响下较非示范方仍增产增效，但对整个稻麦生产来讲，能将稻麦周年生产遭受极端天气影响造成的损失降到最低，仍需进一步加大研究和投入。

针对稻麦生产提质增效和“双减”的大背景，稻麦生产在重点研究降低氮肥投入和农药投入下，如何提高稻麦周年生产高效、增效持续性，也需进一步加大研究与投入。

近年来消费者对优质稻麦产品要求越来越高，如何在保障产量的同时，提高稻麦品质和效益，将是近几年研究的重点和热点，需要加大投入。

第二节 淮北地区稻麦两熟平衡高产关键技术与模式

提要：针对江苏淮北稻麦两熟地区茬口矛盾突出的现状，开展了稻麦品种筛选、秸秆还田方式优化、水稻栽插方式比较以及小麦播种与壮苗等关键技术研究。兼顾产量、熟期、品质及抗性等，建议选择‘徐稻 8 号’‘徐稻 9 号’‘苏秀 867’‘京粳 1 号’‘连粳 11 号’,‘淮麦 33’‘淮麦 30’‘徐麦 33’‘徐麦 32’‘徐农 029’和‘连麦 7 号’等稻麦良种作为淮北地区近年主推品种。水稻高留茬收割后秸秆粉碎还田可有效提升作业效率并减少收获损失，麦秸切碎后上水适度泡田旋耕可降低能耗，提高作业效率。小麦宽幅机械匀播及播后镇压增产显著。淮北稻麦周年两熟条件下首选中熟中粳水稻品种长秧龄毯苗机插+耐迟播半冬性小麦品种宽幅播种施肥模式。

一、科学问题与技术需求

关于淮北地区的区域范围，以苏北灌溉总渠为界，总渠以北区域为淮北地区已成业内共识(徐友千 等，2016)。据相关统计资料，区域面积和户籍人口约占全省1/3，粮食作物种植面积与总产则占40%左右。该区地处黄淮平原南缘，南部具沿淮气候特点，北部则分别与山东、安徽两省接壤，生态条件差异比较明显，具有典型的南北气候过渡特征(周羊梅 等，2012)。区域内除徐州市旱作两熟和稻麦两熟面积约各占1/2外，其余地区稻麦两熟面积均占70%以上，稻麦两熟是淮北地区粮食生产的主要种植方式(王龙俊 等，2013)。根据多年试验研究结果和大面积生产实践，淮北地区稻麦周年均衡高产面临的关键技术难题突出表现为以下几个方面：

(一) 主体品种布局不合理

历史上淮北地区水稻主体品种类型为典型的中熟中粳，全生育期140~145 d。由于多年来以产量和优质为目标的评价导向，导致水稻品种生育期普遍延长，大面积生产主推品种生育期已长达155 d左右，属典型的迟熟中粳类型(李杰 等，2017)。小麦品种类型为半冬性、多穗型，全生育期225~230 d。由于水稻品种生育期长、成熟晚，导致小麦播期相应后延，茬口衔接步入恶性循环。优化稻麦品种布局，选用熟期偏早，兼备优质、高产、抗(耐)病优良特性的稻麦良种，是协调稻麦周年均衡高产的关键举措。

(二) 种植技术严重滞后

淮北地区水稻种植方式以机插秧、直播稻为主，小麦种植方式以人工撒播、浅旋盖籽为主，水稻人工插秧和小麦机条播面积相对较小；机插秧有效秧龄10~15 d，直播稻则无秧龄可言(汪洪洋 等，2016)。由于直播稻面积居高不下和机插秧龄过短，加之秸秆还田耗时费力及逆境频发，淮北地区稻麦两熟的茬口衔接已步入水稻熟期推迟→小麦播期后移→小麦熟期推迟→水稻播(栽)期后移的恶性循环，少部分地区水稻收割期已迟至12月上旬，小麦播种期甚至后移至元旦前后，秋收秋种演变为冬季收种(葛自强 等，2011；景德道 等，2014)(图2-2-1)，严重影响稻麦高产优质高效。为此，改变这种落后的种植方式，有针对性地推广应用“水稻长秧龄毯苗机插”“穴盘旱育定量抛秧”和“小麦板茬宽幅施肥播种”等现代高效生产技术，是协调稻麦周年均衡高产的有效途径。

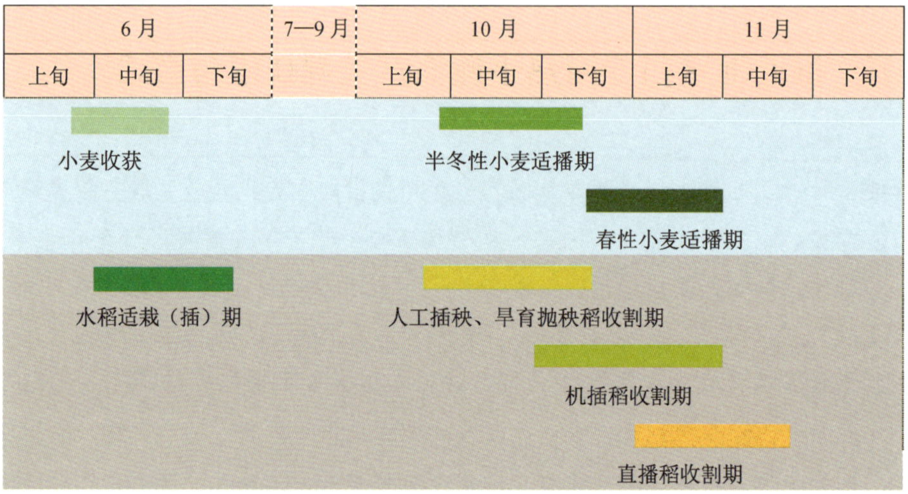

图2-2-1 淮北地区稻麦两熟轮作茬口衔接

（三）设施配套不完善

随着规模经营的迅速发展，种田大户或家庭农场逐步成为经营主体，由于缺乏晾晒场地或烘干设备，产品处置成为相当一部分新型经营主体面临的关键技术难题。由于收割时稻谷籽粒含水率明显超标，国营粮库普遍拒收，卖给流动粮贩则面临恶意压价的问题。采用烘干方式处理：一是成本偏高，生产者难以承受；二是高温烘干影响稻米品质，高档稻米加工企业拒收；三是烘干能力不足，无法满足短期集中收割而形成的巨大市场需求。很多种田大户被迫将已成熟的水稻继续置于田间自然脱水，不仅再度推迟水稻收割期，小麦播期相应后延，而且易因雨雪等自然灾害蒙受重大经济损失。针对新型经营主体的需求特点，示范推广以“就仓通风干燥”为主要特征的粮食收储一体化技术，能够大幅提升新型经营主体的生存与发展能力。

二、开展的试验与研究

（一）基于稻麦周年平衡高产的稻麦品种筛选

选用稻麦优良品种，优化品种布局，是充分发挥良种品质与产量优势，协调稻麦周年均衡高效生产的关键举措（杜永林 等，2011；杨洪建 等，2013；佘义斌 等，2016）。2015 年以来，引进徐稻、淮稻、连稻、泗稻、扬粳及南粳等系列水稻新品种（系）67 个，引进鲁麦、豫麦、皖麦、徐麦、淮麦、连麦及扬麦系列小麦新品种（系）46 个。系统开展了生态适应性、生长发育特性、综合抗性、产量及品质鉴定。结果表明，67 个水稻新品种（系）中，‘南粳 9108’‘淮香粳 15 号’‘扬粳 805’和‘优香粳’等 7 个新品种（系）属迟熟中粳，不适宜淮北地区大面积种植；‘徐稻 9 号’‘苏秀 867’‘京粳 1 号’和‘连粳 12 号’等 6 个新品种（系）熟期偏早，其他品种（系）生育期多为 150～155 d，属偏晚熟中粳品种。由于 2 年试验期均受前期高温、后期持续阴雨影响，新品种（系）产量优势难以发挥，亩产量变幅为 523.6～747.0 kg，平均亩产 630.9 kg；14 个新品种（系）亩产超 700.0 kg，其中‘京粳 1 号’2 年平均亩产 722.8 kg，综合表现比较突出。据各供种单位提供的材料，参试的水稻新品种（系）稻米品质均较好，其中国标一级米品种（系）6 个，二级米品种（系）14 个，三级米品种（系）26 个，‘南粳 9108’和‘优香粳’等 5 个新品种（系）食味品质佳。46 个小麦新品种（系）亩产变幅为 412.6～588.7 kg，平均亩产 468.4 kg。从产量水平看，‘徐麦 33’‘淮麦 33’‘连麦 7 号’和‘徐麦 0029’综合表现比较突出，其中‘淮麦 33’产量潜力大，‘徐麦 33’和‘连麦 7 号’耐病稳产，‘徐麦 0029’晚播早熟。就品质而言，仅‘徐麦 32’和‘扬麦 23’2 个品种符合国标强筋小麦标准。

根据大面积稻茬麦播种普遍推迟的客观现状，利用红皮小麦大穗多粒、迟播早熟和抗（耐）赤霉病的优势，提出红皮小麦北移一个纬度的理念并开展探索性试验。2016 年秋播引进‘扬辐麦 4 号’‘扬麦 23’等春性红皮小麦良种大面积试种，虽然迟至 11 月 18 日播种，但在冬、春气温持续偏高的条件下表现出良好的生态适应性、抗病性和丰产性，平均亩产均超过 400 kg，其中‘扬麦 23’的品质表现甚佳，符合国标强筋小麦标准，展示出良好的开发应用前景。据此初步提出“双优”的概念，即在泗洪、泗阳等洪泽湖沿岸地区，选用迟熟中粳优质稻米良种和红皮优质小麦良种轮作，建设优质稻米与专用小麦商品生产基地，通过丰产提质增效，提升稻、麦产业发展水平与经济效益。

分别以“优质、高产、早熟、抗（耐）病”和“高产稳产、耐迟播、抗（耐）病”作为稻麦良种筛选核心指标，明确推荐‘徐稻 8 号’‘徐稻 9 号’‘苏秀 867’‘京粳 1 号’和‘连粳 11 号’

等水稻良种，‘淮麦 33’‘淮麦 30’‘徐麦 33’‘徐麦 32’‘徐农 029’和‘连麦 7 号’等小麦良种作为淮北地区近年主推品种。

（二）秸秆还田耕播方式优化

1. 基于秸秆还田的耕作与播种方式对稻茬麦田间出苗的影响

研究了 4 种秸秆还田与 2 种耕作配置方式对稻茬麦出苗的影响（表 2-2-1），结果表明，“耕翻+旋耕”方式整地和单纯旋耕整地的平均亩出苗数分别为 13.9 万和 13.7 万，增加耕翻作业环节并未能明显提高小麦出苗率；不同还田方式间小麦单位面积出苗数以小麦秸秆还田最高，秸秆不还田［对照（CK）］次之，水稻秸秆还田和稻麦秸秆全部还田均较低。

表 2-2-1 秸秆还田与整地方式对小麦出苗及出苗均匀度的影响

整地方式	秸秆还田方式	亩出苗数/万苗	变异系数/%
耕翻+旋耕	秸秆不还田（CK）	14.54	12.3
	小麦秸秆还田	15.42	15.2
	水稻秸秆还田	12.63	23.6
	稻麦秸秆全部还田	13.01	15.4
旋耕	秸秆不还田（CK）	14.53	20.1
	小麦秸秆还田	15.13	20.3
	水稻秸秆还田	12.87	25.7
	稻麦秸秆全部还田	12.27	18.5

上述结果表明：一是在使用大、中型机械旋耕整地及旋耕深度 12~15 cm 的条件下，不必过于强调耕翻整地，因为小型机械的耕翻深度亦大致如此；二是小麦秸秆还田后通过水稻生长期间的腐解转化，土壤理化性状和肥力均有相应改善与提高，因而有利于小麦出苗；三是水稻秸秆还田后小麦出苗率明显降低，大面积生产推广应用水稻秸秆全量还田技术时，必须增加 10%~15% 的小麦播种量才能获得预期的基本苗数。

分析水稻秸秆还田条件下小麦播种方式与田间出苗的关系（表 2-2-2），在播种量同为每亩 9.25 kg 的条件下，2 种机械匀播方式的田间亩成苗数分别为 15.42 万和 15.84 万，差值仅 0.42 万；3 种机条播方式间的田间亩成苗数分别为 8.39 万、10.41 万和 11.82 万，最大差值为 3.43 万；在播种量同为每亩 12.5 kg 的条件下，旋耕整地人工撒播后旋耕盖籽和稻田人工套播麦的田间

表 2-2-2 小麦不同播种方式的田间成苗数、成苗率及出苗均匀度

播种方式	田间亩成苗数/万苗	变异系数/%	成苗率/%	备注
机械匀播	15.42	14.1	78.51	
机械带状匀播	15.84	12.4	80.65	
常规机条播	8.39	19.8	42.72	行距 20.0 cm
宽幅机条播	10.41	10.7	53.00	行距 24.0 cm
宽幅精量机条播	11.82	15.6	60.18	行距 27.0 cm
人工撒播、旋耕盖籽	18.14	35.3	60.95	亩播种量 12.5 kg
稻田人工套播麦	14.09	32.1	47.35	亩播种量 12.5 kg

亩成苗数分别为18.14万和14.09万，差值达4.05万。从出苗均匀度来看，5种机械播种方式的田间成苗数变异系数变幅为10.7%～19.8%，2种人工撒播方式的变异系数变幅为32.1%～35.3%，以变异系数的大小作为衡量出苗均匀度的标准，机械播种的出苗均匀度明显优于人工撒播。从田间成苗率看，2种机械匀播方式平均为79.58%，3种机条播方式平均为51.97%，2种人工撒播方式平均为54.15%，以机械匀播成苗率最高，机条播则未表现出明显的成苗率优势。机条播田间成苗率不高的原因，主要是稻茬土壤湿黏，整地质量差、坷垃大，播种作业过程中壅土和开沟器堵塞而形成丛苗和缺苗断垄。

2. 秸秆还田与耕作方式对土壤养分及稻麦周年产量的影响

基于稻麦轮作的一年两熟种植制度，研究了耕翻(P)和浅旋(R)2种耕作方式，稻麦双季秸秆还田(Swr)、小麦秸秆还田(Sw)、水稻秸秆还田(Sr)和秸秆不还田(S_0)4种秸秆还田模式及其互作对土壤养分的影响(表2-2-3)。主要研究结果为：一是短期内不同耕作方式对土壤养分的影响不显著，秸秆还田与耕作方式间的互作对0～20 cm土壤层养分含量的影响亦不显著；二是不管采用何种方式，秸秆还田后土壤养分均有不同程度的提高。土壤全氮、总磷、碱解氮、速效磷、速效钾及有机质含量均以秸秆双季还田处理最高，其中全氮含量增加最多，达19.5%；三是秸秆单季还田的土壤全氮含量显著高于不还田，但土壤总磷、碱解氮、速效钾、有机质含量没有显著差异；四是稻、麦秸秆单季还田间比较，水稻秸秆还田的土壤速效磷含量显著高于小麦秸秆还田，其他土壤养分指标间没有显著差异；五是秸秆还田对土壤养分的影响可达极显著水平，总体表现为秸秆双季还田>秸秆单季还田>秸秆不还田。

表2-2-3 不同秸秆还田处理对土壤养分的影响

处理	全氮/($g\cdot kg^{-1}$)	总磷/($g\cdot kg^{-1}$)	碱解氮/($mg\cdot kg^{-1}$)	速效磷/($mg\cdot kg^{-1}$)	速效钾/($mg\cdot kg^{-1}$)	有机质/($g\cdot kg^{-1}$)
P-Swr	0.94ab	0.57b	143.13ab	10.95ab	78.02a	22.80a
P-Sw	0.86bc	0.51bc	122.26bcd	9.18c	71.64abc	20.42abc
P-Sr	0.89bc	0.52bc	129.02bcd	10.54b	74.70ab	21.73ab
P-S_0	0.74d	0.47c	111.53d	8.45d	67.75bcd	19.46bc
R-Swr	0.99a	0.64a	155.09a	11.30a	77.77a	22.08ab
R-Sw	0.91ab	0.57b	124.43bcd	9.42c	66.98bcd	20.70abc
R-Sr	0.93ab	0.56b	134.74abc	10.54b	69.91bcd	21.37ab
R-S_0	0.80cd	0.51bc	117.98cd	9.10cd	63.45d	17.94c
T	0.0625	0.0819	0.2900	0.2101	0.1685	0.4296
SR	0.0010**	0.0003**	0.0002**	0.0001**	0.0001**	0.0019**
T×SR	0.063	0.6436	0.8287	0.266	0.5108	0.6863

注：T——耕作方式，SR——秸秆还田模式。同列数据后小写字母不同表示各处理间差异显著($P<0.05$)，下同。

从耕作方式和秸秆还田模式配置对产量的影响看，短期内耕作方式与秸秆还田模式配置对稻麦周年总产的影响均十分有限，耕翻处理周年稻麦亩总产仅比旋耕处理高0.72 kg，增产幅度不到0.1%；秸秆还田比不还田亩减产最多6.26 kg，减产幅度也仅为0.7%(图2-2-2)。由此可见，无论秸秆还田模式还是耕作方式短期内对稻麦周年产量都不会产生显著影响。通过深化农机农艺融合研究和关键农艺配套，从长远发展看，秸秆还田既是解决秸秆资源化利用的主要途径，又是培肥土壤、提高耕地可持续生产能力的关键措施，同时可视为保障国家粮食安全的战略举措。

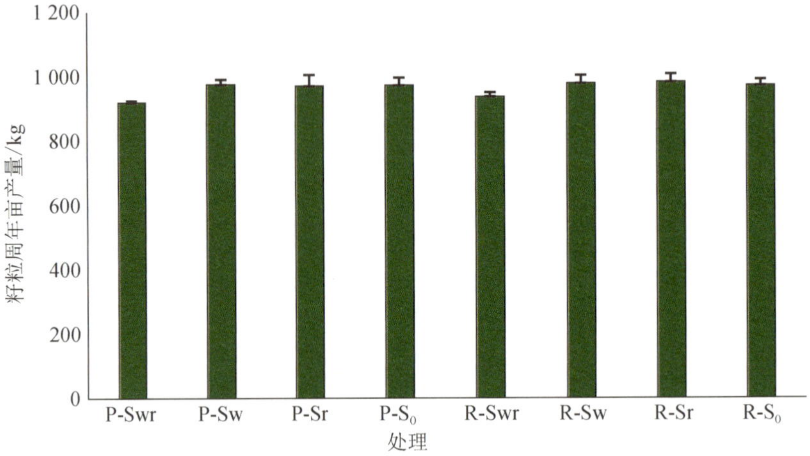

图 2-2-2 秸秆还田与耕作方式对稻麦周年产量的影响

(三) 稻茬麦全苗壮苗技术

稻秸还田后小麦出苗质量差，播种层土壤过于浮松是重要原因，导致保墒能力弱，根系发育不良。为了改善稻秸还田下小麦出苗质量，开展了以镇压为核心的稻茬麦全苗、匀苗、壮苗技术研究，进一步明确与量化了措施机理与措施效应。研究结果(表 2-2-4)表明，播后镇压能显著改善耕层土壤物理性状，提高小麦田间出苗率，促进苗期生长，小麦田间亩成苗数增加了 2.7 万，增幅 32.5%，小麦苗期主茎叶龄增加 0.11 张，单株干重增加 0.5 mg，表层(0~10 cm)土壤相对含水量、土壤容重分别提高 7.94%和 15.38%。

表 2-2-4 播后镇压对小麦生长和土壤状况的影响(播后 25 d)

处理	植株状况			土壤状况(0~10 cm)	
	亩基本苗数/万苗	叶龄	单株干物质重/mg	相对含水量/%	容重/($g \cdot cm^{-3}$)
镇压	11.0a	2.32a	37.9a	27.2a	0.968a
未镇压	8.3b	2.21a	37.4a	25.2b	0.839b

特别需要指出的是，无论秸秆还田与否，播后镇压都能显著增加成穗数，进而明显提高小麦产量，镇压处理较未镇压处理增产幅度分别为 16.5%与 11.6%(表 2-2-5)。

表 2-2-5 播后镇压对小麦产量及其构成因素的影响

处理		亩穗数/万穗	每穗粒数/粒	千粒重/g	亩产量/kg
秸秆还田	镇压	42.8a	28.1a	41.6a	501.9a
	未镇压	38.5b	28.9a	41.8a	430.9b
秸秆不还田	镇压	43.0a	28.6a	38.2a	505.6a
	未镇压	41.2b	28.8a	40.5a	452.9b

关于适宜镇压强度对麦田土壤水分和温度的影响研究结果表明，随镇压强度增加，土壤保墒

性能得到逐步加强(图 2-2-3)，但土壤保温性能却有所不同(图 2-2-4)，中轻度镇压条件下土壤 10 cm 层温度总体处于较高状态，有利于冬前小麦生长。

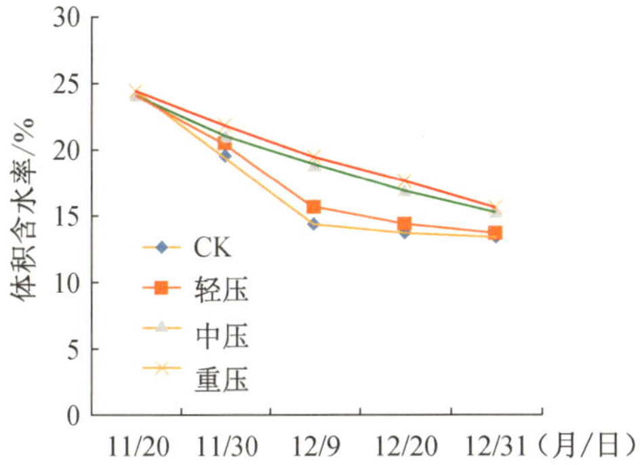

图 2-2-3　不同镇压强度 10 cm 土层土壤水分变化

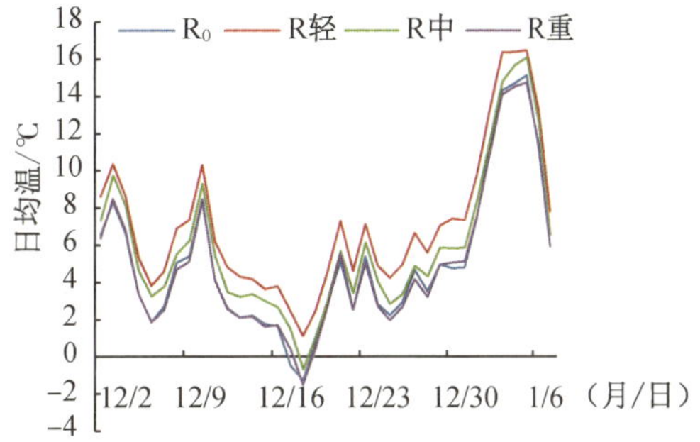

R_0—未镇压；R 轻—轻度镇压；R 中—中度镇压；R 重—重度镇压。

图 2-2-4　不同镇压强度 10 cm 土层土壤日均温度变化

在秸秆还田条件下，随播后镇压强度的提高，小麦出苗率也有逐步提高的趋势，但对促进小麦出苗、分蘖、株高的影响不一致，中压能降低株高和增加分蘖，轻压有助于提高苗体总体素质，重压不利于形成壮苗(表 2-2-6)。

表 2-2-6　播后不同镇压强度对越冬幼苗素质的影响

处理	株高/cm	叶龄	单株茎蘖数	单株干重/mg
CK	22. 4a	5. 5a	4. 2b	491. 1b
轻压	22. 3a	5. 5a	4. 6a	532. 0a
中压	19. 8b	5. 5a	4. 5a	457. 5b
重压	22. 2a	5. 4a	4. 2b	470. 6b

播后不同强度镇压对稻茬小麦产量及其结构的影响不同(表 2-2-7)，与对照相比，重压在产量三要素方面没有显著不同，产量略有下降，而轻压和中等强度的镇压有助于提高穗粒数和千粒重，单位面积穗数没有显著变化，因而最终产量也显著高于对照。

表 2-2-7　播后不同镇压强度对小麦产量的影响

处理	亩穗数/万穗	每穗粒数/粒	千粒重/g	亩产量/kg
CK	47. 0a	26. 9b	42. 3b	534. 1b
轻压	47. 4a	28. 1a	43. 8a	572. 9a
中压	47. 7a	27. 8a	43. 8a	578. 4a
重压	46. 8a	26. 6b	42. 5ab	532. 5b

综上所述，镇压，特别是轻中度镇压显著改善了穗粒结构，不仅增加小麦群体的有效穗数，而且提高穗粒数和千粒重。播后镇压增产的部分机理是通过改善小麦出苗的土壤环境，提高小麦田间出苗率，增加基本苗数，进而提高成穗数。

(四) 水稻长秧龄育秧技术

当前，淮北地区水稻种植方式主要是机插秧和机直播 2 种。机插秧秧龄一般为 18～20 d，缓苗生长期 7~10 d，有效秧龄仅 10~12 d，这是造成该技术在淮北地区难以大面积推广应用的主要原因。根据多年试验研究结果和大面积生产实践，协调淮北地区稻麦周年均衡高产，必须严格把控两个时间节点：一是 6 月底栽完水稻，二是 10 月底以前种好小麦。按照这个时间节点安排，水稻大田生长期约 120 d，秧龄必须达 30~35 d。为此我们根据生产迫切需求，比较系统地开展了长秧龄育秧技术研究与示范。

研究结果表明，水稻长秧龄育秧技术的核心主要体现在以下 3 个方面：一是严格控制播种量。在落谷前晒种、药剂浸种的基础上，使用行距 25 cm 高速插秧机，配套秧盘规格 60 cm×25 cm，每亩育秧 38~40 盘，栽插 35~36 盘，每盘播种量 90~100 g(干种子)，播种量过大会严重降低秧苗素质；二是暗化处理。在确保育秧基质水分适宜、覆盖厚度均匀合理的前提下，要密切监控暗化处理过程中的温度变化，及时掀膜通风降温，确保暗化处理效果，提高发芽率和发芽整齐度；三是微喷控水。推荐使用山东莱芜生产的微喷管道与喷头，配套江苏泰州生产的潜水泵，形成精准可控的微喷系统，在浇足底墒、满足发芽需求的基础上，秧田期严格控水，以水调控秧苗生长，培育长秧龄壮秧。正常情况下每天上午 8—9 时和下午 16—17 时微喷供水 2 次，每次喷水 15~30 min，具体时长视秧苗生长状况、土壤墒情和气候条件灵活调整，只要晴天中午秧苗叶片不明显卷曲即可。图 2-2-5 为硬地硬盘微喷灌长秧龄育秧主要环节。

图 2-2-5　硬地硬盘微喷灌长龄苗机插秧育秧流程

从示范应用实践看，水稻长秧龄育秧技术尚有两大缺陷：一是较大幅度降低播种量后，现有育秧流水线播种量控制精准度不匹配，需更换密纹排种轮或穴播种轮解决；二是育秧基质供肥能力不足，秧龄 20 d 左右秧苗明显变黄，需在育秧基质中增加商品有机肥或通过全营养液根外喷肥等途径，解决长秧龄壮秧培育难题。

（五）水稻高留茬收割、秸秆粉碎还田技术

水稻高留茬收割(留茬高度 40~45 cm)与秸秆粉碎还田技术具有作业效率高、能耗低和损失少等综合优势。研究结果(表 2-2-8)表明，以“久保田 588Q”全喂入式联合收割机为例，高留茬收割喂入量大幅减少，脱粒与谷草分离功耗降低，收割作业效率可较留茬 15 cm 收割提高

18.4%，单位面积能耗降低 27.8%，田间每亩稻谷损失减少 7.41 kg(图 2-2-6)。高留茬收割后立即实施秸秆机械二次粉碎作业，本环节作业效率每小时 14~15 亩，油耗每亩低于 0.75 kg，亩综合效益 50~80 元，完全可以为秸秆粉碎环节提供足额费用补偿(图 2-2-7)。秸秆粉碎作业效率高、质量好，既能改善旋耕还田作业条件，也可直接覆盖还田，有望成为水稻秸秆还田的主要方式。

表 2-2-8　水稻不同留茬高度收割粉碎作业效率与能耗

秸秆粉碎方式	项目	留茬高度/cm		
		15	25	45
收割机粉碎	作业效率/(亩·h^{-1})	5.70	6.45	6.75
	油耗/(kg·亩$^{-1}$)	1.80	1.66	1.30
	稻谷损失/(kg·亩$^{-1}$)	16.71	11.58	9.30
收割机粉碎+机械二次粉碎	作业效率/(亩·h^{-1})	11.10	13.80	14.60
	油耗/(kg·亩$^{-1}$)	1.05	0.75	0.63

图 2-2-6　携后置式秸秆粉碎装置的收割机高留茬收割及碎草状态

图 2-2-7　机械二次粉碎与还田效果

从应用实践看，该技术推广应用还要解决两个问题：一是改锤片式粉碎为锯齿刀，进一步提高秸秆粉碎质量；二是在粉碎机上加装扶茬装置，解决机械作业辗压条带秸秆匍匐地表难以粉碎问题。

（六）小麦高留茬收割、秸秆粉碎、泡田深旋还田技术

小麦高留茬收割、秸秆粉碎、泡田深旋还田技术是目前正熟化配套的高效生产新技术（图 2-2-8）。具体操作方式：小麦高留茬收割（留茬高度相当于小麦株高的 45%～50%，收割作业效率可提高 35%～40%，单位面积能耗降低 20%～25%，田间收获损失减少 25%～30%），之后立即实施秸秆粉碎作业，该环节作业效率每小时 15～20 亩，亩能耗低于 1 kg（柴油），95%以上秸秆长度<5 cm。秸秆粉碎后直接灌水泡田，泡田时间视土壤类型而异，壤土浸泡 24～30 h，黏土浸泡 48～60 h，30 cm 耕层土壤硬度维持在 300～450 N/cm^2 时，实施秸秆旋耕还田作业，不仅作业效率高，而且功耗低、能耗少、作业质量好。目前，该技术已在江苏淮北多地示范应用，深受欢迎。

小麦留高茬收割后秸秆二次粉碎

上水泡田

深旋还田

整好的田

图 2-2-8　小麦高留茬收割、秸秆粉碎与泡田深旋还田

（七）稻茬麦机械宽幅匀播技术

稻茬土壤长期淹水，适耕期短，宜耕性差，整地质量一般较为粗放；秸秆还田进一步增加了稻茬麦田间的整地难度。由于大量秸秆富集浅层土壤，导致传统播种机械因开沟器壅土或排管器堵塞而无法正常作业，机械匀播成为困扰稻茬麦生产的关键技术难题（杨四军 等，2011）。江苏省农业科学院与河南省洛阳市鑫乐机械装备有限公司合作，通过调研论证，形成了以直刀旋切解决秸

秆缠绕、以增加苗带宽度并配合施肥解决装备在逆境下作业质量差、以条带镇压解决种土密接不良等问题。经多轮优化改进，创新研发出稻茬麦播种新装备，以新型装备为支撑，创新形成稻茬麦高效种植新技术(图 2-2-9)。通过新技术与装备的示范应用，稻茬小麦播种期提早 5~10 d，作业成本较传统种植方式降低 20%以上，田间出苗率提高 10%~20%，每亩节省用种 3~5 kg，小麦增产 4%~6%，每亩节本增效 60 元以上。该技术已在江苏全省多地示范应用，深受用户欢迎，展现出十分广阔的推广应用前景。

宽幅施肥播种机　　小麦播种作业

小麦田间长势　　小麦成熟田间长势

图 2-2-9　稻茬麦机械宽幅匀播技术

(八) 湿粮就仓通风干燥收储一体化技术

由于种田大户缺乏晾晒场地或烘干设备，加之国营粮库拒收水分超标稻谷和流动粮贩恶意压价，很多种田大户被迫将已成熟的水稻置于田间等待自然脱水，导致水稻收割期再度推迟，小麦播期相应后延，稻麦周年均衡高产的季节矛盾愈加突出。针对新型经营主体的需求特点，创新研发出以“就仓通风干燥”为主要特征的湿粮收储一体化技术及配套设备。应用结果表明，含水率 20%~22%的稻谷或小麦，经粗清除杂后可直接入仓通风干燥(图 2-2-10)，成本仅为烘干处理的 1/2~1/3，不仅较好地解决了种田大户湿粮收储难题，而且水稻收割期和小麦播种期可分别提前 10~15 d 和 7~10 d，对于协调稻麦周年均衡高产具有重要意义。

图 2-2-10 湿粮就仓通风干燥收储一体化

三、创建的新技术方案

(一)淮北地区稻麦周年均衡高产技术路径

以破解季节矛盾、统筹茬口衔接、协调稻麦周年均衡高产为目标，从优化稻麦品种布局入手，集成应用稻麦秸秆高效还田、水稻长秧龄育秧毯苗机插、钵苗摆栽、稻茬麦宽幅施肥播种和湿粮就仓通风干燥等现代高效新技术，形成以农机农艺融合、装备支撑农艺为特色，全程专业化社会化服务为支撑，适宜淮北地区推广应用的稻麦周年均衡高产技术体系。

具体实现路径和指标为：

一是调整优化稻麦品种布局，稻麦主推品种生育期分别缩短 5~7 d 和 1~2 d，明确主体品种布局。

二是创新稻麦秸秆还田方式，推广秸秆粉碎还田技术，缩短秸秆还田农耗时间 2~3 d。

三是创新水稻育秧方式，延长秧龄 10~15 d；改变栽插方式，缩短缓苗期 3~5 d，水稻成熟期提前 3~5 d。

四是依托装备创新突破，创新稻茬麦种植方式，推广应用稻茬麦板茬宽幅施肥播种技术，小麦播期提前 5~10 d，成熟期提前 2~3 d。

五是推广应用湿粮就仓通风干燥收储一体化技术，确保稻麦成熟即收，与留置田间籽粒自然脱水相比，水稻收割期提前 10~15 d，小麦播种期提前 7~10 d，小麦收割期提前 2~3 d，水稻移栽期相应提前。

综上所述，协调淮北地区稻麦周年均衡高产的关键是破解季节矛盾，主要路径是优化稻麦品种布局、加快技术创新与集成应用。就措施效应而言，优化稻麦品种布局对破解季节矛盾的效应相对有限，必须确立以技术创新与集成应用作为协调淮北地区稻麦周年均衡高产主要路径的理念。

(二)淮北地区稻麦周年均衡高产技术方案

1. 淮北地区稻麦周年均衡高产主体创新技术方案——中熟中粳水稻品种长秧龄毯苗机插+耐迟播半冬性小麦品种宽幅施肥播种模式

通过试验示范，提出了淮北地区稻麦周年均衡高产主体创新技术方案——中熟中粳水稻品种长秧龄毯苗机插+耐迟播半冬性小麦品种宽幅施肥播种周年种植模式(图 2-2-11)，主要技术环节如下：

（1）品种选择　选用中熟中粳优质抗逆早熟水稻品种。

（2）长秧龄育秧　①降低盘播种量。每亩25 cm宽秧盘38～40个，每盘播种量90～100 g(干种子)；②叠盘—暗化处理。流水线播种淋足水分后，叠盘高度为20～25层，薄膜或草帘覆盖2～3 d，监控温度变化，防高温烧芽；③微喷控水。摆盘入秧田后，在浇足底墒基础上，秧田期严格控水，以水调控秧苗生长，秧龄控制在25 d左右。

（3）使用高速插秧机毯苗机插　行距25 cm，株距12～14 cm，栽插密度每亩1.7万～2.0万穴。

（4）收割及管理　稻谷含水率20%～22%时高留茬收割，留茬高度40～50 cm；湿粮经粗清除杂后存入收储一体化通风干燥仓；留茬秸秆再以机械粉碎匀铺地表，耕翻、旋耕及覆盖还田均可。

（5）稻茬麦宽幅施肥播种　选用耐迟播半冬性小麦品种，土壤墒情较好可先耕翻或旋耕整地，然后选用宽幅施肥播种机作业；土壤墒情较差，季节又偏晚，可直接稻板茬宽幅施肥播种。

微喷灌长龄苗育秧

稻茬麦宽幅施肥播种

水稻毯苗机插

水稻成熟期

图2-2-11　长秧龄毯苗机插+耐迟播半冬性小麦品种宽幅施肥播种周年种植模式

2. 淮北地区稻麦周年均衡高产辅助技术方案——水稻钵苗摆栽+稻茬麦板茬宽幅施肥播种

通过试验示范，提出了淮北地区稻麦周年均衡高产辅助技术方案——水稻钵苗摆栽+稻茬麦板茬宽幅施肥播种周年种植模式(图2-2-12)，主要技术环节如下：

（1）播前准备　早春取经冬季冻融、细筛后的营养土与育秧基质充分拌匀堆捂，营养土与基质的比例为 3∶7 或 4∶6；秧盘为钵苗摆栽专用硬盘，配套流水线育秧，秧龄 30 d 左右。

（2）钵苗摆栽机栽插　行距因机械而异，主要有两种配置：一是 33 cm 等行距，株距 10 cm，理论密度每亩约 1.8 万穴；二是 33 cm+27 cm（平均 30 cm）宽窄行，株距 10～12 cm，理论密度每亩 1.67 万～2.00 万穴。

（3）收割及管理　稻谷含水率 20%～22%时高留茬收割，留茬高度 40～50 cm；湿粮经粗清除杂后存入收储一体化通风干燥仓；留茬秸秆以机械粉碎方式处置，粉碎后的秸秆平铺地表，耕翻、旋耕及覆盖还田均可。

（4）推广应用稻茬麦板茬宽幅施肥播种技术　缩短秸秆还田农耗时间，小麦播期相应提前。

水稻钵苗机插

小麦宽幅播种

水稻中期长相

播后小麦出苗情况

图 2-2-12　水稻钵苗摆栽+稻茬麦板茬宽幅施肥播种周年种植模式

四、示范应用取得的效果与效益

（一）技术示范工作效果

一是通过调整优化稻麦品种布局，稻麦主推品种生育期分别缩短 5～7 d 和 1～2 d，两季合计 7～10 d 时间，在明确主体品种布局的同时，为破解稻麦两熟季节矛盾提供了较大空间。

二是创新稻麦秸秆还田方式，推广稻麦高留茬收割、秸秆粉碎还田技术，稻麦秸秆还田农耗时间分别缩短 3～5 d 和 1～2 d。

三是创新水稻育秧方式，推广应用以微喷控水为核心的长秧龄育秧技术，延长秧龄 10~15 d；改变栽插方式，条件适宜区域可推广钵苗摆栽技术，缩短缓苗期 3~5 d，水稻成熟期提前 3~5 d。

四是依托装备创新突破，创新稻茬麦种植方式，推广应用稻茬麦板茬宽幅施肥播种技术，小麦播种期提前 5~10 d，成熟期提前 2~3 d。

五是推广应用湿粮就仓通风干燥收储一体化技术，水稻收割期提早 10~15 d，小麦播种期提前 7~10 d，小麦收割期提前 2~3 d，水稻移栽期相应提前。

（二）技术示范工作效益

一是通过调整优化稻麦品种布局，充分发挥良种的增产潜力，稻麦产量可分别提高 2%~3% 和 3%~5%，亩增产增收 50~60 元。

二是推广应用稻麦高留茬收割、秸秆粉碎还田技术，亩可节省机械作业费用 15~30 元。

三是应用以微喷控水为核心的长秧龄育秧技术和钵苗摆栽技术，缩短缓苗期 3~5 d，水稻成熟期提前 3~5 d，从而有利于破解季节矛盾，协调稻麦周年均衡高产。

四是推广应用稻茬麦板茬宽幅施肥播种技术，每亩播种量减少 3~5 kg，田间出苗率提高 10%~15%，亩节本增收 15~25 元。

五是推广应用湿粮就仓通风干燥收储一体化技术，确保稻麦成熟即收，争取了农时，稻麦周年增收 3%~4%，亩增效益 60~80 元。

五、与对照技术的技术经济指标比较

（一）稻麦高留茬收割、秸秆粉碎还田技术

基于传统秸秆还田方式，政府规定稻麦收割留茬高度不能超过 20 cm，收割机必须配备同步碎草匀铺装置，采用耕翻或旋耕方式实施秸秆全量还田。参照现阶段专业化作业、社会化服务收费标准，每亩耕翻作业（深度 15~20 cm）收费 25~30 元，每亩旋耕作业（深度 8~10 cm）收费 20~25 元，秸秆粉碎作业（秸秆长度≤3 cm）收费每亩 15 元；耕翻还田需一耕一旋，机械作业费用每亩 45~55 元；旋耕还田需 2 遍作业，每亩机械作业费用 40~50 元；秸秆粉碎一遍完成，机械作业费用每亩 15 元，仅为耕翻还田方式的 1/3；如加一遍旋耕，也能节省费用 1/3。

（二）稻茬麦板茬宽幅施肥播种技术

应用创新研发出的稻茬麦播种新装备，破解了稻茬麦机械匀播这一关键技术难题，与传统方式相比，稻茬麦播种期提前 5~10 d，作业成本较传统种植方式降低 20% 以上，田间出苗率提高 10%~20%，每亩节省用种 3~5 kg，小麦增产 4%~6%，每亩节本增效 60 元以上。

（三）湿粮就仓通风干燥收储一体化技术

应用创新研发出的“湿粮就仓通风干燥收储一体化”技术与设备，将含水率 20%~22% 的稻谷或小麦经粗清除杂后可直接入仓通风干燥，成本仅为烘干处理的 1/2~1/3，不仅较好地解决了种田大户湿粮收储难题，而且与在田稻谷自然脱水至 16%~18% 含水率相比，水稻收割期和小麦播种期可分别提前 10~15 d 和 7~10 d，对于协调稻麦周年均衡高产具有重要意义。

六、应用前景与发展建议

在稻麦两熟季节矛盾十分突出的情况下，水稻毯苗机插长秧龄育秧技术是决定机插秧技术能

否大面积推广应用的关键，通过稀播与旱管化控可育成25~30 d较为健壮的长秧龄秧苗，但超过35 d时秧苗素质将有显著下降。由于机插秧分秧过程中秧体易受到损伤，大田缓苗期较长，机插秧难以缓解稻麦茬口矛盾。钵苗摆栽由于移栽后几乎无缓苗期，加上秧龄相对较长，比毯苗机插秧调节茬口矛盾更为有利，同时还容易实现高产与超高产。钵苗摆栽机和配套专用秧盘售价较高以及栽插作业效率偏低，是影响该技术推广应用的主要原因。鉴于该技术能够较好地破解季节矛盾、统筹茬口衔接、协调稻麦周年均衡高产，建议各级政府通过加大购机补贴和秧盘购置补贴的方式，降低技术应用成本，将水稻长秧龄育秧与钵苗摆栽技术作为协调稻麦周年均衡高产的核心技术，加速转化应用。

稻茬麦板茬宽幅施肥播种技术具有作业效率高、成本低、节省用种量、提早播期和增产等综合优势，可应用于长江中下游及沿淮稻麦两熟地区，建议进一步熟化后加大推广。

湿粮就仓通风干燥收储一体化技术具有设施造价低廉、运行成本低、处理效率高和省工环保等优势，既是解决种田大户湿粮收储难题的有效途径，又对协调稻麦周年均衡高产具有重要意义。建议通过进一步完善技术参数和建造标准，在种植规模为500亩左右的大户中推广应用。季节矛盾突出是淮北地区稻麦周年生产低效的重要原因，但优秀的稻米品牌缺乏也是一个重要因素。通过筛选适宜的优质食味稻米，建立规模化标准化原粮生产基地，实行订单收购，提升稻米加工水平，形成线上线下协同营销，将有助于推动种粮效益。此外，在低洼区充分利用田头沟、排水河等进行稻田养殖也是提高稻麦周年综合效益的重要途径。

第三节　沿江苏南地区水稻毯苗机插—小麦机条播两熟高产高效技术

提要：针对现有稻麦品种结构和品质难以满足消费者需求这一问题，本研究搜集了适合江苏沿江苏南地区机械化轻简化栽培的稻麦品种，开展了不同稻麦品种品质、产量、生育期和抗逆性等方面的比较研究，筛选生育期适宜周年搭配、优质高产高效的稻麦品种，建立配套的优质食味水稻搭配优质弱筋小麦生产模式与技术规范，以提升该区优质稻麦的周年综合生产能力，满足产业供给侧结构性改革和转型升级的需求。

一、科学问题与技术需求

江苏以稻麦周年两熟为主要种植制度，常年面积在2 600万~2 800万亩，占水稻和小麦面积的70%以上（屈宝香 等，2006），既是南方最大的粳稻生产省份，也是全国优质弱筋小麦生产的优势区域（国务院，2016）。近年来，随着经济社会的发展和人民生活水平的提高，粮食等主要农产品消费已经进入结构转型和提档升级阶段。尽管目前稻麦的供给能够满足数量的要求，但稻麦品种结构和品质等仍难以满足消费者需求的新变化（徐铨 等，2013；肖世和 等，2017；程式华，2017）。针对这一问题，主要有以下技术需求：

（一）优良食味水稻及弱筋小麦品种的筛选与周年搭配模式

在不断培育稻麦新品种的基础上，要优化品种结构，筛选符合消费者或企业加工需求的优良食味水稻(张宏根 等，2014；吉志军 等，2005)和弱筋专用小麦。同时，针对近年来水稻机械化、轻简化生产后带来的稻麦迟栽迟播，产量品质不易提升的难题(石全红 等，2012；李杰 等，2011)，还要在统筹协调周年优质高产高效目标的基础上建立优质稻麦品种的周年搭配模式(于振文，2015)。

(二) 优良食味水稻与弱筋小麦周年优质高效生产技术模式

近年来，随着城镇化进程的加快、农村劳动力的大量转移，江苏沿江苏南地区稻麦生产种植方式正逐渐从传统的手工作业向机械直(条)播、毯苗机插和钵苗机插等轻简化、机械化栽培方式转变。如何在优选稻麦周年搭配品种的基础上开展配套的轻简化、机械化种植方式研究，根据不同种植方式下优良食味水稻和弱筋小麦品质、产量形成的特点有针对性地进行密度、肥水等栽培措施的管理(陈莹莹 等，2012；高辉 等，2010)，也是亟待解决的问题。

二、开展的试验与研究

(一) 开展的试验

研究并建立江苏沿江苏南地区优质食味水稻搭配弱筋小麦生产模式与技术规范。重点针对江苏沿江苏南地区，筛选适合机栽机播、适当早熟的优良食味水稻(刘常金 等，2013；丁毅 等，2012；徐铨 等，2013)和弱筋专用小麦(江苏省，2009)。针对水稻机械化生产带来稻麦迟栽迟播，产量和品质不易提升的难题，统筹协调稻麦周年优质高产高效目标，研究确立在机械化栽培条件下稻麦栽培方式与品种搭配的优化模式，建立江苏沿江苏南地区优良食味水稻(江苏省质量技术监督局，2009，2012，2015)搭配优质弱筋小麦(江苏省质量技术监督局，2005，2006，2011)的生产技术规范，以提升该区优质稻麦的周年综合生产能力，满足产业供给侧结构性改革和转型升级的需求。

(二) 技术路线

本研究主要针对江苏海安、姜堰、张家港等地区，搜集了适合机械化轻简化栽培的水稻品种(系)200 多个，小麦品种 11 个，开展不同稻麦品种品质、产量、生育期和抗逆性等方面的比较研究，筛选生育期适宜周年搭配、优质高产高效的稻麦品种。针对筛选出的优质稻麦品种，开展稻季毯苗机插+麦季稍迟机条播栽培模式研究，并建立江苏沿江地区优质食味水稻搭配弱筋专用小麦生产模式与技术规范。

三、创建的新技术方案

(一) 江苏沿江地区优良食味水稻筛选方案

在姜堰、海安和张家港，分别开展适合苏中和苏南地区种植的优良食味水稻品种筛选的研究。选择生产中新近育成的品种或有苗头的品系(表 2-3-1、表 2-3-2)，在毯苗机插条件下设置每亩 18 kg 纯氮用量。氮(纯 N)：磷(P_2O_5)：钾(K_2O)比例为 2：1：2，磷肥一次性基施，钾肥分别于耕翻前、拔节期等量施入。水分管理及病虫草害防治等相关的栽培措施均按照高产栽培要求实施。研究不同品种生育期、产量和品质的差异。

1. 不同品种生育期的差异

海安、姜堰基地不同品种的播种期分别为 5 月 28 日和 5 月 29 日，成熟期在 9 月 15 日至 11 月 5 日，其中全生育期海安基地为 109~160 d，姜堰基地为 110~159 d。苏南的张家港基地，5 月 22 日移栽，成熟期在 10 月 8 日至 11 月 10 日，全生育期为 139~172 d(表 2-3-3)。

表 2-3-1 江苏沿江地区粳稻品种筛选试验材料(海安、姜堰)

品种类型	品种(系)名称
常规粳稻	鄂香2号、丰粳3227、沪香粳106、沪香粳165、华丰1502、华粳295、华粳5号、华粳8号、淮330、淮稻5号、黄金晴、连粳11号、连粳12号、连粳13号、连粳13264、连粳15号、连粳15113、连粳7号、南繁1604、南繁1605、南繁1609、南繁1610、宁粳040、宁粳4号、宁粳7号、宁粳8号、日光、圣稻1647、圣稻18-15、圣稻18-4、圣稻19、圣稻20、圣稻22、圣稻2620、泗15-301、泗276、泗稻14-211、泗稻15号、松粳香1号、苏粳815、苏秀867、泰粳1152、泰粳2340、皖垦粳3号、武粳004、武育粳3号、武运5020、武运粳21号、武运粳27号、武运粳32号、武运粳80、新稻22、新科稻31、秀水134、徐32646、徐36618、徐41368、徐稻9号、徐农33202、盐粳16号、扬粳3012、扬粳3491、扬粳5515、扬育粳2号、镇9471、镇稻99
软米粳稻	JD6602、JD6614、JD6619、常软07-1、常软07-11、常软07-2、常软07-3、常软07-4、常软07-5、常软07-6、丰粳1606、沪早软粳、沪早香软1号、沪早香软2号、南粳2728、南粳505、南粳5711、南粳5833、南粳9108、南粳3818、南粳5718、宁5720、宁9003、宁9022、宁9039、泗15-234、松早香1号、苏1785、苏1795、苏香粳3号、武4610、武6267、武运5051、扬粳1612、扬粳239、长农粳1号
籼粳杂交稻	16AF05、鄂粳优775、辽优9906、申优24、申优26、申优415、天隆优619、甬优1203、甬优1206、甬优1212、甬优1218、甬优1225、甬优1271、甬优1526、甬优1662、甬优1826、甬优2503、甬优2519、甬优2532、甬优2561、甬优2584、甬优2640、甬优4949、甬优4953、甬优6715、甬优6760、甬优6763、甬优7053、甬优7722、甬优8424、甬优8484

表 2-3-2 江苏苏南地区粳稻品种筛选试验材料(张家港)

品种类型	品种(系)名称
常规粳稻	N11-47、W328、常粳13-9、常农粳10号、常农粳8号、沪粳137、沪粳163、淮香粳15号、嘉禾218、宁粳011、宁粳038、绍粳18、苏1707、苏2110、苏粳9号、武6592、武粳11036、武运粳23号、武运粳2917、武运粳30号、武运粳31号、香血粳515、扬粳103、浙粳99、镇稻18号
软米粳稻	常粳16-2、常软06-2、常软07-10、常软07-7、常软07-9、嘉14-10、嘉58、嘉67、南粳46、南粳5055、南粳3908、南粳晶谷、宁5913、宁9044、宁9051、苏05-1176、苏2250、苏香粳100、武5798、武6613、武粳215、武粳222、武运5403
籼粳杂交稻	常优5号、春优84、春优927、花优14、嘉优中科10号、嘉优中科13-1、嘉优中科7号、秋优金丰、甬优1109、甬优1140、甬优12、甬优15、甬优150、甬优1538、甬优1540、甬优17、甬优25、甬优28、甬优4149、甬优4543、甬优4901、甬优5301、甬优5356、甬优538、甬优5550、甬优5552、甬优7050、甬优7826、甬优7850、甬优7861、甬优7872、甬优8050、杂粳14-6

表 2-3-3 各试验基地不同粳稻品种生育期的差异

地点	品种数量/个	播种期(月/日)	移栽期(月/日)	拔节期变幅(月/日)	抽穗期变幅(月/日)	成熟期变幅(月/日)	全生育期变幅/d
海安	133	5/29	6/12	7/5—8/11	8/5—9/18	9/15—11/5	109~160(11个未成熟)
姜堰	133	5/28	6/11	7/4—8/12	8/4—9/20	9/17—11/4	110~159(12个未成熟)
张家港	81	5/22	6/9	7/25—8/9	8/16—9/18	10/8—11/10	139~172

2. 不同品种产量及其构成因素的差异

在海安、姜堰、张家港试验基地，粳稻品种产量及其构成因素均存在显著差异(表 2-3-4)。其中，亩穗数、每穗粒数、亩群体颖花量、结实率、千粒重和亩实际产量的变幅：海安基地分别为 13.60 万～34.60 万穗、84.39～308.98 粒、2 030.72 万～5 329.96 万朵、65.49%～94.84%、18.32～29.34 g 和 216.49～857.07 kg，以亩穗数、每穗粒数和亩群体颖花量在品种间变异较大；姜堰基地分别为 17.79 万～37.93 万穗、51.00～191.00 粒、1 462.43 万～4 606.57 万朵、53.81%～94.96%、19.90～29.93 g 和 251.60～688.32 kg，以亩穗数、每穗粒数、亩群体颖花量和结实率在品种间变异较大；张家港基地分别为 13.40 万～24.29 万穗、107.95～280.75 粒、2 100.20 万～4 794.52 万朵、73.59%～95.82%、21.49～33.78 g 和 455.70～867.08 kg，以亩穗数、每穗粒数、千粒重在品种间变异较大。

表 2-3-4　各试验基地不同粳稻品种产量及其结构的差异

地点	品种数/个	统计参数	亩穗数/万穗	每穗粒数/粒	亩群体颖花量/万朵	结实率/%	千粒重/g	亩理论产量/kg	亩实际产量/kg
海安	133	最大值	34.60	308.98	5 329.96	94.84	29.34	1 086.68	857.07
		最小值	13.60	84.39	2 030.72	65.49	18.32	407.70	216.49
		平均值	24.93	142.01	3 368.59	86.84	24.73	719.85	613.73
		极差	21.00	224.59	3 299.24	29.35	11.02	678.98	640.58
		变异系数	16.24	34.48	16.87	5.33	8.51	15.99	15.79
姜堰	133	最大值	37.93	191.00	4 606.57	94.96	29.93	941.02	688.32
		最小值	17.79	51.00	1 462.43	53.81	19.90	277.56	251.60
		平均值	26.07	121.23	3 087.16	75.10	24.36	562.90	507.16
		极差	20.14	140.00	3 144.15	41.15	10.03	663.47	436.72
		变异系数	17.13	23.20	20.15	13.14	8.25	23.23	18.18
张家港	81	最大值	24.29	280.75	4 794.52	95.82	33.78	896.90	867.08
		最小值	13.40	107.95	2 100.20	73.59	21.49	489.21	455.70
		平均值	19.35	168.78	3 126.15	86.77	26.52	706.37	679.69
		极差	10.89	172.80	2 694.32	22.23	12.29	407.68	411.38
		变异系数	16.25	31.42	17.95	5.19	10	11.82	11.67

3. 不同品种加工品质的差异

在海安、姜堰、张家港试验基地，各粳稻品种加工品质和加工出来的整精米粒型均存在显著差异(表 2-3-5)。其中，糙米率、精米率、整精米率、整精米长/宽、整精米长和整精米宽的变幅：海安基地分别为 80.36%～85.30%、59.97%～76.63%、26.87%～74.08%、1.62～2.97、4.10～6.71 mm 和 2.04～2.93 mm，以整精米率和整精米长/宽在品种间变异较大；姜堰基地分别为 80.37%～85.88%、39.93%～78.10%、23.06%～76.95%、1.57～3.02、4.48～6.77 mm 和 2.18～2.99 mm，以整精米率和整精米长/宽在品种间变异较大；张家港基地分别为 79.14%～85.36%、59.60%～78.07%、53.57%～71.12%、1.62～3.04、4.30～6.99 mm 和 2.25～3.25 mm，以精米率和整精米率、整精米长和整精米宽及整精米长/宽在品种间变异较大。

表 2-3-5 各试验基地不同粳稻品种加工品质的差异

地点	品种数/个	统计参数	糙米率/%	精米率/%	整精米率/%	整精米(长/宽)	整精米长/mm	整精米宽/mm
海安	133	最大值	85.30	76.63	74.08	2.97	6.71	2.93
		最小值	80.36	59.97	26.87	1.62	4.10	2.04
		平均值	84.38	70.83	62.64	1.91	4.83	2.56
		极差	4.94	16.67	47.21	1.35	2.61	0.89
		变异系数	1.98	4.56	11.61	15.01	8.93	7.46
姜堰	133	最大值	85.88	78.10	76.95	3.02	6.77	2.99
		最小值	80.37	39.93	23.06	1.57	4.48	2.18
		平均值	84.80	71.89	67.94	1.92	5.04	2.65
		极差	5.51	38.17	53.89	1.44	2.29	0.81
		变异系数	1.71	6.64	12.04	14.79	8.46	6.36
张家港	81	最大值	85.36	78.07	71.12	3.04	6.99	3.25
		最小值	79.14	59.60	53.57	1.62	4.30	2.25
		平均值	83.76	71.69	65.30	2.02	5.13	2.58
		极差	6.22	18.47	17.55	1.42	2.70	1.00
		变异系数	1.46	4.18	5.40	14.74	8.89	7.40

4. 不同品种外观品质、蛋白质与直链淀粉含量的差异

海安基地各粳稻品种外观品质、蛋白质与直链淀粉含量有显著差异(表 2-3-6)。其中，垩白率、垩白面积、垩白度、透明度、蛋白质和直链淀粉含量以及胶稠度的变幅分别为 10.96%~98.72%、9.92%~98.65%、2.73%~67.57%、1.00~5.00、7.40%~13.00%、6.56%~20.63%、38.40~97.00 mm，各指标在品种间变异较大。

表 2-3-6 各试验基地不同粳稻品种外观品质、蛋白质与直链淀粉含量的差异

地点	品种数/个	统计参数	垩白率/%	垩白面积/%	垩白度/%	透明度	蛋白质/%	直链淀粉/%	胶稠度/mm
海安	133	最大值	98.72	98.65	67.57	5.00	13.00	20.63	97.00
		最小值	10.96	9.92	2.73	1.00	7.40	6.56	38.40
		平均值	50.10	49.21	20.47	2.61	9.07	14.31	81.36
		极差	87.76	88.74	64.84	4.00	5.60	14.07	58.60
		变异系数	51.13	52.74	79.27	44.38	8.06	24.3	15.52
姜堰	133	最大值	88.70	88.98	36.98	5.00	10.30	25.37	96.50
		最小值	3.59	3.36	0.52	1.00	7.60	8.11	54.50
		平均值	31.85	31.26	8.82	1.65	9.04	15.82	87.01
		极差	85.11	85.62	36.47	4.00	2.70	17.25	42.00
		变异系数	57.10	58.98	72.36	45.14	5.48	25.14	12.97
张家港	81	最大值	100.00	100.00	83.30	5.00	9.85	21.98	99.50
		最小值	6.86	6.45	1.27	1.00	7.65	5.09	60.50
		平均值	34.30	33.28	11.74	1.84	8.96	12.78	79.68
		极差	93.14	93.55	82.03	4.00	2.20	16.90	39.00
		变异系数	58.06	60.31	99.57	45.36	4.69	30.08	11.05

姜堰基地各粳稻品种垩白率、垩白面积、垩白度、透明度、蛋白质和直链淀粉含量以及胶稠度的变幅分别为 3.59%~88.70%、3.36%~88.98%、0.52%~36.98%、1.00~5.00、7.60%~10.30%、8.11%~25.37%、54.50~96.50 mm，除蛋白质含量外，各指标在品种间变异均较大。

张家港基地各粳稻品种垩白率、垩白面积、垩白度、透明度、蛋白质和直链淀粉含量以及胶稠度的变幅分别为 6.86%~100.00%、6.45%~100.00%、1.27%~83.30%、1.00~5.00、7.65%~9.85%、5.09%~21.98%、60.50~99.50 mm，除蛋白质含量外，各指标在品种间变异均较大。

5. 不同品种 RVA 淀粉黏滞性谱的差异

各试验基地粳稻品种 RVA 淀粉黏滞性谱的特征参数均有显著差异（表 2-3-7）。其中，峰值黏度、热浆黏度、最终黏度、崩解值、消减值在品种间变异较大，其绝对值要大于 10。

表 2-3-7　各试验基地不同粳稻品种 RVA 淀粉黏滞性谱的差异（cP）

地点	品种数/个	统计参数	峰值黏度	热浆黏度	最终黏度	崩解值	消减值	回复值	峰值时间/min	糊化温度/℃
海安	133	最大值	3 276	1 871	2 899	1 782	335	1 133	6.47	90.58
		最小值	1 764	869	1 335	703	−1 293	376	4.90	69.60
		平均值	2 615	1 458	2 299	1 159	−317	842	6.02	75.41
		极差	1 513	1 002	1 565	1 079	1 628	757	1.57	20.98
		变异系数	10.37	14.5	15.51	19.91	−124.82	24.86	4.70	4.52
姜堰	133	最大值	3 061	1 772	2 786	1 691	563	1 233	6.23	90.15
		最小值	1 734	1 005	1 577	607	−1 053	467	5.33	68.83
		平均值	2 370	1 298	2 220	1 074	−150	923	5.97	77.78
		极差	1 327	767	1 209	1 085	1 616	767	0.90	21.33
		变异系数	12.29	11.37	12.59	21.32	−277.66	24.32	2.59	10.24
张家港	81	最大值	2 938	2 031	3 075	1 816	345	1 150	6.53	89.78
		最小值	1 664	734	1 065	624	−1 486	331	4.67	63.95
		平均值	2 382	1 363	2 198	1 026	−192	837	6.05	72.26
		极差	1 274	1 297	2 011	1 192	1 831	820	1.87	25.83
		变异系数	10.11	18.09	19.06	19.03	−192.08	26.27	4.61	5.66

6. 不同品种米饭食味值的差异

各试验基地粳稻品种的米饭食味参数均有显著差异（表 2-3-8）。海安基地各品种间食味值变幅为 47~79，姜堰基地变幅为 36~76，张家港基地变幅为 30~82。其中，米饭食味参数中以外观、黏度、平衡度在品种间变异较大。

表 2-3-8　各试验基地不同粳稻品种米饭食味值的差异

地点	品种数/个	统计参数	外观	硬度	黏度	平衡度	食味值
海安	133	最大值	8.17	8.53	8.03	7.93	79.00
		最小值	4.00	5.87	3.17	2.83	47.00
		平均值	5.61	7.10	5.60	5.39	63.00
		极差	4.17	2.67	4.87	5.10	31.00
		变异系数	18.66	7.02	18.58	19.77	10.61

（续表）

地点	品种数/个	统计参数	外观	硬度	黏度	平衡度	食味值
姜堰	133	最大值	7.37	9.03	8.40	7.50	76.00
		最小值	1.43	6.37	1.43	1.10	36.00
		平均值	4.43	7.70	4.95	4.41	56.00
		极差	5.93	2.67	6.97	6.40	40.00
		变异系数	29.10	8.11	27.29	30.88	15.10
张家港	81	最大值	8.35	9.80	9.00	8.45	82.00
		最小值	1.30	6.05	3.80	0.20	30.00
		平均值	5.51	7.29	6.20	5.49	63.00
		极差	7.05	3.75	5.20	8.25	52.00
		变异系数	23.41	8.27	20.77	24.48	13.47

7. 筛选出了一批优质稳产粳稻品种

在以上不同水稻品种生育期、产量和品质（重点是食味品质）差异的基础上，筛选出‘南粳9108’‘南粳46’‘南粳5055’‘苏香粳100’等优良食味水稻品种（表2-3-9、图2-3-1）。

表2-3-9　不同品种常规粳稻生育期、产量与食味品质差异

品种名称	生育期/d	亩产/kg	直链淀粉含量/%	蛋白质含量/%	食味值
南粳9108	152	645.3	11.0	7.8	68.0
南粳46	167	638.9	9.5	8.1	72.3
南粳5055	157	640.6	9.4	8.0	70.1
苏香粳100	158	613.5	9.2	8.7	71.8

图2-3-1　优质食味水稻品种田间长势

（二）江苏沿江地区优质弱筋小麦筛选方案

在姜堰、海安和张家港试验基地，选用了‘扬麦13’‘扬麦16’‘扬麦23’‘宁麦13’‘宁麦19’‘宁麦23’‘生选6号’‘苏麦8号’‘农丰148’‘徐麦33’‘品3抗赤’等品种(系)，分别研究不同小麦品种生育期、产量和品质的差异，开展适合苏中和苏南地区种植的优质弱筋小麦品种的筛选工作。

海安基地11月17日播种，各小麦品种在5月26日至6月9日成熟，亩产量408.27~506.39 kg，除‘徐麦33’抗寒性较差、‘品3抗赤’抗白粉病较差外，其余品种的抗逆性均较强。姜堰基地小麦的播种期为12月10日，各小麦品种在6月1日至6月5日成熟，亩产量345.4~565.3 kg。张家港基地小麦的播种期为12月2日，成熟期在5月27日至6月5日，亩产量369.41~585.38 kg，除‘苏麦8号’和‘品3抗赤’外，其余小麦品种抗逆性均较强(表2-3-10至表2-3-17)。

表2-3-10 不同小麦品种生育日期(海安)

品种	播种期(月/日)	出苗期(月/日)	拔节期(月/日)	抽穗期(月/日)	成熟期(月/日)
扬麦13	11/17	11/26	3/10	4/9	5/26
扬麦16	11/17	11/26	3/10	4/8	5/26
扬麦23	11/17	11/26	3/11	4/11	5/28
宁麦13	11/17	11/26	3/10	4/7	5/27
宁麦19	11/17	11/26	3/10	4/7	5/27
宁麦23	11/17	11/26	3/10	4/8	5/28
生选6号	11/17	11/26	3/12	4/14	5/30
苏麦8号	11/17	11/26	3/12	4/12	6/1
农丰148	11/17	11/26	3/15	4/20	6/4
徐麦33	11/17	11/26	3/15	4/20	6/4
品3抗赤	11/17	11/26	3/13	4/16	6/9

表2-3-11 不同小麦品种产量及其构成(海安)

品种	亩基本苗/万苗	亩穗数/万穗	每穗粒数/粒	千粒重/g	亩产量/kg
扬麦13	18.05	37.78	37.03	38.45	495.42
扬麦16	17.91	39.35	35.67	37.13	482.60
扬麦23	18.15	37.52	39.56	37.34	506.39
宁麦13	17.97	37.02	37.76	38.90	470.10
宁麦19	17.36	35.77	38.56	39.07	482.29
宁麦23	17.56	36.17	39.15	39.56	448.66
生选6号	18.08	37.24	36.78	37.60	429.54
苏麦8号	18.46	38.02	38.56	36.30	456.09
农丰148	19.19	39.53	37.26	35.60	448.88
徐麦33	18.41	37.93	37.23	36.30	451.34
品3抗赤	13.12	27.02	48.30	38.20	408.27

表 2-3-12　不同小麦品种抗性的差异(海安)

品种	抗寒性	抗倒性	白粉病病穗率/%	赤霉病病穗率/%
扬麦 13	一般	较强	2.5	4.0
扬麦 16	一般	较强	3.0	4.0
扬麦 23	较强	较强	3.0	5.0
宁麦 13	一般	较强	2.5	3.5
宁麦 19	一般	较强	4.0	4.0
宁麦 23	一般	较强	3.5	3.5
生选 6 号	一般	较强	3.0	13.5
苏麦 8 号	一般	较强	4.0	7.0
农丰 148	一般	一般	1.0	3.0
徐麦 33	较差	一般	2.0	4.0
品 3 抗赤	较强	较强	15.0	2.5

表 2-3-13　不同小麦品种生育日期(姜堰，2016—2017)

品种	播种期(月/日)	出苗期(月/日)	抽穗期(月/日)	成熟期(月/日)	全生育期/d
扬麦 13	12/10	12/26	4/21	6/1	174
扬麦 16	12/10	12/26	4/22	6/3	176
扬麦 23	12/10	12/26	4/23	6/5	178
宁麦 13	12/10	12/26	4/22	6/5	178
宁麦 19	12/10	12/26	4/23	6/4	177
生选 6 号	12/10	12/26	4/21	6/5	178
苏麦 8 号	12/10	12/26	4/21	6/4	177
品 3 抗赤	12/10	12/26	4/23	6/3	176

表 2-3-14　不同小麦品种产量及其构成(姜堰，2016—2017)

品种	株高/cm	亩穗数/万穗	每穗粒数/粒	千粒重/g	亩产量/kg
扬麦 13	75.4	37.2	42.2	33.8	477.0
扬麦 16	86.1	39.5	40.5	41.6	525.0
扬麦 23	75.6	39.5	35.3	38.2	478.7
宁麦 13	71.4	36.4	32.3	35.8	378.2
宁麦 19	91.4	36.7	38.6	44.4	565.3
生选 6 号	87.7	44.7	46.5	44.8	403.6
苏麦 8 号	76.9	20.2	47.5	40.0	345.4
品 3 抗赤	84.1	41.8	34.3	32.6	420.7

表 2-3-15　不同小麦品种生育日期(张家港，2016—2017)

品种	播种期(月/日)	出苗期(月/日)	拔节期(月/日)	齐穗期(月/日)	成熟期(月/日)
扬麦 13	12/2	12/23	3/18	4/21	5/30
扬麦 16	12/2	12/23	3/15	4/19	5/27
扬麦 23	12/2	12/23	3/19	4/24	6/2
宁麦 13	12/2	12/23	3/16	4/20	5/29
宁麦 19	12/2	12/23	3/11	4/17	5/25
生选 6 号	12/2	12/23	3/18	4/22	6/2
苏麦 8 号	12/2	12/23	3/16	4/22	6/1
品 3 抗赤	12/2	12/23	3/26	4/26	6/5

表 2-3-16　不同小麦品种产量及其构成(张家港，2016—2017)

品种	株高/cm	亩穗数/万穗	每穗粒数/粒	千粒重/g	亩产量/kg
扬麦 13	83.0	33.5	36.9	41.8	515.95
扬麦 16	71.0	34.7	35.2	37.5	458.32
扬麦 23	77.7	39.8	36.8	37.7	552.62
宁麦 13	68.0	37.3	34.0	39.1	494.13
宁麦 19	80.7	37.1	38.7	47.9	585.38
生选 6 号	73.5	35.9	30.1	34.1	369.41
苏麦 8 号	78.7	33.8	30.7	41.4	428.99
品 3 抗赤	90.5	18.2	60.6	35.7	393.97

表 2-3-17　不同小麦品种抗性的差异(张家港，2016—2017)

品种	抗倒性	白粉病病穗率/%	赤霉病病穗率/%
扬麦 13	较强	2.0	3.0
扬麦 16	较强	3.5	4.5
扬麦 23	较强	5.0	5.0
宁麦 13	较强	3.5	2.5
宁麦 19	较强	4.0	4.5
生选 6 号	较强	3.0	16.5
苏麦 8 号	较强	4.5	19.5
品 3 抗赤	较强	13.5	3.5

综合不同小麦品种在各地的生育期、产量及抗性表现，初步筛选出适合江苏沿江苏南地区种植的‘扬麦 13’‘扬麦 16’和‘宁麦 13’共 3 个生育期适宜茬口搭配的小麦品种，产量和综合抗性均佳的优质弱筋小麦品种。

(三) 江苏沿江苏南地区优良食味水稻与优质弱筋小麦周年生产技术规范

在以上优良食味水稻与弱筋专用小麦品种筛选的基础上，根据不同稻麦品种生育期、产量等性状，开展播期、水稻毯苗育秧、小麦机械条直播、肥水等管理栽培措施的配套研究，并建立江苏沿江苏南地区优良食味水稻与优质弱筋小麦周年生产技术规范。

1. 优良食味水稻生产技术规程

1.1 品种选择

选择通过国家或地方审定的品种，并连续2年以上经国家、省级有关协会、科研单位评鉴认定具有优良食味的稻米，其中苏南以‘南粳46’‘苏香粳100’‘南粳5055’‘宁粳8号’为主，沿江以‘南粳9108’‘南粳5055’为主。

1.2 栽培方式

能满足优质丰产协同形成的毯苗机插栽培方式。

1.3 主要生育指标

1.3.1 产量

毯苗机插亩产量650 kg。

1.3.2 秧苗标准

毯苗机插壮秧标准：秧龄18~23 d，叶龄3.5~4.0叶，苗高12~16 cm，叶挺、色绿，无黄叶，单株发根数10条以上，根系盘结牢固，起秧提起时完整如毯状，无病虫害。

1.3.3 群体动态指标

（1）茎蘖动态　毯苗机插：移栽后8~10 d发生分蘖，有效分蘖临界叶龄期前一个叶龄够苗，高峰苗应控制在有效穗数的1.4~1.6倍。

（2）群体叶色及单茎绿叶数　栽后至够苗叶色深，呈“黑”；够苗至拔节叶色褪淡，呈“黄”；而后叶色逐渐加深，至倒3叶至倒2叶期呈“黑”；抽穗20 d后叶色逐渐褪淡，呈“黄”。

抽穗期单茎保持6张以上绿叶，成熟期单茎保持2~3张绿叶。

1.4 栽培技术要点

1.4.1 育秧时间

毯苗机插根据前茬收获期、水稻移栽期，按照秧龄18~23 d往前推算播种期。一般播种期苏南地区为5月18—30日，苏中地区为5月20日至6月2日。

1.4.2 床土准备

4月底前，选用熟化的稻田表土作苗床营养土，将稻田旋耕1~2次，取表土粉碎过筛(孔径6 mm)，亩用土约120 kg。过筛结束后集中堆闷备用，堆闷时细土含水量适中，达到手捏成团、落地即散的状态。

1.4.3 秧田准备

选择土壤肥沃、排水良好、靠近水源的稻田作秧田，秧大田比1∶(80~100)，亩大田备足秧盘25~30张。播前15 d精做秧板，秧板宽140 cm，沟宽25 cm、深20 cm，围沟深30 cm，围埂平实，埂面高出秧床15 cm，开好平水缺。为使秧板面平整，先上水平整，秧板做好后，排水沉实晾干，并铲高补低，填平裂缝，充分拍实，使板面达到“实、平、光、直”。

1.4.4 种子准备

确定用种量，每亩用种量3 kg；精选种子，浸种前先将种子脱芒，防止播种不匀；选择晴好天气晒种2~3 d，增加种皮透性，增强吸水性、酶的活性和种子活力；进行风选，通过去杂去劣，减少菌源并增加种子活力，提高发芽率、发芽势，播种前应做好发芽试验，若发芽率过低，则应增加用种量；药剂浸种，用17%杀螟·乙蒜素15 g、25%咪鲜胺2 g与10%吡虫啉

10 g 三药混配，兑水 10 kg，浸 5 kg 稻种，浸种时间随气温而定，一般 5 月底前要求浸足 60 h，以后浸足 48 h；浸种后的稻谷无须用清水冲洗，直接沥干后上堆催芽，90%的种子“破胸露白”后即可播种。

1.4.5 精量播种

适期播种，秧龄控制在 18~23 d。发芽率为 85%~90%，每盘均匀播足湿芽谷 150~170 g，播后覆 0.5 cm 基质，谷不见天。播种结束后在室内或场地上叠盘集中堆放，并覆膜遮光、保湿、增温促出苗。叠盘高度一般不超过 30 盘，堆放 24 h 后有 60%以上芽鞘出土即可移至秧田。秧田摆盘后即覆盖无纺布保温保湿，及时灌水，待盘土充分吸水后迅速排放。

1.4.6 秧田管理

整个秧田期保持秧板湿润即可，忌盘面有水，促盘根，防秧苗徒长。一般在移入秧田后 7 d 内开始揭无纺布炼苗，揭无纺布时先上水再揭布。揭无纺布后及时喷药治病虫。秧苗 1 叶 1 心期及时施好断奶肥，每亩秧田用尿素 5 kg，于傍晚露水未上来前撒施。移栽前 1~3 d 施好起身肥、打好起身药并排水炼苗，便于秧苗搬运和机插。

1.5 大田机插与栽培技术

1.5.1 麦秸全量还田

为避免秸秆焚烧，要求秸秆全量还田。小麦收获时，采用带切碎装置的收割机收割，切碎麦秸，长度 5~10 cm，均匀铺散于田面，采用中拖深翻或深旋埋草后，上水泡田，然后采用中拖耙田，耙田前田间保留薄水层，一般以田面水层高处见墩、低处有水为准。机插秧移栽时秧龄短，秧苗小，大田平整度要求高，全田高低落差不超过 3 cm，秸秆还田更要做到田面无秸草杂物，上烂下实。在栽插前采用机械耱田，并沉实田土，在耱田后 2~3 d，待土壤沉实后机械插秧。

1.5.2 高标准机插

精细整地，淀清沉实后机插。使用乘坐式高速插秧机，亩栽秧不少于 25 盘，以行距 30 cm、株距 13.0~11.7 cm，每亩 1.7 万~1.8 万穴，每穴 3~4 苗，亩基本苗 7 万株左右为宜。

1.5.3 水浆管理

（1）前期建立浅水层　机插后采用浅水湿润灌溉法，水深不超过 5 cm，并适当露田（阴天或晚上露田 2~3 次）促扎根活棵长粗，分蘖期建立浅水层。

（2）中期合理搁田　中期合理搁田能提高分蘖成穗率，缩短基部节间，使茎蘖粗壮老健，增加白根数量，促进根系下扎，提高植株抗倒伏和抗病能力。对于秸秆全量还田田块，通过搁田能减少残留在土壤中的有毒物质。机插分蘖势强，高峰苗来势猛，一般按苗数达预期穗数 80%（亩茎蘖数 18 万~20 万）时脱水搁田，白根露面即覆浅水，让田水自然落干后再进行第二次搁田，多阴雨年份或面积较大田块实施开沟搁田。通过分次搁田，达到田面板实，基部节间短，提高抗倒能力，将亩高峰苗控制在 30 万~35 万。

（3）后期干湿交替　水稻孕穗期、抽穗期需水量较大，应建立浅水层，以保障颖花分化和抽穗扬花。灌浆结实期间歇上水灌浅水层，自然落干至表土湿润，手按有印迹但手不沾土，再灌浅水层，如此往复。以水调气养根护叶，提高结实率和千粒重，防止倒伏，保证加工品质。收获前 7 d 排水落干。

1.5.4 肥料运筹

（1）基肥增加尿素　秸秆还田，秸秆腐烂分解要求基肥中增施一定量的尿素，亩施 45%三元复合肥 40 kg 加尿素 7.5 kg。

（2）分蘖肥结合除草剂　机插后 5~7 d，分蘖肥结合除草剂使用，亩用 10%丁苄合剂 0.5 kg 加尿素 7.5 kg 拌匀撒施。

（3）穗肥使用配方肥　8 月上中旬，分 1~2 次施氮、钾含量比为 16∶12 的水稻穗肥专用肥，每亩施 30 kg，或者尿素 10 kg 加氯化钾 7.5 kg，一次性施用可选在 8 月 10 日左右；分 2 次施用则第一次在叶龄余数 3.5 左右，第二次在叶龄余数 2 左右。追肥采用湿润施肥法。

1.5.5　病虫草害防治

施行优质粳稻全程安全用药规范化技术。全生育期农药科学安全使用新策略：一是“用药关口前移策略”，即秧苗期病虫害防治用药前移至种子处理阶段；移栽后及分蘖期用药分别前移至移苗期与移苗后 5~7 d 使用；齐穗后用药统一前移至破口齐穗期使用。二是“齐穗后零用药策略”，即加大孕穗期和破口期用药防控力度，杜绝齐穗后用药。三是“用药低残留策略”，全生育期只应用高效低风险农药，严格控制农药用量。全生育期用药组合：根据地区病虫草害发生特点与稻谷农药残留安全超标风险，分别制订相应的用药组合。

（1）种苗期防治　药剂浸种，防治恶苗病、干尖线虫病、水稻条纹叶枯病等。机插秧在无纺布揭去后立即用药，移栽前 1~2 d 用好起身药，防治灰飞虱和螟虫。

（2）移栽稻田杂草化除　插秧前处理：平整田地后，田间保持 3~5 cm 的薄水层，进行土壤封闭处理，封闭处理 2 d 后，进行插秧；插后前期处理：在机插后 5~7 d，结合追施分蘖肥，除草剂拌尿素均匀撒施；中期化除：根据田间草情进行补除。

（3）大田防治　7 月中旬防治稻飞虱、稻纵卷叶螟、纹枯病、螟虫；7 月底防治稻纵卷叶螟、稻飞虱、纹枯病、螟虫；8 月中旬防治稻纵卷叶螟、稻飞虱、纹枯病、稻瘟病；8 月下旬防治稻纵卷叶螟、褐飞虱、纹枯病、稻瘟病、稻曲病；9 月中旬防治褐飞虱、稻纵卷叶螟、稻瘟病、稻曲病、纹枯病。优质水稻品种尤其要注意稻瘟病（穗颈瘟）、纹枯病的防治。

1.5.6　适时收获

收获过早，籽粒充实不足，整精米率低，产量下降；收获过迟，透明度下降，垩白度增加，米质也会下降。一般 90%~95%籽粒黄熟、穗枝梗已变黄时收获。

2. 弱筋专用小麦生产技术规程

2.1　品种选择

选择通过国家或地方审定、适合沿江苏南地区种植的弱筋专用小麦品种，主要包括‘扬麦 13’‘扬麦 16’‘宁麦 13’等。

2.2　栽培方式

能满足优质、丰产、高效协同的机械化条播栽培方式。

2.3　主要生育指标

2.3.1　产量

机械化条播条件下亩产量 450~550 kg。

2.3.2　品质指标

籽粒水分含量≤12.5%，不完善粒≤6.0%，籽粒容重≥750 g/L，粗蛋白质含量≤11.5%，面粉湿面筋含量≤22%，降落数值≥300 s，面团稳定时间≤2.5 min。

2.3.3　群体指标

亩基本苗数 18 万~20 万，冬前茎蘖数 35 万~40 万，最高茎蘖数 60 万~70 万。

2.4 栽培技术要点

2.4.1 种子准备

精选弱筋专用小麦，人工或精选机去杂、去劣、去小粒。选后的种子发芽率85%以上，净度99%以上，水分不大于12.5%。麦种可采用20%戊唑醇、苯醚甲环唑、苯醚·咯菌腈、萎锈灵·福美双等药剂拌种，以较好地预防纹枯病、白粉病等病害，确保一播苗全、苗匀、苗壮，为夺取夏熟高产奠定良好基础。

2.4.2 确定适宜的播种期

选择适合沿江苏南地区种植的弱筋专用小麦品种，因为机插水稻的腾茬时间稍迟，所以机直播小麦一般在11月5日至11月20日播种。

2.4.3 播种量的确定

弱筋专用小麦生产过程中既要防止基本苗过多，而造成高峰苗过高，群体过大，群个体矛盾突出，每穗实粒数锐减，又要防止基本苗过少，群体偏小，穗数不足，避免增加不必要的肥料投入。因此可根据适宜基本苗确定播种量。一般田块适宜亩基本苗为18万~20万，可根据式(2-3-1)计算播种量：

$$\text{亩播种量(kg)}=\frac{\text{亩基本苗数(万苗)}\times\text{千粒重(g)}}{1\,000\times1\,000\times\text{发芽率(\%)}\times\text{出苗率(\%)}} \qquad (2-3-1)$$

如遇连续阴雨等不良天气条件而导致水稻腾茬迟、小麦需晚播，则播期每推迟2 d，播种量计算公式中基本苗增加1万左右。

2.4.4 播种方式

秸秆还田条件下，采用复式作业条播机播种(如太仓项氏灭茬旋耕智能施肥播种机)，实现一次性完成旋耕、秸秆还田、播种、覆土、镇压、开沟等工序。机械条播一般行距25 cm，播种深度2~3 cm。机械作业过程中可根据要求调节播种量，实现精量播种，一播全苗。

2.5 田间管理

2.5.1 开沟

(1) 外沟　外沟在前作收获前人工清理开挖，沟系配套，逐级加深，排水沟深100 cm以上，确保灌得进、排得出、降得下，排水通畅，雨止田干。

(2) 内沟　内沟可分竖沟、横沟和腰沟，其中竖沟每隔2.5~3.0 m开挖一条，沟深20~30 cm。此沟可于播种后进行机械或人工开挖，也可采用复式作业条播机在小麦播种时同时开沟。播种后一般距田两端横埂2~3 m各挖一条横沟，沟深30~40 cm。田块长超过100 m的应加挖腰沟，沟深30~40 cm，内外沟配套相通，以保证排灌通畅。

2.5.2 施肥技术

(1) 施肥总量　为生产优质专用弱筋小麦，应适当降低氮肥施用量，增施磷钾肥，减少生育中后期施氮比例。弱筋小麦总施氮量应根据地力水平确定，一般亩施纯氮(N) 12~14 kg，施磷(P_2O_5)5~6 kg，施钾(K_2O)5~6 kg，其比例为1：(0.4~0.5)：(0.4~0.5)。

(2) 肥料运筹　优质弱筋小麦生产氮肥运筹，一般基肥、平衡肥(壮蘖肥)和拔节肥比例为7：1：2。磷、钾肥基追比为5：5。

- 基肥：秸秆还田条件下，每亩宜施尿素6~7 kg，45%复合肥25~35 kg。

• 平衡肥(壮蘖肥)：越冬始期看苗施肥(一般 12 月 25 日左右)，一般亩施用尿素 3~4 kg，需捉黄塘促平衡。

• 拔节肥：小麦基部节间接近定长时(一般 3 月 10—25 日)，亩施用 45%复合肥 15~17 kg。拔节肥追肥时间不宜推迟，防止后期氮肥过重，造成贪青迟熟和小籽粒过多，影响弱筋小麦品质。

2.5.3　灌排技术

(1) 灌水　播种后持续干旱，需及时洇水。但洇水时不可大水漫灌，以防烂种、闷芽。冬春季节出现持续干旱，当田间相对持水量低于 60%时，也需洇水抗旱。

(2) 排水　湿(渍)害历来是制约沿江苏南地区小麦高产稳产的主要因子之一。因此，小麦播种后田间要保持沟渠通畅。要切实提高三沟配套水平，做到“一方麦田，两头出水，三沟配套，四面脱空”。排水顺畅，达到雨止田干，地下水位埋深控制在 1 m 以下。

2.5.4　病虫草害综合防治

在生产过程中对病虫草害的防治以预防为主，实施农业防治、物理防治、生物防治和化学防治相结合的综合防治为原则。

(1) 农业防治　在精选种子的同时进行药剂拌种，以预防纹枯病、白粉病等。秸秆深埋，播种后及时清除路边沟渠杂草，破坏病虫滋生场所，减少病虫发生基数。

(2) 物理防治　应用频振式杀虫灯、色板、性诱激素、网具等诱(捕)杀害虫。

(3) 化学防治　根据田间病虫草害的预测预报，及时选用高效、低毒低残留药剂进行统防统治。同时要注意合理混用、轮换交替使用不同药剂，以降低或推迟病虫抗药性的发生。

a. 化学除草

化学除草(简称“化除”)应根据草相、草龄、墒情、气温等适期使用药剂，重点抓好冬前化除工作，早春根据苗情做好补治工作。播后芽前墒情适宜时，每亩可选用 50%异丙隆 120~150 g，兑水 40~50 kg 喷雾，封杀杂草。冬前对播种时未封闭化除或效果不理想、杂草达标田块(一般禾本科杂草每平方米 150 株以上、阔叶杂草每平方米 30 株以上)，及时根据草相及优势草种，选准药剂，进行喷药化除。以禾本科杂草为主的麦田，在杂草 2~4 叶期每亩可用 50 g/L 唑啉草酯炔草酸乳油(大能)60~80 mL，或 6.9%精噁唑禾草灵水乳剂(骠马)80~100 mL，兑水 40~50 kg 喷雾；以阔叶杂草为主的麦田，在小麦 4~5 叶期、杂草齐苗后，每亩可用 20%氯氟吡氧乙酸(使他隆)40~50 mL，或 20%氯氟吡氧乙酸 20~25 mL 加 20%二甲四氯 150 mL(使甲合剂)，兑水 40~50 kg 喷雾；单、双子叶杂草混生的麦田，可将相关药剂进行复配使用，如每亩用 6.9%精噁唑禾苗灵 100 mL 加 20%氯氟吡氧乙酸 50 mL 兑水均匀喷雾。春后对草害已达到防治指标的田块，要在小麦拔节前的冷尾暖头、日均温 8 ℃以上(一般在 2 月下旬至 3 月上旬)抢晴用药，并避免在寒流来临前后 3 d 内用药，以防发生冻药害现象。

b. 病害防治

• 防治纹枯病：在返青期至拔节期，当病株率达到 10%时，每亩用 5%井冈霉素水剂 300~400 mL，兑水 75 kg 对准发病部位均匀喷雾，重病田隔 7~10 d 再用药防治一次。

• 防治白粉病：当上部 3 片功能叶病叶率达 5%左右时或病株率达 15%左右时，为防治标准。对早春病株率达 5%的田块，可提早防治一次，减轻后期危害程度和防治压力。每亩用 15%三唑酮(粉秀宁)可湿性粉剂 60~80 g，或 12.5%烯唑醇(禾果利)乳油 40~60 mL，或 33%多酮(纹霉净)可湿性粉剂 100 g，兑水 50 kg 手动喷雾或兑水 20 kg 机动迷雾叶面喷施。

• 防治赤霉病：每亩用25%多菌灵可湿性粉剂200～250 g，或50%多菌灵可湿性粉剂100 g，或33%纹霉净(多酮)100～150 g，在小麦10%扬花时兑水50～60 kg手动喷雾或兑水20 kg机动喷雾，对赤霉病有较好的防效。此外，每亩用25%氰烯菌酯乳油100 mL，或30%戊唑醇福美双可湿性粉剂90～110 g，或25%咪鲜胺乳油30～50 mL，对赤霉病也有较好的防效。如扬花灌浆期气候适宜病害流行，小麦生育期不整齐、扬花期持续7 d以上，第一次用药后隔5～7 d还需再用药一次，确保防治效果。

c. 虫害防治

• 防治麦蚜虫：小麦扬花至灌浆初期，有蚜株率大于25%时或百穗蚜量超过300头(天敌与麦蚜比小于1∶150)时，即需防治。每亩用50%抗蚜威可湿性粉剂10～20 g，或10%吡虫啉可湿性粉剂10～20 g，或2.5%溴氰菊酯乳油20 mL，或48%乐斯本乳油30～40 mL，或25%辛氰乳油40～50 mL，兑水50 kg均匀喷雾。此外，苗情平均每株有蚜4～5头时也需进行防治，冬前防治还应适当提高浓度和用药量。

• 防治麦蜘蛛：每当麦垄蜘蛛发生量达到600头或每株有红蜘蛛6头时，每亩用1.8%阿维菌素乳油20 mL，或25%哒螨酮(扫螨净)乳油40 mL，兑水50 kg均匀喷雾。

2.6　收获贮藏

5月底至6月初，小麦蜡熟末期及时收割。联合收割机收割脱粒，脱粒后及时晾晒或烘干，保证籽粒含水量≤12.5%进仓贮藏。

四、示范应用取得的效果与效益

在建立江苏沿江苏南地区优良食味水稻与弱筋专用小麦周年生产技术规范的基础上，2017年在海安、姜堰和张家港等地建立试验示范基地，开展集成技术的示范应用。其中核心区、示范方与辐射区面积分别为1.08万亩、10.78万亩和90.9万亩。经测产，核心区、示范方和辐射区平均水稻亩产分别为700 kg、652 kg与619 kg，小麦亩产分别为491 kg、423 kg与334 kg，稻麦增产3.33万t，增效9 833万元。

五、与对照技术的技术经济指标比较

经专题试验与大面积高产示范比较结果表明，与常规对照相比，建立的江苏沿江苏南地区优良食味水稻与弱筋专用小麦周年生产技术方案，一般亩增产7.4%～10.6%，节省肥料10%～13.3%，平均稻麦周年节本增效305.14元。

六、应用前景与发展建议

(一) 应用前景

江苏沿江苏南地区既是我国粳稻和弱筋小麦的优势产区，也是全国稻麦周年生产的主要区域。开展优良食味水稻搭配弱筋专用小麦生产模式与技术规范的研究应用，有利于实现该区水稻和弱筋小麦的标准化生产，提高稻米食味品质和小麦专用品质，在实现农业供给侧结构性改革的同时满足了人民日益增长的对优质农产品的需求，具有广阔的应用前景。

(二) 发展建议

在开展优良食味水稻搭配弱筋专用小麦技术规范集成应用中，要密切联系稻麦生产中机械化、智能化种植机械的应用，持续开展配套农艺的研究，以满足现代稻麦优质、专用生产的需求。

优质专用稻麦的生产要降低农药和化肥用量，搞好生态安全栽培。稻麦生产中过量施用化肥和农药，不仅增加成本、污染环境，还降低了稻麦的品质(刘贺梅，2010；贾东 等，2009)。

优质食味粳稻和弱筋专用小麦的生产要结合当地实际，形成一定的生产经营规模并实现集约化、标准化管理，使得生产出的稻麦能够满足优质专用的标准。同时，经济发达有条件的地区，可推行订单农业，打造具有一定影响力的稻麦品牌，既能满足企业专用化采购的需求，又可使农民实现优质优价，增加经济效益。

第四节　江淮下游地区水稻钵苗机插—小麦机条播两熟高产新技术

提要：针对毯状小苗播种量大、秧龄弹性小、秧苗素质低、栽插植伤重等问题，研发了水稻钵苗机插栽培技术，以江苏苏中地区兴化市钓鱼镇为重点试验基地，目标稻麦周年高产高效，重点创新研究示范了水稻钵苗机插栽培配套小麦机条播栽培的稻麦周年平衡高产新模式。该技术通过钵体培育30~35 d的高素质秧苗，移栽时几乎无植伤，提高了群体起点质量，中后期群体结构合理，提高了穗后光合物质生产能力，成熟期秆壮、穗大、粒多，利于实现水稻高产优质。试验基地钵苗机插水稻较常规毯苗机插增产5.8%~7.6%，小麦平均增产7.1%，周年增产6.4%以上，江苏省大面积钵苗机插水稻增产8.9%以上，其茬口小麦增产5.2%以上，周年增产9.1%以上。水稻成熟期提前5~7 d，利于下茬小麦早播，水稻钵苗机插—小麦机条播周年高产模式提高了稻季、麦季及稻麦周年产量和效益。

一、科学问题与技术需求

自20世纪80年代以来，盘育毯状带土小苗机插是我国水稻种植机械化的主体发展方式，这套技术是引进日本插秧机及其工厂化育秧技术并加以本土化，在农机、农艺方面进行大量研究改进形成的(周晚来 等，2018)。迄今开发力度较大、应用较好的主要是在东北稻区(特别是黑龙江垦区)、南方稻区(江苏)等地。从全国范围内30多年的曲折发展历程看，机插栽培发展缓慢，很不适应稻作现代化发展要求。毯苗机插发展缓慢，究其原因虽有很多，但其中一个重要原因，是由于特定育秧方式与机械移栽方式所制约。以极高的播种量，在较短育秧期内靠千万条根系缠绕形成毯状密集小苗，利于实行集约化、工厂化育秧，高效率机械栽插。但与常规手栽稻、抛秧稻相比，水稻毯状小苗机插存在以下问题(李杰 等，2011；张洪程 等，2014；胡雅杰 等，2014)：①育秧期短，秧龄小，在南方秧龄一般15~20 d，减少了温光等资源利用；②播种量大，秧苗器官分化发育不充分，苗质趋弱；③因茬口、天气、劳动力和机械紧张等原因，常造成超秧龄，导致秧苗更加孱弱，不仅影响机插质量，而且栽后僵苗难发；④机械移栽时植伤重，大田活棵缓苗期长；⑤大田植株器官发育不充分，个体生产力小。

为了有效解决水稻机械化栽培高产难题，扬州大学等单位利用钵苗能延长秧龄与提高秧苗素质等方面的优势，研究开发了钵苗机械化栽培(张洪程 等，2013；朱聪聪 等，2019)。采用与钵苗高速插秧机相配套专用钵孔塑盘，以稀播精播培育钵体壮秧，通过机械冲、接、送、插等作业流程，按一定行株距、无植伤地精确移植于大田，大大优化了大田群体起点结构，利于培育壮秆大穗和实现(超)高产优质(邢志鹏 等，2017；胡群 等，2017)。

二、开展的试验与研究

2014—2016 年在项目创新区江苏兴化钓鱼镇开展稻麦两熟周年平衡生产创新模式定位试验，为了在调节水稻生长季节、水稻适当提早成熟技术上突破，设计水稻钵苗机插—小麦机条播与水稻毯苗机插—小麦机条播 2 种周年生产新模式进行比较试验。

试验材料包括常规粳稻(‘南粳 9108’和‘武运粳 27 号’)、籼粳杂交稻(‘甬优 2640’和‘甬优 1640’)和杂交籼稻(‘新两优 6380’和‘Ⅱ优 084’)。在长江下游稻麦两熟条件下，根据生产地小麦常年收获时间，各机械种植方式生产特点，以及水稻及时抢播抢栽的要求，分别设计钵苗机插方式和毯苗机插方式具有当地大面积生产代表性的水稻播栽期，钵苗机插采用 448 钵孔软盘育秧。两年均于 5 月 16 日播种，常规粳稻每孔播种 4 粒，籼粳杂交稻和杂交籼稻每孔播种 3 粒，旱育壮秧。1 叶 1 心期进行间苗，保证常规粳稻每孔 3 苗，籼粳杂交稻和杂交籼稻每孔 2 苗。于 6 月 15 日机械移栽，栽插行株距 33. 0 cm×12. 0 cm。毯苗机插采用软盘育秧。2 年均于 5 月 28 日播种，常规粳稻每盘播种 120 g，籼粳杂交稻和杂交籼稻每盘播种 90 g，旱育壮秧。于 6 月 15 日机械移栽，栽插行株距 30. 0 cm×13. 3 cm，移栽后定苗至常规粳稻每穴 3 苗，籼粳杂交稻和杂交籼稻每穴 2 苗。常规粳稻和籼粳杂交稻亩施纯氮 18 kg，杂交籼稻为 15 kg。氮肥运筹为基肥：分蘖肥：穗肥 = 3：3：4，分蘖肥于分蘖初期施用，穗肥于倒 4 叶期和倒 2 叶期分 2 次等量施用。磷肥一次性基施，亩施 P_2O_5 9 kg。钾肥分别作基肥和促花肥等量施入，亩施 K_2O 18 kg。水分管理及病虫草害防治按照高产栽培要求实施。通过创新的稻麦周年模式试验，系统追踪水稻钵苗机插—小麦机条播与水稻毯苗机插—小麦机条播 2 种模式的生产力及其形成过程，通过比较评价，筛选并创立能有效破解稻麦迟播迟栽难题、使小麦播种期提前 5 ~ 10 d 的稻麦周年平衡高产优质增效创新模式。

依据水稻收获茬口及农耗安排小麦 2 个播种期和 3 个播种量，播种期为 10 月 30 日和 11 月 6 日，钵苗机插水稻茬口下小麦亩播种量为 8. 0 kg、10. 5 kg、13. 0 kg，毯苗机插水稻茬口下小麦亩播种量为 10. 5 kg、13. 0 kg、15. 5 kg。试验以水稻机械化种植方式茬口(小麦播种期)为主区，播种量为裂区安排，重复 3 次。主区间作埂，用塑料薄膜包埂隔离，保证可以单独肥水管理。施肥策略，基肥于播种前施用，亩施 45%复合肥 24 kg+尿素 8 kg；壮蘖肥亩施尿素 2. 7 kg，于 4~5 叶期施用；拔节肥亩施 45%复合肥 24 kg，于倒 3 叶期施用。其他田间管理均按照当地高产栽培要求统一进行。

同时，在钓鱼、城东、临城、陈堡、周庄、茅山与戴南 7 个重点乡镇建立 15 万亩集成技术核心示范辐射区。

三、创建的新技术方案

（一）苏中地区水稻钵苗机插—小麦机条播两熟平衡高产创新技术方案研究

1. 水稻钵苗机插产量

稻麦周年生产模式试验中，3 年稻季不同类型水稻产量均表现为钵苗机插 > 毯苗机插，其中，2014 年、2015 年与 2016 年钵苗机插水稻产量较毯苗机插增幅分别为 2. 8% ~ 7. 9%

（平均 6.2%）、3.2%~8.3%（平均 5.9%）与 5.2%~10.3%（平均 7.6%）（表 2-4-1），水稻钵苗机插增产显著。

表 2-4-1 钵苗、毯苗机插种植方式对水稻产量的影响

类型	品种	机插方式	2014 年		2015 年		2016 年	
			亩产量/kg	较毯苗增产/%	亩产量/kg	较毯苗增产/%	亩产量/kg	较毯苗增产/%
籼粳杂交稻	甬优 2640	钵苗	816.0a	7.2	847.3a	6.5	860.0a	10.3
		毯苗	761.3b		795.3b		780.0b	
	甬优 1640	钵苗	804.0a	7.7	830.7a	7.1	840.0a	9.6
		毯苗	746.7b		776.0b		766.7b	
常规粳稻	南粳 9108	钵苗	757.3a	4.5	785.3a	4.2	793.3a	6.2
		毯苗	724.7b		754.0b		746.7b	
	武运粳 27 号	钵苗	745.3a	2.8	770.7a	3.2	773.3a	5.5
		毯苗	725.3b		746.7b		733.3b	
杂交籼稻	新两优 6380	钵苗	714.7a	7.0	739.3a	8.3	766.7a	7.5
		毯苗	668.0b		682.7b		713.3b	
	Ⅱ优 084	钵苗	708.7a	7.9	720.7a	6.3	760.0a	7.5
		毯苗	656.7b		678.0b		706.7b	
平均		钵苗	757.7a	6.2	782.3a	5.9	798.9a	7.8
		毯苗	713.8b		738.7b		741.1b	

由表 2-4-2 可知，种植方式对水稻产量构成因素有明显影响。亩穗数表现为钵苗机插<毯苗机插，每穗粒数表现为钵苗机插>毯苗机插，亩群体颖花量表现与每穗粒数相同的趋势，其中穗粒数和亩群体颖花量在钵苗机插和毯苗机插间的差异达显著水平，说明钵苗机插较毯苗机插大穗优势更为显著，是通过大穗提高了亩群体颖花量。各水稻的结实率和千粒重于种植方式间无显著差异。

表 2-4-2 钵苗、毯苗机插种植方式对水稻产量构成因素的影响

类型	品种	方式	亩穗数/万穗		每穗粒数/粒		亩群体颖花量/万朵		结实率/%		千粒重/g	
			2014 年	2015 年	2014 年	2015 年	2014 年	2015 年	2014 年	2015 年	2014 年	2015 年
籼粳杂交稻	甬优 2640	钵苗	15.8a	15.3a	237.8a	245.7a	3 746.0a	3 751.7a	90.7a	93.5a	24.7a	24.9a
		毯苗	16.0a	15.5a	218.2b	227.8b	3 497.6b	3 532.4b	90.1a	93.2a	24.8a	24.8a
	甬优 1640	钵苗	17.6a	17.4a	210.2a	216.4a	3 691.8a	3 771.6a	91.8a	92.1a	24.5a	24.5a
		毯苗	17.9a	17.6a	189.3b	200.5b	3 382.5b	3 529.9b	92.3a	92.4a	24.4a	24.5a
常规粳稻	南粳 9108	钵苗	22.9a	22.6a	138.1a	140.6a	3 166.8a	3 176.5a	94.6a	95.9a	26.0a	26.4a
		毯苗	23.3a	23.1a	127.8b	131.3b	2 980.6b	3 030.6b	94.2a	96.0a	26.4a	26.4a
	武运粳 27 号	钵苗	23.8a	23.5a	125.6a	130.1a	2 985.8a	3 061.3a	94.3a	95.3a	27.1a	27.2a
		毯苗	24.2a	24.5b	119.4b	120.3b	2 893.1b	2 947.7b	94.1a	95.5a	27.3a	27.3a

（续表）

类型	品种	方式	亩穗数/万穗		每穗粒数/粒		亩群体颖花量/万朵		结实率/%		千粒重/g	
			2014 年	2015 年	2014 年	2015 年	2014 年	2015 年	2014 年	2015 年	2014 年	2015 年
杂交籼稻	新两优6380	钵苗	17. 1a	16. 9a	185. 4a	188. 7a	3 167. 1a	3 183. 1a	84. 6a	87. 6a	27. 6a	27. 3a
		毯苗	17. 1a	17. 4b	173. 3b	175. 1b	2 970. 1b	3 047. 6b	84. 2a	84. 1b	27. 6a	27. 4a
	Ⅱ优084	钵苗	19. 3a	19. 0a	165. 6a	167. 3a	3 189. 1a	3 186. 7a	83. 8a	85. 6a	27. 3a	27. 2a
		毯苗	19. 5a	19. 4b	154. 7b	155. 8b	3 014. 4b	3 026. 2b	82. 8a	84. 3a	27. 3a	27. 2a
平均		钵苗	19. 4	19. 1	177. 1	181. 5	3 324. 4	3 355. 2	90. 0	91. 7	26. 2	26. 3
		毯苗	19. 7	19. 6	163. 8	168. 5	3 123. 1	3 185. 7	89. 6	90. 9	26. 3	26. 3

2. 水稻钵苗机插生育期

钵苗、毯苗 2 种机插种植方式对水稻生育进程影响较大(表 2-4-3)。根据试验当地小麦让茬时间和水稻抢播抢栽的要求，与毯苗机插相比，钵苗机插水稻播种期提前了 10 d，致水稻拔节期提前 2~4 d，抽穗期提前 2~5 d，成熟期提前 2~5 d。该结果表明，与毯苗机插比，钵苗机插提早了水稻拔节、抽穗和成熟时间，利于水稻生育后期籽粒灌浆，并能为后茬小麦提早播种提供有利条件。

表 2-4-3　钵苗、毯苗机插种植方式下水稻拔节期、抽穗期和成熟期

品种	机插方式	2014 年			2015 年		
		拔节期（月/日）	抽穗期（月/日）	成熟期（月/日）	拔节期（月/日）	抽穗期（月/日）	成熟期（月/日）
甬优 2640	钵苗	7/22	8/29	10/23	7/21	8/27	10/21
	毯苗	7/26	9/1	10/25	7/23	8/29	10/23
甬优 1640	钵苗	7/24	8/30	10/21	7/23	8/27	10/21
	毯苗	7/28	9/3	10/23	7/27	8/30	10/24
南粳 9108	钵苗	7/26	9/2	10/24	7/26	8/31	10/23
	毯苗	7/29	9/5	10/26	7/28	9/2	10/25
武运粳 27 号	钵苗	7/29	9/3	10/24	8/1	9/2	10/25
	毯苗	8/2	9/7	10/27	8/3	9/5	10/28
新两优 6380	钵苗	7/28	9/2	10/20	7/27	9/1	10/19
	毯苗	8/1	9/7	10/25	7/31	9/5	10/23
Ⅱ优 084	钵苗	7/29	9/8	10/18	7/28	9/6	10/18
	毯苗	8/2	9/13	10/22	8/1	9/11	10/23

进一步分析水稻主要阶段生长持续时间(表 2-4-4、表 2-4-5)发现，钵苗、毯苗 2 种机插种植方式对水稻各阶段生长持续时间有较大影响。各水稻品种播种至拔节期、拔节至抽穗期和抽穗至成熟期持续时间于种植方式间表现趋势一致，为钵苗机插>毯苗机插。与毯苗机插相比，钵苗机插水稻播种至拔节期生长持续时间延长 6~8 d，拔节至抽穗期差异不大，抽穗至成熟期持续时间相同或增加 1~2 d。这样，与毯苗机插相比，钵苗机插延长水稻生育期 5~8 d。

表 2-4-4 钵苗、毯苗机插种植方式下水稻不同生育阶段持续时间(2014)

类型	品种	方式	播种至拔节/d	拔节至抽穗/d	抽穗至成熟/d	全生育期/d	较毯苗增加/d	大田期天数/d	较毯苗缩短/d	早熟天数/d
籼粳杂交稻	甬优2640	钵苗	67	38	55	160	10	130	2	2
		毯苗	59	37	54	150		132		
	甬优1640	钵苗	69	37	52	158	10	128	2	2
		毯苗	61	37	50	148		130		
常规粳稻	南粳9108	钵苗	71	38	52	161	10	131	2	2
		毯苗	62	38	51	151		133		
	武运粳27号	钵苗	74	36	51	161	9	131	3	3
		毯苗	66	36	50	152		134		
杂交籼稻	新两优6380	钵苗	73	36	48	157	7	127	5	5
		毯苗	65	37	48	150		132		
	Ⅱ优084	钵苗	74	41	40	155	8	125	4	4
		毯苗	66	42	39	147		129		

表 2-4-5 钵苗、毯苗机插种植方式下水稻不同生育阶段持续时间(2015)

类型	品种	方式	播种至拔节/d	拔节至抽穗/d	抽穗至成熟/d	全生育期/d	较毯苗增加/d	大田期天数/d	较毯苗缩短/d	早熟天数/d
籼粳杂交稻	甬优2640	钵苗	66	37	55	158	10	128	2	2
		毯苗	56	37	55	148		130		
	甬优1640	钵苗	68	35	55	158	9	128	3	3
		毯苗	60	34	55	149		131		
常规粳稻	南粳9108	钵苗	71	36	53	160	10	130	2	2
		毯苗	61	36	53	150		132		
	武运粳27号	钵苗	77	32	53	162	9	132	3	3
		毯苗	67	33	53	153		135		
杂交籼稻	新两优6380	钵苗	72	36	48	156	8	126	4	4
		毯苗	64	36	48	148		130		
	Ⅱ优084	钵苗	73	40	42	155	7	125	5	5
		毯苗	65	41	42	148		130		

3. 水稻钵苗机插经济产量和生物产量及日产量

由表 2-4-6 分析，6 个水稻品种的经济产量和生物产量在钵苗、毯苗 2 种机插种植方式间的变化趋势一致，表现为钵苗机插>毯苗机插，差异显著。相同种植方式下，‘甬优 2640’和‘甬优 1640’的经济产量和生物产量高于‘南粳 9108’和‘武运粳 27 号’，‘新两优 6380’和‘Ⅱ优 084’的经济产量和生物产量最低。

结合以上水稻生育期的结果(表 2-4-4、表 2-4-5)，可以推断钵苗机插水稻经济产量和生物产量显著高于毯苗机插，可能与钵苗机插延长了生育期，增加光合物质生产、积累与转运有关。

进一步从水稻的日产量分析表明，毯苗机插的日产量小于钵苗机插。但种植方式与品种存在互作效应，'甬优 2640''甬优 1640''新两优 6380'和'Ⅱ优 084'的日产量在种植方式间表现趋势基本一致，呈钵苗机插>毯苗机插；而'南粳 9108'和'武运粳 27 号'的日产量表现为毯苗机插>钵苗机插。相同种植方式下，日产量呈现出'甬优 2640'和'甬优 1640'>'南粳 9108'和'武运粳 27 号'>'新两优 6380'和'Ⅱ优 084'的趋势。因此，高日产量可能是高产水稻高产形成的重要特征之一。

表 2-4-6　钵苗、毯苗机插种植方式对水稻经济产量、生物产量、生育期和日产量的影响

品种	方式	亩经济产量/kg		亩生物产量/kg		生育期/kg		日产量/($g·m^{-2}·d^{-1}$)	
		2014 年	2015 年	2014 年	2015 年	2014 年	2015 年	2014 年	2015 年
甬优 2640	钵苗	813.7	847.1	1 414.0	1 454.1	160a	158a	7.65a	8.05a
	毯苗	760.4	793.7	1 327.3	1 367.4	150b	148b	7.61a	8.06a
甬优 1640	钵苗	807.1	833.8	1 394.0	1 427.4	158a	158a	7.63a	7.88a
	毯苗	747.0	773.7	1 307.3	1 354.0	148b	149b	7.57a	7.81a
南粳 9108	钵苗	760.4	787.1	1 300.7	1 347.3	161a	160a	7.06b	7.36b
	毯苗	727.0	753.7	1 240.6	1 294.0	151b	150b	7.20a	7.54a
武运粳 27 号	钵苗	747.0	773.7	1 287.3	1 314.0	161a	162a	6.95b	7.14b
	毯苗	727.0	747.0	1 234.0	1 280.6	152b	153b	7.16a	7.32a
新两优 6380	钵苗	713.7	740.4	1 254.0	1 280.6	157a	156a	6.83a	7.11a
	毯苗	667.0	680.3	1 180.6	1 187.3	150b	148b	6.68b	6.92b
Ⅱ优 084	钵苗	707.0	720.4	1 240.6	1 247.3	155a	155a	6.86a	6.98a
	毯苗	653.7	680.3	1 153.9	1 180.6	147b	148b	6.70a	6.87a

不同生育阶段日干物质积累量由阶段干物质积累量与阶段持续时间相除得出(表 2-4-7)。各阶段水稻的日干物质积累量在种植方式间有较大差异。将水稻全生育期分为播种至拔节、拔节至抽穗和抽穗至成熟(灌浆结实期)3 个阶段，发现各阶段日干物质积累量在种植方式间表现趋势不一致，呈播种至拔节钵苗机插<毯苗机插，拔节至抽穗、抽穗至成熟钵苗机插>毯苗机插的显著趋势，而全生育期水稻日干物质积累量呈钵苗机插和毯苗机插差异不显著。该结果表明，拔节后较高的日干物质积累量是钵苗机插积累更高生物产量的重要途径。

表 2-4-7　钵苗、毯苗机插种植方式在水稻不同生育阶段日干物质积累量

年度	方式	播种至拔节/($g·m^{-2}·d^{-1}$)	拔节至抽穗/($g·m^{-2}·d^{-1}$)	抽穗至成熟/($g·m^{-2}·d^{-1}$)	全生育期/($g·m^{-2}·d^{-1}$)
2014	钵苗	6.42b	20.83a	14.72a	12.43a
	毯苗	7.11a	19.68b	13.69b	12.42a
2015	钵苗	6.80b	21.88a	14.64a	12.75a
	毯苗	7.61a	21.05b	13.35b	12.82a

4. 水稻钵苗机插茬口的小麦产量

基于前茬稻季水稻钵苗机插和毯苗机插 2 种栽插方式，根据各自的水稻收获时间，设置了下茬小麦机条播试验，钵苗机插和毯苗机插水稻茬口下的小麦播种期分别为 10 月 30 日和 11 月 6

日，2 个播种期下分别设置 3 个播种量（表 2-4-8）。

表 2-4-8　钵苗、毯苗机插种植方式下后茬小麦播种期和播种量

水稻茬口	播种期	亩播种量/kg	播种量编号
钵苗机插	10 月 30 日	8.0	A
		10.5	B
		13.0	C
毯苗机插	11 月 6 日	10.5	B
		13.0	C
		15.5	D

试验中，钵苗机插水稻腾茬早于毯苗机插水稻，致小麦播种期提早，小麦经济产量呈钵苗机插水稻茬口>毯苗机插水稻茬口的显著趋势（表 2-4-9）。与毯苗机插水稻茬口小麦相比，相同播种量（B、C）条件下钵苗机插茬口小麦经济产量（以平均值计算，以下同）高出 7.0%，生物产量增加 5.3%。小麦的收获指数提高 1.45%。

表 2-4-9　钵苗、毯苗机插茬口和小麦播种量组合对小麦产量、生育期等的影响

水稻茬口	播种量编号	亩经济产量/kg	亩生物产量/kg	生育期/d	日产量/($g \cdot m^{-2} \cdot d^{-1}$)	收获指数
钵苗机插	A	473.6	979.2	220	3.2	0.421
	B	485.6	1 005.8	220	3.3	0.420
	C	462.2	961.1	220	3.2	0.418
平均		473.8a	982.0a	220a	3.2a	0.420a
毯苗机插	B	430.9	919.1	213	3.0	0.408
	C	454.9	948.5	213	3.2	0.417
	D	440.9	922.5	213	3.1	0.416
平均		442.2b	930.0b	213b	3.1b	0.414b

注：A、B、C、D 分别指每亩小麦播种量 8.0 kg、10.5 kg、13.0 kg、15.5 kg。

钵苗机插水稻茬口下，小麦经济产量和生物产量均呈 B>A>C 的显著趋势，与 B 播种量相比，A 和 C 播种量下小麦经济产量降低 2.5%和 4.8%，生物产量降低 2.6%和 4.4%。该结果表明，B 播种量是钵苗机插水稻茬口下小麦的适宜播种量。毯苗机插水稻茬口下，小麦经济产量和生物产量均呈 C>D>B 的显著趋势，与 C 播种量相比，D 和 B 播种量下小麦经济产量降低 3.1%和 5.3%，生物产量降低 2.7%和 3.1%。说明，C 播种量是毯苗机插水稻茬口下小麦的适宜播种量。由此可见，随着水稻收获的推迟，适当增加小麦播种量可减少产量的部分损失。

进一步分析产量构成表明（表 2-4-10），相同播种量（B、C）条件下，亩穗数、每穗粒数、每亩总粒数、千粒重都呈钵苗机插水稻茬口>毯苗机插水稻茬口的趋势，亩穗数增 1.9%、每穗粒数增 4.1%、每亩总粒数增 6.1%、千粒重增 0.4%。

表 2-4-10 中 2 种茬口，随小麦播种量增加，小麦的每亩总粒数呈显著的先升后降趋势，千粒重呈显著或不显著的下降趋势。说明在不同茬口条件下，通过调节播种量可以优化产量构成，提高小麦产量。进一步分析穗数和穗粒数变化发现，2 种茬口，随小麦播种量增加，小麦的穗数

呈显著的升高趋势，穗粒数呈显著的下降趋势。说明在不同茬口条件下，通过调节播种量调控，可优化小麦穗、粒结构，增加每亩总粒数，实现增产。晚播小麦虽可通过增加播种量提高每亩有效穗数，但也难弥补穗粒数随播期推迟而减少引起的每亩总粒数的下降。由此推断，穗粒数的严重减少是晚播小麦产量较低的重要特征。

表 2-4-10　钵苗、毯苗机插茬口和播种量对小麦产量构成因子的影响

茬口	播种量	亩穗数/万穗	每穗粒数/粒	亩粒数/万粒	千粒重/g	亩理论产量/kg
钵苗机插	A	31.1	41.9	1 301.3	38.2	496.2
	B	33.8	40.0	1 352.5	38.0	514.3
	C	35.7	36.4	1 298.8	37.8	490.2
平均		33.5b	39.4a	1 317.5a	38.0a	500.2a
毯苗机插	B	32.9	37.3	1 225.0	37.8	462.2
	C	35.3	36.1	1 273.2	37.7	479.6
	D	36.6	34.2	1 250.0	37.6	470.2
平均		34.9a	35.9b	1 249.4b	37.7a	470.7b

5. 水稻钵苗机插—小麦机条播周年生产模式

麦季设置 3 个播种量，考虑通过适当增加播种量可以弥补由播期推迟引起的麦季产量降低，故在探讨水稻钵苗机插—小麦机条播周年生产模式时，选取小麦的最高产量进行论述。由于水稻部分，同类型品种的经济产量、生物产量和生育期差异不大，因此各指标的值采用两品种的平均值进行分析，即以水稻毯苗机插—小麦机条播模式作为对照，探究高产栽培模式下水稻钵苗机插—小麦机条播模式稻麦周年生产力差异。

5.1　稻麦周年经济产量和生物产量

由表 2-4-6 和表 2-4-9 综合获得表 2-4-11，可知 2 种稻麦周年高产栽培模式下水稻、小麦和周年经济产量和生物产量均表现为水稻钵苗机插—小麦机条播模式>水稻毯苗机插—小麦机条播模式的显著趋势。与水稻毯苗机插—小麦机条播相比，对于籼粳杂交稻、常规粳稻与杂交籼稻 3 种生产材料，水稻钵苗机插—小麦机条播模式增加周年经济产量幅度分别为 7.0%、5.0%与 7.1%。

表 2-4-11　不同周年生产模式高产条件下稻麦周年产量（2015—2016）

水稻品种类型	稻麦生产模式	亩经济产量/kg	亩生物产量/kg	周年生育期/d	日产量/($g \cdot m^{-2} \cdot d^{-1}$)
籼粳杂交稻	钵苗机插—小麦机条播	1 327.3a	2 447.9a	371.0a	5.4a
	毯苗机插—小麦机条播	1 240.6b	2 307.8b	356.5b	5.2b
常规粳稻	钵苗机插—小麦机条播	1 267.3a	2 334.5a	374.0a	5.1a
	毯苗机插—小麦机条播	1 207.3b	2 234.5b	359.5b	5.0b
杂交籼稻	钵苗机插—小麦机条播	1 213.9a	2 267.8a	368.5a	4.9a
	毯苗机插—小麦机条播	1 133.9b	2 134.4b	356.0b	4.8b
总平均	钵苗机插—小麦机条播	1 269.5a	2 350.1a	371.2a	5.1a
	毯苗机插—小麦机条播	1 193.9b	2 225.6b	357.3b	5.0b

注：本表数据是表 2-4-6、表 2-4-9 的综合，其中水稻中，数据总平均为所有品种的平均，每个类型为 2 个品种的平均；小麦中，分别为最高产量处理的数据。

该结果表明，钵苗机插较毯苗机插能更好地协调稻麦周年生产，提高周年粮食产量。钵苗机插方式及茬口较毯苗机插能促进稻麦光合物质生产与积累。相同种植方式下，籼粳杂交稻—小麦机条播模式和常规粳稻—小麦机条播模式周年生物产量较杂交籼稻—小麦机条播模式高，也说明江苏地区粳稻—小麦机条播模式更利于周年高产。

5.2 稻麦周年日产量

由表 2-4-11 可知，籼粳杂交稻、常规粳稻、杂交籼稻与小麦和稻麦周年的日产量均表现为钵苗机插>毯苗机插的显著趋势。与水稻毯苗机插—小麦机条播模式相比，水稻钵苗机插—小麦机条播模式周年日产量增幅为 2.0%。该结果表明，与水稻毯苗机插—小麦机条播相比，高的日产量是水稻钵苗机插—小麦机条播模式提高稻麦周年生产力的重要特征。

5.3 稻麦周年生育进程

分析水稻钵苗、毯苗机插—小麦机条播两种模式对稻麦生育进程的影响表明，由于钵苗机插和毯苗机插具有各自的育秧方式，钵苗秧龄比毯苗长 10 d 左右，因此在稻麦周年生产过程中，利用钵苗早播的优势，钵苗机插重叠水稻和小麦生长时间大于毯苗机插，不仅提早水稻播种期 10 d，致抽穗期提前 2~5 d，成熟期提前 2~5 d，小麦播种提前 6 d，而且延长了稻麦生育期，更利于促进稻麦周年高产高效生产(图 2-4-1)。

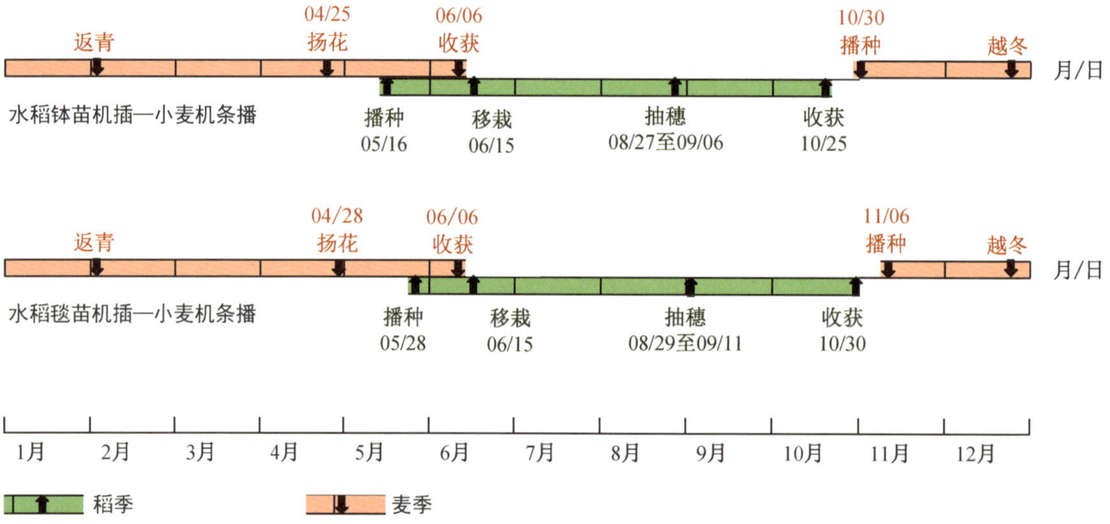

图 2-4-1 水稻钵苗机插、毯苗机插—小麦机条播两种稻麦种植模式下稻麦生育进程差异

5.4 周年稻麦生育期

稻季，钵苗机插水稻全生育期较毯苗机插延长 8~9 d，而大田期缩短 2~4 d。麦季，钵苗机插水稻茬口小麦的生育期较毯苗机插茬口延长 7 d。从周年来看，水稻钵苗机插—小麦机条播大田期和全生育期较毯苗机插—小麦机条播延长 3~4 d 和 15~16 d，且水稻钵苗机插—小麦机条播全生育期天数超过 365 d(表 2-4-12)。在生产上这 2 种种植方式周年大田期、生育期的差异，还与选用不同熟期的水稻、小麦品种有关，但趋势基本一致。因水稻在小麦成熟前育秧，稻麦生长在季节上存在重叠期，水稻钵苗机插—小麦机条播和水稻毯苗机插—小麦机条播的重叠期分别为 23 d 和 11 d。综上分析，在水稻机械化种植方式的影响下，钵苗机插能缩短稻季大田期，延长稻、麦生长时间，延长周年粮食生产大田期和全生育期，更利于温光等环境资源的高效利用，增加土地资源的综合生产能力。

表 2-4-12　水稻钵苗、毯苗机插—小麦机条播 2 种周年种植模式下的大田期、生育期天数差异

水稻类型	处理	稻季		麦季	周年		稻麦重叠期/d
		大田期/d	生育期/d	生育期/d	大田期/d	生育期/d	
籼粳杂交稻	钵苗茬口	128b	158a	220a	348a	378a	23
	毯苗茬口	131a	149b	213b	344b	362b	11
常规粳稻	钵苗茬口	131a	161a	220a	351a	381a	23
	毯苗茬口	132a	150b	213b	345b	363b	11
杂交籼稻	钵苗茬口	126c	156a	220a	346a	376a	23
	毯苗茬口	130a	148b	213b	343b	361b	11

5.5　周年温光资源利用

由表 2-4-13 分析，稻季、麦季和周年有效积温积累量都呈现水稻钵苗机插—小麦机条播>水稻毯苗机插—小麦机条播的显著趋势。与水稻毯苗机插—小麦机条播相比，水稻钵苗机插—小麦机条播稻季、麦季和周年有效积温积累量分别增加 4.3%~5.4%、4.9%和 4.6%~5.1%。该结果表明，更多的有效积温利用是钵苗机插稻、麦及周年高产的重要特征。

表 2-4-13　水稻钵苗、毯苗机插—小麦机条播 2 种周年种植模式下稻麦有效积温利用差异

水稻类型	处理	稻季		麦季		周年	
		有效积温/℃	较毯苗—麦增/%	有效积温/℃	较毯苗—麦增/%	有效积温/℃	较毯苗—麦增/%
籼粳杂交稻	钵苗—麦	2 150. 8a	5. 19	2 255. 3a	4. 88	4 406. 1a	5. 03
	毯苗—麦	2 044. 6b		2 150. 4b		4 195. 0b	
常规粳稻	钵苗—麦	2 177. 5a	5. 39	2 255. 3a	4. 88	4 432. 8a	5. 13
	毯苗—麦	2 066. 2b		2 150. 4b		4 216. 6b	
杂交籼稻	钵苗—麦	2 127. 6a	4. 30	2 255. 3a	4. 88	4 382. 9a	4. 60
	毯苗—麦	2 039. 8b		2 150. 4b		4 190. 2b	

由表 2-4-14 分析，稻季、麦季和周年太阳辐射积累量都呈现水稻钵苗机插—小麦机条播>水稻毯苗机插—小麦机条播，有效积温积累量表现出相同变化趋势。与水稻毯苗机插—小麦机条

表 2-4-14　钵苗、毯苗机插水稻—小麦机条播 2 种周年种植模式下稻麦太阳辐射积累量差异

水稻类型	处理	稻季		麦季		周年	
		太阳辐射/($MJ \cdot m^{-2}$)	较毯苗—麦增/%	太阳辐射/($MJ \cdot m^{-2}$)	较毯苗—麦增/%	太阳辐射/($MJ \cdot m^{-2}$)	较毯苗—麦增/%
籼粳杂交稻	钵苗—麦	3 013. 0	8. 79	2 855. 3	2. 85	5 868. 2	5. 81
	毯苗—麦	2 769. 6		2 776. 3		5 545. 9	
常规粳稻	钵苗—麦	3 053. 6	8. 61	2 855. 3	2. 85	5 908. 9	5. 75
	毯苗—麦	2 811. 4		2 776. 3		5 587. 8	
杂交籼稻	钵苗—麦	2 968. 3	7. 52	2 855. 3	2. 85	5 823. 6	5. 17
	毯苗—麦	2 760. 8		2 776. 3		5 537. 1	

播相比，水稻钵苗机插—小麦机条播稻季、麦季和周年太阳辐射积累量分别增加7.5%~8.8%，2.9%和5.2%~5.8%。该结果表明，与水稻毯苗机插—小麦机条播相比，水稻钵苗机插—小麦机条播增加了稻、麦及周年生长的太阳辐射利用。

6. 水稻钵苗机插—小麦机条播周年平衡高产模式在全省增产显著

水稻钵苗机插—小麦机条播周年平衡高产模式在全省试验示范增产显著，苏北东海、睢宁，苏中高邮、海安及苏南昆山等地示范基地采用该模式后，水稻单产较当地增幅8.9%~34.2%，小麦单产较当地增幅5.2%~47.8%，周年增产7.1%~31.7%(表2-4-15)。

表2-4-15　水稻钵苗机插—小麦机条播周年生产模式增产情况

年份	地点	水稻品种	亩产/kg	全市水稻亩产/kg	较全市平均增幅/%	小麦品种	亩产/kg	全市小麦亩产/kg	较全市平均增幅/%	周年亩产/kg	全市周年亩产/kg	较全市平均增幅/%
2015	高邮腰圩	甬优2640	795.2	628.0	26.6	苏麦188	462.3	383.5	20.6	1 257.5	1 011.5	24.3
2016	高邮腰圩	甬优2640	741.1	616.5	20.2	苏麦188	460.7	385.3	19.6	1 201.8	1 001.8	20.0
2017	高邮腰圩	甬优2640	707.2	608.5	16.2	宁麦13	435.8	388.1	12.3	1 143.0	996.6	14.7
2015	东海平明	南粳9108	756.2	575.4	31.4	烟农18	507.9	392.5	29.4	1 264.1	967.9	30.6
2016	东海平明	连粳11号	712.7	591.4	20.5	淮麦33	497.4	393.0	26.6	1 210.0	984.4	22.9
2017	东海平明	徐稻9号	702.7	592.2	18.7	淮麦34	485.3	392.6	23.6	1 188.0	984.8	20.6
2015	睢宁庆安	甬优2640	711.9	578.1	23.1	烟农19	560.6	388.1	44.5	1 272.5	966.2	31.7
2016	睢宁庆安	徐稻8号	696.6	591.8	17.7	徐麦33	574.3	388.5	47.8	1 270.9	980.3	29.6
2017	睢宁庆安	徐稻9号	689.7	562.3	22.7	徐麦33	552.7	393.2	40.6	1 242.4	955.5	30.0
2015	海安雅周	甬优2640	833.4	661.3	26.0	扬麦23	471.6	444.8	6.0	1 305.0	1 106.1	18.0
2016	海安雅周	甬优1540	857.5	638.9	34.2	扬麦23	432.5	398.9	8.4	1 290.0	1 037.8	24.3
2016	海安雅周	甬优2640	786.9	638.9	23.2	扬麦23	432.5	398.9	8.4	1 219.4	1 037.8	17.5
2016	海安雅周	长江1425	765.2	638.9	19.8	扬麦23	432.5	398.9	8.4	1 197.7	1 037.8	15.4
2017	海安雅周	甬优1540	827.5	639.9	29.3	扬麦23	429.3	408.0	5.2	1 256.8	1 047.9	19.9
2015	昆山锦溪	甬优8号	783.2	628.2	24.7	扬麦16	387.4	362.4	6.9	1 150.6	990.6	16.2
2015	昆山锦溪	武运粳29号	693.1	628.2	10.3	扬麦16	387.4	362.4	6.9	1 060.5	990.6	7.1
2016	昆山锦溪	甬优8号	779.6	620.3	25.7	扬麦16	300.4	268.6	11.8	1 080.0	888.9	21.5
2016	昆山锦溪	武运粳30号	700.8	620.3	13.0	镇麦10	381.6	268.6	42.1	1 082.4	888.9	21.8
2017	昆山锦溪	武运粳30号	707.4	614.5	15.1	镇麦10	397.3	302.1	31.5	1 104.7	916.6	20.5
2017	昆山锦溪	南粳46	669.2	614.5	8.9	镇麦10	397.3	302.1	31.5	1 066.5	916.6	16.4

(二)水稻钵苗机插—小麦机条播两熟平衡高产创新技术方案的关键技术

基于水稻钵苗机插—小麦机条播的研究，江淮下游地区稻麦周年宜选择迟熟中粳或大穗型籼粳杂交稻钵苗机插配套适期机条播春性小麦模式，即迟熟中粳(大穗型籼粳杂交稻)钵苗机插—适期机条撒播春性小麦模式，水稻5月15日钵育秧，6月15日机插，小麦10月25日至11月5日机械播种(图2-4-2)。

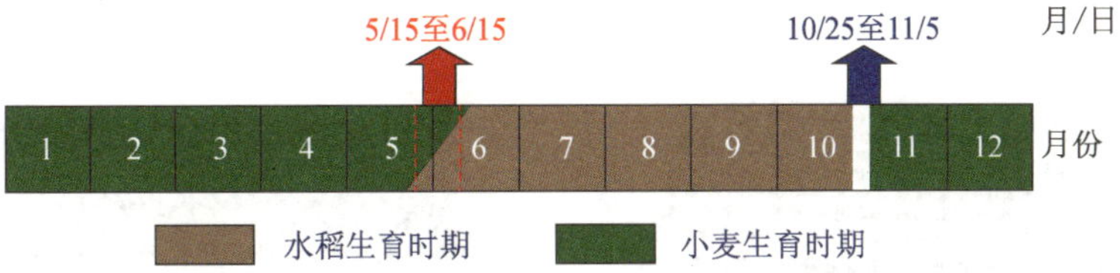

图 2-4-2　迟熟中粳或大穗型籼粳杂交稻钵苗机插—春性小麦适期机条撒播模式

1. 稻麦品种的筛选

近年来，我国已培育出了一大批适应江淮下游地区稻麦两熟条件下水稻具有亩产 700 kg 以上、小麦具有亩产 500 kg 以上潜力的品种，经比较筛选，稻季可选用‘武运粳 24 号’‘南粳 49’‘武运粳 27 号’‘连粳 7 号’及优质食味水稻‘南粳 9108’‘苏香粳 100’‘武运粳 30 号’‘沪软 1212’‘南粳 5055’与‘甬优 2640’‘甬优 1530’‘甬优 4953’等优质高产品种或超级稻品种；麦季可选用江苏里下河农科所培育的春性小麦‘扬麦 16’‘扬麦 23’等品种。这些品种合理搭配，有利于新型稻麦两熟平衡高产。

2. 稻麦机械化精确栽培

2.1　水稻播种机与秧盘

采用亚美柯育秧播种机 2BD-300(LSPE-40AM)型或 2BD-600(LSPE-60AM)型流水线播种，其中 2BD-600(LSPE-60AM)型播种机播种速度是前者的 2 倍(图 2-4-3)。

2BD-300（LSPE-40AM）型播种机　　2BD-600（LSPE-60AM）型播种机

图 2-4-3　水稻钵苗播种流水线

与钵苗播种机和钵苗插秧机相配套的 D448P 型水稻钵苗育秧盘，标准规格为长 61. 8 cm、宽 31. 5 cm、高 2. 5 cm，每盘 448 孔，上部孔径 1. 6 cm，底部孔径 1. 3 cm，钵孔底有自由开关“Y”形孔(图 2-4-4)。该秧盘采用工业用改性聚丙烯树脂一次成型，注塑精度高，钵盘光洁、平整，壁厚均匀，柔韧性好。钵苗是在 D448P 型水稻钵苗育秧盘内进行精量播种、培育壮秧，并将盘秧整体输入插秧机实施精确移栽的。

2.2　水稻钵苗“三控一暗”壮秧培育技术

2.2.1　精确控种

常规粳稻亩用种 2. 5~3. 0 kg，每孔适宜 3. 5 苗(即 3~4 苗)，因此每孔播种 4~5 粒为宜，每

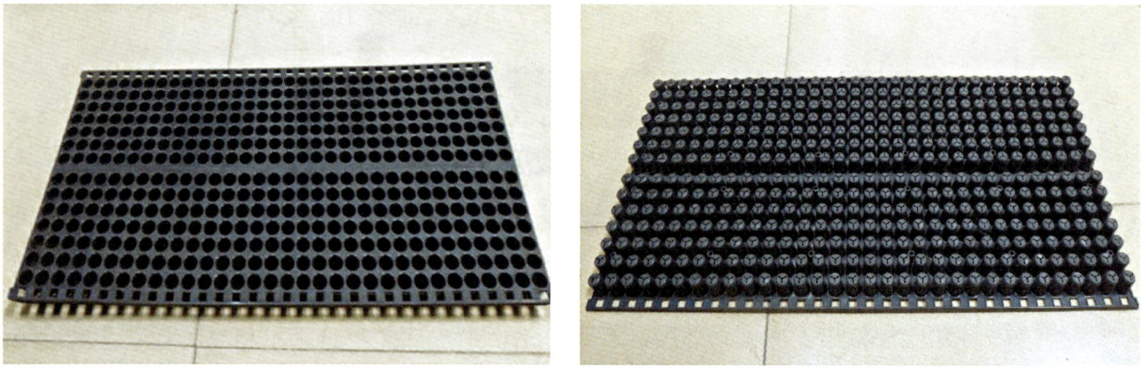

图 2-4-4 D448P 型水稻钵苗育秧盘

盘播干种量 60 g 左右；杂交粳稻亩用种 1.5~2.0 kg，每孔适宜 2~3 苗，每孔播种 3 粒为宜，每盘适宜播种量 40~50 g；杂交籼稻亩用种 1.0~1.5 kg，每孔适宜 2 苗，每孔播种 2~3 粒为宜，每盘适宜播种量 35 g 左右。

2.2.2 精确化控

（1）营养土制备 育秧的细土按要求添加壮秧剂，严格控制用量，并与营养土充分拌匀，以防壮秧剂使用不匀而伤芽伤苗。土质黏重的，可在营养土中配掺泥沙，河沙用量以占营养土总重量的 25% 为宜，使得钵土通气透水，具有改善土壤通透性和提高钵球抗压强度的作用。

（2）1 叶期化控 1 叶期每百张秧盘可用 15% 多效唑粉剂 6 g 兑水喷施，喷雾要均匀、细致。如果使用时秧苗叶龄较大或因机栽期延迟将导致秧龄较长，都需要适当增加用量。控制秧苗高度不超过 18 cm 以适应机插。

2.2.3 暗化齐苗

将播种好的秧盘在室外堆叠起来，叠放时上下两张秧盘交替，保证上面一张秧盘的孔放置在下面一张秧盘的槽上，每摞叠放的秧盘间留有一定空隙。为保证每张秧盘暗化温度和湿度尽量一致，每摞最底层盘的下面垫上东西支撑或最底层秧盘为空秧盘，每摞最上面一张为空秧盘(图 2-4-5)。

叠盘暗化 齐苗

图 2-4-5 钵苗育秧中的暗化齐苗

2.3 精确选择最适秧龄

江淮下游地区水稻钵体壮苗移栽时秧龄以 30~35 d 比较适宜，不同秧龄试验也表明，机插钵苗通过适宜化控，最长适宜秧龄可延长至 35 d，生产上一般 30~35 d(表 2-4-16)。下茬小麦首选旋耕机条播，其次旋耕机撒播或旋耕人工撒播。

表 2-4-16　不同秧龄机插钵苗产量

秧龄/d	亩穗数/万穗	每穗粒数/粒	结实率/%	千粒重/g	亩实际产量/kg
20	23.6	101.08	91.3	29.3	620.1
25	23.5	106.72	93.9	29.4	665.4
30	24.5	109.67	93.2	29.7	723.4
35	23.8	111.3	95.7	29.8	750.5
40	22.2	108.76	96.3	29.8	690.6
CK	22.7	100.24	94.8	29.4	633.7

2.4 精确确定稻麦最适群体起点(密度)

常州亚美柯机械设备有限公司出品有栽插 6 行的 2ZB-6(RX-60AM)、2ZB-6A(RXA-60T)型钵苗乘坐式高速插秧机，前者为单人乘，后者为双人乘。两种机型行距均为 33 cm；株距前者为 12 cm、14 cm、16 cm、18 cm、20 cm、22 cm、24 cm 共 7 挡，后者为 12.4 cm、13.0 cm、13.2 cm、13.8 cm、14.1 cm、14.5 cm、14.7 cm、15.5 cm、15.7 cm、16.5 cm、16.8 cm、17.9 cm、20.7 cm、21.9 cm、23.4 cm、24.9 cm、26.5 cm、28.2 cm 共 18 挡(图 2-4-6)，图 2-4-7 为海安钵苗机插现场。近年来，常州亚美柯公司与扬州大学联合开发了 2 种新型宽窄行插秧机 2ZB-6AK(RX-60T)，行株距为 33 cm+27 cm、33 cm+23 cm。

2ZB-6（RX-60AM）型单人乘坐式高速插秧机

2ZB-6A（RXA-60T）型双人乘坐式高速插秧机

图 2-4-6　水稻钵苗插秧机

2016 年在兴化钓鱼镇开展行距为 33 cm 或 27 cm 的新型钵苗机插机的品种与密肥组合试验。供试的代表性品种，包括常规粳稻：‘南粳 9108’‘武运粳 24 号’，籼粳杂交稻：‘甬优 2640’‘甬优 1540’；设置 5 种栽插株距(表 2-4-17)，以及亩施 20 kg(A)、15 kg(B)和 0 kg(C)3 个氮肥水平。从品种与密肥组合处理产量表现来看(表 2-4-18、表 2-4-19)，宽窄行钵苗机插在亩施 20 kg 与 15 kg 纯氮下，常规粳稻分别以株距 13. 8 cm、12. 4 cm 为宜，籼粳杂交稻(大穗型)分别以 17. 9 cm、13. 8 cm 株距为宜。空白氮下均以最小株距 11. 2 cm 产量最高。

表 2-4-17 栽插株距及基本苗构成

株距/cm	处理代号	亩栽穴数/万	籼粳杂交稻		常规粳稻	
			穴苗数	亩基本苗/万	穴苗数	亩基本苗/万
11. 2	1	1. 98	2	3. 97	4	7. 94
12. 4	2	1. 79	2	3. 58	4	7. 17
13. 8	3	1. 61	2	3. 22	4	6. 44
15. 5	4	1. 43	2	2. 87	4	5. 73
17. 9	5	1. 24	2	2. 48	4	4. 97

表 2-4-18 常规粳稻新型钵苗机插的产量结构

品种	处理	亩穴数/万穴	亩穗数/万穗	每穗粒数/粒	亩总颖花量/万朵	结实率/%	千粒重/g	亩理论产量/kg	亩实际产量/kg
南粳 9108	A1	1. 98	24. 0	118. 7	2 842. 4	93. 8	25. 3	675. 2	652. 1
	A2	1. 79	22. 8	126. 6	2 891. 7	94. 3	26. 3	716. 7	685. 8
	A3	1. 61	21. 9	136. 1	2 985. 1	94. 8	26. 1	738. 9	713. 9
	A4	1. 43	19. 3	146. 5	2 822. 6	94. 6	26. 3	700. 9	687. 1
	A5	1. 24	17. 3	153. 4	2 652. 6	94. 5	26. 6	665. 6	646. 2
	B1	1. 98	21. 9	120. 4	2 641. 1	96. 5	26. 4	672. 6	648. 1
	B2	1. 79	20. 8	131. 4	2 732. 3	96. 8	26. 8	707. 4	684. 9
	B3	1. 61	19. 7	134. 6	2 645. 7	95. 5	27. 0	683. 3	654. 3
	B4	1. 43	18. 3	138. 8	2 535. 3	96. 1	26. 6	648. 2	625. 3
	B5	1. 24	16. 3	145. 8	2 380. 8	96. 4	26. 7	613. 5	581. 7
	C1	1. 98	17. 6	101. 7	1 793. 0	96. 4	28. 3	488. 8	464. 7
	C2	1. 79	16. 5	103. 1	1 700. 1	96. 8	29. 4	484. 8	445. 4
	C3	1. 61	15. 3	105. 3	1 607. 8	95. 8	29. 4	453. 4	417. 0
	C4	1. 43	14. 2	107. 6	1 527. 4	95. 6	28. 8	421. 2	396. 3
	C5	1. 24	12. 5	117. 3	1 462. 4	96. 0	29. 4	412. 6	373. 1

（续表）

品种	处理	亩穴数/万穴	亩穗数/万穗	每穗粒数/粒	亩总颖花量/万朵	结实率/%	千粒重/g	亩理论产量/kg	亩实际产量/kg
武运粳24号	A1	1.98	23.1	103.5	2 392.3	95.2	28.2	641.6	608.1
	A2	1.79	22.4	116.0	2 592.2	95.0	27.8	685.3	651.2
	A3	1.61	20.9	127.7	2 665.9	95.5	28.2	715.9	688.5
	A4	1.43	19.1	135.3	2 583.5	95.7	28.0	691.2	666.3
	A5	1.24	17.3	140.8	2 430.5	95.5	28.2	654.0	613.8
	B1	1.98	21.1	110.0	2 322.6	95.4	28.2	623.4	596.6
	B2	1.79	19.4	122.4	2 383.2	96.5	28.7	661.4	623.8
	B3	1.61	17.9	128.8	2 300.5	96.6	28.4	631.0	597.8
	B4	1.43	16.5	133.8	2 205.3	96.9	29.2	624.5	585.2
	B5	1.24	15.3	138.1	2 117.9	96.2	29.1	592.5	559.5
	C1	1.98	16.9	92.3	1 557.7	97.4	31.6	479.4	442.9
	C2	1.79	15.8	94.8	1 497.1	97.3	32.1	467.0	426.3
	C3	1.61	14.8	96.5	1 423.6	97.0	31.8	439.2	419.4
	C4	1.43	13.7	98.2	1 340.8	97.7	32.2	421.3	384.9
	C5	1.24	12.4	99.1	1 232.2	97.4	32.0	384.1	340.4

注：A1、A2、A3、A4、A5 代表 A 氮水平下的 5 个株距，B 和 C 类同。

表 2-4-19　籼粳杂交稻新型钵苗机插的产量结构

品种	处理	亩穴数/万穴	亩穗数/万穗	每穗粒数/粒	亩总颖花量/万朵	结实率/%	千粒重/g	亩理论产量/kg	亩实际产量/kg
甬优2640	A1	1.98	16.2	218.7	3 549.3	88.8	23.8	750.6	722.8
	A2	1.79	16.6	230.2	3 808.7	89.5	24.1	821.7	786.6
	A3	1.61	16.3	244.2	3 982.3	90.4	23.9	860.2	828.0
	A4	1.43	15.5	261.3	4 038.8	89.7	24.2	877.5	855.3
	A5	1.24	14.9	279.9	4 158.3	89.8	24.3	907.9	883.9
	B1	1.98	15.7	233.2	3 667.6	89.4	24.7	808.7	791.7
	B2	1.79	15.9	245.5	3 899.1	90.6	24.4	860.9	832.2
	B3	1.61	15.5	256.8	3 981.8	90.5	24.7	889.0	868.9
	B4	1.43	14.7	265.1	3 904.4	90.9	24.2	859.9	840.3
	B5	1.24	13.8	272.2	3 765.0	90.3	24.5	833.8	810.6
	C1	1.98	13.9	162.2	2 248.2	93.3	25.1	525.6	510.9
	C2	1.79	13.2	164.8	2 174.0	93.1	25.4	515.0	492.5
	C3	1.61	12.5	168.3	2 097.5	92.9	25.4	494.5	465.0
	C4	1.43	11.6	174.6	2 028.7	93.8	24.9	473.6	436.9
	C5	1.24	10.3	178.8	1 843.0	93.1	25.4	435.6	400.7

（续表）

品种	处理	亩穴数/万穴	亩穗数/万穗	每穗粒数/粒	亩总颖花量/万朵	结实率/%	千粒重/g	亩理论产量/kg	亩实际产量/kg
甬优1540	A1	1.98	16.2	216.3	3 511.2	83.7	24.7	724.3	692.5
	A2	1.79	16.5	223.7	3 679.5	84.2	24.6	762.1	728.3
	A3	1.61	15.9	236.8	3 768.8	85.1	24.6	788.7	765.1
	A4	1.43	15.0	254.8	3 827.5	85.0	25.0	812.5	788.6
	A5	1.24	14.1	276.8	3 910.5	85.6	24.7	826.2	806.8
	B1	1.98	15.8	217.7	3 438.7	84.2	25.6	742.7	722.6
	B2	1.79	16.0	229.6	3 670.6	84.9	25.2	784.4	768.1
	B3	1.61	15.3	244.0	3 734.7	85.1	25.5	809.5	790.2
	B4	1.43	14.5	256.3	3 713.3	85.4	25.6	811.4	780.3
	B5	1.24	13.1	257.9	3 381.6	85.9	26.4	767.4	734.2
	C1	1.98	13.3	173.0	2 302.1	87.0	25.9	519.9	493.0
	C2	1.79	12.5	175.4	2 198.1	87.5	26.3	506.5	472.3
	C3	1.61	11.7	177.4	2 067.7	87.5	26.7	483.8	446.2
	C4	1.43	10.6	182.8	1 945.8	88.0	26.9	460.9	422.5
	C5	1.24	10.0	188.7	1 892.1	87.6	26.2	434.7	407.0

图 2-4-7　海安基地水稻钵苗机插现场

江淮下游地区钵苗机插秧基本苗数量每亩 5 万~7 万，机条播麦基本苗数量每亩 16 万。图 2-4-8 为小麦精确机条播现场。

图 2-4-8　小麦精确机条播现场

2.5 稻麦精确施肥

根据差值法精确确定水稻总施氮量，提出了水稻钵苗机插基蘖肥与穗肥 6∶4 或 7∶3(秸秆还田)的精确比例。穗肥一次性追施在倒 4 叶期，两次追施分别在倒 4 叶和倒 2 叶期。

2015 年钵苗水稻不同基蘖肥比例试验表明，随着基蘖肥比例减少，水稻产量先增加后减小，当基蘖肥与穗肥比例为 6∶4 时产量最高，显著高于其他处理(表 2-4-20)。'南粳 9108' '南粳 5055' 亩实际产量分别为 712.3 kg 和 707.3 kg，分别较两品种 10∶0 处理时最低产量 643.1 kg 和 633.7 kg 增产 9.71%和 10.41%。进一步分析产量构成因素，不同处理的结实率和千粒重，随着基蘖肥占总施氮量比例降低，呈现先增加后减小的趋势，除不施氮对照处理最高外，均以 6∶4 处理时最高。群体颖花量构成因素的穗数随着基蘖肥占总施氮量比例的降低呈减少的趋势，而每穗粒数随着基蘖肥占总施氮量比例的降低而增加，后又略有下降。

表 2-4-20 不同基蘖肥与穗肥比例下钵苗机插优质食味水稻的产量及其构成因素

品种	基蘖肥与穗肥比例	亩穗数/万穗	每穗粒数/粒	亩总颖花量/万朵	结实率/%	千粒重/g	亩理论产量/kg	亩实际产量/kg
南粳9108	10∶0	22.6a	123.3e	2 789.3de	93.1g	25.88e	670.8e	643.1d
	9∶1	22.4ab	125.8e	2 819.3cd	94.6f	25.89e	690.1de	649.3d
	8∶2	22.1b	129.9d	2 867.9bc	95.8d	25.92e	711.3c	675.7c
	7∶3	21.6c	134.5c	2 901.3ab	96.1c	26.42c	736.2b	699.5b
	6∶4	20.9d	141.7a	2 961.1a	96.4b	26.61b	758.9a	712.3a
	5∶5	20.2e	139.7ab	2 825.2cd	95.7d	26.23d	708.5cd	667.9c
	4∶6	19.9e	137.9b	2 741.9e	95.3e	26.19d	684.1e	653.9d
	CK	13.1f	117.9f	1 550.0f	97.1a	27.23a	409.7f	361.3e
南粳5055	10∶0	23.5a	116.3f	2 733.6d	94.2e	25.92g	667.0d	633.7e
	9∶1	23.3a	119.7e	2 793.6bcd	94.2de	26.14f	687.5cd	646.3d
	8∶2	23.0b	122.5d	2 818.1bc	94.3de	26.19ef	695.1c	660.1c
	7∶3	22.2c	129.0c	2 858.3ab	95.8c	26.47c	724.2b	697.6b
	6∶4	21.7d	134.0a	2 912.8a	96.4b	26.67b	748.9a	707.3a
	5∶5	20.9e	132.1ab	2 760.5cd	95.8c	26.38cd	697.7c	667.1c
	4∶6	20.8e	131.5b	2 736.6d	94.5d	26.30de	680.0cd	649.5d
	CK	13.3f	110.1g	1 465.8e	97.1a	27.21a	387.0e	345.6f

小麦高产栽培每亩施纯氮 15~18 kg，基肥、促(壮)蘖肥、拔节肥、孕穗肥比例以 5∶1∶2∶2 为宜(弱筋小麦亩施氮量 12~16 kg，基肥、蘖肥、拔节孕穗肥比例 7∶1∶2)。小麦拔节孕穗肥在倒 3 叶期施用，即叶色褪淡、高峰苗下降、基部第一节间基本定长第二节间开始伸长时施用。

2.6 稻麦精确水分管理

水稻水分精确管理。依生育进程系统阐明了定时、定量灌溉指标，创立了至有效分蘖临界叶龄期前一个叶龄期、群体茎蘖数达到 80%够苗时早搁田的"浅—搁—湿"定时定量灌溉模式，改革了以保持水层为主、拔节期迟搁田的传统灌溉方法。

对小麦水分管理。苏中地区要求三沟配套、清沟理墒，遇连阴雨及时排水降渍。

3. 应用机械秸秆还田新农艺

同本章第一节“江苏江淮之间水稻毯苗机插—小麦机条播两熟制优质高产高效技术”中相关内容。

（三）水稻新型宽窄行钵苗机插高产创新技术方案研究

针对水稻等行距(33 cm)钵苗机插生产上存在的问题，研发出增加栽插密度的新型宽窄行钵苗插秧配套机械。研明不同类型水稻宽窄行钵苗机插方式下产量形成特征与途径及适宜密度，提高钵苗插秧的适应性。

1. 开展的试验研究

1.1 试验地点与供试品种

试验地点：扬州大学校外试验基地江苏省海安县雅周镇。

供试品种：优质常规粳稻：‘南粳 9108’‘福粳 1606’。

1.2 处理设置

试验设置 12 个处理(表 2-4-21)，宽窄行处理 K1、K2、K3、K4、K5 和 K6，行距 33 cm 和 23 cm 相间，平均行距 28 cm，K1 株距为 12.4 cm，栽插密度为每亩 1.92 万穴，K2 株距为 13.8 cm，栽插密度为每亩 1.73 万穴，K3 株距为 15.5 cm，栽插密度为每亩 1.54 万穴，K4 株距为 16.8 cm，栽插密度为每亩 1.42 万穴，K5 株距为 17.9 cm，栽插密度为每亩 1.33 万穴，K6 株距为 20.7 cm，栽插密度为每亩 1.15 万穴。以盘育毯状小苗机插作对照，设置 T1、T2、T3、T4、T5 和 T6 处理，行距为 30 cm，分别与宽窄行处理对应，T1 株距为 11.5 cm，栽插密度与 K1 一样，为每亩 1.92 万穴，T2 株距为 12.8 cm，栽插密度与 K2 一样，为每亩 1.73 万穴，T3 株距为 14.4 cm，栽插密度与 K3 一样，为每亩 1.54 万穴，T4 株距为 15.7 cm，栽插密度与 K4 一样，为每亩 1.42 万穴，T5 株距为 16.7 cm，栽插密度与 K5 一样，为每亩 1.33 万穴，T6 株距为 19.3 cm，栽插密度与 K6 一样，为每亩 1.15 万穴。

表 2-4-21　优质常规粳稻基本苗及株行距配置

机插方式	处理编号	株距/cm	亩栽穴数/万穴	每穴苗数/苗	亩基本苗/万苗
宽窄行(33~23 cm)	K1	12.4	1.92	4	7.68
	K2	13.8	1.73	4	6.90
	K3	15.5	1.54	4	6.14
	K4	16.8	1.42	4	5.67
	K5	17.9	1.33	4	5.32
	K6	20.7	1.15	4	4.60
毯苗机插(CK 30 cm)	T1	11.5	1.93	4	7.73
	T2	12.8	1.74	4	6.94
	T3	14.4	1.54	4	6.17
	T4	15.7	1.42	4	5.66
	T5	16.7	1.33	4	5.32
	T6	19.3	1.15	4	4.61

根据当地换茬时间合理安排水稻育秧，钵苗机插 2018 年于 5 月 15 日播种育秧，6 月 18 日移

栽，秧龄为 34 d；毯苗机插 2018 年于 5 月 25 日播种育秧，6 月 18 日移栽，秧龄为 24 d。根据本课题组 2006—2007 年不同类型水稻品种每穴适宜苗数的研究结果，确定本试验常规粳稻品种每穴栽插 4 苗。通过播种机调节播种量，常规粳稻品种每孔播 4~5 粒，人工模拟机插，确保穴苗数一致。设置 12 个处理，2 个品种，2 次重复，共 48 个小区，随机区组排布，每个小区面积为 15 m^2。

1.3 肥水管理

亩总施纯氮 18 kg，基蘖肥：穗肥=6：4，N：P：K=1：0.5：0.8。其中基肥和分蘖肥等量施入，基肥在移栽前 1 d 施入；分蘖肥于移栽后 7 d 和 14 d 等量施入；穗粒肥分别在倒 4 叶和倒 2 叶期等量施入。另外，施钾肥按基肥和幼穗分化肥(倒 4 叶)等量施入；磷肥作基肥一次施入。其中氮肥为尿素(含氮 46.4%)、磷肥为过磷酸钙(含 P_2O_5 12.5%)、钾肥为氯化钾(含 K_2O 57%)。根据养分含量计算肥料实际用量，随称随施。机插时薄水移栽活棵，分蘖期以稳定的浅水层灌溉；在有效分蘖临界叶龄的前一个叶龄($N-n-1$)，茎蘖数达到预期穗数的 80%时，开始排水搁田；拔节至成熟期实行湿润灌溉，干干湿湿，直至收获前 5~7 d。按当地大面积生产方式统一防治病虫草害。

2. 产量及其构成因素

由图 2-4-9 可以看出，优质常规粳稻‘南粳 9108’和‘福粳 1606’于宽窄行配置下，在株距为 12.4 cm、密度为亩插 1.92 万穴条件下产量最高，亩产量分别为 609.60 kg 和 633.60 kg，其次较高的是株距为 13.8 cm，亩插 1.73 万穴的处理产量，2 个品种亩产量分别为 604.06 kg 和 630.59 kg，这 2 个处理之间产量无显著差异；在毯苗配置下均在株距为 11.5 cm、密度为亩插 1.93 万穴条件下产量最高，同时 2 个品种宽窄行产量显著高于毯苗产量，其中‘南粳 9108’宽窄行最高产量较毯苗最高产量(亩产 578.68 kg)增产 5.34%，‘福粳 1606’宽窄行最高产量较毯苗最高产量(亩产 601.20 kg)增产 5.39%。密度处理之间，2 个品种 K1 和 K2 之间，T1 和 T2 之间产量均相差不大，其余处理之间产量均随密度减小而降低。

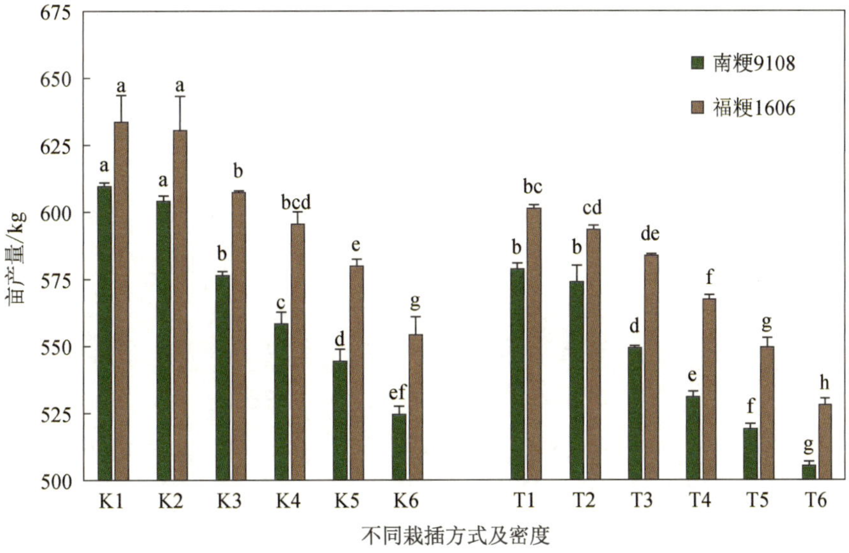

图 2-4-9 2018 年不同栽插方式及密度下优质常规粳稻的产量

从表 2-4-22、表 2-4-23 分析‘南粳 9108’和‘福粳 1606’的产量构成因素可以看出，随着栽插密度的降低，K 和 T 方式水稻群体颖花量均呈递减趋势，2 种栽插方式群体颖花量最大值分别出现在 K1 和 T1 处理，其中 K1 显著高于 T1，这与产量变化规律相同。进一步分析群体颖花量构成因素，随着密度降低，2 种栽插方式水稻穗数均呈递减趋势，每穗粒数均呈递增趋势，密度间差异显著。比较 2 个群体颖花量最大值处理，T1 处理单位面积穗数显著高于 K1 处理，但 K1 处理每穗粒数均显著大于 T1 处理。2 个品种结实率宽窄行钵苗机插方式显著大于毯苗机插方式。而千粒重在密度间则以低密度大于高密度，同样宽窄行钵苗机插方式显著大于毯苗机插方式。

表 2-4-22　不同栽插方式及密度下‘南粳 9108’的产量构成因素（2018）

处理	亩栽穴数/万穴	亩穗数/万穗	每穗粒数/粒	亩总颖花量/万朵	结实率/%	千粒重/g
K1	1.92	21.70	110.50	2 397.19	97.74	26.60
K2	1.73	20.85	113.27	2 361.25	97.91	26.75
K3	1.54	20.10	114.15	2 294.27	97.44	26.77
K4	1.42	19.38	115.04	2 230.06	97.33	26.93
K5	1.33	18.69	115.79	2 163.72	97.16	27.19
K6	1.15	17.48	117.11	2 047.11	97.26	27.18
T1	1.93	23.64	98.92	2 338.59	96.63	26.11
T2	1.74	22.79	101.27	2 308.27	96.66	26.26
T3	1.54	21.41	102.71	2 198.63	96.73	26.49
T4	1.42	20.73	103.67	2 149.22	96.98	26.64
T5	1.33	20.02	105.00	2 101.71	95.48	26.78
T6	1.15	18.86	106.50	2 008.58	95.86	26.95

表 2-4-23　不同栽插方式及密度下‘福粳 1606’的产量构成因素（2018）

处理	亩栽穴数/万穴	亩穗数/万穗	每穗粒数/粒	亩总颖花量/万朵	结实率/%	千粒重/g
K1	1.92	23.23	103.42	2 402.58	96.58	28.04
K2	1.73	22.32	105.85	2 362.24	96.37	28.21
K3	1.54	21.41	106.64	2 282.81	96.75	28.31
K4	1.42	20.66	108.23	2 236.12	96.55	28.38
K5	1.33	20.08	108.63	2 181.50	96.69	28.48
K6	1.15	18.92	110.50	2 090.28	96.67	28.60
T1	1.93	24.41	94.88	2 316.53	95.58	27.38
T2	1.74	24.01	96.14	2 308.58	95.69	27.51
T3	1.54	23.18	97.03	2 248.88	95.39	27.64
T4	1.42	22.29	98.28	2 191.11	95.52	27.71
T5	1.33	21.61	99.81	2 157.19	95.37	27.76
T6	1.15	20.36	100.82	2 052.28	95.30	27.98

四、稻麦两熟制因地制宜的新技术方案

（一）稻麦两熟制茬口安排与品种搭配

苏中地区稻麦生产选择水稻钵苗机插—小麦机条播两熟高产优质模式，稻季采用钵苗机插，

麦季实行机条播，这种模式延长稻麦生长天数，提高温光资源利用。稻季选择‘南粳 9108’‘扬粳 805’‘扬农香 28’‘金香玉 1 号’‘武香粳 113’‘泗稻 301’‘淮稻 5 号’‘苏垦 118’‘南粳 3818’‘甬优’系列等高产或优质高产迟熟中粳品种，生育期 150~160 d，还可选择生育期稍长 7~10 d 的品种，如‘南粳 5055’‘南粳 3908’‘南粳晶谷’等早熟晚粳品种，生育期 155~165 d。该地主导品种为优质稻‘南粳 9108’。麦季选择耐迟播春性小麦‘扬麦 23’‘扬麦 25’‘宁麦 14’‘宁麦 15’‘扬辐麦 4 号’等，生育期 210~220 d，主导品种为‘扬麦 23’。

（二）水稻钵苗机插高产技术方案

1. 机插水稻生产指标、产量结构及生育期

目标产量为亩产 700~750 kg，亩有效穗数 20 万~23 万，每穗粒数 140~160 粒，结实率 90% 以上，千粒重 24~26 g，生育期 150~165 d。

2. 麦秸秆还田

麦秸秆还田后，精细耕整泡田，沉实约 3 d 后机插秧。

3. 流水线播种与培育壮秧

采用钵苗机插专用流水线播种，叠盘暗化齐苗后，放入大田育秧。

苏中地区水稻钵体壮苗移栽时秧龄 30 d 左右比较适宜，通过适宜化控最长适宜秧龄可延长至 35 d，生产上一般 30~35 d。

具体可参考作者制定的江苏省地方标准《水稻机插钵苗育秧技术规程》(DB32/T 2971—2016)。

4. 钵苗精确机插

对行距 33 cm 的机型而言，常规粳稻钵苗机插以株距 12 cm 为宜，大穗型或杂交稻钵苗机插以 14 cm 株距为宜。对平均行距 30 cm(宽窄行，33~27 cm)或 28 cm(宽窄行，33~23 cm)而言，常规粳稻以株距 14 cm 为宜，大穗型或杂交稻以 16 cm 株距为宜。

5. 钵苗机插水稻肥料精确施用

根据“3414”“3417”法测土配方施肥，根据土壤地力精确确定 N、P、K 肥料的施用。

水稻钵苗机插基蘖肥与穗肥 6∶4 比例施用，穗肥一次性追施在倒 4 叶期，2 次追施分别在倒 4 叶和倒 2 叶期。

6. 钵苗机插水稻精确水分管理

对于钵苗机插水稻，薄水移栽，浅水促蘖，有效分蘖临界叶龄期前一个叶龄期(群体茎蘖数 80%够苗)搁田，之后干湿交替灌溉，收获前 7 d 断水。

7. 水稻主要病虫害的综合防治

重点对水稻纹枯病及趋重的稻瘟病、稻曲病、杂草稻、螟虫等进行防治，实行物理防治、生物农药及化学农药防治结合的植保技术。

（三）水稻钵苗机插茬口机条播麦高产栽培技术方案

1. 机条播小麦生产指标、产量结构

小麦亩产量 450~500 kg，每亩穗数 35 万穗左右，每穗 35~40 粒，千粒重 40 g 左右。

2. 稻秸秆还田

水稻及时断水收获后，粉碎稻秸秆(碎草长度≤5 cm)，深旋还田(稻草埋深≥15 cm)，播后适墒适度镇压。

3. 机条播麦机械化精确播种

小麦采用机条播，每亩 16 万苗，采用条带免耕施肥播种机或旋耕智能施肥播种机（项氏施肥播种机）。

4. 机条播麦肥料精确施用

小麦亩施纯氮 15~18 kg，基肥、促（壮）蘖肥、拔节肥、孕穗肥比例以 5∶1∶2∶2 为宜，弱筋小麦亩施氮量 12~16 kg，基肥、蘖肥、拔节孕穗肥比例 7∶1∶2。

5. 机条播麦精确水分管理

对于小麦，要求三沟配套，遇连阴雨及时排水降渍。若在稻收麦播交替期间遇到阴雨，则必须及时排水后适墒播麦种。

6. 加强病虫草害的绿色综合防治

重点对小麦趋重的纹枯病与白粉病、赤霉病等进行防治，实行物理防治、生物农药及化学农药防治相结合。

五、示范应用取得的效果与效益

一是筛选了一些适合机插稻育苗秧龄的延长与熟期提前的高产优质水稻品种，如‘南粳9108’‘扬粳 805’‘苏垦 118’‘南粳 0212’‘南粳 5055’‘南粳 3908’等，创建水稻适期提早成熟 5~10 d、从而使小麦播期提前 5~10 d 的水稻钵苗机插—小麦机条播两熟周年平衡高产优质增效新模式与配套技术。

二是着重以现有的先进适用技术为主体，集成并示范迟熟中粳型（优质食味水稻）钵苗机插高产优质增效技术。

三是凝练出水稻钵苗机插—小麦机条播两熟周年平衡高产优质增效新技术，在江淮下游的高邮、海安、淮安、泗洪、睢宁、东海等县市建立扩大示范推广，带动全省稻麦平衡增产显著。

六、与对照技术的技术经济指标比较

通过稻麦两熟高产平衡技术方案项目在兴化市等地的实施，提高了水稻钵苗机插的标准化育秧水平、栽插质量和中后期群体高效生长量。水稻钵苗机插高产栽培技术，2015 年在兴化创新区创造年杂交粳稻‘甬优 2640’亩产 987.8 kg、‘南粳 9108’亩产 878.4 kg 的高产实绩，2016年再次创造了‘甬优 2640’亩产 982.3 kg、‘南粳 9108’亩产 829.7 kg 的高产实绩。与毯苗机插水稻—小麦机条播相比，2015—2016 年度钵苗机插水稻—小麦机条播周年模式下小麦和周年日产量分别增加 10.1%和 7.2%。

七、应用前景与发展建议

针对毯苗机插育秧播种量相对大，秧苗素质和弹性还不够强的弱点，开展了水稻钵苗机插技术的研发和应用，机插钵苗提高了秧苗秧龄弹性和秧苗素质，栽后几乎无植伤，活棵快，利于机插水稻壮秆大穗的形成，特别在大穗型水稻上优势更为显著（郭保卫 等，2017）。水稻钵苗机插产量的提高主要通过前期高素质秧苗的精确栽插，塑造了后期群体高光效和抗倒性强的群体质量，穗后光合物质积累量显著提高，进而提高产量（郭保卫 等，2015）。水稻毯苗机插精确定量栽培技术、长龄毯状大苗机插技术及钵苗机插技术，再加上麦季小麦精确机条播等技术的精确应用，有效缓解稻麦两熟茬口紧张的矛盾，促进了稻麦周年平衡高产与优质高效。该技术对协调解决江淮下游地区稻麦两熟周年高产矛盾的意义重要，3 年的实施使得项目实施地区稻季和稻麦周年增产增效显著。

近年来消费者对优质要求越来越高，优质已被稻麦生产研究、试验示范、推广及农业生产者及消费者越来越注重，在提高水稻产量的同时，要重点考虑食味品质，特别在减少用氮和减少用药前提下，如何兼顾高产和优质，仍是江苏省稻麦周年生产上研究的重点。

第五节　基于稻麦高产高效的水稻规模化栽培技术

提要：针对生产上水稻毯苗机插水稻播种量大、常超秧龄、栽插密度高、秸秆还田条件下缓苗期长或僵苗等问题，开展秸秆还田条件下水稻毯苗机插高产高效栽培关键技术及其量化研究，建立的水稻精确定量栽培技术较常规毯苗机插增产 8.6%～15.4%。同时针对毯状小苗秧龄弹性小的突出问题，开展长龄毯苗大苗培育研发试验，通过稀播旱育化控培育秧龄 30 d 的毯状大壮苗。毯苗大苗较常规毯苗机插增产 5.0%～6.0%，而且提早成熟 3～5 d，利于下茬小麦适期早播。

一、科学问题与技术需求

随着劳动力的转移，水稻毯状小苗机插与水稻直播已成为江苏省水稻种植的主要方式（张洪程 等，2014）。在苏中、苏北大量现有条件下不适宜直播的地区，直播稻因省工不推而广。现有水稻品种主要针对毯苗机插或抛秧的相对长生育期品种，直播条件下生育期缩短，收获期推迟，且生产上为保证直播稻出苗足量，往往播种量过大，导致后期群体过大，病虫害严重，且易倒伏，产量不高不稳，品质也较差（李杰 等，2011；张洪程 等，2013，2014；孙统庆 等，2014；许轲 等，2014）。常规毯苗机插因播种量大，秧苗弹性小（18～20 d），所育秧苗素质不高，特别因天气、农时安排不当等原因经常导致超秧龄现象。毯苗机插水稻移栽时因是刀口切块，对秧苗造成损伤，栽后缓苗活棵较慢，特别在江苏省全面秸秆还田条件下，僵苗不发现象时常出现，严重影响水稻毯苗机插技术的推广和应用（郭保卫 等，2017；朱明 等，2017；庄春 等，2019）。为此，在秸秆还田条件下，从标准化育秧、延长秧龄并提高秧龄弹性、精确化栽插、因时因地因苗定量化精确管理等方面亟须加强对水稻毯苗机插技术的深入研究，提高水稻毯苗机插的高产稳产性（钟平 等，2012；孙东海 等，2017；王静静 等，2019；徐梦彬 等，2018）。

二、开展的试验与研究

建立千亩连片集成示范方与 15 万亩核心示范方，重点研发：通过筛选熟期适宜的优质食味水稻高产品种、培育适龄毯苗、秸秆还田精细整地、因种定量机插、精确肥水管理与病虫草绿色综合防治等主要技术的精确定量、改进熟化与优选组合，集成适合规模化经营条件下的水稻毯苗全程机械化生产技术体系。优质食味水稻千亩连片展示区亩产 700～750 kg，稻米品质达国标优质标准，亩增产 10%以上，增效 15%以上。

三、创建的新技术方案

（一）秸秆还田条件下水稻旱育毯苗壮秧机插精确定量栽培技术

1. 前茬小麦秸秆机械还田

小麦秸秆切碎直接还田技术是在小麦联合收获作业时，对小麦秸秆进行直接切碎，并均匀抛撒的还田技术。采用带小麦秸秆切碎和抛撒功能的小麦联合收割机，或在小麦联合收割机出草口处，装配专门的小麦秸秆切碎抛撒装置进行联合收获作业，一次完成小麦切割喂入、脱粒清选、收集装箱、小麦秸秆切碎抛撒等技术。

选择机具。近几年来，出厂的小麦联合收割机在出草口处，都设计了小麦秸秆切碎器安装接口。优先选择与小麦联合收割机同一生产企业生产的小麦秸秆切碎器；其次选择具有“农业机械推广鉴定证书”的产品，确保产品质量。选择的切碎器要与联合收割机动力相匹配。从试验示范情况看，对喂入量 2 kg/s，发动机在 51.48 kW(70 马力)以上的小麦联合收割机，均可配备小麦秸秆切碎器。

安全试运转。小麦秸秆切碎器安装后，检查各部保护装置，人员撤到安全位置后，空运转 10~20 min，检查工作部件是否运转良好，皮带松紧程度是否合适。无问题后，再进行负荷作业。

作业指标要求。小麦秸秆切碎长度≤15 cm，切断长度合格率≥95%，抛撒不均匀率≤20%，漏切率≤1.5%。

小麦秸秆切碎器转速和冲击频率较高，每班次(8 h)要保养一次，各运动部位加注润滑油，调整皮带张紧度；每工作 40 h，应检查各运动部件间隙、紧固件紧固程度，调整维修后再工作；使用完毕后，应清除壳体内外杂物，拆下皮带，壳体内部涂油，备来年再用。

小麦秸秆量过多或湿度较大时，应降低收获速度，确保切碎效果。

作业时，禁止任何人跟随在切碎器后方。切碎机防护装置不能私自拆除、改装；旋转部件不准增速。发生震动或异响时，应立即停机检查；检查时，必须关闭发动机并拔下钥匙。

及时更换刀片。刀片磨损或丢失将造成切碎器震动，切碎质量下降，应及时更换同型号、同重量的刀片。

小麦秸秆经收割机均匀撒于田中后，采用大中型拖拉机配套秸秆还田机械，在施足基肥的前提下，实行秸秆深埋。具体见后面章节《稻麦两熟生产关键技术》中的有关机型选择。

2. 早熟优质高产水稻品种的选择

苏中地区进一步筛选并应用了适合麦(油)茬条件下的迟熟中粳与早熟晚粳抗性突出的‘南粳 9108’‘南粳 5055’‘武运粳 27 号’‘扬农香 28’等水稻品种。苏北地区筛选并应用了‘连粳 9 号’‘宁粳 4 号’‘南粳 2728’‘南粳 5718’等中熟中粳为主的水稻品种。进一步筛选并应用了适合苏南地区机插、机播的优质高产抗病的早熟晚粳‘南粳 46’‘南粳 3908’‘武运粳 30 号’‘常优 5 号’等水稻品种。

3. 机插水稻标准化壮秧的培育

3.1 标准化壮秧要求

秧龄不超过 3 叶 1 心，株高 12~17 cm，苗基粗大于 2.5 mm，不定根数大于 11 条，叶长大于叶鞘长，叶色鲜绿、无黄叶，无病虫害。这样的秧苗既符合高产要求，又满足机械作业要求(图 2-5-1)。

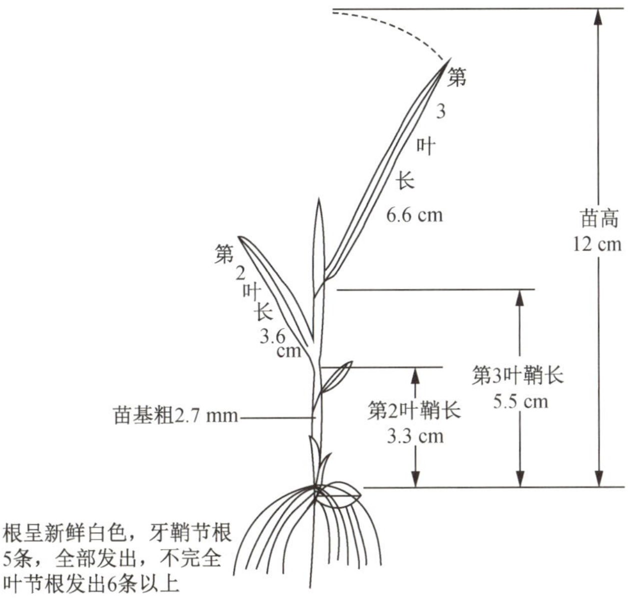

图 2-5-1　机插常规粳稻壮秧形态的模式

尽管机插标准壮秧有一系列指标，但其中“适龄”最为重要。秧龄长短直接决定秧苗素质，很大程度上决定水稻植株个体发育基础，最终影响产量。而目前生产上不能及时适龄移栽，常栽超龄秧是一个突出的问题。本课题组的专题试验表明，一般超过 4 叶，秧龄越大，秧苗素质越差，尤其是成苗率和单位面积上的成苗数急剧下降(表 2-5-1)。

表 2-5-1　不同秧龄处理对机插稻‘常优 1 号’秧苗素质的影响

秧龄/d	叶龄	苗高/cm	苗基粗/cm	百株地上部干重/g	总根数/条	黄叶数/张	成苗率/%	每平方厘米成苗数/株
20	3.5	17.9	0.25	2.9	16.0	无	84.86	1.46
25	4.6	19.1	0.29	3.8	19.5	0.5～1.0	64.08	1.16
30	5.6	22.9	0.34	6.8	22.3	1.0～1.5	43.78	0.79

秧苗素质的变差，严重影响机插质量和效果，造成大量的缺穴漏插现象，直接导致群体最终穗数的不足，尤其秧龄超过 25 d 以后，群体单位面积有效穗数较 20 d 显著减少，产量显著降低(表 2-5-2)。

表 2-5-2　不同秧龄处理对机插稻‘常优 1 号’产量及构成的影响

秧龄/d	亩穗数/万穗	每穗粒数/粒	亩颖花量/万朵	每穗实粒数/粒	结实率/%	千粒重/g	亩实际产量/kg
20	19.5	151.8	2 962.3	139.1	91.6	25.9	703.1a
25	18.4	155.8	2 859.4	143.5	92.1	25.6	673.9b
30	18.0	156.7	2 826.5	144.3	92.1	25.0	650.8c

3.2　种子质量与选种

坚持质量相对密度(比重)选种。选种水溶液的质量相对密度粳稻为 1.10(鲜鸡蛋浮出水面 2 分硬币大小)，籼稻为 1.06(鲜鸡蛋勉强漂浮)。用食盐水选种，每升水中加 20 g 食盐，使水的质量相对密度提高 0.01，由此可以计算出选种液加盐的量。

杂交稻种谷一般用清水漂选分沉、浮两部分种谷，分别浸种催芽，以求同盘的种谷萌发与生长一致。

3.3 播种期

根据前茬小麦收获期、耕整地的农时时间，以及插秧机的作业量，按 18~20 d 秧龄，分 2~3 批确定播种期。生产上注意超秧龄的出现。

在延长秧龄(超过 20 d)情况下，随着播种量增加，减产幅度更大。如‘宁粳 1 号’机插，在每盘播种量干谷重 80~120 g 范围内(表 2-5-3)，秧龄 20 d 移栽，每盘播种量增加 10 g，产量降低 9.9 kg；秧龄 25 d 移栽，每盘播种量增加 10 g，产量降低 13.9 kg；秧龄 30 d 移栽，每盘播种量增加 10 g，产量降低 29.0 kg。

表 2-5-3 不同秧龄处理下每秧盘播种量每增加 10 g 导致机插稻的降产量(‘宁粳 1 号’)

秧龄/d	亩降产量/kg
20	9.9
25	13.9
30	29.0

3.4 药剂浸种

为防恶苗病、干尖线虫病强化药剂浸种，关键选准药剂、保证浓度、满足浸种时间。

3.5 床土培肥

床土培肥是必要的，培肥量因基础床土的肥力而异，氮、磷、钾配合。在具体操作上应做到：土好第一，培肥尽早；就地培肥，保持湿润；适量培肥，不少勿过；慎用有机肥，无机肥为主。

“土好”：土质疏松肥沃，有机质含量高，杂质少；pH 值偏酸为好，绝不可大于 8.5。按“旋耕培肥→晒(风)干→碾碎→筛选(用 4~6 mm 的筛子)→拌肥(每吨床土加 4 kg 水稻壮秧营养剂)”的程序进行盘土的准备。就地培肥的参考用量：每亩取土田施氮、磷、钾高浓度复合肥 50~70 kg；或尿素 20~30 kg、过磷酸钙 40~80 kg 和氯化钾 15~30 kg。菜园土可少培肥或不培肥。

3.6 精做苗床

大田育秧要求一平、二实、三弥缝，用硬盘或软盘育秧。苏南及苏中地区部分地方采用硬地硬盘微喷灌育秧，保持地面平整，布好微喷灌设施。

3.7 精播匀播

培育标秧，不同的育秧方式均有各自一整套规范化技术，但不管什么方式，从制约壮秧培育与大田高产群体起点建立两方面看，生产上播种量过大，密度偏高是一个最突出的问题。因此，合理降低播种量是关键。

然而播种量过低，尽管秧苗个体指标得到了优化，但秧块上的群体指标远不能满足机插要求，同时由于单位面积苗数少，漏插率高，基本苗不足，最终也严重影响产量。相反，播种量过高，苗间透光条件差，秧苗细弱，窜高，基部叶片早黄，形成有“高度”而无健壮素质的弱苗。因此，机插秧适宜播种量的确定应兼顾提高秧苗素质和降低缺穴率(5%以下)两方面的要求。根据专题试验和江苏近几年高产实践，常规粳稻机插高产栽培，种子千粒重 25~28 g，每盘用干种子 100~120 g 为宜，即每平方厘米播芽谷 2~3 粒。每亩 30 cm 规格的秧盘准备 25 盘。

3.8 素土薄盖

用没有培肥或少培肥的营养土(素土)盖籽，做到谷不见天，越薄越好，机械播种覆土厚度为 3~5 mm。

3.9 暗化(可保证出苗整齐，也可以不用暗化)

暗化要求采用硬盘播种，将播好种子的秧盘叠起来，叠盘高度为 20~25 盘，盖上黑色塑料布进行暗化，待芽苗出整齐后放入秧田。

3.10　覆膜(布)与秧田管理

覆膜(无纺布)与秧田管理流程见图 2-5-2。

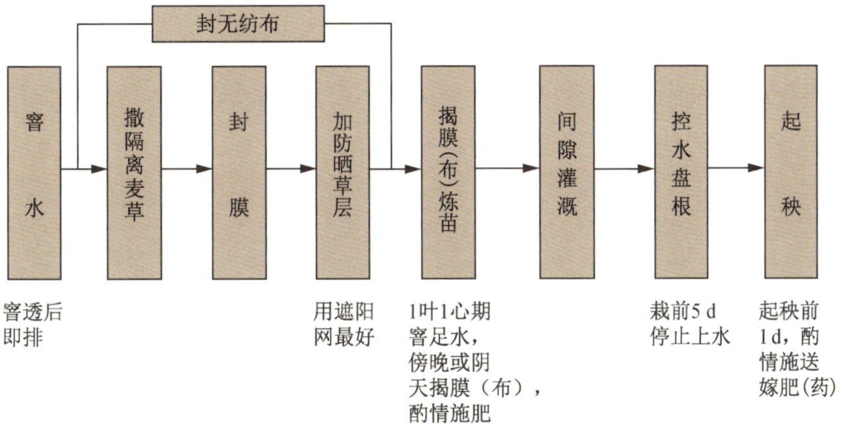

图 2-5-2　覆膜与秧田管理流程

4. 精确机插

4.1　精细整地

（1）施用基肥　亩产 700 kg 目标，大田亩施尿素 40~45 kg(基：蘖：穗=3：4：4)，过磷酸钙 30~40 kg(基施)，氯化钾 15~20 kg(基肥和穗肥各半)。整地前基施尿素 10~13 kg，过磷酸钙 30~40 kg，氯化钾 7~10 kg。

（2）整地　麦秸秆还田情况下，更要强调提高整地质量。秸秆切得碎，分得开，埋得深。机插稻大田整地要做到田平，全田高低差不超过 3 cm，表土上烂下实。为防止壅泥和深栽，水田整平后需沉实，砂质土沉实 1 d 左右，壤土沉实 1~2 d，黏土沉实 2~3 d，待泥浆沉淀、表土软硬适中、作业不陷机时，保持薄水机插。

4.2　精确机插

（1）精确控制密度　根据移栽密度的专题试验结果和高产田块的综合调查结果认为，生育期长的、早栽的分蘖力强的大穗型品种(特别是杂交稻组合)，栽插密度以亩栽 1.5 万~1.7 万穴、每穴 2 苗左右为宜，如‘甬优 2640’‘甬优 1640’等；一般穗数型或穗粒兼顾型品种栽插密度以每亩 1.7 万~1.9 万穴、每穴 3 苗左右为宜，如‘宁粳 8 号’‘武运粳 31 号’‘南粳 9108’等品种，早熟品种或分蘖性弱的品种，每穴 4 苗为宜(张洪程 等，2010)。尽力在 2.5 叶期适龄早栽，各种机型均用最小的穴距栽插(确保亩穴数不少于 1.7 万，表 2-5-4)。

表 2-5-4　不同机型插秧机株距及栽插密度

机型	最小株距/cm	亩最大栽插穴数/万穴	最大株距/cm	亩最小栽插穴数/万穴
东洋 PF455S	11.7	1.89(1.8)	14.6	1.50(1.40)
东洋 P600	11.3	1.90(1.8)	14.5	1.50(1.50)
洋马 RR6	12	1.80(1.7)	16	1.40(1.30)
久保田 SPU-68C	12	1.80(1.7)	24	0.93(0.88)
改进型洋马 RR8	10.5	2.12(2.0)	16	1.40(1.30)

通过播种密度调节适当的切块面积，确保每穴苗数，确保机插秧块切块面积2.25 cm^2，每穴苗数不少于3.5苗。一般插秧机箱横移的距离有3挡，分别为10.8 mm、11.7 mm、14.0 mm，纵向移动幅度8~17 mm共有10挡，横移中挡11.7 mm与纵向15 mm相配合，这样切块为1.75 cm^2。通常情况下，切块面积不得少于1.75 cm^2。

（2）精确控制深度　栽插深度直接影响着机插稻活棵与分蘖。栽插过深，活棵慢，分蘖发生推迟，分蘖节位升高，地下节间伸长，群体穗数严重不足；栽插过浅，容易造成漂秧。结果表明，不同栽插深度群体产量达到了极显著的差异，插深2.0~4.0 cm和大于4.0 cm分别较插深1.0~2.0 cm减产8.4%和18.9%；其分蘖发生消长过程也有着明显的区别(表2-5-5)。

表2-5-5　机插‘武运粳7号’不同栽插深度对分蘖发生及群体产量的影响

栽插深度/cm	地下节间伸长/节	始分蘖节位/节	分蘖始见期(栽后天数)/d	高峰苗(栽后天数)/d	亩高峰苗数/万苗	亩穗数/万穗	每穗粒数/粒	亩产量/kg
<2.0	—	3	9	32	31.4	23.5	131.7	752.8A
2.0~4.0	0~1	4	15	36	28.8	21.1	129.4	689.3B
>4.0	1~1.5	5	19	41	24.2	18.9	128.3	610.7C

专题试验和高产栽培实践表明，机插稻栽插深度调节控制在2.0 cm左右有利于高产所需适量穗数和较大穗型的协调形成，为最终群体产量的提高奠定基础。

宜浅水栽插，不漂不倒。缺穴和漂秧率>3%应及时补苗。

（3）高质量栽插　①调整株距，使栽插密度符合设计的合理密度要求。②调节秧爪取秧面积，使栽插穴苗数符合计划栽插苗数。③提高安装链箱质量，放松挂链，船头贴地，使插深合理均一。④田间水深要适宜。水层太深，易漂秧、倒秧，水层太浅易导致伤秧、空插。一般水层深度保持1~3 cm，利于清洗秧爪，又不漂不倒不空插，可降低漏穴率，保证足够苗数。⑤培训机手，熟练操作。行走规范，接行准确，减少漏插，提高均匀度，做到不漂秧、不淤秧、不勾秧、不伤秧。

5. 稳发

在培育标秧和精确化高质量栽插适宜基本苗的基础上，根据机插稻生育前期需肥需水特点，通过适时定量肥水管理，使分蘖早生快发，能够在有效分蘖临界叶龄前1个叶龄期群体达到与预期适宜穗数相当的总茎蘖数(张洪程 等，2010)。

5.1　栽后活棵立苗期

与传统人工手插稻相比，机插小苗素质弱，机械植伤重，扎根返青活棵慢。因此，移栽后的2~3个叶龄期既要确保正常的生理需水，也要强调控水增氧，促发根扎根，特别是前茬秸秆全量还田情况下，更需要露田增氧，以减轻秸秆腐烂过程中形成的毒害。所以，在2~3个叶龄期内应露田2~3次通气排毒促扎根。阴雨天露田；晴天早晨9~10点上薄水，午后3~4点脱水露田，务必及时排尽低洼处积水。活棵后保持浅水层，浅水勤灌。

5.2　施好分蘖肥

定量施好基蘖肥也是调控前期群体稳发的重要措施。据本课题组研究与江苏多地的实践，氮肥总用量应采取差减法确定，一般在中等或中等偏上地力上，亩产700 kg粳稻总亩施氮量16~18 kg，籼稻14~16 kg。其中基蘖肥与穗肥的比例在无秸秆还田条件下为6∶4，秸秆全量还田的为 7：3。磷、钾肥的施用参照测土配方施肥试验结果而定，磷肥 100%作基肥，钾肥 50%作基肥，50%作促花肥。氮素基蘖肥中一般 40%~50%作基肥，50%~60%作分蘖肥。

根据本课题组试验结果表明，分蘖肥在移栽后长出第 2、第 3 新叶时施用效果较好，群体产量最高(表 2-5-6)。主要原因是移栽后长出第 2、第 3 新叶时施分蘖肥，即在栽后根系生长良好的基础上，于栽后长第 2 心叶时，开始施用分蘖肥，并采取分次施用的方法，使肥效与优质分蘖发生期同步，促进有效分蘖，可确保形成适宜穗数，同时又能在够苗时肥效明显减退，控制无效分蘖，提高肥料利用效率。

表 2-5-6 机插稻分蘖肥施用时期对产量及其构成因素的影响(姜堰)

处理	亩穗数/万穗	每穗粒数/粒	千粒重/g	结实率/%	亩实际产量/kg	差异显著性	
						5%	1%
1+2	18.53	139.12	26.27	93.3	623.64	d	D
1+3	19.01	139.26	26.26	93.1	638.88	c	C
2+3	20.21	140.75	26.33	93.5	694.60	a	A
2+4	20.33	137.31	26.23	93.2	670.89	b	B
3+4	20.56	135.32	26.25	93.1	641.02	c	C

注：1+2，即分蘖肥分别在栽后长出第 1、第 2 叶时施用；其他类推。

施肥过早，即栽后就施分蘖肥，此时机插稻处于栽后分蘖停滞期，根系弱，施肥后不能发挥肥效，而且栽后即施肥反而抑制根系的发育，使分蘖发生期推迟，引起穗数不足。相反，若分蘖肥施用过迟，肥效正在高位分蘖盛发期，易导致群体大，成穗率低，尽管穗数稍多，但每穗粒数少，也不易高产。栽后 5~7 d 结合化除施尿素 5~8 kg，再过 5~7 d 施尿素 5~8 kg。栽后 20 d 内(6 月底)分蘖肥全部下田。

6. 早搁

机插稻始蘖后发苗势强，高峰苗来势猛，群体高峰苗数控制不当易发过头，因而应该适时早搁田，以控制无效分蘖，提高群体质量。

与常规中大苗手栽稻相比，机插稻够苗期、高峰苗期一般均可提前 1 个叶龄期左右。够苗期多在 $N-n-1$ 叶龄期(7 月上中旬)，此时当群体茎蘖数达到预计穗数的 80%(70%~90%)左右(亩 18 万~20 万苗茎蘖)时开始自然断水落干搁田，遵循“早搁、轻搁、多次搁”的原则(图 2-5-3)。即机插稻根系分布浅，前期个体生长基础相对较弱，因而搁田不宜过重，应采取分多次轻搁方法。搁田搁到田中土壤沉实不陷脚，叶色褪淡落黄即可，既抑制了无效分蘖的大量发生，使

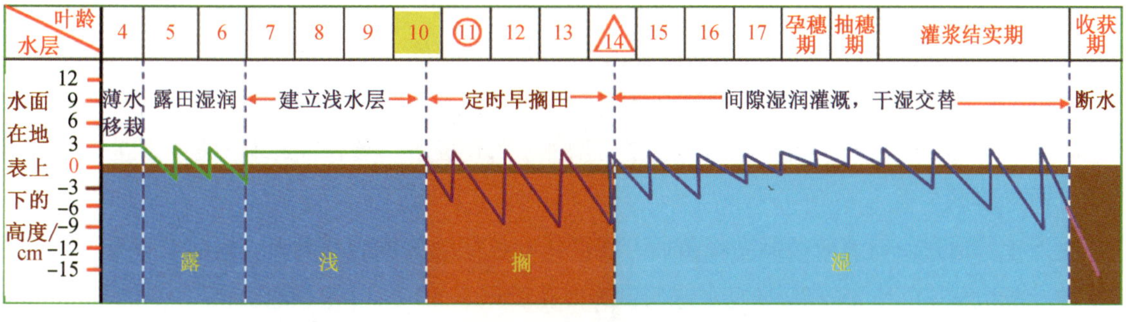

图 2-5-3 17 叶水稻品种机插栽培高产高效水分管理模式

高峰苗数控制在适宜穗数值的1.4~1.5倍，又控制了基部节间的伸长，提高了群体质量，增强了群体抗倒伏能力。

本课题组的试验调查结果表明(表2-5-7)，按照“早、轻、多”原则进行精确搁田的机插稻，群体无效分蘖旺盛滋生期能够得到及时有效的控制，高峰苗数适宜，茎蘖成穗率高，最终群体穗数足，穗型也大，群体总颖花量多，产量高。

表2-5-7 机插‘徐稻3号’精确搁田和搁田过迟田块茎蘖成穗率及产量构成情况

搁田情况	亩基本苗/万苗	亩高峰苗/万苗	茎蘖成穗率/%	亩穗数/万穗	每穗粒数/粒	亩颖花量/万朵	亩产量/kg
精确搁田($n=10$)	6~8	33.2	72.5	24.07	129.6	3 119.5	698.8A
搁田过迟($n=3$)	6~8	39.1	56.6	22.12	123.8	2 738.5	602.7B

不搁田或搁田过迟的机插稻，群体无效分蘖大量发生，高峰苗数过多，群体生长郁蔽，通风透光性差，茎蘖成穗率低，群体穗数偏少且穗型明显变小，产量极显著低于精确搁田的田块。

7. 优中

“优中”指通过及时有效控制高峰苗后，在群体叶色褪淡落黄的基础上，因苗及早精确定量施用好穗肥(促花肥)，并配合浅湿交替灌溉等措施，主攻壮秆大穗的形成，优化中期生长，形成高光效群体结构。为研究穗肥运筹模式，将穗肥设置在倒5叶与倒4叶、倒5叶与倒3叶、倒4叶与倒3叶期等量施用3种运筹模式。结果表明，在倒4叶和倒3叶期施用群体产量最高，与倒5叶+倒4叶、倒5叶+倒3叶施用的产量存在显著差异(表2-5-8)。增产的原因：群体穗数适宜穗型大，结实率和千粒重有增有减，变幅较小，较稳定。

表2-5-8 不同穗肥运筹模式对机插‘宁粳1号’产量及其构成的影响

处理	亩穗数/万穗	每穗粒数/粒	亩总颖花量/万朵	结实率/%	千粒重/g	亩产量/kg	较倒4叶+倒3叶减产/%
倒4叶+倒3叶	22.68b	123.96a	2 811.8a	88.4	27.29	678.5a	—
倒5叶+倒4叶	23.54a	112.45c	2 670.6b	89.0	27.34	649.8b	4.23
倒5叶+倒3叶	23.14ab	116.96b	2 706.5b	87.9	27.43	652.6b	3.82

同时进行的不同叶龄施用穗肥试验，总施氮量40%作穗肥，进行如下设置：①倒1叶初、末各施50%；②倒2叶初、末各施50%；③倒3叶初、末各施50%；④倒4叶初、末各施50%；⑤倒5叶初、末各施50%；⑥倒6叶初、末各施50%。结果表明，倒3叶和倒4叶处理产量显著高于其他4个(表2-5-9)。增产原因：主要是增加了每穗粒数，单位面积有效穗数适宜，总颖花量多，故产量高。

生产上，通过及时有效控制高峰苗后，在群体叶色褪淡落黄的基础上，因苗及早施用好穗肥来主攻壮秆大穗。7月25—30日复水湿润亩施促花肥尿素10~13 kg、氯化钾7~10 kg；8月5—10日亩施促保兼顾肥尿素5~10 kg。

表 2-5-9　不同穗肥运筹对机插‘南粳 44’产量及其构成的影响

处理	亩穗数/万穗	每穗粒数/粒	亩总颖花量/万朵	结实率/%	千粒重/g	亩产量/kg
倒 1 叶初、末	18.68	133.12	2 486.68	94.6	26.25	611.4Dc
倒 2 叶初、末	19.00	132.64	2 520.16	94.5	26.20	624.8Bb
倒 3 叶初、末	19.76	140.97	2 785.57	95.1	26.10	688.3Aa
倒 4 叶初、末	20.01	139.25	2 786.39	94.7	26.04	683.2Aa
倒 5 叶初、末	20.33	128.17	2 605.70	93.1	26.01	622.3BCb
倒 6 叶初、末	20.58	125.44	2 581.56	93.1	25.93	612.5CDc

同时，要结合拔节期群体茎蘖数以及群体叶色等苗情，对穗肥施用的具体时间和数量做合理的调整。叶色正常褪淡，生长量适中的达标群体，穗肥于倒 4 叶和倒 3 叶期，分 2 次施用最佳，各占设计穗肥总量的 50%；叶色浅、落黄偏重、群体生长量小的不足群体，穗肥于倒 5 叶和倒 3 叶施用，且要增加用量 10%~20%；叶色深不褪淡，生长量过大的旺长群体，穗肥于倒 3 叶期叶色褪淡后一次施用，且用量要适当减少。

8. 强后

“强后”是指在优化中期生长，抽穗期建成高光效群体结构的基础上，通过后期合理的水浆管理、病虫防治，养根保叶，增强根系活力与地上部光合生产能力，提高后期物质积累量与群体库容充实度。

生育后期，特别是抽穗开花期是水稻生理需水旺盛的时期，又是对水分十分敏感的时期，宜实施浅水灌溉。灌浆结实期，既要保证水分供应，又不能长期淹水。长期淹水，根系活力差，叶片早衰，秕粒增加；若土壤缺水遇旱，则影响籽粒灌浆充实和米质。应采用间歇灌溉，干干湿湿，保持土壤湿润为主。满足生理需水，又维持土壤沉实不回软，增强土壤根部通气，维护根系健康，延缓活力下降，防止青枯早衰。达到以水调气、养根保叶、干湿壮籽的目的，直到收割前 7 d 断水干田。生产上一定要防止断水过早，早枯逼熟，也要防止未成熟即提早割青。

生产上，后期实行干湿交替的水浆管理，10 月 10 日前以湿为主，10 月 10—25 日以干为主，收获前 7~10 d 断水，同时加强病虫防治，养根保叶，增强根系活力与地上部光合生产能力，提高后期物质积累量与群体库容充实度。

（二）水稻长龄毯苗机插栽培技术

1. 名词介绍

机插长秧龄毯苗（大壮苗）：秧龄在 30~35 d，叶龄 5 叶左右，秧苗素质符合特定壮秧指标的机插秧用的毯状秧苗。

培养机插秧大壮苗，可以采用印刷播种技术，达到稀播匀播，也可以通过流水线播种精确控制播种量。

印刷播种技术：利用专利号为 ZL 2009 1 0030691.9 的技术发明形成的在纸张等片状材料上按设定的要求，印刷上黏种胶并定位定量黏附种子，播种时通过在田间铺放黏附有种子的纸张等材料实现种子精确定位定量播种的一项技术手段。

流水线播种：采用毯苗机插育秧设备进行流水精稀播种培育长秧龄壮苗。

2. 长龄毯状大苗培育技术作业流程

分别采用印刷播种机（庄春 等，2018）和流水线作业培育长龄毯状大苗。印刷播种机插秧大壮苗育秧技术作业流程如图 2-5-4。流水线播种机插秧大壮苗培育技术作业流程如图 2-5-5。

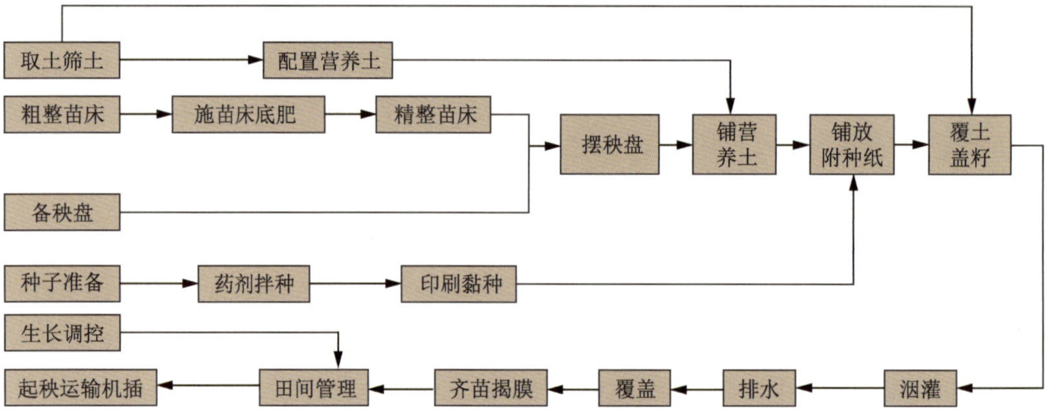

图 2-5-4　印刷播种机插秧大壮苗育秧技术作业流程示意图

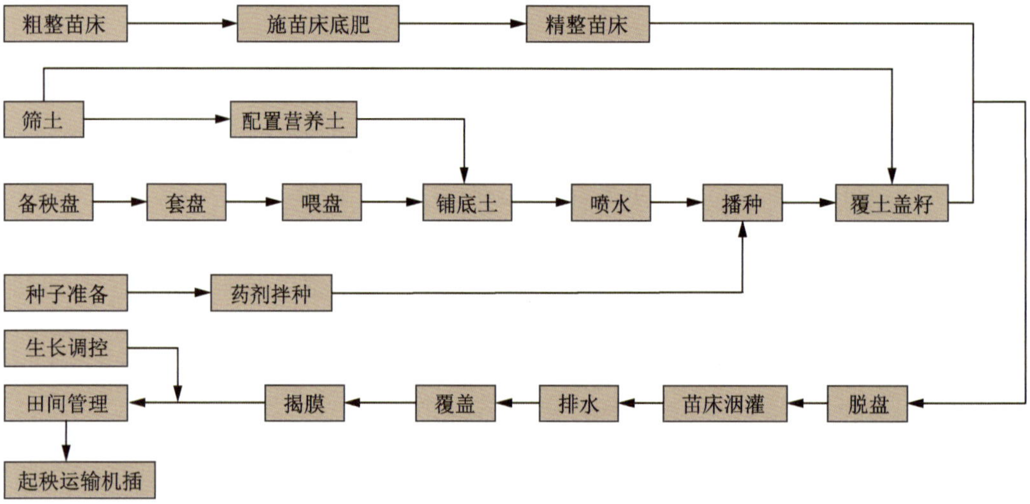

图 2-5-5　流水线播种机插秧大壮苗培育技术作业流程示意图

2.1　苗床准备

2.1.1　床址选择与处理

选择土壤肥沃、土地平整、灌排及运秧方便的田块作苗床。按苗床与大田面积比 1∶80 备足秧田。

冬前深翻、冻垡，并按规格(畦面宽 1.3~1.4 m，墒沟宽 0.35 m、深 0.15 m)开挖墒沟，四周围沟宽 0.3 m 以上、深 0.2 m。将开挖墒沟的土散布于床面上冻酥。

2.1.2　苗床施肥与精整

旱整苗床：进行清沟理墒，初步整平苗床，建议在苗床底施肥(按江苏徐淮地区农业科学研究所研制配方生产的由一种含氯为低氯或中氯 25%的复混肥，该肥料为生理酸性肥料，不含缩二脲，在落谷当天施用不会“烧种”“烧芽”)，90~100 g/m^2 匀撒于床面并浅耙混土 3~5 cm，然后精细整床，达到平、光、实、直。

水整苗床：需提前 15 d 以上，开沟整平后排水，随后趁田湿烂时在苗床上施肥，按 90~100 g/m^2 复合肥匀撒床面，利用床面水分溶肥入土。摆盘前，铲高补低，填平裂缝。

若育苗期采用沟灌供水，苗床畦面水平高差不超过 0.5 cm，全田地势高差不超过 2 cm。苗床底肥也可在摆盘前施用，亩施用45%复混肥料80 kg，但需要提前10 d以上施用。

2.2　备营养土

2.2.1　取土要求

选择草籽少、酥松、熟化土壤。避免石块、杂草等物混入。重黏土、重砂土及pH值高于8.0的不宜作为营养土。

2.2.2　破碎、筛土

冬前从田间取土，放置在田头或场上，经过干湿冻融，结合人工或机械破碎后，用孔径5 mm的筛子过筛。

2.2.3　筛土量

按每亩大田120 L左右的用量备足过筛细土。

2.2.4　配制营养土

使用农业部门推荐的，且经过应用或试用，效果肯定的水稻苗床调理剂进行育秧营养土配置。配置比例按产品要求进行。

推荐使用按江苏徐淮地区农业科学研究所研制配方生产的水稻苗床调理剂与过筛细土按重量比1∶(200~240)比例拌匀。该调理剂除符合《水稻苗床调理剂》(NY/T 526—2002)规定的N≥9%、P_2O_5≥4.5%、K_2O≥1.5%、Zn≥0.2%，还含有调酸材料以及还原态铁。具备供应大量营养元素及微量铁、锌能力，具有防缺锌僵苗、缺铁黄化以及调酸功能。且不需提前堆闷，安全性高。宜在落谷当天及前1~2 d进行，也可以在一周之内提前配制。

不使用江苏徐淮地区农业科学研究所研制的水稻苗床调理剂的碱性土壤，则需要提前10 d以上进行调酸。

2.3　育秧软盘准备

按每亩大田备足9寸(30 cm)盘30张，或7寸盘40张。

塑料软盘(9寸盘)渗水孔数在400个左右，7寸盘300个左右，其余指标应符合《水稻工厂化育秧技术要求》(NY/T 1534—2007)中8.1.2.1要求。

采用软盘流水线机械播种作业的还需要备足相应的周转用硬盘。

2.4　种子准备

2.4.1　品种选择与要求

选择适宜当地的高产稳产抗病偏大穗型的粳稻品种，并符合《粮食作物种子　第1部分：禾谷类》(GB 4404.1—2008)规定良种级标准。发芽率≥90%，发芽势≥85%，发芽率、发芽势测定按《农作物种子检验规程　发芽试验》(GB/T 3534.4—1995)规定的方法进行。

2.4.2　种子用量

按每亩大田3.5~4.0 kg种子备足。

2.4.3　晒种

播种前将种子翻晒1~2 d。

2.4.4　除芒

有芒种子，应除去稻芒和小枝梗。

2.4.5　选种与药剂拌种

采用清水，或比重为1.06~1.12的盐水或泥水选种，选后洗净，待沥净种表多余水分，在种表潮湿、种子不互相粘连时按机插秧大壮苗专用肥料、3.5%咪鲜甲霜灵粉剂与种子比例为1∶1∶(80~100)拌种，拌药要充分拌匀，拌后晾干备用。或使用其他的登记防治对象为含恶苗病、立枯病的种衣剂按要求用量药种比均匀拌种，拌后晾干备用。

2.5 播种作业

2.5.1 确定播种时期

根据前作腾茬整地时间、机插作业能力或订单计划，提前25~30 d确定播种时间。

2.5.2 育秧播种作业

播种作业采用印刷播种或流水线播种，两种方式操作有所不同，建议采用印刷播种技术播种，播种均匀度高。

2.5.3 采用印刷播种技术播种

(1) 粘种专用纸张要求　采用长卷毛边纸，毛边纸厚度要求每平方米质量25~35 g。纵铺式铺放秧盘，用于7寸盘的纸张宽度在22~23 cm之间，用于9寸盘的纸张宽度在28~29 cm之间。横铺式放秧盘，纸张宽度在58~59 cm之间。横铺式印刷效率高但费种，纵铺式印刷效率低些省种。

(2) 印刷粘种密度及均匀度要求　印胶宽度内每平方米种子18 000~20 500粒，空粒率小于5%，双(多)粒率小于20%。胶点横行与纵行间距以相同或接近为宜。印刷好的粘种纸成卷装箱运输。

(3) 印刷播种技术播种操作　对于纵向铺放的附种纸，使秧盘长边与秧床纵向平行成4列靠中铺放于秧床上，并加入配置好的营养土摊刮平整，铺放时使秧盘顶端重叠以减少附种纸与种子浪费；对于横铺式印刷的粘种纸，将秧盘以两列对称横铺于秧床上，并将相邻的两种秧盘横边重叠。在铺放秧盘的同时，将适量营养土加入盘中，并铺平，使底土厚度在1.5~1.8 cm之间。

秧盘中的底土也可以采用流水线预先铺好之后，摆放于秧床或铺好秧盘并刮平底土后，将对应印刷好的粘种纸，居中滚动铺放于秧盘中，并随即撒土或用洒水壶洒水压纸，之后盖好盖种土。盖种土厚度以0.5~0.8 cm为宜，并注意盖好边角处。

2.5.4 采用流水线播种

(1) 作业条件　有关设备播种量调节范围的下限，9寸盘每盘70 g，7寸盘每盘60 g。播前进行播种量调整，9寸盘每盘设定盘种量80~100 g之间，7寸盘每盘设定盘种量65~85 g之间某预定播种量。按《水稻工厂化育秧技术要求》(NY/T 1534—2007)条款10的方法测定播种均匀性、床土排量稳定性和喷水量稳定性。测播种均匀度时以每格1~3粒为合格。各项指标应符合表2-5-10的要求，同时床土排量稳定性变异系数≤5。喷水量以底土湿透不滴水为宜，喷水量稳定性变异系数≤10。

(2) 流水线播种作业质量　流水线播种作业质量应符合表2-5-10的要求。

表2-5-10　播种作业质量指标

项目	指标
均匀度合格率/%	≥85
空穴率/%	≤5
伤种率/%	≤0.5
底土厚度/cm	1.5~2.0
盖土厚度/cm	0.5~0.7
每盘干种播种量范围/g	80~100(9寸盘)，65~85(7寸盘)

2.6 苗期管理

2.6.1 洇水

完成播种覆土作业后，上水洇灌，到所有盘土洇湿时排除沟中积水。禁止大水漫灌，防盘表土结壳。

2.6.2 覆膜或无纺布

排完水，在盘面上每 20 cm 左右放置芦苇秆或细竹竿作为支撑物，之后在畦面上盖一层农膜拉紧压严后，于膜上盖上一层稻麦秸秆或草帘，以每平方米 1.2~1.3 kg 干秸秆量为宜。或放置支撑物后盖一层育秧专用反光膜。也可在洇水前或洇水后盘表土发干发白时，直接用无纺布覆盖四周压实，可省去农膜要求盘上膜下衬垫，膜上盖草等烦琐工序和材料。

2.6.3 揭膜或无纺布

在秧苗达 1 叶 1 心期揭去覆盖物。要求晴天傍晚揭、阴天上午揭，遇雨则雨后揭。发现有翘根露种的随时用细土覆盖，并洒水沉实。因无纺布透气，可适当推迟揭离。

2.6.4 水分管理

揭膜后灌一次透水，采取洇灌方法，待洇透后排水。

苗期水分管理，以旱育方式进行，但注意床土不能过干。床土发白时，要及时补水，防失水卷叶。采用微喷带进行微喷灌溉的，微喷带铺设间距不超过最大喷幅的 80%，铺设长度以两端水头差不超过 10%为宜。采取沟灌的，应采用平沟水洇灌的方法进行，且要在床土润湿后将沟内水排出脱空。阴雨天要保证墒沟排水通畅，沟内无积水。

2.6.5 生长调控

在秧苗 2 叶期，每亩精细喷施 15%多效唑 160 g。采用机插秧大壮苗拌种剂的，则在 2.5 叶期亩喷施 15%多效唑 80 g。

2.6.6 病虫害防治

秧田期主要防好条纹叶枯病、稻瘟病、灰飞虱及螟虫等。

2.7 起苗移栽

起苗前 1~2 d，适当控水，便于起秧卷秧与运输。

移栽前 1~2 d，可以用吡虫啉、杀虫单进行叶面喷雾，带药下田。

可在移栽前 1~2 d 按每平方米 80~120 g 的用量撒施颗粒磷铵，促进栽后幼苗早发。

2.8 秧苗评价

机插秧大壮苗质量指标应符合表 2-5-11 中的要求。

表 2-5-11 机插秧大壮苗质量指标

秧龄/d	叶龄/叶	苗高/cm	绿叶片数/(叶·株$^{-1}$)	茎宽/mm	地上部百苗干重/g	插前均匀度合格率/%	空格率/%	秧苗密度/(株·cm^{-2})
25~35	4.5~5.5	15~25	≥3.5	≥2.7	≥2.5	≥85	≤5	1.3~1.8

2.8.1 叶龄测定

秧田棋盘式 9 点取样，取出 9 只秧盘，从每盘秧苗中随机取样 20 株，调查叶龄，计算平均值。

2.8.2 苗高测定

将测定秧苗的最高生根处至叶尖的长度作为苗高，计算平均值。

2.8.3 绿叶数

上述随机取样的植株，以叶色正常，没有褪淡变黄为准，测定总绿叶片数，计算单株绿叶数。

2.8.4 茎宽测定

将测定叶龄后的秧苗，用游标卡尺测量各株最高生根处 1 cm 高位置假茎最大宽度，计算平均值。

2.8.5 地上部百苗干重测定

上述随机取样的植株，从最高生根处剪掉根部，洗净。在烘箱中 105 ℃杀青 30 min 后，85 ℃烘 2 h 后取出在干燥器内冷却后称重。

2.8.6 毯苗秧块指标

插前均匀度合格率、空格率、秧苗密度参照《水稻插秧机 试验方法》(GB/T 6243—2003)中 5.3 的方法。

3. 大田栽培技术

3.1 整地与移栽

3.1.1 整地

目前生产上一般采用灌水浸透秸秆土壤后水整地与旱地秸秆还田耕翻埋茬后再浸水整平 2 种方式。

(1) 灌水浸透秸秆土壤后整地方式(浸泡水施水整还田) 秸秆还田的田块，整地前先把秸秆均匀分开，然后撒施基肥，上水浸泡 3~4 d，待表土层泡软和秸秆浸透下沉后深旋整地。土壤整平后均需在薄水层下适当沉实，砂土沉实 1 d，壤土沉实 1~2 d，黏土沉实 2~3 d。

(2) 旱地秸秆还田干耕翻埋茬后灌水整平[旱耕(旋)水整还田] 秸秆均匀分开撒施基肥后，通过翻耕和旋耕整地、水整平。土壤水整平后均需在薄水层下适当沉实，砂土沉实 1 d，壤土沉实 1~2 d，黏土沉实 2~3 d。

3.1.2 精确定量基本苗和机械栽插

(1) 合理确定基本苗与栽插规格 根据移栽密度专题试验结果和高产田综合调查，生育期长的、分蘖力强的大穗型品种，栽插密度以亩栽 1.5 万~1.7 万穴、每穴 2 苗左右为宜，如‘甬优 2640’‘甬优 1640’等。穗数型或穗粒兼顾型品种栽插密度以亩栽 1.7 万~1.9 万穴、每穴 3 苗左右为宜，如‘南粳 9108’‘武运粳 24 号’等。早熟品种或分蘖性弱的品种，以每穴 4 苗为宜。

(2) 机械栽插 提倡周转箱装秧，通过运输车辆实现秧苗的长距离运送。根据地块间距及机械作业效率，合理安排运秧车辆及秧苗供应量，应做到起秧、运秧与栽秧速度协调，防止起秧与运秧及栽插不及时，造成秧苗失水萎蔫，严重影响栽插与活棵。调整好株距，达到栽插行直不漏穴，接行准确，插深一致，把栽深控制在 2.0~3.0 cm 范围内。

3.2 肥料精确施用

机插后，大壮苗发根活棵快，需肥量大，在栽后 5~7 d 一次重施分蘖肥，或分栽后 5~7 d、10~14 d 二次追施分蘖肥。在倒 4 叶或倒 3 叶期施用，有利于既巩固有效分蘖成穗，又促进壮秆大穗形成。

磷肥一般全部作基肥使用；钾肥则 50%作基肥、50%作促花肥施用。

3.3 水分精确调控

3.3.1 薄水栽秧

将田整平沉实，田间见水，但全田有土壤均匀地露出水面，形成花斑状的不完全水层，即

70%~80%地面在水下，20%~30%土面均匀分散地露出水面。但无成片地面在水上，更无成片的深水低洼地段。

3.3.2 浅水分蘖

活棵分蘖期以浅水层为主，促进有效分蘖早生快发。秸秆全量还田条件下，在活棵期间 1~2 次露田以增氧解毒，促根防僵苗。

3.3.3 够苗到拔节期分次轻搁田

全田茎蘖数达到高产设计穗数值的 80%~90%时，开始自然断水搁田，通过分次轻搁，使全田土壤沉实，田中土壤不陷脚，稻株叶片挺起，叶色褪淡显黄。

3.3.4 拔节至抽穗“水—湿—干”交替

拔节后至抽穗扬花期，水稻不仅需水量大，而且土壤中根系发育需氧气也多，因此采取“水层—湿润—落干”过程反复交替、以湿为主的水氧协调管理方法。

3.3.5 灌浆结实期“浅—湿—干”交替

灌浆结实期则采取“盖土面浅水—湿润—落干”过程反复交替、以落干为主的水气管理方法，直到成熟前 7 d 断水落干。

3.4 加强病虫害防治

做好病虫综合防治，特别强调前期应防治好灰飞虱、黑条矮缩病，中后期防治好纹枯病、各种螟虫及稻瘟病、穗曲病、褐飞虱等病虫害。

3.5 收获

水稻黄熟期露水干后收获，及时晒干扬净。

四、示范应用取得的效果与效益

一是在兴化市钓鱼、城东、临城、陈堡、周庄、茅山与戴南 7 个重点乡镇的家庭农场，沿兴泰公路线各建成 1~2 个千亩连片集成技术的标志性展示区。优质食味水稻千亩连片展示区亩产 700~750 kg，稻米品质达国标优质标准，亩增产 10%以上，增效 15%以上。

二是筛选了一些适合机插稻育苗秧龄延长与熟期提前的高产优质水稻品种，培育适龄毯苗、秸秆还田精细整地、因种定量机插、精确肥水管理与病虫草绿色综合防治等主要技术的改进熟化与优选组合，集成适合规模化经营条件下的水稻毯苗全程机械化生产技术体系。

三是着重以现有的先进适用技术为主体，集成并示范迟熟中粳型（优质食味水稻）毯苗机插高产优质增效技术。

四是创建水稻适期提早成熟 3~5 d，从而使小麦播期提前 3~5 d 的长龄毯状大苗机插高产优质增效新模式与配套技术。

五是重点进行集成展示区、核心示范方、集中服务区与辐射区的技术示范推广，建立高水平集成展示区带动 15 万亩核心示范方，比大面积增产 10%以上，亩增效 10%~15%。

五、与对照技术的技术经济指标比较

项目的核心示范方在钓鱼、城东、临城、陈堡、周庄、茅山与戴南 7 个重点乡镇的家庭农场，通过稻麦两熟制高产平衡技术方案项目在兴化市等地的实施，提高了水稻毯苗机插的育秧质量、栽插质量和中后期群体高效生长量。项目的核心示范方在兴化市钓鱼、周庄等 7 镇，2016—

2018 年 7 镇展示区水稻平均亩产 724.0 kg，较非示范方增产 16.2%。2016—2018 年三年 7 镇示范方水稻平均亩产 673.0 kg，较非示范方增产 8.0%。2016—2018 年兴化市辐射区水稻平均亩产 654.6 kg，较非示范方增产 5.0%。

在技术创新区及淮安地区开展新型水稻毯苗长秧龄机插技术研究与示范，通过稀播培育长龄壮秧。将机插毯苗秧龄延长至 30 d，长龄毯苗机插水稻比粗放型迟播迟栽方式收获期提前 5 d 或更多，利于下茬小麦适期播种。技术创新区试验示范的水稻大苗机插产量较常规毯苗机插水稻增产 6.0%~7.0%。

六、应用前景与发展建议

通过大穗型与优质食味水稻品种的合理搭配，实施“标秧、精插、稳发、早搁、优中、强后”的水稻毯苗机插精确定量栽培技术(张洪程 等，2010)，使得水稻毯苗机插群体起点质量提高，中后期足穗、壮秆和抽穗后拥有强的物质积累能力和光合生产能力，提高了毯苗机插水稻的高产稳产性(张洪程 等，2010)。同时，研发的水稻长龄毯状大壮苗机插栽培技术，降低了播种量，提高了秧苗素质及延长了秧田期，利于栽后早发、足穗、壮秆，塑造中后期高效群体结构，提高产量，并提早 3~5 d 成熟和收获，利于下茬麦季提早播种。

项目实施期间，2016 年的阴雨及低温等灾害，2015 年和 2017 年水稻孕穗、抽穗期遭遇的高温，对水稻生产造成较大影响，特别收获期的连阴雨造成很多水稻籽粒穗发芽，严重影响产量和品质，也给机械化收割带来严重影响。虽然项目实施区在遭遇极端灾害性天气影响下仍增产增效，但对整个水稻生产来讲，能否将水稻生产遭受极端灾害性天气影响造成的损失降到最低，将是保证高产稳产和优质的关键。

针对水稻生产提质增效和“双减”的大背景，如何降低水稻生产中氮肥投入和农药投入，如何提高水稻规模化生产周年生产高效、增效持续性，也需进一步加大研究与投入。

近年来消费者对优质要求越来越高，加强优质食味水稻品种的筛选与栽培，在保障产量的前提下，提高江苏省优质稻消费水平，将是未来研究的重点和热点。

第六节　基于稻麦高产高效的小麦规模化栽培技术

提要：稻麦两熟是江苏粮食生产的主要种植制度，由于水稻偏迟熟品种和轻简栽培技术推广，存在着水稻收获迟、腾茬晚，小麦播种季节紧、秸秆还田质量不高与小麦壮苗难培育以及肥料用量高、利用率低等问题，为充分挖掘稻麦周年高产潜力，在兴化市进行小麦耐晚播品种筛选、高产优质群体构建、合理高效肥水运筹以及抗逆应变技术研究，集成适合规模化经营的小麦全程机械化生产农艺技术体系，项目示范方两年度小麦平均亩产量达到 492.1 kg，示范镇大面积亩产量两年度平均为 423.7 kg，较大面积生产增产达 16.2%，增效 43.0%。

一、科学问题与技术需求

我国小麦生产已经实现了从种子精选、整地播种、病虫草害防治、抗旱降渍、收获、翻晒贮存全程机械化，并分别形成了旱地小麦和稻茬小麦机械化生产技术体系，由于前茬作物的不同，小麦机械化作业过程、农艺技术措施各地存在极大差异，特别是稻茬小麦生产中农机与农艺技术有机结合尚待完善。江苏省稻茬小麦种植面积占小麦总面积的70%以上，产量低于山东、河南等省的旱茬小麦，亩产差距达40~70 kg。制约江苏省小麦单产进一步提升的因素主要有：①近年来为提高水稻产量和品质，推广了偏迟熟优质粳稻品种，水稻收获推迟，再加上水稻播栽方式的变化，机插秧和直播稻等轻简技术的应用，使水稻腾茬晚20~30 d，造成小麦晚播面积扩大（尚毅 等，2015；范金平 等，2017）；虽然全球气候变暖，连续20年暖冬天气使得小麦播种适期较原有适期推迟5~7 d（张甲元 等，2011），但不能弥补水稻晚收造成的季节矛盾，收稻和种麦之间无晒田、整地等作业准备时段，不利于精耕细作、精量播种、培育壮苗。②由于小麦生产条件发生了变化，秸秆全量还田，特别是粳稻断水迟，土壤含水量偏高，再加上部分地区秋播时节降水，严重影响麦田适墒耕种，秸秆还田质量下降，特别是里下河地区的水稻土土质黏重，宜耕期短，如遇湿墒，更难以机条播（乔玉强 等，2014）。代之以人工撒播为主的方式，造成播种量偏大、效率低，田间均匀度差、壮苗得不到保证，制约着小麦产量水平的提升。为此，急需解决稻茬小麦晚播、过晚播条件下与机械化生产相配套的农艺技术，提高晚播小麦播种质量，保证合理的群体起点，因播期确定基本苗数，以肥料高效运筹技术研究解决秸秆腐熟分解过程中与麦苗争氮致苗黄苗弱的问题，提高晚播稻茬小麦产量与稳产性能。

二、开展的试验与研究

稻茬小麦晚播需要小麦品种具有出苗快、苗期繁茂性好、茎蘖成穗率高、综合抗性好、灌浆速度快、早熟的特点（任明全 等，1993；王汝利 等，2011；高德荣 等，2014），为此在苏中地区进行耐晚播小麦品种的筛选研究以及晚播小麦种植密度、施氮量、氮肥运筹等丰产研究，并重点在兴化市钓鱼镇建立晚播小麦百亩攻关方，集成的稻茬晚播小麦机械化栽培技术在兴化市7个乡镇示范推广验证，具体实施方案如下：

1. 耐晚播品种筛选

选用江苏省目前推介应用的‘宁麦14’‘宁麦19’‘苏麦188’‘扬麦16’‘扬麦22’‘扬辐麦4号’‘扬麦23’‘扬麦25’等8个品种。

（1）迟播（较适期播推迟10 d）　扬州点分别于11月11日（2015年）与11月15日（2016年）播种，亩基本苗为18万，人工条播，行距30 cm，亩施纯氮15 kg，基肥：分蘖肥：拔节肥：孕穗肥为60%：0：20%：20%（简记为6：0：2：2），基肥于播种前施用，分蘖肥不施用，拔节肥于叶龄余数2.5时施用，孕穗肥于叶龄余数1.2~0.8施用；亩施磷（P_2O_5）、钾（K_2O）肥均为6 kg，基施与拔节期追施各占50%。

（2）过晚播（较适播期推迟30 d以上）　兴化点分别于12月5日（2015年）和12月9日（2016年）播种，基本苗为26万。人工条播，行距30 cm，亩施纯氮15 kg，基肥：分蘖肥：拔节肥：孕穗肥为60%：0：20%：20%（简记为6：0：2：2），基肥于播种前施用，分蘖肥不施用，拔节肥于叶龄余数2.5时施用，孕穗肥于叶龄余数1.2~0.8时施用；磷（P_2O_5）、钾（K_2O）肥各亩施6 kg，基施与拔节期追施各占50%。

2. 晚播小麦丰产节肥试验

见稻茬晚播小麦节肥稳产技术。

3. 百亩攻关方

选用小麦品种‘扬麦 23’，11 月 5 日播种，基本苗每亩 16 万左右；12 月 4 日播种，亩基本苗 26 万左右。亩施纯氮均为 15 kg，基肥∶分蘖肥∶拔节肥∶孕穗肥为 60%∶0∶20%∶20%(简记为 6∶0∶2∶2)，基肥于播种前施用，分蘖肥不施用，拔节肥于叶龄余数 2.5 时施用，孕穗肥于叶龄余数 1.2~0.8 时施用；磷(P_2O_5)、钾(K_2O)肥各亩施 6 kg，基施与拔节期追施各占 50%。

4. 集成技术示范应用

在兴化市钓鱼镇、城东镇、临城镇、陈堡镇、周庄镇、茅山镇、戴南镇建立千亩连片示范方，进行晚播小麦机械化栽培技术示范。

三、主要研究结果

(一) 耐晚播小麦品种筛选

在较适播期迟播 10 d 的条件下，2015—2016 年度，‘扬麦 23’产量最高，亩产达 543.57 kg，其次为‘扬辐麦 4 号’，亩产也在 533.60 kg 以上，‘宁麦 19’产量最低，显著低于其他品种；2016—2017 年度，‘扬辐麦 4 号’‘扬麦 23’以及‘苏麦 188’亩产均高于 533.33 kg(相当于 1 hm^2 为 8 t)，但差异未达显著，仍以‘宁麦 19’产量最低，亩产为 475.79 kg。各品种间产量构成因素存在差异(表 2-6-1)。‘扬麦 22’分蘖能力较强，穗数最多，但易发生倒伏且穗粒数较低；‘扬麦 16’虽然穗型较大、千粒重较高，但穗数限制了其产量潜力的提高；‘宁麦 19’在晚播条件下穗数和粒数均较低，不适宜迟播；说明‘扬麦 23’和‘扬辐麦 4 号’在迟播条件下 3 因素相对协调发展，抗倒性较好，产量较高且稳定，可作为稻茬迟播小麦推介品种应用。

表 2-6-1 迟播条件下不同品种产量及其构成的差异

年份	播期(月/日)	品种	亩穗数/万穗	每穗粒数/粒	千粒重/g	亩实际产量/kg
2015—2016	11/11	宁麦 14	36.46bc	36.08bc	40.70b	498.40c
		宁麦 19	36.17bc	33.94c	41.21b	470.61d
		苏麦 188	38.95ab	35.68bc	37.92c	511.37bc
		扬麦 16	34.09c	36.96b	43.18a	503.96c
		扬麦 22	39.35a	35.57bc	38.69c	519.93abc
		扬辐麦 4 号	38.24ab	36.09bc	40.63b	533.60ab
		扬麦 23	37.52ab	40.42a	38.90c	543.57a
2016—2017	11/15	宁麦 14	33.93bcd	38.37ab	40.01bc	496.25de
		宁麦 19	31.96d	36.96b	42.62a	475.79e
		苏麦 188	35.13b	38.49ab	40.43b	539.83ab
		扬麦 16	32.42cd	39.55a	42.77a	522.04bc
		扬麦 22	38.80a	36.29b	38.31d	512.70cd
		扬辐麦 4 号	38.40bc	40.14a	40.22bc	549.61a
		扬麦 23	38.62a	37.72ab	38.37d	545.61ab
		扬麦 25	37.77a	36.81b	39.78c	531.38abc

2016 年 12 月 9 日播种，小麦全生育期 177~179 d，较适期播小麦成熟期推迟 7 d 左右，生育期缩短近 30 d 左右。主要是影响了营养生长阶段的时间，而对生殖生长时期的影响较小。不同品种间存在差异(表 2-6-2)，‘扬麦 16’与‘扬麦 23’的生育进程有所加快，主要表现为开花期较其他品种提前 1~2 d；而‘苏麦 188’‘扬麦 22’‘扬麦 25’生育进程较慢，前期无明显差异，但开花期推迟 2 d 左右。

表 2-6-2　不同品种生育进程的差异(2016—2017)

品种	播期(年/月/日)	出苗(年/月/日)	分蘖(年/月/日)	拔节(年/月/日)	孕穗(年/月/日)	开花(年/月/日)	成熟(年/月/日)
宁麦 14	2016/12/9	2017/1/4	2017/3/1	2017/3/26	2017/4/20	2017/4/27	2017/6/4
宁麦 19	2016/12/9	2017/1/4	2017/3/1	2017/3/26	2017/4/20	2017/4/27	2017/6/5
苏麦 188	2016/12/9	2017/1/4	2017/3/1	2017/3/26	2017/4/22	2017/4/29	2017/6/6
扬麦 16	2016/12/9	2017/1/4	2017/3/1	2017/3/26	2017/4/20	2017/4/27	2017/6/4
扬麦 22	2016/12/9	2017/1/4	2017/3/1	2017/3/26	2017/4/22	2017/4/28	2017/6/4
扬辐麦 4 号	2016/12/9	2017/1/4	2017/3/1	2017/3/26	2017/4/20	2017/4/27	2017/6/5
扬麦 23	2016/12/9	2017/1/4	2017/3/1	2017/3/26	2017/4/20	2017/4/27	2017/6/4
扬麦 25	2016/12/9	2017/1/4	2017/3/1	2017/3/26	2017/4/22	2017/4/29	2017/6/6

2015 年 12 月 5 日播期下，以‘扬麦 22’产量最高，为每亩 458. 2 kg，其次为‘扬麦 23’，‘扬麦 16’和‘宁麦 14’的平均亩产均达 433. 33 kg(相当于 1 hm^2 为 6. 5 t)以上，‘宁麦 19’和‘苏麦 188’较低，亩产 420 kg 左右。2016—2017 年度各品种亩产均超过 450 kg，其中‘扬麦 22’产量最高，其次为‘扬辐麦 4 号’和‘扬麦 23’，‘宁麦 14’与‘宁麦 19’产量较低(表 2-6-3)。结果表明，‘扬麦 22’‘扬麦 23’可作为稻茬过晚播小麦品种推介应用。

表 2-6-3　过晚播条件下不同品种产量及其构成的差异

年份	播期(月/日)	品种	亩穗数/万穗	每穗粒数/粒	千粒重/g	亩实际产量/kg
2015—2016	12/5	宁麦 14	33. 75ab	34. 36ab	40. 06b	438. 57ab
		宁麦 19	31. 47b	32. 86b	42. 66a	419. 53b
		苏麦 188	33. 38ab	35. 16ab	37. 93c	417. 63b
		扬麦 16	33. 65b	34. 05ab	43. 51a	447. 18ab
		扬麦 22	32. 50a	35. 49ab	38. 35c	458. 20a
		扬辐麦 4 号	36. 04ab	36. 97a	38. 16c	433. 09ab
		扬麦 23	34. 14ab	35. 20ab	40. 56b	453. 56a
2016—2017	12/9	宁麦 14	33. 86bcd	35. 23bc	41. 55b	475. 66bc
		宁麦 19	30. 46d	37. 78ab	42. 79a	455. 28c
		苏麦 188	35. 09abc	35. 20bc	40. 02d	485. 38ab
		扬麦 16	31. 10cd	40. 05a	41. 07bc	480. 66ab
		扬麦 22	37. 60ab	35. 70bc	37. 98e	501. 85a
		扬辐麦 4 号	34. 13a-d	38. 78ab	38. 03e	494. 67ab
		扬麦 23	35. 61ab	37. 75ab	37. 78e	493. 42ab
		扬麦 25	38. 33a	32. 89c	40. 30cd	488. 33ab

（二）迟播小麦丰产施肥技术

密度与肥料试验结果表明，在晚播 10 d 条件下适度增加密度，有利于产量的提高，主要是迟播后小麦穗数不足是限制其产量的主要因素，说明迟播小麦适当提高密度有利于保证穗数，稳定产量（表 2-6-4、表 2-6-5）。在低密度条件下增加施氮量有利于提高产量，但在增加密度后，

表 2-6-4 密度与氮肥对迟播种小麦品种‘扬麦 23’产量及其构成的影响（2015—2016）

亩基本苗/万苗	亩施氮量/kg	氮肥运筹	亩穗数/万穗	每穗粒数/粒	千粒重/g	亩实际产量/kg
14	12	4：2：1：3	33.22c	39.16b	39.01a	483.13d
		5：1：2：2	33.97bc	39.84ab	38.52ab	492.51cd
		6：0：2：2	34.01bc	39.94ab	38.27abc	497.69bcd
	15	4：2：1：3	34.34abc	40.08ab	39.18a	511.70abcd
		5：1：2：2	35.11abc	40.70ab	38.58ab	539.04abc
		6：0：2：2	34.56abc	41.85ab	38.03abcd	527.19abc
	18	4：2：1：3	35.02abc	41.90ab	38.18abc	542.16ab
		5：1：2：2	36.02abc	41.77ab	37.16abcd	533.60abc
		6：0：2：2	35.68abc	42.14a	37.07abcd	528.04abcd
18	12	4：2：1：3	35.74abc	39.02b	38.55ab	508.92abcd
		5：1：2：2	37.22abc	39.16b	37.85abcd	529.02abc
		6：0：2：2	36.57abc	39.14b	37.79abcd	519.04abcd
	15	4：2：1：3	37.52abc	39.97ab	38.01abcd	553.98a
		5：1：2：2	39.69a	39.37ab	36.24cd	544.86ab
		6：0：2：2	39.13ab	39.40ab	36.52bcd	541.16ab
	18	4：2：1：3	37.99abc	40.18ab	36.82bcd	535.45abc
		5：1：2：2	38.80ab	39.87ab	38.56ab	523.90abcd
		6：0：2：2	38.37abc	39.46ab	37.73abcd	516.16abcd

表 2-6-5 密度与氮肥对迟播种小麦品种‘扬麦 23’产量及其构成的影响（2016—2017）

亩基本苗/万苗	亩施氮量/kg	氮肥运筹	亩穗数/万穗	每穗粒数/粒	千粒重/g	亩实际产量/kg
14	12	4：2：1：3	33.42h	38.99abcd	40.28a	491.36e
		5：1：2：2	34.60fgh	38.23abcd	40.15ab	498.47de
		6：0：2：2	34.30gh	38.45abcd	39.81abc	502.03de
	15	4：2：1：3	35.02fgh	39.43abc	39.51bcd	519.59bcde
		5：1：2：2	36.29defg	40.02ab	39.17cd	546.50abc
		6：0：2：2	36.31defg	40.09a	38.93de	532.93abcd
	18	4：2：1：3	36.47cdefg	39.57abc	39.52bcd	546.27abc
		5：1：2：2	37.60abcde	38.92abcd	39.24cd	550.07ab
		6：0：2：2	36.62cdef	39.12abcd	39.02de	531.82abcd

（续表）

亩基本苗/万苗	亩施氮量/kg	氮肥运筹	亩穗数/万穗	每穗粒数/粒	千粒重/g	亩实际产量/kg
18	12	4：2：1：3	36. 00efg	37. 28cd	39. 29cd	499. 81de
		5：1：2：2	36. 42cdefg	37. 46bcd	39. 03de	520. 48bcde
		6：0：2：2	37. 36bcde	36. 73d	38. 40ef	512. 26cde
	15	4：2：1：3	37. 71abcde	38. 32abcd	38. 98de	551. 83ab
		5：1：2：2	39. 24ab	38. 15abcd	38. 81de	563. 39a
		6：0：2：2	38. 62abc	37. 73abcd	38. 37ef	545. 61abc
	18	4：2：1：3	37. 73abcde	39. 07abcd	39. 20cd	549. 16ab
		5：1：2：2	39. 71a	37. 32cd	37. 92f	544. 49abc
		6：0：2：2	38. 53abcd	37. 82abcd	38. 40ef	534. 49abcd

过多的氮肥反而会不利于产量的提高。在该试验条件下晚播 10 d 采用亩基本苗 18 万、亩施氮量 15 kg、5：1：2：2 或 4：2：1：3 氮肥运筹产量最高。

过晚播条件下，当亩基本苗数量为 22 万和 26 万、亩施氮量为 15 kg 和 18 kg 时，各处理的亩产量均可达到 433. 33 kg；在亩基本苗 22 万、亩施氮量 18 kg、氮肥运筹 6：0：2：2 处理下产量最高，亩产达 472. 89 kg(表 2-6-6、表 2-6-7)。

表 2-6-6　密度与氮肥运筹对过晚播小麦品种‘扬麦 23’产量及其构成的影响(2015—2016)

亩基本苗/万苗	亩施氮量/kg	氮肥运筹	亩穗数/万穗	每穗粒数/粒	千粒重/g	亩实际产量/kg
18	12	4：2：1：3	27. 54g	36. 55a-d	40. 17abc	369. 89f
		5：1：2：2	27. 94fg	37. 21abc	39. 62a-d	385. 96ef
		6：0：2：2	28. 22fg	36. 69a-d	39. 41a-d	386. 53ef
	15	4：2：1：3	29. 09efg	36. 83a-d	40. 25abc	386. 25ef
		5：1：2：2	29. 82d-g	37. 76a	40. 10abc	402. 99b-f
		6：0：2：2	29. 39d-g	36. 98a-d	40. 11abc	393. 98def
	18	4：2：1：3	29. 47d-g	37. 69ab	39. 75a-d	399. 30cdef
		5：1：2：2	30. 66c-g	37. 00abcd	39. 52a-d	404. 79b-f
		6：0：2：2	30. 56c-g	37. 51ab	39. 60abcd	411. 85a-f
22	12	4：2：1：3	30. 50c-g	35. 97a-f	40. 26abc	410. 20b-f
		5：1：2：2	31. 496b-f	35. 87a-f	40. 10abc	423. 54a-f
		6：0：2：2	31. 20b-g	35. 96a-f	39. 49a-d	421. 88a-f
	15	4：2：1：3	31. 53b-f	36. 49a-e	40. 57a	436. 89a-e
		5：1：2：2	33. 01a-d	36. 23a-f	40. 09abc	453. 56a-d
		6：0：2：2	32. 70a-e	36. 16a-f	40. 05abc	448. 56a-d
	18	4：2：1：3	33. 85abc	36. 58a-d	40. 39ab	452. 23a-d
		5：1：2：2	34. 82ab	36. 70a-d	39. 54a-d	463. 56ab
		6：0：2：2	34. 54ab	36. 86a-d	39. 98abc	472. 89a

（续表）

亩基本苗/万苗	亩施氮量/kg	氮肥运筹	亩穗数/万穗	每穗粒数/粒	千粒重/g	亩实际产量/kg
26	12	4：2：1：3	32. 13a-e	34. 32ef	40. 49a	419. 89a-f
		5：1：2：2	32. 54a-e	35. 15c-f	40. 23abc	425. 31a-f
		6：0：2：2	31. 60a-f	34. 29f	40. 37ab	416. 63a-f
	15	4：2：1：3	32. 59a-e	34. 84def	40. 34abc	436. 16a-e
		5：1：2：2	34. 20abc	34. 97def	38. 75d	436. 88a-e
		6：0：2：2	34. 14abc	35. 76a-f	40. 30abc	450. 89a-d
	18	4：2：1：3	34. 62ab	35. 07c-f	39. 74a-d	446. 89a-e
		5：1：2：2	35. 34a	35. 20c-f	39. 15cd	451. 33a-d
		6：0：2：2	35. 33a	35. 59b-f	39. 18bcd	455. 77abc

表 2-6-7　密度与氮肥对过晚播小麦品种‘扬麦 23’产量及其构成的影响（2016—2017）

亩基本苗/万苗	亩施氮量/kg	氮肥运筹	亩穗数/万穗	每穗粒数/粒	千粒重/g	亩实际产量/kg
18	12	4：2：1：3	28. 50f	36. 88a-d	40. 68abc	415. 04g
		5：1：2：2	33. 60a-e	37. 09a-d	39. 97a-f	426. 45fg
		6：0：2：2	33. 50a-e	36. 95a-d	39. 45def	423. 60fg
	15	4：2：1：3	33. 97a-e	37. 78abc	40. 19a-f	424. 86fg
		5：1：2：2	33. 93a-e	37. 18a-d	40. 38a-e	432. 15efg
		6：0：2：2	34. 73abc	37. 47a-d	40. 08a-f	432. 47efg
	18	4：2：1：3	33. 30a-f	37. 60abc	40. 93a	438. 49d-g
		5：1：2：2	33. 82a-e	37. 96ab	40. 87ab	439. 12d-g
		6：0：2：2	33. 53a-e	38. 26a	40. 40a-d	440. 07c-g
22	12	4：2：1：3	29. 88c-f	36. 16a-d	39. 31def	432. 78efg
		5：1：2：2	30. 11b-f	36. 52a-d	39. 23def	441. 97b-g
		6：0：2：2	29. 37ef	36. 48a-d	39. 19ef	461. 93a-g
	15	4：2：1：3	30. 53b-f	36. 71a-d	39. 42def	478. 41a-e
		5：1：2：2	30. 24b-f	37. 17a-d	39. 33def	489. 49ab
		6：0：2：2	29. 79def	36. 81a-d	39. 03f	493. 23a
	18	4：2：1：3	30. 04b-f	36. 37a-d	39. 69b-f	465. 73a-f
		5：1：2：2	30. 56b-f	37. 08a-d	40. 12a-f	488. 41abc
		6：0：2：2	31. 83a-f	36. 87a-d	39. 95a-f	489. 81ab
26	12	4：2：1：3	32. 37a-f	35. 71cd	39. 50c-f	450. 84a-g
		5：1：2：2	33. 97a-e	35. 90bcd	39. 47def	458. 76a-g
		6：0：2：2	34. 83ab	36. 14a-d	39. 16f	462. 56a-g
	15	4：2：1：3	35. 73a	36. 11a-d	39. 69b-f	479. 67a-e
		5：1：2：2	33. 93a-e	36. 65a-d	39. 44def	480. 31a-e
		6：0：2：2	33. 97a-e	35. 36d	40. 09a-f	483. 16a-d
	18	4：2：1：3	34. 50a-d	36. 75a-d	39. 81a-f	468. 90a-f
		5：1：2：2	32. 37a-f	37. 03a-d	39. 35def	481. 57a-d
		6：0：2：2	32. 90a-f	36. 93a-d	39. 47def	469. 85a-f

（三）稻茬晚播小麦高产群体质量指标

1\. 迟播亩产量>500 kg 群体质量指标

1.1 产量结构

两年试验结果表明，高产群体单位面积穗数、每穗粒数和千粒重应协调发展（张庆会 等，1996；于振文 等，2002），根据迟播条件下不同处理的实际产量，分为高产群体Ⅰ（亩产>533 kg）、高产群体Ⅱ（亩产 500～533 kg）和中高产群体（亩产<500 kg）3 种类型。单位面积穗数、每穗粒数表现为高产群体Ⅰ>高产群体Ⅱ>中高产群体，千粒重则相反但差异不显著。'扬麦 23'在稻茬迟播 10 d 条件下，高产群体（亩产>500 kg）的亩穗数、每穗粒数、千粒重分别为 36.01 万～37.99 万、38.54～40.47 粒、37.36～39.12 g（表 2-6-8）。

表 2-6-8 不同产量水平小麦群体产量及其构成因素的差异

年度	群体类型（亩产）/kg	处理数/个	亩穗数/万穗	每穗粒数/粒	千粒重/g	亩实际产量/kg
2015—2016	中高产（<500）	3	33.73±0.45b	39.65±0.42a	38.60±0.38a	491.11±7.38c
	高产Ⅱ（500～533）	8	36.41±1.64a	40.09±1.23a	37.59±1.10a	520.50±7.73b
	高产Ⅰ（>533）	7	37.21±1.88a	40.47±1.04a	37.36±0.90a	541.47±6.74a
2016—2017	中高产（<500）	3	34.67±1.29c	38.16±0.86a	39.91±0.54a	496.54±4.54c
	高产Ⅱ（500～533）	6	36.01±1.13b	38.54±1.26a	39.12±0.49a	519.85±11.75b
	高产Ⅰ（>533）	9	37.99±1.16a	38.54±0.91a	38.84±0.52a	547.98±7.61a

1.2 群体茎蘖动态

适期播种能够充分发挥小麦的分蘖能力，分蘖力的增强是保证成穗数的关键，影响小麦产量的形成（Sharma R C，1995）。而小麦播期推迟后，显著降低小麦冬前分蘖数，主要靠春季分蘖成穗，收获穗数减少（张敏 等，2013）。晚播条件下高产群体（亩产>500 kg）在分蘖期、拔节期、开花期每亩茎蘖数以及成穗率分别为 41.88 万～43.97 万、84.88 万～93.15 万、39.76 万～44.75 万和 40.0%以上（表 2-6-9）。

表 2-6-9 不同产量水平小麦群体茎蘖动态的差异

年度	群体类型（亩产）/kg	亩茎蘖数/万个			茎蘖成穗率/%
		分蘖（越冬）期	拔节期	开花期	
2015—2016	中高产（<500）	35.62±0.99b	79.27±1.78b	36.98±1.51b	42.56±0.52a
	高产Ⅱ（500～533）	43.23±4.44a	91.16±5.47a	39.76±2.13a	39.97±0.87b
	高产Ⅰ（>533）	42.64±4.42a	93.15±4.52a	40.49±1.94a	39.96±1.51b
2016—2017	中高产（<500）	39.01±3.54a	81.62±4.64b	41.41±2.01b	42.51±0.83a
	高产Ⅱ（500～533）	41.88±3.17a	84.88±3.52ab	43.20±1.86ab	42.44±1.17a
	高产Ⅰ（>533）	43.97±3.88a	88.47±3.41a	44.75±2.25a	42.97±1.25a

1.3 叶面积指数（LAI）

叶片是光合作用最重要的器官，叶面积指数作为群体结构的重要标志，既衡量小麦群体光合面积的大小，又反映出群体动态的大小（Spiertz et al.，1971）。稻茬小麦迟播条件下，高产群体

(亩产>500 kg)的 LAI 值在分蘖期、拔节期、孕穗期、开花期和乳熟期分别为 0.6~0.7、3.2~3.5、6.6~7.0、5.4~5.7 和 3.0~3.3(表 2-6-10)。

表 2-6-10　不同产量水平小麦群体叶面积指数的差异

年度	群体类型(亩产)/kg	LAI				
		分蘖(越冬)期	拔节期	孕穗期	开花期	乳熟期
2015—2016	中高产(<500)	0.43±0.05b	3.14±0.11b	6.41±0.14b	5.12±0.12b	2.72±0.11b
	高产Ⅱ(500~533)	0.57±0.11a	3.41±0.27a	6.98±0.29a	5.51±0.23a	3.01±0.13a
	高产Ⅰ(>533)	0.55±0.04a	3.51±0.13a	7.03±0.15a	5.69±0.19a	3.15±0.09a
2016—2017	中高产(<500)	0.53±0.04b	3.12±0.08b	6.38±0.21b	5.20±0.12c	3.01±0.09c
	高产Ⅱ(500~533)	0.64±0.06a	3.21±0.13b	6.62±0.24a	5.37±0.12b	3.08±0.14b
	高产Ⅰ(>533)	0.73±0.09a	3.47±0.14a	6.94±0.23a	5.57±0.11a	3.26±0.11a

1.4　干物质积累量

小麦干物质生产与积累是作物器官分化的前提，是经济产量形成的物质基础，其合理分配是小麦高产的关键(宋海星 等，2003)。稻茬迟播条件下，高产群体(亩产>500 kg)每亩在分蘖期、拔节期、孕穗期、开花期、成熟期积累量分别为 30 kg、220 kg、650 kg、1 000 kg、1 400 kg，亩花后干物质积累量大于 400 kg 有利于获得高产(表 2-6-11)。

表 2-6-11　不同产量水平小麦群体干物质积累动态的差异

年度	群体类型(亩产)/kg	亩干物质积累量/kg				
		分蘖(越冬)期	拔节期	孕穗期	开花期	成熟期
2015—2016	中高产(<500)	22.31±2.20b	196.84±4.72b	603.44±13.85b	854.89±30.32b	1 233.89±22.25b
	高产Ⅱ(500~533)	29.41±3.60a	221.74±14.95a	662.14±38.52a	959.80±76.18a	1 360.83±70.78a
	高产Ⅰ(>533)	28.87±3.51a	226.31±7.98a	668.06±31.83a	965.76±75.30a	1 389.64±73.90a
2016—2017	中高产(<500)	24.04±2.25b	196.60±12.50b	587.27±22.34b	853.52±62.01b	1 265.47±61.07b
	高产Ⅱ(500~533)	26.85±1.99a	207.02±11.25ab	624.85±27.92a	906.60±42.02ab	1 315.83±46.46b
	高产Ⅰ(>533)	28.97±2.80a	221.87±12.16a	667.12r±33.63a	1 014.01±90.73a	1 443.79±86.67a

2. 过晚播(亩产量>450 kg)的群体质量指标

2.1　产量构成

稻茬过晚播小麦的产量显著低于适期和晚播，主要是其产量构成因素的差异。根据不同处理试验结果的实际产量，分为中高产群体(亩产>450 kg)、中产群体(亩产 400~450 kg)和低产群体(亩产<400 kg)3 种类型，中高产群体较中产群体产量高 11.52%；穗数较中产群体高 12.43%，差异显著；而穗粒数与千粒重略低于中产群体，差异未达显著水平(表 2-6-12)。说明稻茬过晚播小麦提高产量的关键是增加单位面积的穗数，协调穗粒数与千粒重才能获得较高的产量。晚播 30 d 条件下，'扬麦 23'中高产群体(亩产>450 kg)的亩穗数、每穗粒数、千粒重分别为 34 万、36.0~37.0 粒、40.0 g 左右。

表 2-6-12 不同产量水平小麦群体产量及其构成因素的差异

年度	群体类型（亩产）/kg	处理数	亩穗数/万穗	每穗粒数/粒	千粒重/g	亩实际产量/kg
2015—2016	低产（<400）	6	28.61±0.82c	36.99±0.41a	39.89±0.34a	386.99±9.95c
	中产（400~450）	14	31.87±1.38b	35.81±1.11a	39.97±0.50a	424.46±14.75b
	中高产（>450）	7	34.43±0.84a	36.13±0.63a	39.80±0.51a	457.18±8.18a
2016—2017	中产（400~450）	11	30.29±1.07b	37.26±0.63a	40.14±0.60a	431.54±8.34b
	中高产（>450）	16	33.91±0.79a	36.50±0.53b	39.54±0.32a	475.17±12.74a

2.2 茎蘖动态

过晚播稻茬小麦中高产群体要求前期促苗早发、促进低位分蘖发生，确保穗数实现。中高产群体（亩产>450 kg）在分蘖期、拔节期、开花期每亩茎蘖数以及成穗率分别为49.44万~51.75万、90.71万~91.20万、45.87万~46.01万、38%左右（表2-6-13）。

表 2-6-13 不同产量水平小麦群体茎蘖动态的差异

年度	群体类型（亩产）/kg	亩茎蘖数/万个			茎蘖成穗率/%
		分蘖（越冬）期	拔节期	开花期	
2015—2016	低产（<400）	38.93±1.05b	78.60±2.06c	40.21±1.04b	36.40±0.56b
	中产（400~450）	46.68±5.32a	84.23±2.94b	42.55±2.20b	37.84±1.11a
	中高产（>450）	49.44±5.18a	90.71±3.23a	46.01±2.48a	37.97±0.54a
2016—2017	中产（400~450）	47.00±1.28b	83.75±2.34b	43.37±1.50b	36.19±1.51a
	中高产（>450）	51.75±1.58a	91.20±3.22a	45.87±2.37a	37.21±1.16a

2.3 叶面积指数（LAI）

稻茬过晚播小麦各生育时期的群体叶面积指数的大小和花后群体光合叶面积的下降速率关系到光合物质生产，较高的LAI值有利于产量的提高。晚播30 d的中高产群体（亩产>450 kg）孕穗期、开花期和乳熟期群体叶面积指数分别为7.5、5.5和3.0~3.5（表2-6-14）。

表 2-6-14 不同产量水平小麦群体叶面积指数的差异

年度	群体类型（亩产）/kg	LAI				
		分蘖期	拔节期	孕穗期	开花期	乳熟期
2015—2016	低产（<400）	0.74±0.05c	3.08±0.21c	6.44±0.08c	4.52±0.20c	2.70±0.30b
	中产（400~450）	0.83±0.05b	3.73±0.41b	7.02±0.37b	5.08±0.36b	2.94±0.28b
	中高产（>450）	0.91±0.06a	4.21±0.22a	7.46±0.34a	5.47±0.16a	3.38±0.14a
2016—2017	中产（400~450）	0.70±0.02b	3.15±0.22b	6.67±0.18b	4.55±0.16	2.51±0.26b
	中高产（>450）	0.79±0.05a	3.92±0.26a	7.11±0.20a	5.02±0.28	2.88±0.29a

2.4 干物质积累量

稻茬过晚播小麦不同生育期的干物质积累量关系到最终籽粒产量，特别是开花至成熟干物质生产量尤为重要（彭永欣 等，1992；凌启鸿，2000；胡梦芸，2007）。开花期之前应该控制干物质积累量在适宜的范围内，注重增加成熟期以及花后干物质积累量，才能有效地提高产量。在晚播 30 d 条件下，中高产群体(亩产>450 kg)每亩在分蘖期、拔节期、孕穗期、开花期的干物质积累量为 30 kg 左右、240 kg 左右、560 kg 左右、900 kg 左右，成熟期为 1 260 kg 左右，亩花后干物质积累量大于 360 kg 有利于获得高产(表 2-6-15)。

表 2-6-15　不同产量水平小麦群体干物质积累动态的差异

年度	群体类型(亩产)/kg	亩干物质积累量/kg				
		分蘖期	拔节期	孕穗期	开花期	成熟期
2015—2016	低产(<400)	26. 67±1. 71c	213. 89±10. 96c	521. 32±21. 44b	736. 64±23. 35c	1 057. 65±26. 31c
	中产(400~450)	28. 93±1. 13b	226. 31±8. 72b	553. 47±27. 69a	807. 60±46. 47b	1 147. 42±45. 22b
	中高产(>450)	30. 33±0. 88a	239. 23±6. 72a	576. 41±29. 33a	890. 41±57. 17a	1 251. 05±47. 83a
2016—2017	中产(400~450)	24. 22±1. 13b	231. 44±8. 77b	531. 17±17. 76b	783. 34±32. 66b	1 132. 72±39. 56b
	中高产(>450)	26. 76±0. 85a	244. 41±7. 87a	555. 20±16. 15a	892. 55±62. 70a	1 270. 76±66. 08a

(四)技术示范应用效果

兴化市钓鱼镇建立迟播和过晚播百亩方，2016—2017 年度小麦播种季遭遇连阴雨天气，土壤含水量高，机械整地播种质量不高，小麦播种出苗均匀度差，研究提出的迟播小麦和过晚播小麦技术应用到位，11 月 5 日播种的百亩方小麦亩产量达 481 kg，12 月 4 日播种的小麦亩产量为 389 kg，产量极显著高于当地大面积小麦产量(表 2-6-16)。

表 2-6-16　兴化项目核心区稻茬小麦产量(2016—2017)

时间	亩穗数/万穗	每穗粒数/粒	千粒重/g	小麦亩产/kg	水稻亩产/kg	周年亩总产/kg
11 月 5 日	33. 6	40. 1	39. 3	481. 0	982. 5	1 463. 5
12 月 4 日	34. 7	35. 2	38. 1	389. 0	850. 6	1 239. 6

在兴化市钓鱼镇、城东镇、临城镇、陈堡镇、周庄镇、茅山镇、戴南镇建立 15 万亩示范方，2015—2016 年度示范方平均亩产 457. 8 kg，2016—2017 年度千亩连片展示区平均亩产 468. 2 kg，籽粒品质达国家优质标准，2 年较当地大面积生产亩增产 10. 1%和 8. 5%(表 2-6-17)。

表 2-6-17　项目示范方产量

示范地点	全镇亩产/kg	项目区亩产/kg	增产/%	全镇亩产/kg	项目区亩产/kg	增产/%
	2015—2016 年			2016—2017 年		
钓鱼镇	436. 2	470. 2	7. 8	448. 4	492. 0	9. 7
城东镇	416. 4	453. 1	8. 8	426. 3	458. 2	7. 5
临城镇	408. 3	458. 3	12. 3	434. 6	468. 8	7. 9
陈堡镇	403. 5	454. 5	12. 6	418. 3	455. 6	8. 9
周庄镇	422. 7	459. 4	8. 7	438. 7	469. 9	7. 1
茅山镇	418. 6	452. 4	8. 1	432. 0	470. 4	8. 9
戴南镇	405. 4	456. 4	12. 6	422. 4	462. 4	9. 5
平均	415. 9	457. 8	10. 1	431. 5	468. 2	8. 5

四、稻茬晚播小麦机械化栽培技术方案

通过江苏省农业科技自主创新资金项目支持，在苏中地区历经2个试验年度实施的稻茬小麦迟播与过晚播机械化栽培、小麦品种筛选、密度与氮肥运筹的试验结果，提出稻茬迟播、过晚播小麦机械化栽培技术体系，并经多点示范验证，明确稻茬迟播小麦(较适期播推迟10 d)和稻茬过晚播小麦(较适期播推迟30 d)2种机械化栽培技术方案。

(一) 稻茬迟播小麦(较适期播推迟10 d左右)丰产抗逆栽培技术

1. 稻草还田整地技术

该技术主要借助机械化手段，将秸秆切碎匀铺、机械深埋。

1.1　前茬水稻要适时断水

轻壤土在割稻前7 d、里下河水稻土(黏土)在割稻前10 d停止灌水并排干田内积水，保证种麦时土壤相对持水量在70%~80%，机械能及时进田进行秸秆还田作业。

1.2　碎草匀铺

水稻成熟后要及时收获，收获时利用收割机配套的碎草和抛撒装置，将稻草碎草并均匀铺撒地面，碎草长度控制在5 cm以下。

1.3　深旋还田

稻草最好深耕还田，无大功率机械条件下建议采用中型机械带动，深旋还田，深度15 cm，将草土混匀。

2. 品种选择

苏中地区宜选用优质、高产、综合抗性好的春性红皮中筋小麦品种，如‘扬辐麦4号’‘扬麦23’‘扬麦25’。

3. 播前准备

3.1　种子质量

种子纯度不低于99%，净度不低于99%，发芽率不低于85%，水分含量不高于13%。播前晒种2~3 d，提高种子发芽势和发芽率。

3.2　药剂处理

播种前用种衣剂对种子进行包衣处理，未经包衣处理的种子可采用药剂拌种的方法处理。

4. 播种

4.1　播种期

播种期较适宜播种期晚10 d左右，11月5日至11月15日。

4.2　播种量

每亩播种量的多少取决定于适宜基本苗数，基本苗数是群体的起点，关系到最终的穗数。

目标亩产量450 kg，适宜基本苗数量14万~16万。根据种子千粒重、发芽率和田间出苗率可以求得播种量：

播种量根据式(2-6-1)计算。

$$\text{亩播种量(kg)}=\frac{a}{b\times c\times d\times e} \qquad (2-6-1)$$

式中，a 为亩基本苗数(万)；

b 为种子净度(%)；

c 为每千克种子粒数；

d 为发芽率(%)；

e 为出苗率(%)。

4.3 播种

在秸秆深埋的基础上，土壤适墒条件下采用项氏六位一体机[2BFG-10(8)230]进行条播。控制播种深度 2~3 cm，行距 25~30 cm，该播种方式对土壤墒情和整地质量要求较高，土壤相对含水量高时易导致缺苗断垄率高。

土壤含水量偏高的条件下采用带状条播机(河南鑫乐 2BMQF-7/14)播种。确保播种适量，达到出苗均匀、深浅一致。播种行距 25~30 cm，播深 3 cm 左右。

稻草还田后易造成表土层疏松，透风性增大，不利于土壤保温，冬季低温寒潮来临时小麦会发生冻害，生产上应适时适墒镇压。播种前后土壤墒情适宜，可先镇压再播种或播后镇压，如果墒情不适宜，则在冬前根据苗情和墒情采用机械进行镇压。

4.4 查苗补缺

小麦出苗后要及时查苗补缺，对缺苗断垄处进行人工催芽补种。

5. 施肥技术

5.1 肥料用量

中等基础肥力(基础地力亩产量 200 kg)亩施纯氮 14~16 kg，根据地力高低适当调整施氮量。磷(P_2O_5)、钾(K_2O)分别亩施 6 kg。

5.2 运筹比例

基肥∶壮蘖肥∶拔节肥∶孕穗肥为 5∶1∶2∶2，即基肥占 50%，壮蘖肥占 10%左右，拔节肥与孕穗肥各占 20%左右；磷钾肥基肥∶拔节肥为 5∶5，追肥在拔节期施用。

5.3 运筹方法

基肥：秸秆全量还田，宜亩施尿素 8 kg，45%复合肥 25~30 kg。壮蘖肥：3~5 叶期宜亩施尿素 4~5 kg，兼顾捉黄塘促平衡。拔节肥：在小麦基部第一节间定长、群体叶色褪淡、叶龄余数 2.5 左右时，亩施 45%复合肥 15~20 kg。孕穗肥：在小麦叶龄余数 0.8~1.2 时亩施尿素 6~7 kg。

6. 抗旱降渍

秋播时，要坚持先开沟后播种，播后持续干旱，应及时洇水，不可大水漫灌，以防烂种、闷芽。冬春出现持续干旱，田间相对持水量低于 60%时，应及时洇水抗旱。遇连阴雨天气，可以及时排水降渍，做到雨止田干，沟内不留积水。

7. 化控防倒

播种时每亩用矮苗壮 10~15 g 兑水 22.5 kg 拌种，在小麦越冬期或返青至起身期每亩用 15%多效唑 50~70 g 兑水 30 kg 喷雾或每亩用春泉矮壮丰 50 g 喷雾，不可重喷，以延缓生长、矮化株高、防倒伏。

8. 冻害预防与补救

培育壮苗，提高抗冻能力。寒潮来临前土壤干旱及时洇水护苗等措施有效防止冻害发生。发生冻害后，根据冻害发生的严重程度增施恢复肥。小麦叶片受冻，一般不施用恢复肥，发生茎蘖受冻应根据冻害严重度确定，如发生10%以下的茎蘖冻死正常群体不需补救，发生10%~30%的茎蘖冻死需亩施尿素4~5 kg，30%~50%的茎蘖冻死亩施尿素8~10 kg，超过50%茎蘖冻死需亩施尿素15 kg作恢复肥。追施恢复肥应配合灌越冬水或拔节水进行，以提高效果，争取动摇分蘖和后生高节位分蘖成穗，挽回产量损失。

9. 病虫草害防治

在小麦播后苗前进行土壤封闭化除，效果最好。越冬前和春季化除根据麦田杂草特点选准除草剂配方和用量，应防止冻药害。

稻茬小麦生长中期和后期赤霉病、白粉病、纹枯病、黏虫、蚜虫常有发生，对粒重影响很大，必须及时防治。赤霉病防治主要有50%多菌灵可湿性粉剂(亩用0.2 kg)、33%纹霉净(亩用0.075 kg)、46%克赤增(亩用0.085 kg)等，赤霉病防治应在扬花时喷施1~2次，间隔7 d第二次用药。防治白粉病的特效药剂是粉锈灵(三唑酮)(亩用15%粉剂0.05 kg)，应在倒3叶出现病斑时施药，亦可在防治赤霉病时施药兼治。纹枯病防治方法是返青后拔节前用5%井冈霉素水剂(亩用0.15~0.20 kg)兑水喷洒。

蚜虫是稻茬麦常见虫害之一，抽穗后可以结合小麦病害防治，添加10%吡虫啉(亩用0.01~0.02 kg)或50%抗蚜威可湿性粉剂(亩用0.060~0.067 kg)混喷。苗期采用40%氧化乐果(亩用100 mL)防治；黏虫防治要求在黏虫3龄以前，可结合防治麦蚜一药多治。

此外，结合小麦病虫防治添加叶面肥进行药肥混喷，防高温逼熟。

10. 小麦收获

稻茬麦区麦收季节常出现高温多雨天气，籽粒因呼吸消耗和雨水淋溶，粒重下降，或因折穗掉粒机械损失率增加。小麦最佳收获期为蜡熟末期，种子含水率下降至20%左右，不易发生落穗落粒，应及时收获。在田间进行机械收获时，需要注意降低机械收获速度，适当减少割麦量，适当提高留茬高度。对有倒伏的田块，使用有扶倒装置的收割机，以减少损失。

脱粒后及时选择晴天晾晒3~4 d，保证籽粒水分≤13%，贮藏于通风干燥处。

(二) 稻茬过晚播小麦(较适期播晚30 d左右)稳产栽培技术

稻茬过晚播小麦主要是因前茬水稻收获过迟、遭遇连阴雨天气所致，如2015年、2016年小麦播种期间，连阴雨天气持续1个月的时间，兴化市2015年11月份降水138 mm，是常年的2.4倍，土壤相对含水量高，机械耕整与机械播种难度加大，小麦播期推迟至12月上旬，较适播期推迟30 d以上。针对以上气候因素，稻茬过晚播小麦必须采取抗逆应变措施，使过晚播小麦稳产增收。

1. 及时排水降渍

小麦播种期遭遇连阴雨天气，首先是要排除稻田积水，及时开好田间排水沟，加快田间积水的排出，其次是一定要防止烂耕烂种，宁可推迟播种，烂耕烂种极易造成湿害僵苗，即使增施肥料或增加播种量也不易高产。

2. 稻草还田整地技术

2.1 碎草匀铺

水稻成熟后要及时收获，收获时利用与收割机配套的碎草与抛撒装置，将稻草碎草并均匀铺撒地面，碎草长度控制在5 cm以下。

2.2　深旋还田

稻草最好深耕还田，无大型机械条件下建议采用中型机械带动，深旋还田，深度 15 cm，将草土混匀。

3. 开沟

外三沟在前作收获前清理开挖，隔水沟深 100 cm 以上，导渗沟深 120 cm 以上，排水沟深 150 cm 以上。确保灌得进、排得出、降得下，排水通畅，雨止田干。

4. 品种选择

苏中地区宜选用优质、高产、综合抗性好的春性红皮中筋小麦品种，如‘扬辐麦 4 号’‘扬麦 23’‘扬麦 25’。

5. 播前准备

5.1　种子质量

种子纯度不低于 99%，净度不低于 99%，发芽率不低于 85%，水分含量不高于 13%。播前晒种 2~3 d，提高种子发芽势和发芽率。

5.2　药剂处理

播种前用种衣剂对种子进行包衣处理，未经包衣处理的种子可采用药剂拌种的方法处理。

6. 播种

6.1　播种期

播种期较适播期晚 30 d 左右，12 月 1 日至 12 月 10 日。

6.2　播种量

目标亩产量 400 kg，亩适宜基本苗数量 22 万 ~24 万。在确定基本苗后，根据种子千粒重、发芽率和田间出苗率可以求得播种量，计算见式(2-6-2)：

$$\text{亩播种量(kg)}=\frac{a}{b\times c\times d\times e} \tag{2-6-2}$$

式中，a 为亩基本苗数(万)；

b 为种子净度(%)；

c 为每千克种子粒数；

d 为发芽率(%)；

e 为出苗率(%)。

6.3　播种

稻茬过晚播小麦应提高播种质量来挽回季节的损失。土壤含水量偏高的条件下，采用板茬少免耕带状条播，一次性完成旋耕、开沟、播种、覆土等工序。要做到播种均匀，不漏播、不重播。

土壤相对含水量仍偏高，但机械可以下田作业，采用机械撒播浅旋盖籽的方式进行播种，播种特点为种子均匀度高，出苗率高。也可采用人工撒播和浅旋盖籽的方式进行播种，与机械撒播相比，人工撒播用种量控制不住，种子在田间的分布不均匀，出苗率低，不利于通风透光，田间管理作业不方便。

6.4　查苗补缺

小麦出苗后要及时查苗补缺，对缺苗断垄处进行人工催芽补种。

7. 施肥技术

7.1 肥料用量

亩纯氮总施用量为16~18 kg，根据地力高低适当调整施氮量。磷(P_2O_5)、钾(K_2O)分别亩施6 kg。

7.2 运筹比例

肥料运筹比例为基肥：壮蘖肥：拔节肥：孕穗肥=5：1：2：2(或6：0：2：2)，基肥占50%(60%)，壮蘖肥占10%(0)，拔节肥占20%，孕穗肥占20%。磷钾肥基肥：拔节肥=5：5。

7.3 运筹方法

基肥：秸秆全量还田，亩施尿素9 kg，45%复合肥25~30 kg。壮蘖肥：3~5叶期宜亩施尿素4~5 kg，兼顾捉黄塘促平衡。拔节肥：在小麦基部第一节间定长、群体叶色褪淡、叶龄余数2.5左右时，亩施45%复合肥15~20 kg。孕穗肥：在小麦叶龄余数为0.8~1.2时，亩施尿素6~8 kg。

8. 抗旱降渍

秋播时，要坚持先开沟后播种，播后持续干旱，应及时洇水，不可大水漫灌，以防烂种、闷芽。冬春出现持续干旱，当田间相对持水量低于60%时，应及时洇水抗旱。遇连阴雨天气，可以及时排水降渍，做到雨止田干，沟内不留积水。

9. 化控防倒

播种时每亩用矮苗壮10~15 g兑水拌种，在小麦越冬期或返青至起身期每亩15%多效唑50~70 g兑水30 kg喷雾或亩用春泉矮壮丰50 g喷雾，不可重喷，以延缓生长、矮化株高、防倒伏。

10. 冻害补救

寒潮来临前土壤干旱，及时采取洇水护苗等措施有效防止冻害发生。发生冻害后，根据冻害发生的严重程度增施恢复肥。小麦叶片受冻，一般不施用恢复肥，发生茎蘖受冻应根据冻害严重度确定：10%以下的茎蘖冻死正常群体不需补救，10%~30%的茎蘖冻死需亩施尿素4~5 kg，30%~50%的茎蘖冻死需亩施尿素8~10 kg，超过50%的茎蘖冻死需亩施尿素15 kg作恢复肥。追施恢复肥应配合灌越冬水或拔节水进行，以提高效果，争取动摇分蘖和后生高节位分蘖成穗，挽回产量损失。

11. 病虫草害防治

过晚播小麦以春季化除为主，根据麦田杂草特点选准除草剂配方和用量，应防止冻药害。

加强后期赤霉病、白粉病、纹枯病、黏虫、蚜虫防治。赤霉病防治主要有50%多菌灵可湿性粉剂(亩用0.2 kg)，33%纹霉净(亩用0.075 kg)、46%克赤增(亩用0.085 kg)等，赤霉病防治应在扬花时喷施1~2次，间隔7 d第二次用药。防治白粉病的特效药剂是粉锈灵(三唑酮)(亩用15%粉剂0.05 kg)，应在倒3叶出现病斑时施药，亦可在防治赤霉病时施药兼治。纹枯病防治方法是用5%井冈霉素水剂(亩用0.15~0.20 kg)兑水喷洒。

抽穗后蚜虫可以结合小麦病害防治，添加10%吡虫啉(亩用0.01~0.02 kg)或50%抗蚜威可湿性粉剂(亩用0.060~0.067 kg)混喷。苗期采用40%氧化乐果(亩用100 mL)防治；黏虫防治要求在黏虫3龄以前，可结合防治麦蚜一药多治。

此外，结合小麦病虫防治添加叶面肥进行药肥混喷，防高温逼熟。

12. 小麦收获

稻茬麦区麦收季节常出现高温多雨天气，籽粒因呼吸消耗和雨水淋溶，粒重下降，或因折穗掉粒机械损失率增加。小麦最佳收获期为蜡熟末期，种子含水率下降至 20%左右，不易发生落穗落粒，应及时收获。在田间进行机械收获时，需要注意降低机械收获速度，适当减少割麦量，适当提高留茬高度。对有倒伏的田块，使用有扶倒装置的收割机，以减少损失。

脱粒后及时选择晴天晾晒 3~4 d，保证籽粒水分≤13%，贮藏于通风干燥处。

五、示范应用取得的效果与效益

筛选出适合晚播的小麦品种‘扬麦 23’和‘扬辐麦 4 号’，集成晚播 10 d、晚播 30 d 以上稻茬小麦稳产抗逆增效模式与配套技术。在兴化市城东、临城、陈堡、周庄、钓鱼、茅山、戴南 7 个重点乡镇的家庭农场进行技术展示，2015—2016 年、2016—2017 年、2017—2018 年度项目展示区小麦亩增效分别为 37.4%、23.1%、35.6%（表 2-6-18）。

表 2-6-18 稻茬小麦技术示范应用的效益

示范点	2015—2016 年			2016—2017 年			2017—2018 年		
	全镇亩纯收益/元	项目区亩纯收益/元	增效/%	全镇亩纯收益/元	项目区亩纯收益/元	增效/%	全镇亩纯收益/元	项目区亩纯收益/元	增效/%
钓鱼镇	289.1	367.8	27.2	458.9	571.7	24.6	360.9	530.7	47.0
城东镇	251.5	335.3	33.3	410.3	497.3	21.2	338.1	432.2	27.8
临城镇	236.1	345.2	46.2	428.5	520.7	21.5	326.8	448.7	37.3
陈堡镇	227.0	338.0	48.9	392.7	491.6	25.2	312.8	429.5	37.3
周庄镇	263.4	347.3	31.9	437.5	523.1	19.6	347.1	466.3	34.3
茅山镇	255.6	334.0	30.7	422.8	524.2	24.0	349.1	451.1	29.2
戴南镇	230.6	341.6	48.1	401.7	506.6	26.1	320.7	435.0	35.6
平均	250.5	344.2	37.4	421.8	519.3	23.1	336.5	456.2	35.6

六、与对照技术的技术经济指标比较

项目的核心示范方在兴化市城东、临城、陈堡、周庄、钓鱼、茅山、戴南 7 个乡镇的家庭农场进行，2015—2016 年展示区小麦平均亩产 457.8 kg，较非示范方平均增幅 10.1%，其中钓鱼镇项目区亩产 470.2 kg，较非示范方平均增幅 8.5%，周庄镇达 459.4 kg，临城镇 458.3 kg。2016—2017 年项目示范方平均亩产为 468.4 kg，较非示范方平均增幅 8.5%，其中钓鱼镇最高，亩产 492.0 kg，茅山镇亩产 470.4 kg，陈堡镇最低，亩产也达到 455.6 kg。2017—2018 年项目示范方平均亩产为 464.7 kg，较非示范方平均增幅 10.5%，其中钓鱼镇最高，亩产 498.6 kg，周庄镇亩产 469.3 kg，茅山镇亩产 462.4 kg。

七、应用前景与发展建议

项目通过在晚（迟）播条件下进行小麦品种比较试验和密度氮肥试验，筛选出耐晚（迟）播、综合抗性好、产量稳定的小麦品种。根据晚播小麦的生育特点，通过适当增加基本苗稳定成穗数、调节施肥量以及调整肥料运筹比例等集成稻茬小麦晚(迟)播与过晚播综合技术体系，经示范应用，在2015—2017年项目实施期间，小麦播种期遇连阴雨天气，小麦播种期较常年大幅度推迟到12月上旬，且因土壤相对含水量高，耕地整地质量差，机播后露籽多，造成小麦出苗率低的情况下，由于技术体系运用得当，灾年仍获高产与中高产，减少了产量的损失，由此说明研究提出的稻茬小麦晚(迟)播与过晚播综合技术体系具有较好的应用前景。针对全球气候多变、自然灾害频发的现状，加之种植结构调整和前茬新技术的推广，建议加强小麦抗灾减灾方面的研究，特别是研制在土壤含水量较高的条件下仍可进行小麦播种的机械，提高小麦抗灾能力，对实现全省小麦稳产增效有重要意义，这方面需要加大投入研究，也将是近几年研究的重点和难点。

参考文献

Sharma R C, 1995. Tiller mortality and its relationship to grain yield in spring wheat [J]. Field Crops Research, 41(1):55-60.

Spiertz J H J, Hag T, Kupers L J P, 1971. Relation between green area duration and grain yield in some varieties of spring wheat [J]. Netherlands Journal of Agricultural Science, 19(4):211-222.

陈莹莹,胡星星,陈京都,等,2012. 氮肥水平对江苏早熟晚粳稻食味品质的影响及其品种间差异[J]. 作物学报,38(11):2086-2092.

程式华,2017. 中国现代农业产业可持续发展战略研究—水稻分册[M]. 北京:中国农业出版社:243-271.

丁毅,华泽田,王芳,等,2012. 粳稻蛋白质与蒸煮食味品质的关系[J]. 食品科学,33(23):42-46.

杜永林,王强盛,王才林,等,2011. 江苏省水稻增产潜力与高产创建技术途径[J]. 江苏农业学报,27(5):926-932.

范金平,陆成彬,吴建中,等,2017. 不同晚播条件对扬麦20产量和品质的影响[J]. 中国农学通报,33(8):1-4.

房霞娣,2017. 灌云县稻麦两熟绿色高效生产现状与存在问题探讨[J]. 安徽农学通报,23(21):41,56.

高德荣,张晓,康建鹏,等,2014. 长江中下游麦区小麦迟播的不利影响及育种对策[J]. 麦类作物学报,34(2):279-283.

高辉,马群,李国业,等,2010. 氮肥水平对不同生育类型粳稻稻米蒸煮食味品质的影响[J]. 中国农业科学,43(21):4543-4552.

葛自强,孙政国,2011. 江苏省粮食生产现状及增产潜力分析[J]. 江苏农业科学,39(3):596-598.

郭保卫,许轲,魏海燕,等,2017. 钵苗机插水稻茎秆的抗倒伏能力[J]. 江苏农业学报,32(6):1280-1287.

郭保卫,朱聪聪,朱大伟,等,2015. 钵苗机插密度对不同类型水稻齐穗期株型及冠层微环境的影响[J]. 生态学杂志,34(1):9-17.

国务院,2016. 全国农业现代化规划(2016—2020年)[N].

胡梦芸,张正斌,徐萍,等,2007. 亏缺灌溉下小麦水分利用效率与光合产物积累运转的相关研究[J]. 作物学报,33(10):1711-1719.

胡群,夏敏,张洪程,等,2017. 氮肥运筹对钵苗机插优质食味水稻产量及品质的影响[J]. 作物学报,43(3):420-431.

胡雅杰,邢志鹏,龚金龙,等,2014. 钵苗机插水稻群体动态特征及高产形成机制的探讨[J]. 中国农业科学,47(5):865-879.

吉志军,尤娟,王龙俊,等,2005. 不同基因型水稻稻米加工品质和外观品质的生态型差异[J]. 南京农业大学学报,28(4):16-20.

贾东,周宇飞,赵建明,2009. 水稻品质改良的研究发展现状[J]. 北方水稻,39(6):75-77.

江苏省农林厅,1992. 江苏农业发展史略[M]. 南京:江苏科学技术出版社:98-106.

江苏省质量技术监督局,2005. DB32/T 785—2005,沿江(海)地区弱筋小麦扬麦13号无公害优质高产栽培技术规程[S].

江苏省质量技术监督局,2006. DB32/T 1014—2006,弱筋小麦扬麦15号栽培技术规程[S].

江苏省质量技术监督局,2009. DB32/T 1470—2009,南粳46生产技术规程[S].

江苏省质量技术监督局,2009. DB32/T 1567—2009,弱筋小麦全程机械化农艺技术规程[S].

江苏省质量技术监督局,2011. DB32/T 1952—2011,沿海农区弱筋、中筋小麦高产栽培技术规程[S].

江苏省质量技术监督局,2012. DB32/T 2184—2012,南粳5055栽培技术规程[S].

江苏省质量技术监督局,2015. DB32/T 2793—2015,南粳9108机插栽培技术规程[S].

景德道,周为华,钱华飞,等,2014. 晚收迟播对稻麦周年产量及经济效益的影响[J]. 麦类作物学报,34(11):1566-1571.

李杰,杨洪建,邓建平,2017. 江苏水稻生产现状和新形势下绿色可持续发展的技术对策[J]. 中国稻米,23(2):41-44.

李杰,张洪程,董洋阳,等,2011. 不同生态区栽培方式对水稻产量、生育期及温光利用的影响[J]. 中国农业科学,44(13):2661-2672.

凌启鸿,2000. 作物群体质量[M]. 上海:上海科学技术出版社:219-222.

刘常金,谢艳辉,李静,等,2013. 不同产地稻米的食味品质与化学组成的比较研究[J]. 食品科学,34(22):165-169.

刘贺梅,2010. 水稻加工品质与外观品质QTL分析[D]. 北京:中国农业科学院.

彭永欣,郭文善,封超年,等,1992. 小麦籽粒生长特性分析[J]. 江苏农学院学报,13(3):9-15.

乔玉强,曹承富,杜世州,等,2014. 氮肥运筹和播种密度对晚播小麦群体总茎数及产量的影响[J]. 华北农学报,29(2):204-207.

邱友凤,李玉萍,孟萍,等,2014. 稻麦周年高产途径的探讨[J]. 农业开发与装备,(2):64-65.

屈宝香,刘丽军,张华,2006. 我国粳稻优势区域布局与产业发展[J]. 作物杂志,(6):11-13.

任明全,徐向阳,1993. 不同小麦品种籽粒灌浆特性的研究[J]. 华北农学报,8(3):28-32.

尚毅,朱靖环,华为,等,2015. 南方冬麦区小麦耐迟播高分蘖资源的鉴定与筛选[J]. 麦类作物学报,35(4):494-498.

佘义斌,王颖,俞华,2016. 江苏粮食生产新思路及对策[J]. 中国农业信息,(4):19-20,24.

石全红,刘建刚,王兆华,等,2012. 南方稻区水稻产量差的变化及其气候影响因素[J]. 作物学报,38(5):896-903.

宋海星,李生秀,2003. 玉米生长量、养分吸收量及氮肥利用率的动态变化[J]. 中国农业科学,36(1):71-76.

孙东海,邢志鹏,阮书江,等,2017. 印刷播种方式下机插水稻产量和光合物质生产特征[J]. 北方水稻,47(6):5-8.

孙统庆，杨洪建，李杰，等，2014. 江苏直播稻发展历程回顾、弊端分析及其对策探讨[J]. 中国稻米，20(6)：5-9.
汪洪洋，朱聪聪，邓建平，等，2016. 淮北地区秸秆全量还田机插水稻高产栽培技术研究[J]. 中国稻米，22(3)：64-68.
王静静，唐小洁，张鹏，等，2019. 稀落谷长秧龄对机插水稻秧苗产量的影响[J]. 中国稻米，25(6)：83-85.
王龙俊，蒋小忠，吴桂成，等，2013. 江苏省粳稻—小麦周年种植资源分析与高产组合配置[J]. 耕作与栽培，(6)：1-4.
王汝利，张菊芳，谢成林，2011. 里下河地区稻茬晚播小麦高产栽培技术[J]. 上海农业科技，(4)：45-47.
肖世和，韩一军，2017. 中国现代农业产业可持续发展战略研究—小麦分册[M]. 北京：中国农业出版社：132-134.
邢志鹏，2017. 机械化种植方式对水稻综合生产力及稻麦周年生产的影响[D]. 扬州：扬州大学.
邢志鹏，朱明，吴培，等，2017. 稻麦两熟制条件下钵苗机插方式对不同类型水稻品种米质的影响[J]. 作物学报，43(4)：581-595.
徐梦彬，侯莉莉，王飞，等，2019. 稀播长秧龄对秧苗素质和产量结构的影响[J]. 浙江农业科学，60(6)：908-910，914.
徐铨，唐亮，徐凡，等，2013. 粳稻食味品质改良研究现状与展望[J]. 作物学报，39(6)：961-968.
徐友千，邱兵和，2016. 全量稻草还田高产小麦栽培技术与应用[J]. 农业工程技术，36(26)：52-53.
许轲，常勇，张强，等，2014. 淮北地区水稻高产机械栽植方式对比[J]. 农业机械学报，45(12)：117-125.
杨洪建，颜士敏，李杰，2013. 江苏水稻生产面临的问题与对策[J]. 中国稻米，19(4)：70-73.
杨四军，顾克军，张恒敢，等，2011. 影响稻茬麦出苗的关键因子与应对措施[J]. 江苏农业科学，39(5)：89-91.
于振文，2015. 全国小麦高产高效栽培技术规程[M]. 济南：山东科学技术出版社：225-227.
于振文，田奇卓，潘庆民，等，2002. 黄淮麦区冬小麦超高产栽培的理论与实践[J]. 作物学报，28(5)：577-585.
张宏根，朱国永，封智蔷，等，2014. 近30年江苏省迟熟中粳品种产量与品质分析[J]. 中国水稻科学，28(3)：327-334.
张洪程，龚金龙，2014. 中国水稻种植机械化高产农艺研究现状及发展探讨[J]. 中国农业科学，47(7)：1273-1289.
张洪程，李杰，戴其根，等，2010. 机插稻"标秧、精插、稳发、早搁、优中、强后"高产栽培精确定量关键技术[J]. 中国稻米，16(5)：1-6.
张洪程，吴桂成，吴文革，等，2010. 水稻"精苗稳前、控蘖优中、大穗强后"超高产定量化栽培模式[J]. 中国农业科学，43(13)：2645-2660.
张洪程，朱聪聪，霍中洋，等，2013. 钵苗机插水稻产量形成优势及主要生理生态特点[J]. 农业工程学报，29(21)：50-59.
张甲元，周苏玫，尹钧，等，2011. 适期晚播对弱春性小麦籽粒灌浆期光合性能的影响[J]. 麦类作物学报，31(3)：535-539.
张军，方书亮，李必忠，等，2019. 秧龄对不同类型粳稻品种钵苗机插产量及产量形成的影响[J]. 中国稻米,25(2):59-63.

张敏,王岩岩,蔡瑞国,等,2013. 播期推迟对冬小麦产量形成和籽粒品质的调控效应[J]. 麦类作物学报,33(2):325-330.

张庆会,徐步东,1996. 高产麦田群体结构研究[J]. 生态学杂志,15(2):15-20.

郑克武,2010. 中国不同植稻方式的形成和优劣分析及在麦稻两熟地区的应用[J]. 江苏农业学报,26(6):1143-1149.

中华人民共和国国家质量监督检验检疫总局,中国国家标准化管理委员会,2017. GB/T 6243—2017,水稻播秧机—试验方法[S].

钟平,陈川,庄春,等,2012. 杂交稻机插秧印刷播种技术的应用[J]. 浙江农业科学,(4):453-455.

周晚来,王朝云,易永健,等,2018. 我国水稻机插育秧发展现状[J]. 中国稻米,24(5):11-15.

周羊梅,顾正中,王安邦,2012. 江苏淮北地区不同类型晚播稻茬小麦产量形成特点[J]. 江西农业学报,24(5):21-23.

朱聪聪,杨洪建,管永祥,等,2019. 江苏水稻钵苗机插绿色高效栽培技术研究进展[J]. 中国稻米,2(5):37-41.

朱明,2017. 两种育秧方式的栽插密度对机插稻综合生产力的影响[D]. 扬州:扬州大学.

朱明,邢志鹏,吴培,等,2017. 播种方式和栽插密度对毯苗机插水稻南粳9108产量及光合物质生产的影响[J]. 中国稻米,23(6):84-87.

庄春,纪力,陈川,等,2018. 水稻印刷播种大壮苗机插育秧技术规程[J]. 现代农业科技,(7):25-26,28.

庄春,纪力,邵文奇,等,2019. 印刷播种大壮苗育秧技术下水稻机插适宜密度与效果研究[J]. 江苏农业科学,47(7):69-72.

第三章
稻麦两熟生产关键技术

第一节　利于稻麦两熟平衡高产优质增效的水稻机械化生产机具优化选型技术方案

提要： 针对江苏省夏季小麦收获到水稻栽插期间麦秸秆还田量大、茬口紧张的突出矛盾，重点开展了麦秸秆机械化全量还田技术和水稻机插秧技术的试验示范，同时对水稻耕、种、管、收等各环节的机械化技术开展验证和机具的试验选型，确定水稻全程机械化生产技术与机具配置方案。

一、科学问题与技术需求

江苏省以稻麦轮作为主要种植模式(何金均 等，2009；宋建农 等，2000)，由于稻麦的生育期有重叠，即使在采用水稻插秧技术调节了茬口的前提下，仍然存在着茬口紧张的问题；同时，由于近年来水稻、小麦的单产均有增长，导致了秸秆量也随之增大，在种植后茬作物前需要耗费大量的时间、人力、物力来进行秸秆处理。茬口紧、秸秆量大导致了江苏省水稻播栽期推迟(施积文，2013)，不但影响了作物产量，也挤压了下一轮作物的生育期，造成恶性循环。因此，在稻麦两熟条件下，江苏省的水稻全程机械化生产模式应当兼顾水稻的耕、种、管、收等各环节的衔接，重点推进前茬麦秸秆还田和水稻机械化移栽技术。

二、开展的试验与研究

针对江苏省夏季小麦收获到水稻栽插期间麦秸秆量大、茬口紧张的突出矛盾，在全省稻麦两熟区开展了麦茬水稻全程机械化技术试验示范、现场作业比较、大面积调查分析等工作。

2015—2017 年在泰州兴化市开展了稻麦两熟条件下的麦秸秆机械化还田模式验证、水稻毯状苗育秧技术试验示范、机插秧同步侧深施肥技术试验示范、高地隙植保机械试验示范和水稻收获机械性能考评。

2015—2016 年在苏州张家港市、扬州高邮市、常州金坛区、盐城亭湖区开展了不同施肥量条件下的水稻机插秧同步侧深施肥对比试验。

2016—2017 年在常州金坛区开展了旱地微喷灌育秧技术的示范应用。

2016 年在常州金坛区开展了麦秸秆还田耕整地机械和水稻育秧、插秧、收获机械的现场演示和作业比较；同年，在南京江宁区开展了高地隙植保机械、植保无人机的作业演示和比较。

2015—2017 年在南京江宁区，无锡江阴市，徐州邳州市，苏州常熟市、太仓市，南通如皋市、如东县，连云港赣榆区、灌南县，淮安金湖县，盐城阜宁县、响水县，扬州高邮市、宝应县、邗江区、江都区，常州丹阳市，泰州泰兴市、靖江市，宿迁泗阳县、泗洪县、宿豫区分批次开展了水稻生产全程机械化技术试验验证和相关环节机具性能调查评价。

上述工作的开展，为麦茬水稻机械化生产各环节作业机具的选型提供依据，明确了水稻生产全程机械化各环节的技术路线和技术要点，形成技术规范。

三、创建的新技术方案

（一）水稻毯状苗机械化育秧

水稻毯状苗机械化育秧是水稻机插秧高产栽培技术体系中的关键环节，育秧质量直接关系到后续的栽插质量以及水稻最终的产量。采用毯状苗机械化育秧技术可以确保播种的精度和毯状苗床土厚度的均匀性，有利于水稻出苗整齐、方便后期统一管理，同时能够提高机械栽插的均匀度，减少栽插时对秧苗的损伤。

1. 毯状苗机械化育秧技术采用的机械

育秧播种流水线。育秧播种流水线是培育规格化秧苗的关键设备，装土、浇水、播种、覆土等作业环节均在流水线上一次完成。有的流水线还有秧盘供送、秧盘叠放的工序。

为保证毯状苗的育秧质量，育秧播种流水线的作业质量极其关键。江苏云马农机制造有限公司生产的 2BLY-280B 型育秧播种机（图 3-1-1）和浙江宁波市大宇矢崎机械制造有限公司生产的 SYS-800C 型育秧播种机（图 3-1-2）具有播种均匀性高、床土与覆土厚度稳定等优点，是当前广受市场认可的水稻育秧播种设备。

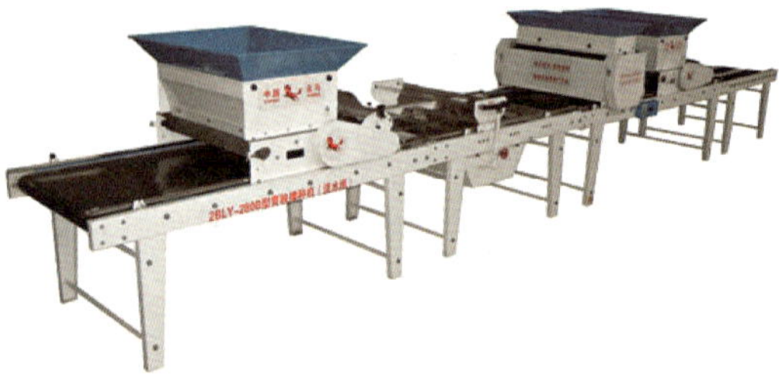

图 3-1-1　云马 2BLY-280B 型育秧播种机（流水线）

图 3-1-2　矢崎 SYS-800C 型育秧播种机（流水线）

除育秧播种流水线外，以下设备也是育秧环节中必不可少的。

（1）脱芒机　该机用于去除杂草与小枝梗，确保播种的均匀度。

（2）碎土机　该机用于粉碎泥土。

（3）筛土机　该机用于筛掉小的石子及杂草。床土中如有异物，不仅不能保证播种的均匀度，机插作业时引起漏插、缺棵，而且易损坏插秧部件。

（4）浸种催芽设备　该设备可使种子在一定的温度、湿度下破胸露白，达到播种流水线播种的要求。

（5）秧盘　培育规格化秧苗，保证秧苗在运输过程中完好，提高机插质量。

（6）微喷灌设备　用于育秧过程中的节水灌溉，在工厂化育秧模式中应用较普遍。

2. 毯状苗机械化育秧作业规范(农业农村部，2019；农业部，2010)

2.1　床土准备

因传统营养土存在取土困难等问题，所以目前床土主要采用专门生产的育秧基质。育秧基质应经过堆制发酵等无害化处理，材料均匀一致、透气性好、理化性质稳定；质地疏松、无结块、无异臭味、无明显可见杂物、颗粒均匀、一般为棕色或褐色；有害生物和重金属指标应该符合GB 8172—1987 的规定。

目前柴米河、恒奥达、万年翠等品牌的水稻育秧基质在江苏省内的市场认可程度较高。

2.2　种子要求

选择适合当地机械化栽插的高产、稳产、优质水稻品种。要求种子的发芽率在 90%以上，发芽势在 85%以上。播期采用倒推的方法，按预期的接茬向前倒推 15~18 d。同时按机插效率和机手熟练程度合理分批分期播种，确保适合移栽。

一定要药剂浸种。浸种时用植保部门推荐的药剂，如施保克或使百克 1 支 2 mL 加吡虫啉 10 g 兑水 6~7 kg 浸 5 kg 种子，浸种时间长短视气温而定，一般种子浸足水分籼稻需要积温 60 ℃，粳稻需要积温 80 ℃。使种子吸足水分，标准为谷壳半透明，米粒腹白可见，米粒易折断而无响声。稻种破胸后播种，出苗率不低于 85%。

2.3　播种

（1）用育秧播种机进行流水作业　在播种前对播种机进行全面的调试。播种标准为底土厚 2.0 cm，底土喷水达到饱和状态；30 cm 秧盘每盘播芽谷 120~150 g，25 cm 秧盘每盘播芽谷 100~125 g，播种均匀；盖土厚 0.3~0.5 cm。为了提高作业质量，在育秧时希望适当增加土层厚度，一般以 2.0~2.5 cm 为宜，增加土层厚度即适当提高土块在整个秧苗中所占的重量，有利于立苗。

（2）叠盘暗化　采用硬盘播种育秧时，将播种好的秧盘快速推运至室内，整齐叠放，每叠 40 盘左右，顶部放一只空盘封顶。秧盘的排放务必做到垂直、整齐，盘堆大小适中；堆完以后，顶部和四周用薄膜、遮阳网封闭，确保保温保湿不见光，防止盘间温湿度不一致，影响出苗整齐。

（3）摆盘绿化　一般 2~3 d 后，秧盘中 80%胚芽鞘露出表层 1.0 cm 时，暗化结束。将秧盘移至秧田，整齐摆放于秧板上，做到左右对直，上下水平。要注意摆盘时间：晴天，应在上午 9 时之前，下午 3 时半之后，中午前后日光强烈不宜摆盘，以防光害伤苗；阴雨天全天均可摆盘。

（4）覆无纺布　软盘育秧时，播种好的秧盘直接摆放到秧田。无论是暗化出苗的硬盘还是播种好的软盘，摆施秧田应尽快覆盖标准规格的无纺布，四周封严封实。无纺布封好后灌一次平沟水，湿润全部秧板后再排水。

2.4　秧田或苗床

选择排灌分开、土壤肥沃、运秧方便，便于管理的田块做秧池田。秧池田与大田比例为 1∶100 左右。在播前 15 d 水耖田耙地，开沟做板，要求一定要水验平。畦面宽 1.3 m，沟宽 0.25 m、深 0.15 m，四周沟宽 0.3 m、深 0.2 m。秧板做好后排水晾干，播种前 2 d 铲高补低，拍实。板面要达到“实、平、光、直”，铺盘时板面不裂缝，不陷脚。

如建立规模化育供秧基地，则可选择棚架式工厂化育秧，在育秧大棚中搭建多层钢架用以铺放播种后秧盘的苗床，每层钢架间布设微喷灌管道和喷头，用以灌溉秧苗。

此外，江苏省部分地区发展了旱地微喷灌育秧技术(图 3-1-3)，该技术以水泥地替代秧田，无须制作秧田，后续铺盘、起秧作业的强度都大幅降低；采用微喷灌进行秧苗的灌溉，可以根据温度、湿度、秧苗长势等情况较精确地控制水量，有利于秧苗的生长和盘根，并可以避免漫灌所带来的水资源的浪费和肥、药流失等问题；同时，该技术无须布置排水沟，较同等规模的秧田可增加秧盘的铺放量，有效提高场地的利用率。

图 3-1-3　旱地微喷灌育秧技术

2.5　苗期管理

(1) 揭膜炼苗　秧苗出土 2 cm，出苗整齐，第一完全叶抽出应揭膜炼苗。揭膜原则：晴天傍晚揭，阴天上午揭，小雨雨前揭，大雨雨后揭，尽量傍晚揭。揭膜后及时灌一次足水，洇透床土，如遇顶盖可用喷壶洒水使土或基质落下，揭膜后如遇大暴雨形成露籽苗，要及时补土。

(2) 科学管水　秧苗 3 叶期前保持平沟水，以湿润为主，保持盘土湿润不发白。若晴天中午秧苗卷叶则灌薄水护苗，雨天放干田沟水，以提高秧苗根系活力。

(3) 施好断奶肥　1 叶 1 心期施断奶肥，每亩秧池田用尿素 5~7 kg 兑水 500 kg，于傍晚秧苗吐露水时喷施，施后用双倍清水淋洗。

(4) 病虫害防治　秧田期注意病虫害发生，及时对症用药。

2.6　栽前准备

(1) 施好出嫁肥　栽前 3~4 d 看秧苗叶色而定。如叶色浓绿，叶片下披，则不要施肥，应控水提高苗质；如叶色褪淡无力，则秧池田亩用尿素 4.0~4.5 kg 兑水 500 kg，于傍晚匀洒施，施后洒清水；如叶色正常，叶片不下披，则用肥量应减少亩用 1.0~1.5 kg 尿素兑水 100 kg 傍晚洒浇，施后洒清水。

(2) 控水炼苗　栽前 3 d 控水，起秧前盘土含水量适中。

(3) 带药移栽　栽前 1~2 d 喷药预防，亩用 25%快乐灵乳油 30~35 mL 兑水 40~60 kg 喷雾，条纹叶枯病发生区，亩加 10%吡虫啉乳油 15 mL，控制灰飞虱带毒传播。

（4）起运移栽　随起、随运、随栽。起秧后，卷起秧块叠放于运秧车，一般堆 2～3 层，运到田头随卸平放并注意遮阴。

3. 毯状苗机械化育秧作业指标

3.1　成秧密度

平均每 1 cm^2 成苗数，常规粳稻 1.7～3.0 株，杂交稻 1.0～1.5 株。

3.2　秧苗质量

苗高适宜，均匀整齐，苗体粗壮，青秀无病，无黑根黄叶。秧苗质量指标见表 3-1-1。

表 3-1-1　秧苗质量指标

项目	指标
秧龄/d	13～25
叶龄/叶	3.0～4.0
苗高/cm	13～18
苗基粗/mm	≥2.5
根数/条	≥10
地上部百苗干重/g	≥2.0（18 d 秧龄苗）

3.3　秧块

秧块土层厚度应均匀一致，秧块四角垂直方正，不应缺边、断角，根系盘结好，提起不散，起秧栽插时秧块含水率为 25%。

（二）麦秸秆机械化还田

麦秸秆机械化还田是包含前茬小麦收获、麦秸秆处理以及耕整地等环节的一套整体机械化作业流程，该技术的应用为江苏省麦、稻两季作物的茬口高质高效衔接提供了保障。

1. 前茬小麦联合收获、秸秆切碎匀抛

采用带有秸秆切碎、匀抛装置的联合收割机适时进行小麦收获，秸秆切碎的长度≤10 cm，留茬≤15 cm，切碎的秸秆均匀抛撒于田面，因联合收割机转弯、掉头造成秸秆堆积的，必要时采用人工布匀（图 3-1-4）（农业农村部，2006）。

图 3-1-4　秸秆切碎匀抛效果

全喂入式、半喂入式谷物联合收割机均可进行小麦收获，其中全喂入式联合收割机在收割小麦时的损失率、含杂率方面略低于半喂入式联合收割机。市场上适合小麦收获的谷物联合收割机有以下几款：

（1）沃得锐龙 4LZ-5.0E 型全喂入联合收割机（图 3-1-5） 采用履带自走式，脱粒方式为纵轴流脱粒齿式，割幅 2.2 m，粮仓体积 1.5 m^3，每小时作业 10.2~12.8 亩。

（2）久保田 PRO688Q 型全喂入联合收割机（图 3-1-6） 割幅 2.0 m，脱粒方式为轴流式，倒伏适应性（度），顺割低于 85°，逆割低于 70°，粮仓体积人工袋装接粮 0.42 m^3，半自动接粮 1.0 m^3，每小时作业 3~8 亩（随作物品种及条件而定）。

（3）洋马 AG600G（4LBZJ-140D）型半喂入联合收割机（图 3-1-7） 割幅 1.4 m，脱粒方式为轴流式二次脱粒+枝梗处理筒，每小时作业最高达 7.5 亩。

图 3-1-5 沃得锐龙 4LZ-5.0E 型全喂入联合收割机

图 3-1-6 久保田 PRO688Q 型全喂入联合收割机

图 3-1-7 洋马 AG600G（4LBZJ-140D）型半喂入联合收割机

小麦收获主要技术指标见表 3-1-2。

表 3-1-2　小麦联合收割机作业质量要求

作业指标	全喂入	半喂入
损失率/%	≤2.0	≤3.0
破碎率/%	≤2.0	≤1.0
含杂率/%	≤2.5	≤3.0

2. 施撒基肥

基肥的施撒一般采用撒肥机进行作业，鉴于秸秆还田前期固氮、后期释氮的特点，要根据还田秸秆量实行氮肥适当前移，在精确定量施肥的前提下，采用撒肥机(图 3-1-8)，亩增施基、蘖肥尿素 5~8 kg 或碳铵 12~15 kg，以科学调节碳氮比。

图 3-1-8　撒肥机

3. 秸秆还田作业

目前，江苏省麦秸秆机械化还田有四种作业模式，其中水耕水整、旱耕水整两种模式应用较为普遍，粉碎还田、犁耕水整两种模式作为补充。水耕水整模式为先泡田、后旋耕，还田效果较好，但需在小麦收获后及时放水泡田；旱耕水整模式则是在旋耕后放水泡田，对供水的时机要求较低；粉碎还田模式使秸秆更加细碎，犁耕水整模式则通过耕翻将秸秆深埋，两种模式均可以保证秸秆量较大时的还田质量，但对机具动力消耗较大。

3.1　水耕水整秸秆还田作业

（1）技术路线　联合收割机留低茬切碎匀抛麦秸秆→施基肥→放水泡田→水田秸秆还田机还田作业→起浆平整、沉实。

（2）作业要求　一般采用 47.8 kW（65 马力）以上拖拉机，匹配相应幅宽的水田埋茬耕整机等机械，还田作业速度以Ⅰ~Ⅱ挡为宜，作业深度≥12 cm。

放水泡田。施好基肥后立即放水泡田，浸泡时间以泡软秸秆、泡透土壤耕作层为准。秸秆在放水浸泡 12 h 后基本软化，一般砂、壤土浸泡 24 h 左右，黏土田块浸泡 36~48 h，软化后的秸秆易于和泥浆搅拌均匀，浸足水分软化后的秸秆一般不会直立于田间或漂浮于水面。

浅水旋耕。机械旋耕时，田间水层要适度控制。水层过深，草与泥分离，浮草增多，作业时水浪冲击过强，影响秸秆掩埋效果和耕整平整度，埋草效果差，埋茬率降低，容易出现秸秆漂浮、秸秆埋没率偏低、耕整地不平等现象，将会对水稻机械化栽插带来不利影响；水层过浅，土壤耕作层泡不透，秸秆泡不软，作业后田面不平整，容易出现秸秆还田机刀辊缠草、机具作业负荷过大、田间不易起浆等现象。以还田作业时水层田面高处见墩、低处有水，作业不起浪为准，达到田表平整，表土软硬适中，泥浆沉实，水深 1~2 cm。采用大中型拖拉机配套秸秆还田机械，在施足基肥的前提下，实行秸秆全量还田作业，实现秸秆深埋，土肥秸相融(图 3-1-9)。

图 3-1-9　水耕水整秸秆还田

（3）配套机具机型　有樱田 1GSZ-280 型水田埋茬耕整机（图 3-1-10）与汉美 1GSZ-285 型水田埋茬耕整机（图 3-1-11）等。

图 3-1-10　樱田 1GSZ-280 型水田埋茬耕整机

图 3-1-11　汉美 1GSZ-285 型水田埋茬耕整机

3.2　旱耕水整秸秆还田作业

（1）技术路线　联合收割机留低茬切碎匀抛麦秸秆→施基肥→秸秆还田机旱作还田作业→放水泡田→起浆平整、沉实。

（2）作业要求　一般采用 47.8 kW（65 马力）以上拖拉机，匹配相应幅宽的反转灭茬旋耕机、埋茬耕整机，还田作业速度以 Ⅰ ~ Ⅱ 挡为宜，作业深度≥12 cm。

作业方法：作业时采取横竖两遍作业，根据拖拉机动力、还田机具配备和土壤情况确定工作挡位。第一遍顺田间长度采用无环节套耕作法，避免漏耕，可适当重耕，以提高埋草效果；第二遍可采用“绕行法”找平，并适当提高作业速度，一次两遍作业实现埋草和平整地（图 3-1-12）。

（3）配套机具机型　雪 1GFM-200 型反转灭茬机（图 3-1-13）等。

图 3-1-12　旱耕水整秸秆还田

图 3-1-13　雪 1GFM-200 型反转灭茬机

3.3　秸秆粉碎还田作业

（1）技术路线　联合收割机切碎（或留低茬直接粉碎）匀抛麦秸秆→施基肥→秸秆粉碎还田机作业→旋耕还田作业→放水泡田→起浆平整、沉实。

（2）作业要求　一般采用 55.2 kW（75 马力）以上拖拉机，匹配相应幅宽的甩刀式秸秆粉碎机。秸秆粉碎应在麦秸秆含水率较低时进行，刀具无须入土、保持高转速，以实现较细碎的粉碎程度。

秸秆粉碎后再进行旋耕还田作业，将秸秆与土壤充分拌和（图 3-1-14），避免放水泡田时有大量秸秆漂浮在水面，影响后续机插秧作业。

图 3-1-14　秸秆粉碎还田

3.4　犁耕水整秸秆还田作业

（1）技术路线　联合收割机留低茬切碎匀抛麦秸秆→施基肥→铧式犁（或圆盘犁、犁旋一体机等）耕翻→旋耕机或重型耙碎垡（犁旋一体机可省略这一步骤）→放水泡田→起浆平整、沉实。

（2）作业要求　根据铧犁数量和土壤情况配备相应的动力，耕翻采用 1L 系列铧式犁、1LY 系列圆盘犁、犁旋一体复式机，碎垡采用水田驱动耙等，犁耕深度 16~20 cm，耕深稳定性≥85%，碎土率≥80%，覆盖率≥80%（图 3-1-15）。

4. 起浆平整、沉实

采用水田驱动耙、水田埋茬耕整机或其他水田打浆机进行作业；起浆平整后应尽可能沉实，总的原则是秸秆还田田块土壤的沉实时间要大于不还田的田块，一般黏性土壤整地后应沉实 2~3 d，壤土沉实 1~2 d，砂性土壤沉实 1 d。机插前 3 d 左右，结合泥浆沉实，组织封闭化除，提高化除效果，防止药害僵苗（图 3-1-16）。

图 3-1-15　犁耕水整秸秆还田

图 3-1-16　起浆平整

（三）水稻机械化插秧

实践证明，大面积机插稻为保证足穗高产（杨洪建 等，2013；朱德峰，2009），一定要重视以栽足穴数、苗数为重点的插秧质量，确保插秧机作业质量符合农艺要求，为夺取水稻高产夯实基础。在机插作业中要重点检查栽插深度，测算出漏插率、漂秧率、每穴株数、每亩穴数、基本苗数等数据。在正常机械作业状态下，影响栽插作业质量的因素除了秧苗质量外，还与大田耕整质量有关。栽插的秧苗首先必须健壮、无病虫害、不超秧龄；大田耕整必须做到“田平、泥软、肥匀”，全田高低差不超过 3 cm，田面“整洁”无杂草杂物，无浮渣等，表土上细下粗，上烂下实。整地质量差的田块表现为高低不平，现耙现插，沉实时间不足或泥脚深烂的田块，秧苗栽插过深或插秧机打滑，不能发挥机插秧的浅栽优势。因此，必须在栽前提早 2~3 d 耙田沉实，待泥浆沉淀、表土软硬适中时栽插，达到浅栽的目的。为进一步提升机插秧作业质量，必须加强操作人员的操作技术培训，提高操作人员的技术熟练度，保证栽直，行与行间留空均匀，减少漏插，确保机插秧的质量。

1. 机具配备

如今江苏省水稻插秧机发展已经较为成熟，适合较大田块的6行、8行高速乘坐式插秧机已逐步替代原先广泛被小户使用的手扶式插秧机，久保田、洋马、久富、井关等品牌的高速乘坐式插秧机均具有较好的作业质量和较高的可靠性(图3-1-17、图3-1-18)。各地可根据自身发展情况和田块需求，因地制宜自行选择合适行距的成熟机型。

图3-1-17　洋马YR60DZF高速乘坐式插秧机(有侧深施肥功能)

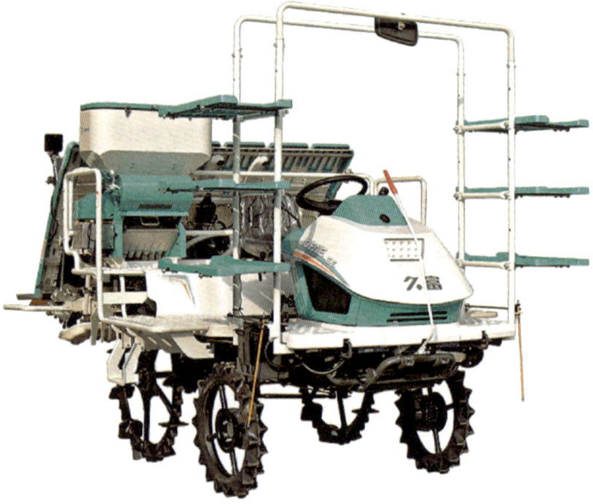

图3-1-18　久富2FH-1.8A(6F)\2.4A(8F)侧深施肥插秧机

近年来，带有同步侧深施肥功能的高速插秧机也正逐步被市场所认可，这种机具可在机插秧的同时在苗侧靠近根部进行精确定量施肥，并由浮船刮板覆盖肥料于泥浆中，促进秧苗根系对肥力的吸收，避免了肥料随水流漂移、流失，以达到省工、节肥、增效的目的。

除此之外，苏州久富农业机械有限公司生产的G6乘坐式高速插秧机(图3-1-19)也是目前较为先进的插秧机具，该机具既可栽插常规毯状苗，也可栽插通过规格化预分隔秧盘培育出的钵体毯苗，以减少秧爪对秧苗根系的损伤，缩短秧苗栽插后的缓苗期，从而实现稳产、增产的目标。

图3-1-19　久富G6乘坐式高速插秧机

2. 作业技术要求

2.1　起运秧苗

起秧时先慢慢拉断穿过盘底渗水孔的少量根系，连盘带秧一并提起，再平放，然后小心卷苗脱盘。秧苗运至田头时应随即卸下平放，使秧苗自然舒展，并做到随起随运随插，严防烈日伤苗，必要时还需采取遮阴措施，防止秧苗失水枯萎。

2.2 确定基本苗

每亩穴数应根据所用品种和栽培要求而定。常规粳稻每亩穴数一般 1.8 万穴左右，每穴 3~4 苗，每亩基本苗数量 5 万~7 万；杂交粳稻一般每亩 1.5 万穴左右，每穴 2~3 苗，每亩基本苗数量 3 万~5 万。插秧机的取秧量，即每穴栽插苗的株数，是由纵向取秧量与横向取秧量所组成的小土块的面积构成的。取秧面积大，取秧量就大。插秧作业时，应确保行直、苗足、浅栽，秧苗不漂不倒，栽插深度控制在 1.5 cm 以内。在每次作业开始时要试插一段距离，以检查每穴苗数和栽插深浅，并及时调整取秧量和栽插深度。

2.3 插秧机作业

要求田面平整无残茬，高低差不超过 3 cm；埋茬深度 5~10 cm，不重不漏；泥浆沉实达到水浆分清，泥浆深度 3~6 cm，水深 1~3 cm。插秧前须对插秧机作一次全面检查调试，以确保插秧机能够正常工作。特别是要根据秧苗的密度，调节确定适宜的穴距与取秧量，以保证每亩大田适宜的基本苗。插秧机作业时间一般在土壤平整后 1~2 d 进行。

2.4 机插操作要领

启动插秧机，并驶入待插田块。首次装秧时，应将秧箱移到最左或者最右侧后再装秧。补给秧苗应在秧苗到达补给位置之前进行。若作业中秧箱上有一行没有秧苗，则应按首次装秧要求，重新补给秧苗。为充分发挥高性能插秧机的作业效率，事先要合理确定作业路线，并科学安排装秧地点。一种路线是先在田周围留有一个工作幅宽的余地，田中间插完后，插秧机沿田边进行插秧作业，并驶出田块。另外一种路线是第一行直接靠田埂插秧，田块两端转弯处留有两个工作幅宽的余地，田块中间插完后，靠田埂最后直行留一个工作幅宽，两端插完后，驶出田块。为了保持插秧行直和均匀的行距，插秧时应使用划印器和侧对行器。

2.5 插秧作业注意事项

首趟是插秧的基准，应保持插秧直线性。田间转弯时，应停止栽插部件工作，并提升栽插部件。过沟和田埂时，插秧机应升起，直线缓慢行驶。

2.6 机插秧同步侧深施肥技术

该技术通过高速乘坐式插秧机加装侧深施肥装置，将颗粒状的复合肥或缓释肥施于苗侧约 5 cm、深度约 4 cm 的沟中，以促进秧苗根系对肥料的吸收、利用(陈新 等，2014；张璐 等，2017)(图 3-1-20)。

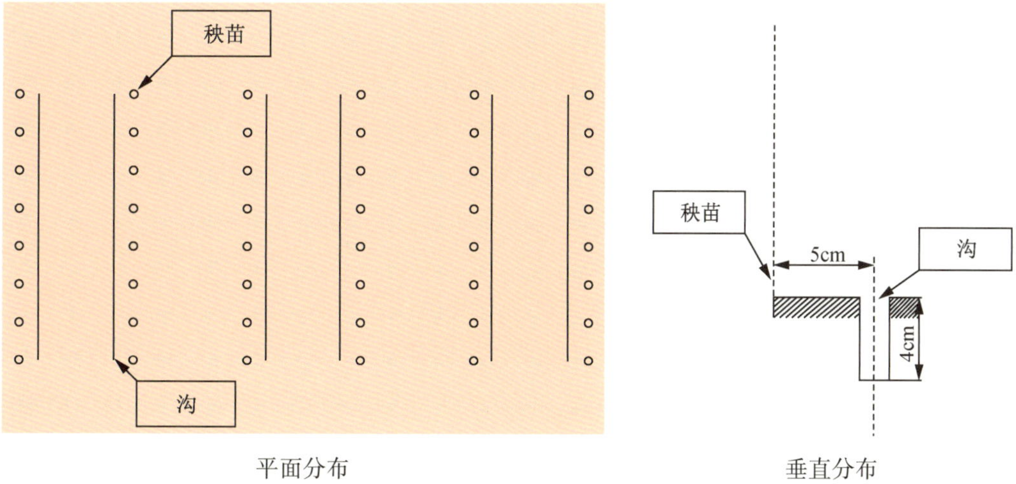

图 3-1-20　侧深施肥位置示意图

（1）肥料要求　颗粒球形，直径 2~5 mm，大小均一；混入的粉末较少；即使用手抓捏，也不易碎裂；吸湿性小，不易发黏，不易结块；无肥料结块。

（2）施肥量调节　施肥量根据用户需求并按照机具说明书进行调节，调节时应考虑到肥料性状及田块打滑对施肥量的影响，调节完毕应进行试排肥以确认实际施肥量。

试排肥采用场地测试，在不装秧苗的情况下使插秧机进行原地空取秧 100 次，使用容器接取并称量各行排出的肥料质量，根据插秧行株距和打滑率计算实际施肥量。

（3）插秧作业　与常规插秧作业一致。

（4）水、肥管理　插秧、施肥结束后，在露出田块表面的浅水状态下，有可能会发生肥料烧苗现象，需注意水的管理。

图 3-1-21　钵体毯状秧苗

水稻侧深施肥模式与传统施肥模式相比，初期的生长发育较为旺盛，但由于肥料吸收较快，必须仔细观察叶色，及时追肥。

2.7　钵体毯苗机插秧技术要点

该技术在育秧时采用规格化预分隔秧盘，育成的秧苗床土上层呈毯状，下层则呈钵体状，利于根系的独立生长（图 3-1-21）。栽插时使用具有钵体毯苗栽插功能的插秧机（久富 G6 乘坐式高速插秧机等）进行作业，秧爪每次动作只抓取完整的一个钵体，以保护秧苗根系。

3. 栽插质量指标与检测方法

栽插质量指标见表 3-1-3。

表 3-1-3　栽插质量指标

项目	指标/%
伤秧率	≤4
漏插率	≤5
相对均匀度合格率	≥85
漂秧率	≤3
翻倒率	≤3
插秧深度合格率	≥90
邻接行距合格率	≥90

3.1　插前均匀度合格率、空格率、秧苗密度的测定

从各秧箱中取出已栽插 1/3 的秧块进行测定，用取样框（图 3-1-22）分别在五盘（块）随机取若干排共 100 小格，测定每小格上秧苗株数，按表 3-1-4 测定均匀度合格范围，并按下列各式计算插前均匀度合格率、空格率及秧苗密度。

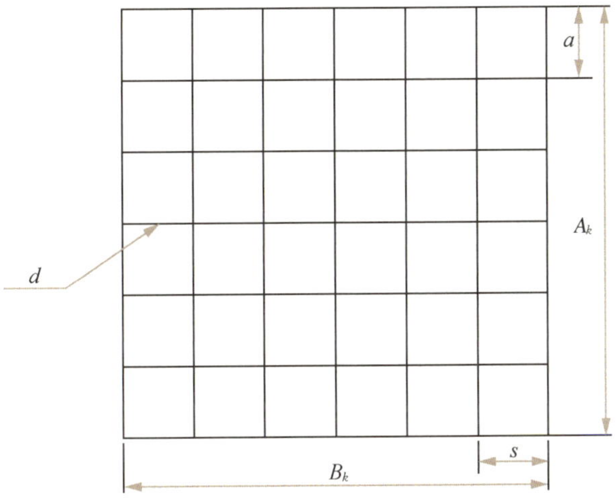

a—取秧深度(纵距),mm;s—移距,mm;A_k—大于 $6a$,mm;B_k—大于秧箱宽度,mm;d—1 mm 以下线材。

图 3-1-22 取秧框结构

表 3-1-4 均匀度合格范围

当地农艺要求的每穴株数	均匀度合格范围/株
2	1~3
3	2~5
4	2~7
5	3~8
6	3~9
7	4~10
8	5~12
9	6~13
10	6~14
11	7~15
12	8~17
13	9~18

(1) 插前均匀度合格率

$$R_{jq} = \frac{n_{kh}}{Z_k} \times 100 \qquad (3-1-1)$$

式中，R_{jq} 为插前均匀度合格率,%；

n_{kh} 为合格小秧块数，块；

Z_k 为测定总小格数，块。

(2) 空格率

$$R_k = \frac{n_k}{Z_k} \times 100 \qquad (3-1-2)$$

式中，R_k 为空格率,%；

n_k 为空格数，格。

（3）秧苗密度

$$M_y = \frac{Z}{Z_k \cdot a \cdot s} \times 100 \qquad (3\text{-}1\text{-}3)$$

式中，M_y 为秧苗密度，株/cm^2；

Z 为测定总株数，株；

a 为取秧深度，mm；

s 为移距，mm。

根据机插秧作业质量标准，秧块空格率应小于5%，插前均匀度合格率应在85%以上。

3.2 作业性能测定

采用对角线取样法选取5个测区。测区距田边大于一个工作幅宽。在5个测区内，测定每穴株数、伤秧、漂秧、漏插、均匀度合格率。每个测区在全幅宽内各测100穴；测定漏插穴数和翻倒穴数时，每个测区各测200穴。按下列各式计算各项指标。

（1）伤秧率

$$R_s = \frac{Z_s}{Z} \times 100 \qquad (3\text{-}1\text{-}4)$$

式中，R_s 为伤秧率，%；

Z_s 为伤秧株数总和，株；

Z 为测定总株数，株。

（2）漏插率

$$R_l = \frac{X_l}{X} \times 100 - R_k \qquad (3\text{-}1\text{-}5)$$

式中，R_l 为带土苗漏插率，%；

X 为测定总穴数，穴；

X_l 为漏插穴数总和，穴。

（3）相对均匀度合格率

a. 均匀度合格率按均匀度合格范围（表3-1-4）的规定数据进行统计，并按下式计算：

$$R_j = \frac{X_h}{X} \times 100 \qquad (3\text{-}1\text{-}6)$$

式中，R_j 为均匀度合格率，%；

X_h 为合格穴数，穴。

b. 相对均匀度合格率按下式计算：

$$R_{jx} = \frac{R_j}{R_{jq}} \times 100 \qquad (3\text{-}1\text{-}7)$$

式中，R_{jx} 为相对均匀度合格率，%。

（4）漂秧率

$$R_p = \frac{Z_p}{Z} \times 100 \qquad (3\text{-}1\text{-}8)$$

式中，R_p 为漂秧率，%；

Z_p 为漂秧株数总和，株。

（5）翻倒率

$$R_f = \frac{X_f}{X} \times 100 \qquad (3\text{-}1\text{-}9)$$

式中，R_f 为翻倒率，%；

X_f 为翻倒穴数总和，穴。

（6）插秧深度合格率　在 5 个测区内每个测区取 100 穴，以当地农艺要求的插秧深度 h 为标准，所测插秧深度在 $h\pm10$ mm 之间为合格，合格插秧深度的穴数占所测插秧深度总穴数的百分数为插秧深度合格率。

（7）邻接行距合格率　采用 5 点法选取 5 个测区。在测区内连续测定 10 个邻接行的行距，以插秧机所插秧的标准行距 H 为标准，所测行距大于 $0.8H$ 且不大于 $1.2H$ 为合格。合格行距的个数占所测行距总个数的百分数为邻接行距合格率。

4. 插秧机的维护保养

4.1　日常保养

作业后，要在当天用水清洗，清除缠绕在转动部位上的垃圾等，然后把水分擦去；另外，在转动和摩擦部位加油，在易生锈的部位涂上黄油；及时进行各部位的检查，发现问题立即解决；加注或补充燃油和润滑油。

4.2　入库前保养

1）发动机在中速运转状态下，用水清洗，应完全清除污物。清洗后不要立即停止运转，而要续转 2~3 min（这时注意不让水进入空气滤清器内）。

2）各注油处充分注油。

3）在各指定机油更换处更换新机油；发动机新机油的更换以在热机运转结束后进行为好，既干净又很快。

4）应完全放出燃油箱及汽化器内的汽油。

5）为了防止气缸内壁和气门生锈，往火花塞孔灌入新机油 20 mL 左右后，将启动器拉动 10 转左右。

6）缓慢地拉动反冲式启动器，并在有压缩感觉位置停止。

7）尤其对插植部件抹油，以免生锈。

8）为了延长插植臂的压出弹簧的寿命，插植叉应放在最下面位置（压出苗的状态）时保管。

9）主离合器手柄和插植离合器手柄为“断开”、液压手柄为“下降”、燃油旋塞为“OFF”状态下保管。

10）由于齿轮箱油是兼用于液压工作油，所以保管时，特别注意防止灰尘等混入。

11）清洗干净插秧机后罩上遮布，应存放在灰尘、潮气少，无直射阳光的场所。防止与肥料等有腐物接触。

12）确认零配件和工具后，与插秧机一起保管。

（四）水稻机械化田间管理

1. 水稻田间开沟

秧苗移栽大田活棵立苗后可采用水田开沟机（图 3-1-23）清理田间墒沟，使其进水、排水通畅，促进水稻正常生长。

2. 水稻机械化植保与追施肥料

水稻插秧后的植保作业一般采用自走式高地隙喷杆喷雾机(图 3-1-24)，该机具具有雾滴均匀、药剂利用率高的优点，同时机具离地间隙高、转弯半径小、田间机动灵活，能够很好地适应水稻机械化植保作业的要求；插秧后的施肥作业同样可以利用该机具搭载撒肥机进行作业。

图 3-1-23 云马 3GKS2-000 型水田开沟机

图 3-1-24 江苏埃森 SWAN3WP-500 型自走式喷杆喷雾机

机具作业要求：

(1) 机具准备 作业前，对机具进行检查保养，确保机器运转良好，并用清水进行试喷，观察是否可连续稳定喷药、雾化情况是否符合要求、有无漏药等。

(2) 配制农药 配药人员应戴上防护口罩和塑料手套，穿长衣长裤和鞋袜进行作业，用量具按植保技术要求取药液或药，充分搅均匀。加药时须放置过滤网，防止杂质进入药箱，堵塞药路。

(3) 田间作业 作业时，要求行走轮尽量不压苗。地头转弯时，要求减速并切断施肥、施药的动力。喷洒时，按规定的前进速度和喷幅施药(或施肥)，喷药口与作物保持 30~40 cm 距离，以免伤害作物。

(4) 机具检修 作业过程中，应保持机具良好的工作状态，经常观察喷头有无堵塞、漏洒、喷洒不均等现象。若遇故障，应立即停机，戴手套进行故障排除，严禁用嘴吹、吸喷头和滤网。

(5) 残液处理与机具清洗 作业后未喷完的残液应用专用药瓶存放，安全带回。空药瓶、空药袋收集妥善处理，不准随意丢弃。机具应在田间全面清洗。清洗机具的污水，应在田间选择安全地点妥善处理，不得带回生活区，不准随地泼洒，防止污染环境。

(6) 机具保养 作业后，应把重点部件用热洗涤剂或弱碱水清洗，再用清水洗干净、晾干后存放。

(五) 水稻机械化收获

水稻收获同样采用全喂入式或半喂入式谷物联合收割机，其中半喂入联合收割机在收割的损失率、含杂率、破碎率方面略有优势，市场上久保田、洋马、沃得、常发等品牌的机具均能较好地完成水稻收割作业。水稻收割后的留茬高度与秸秆切碎长度应根据后续秸秆还田方式确定，水稻收获主要技术指标见表 3-1-5。

表 3-1-5　水稻联合收割机作业质量要求

作业指标	全喂入式	半喂入式
损失率/%	≤3.5	≤2.5
含杂率/%	≤2.5	≤2.0
破碎率/%	≤2.5	≤1.0

资料来源：农业部(2013)。

四、示范应用取得的效果与效益

在以兴化为代表的江苏里下河地区开展了稻麦两熟条件下的水稻生产全程机械化技术试验示范，对各环节机具开展了优化选型，同时在全省稻麦两熟区开展了相关机具的现场作业比较和大面积调查分析，形成了适合 300 亩左右规模家庭农场的机具配置方案。同时以麦秸秆还田与水稻机插秧这两个环节的衔接为重点，明确了水稻生产全程机械化各环节的技术路线和技术要点，形成了技术规范。

五、与对照技术的技术经济指标比较

(一) 应用模式

水稻生产全程机械化集成技术模式为麦秸秆机械化还田耕整地→水稻育秧、插秧→机械化高效植保→水稻机械化收获。

(二) 对照模式

传统水稻生产模式为麦秸秆机械化还田耕整地→水稻直播→传统机械化植保→水稻机械化收获。

通过对比两种模式可知(表 3-1-6、表 3-1-7)：

(1) 产量对比　应用模式较对照模式亩均增产 35.0 kg，以水稻价格 3 元/kg 计算，亩均增加收入 105.0 元。

(2) 劳动用工对比　应用模式在水稻种植环节需进行育秧和插秧作业，比对照模式的直播稻用工量大；在植保环节，应用模式采用高效自走式喷杆喷雾机，比对照模式采用的背负式(或担架式)喷雾机节省人工。故应用模式总体比对照模式亩均省工 0.4 个，以 80 元/工计，亩均省工 32.0 元。

(3) 物质投入对比　应用模式亩均节省种子 24.0 元、化肥 43.0 元、农药 16.0 元，合计亩均节省物质投入 83.0 元。

(4) 机械投入对比　在水稻种植环节，应用模式比对照模式需多投入育秧和插秧机具；在植保环节，应用模式需投入高效自走式喷杆喷雾机，而对照模式仅投入背负式(或担架式)喷雾机。因此应用模式总体比对照模式在机具投入方面亩均增加 55.0 元。

(5) 总体对比　使用水稻生产全程机械化集成技术模式比传统水稻生产模式亩均增产 35.0 kg，亩增加收入 105.0 元；亩均节约各项成本合计 60.0 元，亩总计节本增收 165.0 元。

表 3-1-6　每亩投入产出及新增纯收益

序号	项目		计算价格	应用模式比对照增减	
				实物量	金额/元
1	产出	1. 主产品	3.0 元/kg	35.0 kg	105.0
		2. 其他			
	小计				105.0
2	投入	1. 劳动用工	80.0 元/工	-0.4 工	-32.0
		2. 物质投入			-83.0
		3. 机械投入			55.0
	小计				-60.0
3	新增纯收益				165.0

表 3-1-7　每亩投入产出实物

序号	项目		单位	应用模式	对照	应用模式比对照增减实物量
1	单位规模产出	1. 主产品	kg	654.5	619.5	35.0
		2. 其他				
2	单位规模投入	1. 劳动用工	工	2.7	3.1	-0.4
		2. 物质投入	元	318.9	401.9	-83.0
		3. 机械投入	元	245.0	190.0	55.0

六、应用前景与发展建议

稻麦两熟条件下水稻生产全程各环节所使用作业机具种类目前均已在江苏省得到较为广泛的认可，本研究的开展重点是针对各环节机械化技术的配套衔接，尤其是夏季小麦收获→秸秆还田耕整地→水稻机插秧这 3 个环节的衔接。因此，水稻生产全程机械化技术将是促进江苏省水稻高产、稳产的重要手段，并正在全省得到愈加广泛的认可和应用。

在整个水稻生产过程中，前茬麦秸秆还田的作业质量和效率特别重要，因为其作业质量直接影响到机插秧质量，而其作业效率同样影响到水稻能否及时栽插，这两者直接决定了水稻的生长和最终产量。因此，追求更好的作业质量和更高的效率将是今后麦秸秆机械化还田技术发展的主要方向。

目前江苏省的水稻生产各环节均涌现出一些新颖的机械化技术，有些已经得到了用户的初步认可，另一些则尚处于试验验证阶段。总的来说，技术在向着高效化、集约化、智能化的方向发展。

（一）机械化激光平地技术

近年来我国在高标准农田建设中开始使用激光平地机（图 3-1-25），该机具通过激光信号确定基准平面，控制刮土铲对田块“铲高补低”，从而达到平整土地、提高灌溉效率、减少水土流失、促进土地产出的目的。

目前该技术在江苏省的应用还处于起步阶段，随着土地规模化程度的提高，农业生产对土地的平整度要求将更高，该技术的应用必将得到长足的发展。

（二）自走式多功能育秧机

自走式多功能育秧机可一次性完成育秧环节的摆盘、铺土、播种、覆土等工序，作业完成后秧盘将整齐摆放在秧田中，避免了搬运秧盘的繁重劳动，但机具可靠性还有待提高（图 3-1-26）。

图 3-1-25　激光平地机

图 3-1-26　自走式多功能育秧机

（三）水稻机插、施肥、施除草剂一体化技术

该技术是在水稻侧深施肥机插秧的基础上增加了施除草剂的装置，将专用除草剂分行定穴精确滴施于栽插的秧苗旁，实现精准化除草（图 3-1-27）。

图 3-1-27　水稻机插、施肥、施除草剂一体化插秧机

（四）自动导航辅助驾驶插秧机

在高速乘坐式插秧机上加装了卫星定位自动导航系统，可以确保插秧机行走的直线性。当机具直线行走作业时，驾驶员可以放开方向盘进行装秧等其他操作。目前江苏省的常发、久富、洋马等插秧机制造企业均已研发并初步试制了带有自动导航辅助驾驶功能的插秧机。

（五）无人机植保技术

无人机植保技术用遥控无人机搭载药箱、喷头对作物进行施药，避免了机具下地对作物的碾压，为作物封行后的田间机械化植保作业提供了可能性（图 3-1-28）。植保无人机按照旋翼布置的方式分为单旋翼和多旋翼，按照动力分为油动和电动，其中多旋翼电动无人机具有载重效率高、气流稳定等优势，是进行航空植保作业的首选；但由于

图 3-1-28　植保无人机

其电池容量有限，从而限制了无人机的续航时间；同时，由于远距离遥控的不准确性，无人机喷药可能出现重喷、漏喷的现象，因此对无人机操作人员需进行操作技能培训，无人机上也需加装自动导航、路径规划等飞行控制系统，以辅助操作人员作业。

（六）水稻钵苗机械化移栽技术

采用专用的钵苗秧盘进行育秧，每一钵为独立的土块，确保了播种精度和秧苗的生长空间；采用水稻钵苗移栽机进行移栽作业，取秧时将完整的带土钵苗取出，不会伤及秧根，移栽后无须缓苗。

（七）水稻机械化直播技术

通过水稻条播机或水稻穴播机直接将稻种播于田间，省去了育秧环节，节省了作业成本，在积温充足的地区较为适用。

第二节　利于稻麦两熟平衡高产优质增效的小麦机械化生产机具优化选型技术方案

提要：针对江苏省稻麦两熟地区在秋季水稻收获后秸秆处理困难、小麦机播水平下降等问题，重点开展稻秸秆还田条件下的小麦机播技术的试验示范，同时对小麦耕、种、管、收等各环节的机械化技术开展验证和机具的试验选型，确定小麦全程机械化生产技术与机具配置方案。

一、科学问题与技术需求

江苏省以稻麦轮作为主要种植模式，近年来由于水稻、小麦的单产均有增长，导致了秸秆量也随之增大，在种植后茬作物前需要耗费大量的时间、人力、物力来进行秸秆处理；同时，全省近几年秋季多雨，严重迟滞了水稻的收获和后茬小麦的种植，导致小麦播期推迟，进而使整个稻麦轮作的播栽期延迟。因此，在稻麦两熟条件下，江苏省的小麦全程机械化生产模式应当兼顾小麦的耕、种、管、收等各环节的衔接，重点推进前茬稻秸秆还田和小麦机械化播种技术。

二、开展的试验与研究

针对江苏省秋季水稻收获小麦播种期间稻秸秆量大、茬口紧张的突出矛盾，在全省稻麦两熟区域开展了稻茬小麦全程机械化技术试验示范、现场作业比较、大面积调查分析等工作：

2015—2017 年在泰州兴化市开展了稻麦两熟条件下的稻秸秆机械化还田模式验证、小麦施肥播种复式作业技术试验示范、高地隙植保机械试验示范和小麦收获机械性能考评。

2017 年在苏州常熟市、连云港灌南县、扬州江都区开展了秸秆覆盖耕播联合作业机、小麦免耕施肥播种机和电控施肥播种装置等小麦复式播种装备试验示范和性能考核。

2015—2017 年分别在南通如皋市、徐州沛县、连云港灌南县开展了稻秸秆还田耕整地机械和小麦机械化播种、收获机械的现场演示和作业比较。

2016年在南京江宁区开展了高地隙植保机械、植保无人机的作业演示和比较。

2015—2017年在南京江宁区，徐州邳州市，苏州常熟市、太仓市，连云港灌南县、赣榆区，盐城阜宁县、响水县，扬州高邮市、宝应县、邗江区、江都区，镇江丹阳市，泰州泰兴市，宿迁泗阳县、泗洪县分批次开展了小麦生产全程机械化技术试验验证和相关环节机具性能调查评价。

通过上述工作的开展，为稻茬小麦机械化生产各环节作业机具的选型提供了依据，明确了小麦生产全程机械化各环节的技术路线和技术要点，形成技术规范。

三、创建的新技术方案

（一）稻秸秆机械化还田

稻秸秆机械化还田是包含前茬水稻收获、稻秸秆处理以及耕整地等环节的一套整体机械化作业流程，该技术是江苏省当前稻麦两熟条件下秋季小麦种植前最为简便、无害的稻秸秆处理技术。

1. 前茬水稻联合收获、秸秆切碎匀抛

适期收获，一般在水稻黄熟期，机收前10 d左右断水，遇雨及时排水，确保旋耕作业时土壤相对含水量≤25%、犁耕作业时土壤相对含水量≤35%。当稻谷含水量在18%~19%时收割，作业机具采用带有秸秆切碎、匀抛装置的联合收割机。收割的留茬高度和秸秆切碎长度根据后续秸秆还田方式决定：采用旋耕还田，秸秆切碎长度≤10 cm，留茬高度≤15 cm；采用犁耕还田方式，秸秆切碎长度≤10 cm，留茬高度不作要求；采用粉碎还田方式，秸秆切碎长度不作要求，留茬高度≥25 cm。切碎的秸秆均匀抛撒于田面，联合收割机转弯、掉头造成秸秆堆积的，必要时采用人工布匀（图3-2-1）（农业部，2013）。

水稻收获采用全喂入式或半喂入式谷物联合收割机，其中半喂入联合收割机在收割的损失率、含杂率、破碎率方面略有优势。市场上适合水稻收获的谷物联合收割机型号与参数如下：

（1）洋马AG600G（4LBZJ-140D）型半喂入联合收割机　具体见本章前一节介绍。

（2）沃得锐龙4LZ-5.0E型全喂入联合收割机　具体见本章前一节介绍。

（3）久保田4LBZ-172B（PRO888GM）型半喂入联合收割机（图3-2-2）　割幅1.72 m，脱粒方式为下脱粒、单筒、轴流式，粮仓体积1.5 m^3，每小时作业4~8亩。

图3-2-1　秸秆切碎匀抛效果

图3-2-2　久保田4LBZ-172B（PRO888GM）型半喂入联合收割机

2. 施撒基肥

基肥的施撒一般采用撒肥机进行作业，鉴于秸秆还田前期耗氮、后期释氮的特点，要根据还田秸秆量实行氮肥适当前移，在精确定量施肥的前提下，基肥中适当增施氮肥，一般增加总施氮量10%左右。后续采用旋耕、施肥、播种、镇压复式作业机，则略去此步骤。撒肥机如图3-1-8所示。

3. 秸秆还田作业

秸秆还田要求参考江苏省和农业农村部标准（农业部，2015；江苏省，2016）。江苏省稻秸秆机械化还田作业模式主要有3种，其中旋耕灭茬秸秆还田作业模式的动力消耗较小、作业次数少，在秸秆量适中的条件下能够达到规定的还田质量，因此应用最为广泛；在秸秆量较大情况下则可采用犁耕深翻秸秆还田作业模式或机械粉碎秸秆还田作业模式，但动力消耗较大，作业次数也多于旋耕灭茬秸秆还田模式。

3.1 旋耕灭茬秸秆还田作业

（1）技术路线　稻田控水降渍→联合收割机低留茬适时收获、秸秆切碎均匀抛撒→施用基肥（增施氮肥）→旋耕还田。

（2）作业要求　建议采用55.16 kW（75马力）以上拖拉机，配备反旋灭茬机（图3-2-3）、正旋秸秆还田机进行还田作业；或在不施基肥的条件下，采用旋耕播种施肥镇压复式作业机作业，一次性完成秸秆还田及后续小麦播种、施肥、镇压；耕作深度≥15 cm，秸秆埋没率≥80%。

（3）配套机具机型　如图3-1-13所示。

3.2 犁耕深翻秸秆还田作业

（1）技术路线　稻田控水降渍→联合收割机适时收获、秸秆切碎均匀抛撒→施用基肥（增施氮肥）→犁耕→碎垡。

（2）作业要求　根据铧犁数量和土壤情况配备相应的动力，采用1 L系列铧式犁等进行耕翻还田作业（图3-2-4），采用旋耕机、重型耙进行碎垡；或在不施基肥的条件下，在犁耕后采用旋耕播种施肥镇压复式作业机作业，一次性完成秸秆还田及后续小麦播种、施肥、镇压；耕深≥22 cm，碎土率≥80%，秸秆埋没率≥80%。

图3-2-3　旋耕灭茬秸秆还田（反旋）

图3-2-4　犁耕深翻秸秆还田

铧式犁作业时，由于存在翻垡的方向，所以应注意行进路线，顺着翻垡方向行进，一般可采用图3-2-5的行走路线。或者采用翻转犁，转向后进行犁体翻转，可实现往返作业路线。

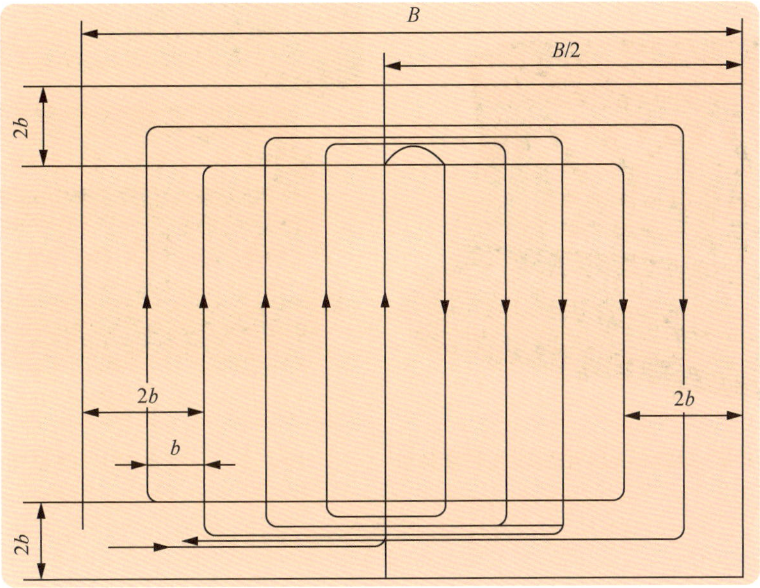

B—作业田块宽度；*b*—作业幅宽。

图 3-2-5　铧式犁行走路线

3.3　机械粉碎秸秆还田作业

（1）技术路线　稻田控水降渍→联合收割机适时收获、秸秆切碎均匀抛撒→(若留高茬)秸秆机械粉碎→施用基肥(增施氮肥)→旋耕还田。

（2）作业要求　采用甩刀式秸秆粉碎机作业，保持甩刀高速旋转并贴近土表，确保灭茬和粉碎达到较细程度，在施撒基肥后使用旋耕机还田作业；或在不施基肥的条件下，在秸秆粉碎机作业后采用旋耕播种施肥镇压复式作业机作业，一次性完成秸秆还田及后续小麦播种、施肥、镇压。

（二）小麦机械化播种

江苏省小麦机械化播种技术已十分成熟，但由于当前农业劳动力流失以及对小麦生产的重视不足，部分小户生产者放弃机播麦而改用手撒播种，而合作社、家庭农场等具有一定种植规模的生产者也已基本抛弃过去动力小、效率低的机播麦技术；同时，前茬大量稻秸秆急需还田的现状也促使小麦播种机具向大型化、复式化发展。

1. 机具配备

江苏省的小麦机械化播种可采用小麦条播机，也可使用旋耕、施肥、播种、镇压复式作业机。复式作业机在未撒基肥且秸秆未还田的地块直接进行秸秆还田、施肥、播种、镇压等复式作业，也可在犁耕后未碎垡或秸秆粉碎后未还田的地块使用。目前复式作业机的认可程度较高，江苏清旋、西安亚澳等品牌的复式作业机(图 3-2-6、图 3-2-7)均在江苏省有一定规模的应用。

2. 作业技术要求

2.1　作业前的准备、调试

1）机具连接及机具可靠性检查、紧固。

2）秸秆机械化还田旋耕深度的检查与调整。根据相关作业标准调节镇压轮的高低位置。

图 3-2-6　清旋 SGTNF-220Z14A14 型旋耕施肥播种机

图 3-2-7　亚澳 2BF-13 型圆盘施肥播种机

3）施肥量、施肥均匀性的检查与调整。根据农艺要求的施肥量对排肥槽轮的开度及各排肥槽轮开度一致性进行检查与调整。

4）播种量、播种均匀性的检查与调整。根据农艺要求的播种量对排种槽轮的开度及各排种槽轮开度一致性进行检查与调整。

5）播种深度、播深均匀性的检查与调整。根据农艺要求的播种深度对播种开沟器的开沟深度及各开沟器深度一致性进行检查与调整。一般播种深度 2~4 cm。

6）行距检查与调整。根据农艺要求的行距，检查固定各开沟器在方梁上的横向位置。

2.2　田间试播

由于复式作业机的排肥播种量的调试与田间实际作业的条件不完全相符，所以在调试后还应进行田间试播，对排肥量、播种量进行校核。计算见式(3-2-1)：

$$q = \frac{Q \times B \times L}{10\ 000} \tag{3-2-1}$$

式中，q 为试播地段长度应播的种子量，kg；

Q 为要求的播种量，kg/hm^2；

B 为播种机工作幅宽，m；

L 为试播地段的长度，m。

在种箱中装入 8~10 cm 深的种子，将表面刮平，在种箱的侧壁上做出标记，再加上按上述公式计算出的应播种量，再刮平做记号，按试播的长度进行试播作业，停机刮平种子，验看种子的消耗量是否与标记相符，未到标记线说明播种量偏小，超过了标记线则播种量偏大，对排种槽轮轴进行轴向调整后再试播，直到符合要求为止，并把播种量调节手柄紧固。

外槽轮排肥器的排肥量的田间调整与上述类似。

2.3　机组的田间行走路线

（1）梭形播法　机组沿一侧进入田块，依次往返穿梭到田块的另一侧，最后播地头。该路线较为简单，不易漏耕漏播，实际作业中多采用此法，缺点是地头转弯的时间较长。

（2）套播法　播前将较大地块分成双数等宽的播种小区，小区的宽度是复式播种机工作幅宽的整数倍数，跨小区进行复式播种作业。该路线适合大面积作业，机组不用转小弯，操作方便。

（3）向心（离心）法（回形播法） 机组从地块的一侧（中间）进入，由外（内）向内（外）一圈一圈绕行，到地块的中间（侧边）播完。该路线地头空行少，作业效率较高，但播前需将地块分成宽度为机组工作幅宽的整数倍数。

3. 播种质量指标与检测方法

播种质量指标参考农业部标准（表 3-2-1）。

表 3-2-1 播种质量指标

项目	指标
播种深度合格率/%	≥70
断条率/%	≤2.0
邻接行距合格率/%	≥80

资料来源：农业部（2006，2007）。

3.1 播种深度合格率

在确定的每个检测区内截取包含基点的长度为 1 m 的区域测量播种深度，测种子上部覆盖土层的厚度，每行测定 3 点。当测区内播行多于 8 行时，只检测 8 行。计算播种深度为 h±1 cm（播种深度小于 3 cm 时，h±0.5 cm）范围内的点数占测定总点数的百分比，其中 h 为当地农艺要求的播种深度。5 个测区的平均值为最终播种深度合格率。

3.2 断条率

出苗后进行测定。取播种作业区另一条对角线，将对角线等分为 6 段，分别以两个端点及中点外的其他 4 个等分点为中心点，划定垂直于播种行方向的两个作业幅宽、长度为 20 m 的区域测定断条长度。按式（3-2-2）计算断条率。4 个测区的平均值为最终断条率。

$$d_t = \frac{\sum D}{20N} \times 100 \qquad (3\text{-}2\text{-}2)$$

式中，d_t 为断条率,%；

D 为断条长度，m；

N 为播种行数。

3.3 邻接行距合格率

测定断条率时测定邻接行距合格率。在测定断条率的 4 个测区内，分别取 10 个测点测量邻接行的行距，按式（3-2-3）计算邻接行距合格率，4 个测区的平均值为最终邻接行距合格率。

$$H_L = \frac{d}{z} \times 100 \qquad (3\text{-}2\text{-}3)$$

式中，H_L 为邻接行距合格率,%；

d 为邻接行距合格点数；

z 为邻接行距测定总点数。

（三）小麦机械化开沟

开沟作业一般采用圆盘开沟机（图 3-2-8）。小麦播种作业后应在土壤条件允许情况下及时进行开沟作业；开沟作业前应根据田块形状、土壤条件等，合理选择作业路线；开沟作业时，应保证开沟深度一致，做到沟底平整、沟壁坚实；开沟的沟距、沟深、布局应根据小麦种植农艺要

图 3-2-8　清旋 1KJ-35 型开沟机

求、具体的田间形状尺寸等合理确定，做到沟沟相通，横沟与田外沟渠相通，使水能排得出，渍能降得下，保证达到雨停田干的要求。

（四）小麦机械化田间管理

小麦的植保作业机具选择和作业要求参照第三章第一节中“水稻机械化插秧”田间管理相关内容。

（五）小麦机械化收获

小麦收获同样采用全喂入式或半喂入式谷物联合收割机，其中全喂入式联合收割机在收割小麦时的损失率、含杂率方面略低于半喂入式联合收割机。目前市场上久保田、洋马、沃得、常发等品牌的机具均能较好地完成小麦收割作业。小麦收割后的秸秆切碎的长度≤10 cm，留茬≤15 cm，切碎的秸秆均匀抛撒于田面（农业部，2006）。小麦收获主要技术指标见表 3-1-2。

四、示范应用取得的效果与效益

在以兴化为代表的江苏里下河地区开展了稻麦两熟条件下的小麦生产全程机械化技术试验示范，对各环节机具开展了优化选型，形成了适合 300 亩左右规模家庭农场的机具配置方案。同时以稻秸秆还田条件下的小麦机播作业为重点，明确了小麦生产全程机械化各环节的技术路线和技术要点，形成了技术规范。

五、与对照技术的技术经济指标比较

小麦生产有水稻收获→秸秆还田耕整地→小麦播种→小麦植保→小麦收获等几个环节。

应用模式：为小麦生产全程机械化集成技术模式（稻秸秆机械化还田耕整地→小麦复式作业（机条播、施肥、镇压）→机械化开沟→机械化高效植保→小麦机械化收获）。

对照模式：为传统小麦生产模式（机械化撒肥→稻秸秆机械化还田耕整地→小麦撒播→镇压、开沟→传统机械化植保→小麦机械化收获）。

通过对比两种模式可知（表 3-2-2、表 3-2-3）：

（1）产量对比　应用模式较对照模式亩均增产 23.0 kg，以小麦价格 2.4 元/kg 计算，亩均增加收入 55.2 元。

（2）劳动用工对比　应用模式可一次性完成小麦机械化播种、施肥、镇压等工序，而对照模式在施肥、播种环节均需花费人工，投入人工要高于应用模式；在植保环节，应用模式采用高效自走式喷杆喷雾机，比对照模式采用的背负式（或担架式）喷雾机节省人工。故应用模式总体比对照模式亩均省工 0.5 个，以 80.0 元/工计，亩均省工 40.0 元。

（3）物质投入对比　应用模式亩均节省种子 6.0 元、化肥 11.0 元、农药 9.0 元，合计亩均节省物质投入 26.0 元。

（4）机械投入对比　在施肥、播种环节，应用模式需投入小麦复式作业机具和开沟机具，而对照模式则需要投入机械化施肥机具和镇压、开沟机具；在植保环节，应用模式需投入高效自走式喷杆喷雾机，而对照模式仅投入背负式（或担架式）喷雾机。因此应用模式总体比对照模式在机具投入方面亩均增加 37. 0 元。

（5）总体对比　使用小麦生产全程机械化集成技术模式比传统小麦生产模式亩均增产 23. 0 kg，亩增收入 55. 2 元；亩均节约各项成本合计 29. 0 元，亩总计节本增收 84. 2 元。

表 3-2-2　每亩投入产出实物

序号	项目		单位	应用模式	对照	应用模式比对照增减实物量
1	单位规模产出	1. 主产品	kg	390. 4	367. 4	23. 0
		2. 其他				
2	单位规模投入	1. 劳动用工	工	1. 6	2. 1	-0. 5
		2. 物质投入	元	213. 5	239. 5	-26. 0
		3. 机械投入	元	192. 0	155. 0	37. 0

表 3-2-3　每亩投入产出及新增纯收益

序号	项目		计算价格	应用模式比对照增减	
				实物量	金额/元
1	产出	1. 主产品	2. 4 元/kg	23. 0 kg	55. 2
		2. 其他			
	小计				55. 2
2	投入	1. 劳动用工	80. 0 元/工	-0. 5 工	-40. 0
		2. 物质投入			-26. 0
		3. 机械投入			37. 0
	小计				-29. 0
3	新增纯收益				84. 2

六、应用前景与发展建议

近几年，由于农村青壮年劳动力的流失和小麦种植的比较效益低等原因，对小麦生产重视不足，江苏省小麦机械化种植水平有所下降，大量的小户生产者更追求投入小、管理简便的种麦方式，所以人工播种的趋势有所增长；但从目前土地流转和农村劳动力持续流失的趋势来看，小户的种植模式终将逐步被合作社、家庭农场所取代，因此以小麦机播为重点的小麦生产全程机械化技术将在江苏省今后的农业生产中得到更好地应用。

今后仍应重点研究稻秸秆还田与小麦机播技术的集成应用，在不耽误农时的前提下尽可能减少稻秸秆还田对小麦种植的影响，以进一步发挥小麦的增产潜力，促进全省粮食生产向更高水平迈进。

此外，一些新技术的应用也在助推小麦生产全程机械化技术进步，促进小麦生产向着更加高效、集约、智能化的方向发展。

（一）电控施肥、播种装置

传统小麦施肥、播种机具采用地轮传动，当田块湿烂时地轮会发生打滑，导致排肥、排种机构工作不正常或停止工作，从而出现漏播、断条等现象。电控施肥、播种装置通过监测拖拉机车轮转速来控制排肥、排种机构运转，确保了排肥、排种量与机具行走速度匹配，同时避免了湿烂田块条件下地轮传动不可靠的现象。目前江苏太仓项氏、江苏欣田等生产企业均推出了带有该装置的小麦施肥、播种复式作业机。

（二）机械化激光平地技术

参考第三章第一节中“机械化激光平地技术”相关内容，选择激光平整机高质量平整土地。

（三）自动导航辅助驾驶拖拉机

在进行施肥、播种作业的拖拉机上加装了卫星定位自动导航系统，可以确保机具行走的直线性，确保播种笔直成行，减轻拖拉机机手的劳动强度。目前江苏省的沃得、常发、久保田等制造企业均已研发并初步试制了可以加装在拖拉机等作业机具上的自动导航辅助驾驶模块。

（四）无人机植保技术

参考第三章第一节中“无人机植保技术”相关内容，选择无人机进行植保作业。

第三节　苏中稻麦两熟区耕播环节复式作业精准化创新

提要： 针对稻麦轮作体系下，稻麦周年生产难以协同提高的问题，对耕播环节机械化作业进行创新设计。设计的双轴旋耕匀混施肥播种复式作业机能够一次性完成深旋耕、秸秆还田、施肥、播种、开沟、镇压等多道工序。其中，基于双轴分层切削原理，设计的“Z”形机架侧板的旋耕装置可提高旋耕深度至 20 cm 以上；采用控制电机与排种轮直连，通过控制电机的转速变化调节排种量，使播种排肥的变量控制更加精准可靠。试验结果表明，与传统机型相比，设计的双轴匀混施肥播种复式作业机能够显著提高播种质量，利于出苗壮苗，提高稻麦产量。该研究可为苏中稻麦两熟区机械化创新提供参考。

一、科学问题与技术需求

（一）问题的提出

水稻、小麦是我国重要的粮食作物，其产量占我国粮食总产 57.4%～62.2%，这对于稳定经济发展，保障国家粮食安全具有重要的现实意义（樊晓翠，2011；Huanhe Wei et al.，2018；Wenshan Guo et al.，2012）。近年来，随着我国城镇化进程的加快、农业机械化水平的不断提高，我国稻麦的机械化生产也呈现加快发展的趋势（张洪程 等，2014）。其中，小麦生产已基本实现全程机械化。水稻生产综合机械化水平截至 2014 年达到了 73.8%，其中机械耕作达 95.5%，机械种植达 38.5%，机械收割达 80.2%。

“生态优先、绿色发展”理念正逐步深入，提高资源利用效率、提高投入产出率已逐渐成为现代农业生产的重要目标。江苏是我国具有代表性的稻麦两熟制种植省份之一，其中以水稻、小麦一年两熟作为主体农作制的种植面积约 2 400 万亩（曹卫华，2015）。在稻麦轮作生产体系中，田间作业主要包括耕整地、秸秆处理、种子处理与育秧、小麦播种或水稻插秧、开沟、灌溉、施肥、除草、植保、收获等处理。目前，耕种环节尚存在的不足，主要包括以下 2 个方面：

1. 秸秆还田旋耕深度偏浅，被耕作的土层中秸秆比例过高、秸秆成堆

随着我国农业机械化进程的不断推进，农作物的产量稳步提高，农作物秸秆焚烧产生的环境污染却越来越成为人们关心的问题（李新国，2016）。秸秆还田技术是其综合利用的重要手段之一，目的是减少焚烧、改善土壤环境、提升土壤肥力、减少肥料用量。近年来，农业农村部已将秸秆还田列为“丰收计划”和“沃土计划”的主要内容，并多次发出紧急通知，要求各地严禁焚烧秸秆，切实做好秸秆还田和综合利用工作（朱松 等，2015）。

前期调研显示，目前江苏省秸秆还田主要采用单轴旋耕埋茬的技术方案。但是，由于研究区土壤质地相对黏重，秸秆还田机旋耕深度偏浅（≤12 cm），这将造成耕作土层中秸秆比例过高、秸秆成堆（金亦富 等，2014）。同时，旱地少水、冬季天冷，埋在土壤下的秸秆无法迅速腐烂，会和下茬作物争夺氮肥，影响作物根系发展。另外，目前的秸秆还田还存在工序繁多、能耗高、作业效率低、成本费用高等问题，严重降低农民秸秆还田的积极性（张瑞宏 等，2013）。

欧美国家的种植制度以轮作制和一年一熟制为主，其作物秸秆是隔季还田，而我国是当季还田。隔季还田一般不考虑前茬秸秆的缠轴问题，也不考虑秸秆腐化的吸氮问题。目前，国际上生产大功率旋耕机厂商较多，具有代表性的有美国的约翰迪尔公司和法国的库恩公司。如库恩公司生产的一种 EL 201-400 型动力驱动方式旋耕机，作业宽幅 4 m，刀尖回转直径 600 mm，采用“L”形锻钢刀，最大作业深度达 26 cm，功率消耗为 235. 36 kW（320 马力），限深采用压土辊（袁晓明 等，2012）。约翰迪尔的产品与库恩的产品相仿，不同的是采用“C”形刀片。但是，上述机型均不适合长茬（高留茬）、多茬（秸秆量大）、当季茬的作业。

我国从 20 世纪 50 年代开始研制与国产拖拉机配套的旋耕机，先后开发了动力配套范围较宽的旋耕机具（汪胜英，1992）。目前上市的旋耕机最大功率为 88. 26 kW（120 马力），江苏银华春翔机械制造有限公司、灌云县黄海机械有限公司均有生产，耕作幅宽 3. 5 m，耕深为 14~16 cm，工作方式为拖拉机悬挂式。扬州大学与常州江南机具厂、扬州市中华电力机具有限公司联合开发的 1GS-150 型秸秆粉碎正反转旋耕灭茬机于 2003 年上市，该机可以一次性完成秸秆切碎、正转旋耕或反转旋耕复式作业，该机为稻秸秆的还田作业提供了良好机型。但是，该机的耕深不足（≤16 cm）导致耕层中秸秆比太高影响作物生长，仍是影响作业效果的不足之处。

此外，目前国内旋耕刀最大回旋直径为 490 mm，不适合 20~22 cm 耕深的旋耕作业。美国、法国等采用的“L”形旋耕刀回旋半径为 600 mm，可以完成 20~22 cm 耕深的旋耕作业，但旋耕阻力大且易滑草，不适合我国的灭茬旋耕作业（朱河霖，2012）。因此，需要优化设计现有秸秆还田机械，提高秸秆还田深度和匀混效果，实现秋耕秋播秸秆无害化还田。

2. 传统的耕播环节多，成本高

传统的耕播环节涉及的田间作业包括秸秆处理、耕整地、开沟、播种、施肥等多道关键工序，存在费工、费时、作业成本高等问题。目前，我国稻麦种植区耕播机械存在着复式作业程度低、能耗高、作业成本居高不下的问题，严重制约着种植业的可持续发展（徐高明，2015）。尤其是在稻麦轮作体系下，常出现为了实现单季高产的突破，导致下茬迟栽迟播，整个稻麦周期下产量此消彼长，难以协同提高的问题。

农场以犁翻深耕为主线，分别进行犁耕—耙（2～3 遍）—施肥—播种—开沟五个独立作业工序。上述耕作工艺的优点是能长年实现深耕秸秆全量还田，犁翻深耕后还能大大增加耕作层厚度，这种工艺为农业养地、护地、秸秆还田、保持土壤有机质、肥沃耕作层做出了巨大贡献。凡是采用这种工艺的土地，其产量要比浅耕法地块高出 10%～30%。但缺陷也是明显的，主要表现为每次耕作要拖拉机四次下地，复式作业程度低，其单季作业成本高达每亩 130～150 元，致使农业种植成本居高不下。

农村以旋耕为主线，进行旋耕—播种—施肥联合作业、开沟二道工序，部分地区进行深松单项作业。上述耕作工艺的优点是复式作业程度有所提高，其单季耕作成本降为 70～90 元/亩，有效降低了农本，为农户增收做出了贡献。但是该工艺存在着旋耕深度浅、耕作层秸秆比例太高的缺陷，严重影响下茬作物的生长，间接地导致农户焚烧秸秆，造成严重雾霾（朱松，2015）。此外，该工艺致使耕作层变浅，不符合养地和培肥土壤的原则，不利于农业可持续发展。因此，在保证深耕的前提下进一步提高复式作业程度，实现深耕与复式作业的协调统一，提高整地或整地播种质量，降低农业耕作成本仍是当务之急。

我国的耕作方式多种多样，就目前国内农场的耕作制度来看，主要是采用犁耕后碎土再施肥播种的方式，其复式作业程度较低，种植成本偏高，而采用旋耕的方式可有效改善这一状况，如河南豪丰机械制造有限公司研制的 2BXS-11 型旋耕施肥播种机，江苏连云港市大陆旋耕机厂研制的大陆桥牌 1GQN-200S 型灭茬旋耕施肥播种复式作业机，河北永发鸿田农机制造有限公司研制的 2BF-9 旋耕施肥播种机（何志文 等，2010）较受欢迎。目前最大的旋耕播种机幅宽为 3 m，耕深为 14～16 cm，洛阳裕农机械有限公司、上海张桥旋耕机有限公司均有生产，但这些机型均不适合于实施多茬、长茬、当季茬的作业，且旋耕深度有限，不能实现秸秆的深埋与全量还田，耕作后的土壤中秸秆比例偏高，不利作物生长。另外，播种与施肥作为耕播环节重要的作业内容，其作业的精准程度直接影响着后续作物的生长发育及产量（王熙，2010；金妙光，2009）。

综上所述，稻麦两熟制下的耕播环节须考虑周年两季协同提高的要求，突破原有的单项机械，对农机装备进行复式作业技术设计，研发耕整地、秸秆还田、开沟、播种、施肥一体化的复式作业机，实现稻麦轮作下秸秆无害化全量还田、减少作业工序、降低成本，提高稻麦体系精细化耕作与生产效率。

（二）主要研究内容

从秸秆还田耕作趋势看，我国的旋耕机械逐渐向大功率、大耕深、多重复合作业方向发展，大耕深不但可以解决前茬秸秆全量还田问题，也可以逐步解决我国耕作层越种越浅导致的土壤退化问题。目前，在犁耕工艺上发展秸秆全量埋田的复式作业功能较困难，因为犁的结构均纵向很长，结构上很难实现，只有增加旋耕机功率、加大旋耕深度，解决耕作层秸秆比例太高问题、多重复式作业的动作协调问题、大耕深旋耕节能问题等，才能解决秸秆全量还田条件下的多重复式作业问题，进而减轻农户经济负担，增加稻麦产量，大大减少由于秸秆燃烧引发的一系列问题。

苏中地区是江苏省重要的粮食主产区，土壤质地主要为黏土，质地黏重，深耕阻力大，该研究将有利于江苏省黏土条件下的秸秆还田及小麦精量播种技术的发展，并为农机具减阻设计提供参考。根据前述技术需求调研结果，围绕苏中地区展开的稻麦两熟制最为突出的秋耕秋播问题，耕播环节复式作业技术与机具创新内容主要为：为适应规模化生产的技术要求，针对秋耕秋播秸秆无害化还田高效复式作业问题，研究双轴分层旋耕技术，集成稻秸秆全量还田双轴深旋匀混小麦施肥播种镇压复式作业机。

二、创建的新技术方案

（一）研究思路与总体方案

该技术方案结合国内外农作物秸秆循环利用的发展趋势，从符合我国国情的农业废弃物循环利用复式作业技术出发，在旋耕、施肥、播种装置设计制造的关键技术中凝练科学问题，采取理论研究、规律探索与试验验证相结合，前沿技术研究与工程应用示范相结合的方式，集中和融合高等学校与装备制造企业各自的优势，开展深旋耕施肥播种镇压复式作业机具的关键科学理论与核心设计制造技术研究，并将研究成果用于指导工程实践，以实现稻麦秸秆还田机械化肥料化循环利用。其技术路线见图 3-3-1。

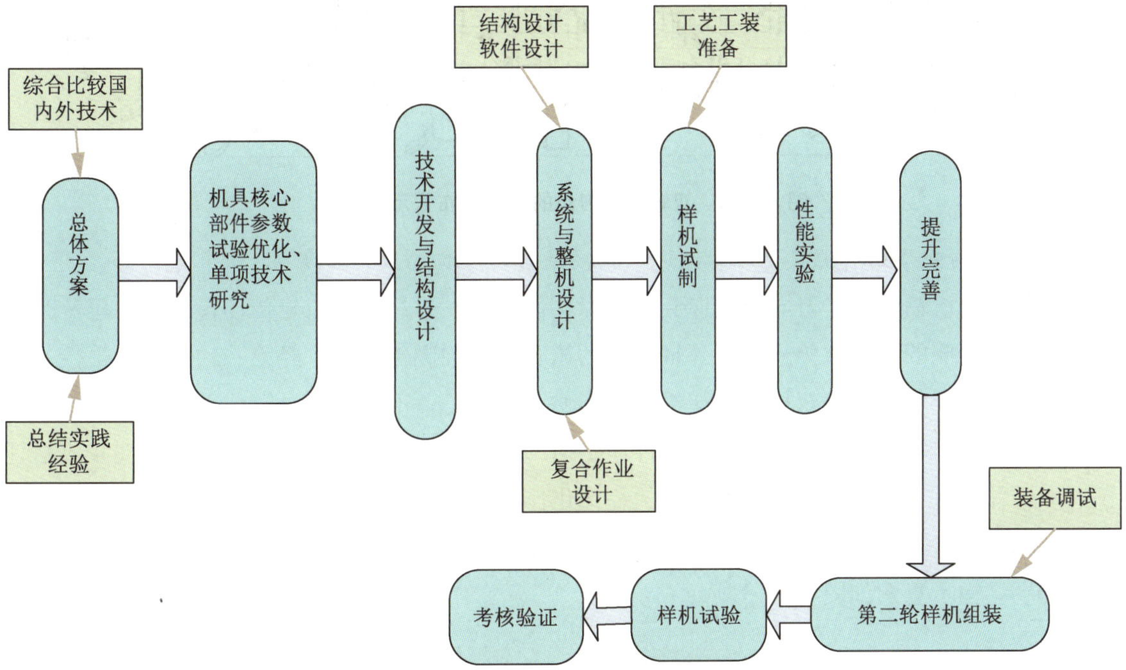

图 3-3-1　技术路线

1. 大耕深双轴旋耕切土机构的设计布置与耕作减阻性能研究

目前单轴旋耕机耕深偏浅（≤12 cm），土壤中秸秆比例过高，影响下茬小麦的出苗生长。为了提高旋耕深度，解决的方案主要有以下 2 种：一是采用更大旋转半径的旋耕刀，但是刀轴扭矩与旋耕刀的旋转半径的平方成正比，增加旋耕刀回转半径后会使刀轴的扭矩显著增大，对刀轴、旋耕刀的材料、热处理、焊接带来了很大挑战；二是采用双轴旋耕方法，前后两轴上下错位，同一个地方耕作两次，实现深旋耕。综合考虑，选取方案二作为研究路线，并将旋耕部件集成于施肥播种复式作业机上。

设计的双轴旋耕刀组结构及布置如图 3-3-2 所示。第一旋耕刀轴与第二旋耕刀轴呈前后布置，且第一旋耕刀轴在前，第二旋耕刀轴在后，初定前后距离为 45 cm；第一旋耕刀轴在上，第二旋耕刀轴在下，初定上下距离为 15 cm。第一轴侧传动箱与第一轴处侧板的最低端高于第二轴侧传动箱与第二轴处侧板的最低端 5 cm 以上。在第一轴处的左侧板与右侧板的两侧距离大于第二轴处左右侧板外侧距离与第二轴侧传动箱厚度之和，以保证第二轴侧传动箱和侧板底部能紧贴第一轴旋耕后的沟底向前运动。第一轴旋耕刀的耕作深度为 10～15 cm；第二轴旋耕刀在第一轴旋耕刀耕作的基础上再耕作 10～15 cm，从而使整个耕作深度可以保证在 20 cm 以上。通过加工试制，并配套大功率拖拉机试验研究双轴切土的效果，包括耕作深度以及耕作能耗，合理调整设计双轴布置位置，优化结构设计。

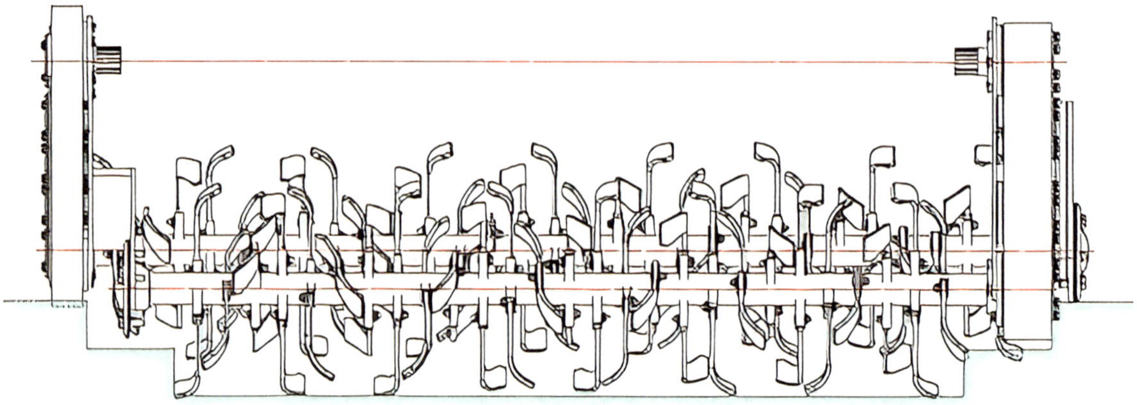

图 3-3-2　双轴旋耕刀组的结构及布置示意图

2. 适应双轴分层切削配置要求的侧边立轴高效传动机构的设计与研究

动力从拖拉机输出轴经万向节传递到中间齿轮传动箱，通过中间齿轮传动箱减速增扭及改变传递方向后经两侧的万向节传递到第一轴侧传动箱和第二轴侧传动箱，经第一轴侧传动箱传递出的动力分两部分，一部分经双排链传递给第一旋耕刀轴，另一部分则通过链传动传递给施肥播种机构，第二轴侧传动箱的输出动力则直接传递给第二旋耕刀轴，使得该机器能够一次性完成秸秆还田、双轴深旋耕、施肥、播种四道工序的复式化作业，作业的效率得到很大的提高。同时，经中间传动箱另一边输出动力给自由振动机构，用于振动深松，从而完成深松用动力支配。整个侧边立轴传动结构示意图如图 3-3-3 所示。

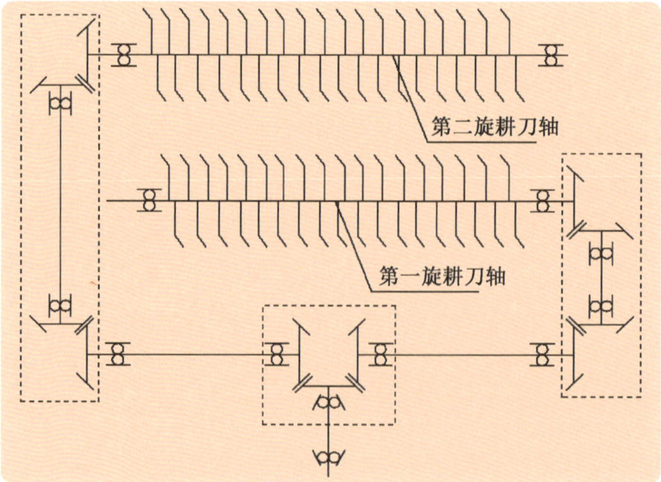

图 3-3-3　机具侧边立轴传动结构

3. 电控精量播种机构设计研究

目前，江苏省的农业生产已经向智能化方向大幅迈进，但是半幅播种问题尚未解决，因而施肥播种的智能化变量控制将是农业装备精准化创新解决的技术难题。精准播种技术是变量投入技术在播种机械上的应用，是实施精准农业的重要内容之一，该技术的实施不仅能提高作物产量，节约种子资源，节省间苗人工，而且其机械化、自动化程度比较高，增加了经济效益，实现了农业的可持续发展，是现代农业发展要求的具体展现(孙立民 等，2009)。

针对目前农业生产对播种智能化、播种量可控化、半幅播种问题亟待解决的迫切要求，采用单行独立电控播种技术，设计一种单行独立外槽轮式电控排种器，解决变量播种、半幅播种、漏播监督、及时补种等问题，为促进播种机械智能化发展提供技术指导支撑。

采用单行独立电控播种技术，设计的单行独立外槽轮式电控排种器结构如图 3-3-4 所示。设计的电动排种器在动力传递方面采用电机。外槽轮电动排种器主要由外槽轮、排种器壳体、阻塞轮、毛刷、挡圈、联轴器、啮合轴和电机等组成。外槽轮、阻塞轮、两端挡圈和清种毛刷都安装在排种器外壳上，排种器外壳作为支架可与种子箱、排种管等外部装置连接。外槽轮排种器动力由电机供给，电机通过联轴器和啮合轴与外槽轮连接，电机转速决定外槽轮转速。外槽轮有效工作长度可调节，阻塞轮与外槽轮不仅同轴，外径尺寸也相同，移动阻塞轮的轴向位置可改变外槽轮有效工作长度。

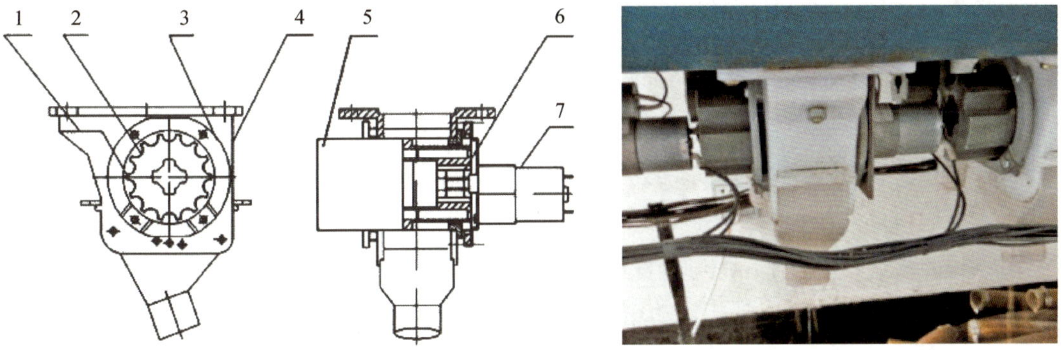

1—毛刷；2—外槽轮；3—挡圈；4—排种器壳体；5—阻塞轮；6—联轴器与啮合轴；7—电机。

图 3-3-4 外槽轮电动排种器示意图

控制式电动排种排肥器由排种盒、控制电机、排种轮、排种刷、连接耳组成；采用直流无刷控制电机，12 V 直流电压，拖拉机电瓶电源供电；采用多路逻辑控制电路及控制程序，控制电机，人机界面与拖拉机导航系统贯通。

总体上，采用控制电机与排种排肥轮直连，用控制电机的转速变化调节排种排肥的量，使得播种排肥的变量控制变得可靠简单。同时，采用逻辑开关电路调停排种排肥器，使得半幅播种停行在驾驶室内即可完成。

（二）双轴旋耕匀混施肥播种复式作业机设计

1. 整机结构及工作原理

图 3-3-5 为双轴旋耕匀混施肥播种复式作业机的结构示意图，主要包括动力传输部分、旋耕部分、施肥播种部分。

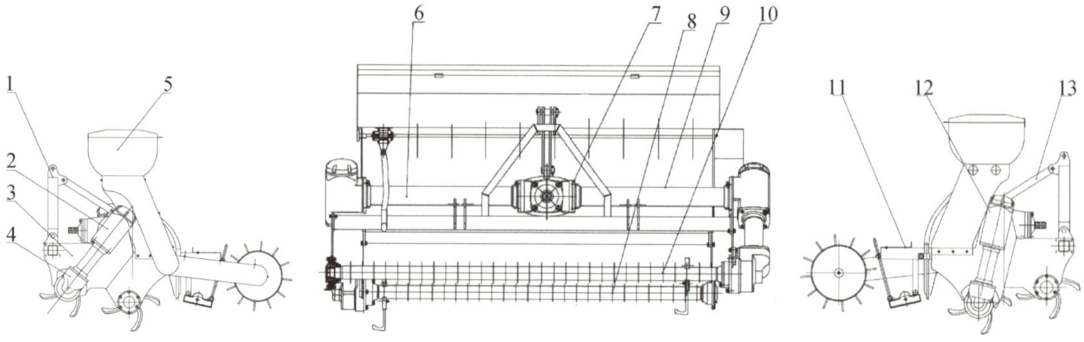

1—前支架总成;2—侧前传动总成;3—左侧板;4—前侧下箱体总成;5—施肥播种机构总成;
13—后传动横轴总成;18—中间箱体总成;19—后刀轴总成;20—前传动横轴总成;21—前刀轴总成;
22—后支架总成;27—侧后传动总成;28—上拉杆。

图 3-3-5 双轴旋耕匀混施肥播种复式作业机结构示意图

动力传输部分包括侧前传动总成 2、侧后传动总成 27、中间箱体总成 18、前传动横轴总成 20。动力经拖拉机通过万向节传入中间齿轮传动箱，中间齿轮传动箱通过万向节将动力分别分配给侧后传动箱和侧前传动箱，侧后传动箱将动力传递给后轴旋耕刀，侧前传动箱将动力传递给前轴旋耕刀。施肥播种箱链轮，动力输出链轮将从地轮得到的动力按一定的传动比传递给施肥播种箱的排肥排种轮，从而使各工作部件进行正常工作。

旋耕部分包括前轴旋耕刀、后轴旋耕刀。前轴旋耕刀和后轴旋耕刀分别安装于复式作业机的前后，前轴旋耕刀与后轴旋耕刀的旋耕刀轴水平方向上相距 40~45 cm，在竖直方向上前轴旋耕刀比后轴旋耕刀的刀轴高 5~15 cm。前轴旋耕刀的耕作深度为 5~15 cm，后轴旋耕刀在前轴旋耕刀耕作的基础上再耕作 5~15 cm，使整个耕作深度达到 20 cm 以上。

为了确保旋耕部件的入土效果，达到深耕目的，两个旋耕刀轴呈不等幅宽设计：前刀轴处的左侧板与右侧板的两侧距离大于后刀轴处左右侧板外侧距离与第二轴侧传动箱厚度之和，如图 3-3-6 所示，即 $a>b+c$，以保证后刀轴侧传动箱和侧板底部能紧贴前刀轴旋耕后的沟底向前运动。

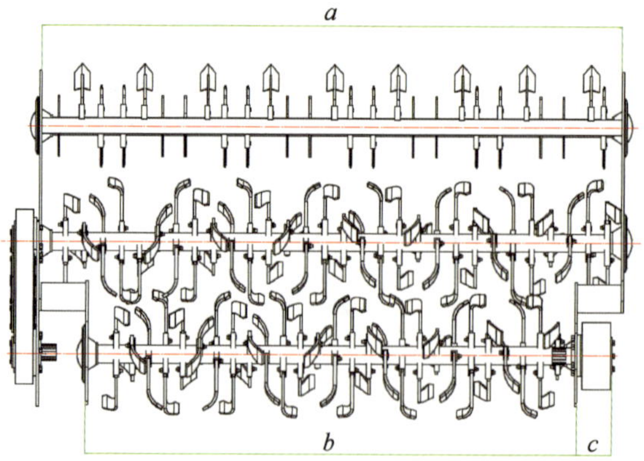

a 为第一轴处的左侧板与右侧板两侧距离;b 为第二轴处的左右侧板距离;c 为第二轴侧传动箱厚度。

图 3-3-6 刀轴布置示意图

施肥机构包括肥料箱、排肥轮、排肥盒、连接管、排肥头，播种机构包括种子箱、排种轮、排种盒、连接管、排种头。施肥机构在前后轴旋耕刀双层切削深耕后进行深施肥，播种机构在深耕、深施肥后立即进行播种，以实现复式化联合作业。

机具性能特点分析：

1）采用双层切土原理，利用双轴旋耕刀切削技术，实现秸秆覆盖下的深旋耕，解决秸秆覆盖情况下不能实施耕作的难题。旋耕深度达 20 cm 以上，有效减少了土壤的秸秆比，有利于下茬作物的生长。

2）采用小回转半径旋耕刀的小阻力矩，实现了大耕深的目的（旋耕阻与旋耕刀刀尖半径的平方成正比，即旋耕刀的回转半径增大，旋耕阻会成倍增加），使旋耕单位体积土壤减少功耗 1/3 以上，节省能耗 1/3 以上。

3）秸秆切碎、深旋耕、深施肥、播种一体化高程度复式作业技术，该技术将现有的三至四道工序并为一道，节省耕作能耗 2/3、节省耕作成本 2/3，省时节本，变相为农民增收。

2. 主要技术参数

双轴旋耕匀混施肥播种机主要技术参数见表 3-3-1。

表 3-3-1 双轴旋耕匀混施肥播种机技术参数

项目名称	单位	参数
作业幅宽	cm	200
配套动力	kW	66. 19
施肥行数	行	10
最大施肥量	kg/hm^2	900
排肥器数量	支	10
肥箱容积	m^3	0. 18
播种行数	行	12
最大播种量	kg/hm^2	450
排种器数量	支	12
种箱容积	m^3	0. 18
旋耕刀型号		IT225
前轴刀片数量	把	64
前轴刀辊转速	r/min	240
后轴刀片数量	把	58
后轴刀辊转速	r/min	240

3. 关键部件设计

该机具的关键部件主要包括异形的左右机架侧板和安装于两侧传动箱的犁形翻土铲。异形的左右机架侧板决定了第二旋耕刀轴是否能在第一旋耕刀轴旋耕后的基础上再进行入土旋耕，即决定了耕深能否达到 20 cm 以上，从而决定了秸秆还田的效果和施肥的深度能否达到要求。因此，异形机架侧板是本机的关键，也是该机具的创新之处。犁形翻土铲能够将两侧传动箱前方的土壤向两侧翻，从而使侧传动箱更好地入土。

异形机架侧板呈“Z”形结构，由内侧板、中间板、外侧板组成，如图 3-3-7 所示。内侧板上安装第二轴旋耕刀部件和侧边传动箱，外侧板上安装第一轴旋耕刀部件，内外侧板由中间板连接。由于内外侧板是纵向的，而中间板是横向的，从而使得安装于内侧板上的第二轴旋耕刀部件宽度小于安装于外侧板上第一轴旋耕刀部件的宽度，这样可以使第二轴旋耕刀完全位于第一轴旋耕刀的耕作范围内，使第二轴旋耕刀更好地入土，而第二轴旋耕刀很好地入土可以保证其在第一轴旋耕刀耕后的基础上再进行旋耕时的耕作深度，从而使整个耕作深度可以保证在 20 cm 以上。

犁形翻土铲安装于两侧传动箱的前面，小犁铲由犁形曲面的翻土板以及将小犁铲连接在侧板上的连接固定板组成，犁形曲面的翻土板高为 25 ~ 30 cm，其宽度略大于左右侧齿轮传动箱的厚度，如图 3-3-8 所示。在第一轴旋耕刀耕作过后，第二轴旋耕刀将在第一轴旋耕刀耕作后的土壤里继续入土旋耕，为了使第二轴旋耕刀更好地入土并减小两侧传动箱在土中滑行的阻力，在两侧传动箱的前面设计并安装小犁铲，可以将两侧传动箱前方的土向两侧翻，从而达到更好入土和减少阻力的目的。

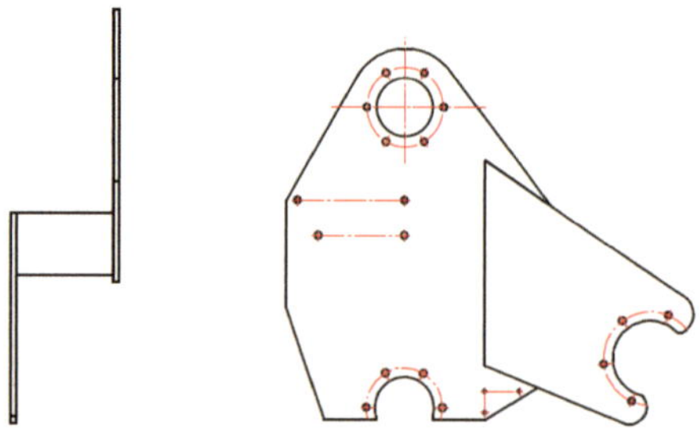

图 3-3-7　异形机架侧板结构示意图

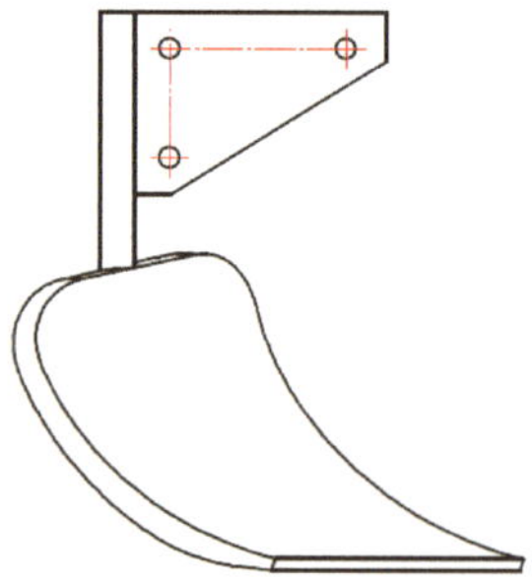

图 3-3-8　犁形翻土铲结构示意图

三、示范应用取得的效果

1. 田间试验

1.1　试验目标

田间作业性能试验旨在测试机具产品性能设计是否符合田间作业要求，验证机具各机械运转部件是否正常工作，机械强度是否满足要求，作业后各项性能指标参数是否达到设计要求。同时，田间试验也是样机改进的重要依据。检测的主要内容包括耕深、耕深稳定性、耕后地表平整度、碎土率、播种施肥性能等。

1.2　试验条件

2016 年 11 月 8 日，机具在泰州红旗农场试验田进行了田间作业试验，按照规定对样机进行安装和调试，试运转 20 min，使机具达到正常状态，田间试验照片如图 3-3-9 所示。试验地为旱田，土壤质地为壤土，试验前先将秸秆均匀铺于田中，试验的耕作距离为 30 m，耕作后在幅宽和耕作方向上按一定的距离多次进行测量，并按一定的要求取得均值。机具采用的前进速度为 3.29 km/h，具体的试验条件见表 3-3-2。

图 3-3-9　田间试验

表 3-3-2　田间试验条件

名称	单位	参数
环境温度	℃	18~22
土壤类型		壤土
前茬作物		水稻
配套动力	kW	66.19
土壤相对含水量	%	22
秸秆量	kg/hm^2	6 734

1.3　试验结果

(1) 耕深、地表平整度　试验中对土壤耕作后的耕深进行测量。在机组前进方向上取十个位置，每个位置取该行程处的左右 2 个点，总共 20 个点进行测量。依次计算得出各个行程耕深的平均值、标准差、耕深变异性系数和稳定性系数。耕后地表平整度的测量是指在作业后，使用水平尺确定一个水平面，选取 10 个点，测量各点到水平基准面的垂直距离，计算 10 个取值的标准差，测量结果见表 3-3-3，计算得出平均耕深 22.35 cm，耕后表面平整度为 1.5 cm。

表 3-3-3　耕深及平整度测量记录

序号	耕深 1(左)/cm	耕深 2(右)/cm	地表平整度/cm
1	22.0	22.2	1.3
2	22.7	22.9	1.5
3	22.8	21.0	1.7
4	22.4	22.5	1.4
5	22.8	22.9	1.5
6	22.4	21.2	1.6
7	22.9	22.1	1.5
8	22.2	22.4	1.4
9	22.4	22.2	1.6
10	22.4	22.6	1.5
平均值/cm	22.35		1.5
标准差/cm	0.51		0.12
变异系数/%	2.28		7.60
稳定性系数/%	97.72		92.40

(2) 碎土率　碎土率在已耕地上进行测定，根据国家标准选择的方法是测定 0.5 m×0.5 m 面积内的全耕层的土块，土块大小按其最长边分为<4 cm 和≥4 cm 两级，测量结果见表 3-3-4。

表 3-3-4　耕后土块测定

项目名称	结果/kg		
测定次数	1	2	3
<4 cm	39.14	25.03	20.85
≥4 cm	6.32	8.95	3.03

碎土率的计算参照式(3-3-1)：

$$S=M_1/(M_1+M_2)\times 100\% \tag{3-3-1}$$

式中，S 为碎土率,%；

M_1 为<4 cm 的土块质量，kg；

M_2 为≥4 cm 的土块质量，kg。

计算得碎土率 $S=M_1/(M_1+M_2)\times100\%=82.3\%$。

（3）施肥性能　根据 GB/T 9478—2005《谷物条播机　试验方法》，对各行排肥量进行测量，并计算各行排肥量的一致性变异系数。农业技术要求排种(肥)量进行测定时，测定行数不少于 6 行，少于 6 行的应测每一行的排量。本次试验对取样机的全部 10 行排肥量进行测量，得到如表 3-3-5 所示的测量值。

表 3-3-5　施肥性能监测记录

测试点	各行排肥量/g									
	1	2	3	4	5	6	7	8	9	10
1	209.3	215.7	195.3	214.4	215.5	225.1	215.5	216.4	215.3	215.9
2	215.4	216.2	274.9	265.3	209.3	216.4	214.4	233.3	215.3	201.3
3	222.7	215.2	244.4	214.9	244.6	187.3	214.5	215.4	222.1	215.0
4	235.3	209.4	216.4	208.3	213.7	296.0	235.3	295.8	218.4	200.3
5	205.3	210.3	205.3	274.1	205.3	197.3	219.4	215.3	199.3	217.3
各行平均	217.6	213.4	227.3	235.4	217.7	224.4	219.8	235.2	214.1	210.0
平均值/g	221.5									
标准差/g	23.2									
变异系数/%	10.5									
稳定性系数/%	89.5									

得出施肥均匀性变异系数为 10.5%，稳定性系数为 89.5%。

（4）播种性能参数测量　根据 GB/T 9478—2005 中对排量试验测定方法，对播种性能进行测定。结果如表 3-3-6 所示。

表 3-3-6　播种性能测试结果

项目名称	结果/%
播种稳定性	96.2
播深合格率	90.0
播种均匀性变异系数	40.0
各行排种量一致性变异系数	3.8

结果表明，样机工作后的播种稳定性为 96.2%，播深合格率为 90%，播种均匀性变异系数为 40%。

1.4　试验小结

设计的双轴旋耕匀混施肥播种复式作业机运用双轴分层切削原理，采用双轴“Z”形阶梯状立体空间布置结构和双轴分层旋耕切土工艺，实现深旋耕及秸秆深埋技术的突破，使旋耕深度能达到 20 cm 以上，突破了江苏省苏中地区黏重土壤旋耕深度难以达到 12 cm 的深度指标。

该机具一次性耕作能实现深旋耕、秸秆还田、施肥、播种、开沟、镇压等多道工序的作业，平均耕深>20 cm，耕深稳定性>90%，地表平整度 1.5 cm，碎土率>80%，播种深度合格率 90%，播种量均匀一致。解决了秸秆全量还田由于旋耕深度过浅导致的土壤中秸秆比例太高，而严重影响下茬作物生长的问题，大大节省耕作能耗和成本，并能有效提高秸秆还田效率，是秸秆还田机械的升级换代产品。

2. 示范应用

设计的双轴旋耕匀混施肥播种复式作业机，旋耕深度超过 20 cm，一次作业实现深旋、深埋、施肥、整平、播种、镇压等多道工序。示范作业如图 3-3-10 所示，双轴二次旋耕全耕层均匀埋茬、秸秆全量还田，秸秆深埋于土壤并充分混合。实现修复土壤，保湿保墒，最终达到增加土地有机质、稳产、增产的目的。

图 3-3-10　高灭茬播种示范作业

四、与对照技术的技术经济指标比较

（一）与传统机型的试验对比

试验土壤为壤土，机具采用的前进速度均为 0.91 m/s，从图 3-3-11、图 3-3-12 中的新旧机型作业效果可以发现，改进后的机型灭茬效果更好，土壤表面几乎无秸秆露出，可以实现秸秆的高质量全量还田；而旧机型作业后的土壤表面秸秆残留严重。

图 3-3-11　传统机型下的田间试验

图 3-3-12　新机型下的田间试验

（二）秸秆全量还田改土增产的效果

为研究秸秆还田对土壤改良作用及作物生长影响，对不同年限秸秆还田的田块土壤进行取样检测，以不实施秸秆还田为对照，测定相关的物理性状和养分含量等指标，统计最终实际产量，探究秸秆还田的土壤改良效能和对作物增产的作用。

1. 对田间土壤养分含量的影响

不同还田年限田块各选取 1 块，每田块面积约 3. 33 hm^2，每田块取点 20 个，每茬作物收获后采样 1 次。取样时用直径 2 cm 的不锈钢采土器在 0~20 cm 土层进行“S”形多点采集土壤样品。有机质采用重铬酸钾法—硫酸氧化法测定，全氮采用凯氏定氮法测定，全磷采用酸溶—钼锑抗比色法测定，全钾采用氢氧化钠熔融法—火焰光度计法测定，速效氮采用凯氏定氮法测定，速效磷采用碳酸氢钠提取—钼锑抗比色法测定，速效钾采用乙酸铵提取—火焰光度计法测定。两年的土壤取样检测结果充分反映了秸秆还田对土壤养分的补偿效能(表 3-3-7)。秸秆还田后，土壤氮、磷、钾及速效氮、速效磷、速效钾、有机质等均呈上升趋势。

表 3-3-7　秸秆全量还田对田间土壤养分含量的影响

处理	N/%	P_2O_5/%	K_2O/%	速效氮/($mg \cdot kg^{-1}$)	速效磷/($mg \cdot kg^{-1}$)	速效钾/($mg \cdot kg^{-1}$)	有机质/%
不还田	0. 106	0. 145	1. 330	67. 672	15. 093	145. 203	1. 470
还田 1 年	0. 118	0. 163	1. 340	71. 298	17. 563	150. 020	1. 805
还田 2 年	0. 143	0. 190	1. 395	105. 537	18. 446	153. 470	2. 185

秸秆还田对土壤物理性状也有较大的影响。秸秆还田后有机肥料在腐解过程中形成腐殖质，能改善土壤的结构，增进土壤保水保肥能力，改良耕性，同时使土壤团粒化，还田后容重降低，土壤总孔隙度、毛管孔隙、贮水量均提高。稻麦秸秆是培肥土壤很好的有机肥源，秸秆还田后不但能增加土壤有机质含量、减少化肥施用量，还能防止土壤板结、降低土壤容重，保护良田。

综合表明，秸秆还田改善了土壤性状，创造良好的根系生长环境，土壤肥力逐年提高，有利于作物生长。

2. 秸秆全量还田对下茬作物产量的影响

在稻秸秆全量还田条件下，对小麦施肥播种复式作业的增产效果进行了试验研究。复式作业工序为深旋耕+施肥+播种一次性作业，对比工序为旋耕(犁耕+碎土)、施肥、播种 3 次作业，结果如表 3-3-8 所示。复式作业后，实现秸秆全量还田，减轻农户经济负担，节省时间，还能够增加亩产，满足当下实际需求，应用前景十分广阔，利于加快农作物秸秆循环利用的大面积推广。

表 3-3-8　复式一次性作业与分次作业方式的技术经济指标比较

技术、经济指标	本项目工艺技术	
	实施前	实施后
稻田耕种工艺程序	旋耕(犁耕+碎土)+施肥+播种(3 次作业)	深旋耕+施肥+播种(一次性作业)
稻田耕种作业次数	3	1
亩稻田耕作费用/元	35	10
稻秸秆还田量/%	0	100
整个工艺程序耗时/d	10~15	5~7
小麦亩产/kg	350	450

五、应用前景与发展建议

（一）研究结论

1）本研究针对规模化生产中对秸秆全量还田和耕播复式作业技术需求，设计了双轴旋耕匀混施肥播种复式作业机，一次性完成旋耕、秸秆还田、施肥、播种、开沟、镇压等多道工序，这不仅提高了作业效率，减少了作业时间，降低了劳动强度，还降低了作业成本，提高了作业的积极性。

2）采用双轴阶梯状“Z”形立体空间布置结构和双轴分层旋耕切土工艺，实现了深旋耕及秸秆深埋技术突破。试验结果表明，样机作业后，平均耕深>20 cm，耕深稳定性>90%，地表平整度 1.5 cm，碎土率>80%，播种深度合格率 90%，播种量均匀一致，能够满足秸秆无害化全量还田的要求。

（二）展望

1）双轴旋耕匀混施肥播种复式作业机的应用，在实现秸秆全量还田的基础上，减少了作业工序，提高了小麦的产量，减轻了农户经济负担，且杜绝秸秆焚烧带来的有害气体排放，对环境保护起一定作用。

2）该样机以江苏稻麦两熟制农作模式为研究对象，针对该区域土壤质地黏重的特点开展了复式作业技术与机具创新。本研究可以为国内其他农业生产区的复式作业设计提供参考，同时，本研究设计的旋耕装置解决了秸秆还田的耕深偏浅问题，对其他土壤环境以及不同的作物秸秆还田机具研究有一定的借鉴价值。

第四节　稻麦谷物烘干机械优化选型配套技术及应用

提要：随着江苏省稻、麦等主要粮食作物产量的提升和粮食机械化收获技术的推广，粮食的干燥储存成为当前面临的重点问题。随着农村劳动力的转移和土地资源的日趋紧张，传统的场地晾晒模式已难以满足当前农业生产的需求。针对上述问题，本课题开展了谷物机械化烘干技术的试验示范，对谷物烘干机具开展了试验选型研究。

一、科学问题与技术需求

随着江苏省稻、麦等主要粮食作物产量的提升和粮食机械化收获技术的推广，原始的谷物干燥方式已无法满足粮食干燥、储存的需求，大批高水分的谷物无法及时晾晒(没有场地、下午或傍晚收获无法晾晒)、装在口袋里或被堆积在一起，时间一长(数小时内)就开始发热，导致谷物的食味、品质大幅下降，时间长的甚至霉变(钟志堂 等，2015；刘汉文 等，2014)。因此，发展谷物机械化烘干技术是解决上述矛盾的重要手段。

同时，原先谷物烘干机的主要燃料为煤炭，其燃烧后的排放物对环境污染较严重，因此以煤炭为热源的烘干机正逐步被要求更换热源，研发环保、经济的新型热源是谷物烘干机械化技术的重点。

二、开展的试验与研究

2015—2017 年在兴化市开展了对稻、麦收获后的谷物烘干机械化生产机具试验示范，确定机具作业的技术方案，并对机具作业的相关效益指标做出分析、评价，对粮食生产规模与烘干机吨位的配置模式给出参考依据。

2015—2016 年在苏州市、南京市溧水区、溧阳市开展了多种热源的热效能、经济指标对比，筛选出合适的新型热源替代传统煤炭热源。选取了燃煤热风炉、空气源热泵、生物质热风炉三种热源进行试验，并结合试验点使用燃油热风炉的数据进行对比分析。由于试制样机数限制，本次试验还选取了试验点 10 t 烘干机一同进行试验。试验数据见表 3-4-1。

表 3-4-1　不同热源烘干性能

机器编号	批次序号	干燥时长/h	湿谷质量/kg	终止含水率/%	水分差/%	降水率/($\%\cdot h^{-1}$)
1	共 28 批次	22.6	9 493.6	13.4	12.8	0.56
2	共 23 批次	19.9	9 905.4	13.9	11.3	0.59
3	共 25 批次	21.2	9 889.2	14.0	11.4	0.53
4	共 24 批次	14.7	5 793.3	14.1	10.7	0.72
5	共 9 批次	40.4	9 700.0	13.4	10.7	0.39
6	共 2 批次	15.5	9 350.0	14.5	10.9	0.72

注：机器编号 1、2、3 为燃煤热风炉 10 t 机组，机器编号 4 为燃煤热风炉 6 t 机组，机器编号 5 为热泵 10 t 机组，机器编号 6 为生物质热风炉 10 t 机组。数据为平均值。

通过对不同热源烘干机进行对比试验，可以得出以下结论：

1）使用燃油的热源在燃料的开销上要远高于其他热源，会使用户在经济花费上产生一定的顾虑，且会对空气造成一定的污染。

2）使用煤炭的热源在作业成本上最低，热风炉本身的价格也在大多数用户的接受范围内，因而成为多数用户的首选。但这种类型的热风炉是通过控制送风来调节温度的，因此当热风炉停止送风时，炉内煤炭会产生不充分燃烧，加上所使用的煤炭品质较低，不可避免地会产生大量的污染物。

3）热泵虽然在作业成本和污染物排放上具有较大优势，但其本身相较于其他热源烘干机在前期增加了电路扩容、热泵购置等方面的资金投入，且数额较大，用户的接受程度低。而且从试验数据中可以发现后半组热泵烘干的小时降水率陡降，主要是由于工作过程中散热装置表面凝结的水和冰会大量吸附灰尘、杂质，热泵换热效率严重下降，导致烘干时间过长。因此热泵机组在布置时还需要注意与烘干场地进行隔离，以防止吸附灰尘、杂质。

4）采用秸秆、木屑压块等生物质燃料的热风炉，因其通过控制进料速度的方式来调节温度，物料始终保持完全燃烧状态，在污染物排放方面比采用燃煤的热风炉有优势，且热风炉和燃料的价格也较为适中，可作为煤炭的替代热源。

2015—2017 年在南京江宁区，无锡江阴市，徐州邳州市，苏州常熟市、太仓市，南通如皋市、如东县，连云港灌南县、赣榆区，淮安金湖县，盐城阜宁县、响水县，扬州高邮市、宝应县、邗江区、江都区，镇江丹阳市，泰州泰兴市、靖江市，宿迁泗阳县、泗洪县、宿豫区分批次对稻麦机械化烘干设备的性能进行调查评价。

三、创建的新技术方案

（一）不同粮食生产规模下的烘干机具及其配置模式

目前粮食烘干主要采用低温循环谷物烘干机，该种机具按照单批次处理量可分为不同的型号，适合江苏省合作社、家庭农场规模的主要有 8 t 和 12 t 烘干机，其中 8 t 烘干机适应的种植规模为 100～300 亩，12 t 烘干机适应的种植规模为 300～500 亩，开展机械化烘干服务的可采用多台烘干机联装的烘干机组。以下是生产上使用的江苏天禹烘干机型号及性能参数（图 3-4-1、表 3-4-2）。

图 3-4-1　天禹 5HXG-80、5HXG-120 型谷物烘干机

表 3-4-2　天禹 5HXG-80、5HXG-120 谷物烘干机性能参数

型号			5HXG-80	5HXG-120
作物籽粒处理量	稻/kg		1 010～8 000	1 010～12 000
	麦/kg		1 230～9 600	1 230～13 800
机体尺寸	全长/mm		3 360	3 360
	全宽/mm		1 785	1 785
	全高/mm		6 510	8 510
机体重量/kg			1 830	2 200
送风机	种类		离心式	
燃烧器	种类		高压枪式	
	点火方法		自动点火	
	燃烧量/$(L \cdot h^{-1})$		3.0～12.0	
	使用燃料		柴油或煤油	
油箱容量/L			100～140	
额定电压/V			三相 380	
最大同时使用电力/kW			6.52	6.52
性能	进料时间/min	稻	35～45	50～60
		麦	35～45	45～55
	排料时间/min	稻	21～26	55～65
		麦	20～30	45～55
	降水率/$(\% \cdot h^{-1})$	稻	0.7～1.2	
		麦	0.8～1.2	
其他性能	安全装置		满量报警，热继电器，风压开关，压力传感器，火焰监视器保险丝，热风温度传感器，籽粒温度传感器，外温度传感器	
	运转方式		定时模式，自动模式，种子模式	
	标准装置		水分检测仪，排尘机，梯子，排粮闸	
	选配热源		热风炉，蒸汽换热器，燃气燃烧器	

（二）谷物烘干机作业技术要求

1. 稻麦烘干工艺

谷物烘干机的主要烘干工艺：预热→干燥→缓苏→冷却→排粮的工艺，其中“干燥→缓苏”的工艺要根据烘干谷物的多少来确定一共用几级，即谷物在干燥部进行加热烘干后进入储留部缓苏一段时间，使籽粒内部水分向表面扩散，降低籽粒内部的水分梯度，然后进入二次干燥→缓苏，常用的缓苏与干燥时间的比值为(5~8)∶1(国家标准化管理委员会，2007a；国家标准化管理委员会，2007b)。

烘干水稻时应采用较低的热风温度，以减少爆腰率。采用38~40 ℃的热风温度，则爆腰率增加量小于2%。水稻干燥过程中的爆腰，不仅与热风温度有关，还与热风湿含量和稻谷的初水分有关。因此高水分的稻谷(尤其是含水率超过25%时)，不能采用高温干燥，一般先要用冷风干燥，以防诱发稻谷的发芽势。当稻谷含水率在25%以下时再点燃烘干机的加热系统。同时，限制水稻的干燥速率，一般应控制每小时降水率不大于0.8%。

烘干小麦时应根据小麦的面筋强度选择热风温度。软质小麦，可用较强的烘干条件，小麦受热的温度控制在60 ℃以上；硬质小麦，其受热温度控制在50 ℃以下。另外，新收获的小麦对热作用很敏感，由于其表皮未达到完全成熟的硬度、表面毛细管少，故不利于水分的汽化，在高温作用下表皮硬化，进一步阻碍水分转移，使小麦品质恶化。因此，烘干新收获的小麦时(尤其是含水率超过22%时)，不能采用高温干燥，一般先要用冷风干燥，当小麦含水率在22%以下时再点燃烘干机的加热系统，其受热的温度应控制在40~50 ℃。

2. 烘干机操作及注意事项

2.1 开机前准备

通电前，检查烘干机的各部分安装、连接是否正确及完好，油箱的燃油是否充足。检查后打开油箱油路开关，合上电源总开关，接通电源(图3-4-2)。

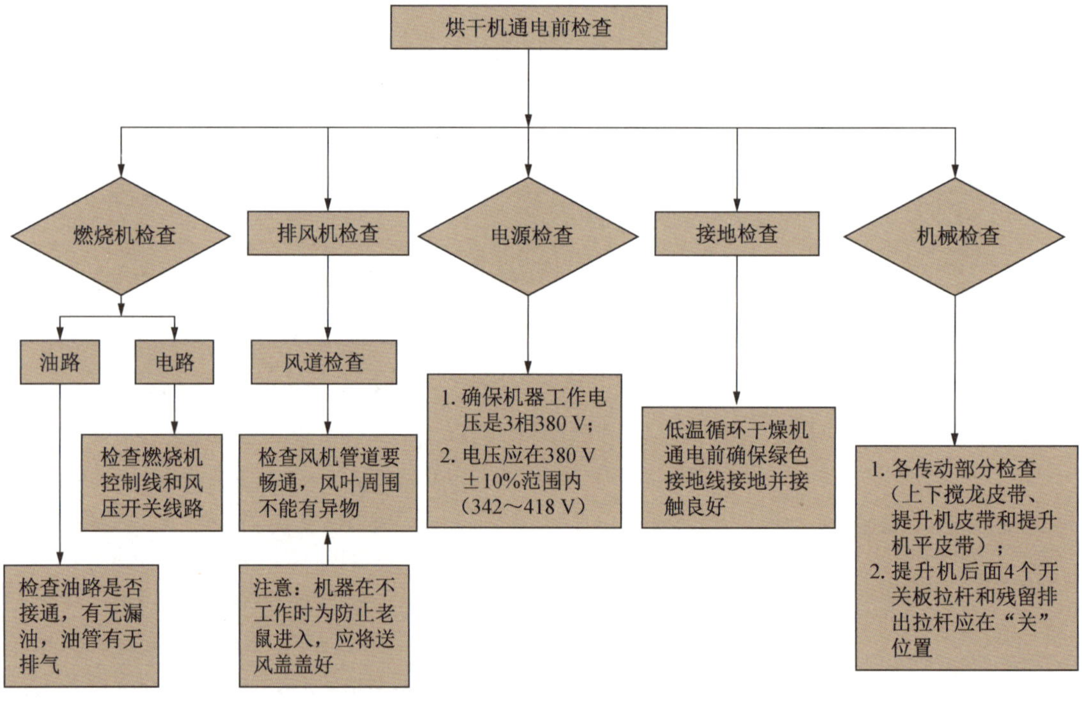

图3-4-2 烘干机开机前检查

2.2 工作模式的选择

一般烘干机有3种工作模式，分别是自动模式、种子模式、定时模式。

（1）自动模式　这是烘干机的常用操作模式，主要用于干燥非种子谷物(商品粮)。

（2）种子模式　主要用于谷物种子的烘干处理。

（3）定时模式　主要用于循环定时和干燥定时(当烘干机在线水分仪出现故障需要进行谷物干燥时，可选择此模式)。

每种操作模式都有进料、循环、干燥、出料4种工作方式。

2.3 工作参数的设置

1）有关参数直接在触摸屏上进行设置，具体内容与选择的工作模式有关。

2）自动模式、种子模式下，需要设定谷物品种、目标水分、谷物量、热风温度，必要时还可以设定水分修正值。

3）定时模式下的循环工作方式，需设定循环时间；定时模式下的干燥工作方式，需在技术人员指导下设定谷物品种、目标水分、谷物量、热风温度，必要时还可以设定水分修正值。

4）定时模式下的各种操作与水分仪是否工作无关，定时循环和定时干燥只与时间参数有关。

2.4 启动设备

常规商品粮、种子一般按照进料—干燥—出料的顺序进行干燥作业。

高水分的稻谷进机后不可采用高温直接干燥，可按进料—循环—干燥—出料的顺序进行作业，循环通风时间视含水率而定，一般需降至25%以下。

（1）进料　①拉下排粮闸有“关”字的拉绳，关闭排粮闸，提起进料斗插板。②选择自动工作模式的“进料”按钮，在谷物开始进料前设定好相关技术参数，启动水分仪。③在进料满仓机器发出报警信号并自动停机后，插好进料斗的插板，结束进料。

（2）循环　在自动模式下设置好谷物品种、目标水分，按下循环按钮，谷物在烘干机内只通风循环，不烘干，达到目标水分后自动停机。

（3）干燥　在自动模式下按下干燥按钮，谷物在烘干机内开始干燥，达到设定水分后，自动停止干燥，转入循环冷却状态，达到冷却时间后自动停机。

（4）出料　①拉下排粮闸有“开”字的拉绳，打开排粮闸，按下“出料”按钮开始出粮。②出料结束后，按下停止按钮，机器停止后拉下排粮闸有“关”字的拉绳，关闭排粮闸。

2.5 急停和关机

烘干机使用过程中遇到异常情况需要紧急停机时，可立即按下急停按钮，切断控制电源；烘干机使用结束后应关闭电源总开关。

2.6 维护保养

1）机器在使用100 h左右要进行一次保养，全面检查调整提升机皮带和三角皮带的松紧度，清洗燃烧器过滤器，清理上下搅龙及机器内部的杂物。检查各转动部件及有关部位的紧固件有无松动现象，把各部位调整、紧固到正常状态。

2）清扫要在断电的状态下进行，先关掉主电源开关，再拔下电源插座。

3）按照上搅龙输送槽—提升机下部—干燥部—下本体—下搅龙的顺序清扫机内的杂物、灰尘和粮食。

4）机器每干燥 4~5 次或高峰结束后，要清扫燃烧器。

5）清扫维护后要将重要部件保管好。主机的保管重点是将排风管、排尘管出口封好；燃油的保管要注意不要用带毛的布块擦抹存放燃料的容器内壁，注意燃油清洁、安全防火。

2.7 注意事项

（1）进机水分 高水分的粮食进机后不可高温直接干燥，可先采用循环方式通风除湿，水分降至 25%以下方可热风干燥。

（2）谷物清洁度 谷物在进机前须进行筛选，去除杂物，以防影响谷物干燥均匀性，甚至出现堵塞（刘汉文 等，2015）。

（3）用油安全 燃烧器使用的燃料为清洁的煤油或柴油，使用前需经过 48 h 的沉淀，燃烧器滤清器一般在使用 100 h 后要清洗一次。

（4）用电安全 操作盘与机体务必接上地线，以防漏电；电源线不要放置在通道上；在检查调整和维修时务必关闭电源开关，拔掉总电源插座，以防触电。

（5）运转安全 机器在运转过程中，不要打开燃烧器箱、吸气盖板等，避免发生烧伤或其他事故。

（6）操作安全 操作人员上班时要始终保持服装整齐，严格按照使用说明书的要求进行操作。凡有两人以上操作时，须先打招呼再进行开机，并不得有小孩在机器周围玩耍。

（7）预防火灾 在燃烧炉内部、风道内部、进气罩内网及炉箱盖上不准有积存的易燃污垢。要始终保持燃烧炉周边清洁，不得堆放易燃物品。并要在烘干机旁备有灭火器，以防发生火灾。

另外，不可为了提高作业效率擅自提高谷物烘干温度和速度，一般烘种子热风温度不超过 40 ℃，烘商品粮热风温度不超过 60 ℃。

四、示范应用取得的效果与效益

在以兴化市为代表的江苏里下河地区开展了谷物烘干机械化技术在稻麦轮作条件下的示范应用，形成了不同种植规模下的谷物烘干机配置方案，对比了不同热源烘干机的作业性能和经济指标，并总结归纳了谷物烘干机操作使用技术规范，为今后的技术推广工作提供依据。

五、与对照技术的技术经济指标比较

（一）机械化谷物干燥模式与传统摊晒模式经济指标比较

以田块面积 6 000 亩计，稻麦两季年平均亩产量 1 000 kg，年平均谷物干燥量 6 000 t，平均初始水分值 20%，对比此规模下机械化烘干与人工摊晒的效益。

（1）应用模式 低温谷物循环干燥技术，16 台 12 t 烘干机组，年工作 700 h（约 30 d），采用生物质颗粒作为燃料。

（2）对比模式 人工场地晾晒，60 亩晾晒场地，每人每天翻晒 4 t，2 d 晒干。

从分析表数据来看（表 3-4-3），机械化烘干的装备、厂房需投入 1 815 860 元，年烘干 6 000 t 谷物需消耗生物质颗粒 231 508.8 元，需支付人员工资 36 000 元。考虑到设备和厂房的维修与折旧，每年需花费 439 805.2 元，折合每吨谷物需花费 73.3 元。

表 3-4-3　不同干燥运行成本分析表

项目		单位	数值	备注
基础数据	年工作量	t	6 000	按 6 000 亩算，稻麦两季平均亩产量 1 000 kg
	平均初始水分	%	20	
	年工作时间	h	700	机械干燥时间每年约工作 30 d
机械干燥年度费用	厂房、装备总投入	元	1 815 860	包括 16 台 12 t 烘干机等
	能源消耗	元	231 508. 8	采用生物质颗粒作为燃料
机械干燥年度费用	人员工资	元	36 000	30 d，每天 8 人分两班，每人每天 150 元
	维修费用	元	18 158. 6	每年按 1%计算
	厂房设备折旧费	元	154 137. 8	房屋按 20 年、干燥设备按 10 年计折旧
	年度费用小计	元	439 805. 2	折合每吨 73. 3 元
自然干燥年度费用	晒场投资	元	2 801 400	按建设 60 亩晒场，建设费用按 70 元/m^2 计
	人员工资	元	450 000	人均翻晒 4 t/d，2 d 晒干，工资按 150 元/工计
	场地维修费	元	14 007	每年按 0. 5%计算
	场地折旧	元	140 070	按 20 年计算
	年度费用小计	元	604 077	折合每吨 100. 68 元

人工摊晒需建设晒场，以 70 元/m^2 计需投入 2 801 400 元，年晾晒 6 000 t 谷物需支付人员工资 450 000 元，在考虑到场地维修和折旧，每年需花费 604 077 元，折合每吨谷物需花费 100. 68 元。

经过测算可知，规模干燥的前提下人工自然干燥的总投资和运行成本均超过机械化干燥。按 6 000 亩规模计算，机械化干燥比人工自然干燥每吨节约成本 27. 38 元。

（二）不同烘干热源成本对比

目前的烘干机热源有空气热泵、生物质（秸秆、木屑等）压块几种，表 3-4-4 为各种热源的简单比较。

表 3-4-4　不同热源用量及成本对比

热源类型	燃油机	燃煤炉	热泵	生物质
燃料热值/(kJ · h^{-1})	43 951	25 115	—	14 650
所需燃料用量	9 kg/h	16. 7 kg/h	30 (kW · h)/h	28. 6 kg/h
年所需燃料费/元	97 200	15 030	32 400	41 220
热风炉价格/元	3 000	16 000	80 000	20 000
对大气的污染	污染	严重	不污染	轻度

由上表可见：除了对大气有严重污染之外，性价比最好的还是燃煤热风炉，其作业成本只有燃油机的 15. 5%。虽然价格为燃油机的 5 倍，仍受到农民的欢迎，被广泛采用。为了防止污染，这种热风炉正被逐步禁用。

热泵应该是最清洁的烘干机热源，可以达到零排放，对于气温较高的地区有较好的适应性，其作业成本是燃煤炉的 2 倍，是燃油机的 33%。然而，热泵一次性投资太大，超出了大部分用户的经济承受能力，难以进行大面积推广。

生物质热风炉燃烧充分、排放少，各项性能指标均较为出色，虽然燃料费高于燃煤热风炉，但采用自动送料机，可节省人工送料费用，总成本仅略高于燃煤热风炉，是一种有前途的替代产品。

六、应用前景与发展建议

目前江苏省的稻麦生产模式较之过去已有了根本性的改变，稻麦产量的提高、两茬间农时紧张、农村劳动力的流失、机械化收割的普及、农业用地紧张等多种原因都导致了当前全省稻麦干燥、储存方式的变化，传统的人工晾晒方式的萎缩已成为必然趋势，推广谷物机械化烘干技术将是替代传统人工晾晒的最佳途径。因此，谷物机械化烘干技术的发展前景十分广阔。

该技术在今后的发展中应当注重种植规模与烘干处理量的匹配。目前江苏省已出现采用多台联装的烘干机组开展粮食烘干服务的例子，烘干机所有者除了烘干自己种植的粮食外，还为周边农户开展粮食烘干服务并从中获得收益。这种发展模式也将是今后该技术应用、发展的趋势。

第五节　稻田草害绿色防控技术

提要：受气候变化异常、杂草抗药性水平上升等因素的影响，水稻田杂草发生种类多、数量大、危害重，常规化除成本高、防效不稳、药剂用量大、药害频发，对水稻正常生长和高产稳产构成重大威胁。本项技术方案在江苏全省范围内有代表性的稻区开展了杂草种群动态监测，研究发现禾本科杂草种类增加；研发出稻田抗药性禾本科杂草早期快速检测技术规程，并进一步明确了稻田抗药性稗草的种群分布及其抗除草剂的种类，筛选了可有效防控抗药性稗草及千金子的高效、安全除草剂新品种(10%噁唑·氰氟乳油)。阐明了抗药性稗草降低了水稻抽穗期水稻叶面积指数、灌浆期叶片光合速率、根系氧化力、根干重、籽粒中玉米素+玉米素核苷、吲哚-3-乙酸含量、蔗糖合成酶和腺苷二磷酸葡萄糖焦磷酸化酶活性以及成熟期干物质积累量，从而导致水稻产量降低。结合因地制宜的农业除草措施，以水稻健康生长为目标，依据抗药性杂草种群发展现状，集成不同作用靶标的除草剂联合施用，形成“多靶标除草剂协同”技术，避免或减缓杂草抗药性产生；以不同靶标除草剂轮换使用，集成“靶标差异除草剂轮换控抗”技术，有效防除抗药性杂草，优化构建水稻生育期全程除草剂减量控草的“两封一补”技术模式，在水稻整个生长期内化学除草剂使用次数减少 1 次，杂草综合防效达 95%以上，并对水稻生长安全。

一、科学问题与技术需求

杂草是持续威胁水稻产量与品质的有害生物之一，使用化学除草剂是防控稻田杂草危害的主要措施(刘玉良 等，2017)。但是，随着种植户长期连续使用单一作用机理的化学除草剂，同时受耕作方式变化、气候变化异常以及种植业结构调整等因素影响，稻田主要杂草对除草剂产生抗药性，现阶段稻田杂草呈现抗药性杂草种群扩大、禾本科杂草种类增加、多年生杂草危害加重与旱生杂草下田等新特点，发现稻田杂草种群一年生杂草有稗草、千金子、鸭舌草、耳基水苋、异型莎草、碎米莎草、节节菜、陌上菜、萤蔺和丁香蓼，多年生杂草有稻李氏禾、双穗雀稗、矮慈姑、苹、眼子菜、水竹叶、野慈姑与水莎草等，其中稗草、千金子、鸭舌草、耳基水苋、异型莎草、陌上菜、节节菜、萤蔺与矮慈姑对除草剂产生了抗药性，这些杂草组成的杂草群落对水稻绿色安全生产构成严重威胁(张朝贤 等，2009；Chauhan BS et al.，2010；张自常 等，2014)。

近26年来，由于没有新作用机理的除草剂新品问世，现有的高活性、低剂量的除草剂(ALS抑制剂类、ACCase抑制剂类、酰胺类)常常导致杂草产生高抗药性风险(Heap I，2018)，同时此类除草剂的选择性高，精准用药技术与水稻种植户施用习惯存在巨大偏差，在抗药性杂草成灾的区域，农民为获得较好的杂草防效，往往盲目加大除草剂用量或增加用药次数。尽管靶标杂草的除草剂施用剂量达到登记剂量上限的3倍，但田间药效仍不理想，造成用量越来越大、防效越来越差的恶性循环。此外除草剂的过量投入带来了诸如土壤环境及水资源污染、当茬及后茬作物药害，引起常规化除成本高、防效不稳、药剂用量大、药害频发等系列环境与社会问题，对稻麦正常生长和高产稳产构成重大威胁。随着我国农药使用量零增长行动深入推进，杂草绿色防控及除草剂的科学安全使用已经成为亟待解决稻田杂草持续危害面临的科技需求(刘兴林 等，2015；张自常 等，2017；Heap I，2018)。

目前我国杂草抗药性检测技术标准少，影响了抗药性检测结果的准确性，及时制定抗药性杂草早期快速检测技术规程，可以尽快发现田间抗药性杂草，及时制定相应的治理新策略，控制抗药性杂草种群的爆发成灾，提高选择除草剂的精确性，延长除草剂品种的使用寿命。该项技术在系统调查了稻麦田杂草发生规律的基础上，明确了稻麦田抗药性杂草对不同除草剂的敏感性，筛选获得了高效、安全的除草剂新品种，结合因地制宜的农业除草措施，建立了可有效控制草害的稻麦田全程减药控草技术体系。

二、开展的试验与研究

(一)稻麦轮作区禾本科抗药性杂草早期快速检测技术研发

1. 发生疑似杂草抗药性田块的确定标准

一是施用同一作用靶标的除草剂3年以上。

二是田间杂草种群单一，在药后15~25 d田间杂草的覆盖度达50%以上(图3-5-1)。

稗草(二氯喹啉酸或五氟磺草胺)　千金子(氰氟草酯)

鸭舌草(苄嘧磺隆)　萤蔺(苄嘧磺隆)

图3-5-1　稻田抗药性杂草种群发生分布特征

2. 采样方法

2.1 施药后 20 d 杂草幼苗的采集标准

以倒“W”9 点方法在疑似发生抗药性的田块采集禾本科杂草幼苗，每样点面积为 1 m^2，同时调查和记录田块的种植模式与用药背景。采集材料的最佳时期为用药后 20~25 d，采集总幼苗数不低于 50 株。

2.2 种子采集标准

按采样方法 2.1 标准在杂草成熟期采集成熟杂草种子，将其单株分装、及时晾干与精选，然后装入种子袋，标号，统一储置于种子保存柜保存。

3. 水稻当季疑似材料的培养

采集的抗药性材料种植在实验网室 10 m^2 水泥池，并剪除 6 叶期以上的禾本科杂草的主茎，让分蘖长至 2~3 叶期，开始间苗，保留长势一致的植株。

在每年适宜稗草生长的春季，在室外培养，或在具有控温能力的温室内培养，温度控制在 20~25 ℃。土壤选择没有稗草种子和除草剂残留的农田地表土，混合 20%~30%的营养土，混合均匀后装入蔬菜育苗盘；蔬菜育苗盘置于托盘上，水分通过蔬菜育苗盘底部吸水的方式提供，蔬菜育苗盘内土壤吸饱水后，去掉托盘内多余水分。待稗草长至 2 叶期，开始间苗，保留长势一致的植株。

4. 生物测定—单剂量甄别法

待植株长至 3 叶期，用待测除草剂(二氯喹啉酸、五氟磺草胺、双草醚)进行茎叶喷雾处理，除草剂剂量采用农药标签推荐剂量的 1.5 倍。用药 15 d 后，调查存活株数，按式(3-5-1)计算存活株率：

$$\text{存活株率}(\%)=\frac{\text{存活株数}}{\text{处理总株数}}\times 100\% \qquad (3\text{-}5\text{-}1)$$

5. 结果分析

喷施甄别剂量的除草剂后 10~15 d，调查株防效。若敏感对照组全部死亡，说明检测结果有效。如果待测种群有存活植株，说明该种群产生抗药性，若存活株率>20%，初步判断该采样点杂草存在抗药性。

(二)江苏省稻田禾本科杂草抗药性种群动态地理分布

2014—2017 年度，分别在江苏省境内水稻产区有代表性的稻田采集 9 837 份稗草种子，次年在江苏省农业科学院实验网室内培养，采用本项目研发的禾本科抗药性杂草早期快速检测技术，以供试药剂二氯喹啉酸、五氟磺草胺与双草醚为检测药剂，结果发现抗二氯喹啉酸、五氟磺草胺与双草醚的稗草种群在全省发生频率分别为 70.7%、40.2%与 29.4%，其中苏南稻区发生最为严重，其次为扬州、淮安与泰州；并且多抗性稗草种群呈现日益扩大的趋势，例如南京、苏南大部分稻区同时抗二氯喹啉酸与乙酰乳酸合成酶抑制剂(五氟磺草胺或者双草醚)的多抗性稗草发生频率为 6%~10%，淮安与泰州稻区为 2.1%~5.0%(表 3-5-1)。

表 3-5-1 江苏不同地区稻田常用茎叶除稗剂多抗性与单抗性稗草发生频率

地区	抗药性稗草种群发生频率/%	多抗药性稗草种群发生频率/%
南京市	51~60	6~10
苏州市	51~60	0
无锡市	51~60	0

（续表）

地区	抗药性稗草种群发生频率/%	多抗药性稗草种群发生频率/%
常州市	51~60	6~10
镇江市	51~60	6~10
南通市	40~45	0.5~2
盐城市	40~45	0.5~2
扬州市	46~50	0
泰州市	46~50	2.1~5
淮安市	46~50	2.1~5
徐州市	35~39	0
连云港市	35~39	0
宿迁市	35~39	0

注：抗药性稗草种群为单抗二氯喹啉酸、五氟磺草胺和双草醚除草剂；多抗药性稗草种群为兼抗二氯喹啉酸和五氟磺草胺除草剂。

（三）稻田抗药性稗草的生物学特性及其成灾机理研究

1. 试验设计

试验在江苏省农业科学院试验田（32°18′N，118°52′E）进行。试验地土壤质地为马肝土，耕作层有机质含量 1.49%，有效氮 102.4 mg/kg，速效磷 30.5 mg/kg，速效钾 91.4 mg/kg。

供试水稻品种为‘南粳 9108’（粳稻），供试稗草为对二氯喹啉酸、稻杰和双草醚敏感的稗草和对三种除草剂均产生抗药性的稗草材料，抗药性稗草对二氯喹啉酸（激素型喹啉羧酸类除草剂）、稻杰（乙酰乳酸合成酶抑制剂类除草剂）和双草醚（乙酰乳酸合成酶抑制剂类除草剂）ED_{50} 抗性指数分别为 158.2、5.0、11.9。水稻品种‘南粳 9108’分别与对上述三种除草剂敏感的稗草和多抗药性稗草混种，即水稻与敏感稗草（T1）共生和水稻与多抗性稗草（T2）共生，水稻和稗草共生比例为 4∶1，以无稗草水稻处理为对照。水稻 5 月 15 日育秧，秧龄 25 d 后移栽至大田，水稻行株距分别为 25 cm 和 13 cm，每穴 2 苗。大田上水当天将 2 种稗草进行浸种培育。水稻移栽后一周将稗草种子接种于各小区 4 穴水稻之间，具体位置为水稻在四角，稗草点播在对角线的交点，稗草为 1 穴 1 株，稗草成活后人工拔除自然生长的杂草。水稻整个生育期人工拔除接种稗草以外的全部杂草，按高产栽培要求进行水分管理。

2. 测定指标

主要包括水稻与稗草的生物学特性参数，干物质积累量、光合速率、吲哚-3-乙酸、玉米素+玉米素核苷含量、蔗糖合成酶和 ADP 葡萄糖焦磷酸化酶活性，成熟期各小区产量及产量构成因素。

3. 主要结论

3.1 敏感稗草和多抗性稗草的生物学特征参数及对水稻产量的差异性

与敏感稗草（T1）相比，多抗性稗草（T2）的每穗粒数显著降低 30.0%~41.2%，生育期缩短，但千粒重显著增加 30.3%~34.6%，抗药性稗草的生育期缩短（图 3-5-2）。与无草对照相比，T1 和 T2 处理水稻产量分别降低 32.5%和 24.8%，T1 处理和 T2 处理间差异不显著；从产量构成因素分析，T1 和 T2 处理水稻产量降低的主要原因是每穗粒数和千粒重显著降低所致（表 3-5-2）。

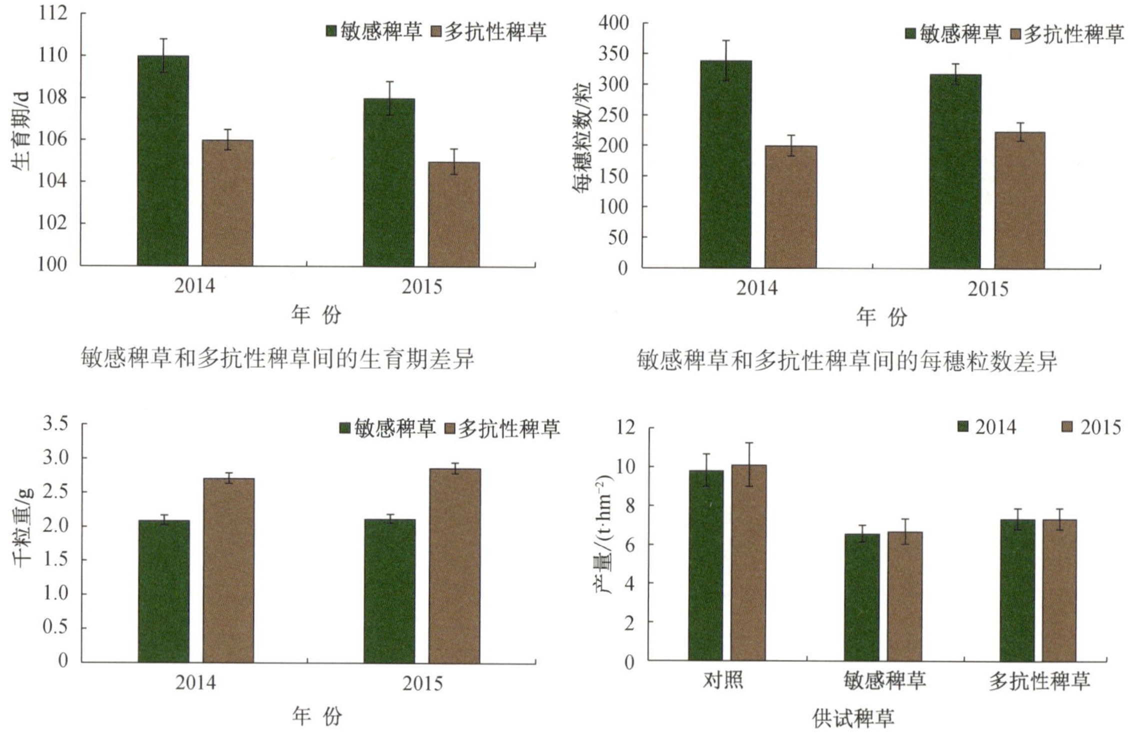

敏感稗草和多抗性稗草间的生育期差异　敏感稗草和多抗性稗草间的每穗粒数差异

敏感稗草和多抗性稗草间的千粒重差异　敏感稗草和多抗性稗草对水稻产量的影响

图 3-5-2　在与水稻共生条件下，多抗性稗草(T2)与敏感稗草(T1)生物学特征参数的差异性

表 3-5-2　敏感稗草和多抗性稗草对水稻产量及其构成因素的影响

年份	处理	亩穗数/万穗	每穗粒数/粒	结实率/%	千粒重/g	亩产量/kg	减产率/%
2014	CK	18.3±2.3a	147.3±14.5a	95.4±2.1a	25.3±0.17a	650.7±60.0a	—
	T1	16.5±2.3a	114.7±6.7b	96.1±3.4a	24.1±0.15c	439.3±26.7b	32.5
	T2	17.4±2.5a	118.7±10.3b	94.9±2.6a	24.9±0.25b	489.3±33.3b	24.8
2015	CK	19.8±1.5a	141.3±13.6a	94.8±3.8a	25.4±0.21a	674.7±73.3a	—
	T1	18.3±1.7a	107.0±8.4b	93.9±4.1a	24.4±0.10c	449.3±40.0b	33.4
	T2	17.8±21.0a	119.1±11.5b	93.8±2.5a	24.9±0.17b	494.7±33.3b	26.7

3.2　敏感稗草和多抗性稗草对水稻部分生理指标的影响

与对照相比，稗草和水稻共生后降低了水稻抽穗后剑叶光合速率，敏感稗草处理降低的幅度为 9.2%~14.9%，抗药性稗草处理降低幅度为 7.3%~12.6%，敏感稗草处理和多抗性稗草处理均达显著水平。敏感稗草处理下水稻剑叶光合速率略低于多抗性稗草处理下水稻剑叶光合速率，但二者差异不显著(表 3-5-3)。

表 3-5-3　敏感稗草和多抗性稗草对水稻叶片光合速率的影响　单位：μmol/(m^2·s)

年份	处理	分蘖中期	穗分化始期	抽穗后天数	
				0~3 d	20~25 d
2014	CK	18.4±1.0a	20.7±1.3a	25.6±0.7a	17.4±0.7a
	T1	18.1±0.9a	19.6±1.1a	22.4±1.1b	14.8±1.1b
	T2	18.5±0.8a	20.1±0.9a	22.8±0.8b	15.2±0.8b

（续表）

年份	处理	分蘖中期	穗分化始期	抽穗后天数	
				0~3 d	20~25 d
2015	CK	19.1±0.9a	21.4±1.4a	26.1±0.5a	16.8±0.6a
	T1	18.6±1.1a	20.5±0.9a	23.7±0.6b	14.3±0.6b
	T2	18.9±0.8a	20.9±0.8a	24.2±0.6b	14.8±0.8b

随着生育进程，水稻籽粒中玉米素+玉米素核苷、吲哚-3-乙酸、蔗糖合成酶和腺苷二磷酸葡萄糖焦磷酸化酶活性逐渐降低。与对照相比，T1 处理和 T2 处理降低玉米素+玉米素核苷幅度分别为 19.4%~28.2%、17.4%~30.1%，降低吲哚-3-乙酸的幅度分别为 34.6%~62.2%、29.3%~57.1%，降低蔗糖合成酶的幅度分别为 18.7%~30.0%、14.7%~27.8%，降低腺苷二磷酸葡萄糖焦磷酸化酶活性的幅度分别为 10.7%~32.3%、9.0%~26.7%。T1 和 T2 处理均显著降低了上述指标，T1 和 T2 处理间差异不显著（表 3-5-4、表 3-5-5）。

表 3-5-4 敏感稗草和多抗性稗草对水稻籽粒中玉米素+玉米素核苷和吲哚-3-乙酸含量的影响

单位：pmol/g

年份	处理	玉米素+玉米素核苷			吲哚-3-乙酸		
		10 DAH	20 DAH	30 DAH	10 DAH	20 DAH	30 DAH
2014	CK	420.1±26.4a	342.6±20.4a	240.3±19.8a	260.4±21.4a	200.5±16.8a	80.2±9.4a
	T1	312.4±24.5b	275.2±14.1b	175.5±14.8b	170.3±15.8b	90.4±10.8b	30.3±3.1b
	T2	330.3±31.2b	281.4±16.8b	168.6±13.6b	181.8±16.9b	88.4±8.9b	34.4±2.9b
2015	CK	408.4±28.4a	328.4±23.8a	229.5±19.6a	252.6±24.1a	194.8±16.9a	78.1±7.5a
	T1	314.4±26.1b	264.6±12.6b	164.8±16.8b	164.8±19.5b	85.4±7.9b	32.4±2.4b
	T2	328.7±19.6b	271.4±17.4b	160.4±18.7b	178.5±17.2b	84.8±9.8b	34.7±3.6b

注：DAH 为抽穗后天数。

表 3-5-5 敏感稗草和多抗性稗草对水稻籽粒中蔗糖合成酶和腺苷二磷酸葡萄糖焦磷酸化酶活性的影响

单位：μmol/(g·min)

年份	处理	蔗糖合成酶			腺苷二磷酸葡萄糖焦磷酸化酶		
		10 DAH	20 DAH	30 DAH	10 DAH	20 DAH	30 DAH
2014	CK	29.9±2.1a	21.8±1.4a	7.2±0.7a	23.4±1.1a	15.3±0.9a	6.2±0.4a
	T1	24.3±1.8b	17.1±1.8b	5.3±0.3b	20.9±0.8b	12.4±0.7b	4.2±0.3b
	T2	25.5±1.7b	17.9±1.6b	5.9±0.6b	21.3±0.9b	12.8±0.9b	4.9±0.5b
2015	CK	30.7±2.3a	22.7±1.9a	7.5±0.6a	24.3±1.2a	16.3±1.1a	6.0±0.8a
	T1	24.8±1.7b	15.9±1.3b	5.5±0.4b	21.1±0.9b	12.4±0.9b	4.5±0.4b
	T2	25.9±1.6b	16.4±1.4b	6.0±0.30b	21.8±0.7b	13.2±1.0b	4.4±0.6b

注：DAH 为抽穗后天数。

（四）新型除草剂试验

1. 供试药剂

10%噁唑·氰氟乳油（稻青青），美国富美实公司产；25 g/L 五氟磺草胺可分散油悬浮剂（稻杰），美国陶氏益农公司产。

2. 试验设计

试验示范设亩用稻青青 250 mL、稻青青 300 mL、稻杰 100 mL（对照药剂处理）、空白对照 4 个处理，不设重复，每个处理面积为 125 m^2（表 3-5-6）。

表 3-5-6 处理设计

序号	处理药剂	亩施用剂量/mL
1	稻青青	250
2	稻青青	300
3	稻杰	100
4	空白对照	0

3. 试验地概况

试验示范设在兴化市钓鱼镇进行，示范田块长势长相一致。土壤类型为黏土，肥力中等，田间持水量 80%左右，地下水层深度 1.0 m 左右。水稻品种为当地主栽品种‘南粳 9108’。田间杂草以抗药性稗草、抗药性千金子为主，发生量大，还有少量的马唐，分布均匀。

药后目测，稻青青对杂草防效较好。用药后 7 d，稻青青两个处理区杂草中毒症状明显，且有杂草开始死亡。用药后 15 d 目测调查，亩用稻青青 250 mL、300 mL 两个处理区目测防效都高达 100%（表 3-5-7）；对照药剂处理区部分杂草（主要是千金子，极少部分马唐）正常生长，目测防效较差。

表 3-5-7 用药后 7 d、15 d 对稻田禾本科杂草目测防效

亩用量/mL	用药后 7 d 目测防效/%	用药后 15 d 目测防效/%
稻青青 250	86	100
稻青青 300	88	100
稻杰 100	35	50
空白对照		

用药后 30 d，对各处理进行防效调查。亩用稻青青 250 mL、300 mL 两个处理区株防效高达 92.6%、95.8%，对照亩用药剂稻杰 100 mL 对千金子防效较差，杂草以千金子为主，株防效仅为 50.1%，鲜重防效趋势与株防效较为一致（表 3-5-8、表 3-5-9）。

表 3-5-8 用药后 30 d 对稻田禾本科杂草的株防效和鲜重防效

亩用量/mL	株防效		鲜重防效	
	株/m^2	防效/%	鲜重/（$g \cdot m^{-2}$）	防效/%
稻青青 250	8.3	92.6	28.9	94.0
稻青青 300	4.7	95.8	18.7	96.1
稻杰 100	56.0	50.1	214.4	55.8
空白对照	112.3		485.3	

表 3-5-9 用药后 30 d 对田间所有杂草的株防效和鲜重防效

亩用量/mL	株防效		鲜重防效	
	株/m^2	防效/%	鲜重/($g\cdot m^{-2}$)	防效/%
稻青青 250	10.7	92.9	30.5	94.0
稻青青 300	12.6	91.6	29.8	94.2
稻杰 100	35.1	76.7	139.2	72.8
空白对照	150.6		512.4	

（五）机插秧田“两封”防控杂草策略试验研究

1. 试验方法

在兴化市钓鱼镇核心示范方选取 6 亩地进行稻田杂草防控技术研发与示范，见表 3-5-10。将示范方划分为 6 个小区，设 6 个处理，其中处理 E 和处理 F 为对照。①一封一杀处理，第一次封闭在插秧前 2~3 d，亩用除草剂 50%丙草胺 EC 100 mL+10%吡嘧磺隆 WP 20 g；第二次茎叶处理，在机插秧后 12~15 d，亩用除草剂 2.5%五氟磺草胺 OD 80~100 mL(处理 A)。②两次封闭处理，第一次封闭在插秧前 2~3 d，亩用除草剂 40%苄嘧·丙草胺 WP 50 g；第二次封闭在机插秧后 7 d，亩用 53%苄嘧·苯噻酰 WP 50 g(处理 B)。③两次封闭处理，第一次封闭在插秧前 2~3 d，亩用 40%苄嘧·丙草胺 WP 50 g；第二次封闭在插秧后 7 d，亩用 30%丙草胺 EC 120 mL+10%吡嘧磺隆 WP 20 g(处理 C)。④两次封闭处理，第一次封闭处理在插秧前 2~3 d，亩用除草剂 50%丙草胺 EC 120 mL+10%吡嘧磺隆 WP 20 g；第二次封闭在插秧后 7 d，亩用 50%苄·丁·异丙隆 WP 50 g(处理 D)。⑤一封一杀处理，第一次封闭在插秧后 5 d，亩用 50%丙草胺 EC 100 mL+10%吡嘧磺隆 WP 20 g；第二次在机插后 12~15 d，亩用 2.5%五氟磺草胺 OD 100 mL(对照处理 E)。⑥一封一杀处理，第一次封闭在插秧后 5 d，亩用 50%丙草胺 EC 100 mL+10%吡嘧磺隆 WP 20 g；第二次在机插后 12~15 d，亩用 40%二氯喹啉·苄 WP 40 g(对照处理 F)。还有 2 个小区为空白对照。

表 3-5-10 兴化市钓鱼镇稻田杂草防控示范小区除草剂处理

处理编号	处理时间	亩用药剂
处理 A(一封一杀)	机插前 2~3 d	50%丙草胺 EC 100 mL+10%吡嘧磺隆 WP 20 g
	机插后 12~15 d	2.5%五氟磺草胺 OD 100 mL
处理 B(两次封闭)	机插前 2~3 d	40%苄嘧·丙草胺 WP 50 g
	机插后 7 d	53%苄嘧·苯噻酰 WP 50 g
处理 C(两次封闭)	机插前 2~3 d	40%苄嘧·丙草胺 WP 50 g
	机插后 7 d	30%丙草胺 EC 120 mL+10%吡嘧磺隆 WP 20 g
处理 D(两次封闭)	机插前 2~3 d	50%丙草胺 EC 120 mL+10%吡嘧磺隆 WP 20 g
	机插后 7 d	50%苄·丁·异丙隆 WP 50 g
对照 E(一封一杀)	机插后 5 d	50%丙草胺 EC 100 mL+10%吡嘧磺隆 WP 20 g
	机插后 12~15 d	2.5%五氟磺草胺 OD 100 mL+40%二氯喹啉·苄 WP 50 g
对照 F(一封一杀)	机插后 5 d	50%丙草胺 EC 100 mL+10%吡嘧磺隆 WP 20 g
	机插后 12~15 d	40%二氯喹啉·苄 WP 40 g

在试验田第二次用药 40 d 后进行杂草调查。每个小区随机取点 5 个，每点 0.25 m^2(0.5 m×0.5 m)，计 1 m^2 内残留杂草的种类、株数和干重，计算出各个处理对杂草的防效结果，筛选出杂草防控的除草剂处理最优组合。

2. 试验结果

在第二次用药 40 d 后进行杂草调查，调查结果显示如下：

1）试验田发生的主要优势杂草有稗草、千金子、鸭舌草、莎草等。

2）在这 6 个处理中，B 处理(两次封闭处理，第一次封闭在插秧前 2～3 d 亩用 40%苄嘧·丙草胺 WP 50 g，第二次封闭在插秧后 7 d 亩用 53%苄嘧·苯噻酰 WP 50 g)杂草防除效果最好，A、C 和 D 其次，E 和 F 处理最差(表 3-5-11、图 3-5-3)。

表 3-5-11　各个处理的优势杂草防效比较

处理编号	稗草/%	千金子/%	鸭舌草/%	莎草/%
处理 A	52.6	15.8	21.1	21.05
处理 B	100	—	—	—
处理 C	15.4	84.6	—	—
处理 D	39.2	47.1	13.7	—
对照 E	35.6	57.8	6.7	—
对照 F	40.7	54.2	5.1	—

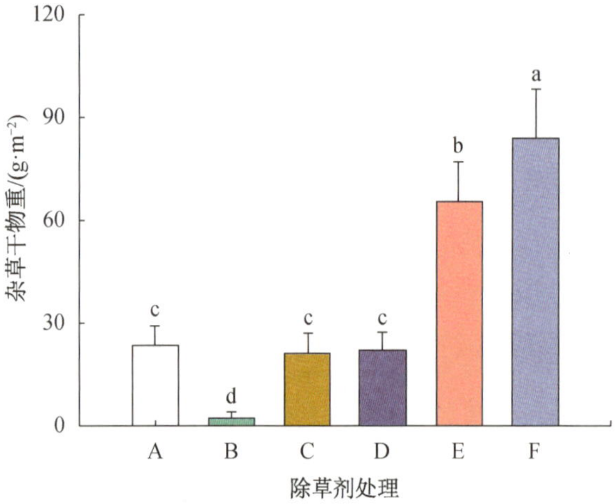

图 3-5-3　各个处理的杂草干物重比较

3）A、C 和 D 中杂草干物重差异不显著，但杂草种群不同，其中 A 处理稻田杂草主要为稗草，C 处理稻田杂草主要为千金子，D 处理稻田稗草和千金子发生量相近(图 3-5-3)。

4）E 和 F 处理的杂草防效较差(杂草生物量显著高于其他处理)的一个主要原因可能与在杂草萌发前未进行封闭处理有关(未在机插前 2～3 d 喷药)。

3. 试验结论

稻田杂草防控技术的研发试验结果表明，使用两次封闭处理(第一次封闭在插秧前 2～3 d，亩用 40%苄嘧·丙草胺 50 g；第二次封闭在插秧后 7 d，亩用 53%苄嘧·苯噻酰 WP 50 g)进行水稻田间杂草防除效果最好。

三、创建的新技术方案及其技术经济指标分析

在项目实施期间，综合兴化试验示范区与江苏省农业科学院溧水基地两地三年的试验结果，阐明了机插水稻田解决抗药性及难防杂草的控草方案，明确了安全、高效的除草剂种类及其使用技术，优选出“两次封闭”控草效果好，除草剂用量低，是水稻生长安全的除草剂配方(表 3-5-12)，稻田杂草总防效达 92%以上。

表 3-5-12　麦茬机插秧水稻全程不同施药方案投放药剂的有效量比较

处理编号	处理时间	亩用处理药剂商品量	亩有效量小计/g	亩有效量合计/g	药后 45 d 总草株防效/%
处理 B（两次封闭）	机插前 2~3 d	40%苄嘧·丙草胺 WP 50 g	20.0	46.5	95.8
	机插后 7 d	53%苄嘧·苯噻酰 WP 50 g	26.5		
处理 D（两次封闭）	机插前 2~3 d	30%丙草胺 EC 120 mL+10%吡嘧磺隆 WP 20 g	38.0	63.0	92.7
	机插后 7 d	50%苄·丁·异丙隆 WP 50 g	25.0		
处理 C（两次封闭）	机插前 2~3 d	40%苄嘧·丙草胺 WP 50 g	20.0	58.0	97.0
	机插后 7 d	30%丙草胺 EC 120 mL+10%吡嘧磺隆 WP 20 g	38.0		
处理 A（一封一杀）	机插前 2~3 d	50%丙草胺 EC 100 mL+10%吡嘧磺隆 WP 20 g	52.0	54.5	90.5
	机插后 12~15 d	2.5%五氟磺草胺 OD 100 mL	2.5		
对照处理 E（一封一杀）	机插后 5 d	50%丙草胺 EC 100 mL+10%吡嘧磺隆 WP 20 g	52.0	74.5	87.6
	机插后 12~15 d	2.5%五氟磺草胺 OD 100 mL+40%二氯喹啉·苄 WP 50 g	22.5		
对照处理 F（一封一杀）	机插后 5 d	50%丙草胺 EC 100 mL+10%吡嘧磺隆 WP 20 g	30.0	52.5	80.6
	机插后 12~15 d	40%二氯喹啉·苄 WP 40 g			

四、示范应用取得的效果与效益

2016—2017 年期间，在兴化市与镇江市两地实施推广“基于稻麦两熟优质高产高效的机插水稻全程绿色防控杂草技术”，大面积示范推广表明：该技术能减少化学农药施药次数 1 次，农药节约 12.9%，对杂草综合防效达 95%以上，每亩可增收稻谷产量 20 kg 左右。

该技术在构建稻麦两熟机插水稻田杂草发生资料、气象数据、品种栽培等信息的数据库与有害生物灾害预警系统的基础上，筛选获得了高效、安全控草的药剂新品，结合因地制宜的农业控害措施，优化并完善了稻麦两熟全程绿色控制机插稻田杂草的减药技术体系，对农业增效、农民增收发挥了积极作用，降低了化学药剂的使用次数和用量，经济、社会和生态效益显著。

五、应用前景与发展建议

（一）应用前景

稻麦轮作区机插水稻田抗药性杂草防效提高 30 个百分点以上，杂草总防效达到 95%以上，减少除草剂使用 1 次，减少除草剂的使用量 10%以上，每亩可节省成本 17.5~40.0 元（泰州市高港区人民政府，2017），社会生态经济效益显著（Rouse C et al.，2019；郭文磊 等，2019）。

构建农作物田化学除草剂的减量控害技术体系，研发农作物恶性杂草专业化绿色治理新模式，最大限度减少除草剂使用次数，达到减少农药使用量的目的。

（二）发展建议

在项目执行期间发现，项目示范推广区域小麦收割后稻田的整地质量直接影响着“两封”稻田控草策略的控草效果，除草剂减量空间十分有限，给作物田农药减量带来压力。

本着先易后难的原则，优先发展高质量整地、稻田精准施药、稻田机械控草等技术及相关新型机械的研发，减轻稻田杂草防控过分依赖化学除草剂的程度，大幅度减少稻田除草剂的施用量。

第六节　麦田杂草绿色防控技术

提要：江苏省麦田杂草分属11科19属，其中，茵草、看麦娘、日本看麦娘、硬草、棒头草、早熟禾、播娘蒿、猪殃殃、牛繁缕、泥胡菜、荠菜为主要的杂草种群。小麦田抗药性杂草发生种类多、常规化除成本高、防效不稳、药剂用量大、药害频发，严重威胁小麦的正常生长和高产稳产。本项技术方案在兴化市有代表性的麦区开展了杂草种群动态监测，研究发现抗精噁唑禾草灵的日本看麦娘对炔草酯产生了交互抗药性，并筛选了可有效防控抗药性茵草、日本看麦娘及猪殃殃等抗药性杂草的高效、安全除草剂新品种7.5%啶磺草胺WG(亩用9.4 g)+40%快灭灵WG(亩用2 g)新组合与47%异隆·丙·氯吡WP(亩用250 g)三元混配剂。针对以牛繁缕、繁缕、荠菜、猪殃殃等为主的阔叶杂草稻茬麦田，筛选出安全的22%双唑·氯氟吡OD(雪鹰)新品，结合因地制宜的农业除草措施，基于麦田抗药性杂草种群发展现状，集成不同作用靶标的除草剂联合施用，形成“多靶标除草剂协同”技术，避免或减缓杂草抗药性产生；以不同靶标除草剂轮换使用，集成“靶标差异除草剂轮换控抗”技术，有效防除小麦田的抗药性杂草，优化构建小麦生育期全程除草剂减量控草的“一封一补”技术模式，在小麦整个生长期内化学除草剂使用次数减少1次，杂草综合防效达90%以上，并对小麦生长安全。

一、科学问题与技术需求

小麦的种植面积和总产量仅次于水稻，年种植面积3.6亿亩，分别占全国耕地面积和粮食作物播种面积的22%~30%和20%~27%(蔡宏芹 等，2013；刘洋，2014)。据调查，截至2017年，江苏省麦田杂草优势种群为看麦娘、日本看麦娘、茵草、硬草、早熟禾、播娘蒿、棒头草、野老鹳草、猪殃殃、牛繁缕等，其中播娘蒿对ALS抑制剂产生抗药性，看麦娘、日本看麦娘、茵草等对ACCase抑制剂抗药性增强，硬草、野老鹳草等防治难度加大(房锋 等，2018；袁方 等，2016)。

近几年，由于耕作制度的变化、栽培技术的更新、单一类型除草剂的连续使用、抗药性杂草的出现，稻茬麦田杂草草相发生了明显变化，危害加重，对小麦安全生产构成了严重威胁(蒋敏 等，2014；高兴祥 等，2016；吴翠霞 等，2016)。生产上为了控制杂草危害，化学除草剂使用的频度、强度及成本都大幅度提高，达到了一定的防除效果，但成本高、药害等问题突出，并未达到明显的保产增益效果(杨海燕 等，2017)。针对杂草危害新的特点，分析草害成灾的原因及其化学防除存在的难点，科学制定稻茬麦田杂草防除新策略，探索高效、安全、经济的减药控草技术具有重要的指导价值。

二、开展的试验与研究

(一) 稻麦轮作区日本看麦娘抗药性水平测定及其高效除草剂筛选

1. 供试材料

以兴化市钓鱼镇项目示范区域示范方麦田采集的日本看麦娘种子(Jsxh-R)与课题组保存的敏感型日本看麦娘(Jsxh-S)为材料，采用室内整株生物测定与大田除草剂配方试验相结合的研究方法，分析其对ALS类除草剂——啶磺草胺与甲基二磺隆、ACCase抑制剂类除草剂——炔草酯和精噁唑禾草灵的抗药性情况。

2. 供试药剂

主要有 15%炔草酯可湿性粉剂(麦极，瑞士先正达作物保护有限公司)，7.5%啶磺草胺水分散剂(优先，美国陶氏益农公司)，6.9%精噁唑禾草灵水乳剂(骠马，拜耳作物科学公司)，30 g/L 甲基二磺隆可分散油悬乳剂(世玛，拜耳作物科学公司)，50%丙草胺乳油(北京中农科美化工有限公司)，40%氟酮唑草干悬浮剂(快灭灵，美国富美实公司)，20%氯氟吡氧乙酸乳油(使它隆，美国陶氏益农公司)。

3. 试验设计

试验设计处理见表 3-6-1。

表 3-6-1 供试药剂的处理浓度

除草剂	亩剂量梯度(有效成分)/g	
	Jsxh-S	Jsxh-R
啶磺草胺	1.18，2.35，4.70，<u>9.40</u>，18.80，37.60	2.35，4.70，9.40，18.80，37.60，75.20
甲基二磺隆	0.08，0.15，0.30，<u>0.60</u>，1.20，2.40	0.15，0.30，0.60，1.20，2.40，4.80
炔草酯	0.47，0.94，1.88，<u>3.75</u>，7.50，15.0	1.88，3.75，7.50，15.00，30.00，60.00
精噁唑禾草灵	0.48，0.96，1.92，<u>3.45</u>，6.90，13.80	1.73，3.45，6.90，13.80，27.60，55.20

注：Jsxh-S 敏感型群体，Jsxh-R 示范方群体，标下划线的为各除草剂的推荐剂量。

4. 数据采集与处理标准

4.1 日本看麦娘地上部分干重

用药后 21 d 观察日本看麦娘存活状态，并将各处理残存日本看麦娘的地上部分剪下，分别用自来水冲洗茎、叶，再用蒸馏水冲洗 3 遍，沥去水分，装入纸袋后，120 ℃杀青 30 min，然后在 70 ℃下烘干 72 h 至恒量，用 BS214D 电子天平称重。

4.2 杂草株防效和干重防效

药后 60 d，大田除草剂配方筛选试验各处理小区选择 4 个点，每个点 0.25 m^2(0.5 m×0.5 m)，调查各小区存活杂草的株数，并参照 4.1 方法测定各处理区的样本干重。株防效和干重防效的计算见式(3-6-1)、式(3-6-2)：

株防效(%)=(对照区杂草株数-药后杂草株数)×100/对照区杂草株数 (3-6-1)

干重防效(%)=(对照区杂草干重-处理区杂草干重)×100/对照区杂草干重 (3-6-2)

4.3 产量及其产量构成因素测定

于小麦成熟期，各小区分别取样 1 m^2，调查各小区的小麦穗数、每穗粒数和千粒重。各小区实收计产。

4.4 数据分析

大田配方筛选数据统计分析采用 DPS 软件进行。生物测定试验中，数据处理使用 Seefeldt 等描述的双逻辑非线性回归模型进行，见式(3-6-3)，软件为 Sigmaplot 12.3。求出种群的 GR_{50} 值，进而求出抗性指数 RI，见式(3-6-4)。

$$Y=C+\frac{D-C}{1+\left(\frac{X}{GR_{50}}\right)^{b}} \tag{3-6-3}$$

式中，Y 为特定除草剂剂量下所测杂草地上部分干重相对于不喷药对照的百分数；

X 为除草剂的用量；

C 为剂量反应下限；

D 为剂量反应上限；

GR_{50} 为抑制杂草鲜重 50%的除草剂剂量；

b 为斜率。

$$抗性指数(RI)=抗性种群\ GR_{50}/敏感种群\ GR_{50} \quad (3-6-4)$$

抗性分级标准为：高水平抗性，RI>10；中水平抗性，5≤RI≤10；低水平抗性，2≤RI≤5。

5. 主要结果

5.1 日本看麦娘对 ACCase 抑制剂类除草剂的交互抗药性

由表 3-6-2 可知，Jsxh-R 对甲基二磺隆的反应与啶磺草胺相似，对甲基二磺隆没有产生抗药性，但 Jsxh-R 对炔草酯与精噁唑禾草灵产生了抗药性，抗性指数分别为 5.99 与 5.18，表明示范方日本看麦娘种群(Jsxh-R)对炔草酯与精噁唑禾草灵产生了中等水平的交互抗性。

表 3-6-2 日本看麦娘种群对不同除草剂的敏感性

种群	啶磺草胺		甲基二磺隆		炔草酯		精噁唑禾草灵	
	GR_{50} (亩用量)/g	RI	GR_{50} (亩用量)/g	RI	GR_{50} (亩用量)/g	RI	GR_{50} (亩用量)/g	RI
Jsxh-S	1.90 (±0.25)	—	0.17 (±0.02)	—	1.57 (±0.05)	—	1.06 (±0.08)	—
Jsxh-R	2.57 (±0.06)	1.35	0.26 (±0.04)	1.53	9.41 (±1.88)	5.99	5.49 (±2.78)	5.18

5.2 有效控制抗药性日本看麦娘的除草剂配方筛选

从表 3-6-3 可知，与空白对照相比，丙草胺+氯吡嘧磺隆(T1)、丙草胺+快灭灵(T2)、啶磺草胺+炔草酯(T3)、啶磺草胺+快灭灵(T4)和炔草酯+氯氟吡氧乙酸(T5)处理后，杂草发生数目

表 3-6-3 不同处理对总杂草和日本看麦娘的防除效果

处理(用药后 60 d)	亩用除草剂用量(商品量)	总杂草密度/(株·m^{-2})	干重/g	株防效/%	干重防效/%	日本看麦娘密度/(株·m^{-2})	干重/g	株防效/%	干重防效/%
50%丙草胺 EC +75%氯吡嘧磺隆 WP(T1)	0.08 L+9.0 g	80.3	14.00	84.5	91.8	56.3	9.28	86.5	91.5
50%丙草胺 EC +40%快灭灵 WG(T2)	0.08 L+2.0 g	120.3	28.47	76.8	83.3	92.0	20.54	77.9	81.3
7.5%啶磺草胺 WG +15%炔草酯 WP(T3)	9.4 g+20.0 g	179.8	43.67	65.4	74.3	122.3	34.19	70.6	68.9
7.5%啶磺草胺 WG +40%快灭灵 WG(T4)	9.4 g+2.0 g	44.0	8.38	91.5	95.1	34.8	6.69	91.6	93.9
15%炔草酯 WP +20%氯氟吡氧乙酸 EC(T5)	20.0 g+0.05 L	233.5	51.39	55.0	69.8	198.5	40.92	52.3	62.7
人工除草(T6)	—	0.0	0.00	100.0	100.0	0.0	0.00	100.0	100.0
不除草(CK)	—	519.0	170.08	—	—	416.3	109.81	—	—

分别降低 84.5 %、76.8%、65.4%、91.5%和 55.0%，杂草干重分别降低 91.8%、83.3%、74.3%、95.1%和 69.8%，并且各处理间存在显著差异。总草防除效果以啶磺草胺+快灭灵（T4）防除效果最优，株防效和干重防效分别为 91.5%和 95.1%。此外各处理间日本看麦娘的株防效和干重防效与总草基本一致。防效最好的组合仍然是 T4，防效最差的组合为 T3 和 T5，这可能是由于该组合中含有炔草酯，而日本看麦娘又对其产生抗药的原因。

从表 3-6-4 可见，不同处理间残存杂草对小麦的穗数、每穗粒数和千粒重都有显著的影响，最终影响了小麦的产量。与空白对照相比，各处理均显著增加了小麦产量。处理 T1～T6 的小麦产量分别增加 72.34%、70.44%、57.72%、92.29%、55.25%和 95.69%，均达显著水平。各处理组合中以人工除草小麦亩产量最高，为 489.17 kg；其次是啶磺草胺+快灭灵处理（T4），为亩产量 480.67 kg。两者没有明显差异，表明应用啶磺草胺+快灭灵能取得很好的除草及保产效果。

表 3-6-4　不同处理对小麦籽粒产量的影响

处理	亩除草剂用量（商品量）	亩穗数/万穗	每穗粒数/粒	千粒重/g	亩理论产量/kg	亩实际产量/kg	增产率/%
50%丙草胺 EC +75%氯吡嘧磺隆 WP（T1）	0.08 L+9.0 g	28.45bc	35.8a	43.45b	442.77bc	430.79b	72.34
50%丙草胺 EC +40%快灭灵 WG（T2）	0.08 L+2.0 g	28.07bc	35.8a	43.67b	439.05bc	426.04b	70.44
7.5%啶磺草胺 WG +15%炔草酯 WP（T3）	9.4 g+20.0 g	27.80bc	35.1ab	41.20c	402.42c	394.25c	57.72
7.5%啶磺草胺 WG +40%快灭灵 WG（T4）	9.4 g+2.0 g	28.99ab	38.8a	43.57b	489.38ab	480.67a	92.29
15%炔草酯 WP+20%氯氟吡氧乙酸 EC（T5）	20.0 g+0.05 L	27.62c	35.6ab	41.24c	405.46c	388.06c	55.25
人工除草（T6）	—	29.83a	38.9a	44.45a	515.28a	489.17a	95.69
不除草（CK）	—	24.43d	29.9b	36.38d	265.98d	249.97d	—

（二）春后一次性控草试验处理剂量及施药方法

1. 试验田情况

该试验示范设在兴化钓鱼镇核心示范展示基地，种植小麦品种为‘扬麦 23’。该田为黏壤土，肥力水平均一，试验前进行耕翻，地势平坦，排灌方便，各处理间开深沟隔开。田间杂草分布均匀，发生密度大，田间杂草以抗药性日本看麦娘为主，另有少量的菵草。

2. 供试药剂

试验过程中使用的除草剂药剂有优先（7.5%啶磺草胺）、爱秀（5%唑啉草酯）、世玛（30 g/L 甲基二磺隆）、氟唑磺隆、50%异丙隆、47%凯扑（异・丙・氯吡）、普草克（25%环吡氟・异丙隆）。

3. 春后一次性控草方案处理剂量及施药试验设计

处理时间：于小麦 4～5 叶期进行除草剂处理。

设以下 8 个处理（表 3-6-5）：①50%异丙隆+7.5%优先，亩用 200 g+12.5 g；②50%异丙隆+5%爱秀，亩用 200 g+100 mL；③50%异丙隆+30 g/L 世玛，亩用 200 g+30 mL；④亩用 70%氟唑磺隆 6 g；⑤亩用 50%异丙隆 250 g；⑥亩用 47%凯扑 250 g；⑦亩用 25%普草克 300 g；⑧空白对

照。各个处理面积约 720 m^2，不设重复。药器械为工农-16 型背负式手动喷雾器，喷孔直径 1.3 mm，采用二次稀释法，各处理药剂按每亩 30 kg 兑水进行茎叶喷雾。

表 3-6-5　兴化市钓鱼镇麦田杂草防控示范小区除草剂处理

处理编号	处理药剂	施药剂量(亩商品量)
①	50%异丙隆 WP +7.5%啶磺草胺 WG	200 g+12.5 g
②	50%异丙隆 WP +5%唑啉草酯 EC	200 g+100 mL
③	50%异丙隆+30 g/L 甲基二磺隆 OD	200 g+30 mL
④	70%氟唑磺隆 WG	纯量 6 g
⑤	50%异丙隆 WP	250 g
⑥	47%异隆·丙·氯吡 WP	250 g
⑦	25%环吡氟·异丙隆 WP	300 g
⑧	空白对照	

4. 结果与小结

于施药 40 d 后调查每个不同除草剂组合处理的小麦田间 3~4 叶杂草，每处理区对角线 5 点取样，以空白对照区杂草鲜重为对照，计算鲜重防效，防效结果分别为 98.6%、79.5%、97.9%、86.8%、67.9%、91.9%、98.1%。因此，以亩用 50%异丙隆 WP 200 g+7.5%啶磺草胺 WG 12.5 g 进行小麦田间防除效果最好。

（三）一次性防控麦田阔叶草方案

1. 试验地概况

该试验设在兴化市钓鱼镇，种植小麦品种为‘宁麦 14’。该田地势平坦，排灌方便，黏壤土，肥力中等。田间杂草以阔叶杂草为主，牛繁缕、繁缕占 98%以上，另有极少量的荠菜。

2. 供试药剂

22%双唑·氯氟吡 OD(雪鹰)和 10%苯磺隆 WP。

3. 试验设计

试验示范设亩用 22%双唑·氯氟吡 OD 50 mL、22%双唑·氯氟吡 OD 100 mL、10%苯磺隆 WP 10 g 及空白对照 4 个处理，不设重复。施用时间为拔节期。

4. 试验结果

对试验区用药后持续观察，22%双唑·氯氟吡两个剂量处理区未出现药害症状，对小麦安全。施药后 15 d 目测调查，亩用 22%双唑·氯氟吡 50 mL、100 mL 两个处理区目测防效分别高达 80%、85%；施药后 25 d 目测调查，亩用 22%双唑·氯氟吡 50 mL、100 mL 两个处理区目测防效均有显著提高，分别高达 96%、99%。而对照亩用药剂 10%苯磺隆 WP 10 g 处理区目测防效较差(表 3-6-6)。目测调查还发现，两个剂量处理区内荠菜有明显的中毒症状，但能继续生长，未死亡。

表 3-6-6　22%双唑·氯氟吡 OD 等对麦田阔叶杂草目测防效

处理(亩用量)	用药后 15 d 目测防效/%	用药后 25 d 目测防效/%
22%双唑·氯氟吡 OD 50 mL	80	96
22%双唑·氯氟吡 OD 100 mL	85	99
10%苯磺隆 WP 10 g	10	35

用药后 50 d 调查株防效与鲜重防效，亩用 22%双唑·氯氟吡 50 mL、100 mL 株防效分别高

达 82.9%与 85.6%，鲜重防效明显高于株防效，分别为 96.9%、98.1%，而对照药剂防效较差，株防效与鲜重防效仅为 44.7%、26.3%(表 3-6-7)。

表 3-6-7　22%双唑・氯氟吡等对麦田阔叶杂草防效(50 d)

处理(亩用量)	株防效		鲜重防效	
	密度/(株・m^{-2})	防效/%	鲜重/(g・m^{-2})	防效/%
22%双唑・氯氟吡 OD 50 mL	117	82.9	28.8	96.9
22%双唑・氯氟吡 OD 100 mL	99	85.6	17.1	98.1
10%苯磺隆 WP 10 g	378	44.7	681.3	26.3
空白对照	684		924.3	

试验表明，亩用 22%双唑・氯氟吡 OD(雪鹰)50～100 mL 对小麦安全。分别于用药后 15 d、25 d 观察，亩用 22%双唑・氯氟吡 50～100 mL 对以牛繁缕、繁缕为主的田块防效好。用药后 50 d 调查发现，两处理对繁缕、牛繁缕防效均在 80%以上，且随着剂量的增加防效增加，鲜重防效明显优于株防效。22%双唑・氯氟吡可用于防治麦田繁缕、牛繁缕等阔叶杂草，对荠菜与猪殃殃的防效如何还需进一步试验示范。

三、创建的新技术方案

试验地点：设在兴化市城东镇农技中心中试基地田中，种植小麦品种为‘宁麦 14’。该田为黏壤土，肥力水平均一，试验前专门用机器进行耕翻，地势平坦，排灌方便，各处理间开深沟隔开。田间杂草分布均匀，发生相当重，田间杂草以菵草为主，另有部分繁缕和少量看麦娘。试验设置见表 3-6-8。

表 3-6-8　小麦全程“一封一杀”控草方案投放药剂的有效量比较及药后 50 d 杂草总防效

控草方式	处理时间	亩用处理药剂商品量	亩有效量小计/g	亩有效量总计/g	总草防效/%
一封一杀	播后 3 d 内	50%丙草胺 EC 100 mL	50	55	57.5
	春施	5%唑啉草酯 EC 100 mL	5		
一封一杀	播后 3 d 内	50%丙草胺 EC 100 mL	50	57.5	63.8
	春施	5%唑啉草酯 EC 150 mL	7.5		
一封一杀	播后 3 d 内	50%丙草胺 EC 100 mL	50	132.5	95.4
	春施	5%唑啉草酯 EC 150 mL+50%异丙隆 WP 150 g	82.5		
一封一杀	播后 3 d 内	50%丙草胺 EC 70 mL+50%异丙隆 WP 70+125 g	97.5	105	86.7
	春施	5%唑啉草酯 EC 150 mL	7.5		
一杀(春后茎叶处理)	春施	50%丙草胺 EC 150 mL+70%氟唑磺隆 WP 3.5 g	77.45	77.45	55.5
一封一杀	播后 3 d 内	47%异隆・丙・氯吡 WP 200 g	94	101.5	94.5
	春施	30%甲基二磺隆 OD 25 mL	7.5		

试验表明，不管封闭处理还是茎叶处理，均对小麦安全。针对以茵草为主的田块，播种后 3 d 内用丙草胺土壤封闭或在早期(播后 15 d)使用丙草胺+异丙隆进行土壤处理，同时辅以春季茎叶防治均能取得较好效果，而仅依靠春季茎叶处理对茵草防效较差。在试验中笔者曾尝试在部分小区仅冬季用丙草胺(或+异丙隆)土壤封闭，春季不用药，同样可取得 90%左右的防效。综上所述，在保证土壤墒情情况下，针对茵草、日本看麦娘等抗药性杂草，播后 3 d 内以 50%丙草胺 EC 100 mL 土壤封闭或播后 3 d 用 47%异隆 · 丙 · 氯吡，重发田春季 30%甲基二磺隆进行茎叶补治，可达到 94%以上防效。经过 2016—2017 年示范结果表明：用 47%凯扑，重发田春季 30%甲基二磺隆进行茎叶补治基本可以控制稻麦轮作区稻茬麦的杂草危害。

四、示范应用取得的效果与效益

2016—2017 年期间，在兴化市与镇江市两地实施推广“基于稻麦两熟优质高产高效的全程绿色防控杂草技术”，2016 年推广 150 474 亩次，2017 年推广 257 543 亩次，示范推广情况表明：该技术每亩能减少化学除草剂有效量达 31 g，农药节约 20%以上，对杂草综合防效达 94%以上，每亩可增收小麦产量 10 kg 左右。

该技术在构建稻茬麦田杂草发生资料、气象数据、品种栽培等信息的数据库与麦田杂草灾害预警系统的基础上，筛选获得了高效、安全控草的药剂新品，结合因地制宜的农业控害措施，优化并完善了稻茬麦田杂草的减药技术体系，对农业增效、农民增收发挥了积极作用，降低了化学药剂的使用次数和用量。

五、应用前景与发展建议

(一) 应用前景

稻麦轮作区麦田抗药性杂草防效提高 50 个百分点，减少除草剂的施用量 15%以上，每亩可节省成本 20~30 元，每亩小麦增产达到 10 kg 以上。针对现阶段小麦田抗药性杂草种类多，发生面积广等特点，构建麦田化学除草剂的减量控害技术体系，研发麦田恶性杂草专业化绿色治理新模式，提高麦田抗药性杂草的预警技术，对靶选药，按照农药标签施药，最终达到减少农药使用量的目的。

(二) 发展建议

在项目执行期间发现，项目示范推广区域水稻收割后小麦田的整地质量直接影响着“一封一补”控草策略的控草效果，麦田抗药性杂草种群的快速发展，压缩了除草剂减量空间，给作物田农药减量带来压力。

先易后难，优先加强以麦田机械控草、精准施药、高质量整地等为主的新型机械的研发，减轻麦田杂草防控过分依赖化学除草剂的程度，大幅度减少麦田除草剂的施用量。

第七节　麦茬稻田病虫害减量施药技术方案

提要： 科学防治病虫害是保障水稻安全生产的重要环节。水稻叶片表面具有疏水性，稻飞虱、纹枯病等主要病虫害在水稻基部发生，大部分农药无法沉积到靶标区域，造成农药利用率低，农药浪费严重且污染环境，亟须创新稻田农药使用关键技术，减少农药用量及环境危害，保证农产品品质安全。该方案在揭示农药雾滴从药械到发挥生物效果过程中农药大量流失的重要节点和影响农药使用效率科学原理的基础上，建立增加农药沉积量的润湿展布技术、提高农药沉积率和使用效率的精准施药技术以及兼治多病虫的配方施药技术方案，通过集成优化，最终形成麦茬稻田病虫害绿色防控技术方案，并进行示范推广。

一、科学问题与技术需求

江苏处在高温高湿的气候地带，危害水稻的病虫种类多，发生程度重，而喷施农药仍是水稻病虫害防治最普遍和最有效的方法（顾中言，2005a，2005b，2012）。我国对施药技术的理论与应用研究不足，仍以大容量施药为主，对靶沉积率仅20%～30%，浪费严重（顾中言 等，2002；徐德进 等，2011），亟须创新稻田农药使用技术，减少农药用量。特别是近年来，土地承包权与经营权的分离促进了土地流转市场的发展，江苏省农村土地经营规模已经发生分化，小农户与专业大户并存，土地经营出现了向规模化集中的趋势。水稻规模化种植条件下的病虫害防治从选药至喷药整个技术环节都亟须相关配套技术。

稻田每次施药一般都是兼治多种有害生物，生产上常将多种农药品种在田间随意叠加桶混，造成极大的浪费（顾中言 等，2013a）。多种农药的桶混会导致农药制剂原有的理化性能发生改变，相对原有单一制剂而言，桶混制剂的稳定性变差，易导致药害的发生。因此，从桶混药剂对病虫害的敏感性、稳定性、安全性以及增效性等出发寻求一种兼治多种病虫害的农药“桶混”效应的评价方法，是当前科学施药和农药减量技术的迫切需要。

喷雾施药是稻田施药最常见的农药使用方式（顾中言 等，2013b）。水稻植株作为农药喷洒的靶体，其表面特性、农药雾滴的理化性能直接影响农药在植株表面的沉积量和覆盖率，进而影响农药使用效率（徐德进 等，2013，2014）。由于水稻植株表面疏水性较强，导致经施药器械喷洒到水稻植株上的农药雾滴绝大多数以水珠的形式滚落，农药流失严重（徐广春 等，2014；顾中言，2009；许小龙 等，2011）。合理运用表面活性剂可以很好地解决农药药液在水稻表面的润湿、黏附、渗透、持留等问题，是提高农药单位剂量使用效率的重要途径（顾中言 等，2003；徐广春 等，2012）。

控制雾滴粒径、改善器械和施药方法等，可以有效防止雾滴飘移，提高雾滴在植物冠层中的沉积和穿透（徐德进 等，2012；董玉轩 等，2012）。改变喷雾角度及雾流方向可以增加靶标植物的受药面积、增加药液在植株中下部靶标上的沉积量。因此，改变施药技术参数，开展植保机械的田间适应性研究，也是实现稻田农药高效利用的重要渠道。

二、开展的试验研究

针对现有农药混用评价方法的偏差，研究并提出新的农药混用评价方法。通过对水稻叶片表面特性及稻田常用农药药液理化性质的分析，揭示稻田农药剂量转移过程中农药大量流失的主要原因，筛选适合水稻叶片的农药喷雾助剂并建立助剂使用评判标准。利用农药沉积结构理论，研究农药雾滴密度与防治水稻有害生物效果的关系，并以机动弥雾机为对象，研究不同喷雾方式条件下农药雾滴在水稻冠层的沉积分布特征，建立机动弥雾机稻田喷雾雾滴密度标准。

（一）配方施药技术

将防治特定某病某虫的各种单一农药剂量简单地叠加混用后兼治多种病虫是稻田常见的施药方式。农药混用有增效、相加和拮抗三种不同的互作效应，有增效作用的混用可减少农药用量。我国缺失评价混用农药防治多病虫合理性的方法，导致田间随意混用农药，甚至是混配农药的再次混用。研究发现甲维盐—毒死蜱等多个稻田广泛使用的农药配方，对一种或多种兼治对象有拮抗作用，田间综合效应差，农药用量多。

1. 科学原理及依据

统计发现，导致害虫50%死亡的致死中量在95%置信限内的死亡率区间可达50%±50%×20%，用致死中量计算共毒系数时忽略了害虫的死亡率区间，导致偏差。计算Mansour的共毒因子时，实测死亡率需超出(期望死亡率±20%期望死亡率)的范围，正好弥补了共毒系数的缺陷。经试验验证，共毒系数大于100、共毒因子大于20时，混剂有明显的增效减量作用，并通过研究提出了方便基层(或种田大户)根据当地病虫发生特点筛选农药配方的方法，做到合理用药。

2. 二元农药混用

在直角坐标内x轴上A点和y轴上B点是两种药剂导致防治对象50%死亡率的剂量，连接AB的直线上所有的点都能导致防治对象50%的死亡率，为理论等效线(图3-7-1-Ⅰ)。如混剂的实测剂量与理论剂量重叠或在其附近，则混剂为相加作用；如实测剂量在理论等效线内侧靠近坐标原点的一边，为增效作用；如实测剂量在理论等效线外侧远离坐标原点的一边，为拮抗作用(图3-7-1-Ⅱ)。图3-7-1-Ⅲ则是B药对防治对象无效时，A、B两种农药混用后的相加作用、增效作用和拮抗作用的等效线。确立方便基层农技人员掌握的评价农药混用效应的田间试验方法，在田间防治同时发生的多种病虫害，以防治效果作剂量反应曲线，求得单、混剂获得同等防效的等效剂量。二元混用时用等效线评判综合效应，若两种农药混用后，对二化螟有增效作用且毒力高，对灰飞虱为相加作用，对褐飞虱为拮抗作用且毒力低，要兼治褐飞虱，需再混用其他药剂或加大农药用量，田间综合效应差；若两种农药混用后对三种害虫均有增效作用，用防治褐飞虱的剂量可兼治三种害虫，农药用量少，田间综合效应好。

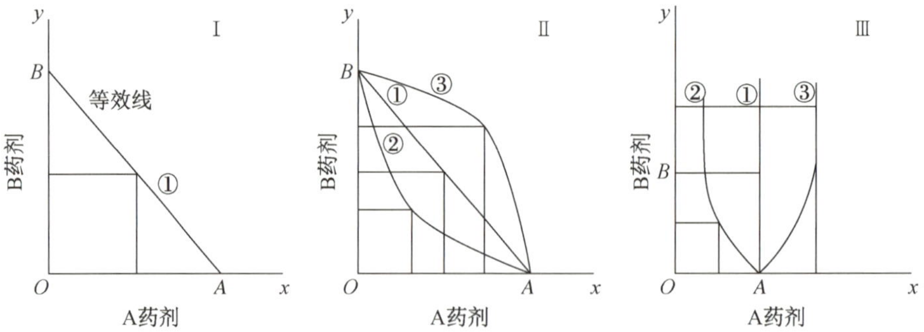

① 相加作用；② 增效作用；③ 拮抗作用。

图3-7-1　2种农药混用的等效线和联合作用示意图

3. 三元农药混用

三维坐标内，用3种药剂对害虫的LC_{50}值作理论等效面。3种农药混用后，对害虫LC_{50}实测值的坐标点在等效面上为相加作用，在靠近坐标原点的凹面上为增效作用，在远离原点的凸面上为拮抗作用。三元混用时，创立用“等效面”评价混用农药田间综合效应的方法，三维坐标的 3 个轴分别代表混剂的 3 种单剂剂量，连接 3 种单剂对防治对象的等效剂量形成等效面，混剂对防治对象的等效剂量为等效点，根据等效面和等效点的相对位置确定混剂对防治对象的互作效应(图 3-7-2)。针对多个防治对象，在三维坐标内形成多个等效面和多个等效点，用等效面和等效点的相对位置评判混剂对多个防治对象的综合效应。

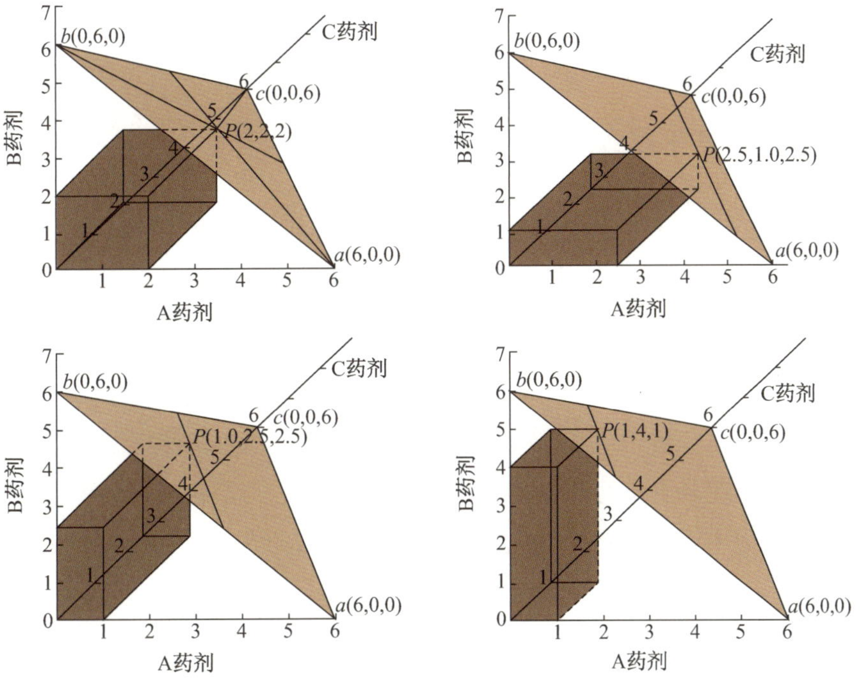

图 3-7-2 等效面上任意点的坐标值

4. *用田间试验方法筛选田间混用配方*

在田间防治同时发生的多种病虫害，以防治效果作剂量反应曲线，求得单、混剂获得同等防效的等效剂量，可通过坐标系作图来分析增效与否。

(二)润湿展布技术

水稻的低表面能特性决定了水稻属于强疏水作物，而目前我国在水稻上登记的农药产品的推荐剂量药液的表面张力常大于水稻表面的临界表面张力，致使药液雾滴喷洒到水稻表面后，不能牢固地黏附在水稻表面，而是聚并成水珠从水稻表面大量流失，水稻表面的沉积量极少。通过合理使用外源助剂，调节药液表面张力和药液内的助剂浓度，使药液表面张力小于水稻的临界表面张力，有效地提高了农药雾滴在水稻表面的黏附能力，增加了农药在水稻表面的沉积量。使用雾滴黏着展布比对卡，可以方便农户正确使用外源助剂。

1. *科学原理及依据*

在固—液界面化学中，临界表面张力是表征固体表面能的一个指标，用以说明液体在固体表面的可润湿性，只有液体的表面张力小于固体临界表面张力时，才可以在固体表面完全润湿。人们依据这一原则测定植物叶片的临界表面张力，作为叶片表面能的衡量指标。通过 Zisman 图法测定的水稻叶片的临界表面张力见表 3-7-1，从测定的结果来看，不同品种及生育期的水稻叶片的临界表面张力存在差异，其临界表面张力值介于 29.9～36.7 mN/m 之间。

表 3-7-1　水稻叶片的临界表面张力值

品种	生育期	临界表面张力/($mN\cdot m^{-1}$)	品种	扬花期倒 2 叶	临界表面张力/($mN\cdot m^{-1}$)
扬辐粳 8 号	分蘖期	34. 5	南粳 44	正面	29. 9
	孕穗期	34. 3		反面	31. 2
	扬花期	34. 3	武运粳 7 号	正面	30. 6
武育粳 3 号	分蘖期	34. 6		反面	32. 2
太湖粳 2 号	分蘖期	36. 7	南粳 11 号	正面	31. 0
				反面	31. 9
			武香糯 8333	正面	31. 9
				反面	32. 9

对水稻上登记的 14 个化合物、52 个产品推荐剂量浓度下的药液表面张力和药液内表面活性剂(助剂)的临界胶束浓度(表 3-7-2)测定发现，大多数药剂的推荐使用浓度的药液表面张力大于水稻叶片的临界表面张力，难以在水稻植株表面黏着展布。从剂型看，在被测定的品种中，乳油最有利于在水稻表面沉积展布，除个别外，田间使用浓度的乳油药液可以在水稻叶面沉积并展布。可湿性粉剂，尤其是高含量的可湿性粉剂、水分散粒剂、可溶粉剂、水剂等，在田间使用浓度条件下，药液难以黏着在水稻叶面。试验表明，绝大多数的农药药液在水稻叶面形成水珠而滚落，沉积率极低。

表 3-7-2　稻田不同药剂推荐剂量药液的表面张力值

药剂	机动大水量喷射		手动大容量喷雾		机动弥雾喷雾	
	药液浓度/($mg\cdot L^{-1}$)	表面张力/($mN\cdot m^{-1}$)	药液浓度/($mg\cdot L^{-1}$)	表面张力/($mN\cdot m^{-1}$)	药液浓度/($mg\cdot L^{-1}$)	表面张力/($mN\cdot m^{-1}$)
25%多菌灵 WP	333. 3~416. 7	30. 86	1 000~1 250	30. 86	3 333~4 167	30. 86
50%多菌灵 WP	333. 3~416. 7	51. 67	1 000~1 250	51. 67	3 333~4 167	51. 67
60%多菌灵 WP	333. 3~416. 7	54. 20	1 000~1 250	54. 20	3 333~4 167	54. 20
80%多菌灵 WP	333. 3~416. 7	63. 29	1 000~1 250	63. 18	3 333~4 167	63. 18
20%三环唑 WP	100. 0~133. 3	40. 85	300~400	35. 64	1 000~1 333	33. 57
50%甲基硫菌灵 SC	333. 3~500. 0	35. 89	1 000~1 500	35. 89	3 333~5 000	35. 89
70%甲基硫菌灵 WP	333. 3~500. 0	42. 20	1 000~1 500	40. 22	3 333~5 000	40. 22
5%井冈霉素 AS	66. 7~83. 3	46. 74	200~250	47. 27	667~833	46. 53~46. 68
20%井冈霉素 SP	66. 7~83. 3	45. 40	200~250	43. 10	667~833	43. 10
2. 5%吡虫啉 EC	6. 7~13. 3	35. 00~40. 00	20~40	31. 24~34. 60	66. 7~133. 3	28. 35
30%吡虫啉 ME	6. 7~13. 3	>47. 68	20~40	40. 15~47. 68	66. 7~133. 3	33. 18~37. 52
20%吡虫啉 SL	6. 7~13. 3	36. 00~40. 00	20~40	29. 22~32. 52	66. 7~133. 3	29. 22
200 g/L 吡虫啉 SL	6. 7~13. 3	43. 32~47. 93	20~40	39. 29~40. 18	66. 7~133. 3	39. 29
60%吡虫啉 SC	6. 7~13. 3	54. 50	20~40	48. 24~49. 72	66. 7~133. 3	43. 44~46. 58

（续表）

药剂	机动大水量喷射		手动大容量喷雾		机动弥雾喷雾	
	药液浓度/（mg·L^{-1}）	表面张力/（mN·m^{-1}）	药液浓度/（mg·L^{-1}）	表面张力/（mN·m^{-1}）	药液浓度/（mg·L^{-1}）	表面张力/（mN·m^{-1}）
10%吡虫啉 WP	6.7~13.3	58.00	20~40	40.54~44.63	66.7~133.3	37.30
20%吡虫啉 WP	6.7~13.3	55.20~64.30	20~40	42.79~52.87	66.7~133.3	39.09~42.05
70%吡虫啉 WDG	6.7~13.3	61.00~64.01	20~40	55.28~57.14	66.7~133.3	43.25~48.74
	6.7~13.3	55.00~57.00	20~40	49.48~54.28	66.7~133.3	40.24~47.68
	6.7~13.3	56.00	20~40	48.63~51.74	66.7~133.3	44.38~46.27
25%吡蚜酮 SC	26.7~33.3	>65.52	80~100	55.64~60.20	226.7~333.3	48.12~51.36
25%吡蚜酮 WP	26.7~33.3	40.00	80~100	29.68	226.7~333.3	29.68
	26.7~33.3	55.48~58.6	80~100	49.26~50.17	226.7~333.3	41.67~43.24
50%吡蚜酮 WDG	26.7~33.3	54.65~60.00	80~100	41.27~48.45	226.7~333.3	37.44~38.12
1.8%阿维菌素 EC	4.4~6.7	36.89	13.3~20.0	29.20	44.4~66.7	29.20
	4.4~6.7	27.67	13.3~20.0	27.67	44.4~66.7	27.67
	4.4~6.7	32.83	13.3~20.0	32.83	44.4~66.7	32.83
3%阿维菌素 EC	4.4~6.7	32.45	13.3~20.0	27.71	44.4~66.7	27.71
4%阿维菌素 EC	4.4~6.7	34.45	13.3~20.0	31.33	44.4~66.7	31.33
5%阿维菌素 EC	4.4~6.7	29.80	13.3~20.0	27.33	44.4~66.7	27.33
1.8%阿维菌素 ME	4.4~6.7	36.16	13.3~20.0	35.22	44.4~66.7	35.22
4%阿维菌素 ME	4.4~6.7	32.41~34.52	13.3~20.0	29.98~31.28	44.4~66.7	29.13
2%阿维菌素 EW	4.4~6.7	36.23	13.3~20.0	36.23	44.4~66.7	36.23
3%阿维菌素 EW	4.4~6.7	35.98	13.3~20.0	35.98	44.4~66.7	35.98
5%阿维菌素 SL	4.4~6.7	>33.44	13.3~20.0	33.44	44.4~66.7	33.44
2%阿维菌素 MC	4.4~6.7	28.59~30.00	13.3~20.0	28.29	44.4~66.7	28.29
4%甲维盐 EC	4.4~6.7	>28.39	13.3~20.0	28.39	44.4~66.7	28.39
1%甲维盐 ME	4.4~6.7	28.68	13.3~20.0	28.68	44.4~66.7	28.68
	4.4~6.7	42.00	13.3~20.0	38.09	44.4~66.7	38.09
2.5%甲维盐 ME	4.4~6.7	28.33	13.3~20.0	28.33	44.4~66.7	28.33
5%甲维盐 WDG	4.4~6.7	41.22~45.82	13.3~20.0	37.63~40.56	44.4~66.7	35.57~36.54
	4.4~6.7	43.30	13.3~20.0	42.10	44.4~66.7	42.10
480 g/L 毒死蜱 EC	266.7~333.3	30.29	800~1 000	28.90	2 666.7~3 333.3	28.90
48%毒死蜱 EC	266.7~333.3	31.19	800~1 000	28.13	2 666.7~3 333.3	28.13
25%毒死蜱 EW	266.7~333.3	29.84	800~1 000	29.84	2 666.7~3 333.3	29.84
30%毒死蜱 ME	266.7~333.3	30.00	800~1 000	30.00	2 666.7~3 333.3	30.00

（续表）

药剂	机动大水量喷射		手动大容量喷雾		机动弥雾喷雾	
	药液浓度/（$mg \cdot L^{-1}$）	表面张力/（$mN \cdot m^{-1}$）	药液浓度/（$mg \cdot L^{-1}$）	表面张力/（$mN \cdot m^{-1}$）	药液浓度/（$mg \cdot L^{-1}$）	表面张力/（$mN \cdot m^{-1}$）
20%三唑磷 EC	160~200	33.00	480~600	28.31	1 600~2 000	28.31
40%三唑磷 EC	160~200	30.78	480~600	30.78	1 600~2 000	30.78
50%杀螟丹 SP	266.7~400.0	61.80~62.07	800~1 200	62.45	2 667~4 000	61.81
36%杀虫单 SP	333.3~400.0	>62.39	1 000~1 200	62.39	3 333~4 000	62.35
20%杀虫单 AS	333.3~400.0	38.00	1 000~1 200	35.64~36.31	3 333~4 000	33.67
25%噻嗪酮 WP	50~66.7	38.40~39.50	150~200	35.78~37.23	500~667	29.04~30.48
20%氯虫苯甲酰胺 SC	6.7~13.3	46.00~51.00	20~40	36.24~42.58	67~133	29.44~35.14

注：根据登记剂量和田间药液量计算药液浓度。药液量：大水量喷射 150 kg/亩，大容量喷雾 50 kg/亩，弥雾喷雾 15 kg/亩。

因此，目前农药制剂中的绝大多数，或者助剂用量太少，不足以使药液表面张力小于水稻的临界表面张力，或助剂不具备使药液表面张力小于水稻临界表面张力的能力，使得药液以水珠的形式从水稻表面滚落。

2. 外源助剂使用的技术指标

使用农药助剂可以降低药液的表面张力，在稻田使用的助剂必须具备如下条件。

2.1 能使药液的表面张力小于水稻叶片的临界表面张力

能力：使药液表面张力<水稻体表的临界表面张力；效率：达到最小表面张力的临界胶束浓度相对要低。对从市场购买的 24 种助剂的测定结果看，只有杰效利、仙露有机硅、TX-10 和 OP-10 的临界胶束浓度低，达到临界胶束浓度时的溶液表面张力<水稻的临界表面张力（表 3-7-3）。

表 3-7-3 助剂的临界胶束浓度及对应的表面张力

助剂类型	编号	助剂名称	临界胶束浓度/（$mg \cdot L^{-1}$）	表面张力/（$mN \cdot m^{-1}$）
有机硅	1	杰效利	78.49	20.77
	2	仙露	68.29	29.77
	3	加加力	1 204.3	24.76
	4	绿润	1 100.48	25.22
	5	金诺	634.28	26.58
	6	天润	254.26	28.14
	7	透彻	48.24	32.06
氮酮	8	银针高金氮酮	621.56	24.88
非离子表面活性剂	9	TX-10	31.25	29.01
	10	Np-10	63.00	31.54
	11	NP-15	89.12	36.24
	12	OP-10	31.00	29.51

（续表）

助剂类型	编号	助剂名称	临界胶束浓度/（$mg \cdot L^{-1}$）	表面张力/（$mN \cdot m^{-1}$）
非离子表面活性剂	13	100	125.00	31.69
	14	吐温 20	125.00	31.94
	15	吐温 40	63.00	33.63
	16	吐温 80	63.00	36.97
	17	速泊 270	42.58	38.79
复合型农用乳化剂	18	6201	500.00	28.64
	19	6202-B	125.00	28.70
	20	0204-C	250.00	28.70
	21	5202	125.00	29.69
	22	2201	125.00	29.80
	23	1202	125.00	31.15
	24	0203-B	250.00	31.85

2.2 能迅速减小雾滴在水稻叶面的初始接触角

雾滴接触水稻叶片的初始接触角<90°才能迅速沉积在水稻表面。从表 3-7-4 看，低浓度时，杰效利、TX-10 和加加力在水稻叶面的初始接触角<90°，可以牢固地黏着在水稻叶片表面，而其他助剂的初始接触角大于 90°，甚至大于 100°，使得雾滴难以沉积在水稻叶面。

表 3-7-4 助剂不同浓度溶液在‘南粳 44’叶面的初始接触角

表面活性剂浓度/（$mg \cdot L^{-1}$）	在‘南粳 44’叶面的初始接触角									
	杰效利	TX-10	加加力有机硅	仙露有机硅	天润有机硅	银针（氮酮）	金诺有机硅	绿润有机硅	OP-10	透彻有机硅
1 000	23.50°	78.82°	62.77°	81.37°	80.16°	96.10°	113.95°	109.40°	102.40°	110.40°
500	27.01°	88.54°	78.34°	84.32°	90.76°	113.77°	115.37°	118.07°	111.89°	117.30°
250	43.67°	82.55°	84.79°	97.89°	95.77°	118.31°	124.91°	131.44°	112.78°	117.99°
125	64.73°	81.98°	88.77°	98.75°	96.37°	121.48°	126.03°	122.60°	124.14°	119.65°
62.5	65.54°	91.47°	94.13°	116.78°	102.78°	124.30°	129.20°	129.70°	124.97°	123.36°
31.25	96.92°	94.21°	96.21°	120.64°	118.64°	126.65°	129.88°	127.20°	125.01°	132.76°

2.3 能有效增加水稻叶片的持液能力

单位面积水稻叶片对药液有饱和持留量和稳定持留量。随着喷液量的增加，水稻叶片的持液量增加，但超过饱和点后，持留在稻叶上的药液就会流失至稳定持留量，饱和点即流失点，稳定持留量则少于饱和持留量。桶混助剂要能增加单位面积水稻叶片的饱和持液量和稳定持液量，从而减少药液流失。图 3-7-3 表明，助剂杰效利和农药混用后增加了叶片的持液量。

3. 农药药液黏着展布效果检测比对卡及其应用方法

在田间条件下，可采用农药药液在农作物表面黏着展布比对卡进行农药润湿性能的快速检测（图 3-7-4）。

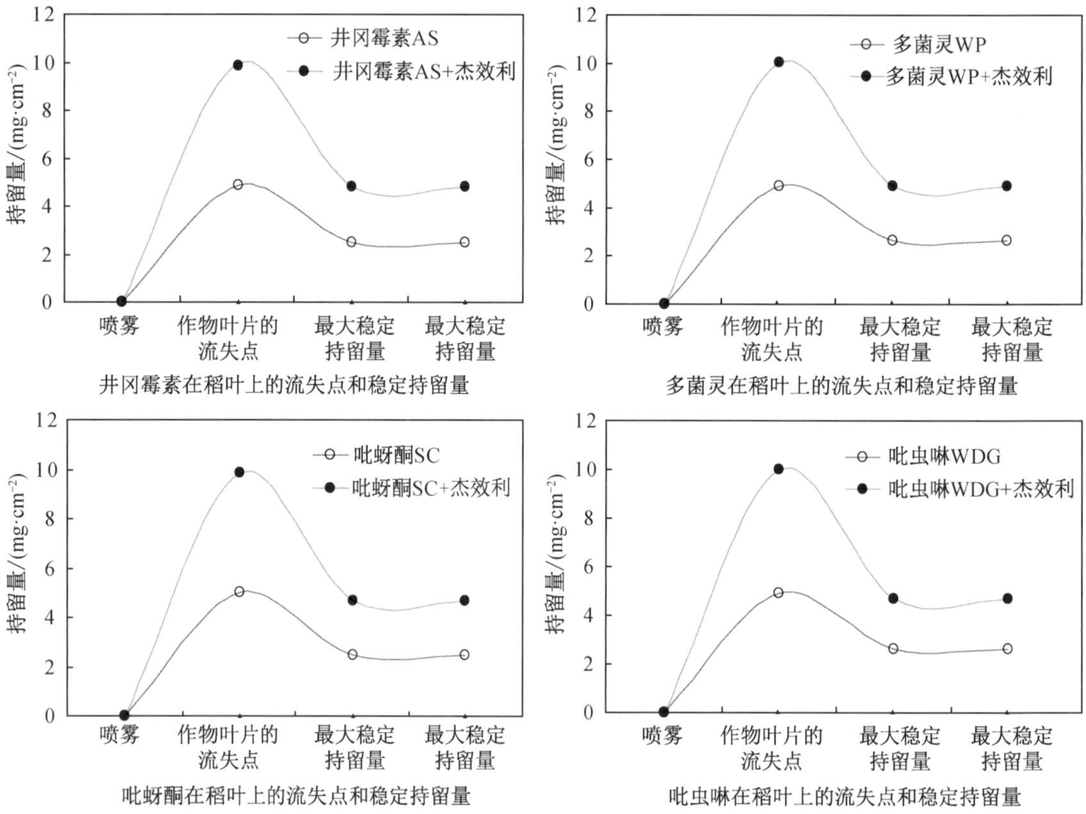

图 3-7-3　杰效利与 4 种农药混用在‘南粳 44’上的流失点和稳定持留量

具体实施方法为：在田间，将配制好的药液点滴或喷洒少量雾滴在靶标植物叶片表面形成液滴。如液滴呈图 3-7-4 中 7~8 的形状，则无再加用任何助剂。如液滴呈图中 6 的形状，则需加入少量助剂，使液滴呈图中 7~8 的形状。如液滴呈图中 1~5 的形状，则必须在药液中加入助剂，先加少许，再观察液滴形状，直至呈 7~8 的形状即可。

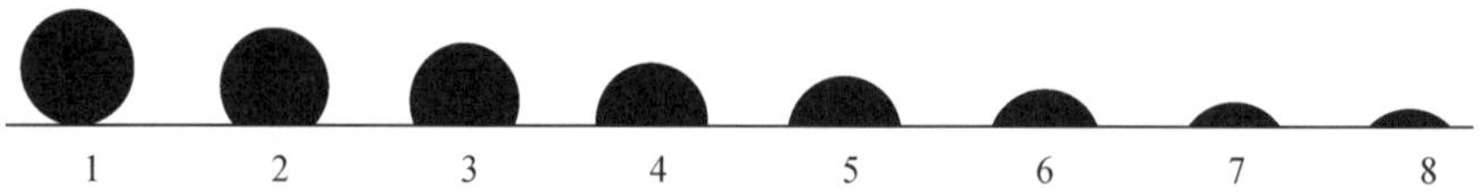

形态	液滴行为	助剂用量	形态	液滴行为	助剂用量
1，2	滚落 极少黏附	+++	5，6	黏附 不能展布	+
3，4	滚落 少量黏附	++	7，8	黏附 润湿展布	

图 3-7-4　农药液滴在植物表面黏着展布比对卡

（专利号：ZL 2011 1 0030947. 3；ZL 2011 3 0018599. 9）

（三）稻田精准施药技术

水稻冠层对农药雾滴的阻挡导致水稻群体内农药分布极不均匀。水稻群体内收集雾滴后发现，在水稻分蘖期、孕穗期和扬花期进行叶面喷雾，分别占农药总沉积量的 66. 3%、85. 1%和 84. 9%在叶片正面，因水稻冠层的阻挡，其中 38. 7%、42. 2%和 45. 6%的药量集中在植株上部 20 cm 以上部位的叶片正面，叶背和茎秆部位的沉积量只占 33. 7%、14. 9%和 15. 1%，植株基部一些部位的药剂沉积量趋于 0。而水稻纵卷叶螟和螟虫产卵于冠层，并从冠层开始危害，稻飞虱和纹枯病在基部危害，这与农药的分布形成落差，需要加大药液用量来增加 20 cm 以下部位，尤其是叶背和茎秆部位的雾滴沉积量，同时需要加大农药用量确保药剂浓度，因此稻田长期采用每亩 50 L，水稻生长后期甚至采用每亩 60 L 以上药液量的大容量喷雾技术，造成植株上部药液超出水稻最大持液量而大量流失。大容量喷雾是增加稻田农药用量的主要推手。

1. 科学原理及依据

单位面积上雾滴密度—雾滴粒径—药剂浓度构成的沉积形式影响农药单位剂量的使用效率。农药剂量确定后，药液量决定浓度。当雾滴粒径不变时，浓度高，雾滴就少，雾滴密度就低。雾滴密度影响了害虫与药剂的接触概率而左右了防治效果。如继续增加药液量使雾滴完全覆盖于植株表面，则害虫极易接触药剂，但药剂浓度低，害虫须危害更大面积才能获得致死剂量，延长了致死时间，如延长期内药剂分解便不能获得致死剂量，影响防治效果；再继续增加药液量，便会超出最大持液量而造成药剂流失。生产中大量农户卸掉手动喷雾器的喷头，改雾滴粒径约 150 μm 的小雾滴为大于 400 μm 的粗大雾滴，药液量又减至每亩 15~20 L，水稻单位面积上的雾滴数极少，减少了病虫与药剂的接触概率，防治效果差，是稻田增加用药次数的重要原因。

2. 稻田传统喷雾器械的选择及优化

机动喷雾机的远程喷射属于大水量喷淋式喷雾。因喷液量大(约 30 kg/min，亩药液量>150 kg)而直接从田间取水。射程远(最大射程为 15 m 左右)，雾化性能差，雾滴粗，雾流急，雾滴动能大，从侧面或高空撞击叶片，大量雾滴直接从水稻叶面滑落或弹落到田水中。药液的表面张力大，少量停留在叶面的雾滴聚并成水珠而滚落，或因稻叶间的碰撞和摩擦振落和挤落，甚至被长长的输液管"驱赶"而掉落。除细小的雾滴飘移外，药液被均匀洒落在田水中，只有极少量的雾滴可以沉积在水稻植株上。

改远程喷射为近程喷雾，改田间直接取水为使用药箱进行定量喷雾，使用助剂，输液管在水稻基部沿着田埂或水稻的行间移动，避免"驱赶"附着在稻株上的药液。农药在水稻植株上的沉积率(利用率)为 30%~40%(表 3-7-5)。

表 3-7-5　机动喷雾机近程喷雾的雾滴在稻田的沉积率

生育期	处理方式	利用率/%	田水中的比例/%
分蘖期	近程喷雾	33.50	60.80
扬花期	近程喷雾	41.59	53.99

注：可调式喷枪的近程喷雾，雾滴较远程喷雾小。按机插秧的种植密度拉线移栽。

手动喷雾劳动强度大，效率低。生产上常见卸除喷头，改喷雾为喷雨，并减少药液量，进行"低水量—高浓度—粗雾滴"的"喷雨"式施药。药滴大小和药液流量没有标准，完全在于施药人员的控制。低水量、粗雾滴减少了沉降到植株表面的雾滴数，表面张力大的雾滴从植株表面滴落，表面张力小的雾滴从降落处向下流淌，分布极不均匀，一些病虫危害的区域甚至没有沉积的雾滴。

手动喷雾器的正确喷雾方式为压顶喷雾(叶面喷雾)，但由于水稻冠层的阻挡作用，农药雾滴主要集中在植株上部 20 cm 以上的叶片正面，植株中下部和叶片背面的沉积量少。雾滴穿透力弱，为使雾滴尽可能多地抵达植株下部需加大喷液量，大量农药雾滴重叠降落在植株上部叶片的正面，因超出单位面积叶片药液的最大滞留能力而流失，影响了手动喷雾器的雾滴在植株上的沉积效率。

机动弥雾机的雾滴细小，以增加单位体积药液的雾滴数来提高在水稻表面的覆盖率，每亩药液量 15~30 kg。小雾滴吸附能力强，因质量轻，在空中飘浮时间长，与靶标接触的机会多。喷液量少，不易发生雾滴的重叠分布，药液不会因超出叶片的持留极限而流失。但采用飘移式喷雾，雾滴主要沉积在植株上部 20 cm 以上部位。雾滴小而轻，飘移严重。

改飘移式喷雾为下倾式喷雾(图 3-7-5)，气流扰动并吹弯植株，雾流与植株的接触面扩大，直接降落在被吹弯的植株中下部；高速气流带着雾滴穿过植株间的缝隙，使其能够抵达被植株及叶片阻挡的部分；由于靶体(植株及叶片)的阻挡，气流发生偏流，向靶体边缘运动并绕过靶体流向靶体背面，使气流携带的雾滴沉积在靶体的背面。下倾喷雾，大大减少了雾滴的飘移。

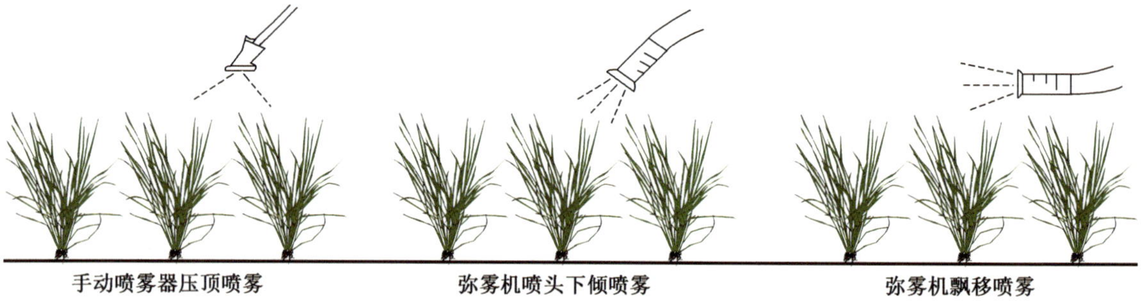

图 3-7-5　三种喷雾方式

采用弥雾机下倾式喷雾后，农药雾滴在水稻植株上的沉积率最高，使用助剂后沉积率可达 70%以上(表 3-7-6)。

表 3-7-6　不同喷雾方式的雾滴在水稻植株上的沉积率　　单位：%

喷雾方式	溶液表面张力	分蘖初期	孕穗期	扬花期
手动喷雾器压顶喷雾	>水稻临界表面张力	20.27	34.05	38.69
	<水稻临界表面张力	33.13	43.58	46.18
机动弥雾机下倾喷雾	>水稻临界表面张力	46.01	56.59	56.22
	<水稻临界表面张力	70.42	72.55	72.35
机动弥雾机飘移喷雾	>水稻临界表面张力	—	48.00	40.63
	<水稻临界表面张力	—	59.49	52.79

注：按机插秧的种植密度拉线移栽。

3. 稻田喷雾雾滴密度标准——以氯虫苯甲酰胺防治水稻纵卷叶螟为例

喷雾塔内进行的不同雾滴密度的氯虫苯甲酰胺防治水稻纵卷叶螟，可以发现：①相同剂量时，随着雾滴密度的增加，防治效果显著提高，当雾滴密度达到一定程度时，再增加雾滴密度则不再显著提高防治效果，说明剂量一定时，增加害虫与药剂的接触概率有利于提高防治效果。②低雾滴密度时，低剂量的防治效果显著不如高剂量；高雾滴密度时，低剂量与高剂量的防治效果没有显著差异，说明当害虫不能充分接触药剂时，需要增加农药剂量方可提高防治效果，但程度有限，当害虫能充分接触药剂时，过多的农药剂量则是浪费。③表 3-7-7 表明剂量不变，减少一半药液量而提高药剂浓度，当雾滴粒径从 200 μm 减为 75 μm 时，仍维持高雾滴密度，防治效果没有显著差异；当雾滴粒径仍为 200 μm 时，降低了雾滴密度，防治效果显著下降，进一步说明了害虫与药剂的接触概率在导致害虫死亡中的重要性，而药剂浓度仅是害虫获得剂量的因素之一。

表 3-7-7　不同沉积结构的氯虫苯甲酰胺防治稻纵卷叶螟的效果

剂量/（mg·m^{-2}）	雾滴粒径/μm	药液量/L	药液浓度/（mg·L^{-1}）	雾滴密度/（个·cm^{-2}）	保叶效果/%	杀虫效果/%
2.0	200	60	22.17	82.09	73.79a	78.47a
		30	44.33	38.08	56.92b	69.95bc
	75	30	44.33	140.06	75.60a	74.79ab
	200	40	33.25	54.68	59.68b	68.78bc
		20	66.50	26.06	53.27b	62.63c
	75	20	66.50	95.06	60.94b	71.50ab
2.5	200	60	27.83	82.09	77.09a	78.11b
		30	55.67	38.08	62.86c	69.77bc
	75	30	55.67	140.06	80.78a	89.15a
	200	40	41.75	54.68	69.44b	72.86bc
		20	83.50	26.06	61.39c	66.67c
	75	20	83.50	95.06	70.56b	77.32b
3.0	200	60	33.33	82.09	74.61b	80.29ab
		30	66.67	38.08	65.07cd	75.05bc
	75	30	66.67	140.06	81.33a	83.62a
	200	40	50.00	54.68	68.51bc	73.54c
		20	100.00	26.06	61.13d	67.14d
	75	20	100.00	95.06	70.89bc	77.59bc

注：相同竖栏中不同小写字母表示差异达 0.05 显著水平。

经室内外试验表明：在稻田用雾滴粒径为 100 μm 左右的机动弥雾机下倾喷雾，冠层内的雾滴密度为(140±20)个/cm^2[图 3-7-6 -(a)]，用雾滴粒径为 200 μm 左右的手动喷雾器喷雾，冠层内的雾滴密度为(100±20)个/cm^2[图 3-7-6 -(b)]时，防稻纵卷叶螟的药剂用量少，防治效果

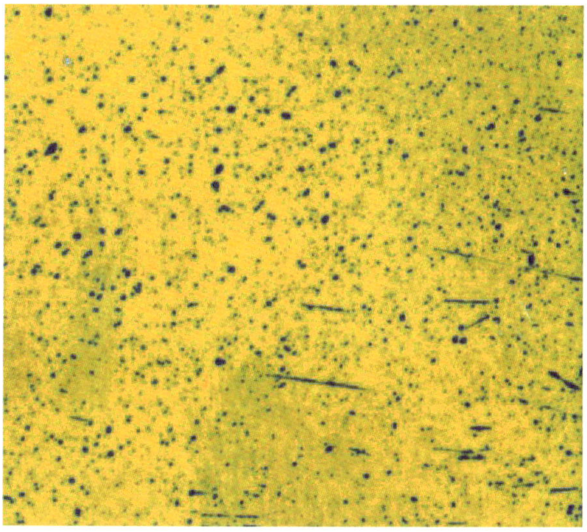

(a) 雾滴粒径 100 μm 左右的机动弥雾机喷雾

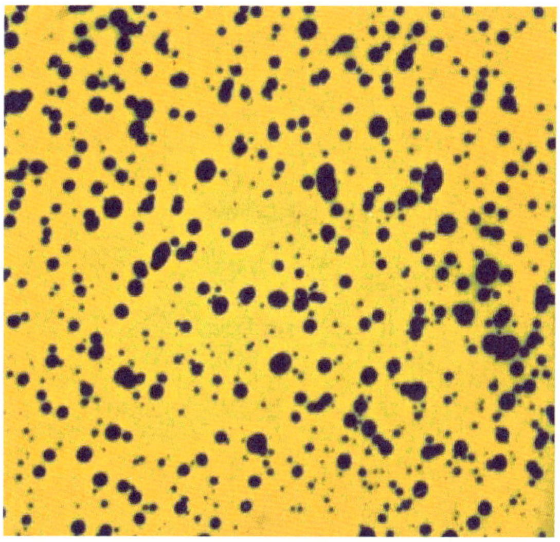

(b) 雾滴粒径 200 μm 左右的手动喷雾器喷雾

图 3-7-6　氯虫苯甲酰胺防治纵卷叶螟的雾滴密度卡

好。以雾滴密度为标准，根据田间水稻生长量，确定田间药液用量。使用弥雾机下倾喷雾时田间药液用量：每亩 15~30 L；手动喷雾器喷雾时田间药液用量：每亩 40~50 L。

三、创建的新技术方案——麦茬稻田病虫害减量使用技术方案

根据当地近 3~5 年麦茬稻田病虫害发生的情况，结合靶标生育期科学使用植保机械进行合理的喷雾防治，制定如表 3-7-8 的防治预案。

表 3-7-8　高效减药示范方预案明细

用药时间	防治对象	供选配方
7 月下旬至 8 月上旬（拔节期）	主治稻纵卷叶螟、稻飞虱、纹枯病	①苯醚甲环唑・丙环唑+阿维菌素+噻嗪酮；②阿维・氟酰胺+吡蚜酮+噻呋酰胺；③戊唑醇・嘧菌酯+氯虫苯甲酰胺・噻虫嗪；④戊唑醇・嘧菌酯+阿维菌素+噻嗪酮；⑤己唑醇+阿维菌素+吡蚜酮；⑥己唑醇+氯虫苯甲酰胺・噻虫嗪。对发生稻叶瘟的田块，在上述药种基础上加用三环唑
8 月 20—27 日（破口期）	主治纹枯病、稻纵卷叶螟、稻飞虱以及稻曲病、稻瘟病	①肟菌酯・戊唑醇+氟环唑+氯虫苯甲酰胺・噻虫嗪；②噻呋酰胺+三环唑+吡蚜酮+甲维盐；③戊唑醇・嘧菌酯+三环唑+氯虫苯甲酰胺+烯啶虫胺；④井冈霉素+氟环唑+稻瘟灵+甲维盐+吡蚜酮；⑤噻呋酰胺+氟环唑+氯虫苯甲酰胺+吡蚜酮
9 月 1—7 日（齐穗期）	主治纹枯病、稻纵卷叶螟、稻飞虱以及稻曲病、稻瘟病	①阿维・氟酰胺+吡蚜酮+氟环唑+肟菌酯・戊唑醇；②肟菌酯・戊唑醇+三环唑+甲维盐+吡蚜酮；③肟菌酯・戊唑醇+氯虫苯甲酰胺+吡蚜酮；④咪鲜・三环唑+嘧菌酯+甲氧虫酰肼+烯啶・噻嗪酮；⑤茚虫威+嘧菌酯+三环唑+噻嗪酮
9 月 15—25 日（灌浆期）	主治稻飞虱、稻瘟病及稻纵卷叶螟	①稻瘟灵+吡蚜酮+甲维盐；②氟环唑+烯啶虫胺+阿维菌素

注：1. 一定要根据田间病虫实际发生动态、发生量来科学合理选用农药配方，按推荐剂量的中、高剂量喷雾。不建议采用复配制剂。

2. 第三次和第四次防治可根据情况进行合并（稻瘟灵在田间发生较多稻瘟病斑情况下使用）。

3. 纹枯病要注意压前，在第一次、第二次防治中，优选一次噻呋酰胺。分蘖期可以使用一次己唑醇。

4. 稻飞虱发生量不大的情况下，第一次可以放弃，第二次、第三次防治可采用吡蚜酮、烯啶虫胺进行轮换防治。

5. 稻纵卷叶螟中后期防治可采用甲维盐、氯虫苯甲酰胺、茚虫威轮换用药防治。

6. 稻瘟病、稻曲病关键是破口期及时防治。第二次防治开始，每次防治均添加三环唑，条件允许使用 1 次拿敌稳（肟菌酯・戊唑醇）。

7. 第一次防治时，喷杆喷雾机的喷雾压力不宜过大，建议喷雾压力 1.0 MPa，喷雾高度 25~30 cm（距离水稻冠层）。中后期喷雾压力在 1.5 MPa 左右，喷雾高度 30 cm 左右，亩施药液量在 20~25 L。机器行走速度 3~4 km/h，过慢或过快都不宜。

该技术方案具体可包括以下几个方面内容：

（一）水稻主要病虫害防治参考药剂及使用方法

须选用登记用于防治水稻病虫害的农药品种，严格按照登记的药剂使用说明书使用（表 3-7-9）。

严禁使用国家明令禁止使用的农药品种，国家和农业农村部明令禁止在水稻田使用剧毒、高毒、高残留、对环境和水生生物不友好的农药品种及含有这些农药品种的复配农药。

禁止使用无生产许可证、农药登记证、企业标准证的农药产品；禁止使用无生产日期和生产厂家的农药产品。

表 3-7-9　水稻主要病虫害防治药剂推荐

病虫害名称	有效成分名称	使用方法	安全间隔期/d	每季作物最多使用次数
苗期恶苗病和稻瘟病	咪鲜胺	浸种	无	1
	氰烯菌酯		无	1
稻飞虱（灰飞虱、白背飞虱、褐飞虱）	烯啶虫胺	若虫盛孵期喷雾	14	1
	吡蚜酮		14	1
	呋虫胺		14	1
	噻虫胺		14	1
稻纵卷叶螟	氯虫苯甲酰胺	1~2 龄幼虫高峰期喷雾	15	2
	阿维菌素		7	2
	甲维盐		14	2
	茚虫威		3	2
二化螟、大螟	氯虫苯甲酰胺	蚁螟盛孵期喷药	15	2
	Bt		12	1
	阿维菌素		12	2
纹枯病、稻曲病	苯醚甲·丙环唑	纹枯病病丛率 10% 以上喷药，破口前 5~7 d 施药防治稻曲病	15	2
	戊唑醇		28	2
	己唑醇		32	2
	噻呋酰胺		15	2
	肟菌酯·戊唑醇		21	2
稻瘟病	稻瘟灵	当苗期始见发病中心或急性型病斑时，对感病品种田防治或预防叶瘟；破口期对感病品种田喷药 1 次，预防穗瘟	28	2
	三环唑		21	2
	肟菌酯·戊唑醇		21	2
	春雷霉素	苗期预防	21	1

农药使用必须符合 GB/T 4285—1989、GB/T 8321.1—2000、GB/T 8321.2—2000、GB/T 8321.3—2000、GB/T 8321.4—2006、GB/T 8321.5—2006、GB/T 8321.6—2000、GB/T 8321.7—2002、GB/T 8321.8—2007、GB/T 8321.9—2009 的规定，不因病菌、害虫产生抗药性而随意加大用药量和增加用药次数，严格按照安全间隔期使用农药。

选用对水稻病虫害高效、对环境安全友好的农药品种和剂型。

注意田间病虫害抗药性变化和种群动态变化，选用对病虫害敏感和不导致其他害虫或病害再猖獗的高效低毒类农药。

轮换、交替使用不同作用机制的农药品种，延缓抗药性产生和发展。

注意及时运用农业科技的最新研究成果以及高效低毒的新型化学农药和生物农药。应用新型化学农药和生物农药防治水稻病虫害时，应严格按照使用说明书或商品介绍中的使用方法、用量和安全间隔期的规定，当这些新型化学农药和生物农药被列入国家标准后，按照国家标准的规定使用。

（二）农药桶混的技术要求

农药桶混时，杜绝随意混用不同农药品种的现象，避免混配制剂之间的再次混用。选用已经取得在水稻作物上登记的农药混配制剂。

防治单一重大病虫时，选用对病虫敏感的农药单剂，或选用已经取得在水稻作物上登记的农药混配制剂，或按经试验确认对单一病虫有增效作用的农药配方，在田间临时混用相应的农药制剂。兼治 2 种或 2 种以上病虫害时，可直接选用兼治效果好、药效均匀，并已取得在水稻作物上登记的农药单剂或混配制剂，或按经试验确认对各兼治对象有增效作用或相加作用，同时综合效应好的农药配方，在田间临时混用相应的农药制剂。

通过室内活性测定或田间试验确认混用农药对各防治对象的联合作用效果。室内活性测定按《农药室内生物测定试验准则》的农业行业标准进行。田间试验要按规定进行。选用对单一防治对象敏感的单剂，按《农药田间药效试验准则》的标准进行试验。田间试验时参与混用的单剂和按比例混配的混剂不少于 3 个处理剂量，一次施药同时检查对各兼治对象的防治效果。作反映农药剂量与防治效果的剂量反应曲线图，从图中找出单剂和混剂获得相同防治效果的等效剂量，按比例分解混剂的等效剂量为单剂剂量。作等效线图，在坐标内标出单剂和混剂剂量的坐标点，连接单剂坐标点的直线为等效线，混剂坐标点在等效线下方为增效作用，上方为拮抗作用，在等效线附近为相加作用。

将各兼治对象的等效线图合并到一个图内，便可清楚地反映出农药混用后对病虫防治的综合效应。

（三）水稻主要病虫害防治指标和防治适期确定

严格执行预测预报制度，坚持查害虫发生进度和病害发生程度定防治适期，查害虫发生量和病害发病中心定防治田块。水稻主要病虫害防治适期见表 3-7-10。

表 3-7-10　水稻主要病虫害及防治适期

病虫害名称	防治指标或防治适期
秧苗期恶苗病和稻瘟病	水稻浸种时预防
二化螟	水稻分蘖期二化螟为枯鞘株率 3.5%，穗期二化螟为上代亩平残留虫量 500 条以上，当代卵孵盛期与水稻破口期相吻合
稻飞虱	水稻分蘖盛期百丛 500 头，穗期常规稻百丛 1 000 头、杂交稻 1 500 头
稻纵卷叶螟	水稻分蘖及圆秆拔节期每百丛有 50 个束尖，穗期亩平幼虫过 10 000 条
大螟	水稻枯鞘率达 5%或始见枯心苗危害状
纹枯病	水稻封行时防治一次，病丛率达 20%时再次防治
细菌性条斑病	水稻苗期或大田稻叶上出现条斑时及时防治
稻瘟病	水稻分蘖期田间出现急性病斑或发病中心，老病区及感病品种及长期适温阴雨天气后水稻穗期预防
稻曲病	水稻破口抽穗前 5~7 d 施药，如遇适宜发病天气，7 d 后需要第二次施药

稻飞虱在低龄若虫发生高峰期用药防治。稻纵卷叶螟在卵孵化高峰期用药防治。二化螟、三化螟、大螟等在卵孵化高峰期用药防治，特别是卵孵与水稻破口期吻合要强化用药防治。稻瘟病：①苗瘟，出现病斑，特别是急性病斑时，开始用药防治；②叶瘟，当田间出现病斑，特别是急性病斑的发病中心，气候又有利于病害发生时，用药防治；③穗瘟，在水稻破口期和齐穗期各

防治一次。纹枯病：在水稻分蘖期加强调查，在发病早期进行防治。稻曲病：在抽穗前 7~10 d 用药防治。

对不同田块的发生程度或发生量进行调查，对达到防治指标的田块进行防治。

（四）水稻田病虫害防治施药方式及优化

采用农药品种登记时规定的施药方式使用农药。

杜绝在稻田使用泼浇、烟雾、喷粉的形式施用农药。避免采用大水量喷射施药的方式。避免施药过程中药液的跑冒滴漏现象。

宜采用弥雾机进行气流辅助喷雾，在水稻株高约 40 cm 时，可采用飘移式喷雾；在水稻株高 50 cm 以上时，应采用下倾方式喷雾，利用喷头产生的高速气流对水稻植株的挠动作用，增加雾滴的穿透水稻冠层的能力，提高对水稻冠层以下病虫害的防治效果。喷液量：前期亩用 15 kg，中后期亩用 50~60 kg。

用手动喷雾器进行喷雾时，选用合适的喷头，喷头在水稻冠层上方约 30 cm 处，按企业规定的工作压力进行喷雾作业，并保持压力的稳定，宜使用电动喷雾器喷雾。杜绝随意放大喷头孔径的现象，杜绝卸除喷头直接喷淋的现象。喷液量：前期亩用 30~40 kg，中后期亩用 50~60 kg，不应随意减少药液用量。

用机动喷雾机施药，应使用可调式喷枪的近程喷雾方式，加强农药的雾化作用。不宜采用从田间直接取水和从药桶内吸取高浓度药剂母液的喷雾方式；宜使用带药液箱的机动喷雾机，按规定的药液用量将药剂和水在药液箱内均匀混合后进行定量喷雾。药液管应在水稻基部沿着田埂或两行水稻的行间移动，避免长长的喷液管对附着在水稻植株上的药液进行“驱赶”而影响药剂沉积效率的其他移动方式。喷液量：前期亩用 30~40 kg，中后期亩用 50~60 kg，不宜随意加大药液用量。

按采用的喷雾方式及药液用量先用水进行预喷雾，根据喷雾器械的喷幅，调整行走速度，将规定的药液量均匀喷洒在稻田中，做到定量施药，避免随意减少或随意增加药液用量的现象。

注意及时运用农业科技的最新研究成果，使用增加农药雾滴在水稻植株上的沉积效率以及分布均匀的植保器械。

（五）雾滴在水稻植株上的沉积与展布

根据采用的喷雾方式配制药液。将配制在喷药桶中的药液点滴在水平放置的水稻叶片表面，观察药液液滴的形状，并与液滴在作物表面黏着展布比对卡（图 3-7-4）进行比对。

当药液液滴的形状介于 7 和 8 之间，或者与 7 或 8 相符时，不必在药液中加用助剂或只加少量的助剂。

当药液液滴的形状介于 1~6 的范围时，在配制好的药液中少量逐次加入助剂，再比较液滴形状，直至介于 7 和 8 之间，或与 7 或 8 相符。记住加入的助剂量，作为使用该农药产品喷雾时助剂用量的依据。

稻田使用的助剂必须具备确保药液液滴的形状能够达到黏着展布比对卡中 7 和 8 的形态。

（六）施药安全

施药时施药人员应穿好防护服，防护服的颈部和手腕部应装扣子或松紧带，防护服不备口袋；戴好口罩或护面罩、手套，穿高筒防护靴。

空包装瓶或包装袋中的残剩农药通过少量多次的方法用水反复冲洗，冲洗液倒入喷雾器中。避免在田间到处乱丢空包装瓶或包装袋，空包装瓶或包装袋应集中统一处理。

四、示范应用取得的效果与效益

（一）农药减量技术的方法和途径

通过在兴化市钓鱼示范基地、城东基地的示范试验，获得适用生产的农药减量技术的方法和途径。

1）使用规范化的施药方式，确保农药雾滴在水稻上的有效密度和合理分布，就能减少用药次数，减少农药用量。

2）相同药量时，采用弥雾机下倾式喷雾及根据雾滴密度卡确定的田间药液量，在水稻中后期对两虫一病的防治效果总体好于手动喷雾。

3）采用弥雾机下倾式喷雾，合理使用助剂，提高农药雾滴在水稻植株上的沉积效率，可进一步减少农药用量。

4）使用综合效应好的农药配方和生物农药，采用弥雾机下倾式喷雾及根据标准雾滴密度卡确定的田间药液量并使用助剂，使化学农药用量最少化。

5）合理使用生物农药，减少化学农药用量。推广应用结果表明，每季稻田年均减少用药 2~3 次，减少用药 30%（折百，指农药有效剂量）以上，为保障水稻生产安全、稻谷质量安全和稻田生态安全发挥了重大作用。

（二）示范基地的示范过程

以 2016 年兴化市钓鱼示范基地的结果为例阐述示范过程。结合兴化地区大面积病虫情报及田间实际调查，在核心试验示范地块，2016 年水稻大田期病虫害共进行 3 次防治，亩用药量（折百）为 119.05 g。与兴化地区大面积相比，农药使用次数减少了 1~2 次，农药用量减少了 32.70%~40.30%。通过项目实施及专家指导，示范基地大部分地块在水稻大田期进行了 4 次防治，与兴化部分地区大面积相比减少了 1 次用药，农药用量减少了 14.05%~23.75%（表 3-7-11）。从表 3-7-11 至表 3-7-15 看，核心示范地块采用农药减量技术防治后的效果相当于或优于常规防治效果，即减少药剂用量及防治次数后，仍保证了对田间病虫的控制效果，从田间蜘蛛数量上看，减少农药用量，保证了较低飞虱种群密度，增加了天敌数量。

表 3-7-11　示范方用药明细

用药轮次	地块	防治日期	防治对象	药剂及亩用量	药量折百
第一次（拔节长穗期）	兴化市域	7 月 27—29 日	叶瘟、纹枯病、稻飞虱、稻纵卷叶螟，兼治螟虫	75%三环唑 WP 30 g，50%噻呋·甲硫 WP 30 g，25%吡蚜酮·毒死蜱 WP 30 g，1.8%阿维菌素 EC 100 mL	46.8
	示范基地	8 月 2 日	叶瘟、纹枯病、稻飞虱、稻纵卷叶螟，兼治螟虫	75%三环唑 WP 30 g，24%噻呋酰胺 SC 30 mL，25%吡蚜酮 SC 20 mL，3%阿维·氟铃脲 EC 100 mL，10%己唑醇 SC 80 mL，10%烯啶虫胺 SC 20 g	47.7
	核心示范地块	8 月 2 日	叶瘟、纹枯病、稻飞虱、稻纵卷叶螟	75%三环唑 WP 30 g，75%肟菌酯·戊唑醇 WP 15 g，5%甲维盐 WDG 16 g，10%烯啶虫胺 SC 20 g	36.55

（续表）

用药轮次	地块	防治日期	防治对象	药剂及亩用量	药量折百
第二次（拔节长穗期）	兴化市域	8月14—16日	纹枯病、稻纵卷叶螟、稻飞虱、稻叶瘟，兼治螟虫	24%噻呋酰胺 SC 20 mL，25%噻嗪酮 WP 60 g，20%井·烯·三环 WP 70 g，5% 4A 阿维 EC 50 mL	38.7
	示范基地	8月18日	叶瘟、纹枯病、稻飞虱、稻纵卷叶螟，兼治螟虫	75%三环唑 WP 30 g，24%噻呋酰胺 SC 30 mL，25%吡蚜酮 SC 20 mL，3%阿维·氟铃脲 EC 100 mL，10%己唑醇 SC 80 mL，10%烯啶虫胺 SC 20 g	47.7
	核心示范地块	8月18日	叶瘟、纹枯病、稻飞虱、稻纵卷叶螟	10%阿维·氟虫双酰胺 SC 30 mL，75%三环唑 WP 30 g，50%吡蚜酮 WDG 20 g	35.5
第三次（破口前）	兴化市域	8月25—27日	稻纵卷叶螟、稻穗瘟、纹枯病，兼治稻曲病	75%三环唑 WP 40 g，5% 4A 阿维 EC 50 mL，5%氟铃脲 EC 50 mL，24%井·丙 WP 40 g	44.6
	示范基地	8月26日	穗瘟、纹枯病、稻飞虱、稻纵卷叶螟，兼治螟虫	75%肟菌酯·戊唑醇 WP 20 g，25%甲维·茚虫威 WP 10 g	17.5
	核心示范地块	8月26日	穗瘟、纹枯病、稻纵卷叶螟	20%氯虫苯甲酰胺 SC 10 mL，75%三环唑 WP 40 g，75%肟菌酯·戊唑醇 WP 20 g	47.0
第四次（破口扬花期）	兴化市域	8月底9月初	稻纵卷叶螟、稻瘟病、稻飞虱、纹枯病	75%三环唑 WP 40 g，5% 4A 阿维 EC 50 mL，5%氟铃脲 EC 50 mL，20%井·丙 WP 40 g，20%异丙威 EC 80 mL	46.8
	示范基地				
	核心示范地块				
第五次（齐穗期）	兴化市域	9月11日	稻瘟病、稻纵卷叶螟	25%甲维·茚虫威 WP 10 g，20%稻瘟酰胺 EC 100 mL	22.5
	示范基地	9月15日	稻瘟病、稻飞虱、稻纵卷叶螟	5.7%甲维盐 WDG 20 g，50%吡蚜酮 WDG 20 g，10%烯啶虫胺 SC 20 g，20%稻瘟酰胺 EC 130 mL	39.14
	核心示范地块				

注：表中空白处表示该区未用药。

表 3-7-12　水稻大田期稻飞虱数量的变化

地块	施药方式	亩全药量（有效量）/g	百穴虫量/头			
			一次药前	二次药前	三次药前	9月26日调查
核心示范地块	机动喷雾机	119.1	735.71a	32.00b	52.50b	311.25a
示范基地	机动喷雾机	152.0	624.25ab	45.35ab	48.32b	121.23b
农民自防	手动喷雾器	199.4	450.8b	67.54a	124.23a	145.62b

表 3-7-13 水稻大田期稻蜘蛛数量的变化

地块	施药方式	亩全药量（有效量）/g	百穴虫量/头			
			一次药前	二次药前	三次药前	9 月 26 日调查
核心示范地块	机动喷雾机	119. 1	102. 38a	80. 00a	82. 5a	63. 75a
示范基地	机动喷雾机	152. 0	99. 52a	62. 31a	68. 27a	31. 52b
农民自防	手动喷雾器	199. 4	122. 61a	41. 52a	35. 25b	32. 46b

表 3-7-14 水稻大田期田间卷叶率的变化

地块	施药方式	亩全药量（有效量）/g	卷叶率/%			
			一次药前	二次药前	三次药前	9 月 26 日调查
核心示范地块	机动喷雾机	119. 1	<0. 10	0. 44b	0. 21b	<0. 10
示范基地	机动喷雾机	152. 0	<0. 10	0. 33b	0. 15b	<0. 10
农民自防	手动喷雾器	199. 4	<0. 10	0. 67a	0. 71a	0. 95

表 3-7-15 水稻大田期纹枯病发病率的变化

地块	施药方式	亩全药量（有效量）/g	病穴率/%			
			一次药前	二次药前	三次药前	9 月 26 日调查
核心示范地块	机动喷雾机	119. 1	<1. 0	<1. 0	<1. 0	<1. 0
示范基地	机动喷雾机	152. 0	<1. 0	<1. 0	<1. 0	<1. 0
农民自防	手动喷雾器	199. 4	<1. 0	8. 5	8. 9	11. 2

（三）集成了稻田农药减量使用技术

经各地专业化防治队伍的实践优化，集“优质配方—精准施药—沉积展布”于一体的稻田农药减量控害技术（图 3-7-7），形成操作规程，达到“用药少、沉积多、分布匀、效率高”的应用效果。同时，进一步调优化学防控策略，科学开展总体防治。试验示范按照水稻病虫综合防治的理念，进行了种子处理、无纺布覆盖育秧，使用生物农药，在防治适期用药和确保化学防治质量，从而减少了稻麦田用药次数。每次用药防治时，用“农药药液在植物表面黏着展布比对卡”判断使用的药液是否能在叶片表面润湿展布，确定是否需要使用助剂；使用弥雾机下倾式

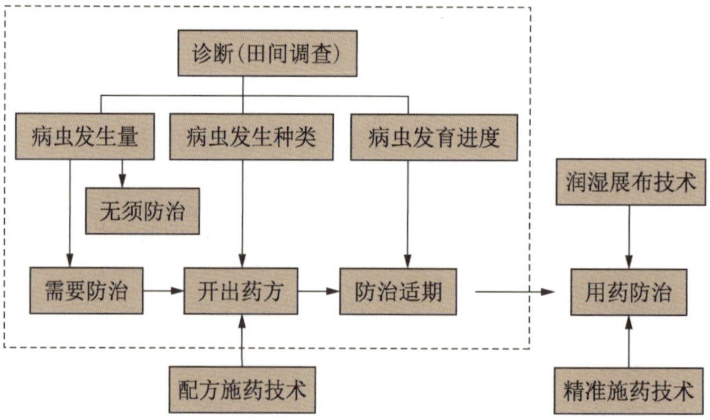

图 3-7-7 农药减量使用技术体系

喷雾，按“雾滴密度卡”的药液量标准进行施药，与常规手动喷雾相比，可比植保部门推荐的农药用量减少20%~30%。选择对防治对象敏感的药剂和使用有增效作用的农药配方进行田间混用，可进一步减少农药用量。

（四）技术辐射推广

结合中央财政推广项目，在江苏省的南京六合、江宁，泰州靖江、姜堰，盐城阜宁，南通如皋，宿迁沭阳，镇江，苏州太仓等地大面积推广应用，均取得了良好结果，年减少用药2~3次，减少药量30%以上。

五、与对照技术的技术经济指标比较

（一）主要技术经济指标的先进性

与对照技术指标比较，农药减量使用技术效果显著(表3-7-16)。

表3-7-16　农药减量使用技术与对照技术指标的比较

名称	常规防治方法	减量使用技术
农药配方	互作效应不清楚	增效显著、综合效应好
药液表面张力	>水稻临界表面张力，难润湿	<水稻临界表面张力，易润湿
雾滴初始接触角	>90°，易滚落	<90°，易黏附
水稻最大持液量/稳定持液量	(5±0.2)/(2.5±0.2) mg/cm^2	(10±0.2)/(5±0.2) mg/cm^2
雾滴粒径	>400 μm，单位药液雾滴少	100~200 μm，单位药液雾滴多
雾滴密度	—	(120±40)个/cm^2，病虫接触率高
药液用量	不足，雾滴少，病虫接触率低； 超出最大持液量，药剂流失	由雾滴密度标准确定 亩15~30 L(最大持液量范围内)
农药沉积率	30%左右	>40%
农药沉积分布比例/%	叶片正面　叶背/茎秆 分蘖期　66.27　33.73 孕穗期　85.06　14.95 扬花期　84.89　15.11 分布均匀性差	叶片正面　叶背/茎秆 分蘖期　51.51　48.49 孕穗期　50.57　49.43 扬花期　53.12　46.88 分布均匀性好
用药次数	少则6~7次，多则8~9次	3~4次
用药量	植保部门推荐用量	比推荐用量减少30%左右
防治效果	85%左右	90%以上

（二）经济效益

该技术的推广应用，确保了水稻稳产高产，同时节省了防治水稻病虫的农药支出和施药人工支出费用30元/亩以上，所以在保证水稻销售收入的前提下直接为农户或专业化统防统治组织节约农药和人工费用。

（三）社会效益

水稻大田期内减少用药2~3次，从而有效减轻了夏日高温烈日下施药的劳动强度。

（四）生态效益

减轻了农药对环境的污染，田间有益生物增加。以兴化市钓鱼示范方为例，实施减量技术的统防区稻田蜘蛛量平均每百穴 747.5 头，较 2015 年同地点田块增加了 342 头，黑肩绿盲蝽平均每百穴 391 头，较 2015 年增加了 233.5 头，有力地增强了天敌对害虫的自然控制作用。

六、应用前景与发展建议

江苏水稻种植面积 3 400 万亩，全国种植面积 4 亿多亩。随着农村土地流转后向大户转移，以及病虫害统防统治组织的快速发展，传统的一家一户防治病虫害的模式向着专业化、知识化、机械化发展，随着国家对农药减量使用的高度重视，稻田农药减量使用技术有着广阔的推广前景。

第八节　适合规模经营稻麦两熟的高产优质小麦病虫害绿色防治节药技术方案

提要：近年来小麦赤霉病、白粉病和小麦纹枯病成为威胁江苏省小麦生产的重大病害。本研究针对上述三种病害和小麦穗蚜的防控，开展小麦病虫害绿色防控技术研究。建立的技术方案应用后减少农药使用次数 3 次，农药施用量减少 40.90%，对小麦白粉病防效达 91.36%，对赤霉病防效达 96.19%，对穗期蚜虫的防效达 97.27%，对小麦纹枯病穗期防效达 100%，新技术方案可有效控制小麦病虫害的发生和危害。

一、科学问题与技术需求

近几年来，气候变暖、秸秆还田和缺乏高抗小麦赤霉病品种等因素给小麦赤霉病防控带来新的挑战。小麦赤霉病不仅在苏南麦区经常发生，在苏中麦区也呈蔓延扩大趋势，以前在该地区偶发的小麦赤霉病，进入 21 世纪后，2003 年、2010 年、2012 年、2014 年 4 次在苏中、苏南地区大面积发生。

随着主效外源 pm 系列基因在小麦育种中的应用，小麦白粉病基本可通过抗病品种的选择栽培达到理想的防控效果(陈爱大 等，2011)。但随着小麦白粉病菌生理小种的不断变化，小麦品种选育过程中抗病及增产、优质不易兼顾，导致小麦白粉病在某些主栽小麦品种上发病严重，需用化学农药进行茎叶喷雾防治 2~3 次。

小麦纹枯病是江苏省小麦生产中的重要病害，发病严重田块白穗率达 3%以上，对小麦产量构成了严重的威胁。为有效防治小麦纹枯病，小麦生长季节需用化学农药防治 2 次。

当小麦抽穗灌浆期遇晴热少雨天气，小麦穗蚜会大量在穗部繁殖危害，影响小麦品质和产量。

为有效防控上述小麦病虫害发生危害，保障小麦产量品质不受影响，项目组研究当地小麦赤霉病菌对多菌灵抗药性现状，一方面，通过更换小麦赤霉病防治农药种类，选择具有不同作用方式且增效作用明显的新型杀菌剂进行科学复配，达到一药两防(赤霉病、白粉病)，降低农药田间使用量的目的；另一方面，通过药剂种子处理防治小麦纹枯病和小麦穗蚜，实现精准施药和控制用药，最大程度减少农药对环境的面源污染以及农药在籽粒中的残留。

二、开展的试验与研究

（一）小麦赤霉病防治试验

1. 小麦赤霉病菌对多菌灵等药剂抗药性检测

材料与方法

（1）供试培养基　马铃薯培养基（PDA），用于小麦赤霉病菌的单孢分离、保存以及室内药剂试验。

（2）供试菌株　2016 年 5 月、2017 年 5 月，采集小麦病穗样品，每田块采 1~2 个病样，每个病样分别存放于纸质样品袋内，防止交叉污染。采用平板稀释画线分离法对病样进行小麦赤霉病菌的单孢分离，经单孢分离后将菌株保存备用。

（3）供试药剂　97.09%多菌灵（Carbendazim）（上海升联化工有限公司）；95.2%咪鲜胺（Prochloraz）原药（江苏辉丰农化股份有限公司）；98.3%氰烯菌酯（Phenamacril）原药（江苏农药研究所股份有限公司）；95%戊唑醇（Tebuconazole）原药（盐城利民农化有限公司）。

将 97.09%多菌灵用适量 0.1 mol/L 的盐酸溶液溶解，其他药剂分别用适量丙酮溶解，然后用无菌水定容至所需体积，并加入 5%的吐温 80 作为乳化剂，4 种供试杀菌剂均配制成 10 000 μg/mL 的母液置于冰箱中冷藏备用。

（4）小麦赤霉病菌对多菌灵、咪鲜胺、氰烯菌酯和戊唑醇的抗药性检测　采用区分剂量法，多菌灵以 10 μg/mL 为区分剂量（王建新 等，2002），以不加药剂为对照。将保存的供试菌株移植到 PDA 平皿中，在 25 ℃下活化 3 d，然后在菌落边缘用打孔器制取直径为 5 mm 的菌饼，并分别移植到上述含药剂和对照平皿中，25 ℃下培养 2 d，每个处理重复 3 次。供试菌株能在含 10 μg/mL 多菌灵的平皿中生长，则鉴定为抗药性菌株（R）；不能生长的为敏感菌株（S）。小麦赤霉病菌分别对咪鲜胺、氰烯菌酯和戊唑醇的抗药性检测方法与上述多菌灵的抗药性检测方法一致，其中区分剂量均设为 5 μg/mL。

2. 江苏省主推小麦品种赤霉病自然发病调查

收集江苏淮南和淮北麦区共 40 个主栽小麦品种，2015 年 10 月 30 日播种于镇江市农业科学院行香试验基地。每品种种植 4 行，行长 1 m，行距 0.25 m，每行播种 100 粒。赤霉病病情稳定后按照 0~7 级病情分级标准对所有材料进行调查。每品种调查中间 2 行麦穗病情，计算小麦赤霉病病穗率和病情指数。赤霉病调查分级方法如下：

0 级——未发病；

1 级——发病籽粒占穗 1/4 以下；

3 级——发病籽粒占穗 1/4~1/2；

5 级——发病籽粒占穗 1/2~3/4；

7 级——发病籽粒占穗 3/4 以上。

3. 小麦赤霉病防治药剂的研究

3.1　新药剂配方筛选试验

3.1.1　材料与方法

（1）供试药剂　95%戊唑醇原药（江苏常隆农化有限公司），25%吡唑醚菌酯乳油［巴斯夫（中国）有限公司］。

（2）试验对象　禾谷镰孢菌（*Fusarium graminearum* Schw）。

（3）试验处理和方法

1）含药培养基的制备：称取戊唑醇原药用甲醇溶解，配置成浓度为 4 300 μg/mL 的母液并加入 5%吐温 80 作湿润剂用。25%吡唑醚菌酯乳油用无菌水稀释成 2 500 μg/mL 的母液待用。

2）系列浓度的制备：在预备试验基础上，用无菌水将戊唑醇母液稀释配成 43 μg/mL、4. 3 μg/mL、0. 43 μg/mL、0. 043 μg/mL、0. 004 3μg/mL 系列浓度。用同样方法将吡唑醚菌酯配成 250 μg/mL、25 μg/mL、2. 5 μg/mL、0. 25 μg/mL、0. 025 μg/mL 等系列浓度。将戊唑醇和吡唑醚菌酯混剂配制不同比例样品，样品中戊唑醇与吡唑醚菌酯浓度比分别为 4∶1、2∶1、1∶1、1∶2、1∶4。再将上述不同比例混剂分别用无菌水稀释成有效成分浓度分别为 35. 83 μg/mL、3. 583 μg/mL、0. 358 3 μg/mL、0. 035 83 μg/mL、0. 003 583 μg/mL；32. 25 μg/mL、3. 225 μg/mL、0. 322 5 μg/mL、0. 032 25 μg/mL、0. 003 225 μg/mL；28. 7 μg/mL、2. 87 μg/mL、0. 287 μg/mL、0. 028 7 μg/mL、0. 002 87 μg/mL；2. 580 μg/mL、0. 258 0 μg/mL、0. 025 80 μg/mL、0. 002 580 μg/mL、0. 000 258 0 μg/mL；2. 39 μg/mL、0. 239 μg/mL、0. 023 9 μg/mL、0. 002 39 μg/mL、0. 000 239 μg/mL 等系列浓度。

3. 1. 2　试验方法

采用菌丝生长速率抑制法测定药剂对菌丝生长的毒力。将禾谷镰孢菌菌株接种于 PDA 平板上，25 ℃培养 3 d，用打孔器在近菌落边缘处打孔制成菌饼（Φ=5 mm），接入供试药剂系列浓度的 PDA 培养基平板上。每个培养皿接菌片 1 个，每个处理重复 3 次。在 25 ℃恒温培养箱中培养 3 d 后，采用十字交叉法测量菌落生长直径，取其平均值，根据式（3-8-1）计算出平均抑制生长百分率。数据经 EXCEL 软件求出毒力回归方程及 EC_{50}* 值，见式（3-8-2）。

$$\text{抑制生长率}(\%)=(\text{对照菌落直径}-\text{处理菌落直径})/\text{对照菌落直径}\times100 \quad (3-8-1)$$

采用 Wadley 法分别计算不同比例混配药剂的增效系数（SR），见式（3-8-3）。

$$EC_{50}(th)=(a+b)/[a/EC(\mathrm{A})_{50}+b/EC(\mathrm{B})_{50}] \quad (3-8-2)$$

$$SR=EC_{50}(th)/EC_{50}(ob) \quad (3-8-3)$$

式中，A、B 分别代表两种药剂；

a、b 分别代表两种药剂的配比；

ob 为实际观察值；

$EC_{50}(th)$ 为理论值；

$SR>1.5$ 为增效作用，$SR=0.5\sim1.5$ 为相加作用，$SR<0.5$ 为拮抗作用。

3. 2　新药剂对小麦赤霉病及白粉病的田间防效试验

供试小麦品种为‘扬麦 23’‘镇麦 12’。试验地点：镇江市农业科学院科技创新中心行香试验基地和兴化市钓鱼镇。供试药剂包括：亩用 30%吡唑醚菌酯·戊唑醇 SC 35 g、50 g，亩用 50%多·酮可湿性粉剂 100 g。试验设 3 个重复，小区面积 20 m^2。试验设施药 1 次（小麦扬花初期施药）和施药 2 次（小麦扬花初期和盛花期各喷雾 1 次），亩施药用水量 50 kg。

赤霉病调查方法：用平行跳跃取样法，在病情稳定期每小区调查 500 穗，调查病穗率和病情

---

* EC_{50}（median effective concentration）是指抑制 50%病菌孢子萌发（或菌丝生长）所需要的剂量或有效浓度。

指数，计算病穗率防效和病情指数防效。分级标准见本节“2. 江苏省主推小麦品种赤霉病自然发病调查”。相关计算见式(3-8-4)至式(3-8-6)。

$$病情指数=[\sum(各级病穗数\times相对级数)/(调查总穗数\times7)]\times100 \quad (3-8-4)$$

$$病穗率(\%)=(病穗数/调查总穗数)\times100 \quad (3-8-5)$$

$$防效(\%)=[(对照区病情指数-处理区病情指数)/对照区病情指数]\times100 \quad (3-8-6)$$

白粉病调查方法及防效计算：调查方法为每小区取 5 点，每点 20 株，每株调查记载小麦旗叶和倒 2 叶受害严重度。严重度以白粉病病斑面积占叶片面积的百分率来表示。

0 级为无病；

1 级为病斑面积占整片叶面积的 5%以下；

3 级为病斑面积占整片叶面积的 5%~15%；

5 级为病斑面积占整片叶面积的 15%~25%；

7 级为病斑面积占整片叶面积的 25%~50%；

9 级为病斑面积占整片叶面积的 50%以上。

防效计算见式(3-8-7)和式(3-8-8)。

$$病情指数=\sum(各级病叶数\times相应级数)/(总叶数\times9)\times100 \quad (3-8-7)$$

$$防效(\%)=[(对照区病情指数-处理区病情指数)/对照区病情指数]\times100 \quad (3-8-8)$$

3.3 不同杀菌剂对不同小麦品种赤霉病防治效果

试验于 2016 年 4 月在镇江市农业科学院行香科研基地进行。

试验药剂及浓度：25%氰烯菌酯悬浮剂，施用量为亩用有效成分量 25 g；43%戊唑醇悬浮剂，亩用有效成分量 12 g；25%咪鲜胺乳油，亩用有效成分量 25 g。

供试小麦品种：‘郑麦 9023’和‘镇麦 13’。

试验处理方法：各品种小麦扬花 10%和扬花 100%各施药 1 次，共 2 次。

（二）种子处理防治小麦纹枯病及穗蚜试验

1. 种子处理防治小麦纹枯病试验

1.1 种子处理防治小麦纹枯病盆栽接种试验

（1）供试小麦品种　为‘扬麦 20’。

（2）试验处理内容　①24%噻呋酰胺(商品名：满穗)1.2 g 兑水 2 mL 拌麦种 80 g；②6%戊唑醇悬浮种衣剂(市售)0.2 mL 兑水 2 mL 拌麦种 80 g；③3%苯醚甲环唑悬浮种衣剂 0.25 mL 兑水 2 mL 拌麦种 80 g；④对照。

上述各处理拌种后晾干 2 h 播种于盆钵中，试验设 3 个重复。出苗 7 d 后进行土壤接种。每盆接种 10 g 长满小麦纹枯病菌的玉米砂培养基。30 d 后调查病株率并计算防效。

1.2 种子处理防治小麦纹枯病田间试验

（1）供试小麦品种　为‘扬麦 20’。

（2）试验处理内容　①24%噻呋酰胺悬浮剂 15 g 兑水 20 mL 拌麦种 1 kg；②6%戊唑醇悬浮种衣剂(市售)2.5 mL 兑水 20 mL 拌麦种 1 kg；③3%苯醚甲环唑悬浮种衣剂 3.125 mL 兑水 20 mL 拌麦种 1 kg；④对照。

（3）试验及调查方法　小区面积 42 m^2，撒播，因为播期偏迟（2016 年 12 月 1 日播种），小区用种量加大到 800 g，试验设 3 个重复。试验地点设在上年度小麦纹枯病发生严重的句容市郭庄镇。试验地地势平坦，土壤性质和肥力均匀一致。小麦灌浆期每小区随机 5 点取样，调查小麦纹枯病病株数和病情指数，并计算防效。

小麦纹枯病调查分级标准：① 0 级，全株无病；② 1 级，叶鞘有典型的纹枯病病斑，但不侵茎；③ 2 级，病菌侵入茎秆，病斑宽度环茎不超过茎秆周长的 1/2；④ 3 级，病菌侵入茎秆，茎秆上病斑环茎宽度在 1/2～3/4 茎秆周长之间；⑤ 4 级，病菌侵入茎秆，茎秆上病斑绕茎秆周长 3/4 以上，或茎秆已软腐；⑥ 5 级，枯孕穗或枯白穗。

2. 种子处理防治小麦穗蚜试验

2.1　供试材料与方法

试验品种：'扬麦 20'。小区面积 42 m^2，条播试验设 3 个重复。供试农药：10%吡虫啉可湿性粉剂。试验地点设在镇江市农业科学院创新中心试验基地。试验地地势平坦，土壤性质和肥力均匀一致。

2.2　试验处理方法

10%吡虫啉可湿性粉剂按照有效成分 2.0 g、1.0 g、0.5 g 拌 1 kg 麦种设置三个剂量，以清水拌种为对照。小麦播种前进行种子处理，具体方法：上述药剂加水 15～20 mL，拌成糊状，均匀倒在 1 kg 麦种上，搅拌均匀，务必使每粒种子都均匀粘上药剂。晾干后播种。

2.3　调查方法及防效计算

4 月 22 日开始调查，每小区调查 30 株，然后每隔 10 d 调查 1 次，直至收获（对照区蚜虫急剧下降），计算防治效果。于小麦收获时各小区取样并考种。药效计算方法如式（3-8-9）。

防治效果=[（空白对照区蚜虫数-拌种区蚜虫数）/空白对照区蚜虫数]×100%　（3-8-9）

三、结果与分析

（一）小麦赤霉病菌对多菌灵抗药性检测

抗药性检测结果表明，2016 年、2017 年采样的小麦赤霉病菌株对多菌灵抗药性频率分别达 86.67%和 80.00%（表 3-8-1），小麦赤霉病菌对多菌灵的抗药性种群上升为优势菌群，抗药性治理的形势极为严峻。

分别以 5 μg/mL 的咪鲜胺、氰烯菌酯和戊唑醇为区分剂量进行小麦赤霉病菌的抗药性检测，结果表明，2016 年、2017 年采集的 65 个小麦赤霉病菌株对咪鲜胺、氰烯菌酯和戊唑醇的抗药性菌株、频率均为 0。这表明，小麦赤霉病菌对咪鲜胺、氰烯菌酯和戊唑醇仍较为敏感，田间菌群未发生明显的抗药性（表 3-8-1）。

表 3-8-1　2016 年、2017 年小麦赤霉病菌对 4 种杀菌剂的抗药性检测

年份	检测菌株数	多菌灵		咪鲜胺		氰烯菌酯		戊唑醇	
		抗药性菌株数	抗药性频率/%	抗药性菌株数	抗药性频率/%	抗药性菌株数	抗药性频率/%	抗药性菌株数	抗药性频率/%
2016	15	13	86.67	0	0	0	0	0	0
2017	50	40	80.00	0	0	0	0	0	0

（二）不同小麦品种对赤霉病自然发病调查

2016 年度共收集淮北、淮南、沿淮等地区 40 个小麦品种种植于鉴定圃。由于该年度小麦抽穗扬花期雨水较多，各品种扬花期田间湿度大，所有品种均具备充分发病天气条件。5 月 7 日（灌浆期）、26 日（乳熟期）两次进行小麦赤霉病病穗率和病情指数调查。试验结果表明，各品种小麦赤霉病均有不同程度的发生，淮南品种抗病性显著高于淮北品种。5 月 7 日调查，淮南 27 个小麦品种平均病穗率和病情指数分别为 19. 15%和 3. 75，淮北 13 个小麦品种平均病穗率和病情指数分别为 53. 09%和 18. 01；根据 5 月 26 日调查结果，淮南 27 个小麦品种平均病穗率和病情指数分别为 30. 17%和 20. 16，淮北 13 个小麦品种平均病穗率和病情指数分别为 89. 40%和 82. 99（表 3-8-2、表 3-8-3、图 3-8-1、图 3-8-2）。

表 3-8-2　淮南小麦品种赤霉病病情调查（27 个品种，自然发病）

品种	5 月 7 日调查		5 月 26 日调查	
	病穗率/%	病情指数	病穗率/%	病情指数
镇麦 9 号	10. 22	1. 46	30. 80	17. 57
扬麦 13	19. 13	4. 75	26. 17	18. 02
扬麦 16	29. 65	13. 85	99. 50	97. 20
扬麦 20	22. 30	3. 67	28. 70	18. 60
扬辐麦 4 号	15. 18	2. 17	20. 18	14. 19
宁麦 15	9. 49	1. 62	19. 05	13. 51
宁麦 16	17. 20	6. 31	30. 16	27. 82
宁麦 19	34. 59	5. 23	36. 84	14. 07
宁麦 21	45. 23	10. 04	46. 49	47. 56
宁麦 22	10. 68	2. 19	21. 35	16. 59
宁麦 23	23. 48	3. 64	25. 60	16. 96
生选 6 号	20. 83	3. 15	28. 17	13. 07
苏科麦 1 号	15. 47	2. 53	29. 71	18. 16
苏麦 188	16. 14	2. 31	27. 78	16. 72
苏麦 8 号	15. 43	2. 36	26. 16	19. 37
扬麦 21	11. 70	1. 67	21. 02	12. 99
扬麦 23	24. 61	5. 51	29. 17	19. 73
镇麦 10 号	12. 27	2. 98	21. 95	18. 71
镇麦 11 号	34. 55	5. 06	46. 59	20. 02
华麦 7 号	4. 27	0. 71	19. 54	11. 49
扬 09-111	22. 02	3. 74	27. 60	17. 69
苏麦 3 号	11. 50	1. 71	18. 40	3. 89
扬麦 22	41. 21	6. 10	42. 73	17. 98
扬麦 158	12. 30	1. 99	19. 45	10. 65
扬麦 15	19. 89	3. 55	32. 71	21. 22
宁麦 13	8. 77	1. 46	19. 64	9. 78
宁麦 26	8. 97	1. 47	19. 22	10. 64
平均	19. 15	3. 75	30. 17	20. 16

表 3-8-3　淮北小麦品种赤霉病病情调查(13 个品种，自然发病)

品种	5 月 7 日调查		5 月 26 日调查	
	病穗率/%	病情指数	病穗率/%	病情指数
淮麦 20	40.91	10.96	73.46	62.61
连麦 7 号	53.43	15.31	94.85	93.47
连麦 8 号	60.76	27.45	99.55	98.91
徐麦 32	37.80	9.62	95.99	93.92
徐麦 33	73.09	17.42	100.00	99.81
冠麦 1 号	90.75	72.16	100.00	99.71
安农 8455	29.33	13.05	98.46	92.58
郑 9023	42.51	6.84	85.67	65.48
保麦 2 号	44.72	16.05	98.24	95.62
保麦 5 号	81.66	19.35	90.24	88.43
淮麦 32	57.93	10.31	66.34	58.11
淮麦 33	53.27	9.29	76.86	62.82
淮麦 35	24.07	6.35	82.58	67.42
平均	53.09	18.01	89.40	82.99

图 3-8-1　‘宁麦 13’赤霉病发生情况

图 3-8-2　‘连麦 8 号’赤霉病发生情况

（三）新研发药剂 30%吡唑醚菌酯·戊唑醇 SC 对小麦赤霉病菌毒力测定

试验结果表明，与吡唑醚菌酯相比，戊唑醇对小麦赤霉病菌菌丝生长具有更强的抑制活性，其 EC_{50} 为 0.389 9 μg/mL，吡唑醚菌酯 EC_{50} 为 1.723 7 μg/mL。

根据测定，两种单剂按照不同比例复配均无拮抗作用。当戊唑醇与吡唑醚菌酯在混剂中配比为 1∶1 时其增效作用最大，SR 值 5.88；当戊唑醇与吡唑醚菌酯在混剂中配比分别为 2∶1、4∶1、1∶2 时均具有增效作用，1∶4 时两种药剂表现为相加作用（表 3-8-4）。

表 3-8-4　吡唑醚菌酯和戊唑醇对小麦赤霉病菌的室内毒力

药剂	回归方程	相关系数	EC_{50}（实测）/（μg·mL^{-1}）	EC_{50}（理论）/（μg·mL^{-1}）	SR（EC_{50}（理论）/EC_{50}（实测））
吡唑醚菌酯	$y=0.3506x+4.9171$	0.954 8	1.723 7		
戊唑醇	$y=1.5509x+5.6344$	0.958 6	0.389 9		
戊唑醇∶吡唑醚菌酯（4∶1）	$y=0.3320x+5.2419$	0.955 5	0.186 8	0.461 3	2.469 5
戊唑醇∶吡唑醚菌酯（2∶1）	$y=0.2598x+5.1326$	0.979 7	0.299 1	0.875 7	2.927 8
戊唑醇∶吡唑醚菌酯（1∶1）	$y=0.2972x+5.2872$	0.980 6	0.108 1	0.636 0	5.883 4
戊唑醇∶吡唑醚菌酯（1∶2）	$y=0.2384x+5.0637$	0.959 8	0.540 5	0.805 3	1.489 9
戊唑醇∶吡唑醚菌酯（1∶4）	$y=0.1832x+4.9713$	0.981 5	1.434 4	1.023 5	0.713 5

根据戊唑醇、吡唑醚菌酯对小麦赤霉病菌联合毒力测定结果，综合考虑生产成本和田间试验结果，该复配药剂配方比例以戊唑醇∶吡唑醚菌酯=4∶1 为佳。

（四）新农药对小麦赤霉病的防效、药剂施用减量效果以及对小麦白粉病的兼治作用

根据上述配方筛选试验研制防治小麦赤霉病药剂 1 个，即 30%吡唑醚菌酯·戊唑醇 SC。通过田间大区示范试验，该药剂采用每亩 50 g 在小麦扬花初期施药 1 次，对赤霉病病情指数防效达 86.29%，施药 2 次（扬花初期、扬花盛期），对小麦赤霉病病情指数防效达 96.19%，防效明显高于 50%多菌灵·三唑酮 WP。在小麦赤霉病轻发生年份，施药 1 次，与常规对照药剂 50%多菌灵·三唑酮 WP 相比，使用 30%吡唑醚菌酯·戊唑醇 SC 防治小麦赤霉病，在赤霉病防效高于对照药剂的前提下，每亩田可减少农药施用量 35~39.5 g，重发生年份需施药 2 次，每亩可减少农药施用量 70~79 g，减药比例达到 70%~79%，结果见表 3-8-5。

表 3-8-5　30%吡唑醚菌酯·戊唑醇 SC 对小麦赤霉病试验结果（2017 年兴化钓鱼镇）

施药次数	药剂名称	每次每亩用药量/g	平均病穗率/%	病穗防效/%	平均病情指数	病情指数防效/%	较常规用药减少用药量/g	较常规用药降低使用比例/%
施药 1 次	30%吡唑醚菌酯·戊唑醇 SC	35	3.68	61.63	1.72	56.35	39.5	79
		50	1.24	87.07	0.54	86.29	35.0	70
	50%多菌灵·三唑酮 WP（常规）	100	4.79	50.05	2.71	31.22		
施药 2 次	30%吡唑醚菌酯·戊唑醇 SC	35	2.53	73.62	0.99	74.87	79.0（2 次）	79
		50	0.40	95.83	0.15	96.19	70.0（2 次）	70
	50%多菌灵·三唑酮 WP（常规）	100	4.40	54.12	2.06	47.72		
空白对照			9.59		3.94			

同时，30%吡唑醚菌酯·戊唑醇喷雾 2 次，对小麦白粉病具有良好的兼治效果(表 3-8-6)。每亩用量 50 g，对小麦白粉病病情指数防效可达 91.36%，可以不需要再单独进行小麦白粉病的防治。

表 3-8-6　不同药剂处理对小麦白粉病的防治效果(句容行香)

施药次数	药剂名称	每次每亩用药量/g	病情指数			平均病指	病情指数防效/%
			1	2	3		
施药2次	30%吡唑醚菌酯·戊唑醇 SC	35	1.84	1.75	1.87	1.82	80.60
		50	0.86	0.79	0.79	0.81	91.36
	50%多菌灵·三唑酮 WP	100	2.78	2.96	3.22	2.99	68.12
	CK	清水	8.92	9.63	9.58	9.38	

(五)不同杀菌剂对不同小麦品种赤霉病防治效果

试验结果表明，在相同的田块，施用相同药剂和剂量，3 种药剂对高感赤霉病小麦品种(郑麦 9023)病情指数防效仅 50%左右，而对中抗小麦品种(镇麦 13 号)其病情指数防效达 75%以上(表 3-8-7)。因此，在天气条件有利于赤霉病大发生的年份，中抗小麦品种结合药剂防治能有效控制赤霉病发展流行；而高感品种即使采用药剂防治 2 次也不能有效控制赤霉病的发生和蔓延，即品种抗病效应和药剂防治效应是可以相加的，两者之间存在互作效应。

表 3-8-7　不同杀菌剂对不同小麦品种赤霉病防治效果

药剂类型	亩有效成分使用量/g	郑麦 9023(高感)			镇麦 13 号(中抗)		
		病穗率/%	病情指数	病情指数防效/%	病穗率/%	病情指数	病情指数防效/%
25%氰烯菌酯 SC	25	17.20	4.71bB	54.88	4.66	1.42bB	76.41
43%戊唑醇 SC	12	23.18	5.43bB	47.99	7.66	1.44bB	76.08
25%咪鲜胺 EC	25	21.00	5.34bB	48.85	7.76	1.46bB	75.75
对照		41.75	10.44aA		22.78	6.02aA	

(六)采用种子处理技术防治穗蚜

用吡虫啉拌种对小麦蚜虫具有显著的控制效果(表 3-8-8、表 3-8-9)。每千克小麦种子使用吡虫啉有效成分用量 1 g 拌种，在小麦蚜虫发生盛期，即小麦灌浆期防治效果达 97.27%。用吡虫啉拌种后，可将小麦蚜虫控制在防治指标之下，而且有效提高小麦千粒重，增产效果明显。

表 3-8-8　吡虫啉种子处理对小麦穗蚜的防效

药剂种类	每千克小麦种子吡虫啉有效成分用量/g	4 月 30 日		5 月 10 日		5 月 20 日	
		30 株蚜虫头数	防效/%	30 株蚜虫头数	防效/%	30 株蚜虫头数	防效/%
10%吡虫啉 WP	2.0	0.0bB	100.00	6.3cC	99.38	12.7cC	99.01
	1.0	4.7bB	99.36	12.3cC	98.76	33.0cC	97.27
	0.5	16.3bB	97.43	59.7bB	93.95	186.3bB	84.64
CK		622.7aA		975.3aA		1 211.7aA	

表 3-8-9　吡虫啉种子处理对小麦产量的影响

药剂种类	每千克小麦种子吡虫啉有效成分用量/g	每穗粒数/粒	千粒重/g	亩有效穗/万穗	亩理论产量/kg
10%吡虫啉 WP	2.0	24.95	48.32bB	32.42	390.85
	1.0	25.66	47.74bB	33.50	410.37
	0.5	25.76	47.06bB	33.62	407.56
CK		26.29	39.73aA	32.25	336.85

（七）通过种子处理防治小麦纹枯病

种子处理是控制小麦纹枯病的有效措施，在小麦病虫害绿色防控体系中起着举足轻重的作用（史建荣 等，2000；陈香华 等，2012；任学祥 等，2015）。盆栽接菌试验结果表明，24%噻呋酰胺 1.2 g 拌麦种 80 g，对苗期小麦纹枯病具有优良的防效。接菌 30 d 后调查，采用噻呋酰胺拌种的处理没有调查到纹枯病株，防效达 100%。其他两个药剂处理平均病株率分别是 11.59% 和 16.15%（表 3-8-10、图 3-8-3、图 3-8-4、图 3-8-5）。田间试验中，24%噻呋酰胺悬浮剂按有效成分 15 g/kg 麦种的剂量与种子充分混拌均匀后播种，抽穗灌浆期对小麦纹枯病病情指数防效达 100%，防效明显优于戊唑醇及苯醚甲环唑处理（表 3-8-11），而且对小麦出苗无显著影响。

表 3-8-10　不同药剂种子处理对小麦纹枯病防治试验

药剂种类	药剂用量	出苗率/%	小麦纹枯病平均病株率/%	防效/%
24%噻呋酰胺悬浮剂	1.2 g 拌 80 g	86.67	0.00bB	100.00
6%戊唑醇悬浮种衣剂	0.2 mL 拌 80 g	71.67	11.59aA	38.57
3%苯醚甲环唑悬浮种衣剂	0.25 mL 拌 80 g	71.67	16.15aA	14.41
CK		73.33	18.87aA	

图 3-8-3　对照处理

图 3-8-4　噻呋酰胺拌种处理

图 3-8-5　戊唑醇拌种处理

表 3-8-11　不同药剂拌种处理防治小麦纹枯病田间小区试验

药剂种类	每千克种子用药量	纹枯病平均病株率/%	病株率防效/%	纹枯病平均病情指数	病情指数防效/%
24%噻呋酰胺悬浮剂	15.00 g	0.00bB	100.00	0.00bB	100.00
3%苯醚甲环唑悬浮种衣剂	3.13 g	9.36aA	26.38	2.99aA	50.82
6%戊唑醇悬浮种衣剂	2.50 mL	8.90aA	30.00	3.25aA	46.55
CK	清水	12.71aA		6.08aA	

四、创建的新技术方案——稻茬小麦病虫害绿色防控技术方案

（一）通过选用抗病品种控制小麦赤霉病发生严重度

不同小麦种植区域的小麦品种审定标准不同。江苏省淮南麦区小麦品系审定时对赤霉病抗性达到中抗以上才能通过审定进入大面积生产，有效保证了苏中、苏南等地区小麦品种对小麦赤霉病的抗性，为有效控制小麦赤霉病在淮南麦区的危害发挥了关键作用。同时，苏中地区应避免盲目引种淮北地区感病白皮小麦品种。

（二）播种前种子处理防治小麦纹枯病及穗蚜

1. 种子播前药剂拌种防治穗蚜

吡虫啉拌种对小麦蚜虫具有显著的控制效果（刘爱芝 等，2009；何秀玲，2013）。每千克小麦种子采用吡虫啉有效成分用量 1 g 拌种。即称取 10%吡虫啉可湿性粉剂 10 g 加水 30 mL 搅拌成糊状后，然后将 1 kg 麦种倒入，搅拌均匀，拌种后晾干即可播种。该技术对小麦穗蚜防治效果达 90%以上，而且可有效提高小麦千粒重，增产效果明显。

2. 种子播前药剂拌种防治小麦纹枯病

种子处理是控制小麦纹枯病的有效措施。处理麦种时，先将 24%噻呋酰胺悬浮剂 15 g 加水 20 mL 稀释，然后将 1 kg 种子倒入并充分混拌均匀后播种。24%噻呋酰胺悬浮剂 15 g 拌麦种 1 kg 对小麦出苗无影响，对纹枯病控制效果好，持效期长，抽穗期防效可达 100%。

（三）小麦赤霉病防治技术

淮河以南地区由于小麦扬花期雨水较多，小麦赤霉病极易在地处淮南的苏中和苏南地区发生危害，必须在小麦扬花期施用化学药剂进行防治。小麦赤霉病防治适期为小麦扬花初期（见花打药），如果扬花期雨水多，则需施药两次（姚克兵 等，2018）。两次施药间隔 5～7 d。由于江苏小麦赤霉病菌对多菌灵抗药性的形成（王建新 等，2002），多菌灵防治小麦赤霉病用药量持续增加，而且防治达不到预期效果。选择药剂宜采用非多菌灵类的戊唑醇、氰烯菌酯、咪鲜胺等单剂或复配剂进行喷雾防治。若田间白粉病发生较重，则可选用既可防治赤霉病，同时对白粉病具兼治作用的 30%吡唑醚菌酯·戊唑醇 SC、25%氰烯菌酯·戊唑醇 SC 等进行防治（表 3-8-12）。

表 3-8-12　稻麦两熟的高产优质小麦病虫害绿色防治节药技术方案

小麦生育期及防治方法	防治病虫害	防治药剂及抗病品种选择	亩药剂有效成分用量/g
播种前选择抗病品种	赤霉病、白粉病	扬麦、镇麦及宁麦系列品种	
播种前拌种	穗蚜	吡虫啉	10.0
播种前拌种	纹枯病	噻呋酰胺	36.0
扬花初期及 7 d 后各施 1 次，茎叶喷雾	赤霉病，兼治白粉病	30%吡唑醚菌酯·戊唑醇 SC	30.0

注：每亩播种量 10 kg。

五、示范应用取得的效果与效益

明确项目实施核心区小麦赤霉病菌对多菌灵等药剂的抗药性频率。

通过自然发病调查，初步明确了江苏省主要小麦品种对小麦赤霉病的自然抗性。筛选了

‘扬麦 21’‘宁麦 26’‘宁麦 13’‘镇麦 9 号’等对赤霉病具有良好抗性的品种。

通过药剂毒力测定，研制了 1 个防治小麦赤霉病的药剂组合——30%吡唑醚菌酯·戊唑醇悬浮剂，并进行田间试验。

创建了以抗病品种为基础，结合种子处理技术防治蚜虫和小麦纹枯病，抽穗期采用高效药剂茎叶处理防治赤霉病和白粉病的小麦病虫害绿色防控技术方案。

六、与对照技术的技术经济指标比较

苏中，小麦白粉病需要在小麦拔节期和抽穗期施药 1~2 次，亩用 30%醚菌酯悬浮剂 30 mL，有效成分化学药剂 9~18 g。通过高效低毒复配新药剂的使用，可以在小麦赤霉病防治时进行兼治，白粉病基本不再需要单独防治。每亩节药 18 g，减少农药使用次数 1 次。

小麦纹枯病是一种土传真菌病害，江苏省小麦品种对该病基本无抗病性。如‘扬麦 23’为高感，‘镇麦 9 号’‘宁麦 13’中感纹枯病。为有效防治小麦纹枯病，植保部门需在 3 月中下旬亩用 5%井冈霉素水剂 400~500 mL 或 24%噻呋酰胺悬浮剂 30~40 mL 喷雾防治。在小麦蚜虫发生严重地区和年份，需亩用 25%氯氰·辛硫磷乳油 40 mL 在小麦穗期再进行一次喷雾防治。项目组通过种子处理，在种子播种前每亩用种采用噻呋酰胺有效成分 36 g 和吡虫啉有效成分 10 g 进行药剂包衣，既可防治小麦纹枯病和蚜虫的危害，有效降低农药施用量和使用次数，又具有显著的增产效果。

小麦赤霉病是该项目实施中唯一需要进行药剂叶面喷雾防治的病害。项目组研究开发高效广谱的 30%吡唑醚菌酯·戊唑醇 SC。每次每亩田施用该药剂有效成分 15 g，在小麦扬花期喷雾 1~2 次，即可有效控制小麦赤霉病的危害。结果见表 3-8-13。

表 3-8-13　新技术方案与常规防治方法的减药对比效果

小麦病虫害种类	常规方法			新技术方案		
	防治药剂	防治方法及防治次数	药剂有效成分用量/g	防治药剂	防治时期及防治次数	药剂有效成分用量/g
赤霉病	50%多菌灵·三唑酮	叶面喷雾 2 次	100	30%吡唑醚菌酯·戊唑醇 SC	2	30
白粉病	醚菌酯	叶面喷雾 1~2 次	9~18	30%吡唑醚菌酯·戊唑醇 SC(兼治)	0	0
纹枯病	噻呋酰胺	叶面喷雾 1 次	9.6	噻呋酰胺	播种前拌种 1 次	36
穗蚜	25%氯氰·辛硫磷	叶面喷雾 1 次（赤霉病防治加入）	10	吡虫啉	播种前拌种 1 次	10
叶面喷雾次数和农药用量合计/(g 或次)		5~6	128.6		3	76

新技术的推广和应用可减少农药使用次数 2~3 次，农药施用量减少 40.90%，对小麦白粉病防效达 91.36%以上，对赤霉病防效达 96.19%，对小麦纹枯病防效达 100%，有效控制穗蚜的发生和危害。

七、应用前景与发展建议

种子处理实现精准施药，不仅可有效防控小麦纹枯病和穗期蚜虫，而且减少小麦药剂茎叶处理次数，降低农药面源污染和籽粒中农药残留。高效复配药剂的筛选不仅实现一药多治，而且进一步降低了小麦赤霉病防治过程中农药的使用量。

通过抗病品种选择、种子处理技术和高效复配药剂的组合，优化集成小麦病虫害绿色防治技术方案。该技术方案的推广应用，不仅有效控制小麦病虫害的发生和危害，而且显著降低农药在小麦病虫害防治中的使用量和使用次数，减轻农户小麦病虫害防治的劳动强度，为江苏省农药使用零增长提供一个参考范例，具有良好的应用前景。

第九节　稻麦两熟制中水稻节水技术方案

提要：2015—2016 年，在扬州大学作物栽培生理实验农场进行，以常规粳稻‘南粳 9108’为材料。采用两因素随机设计，设计 3 种类型土壤，即黏土、壤土、砂土，3 种灌溉方式，即常规灌溉(CK)、轻度节水灌溉(-15 kPa)与重度节水灌溉(-25 kPa)。研究了不同土壤类型下灌溉方式对水稻产量形成、根系形态特征和品质的影响。结果表明：与常规灌溉相比，黏土、壤土在轻度与重度节水灌溉方式下均有显著的增产效应，主要原因是每穗粒数、结实率、千粒重均显著提高，但穗数无显著差异。黏土、壤土在轻度节水灌溉下分别较常规灌溉增产 13.7%、14.3%，节水 12.7%、13.9%，较重度节水灌溉增产 4.1%、5.3%。在重度节水灌溉下产量分别较轻度节水灌溉减少 3.9%、5.0%，较常规灌溉增产 9.2%、8.5%。砂土在轻度节水和重度节水灌溉时，其产量比常规灌溉分别下降 7.7%、12.3%。水稻的茎蘖数表现为常规灌溉>轻度节水灌溉>重度节水灌溉，黏土、壤土上水稻的成穗率在轻度和重度节水灌溉下高于常规灌溉，砂土则在常规灌溉下的成穗率最高；黏土、壤土上水稻抽穗期、成熟期的叶面积指数、干物质积累量均以轻度节水灌溉最高，常规灌溉最低，砂土上则表现为常规灌溉最高、重度节水灌溉最低。三种类型土壤在轻度和重度节水灌溉下的灌溉用水量均显著低于常规灌溉，水分利用效率显著高于常规灌溉。在拔节至抽穗阶段，不同灌溉方式下水稻的光合势、群体生长率无显著性变化；在抽穗至成熟阶段，黏土、壤土上水稻的光合势、群体生长率、净同化率均表现为轻度和重度节水灌溉显著高于常规灌溉，而砂土上以常规灌溉最高。三种土壤上水稻的蒸腾速率和气孔导度均表现为常规灌溉高于节水灌溉。拔节期水稻的根系干重在水分处理间无显著变化，但在抽穗期、成熟期则表现为黏土、壤土上以轻度节水灌溉最高、常规灌溉最低，砂土上表现为常规灌溉高于轻度节水灌溉；拔节期水稻的根系氧化力、伤流量以常规灌溉最高，抽穗期、成熟期黏土、壤土上表现为轻度节水灌溉高于常规灌溉，砂土上表现为常规灌溉高于节水灌溉。黏土与壤土上的轻度及重度节水灌溉和砂土上的常规灌溉均显著增加了稻米的糙米率、精米率、整精米率，降低了垩白率、垩白大小、垩白度，提高了稻米的峰值黏度和崩解值，降低了消减值，改善了稻米品质。综合水稻产量、品质及水分灌溉效率认为，轻度节水灌溉是黏土、壤土最佳的灌溉方式，常规灌溉是砂土适宜的灌溉方式。

一、科学问题与技术需求

水稻是我国最重要的灌溉作物之一。研究和发展水稻精确灌溉技术，对促进水稻优质、高产和高效生产的发展具有十分重要的作用。多年来，我国稻作科学工作者围绕高产、节水、高效的目标，对水稻的需水供水规律、需水供水的形态生理指标、不同稻作制度下的灌溉模式和技术等进行了广泛的研究，形成了水稻高产高效的灌溉理论与技术体系（Yao et al.，2012；褚光 等，2016；Chu et al.，2014），为推动稻作科学的进步和发展做出了重要贡献。但在另一方面，水稻的灌溉水量和灌溉时间除了受品种本身的需水特性和生育期的影响以外，还受到土壤理化性质、地下水位埋深、温度、空气湿度、降水量等的影响（Bossio D et al.，2010；Ahmadi S H et al.，2010；苏永中 等，2014），且随着人们生活水平的提高，水稻优质生产越来越成为现代稻作生产发展的重要方向。传统的大水漫灌生产方式，不仅不利于水稻高产优质，而且浪费水资源、污染环境，十分不适应现代稻作发展的要求（张自常 等，2011）。因此，关于水稻高产优质与水资源高效利用的协同机制已成为现代稻作必须回答的科学问题，水稻高产优质高效灌溉技术也成为现代稻作的技术问题。

二、开展的试验与研究

1. 试验地点与材料

2015—2016 年，在扬州大学作物栽培生理试验场进行了不同土壤类型条件下不同灌溉模式对水稻产量、品质、养分吸收利用与灌溉效率等试验研究。

供试土壤有黏土、壤土、砂土三种类型；供试水稻品种为籼粳杂交稻‘甬优 2640’、常规粳稻‘南粳 9108’。

2. 试验设计与方法

试验采用两因素随机区组设计，其中土壤类型有黏土、壤土、砂土三类；分别设计三种灌溉方式：①常规灌溉（CK），移栽后保持 3~5 cm 浅水层灌溉，够苗后开始搁田，直至穗分化，穗分化后保持 3~5 cm 浅水层灌溉，直至收获前一周断水。②轻度节水灌溉（-15 kPa），移栽至返青建立 2~3 cm 浅水层，并适度露田 1~2 次，返青至有效分蘖临界叶龄期前一个叶龄（$N-n-1$）实行 3~5 cm 浅水层灌溉，有效分蘖临界叶龄期（$N-n$）至穗分化初期自然断水轻搁田，穗分化后每次灌 3~5 cm 浅水层，待自然落干至土壤水势-15 kPa 时再灌水 3~5 cm，如此循环，收获前一周断水。③重度节水灌溉（-25 kPa），移栽至返青建立 2~3 cm 浅水层，并适度露田 1~2 次，返青至有效分蘖临界叶龄期前一个叶龄（$N-n-1$）实行 3~5 cm 浅水层灌溉，有效分蘖临界叶龄期（$N-n$）至穗分化初期自然断水轻搁田，穗分化后每次灌 3~5 cm 浅水层，待自然落干至土壤水势-25 kPa 时再灌水 3~5 cm，如此循环，收获前一周断水。

试验共 9 个处理，3 次重复，计 27 个小区，小区采用独立的水泥池，每小区面积为 4 m^2。每个小区安装真空表式土壤负压计（中国科学院南京土壤研究所生产）监测土壤水势，埋深 15 cm。为避免自然降水对试验结果的影响，所有处理均预置半自动塑胶薄膜网挡雨。

5 月 29 日播种，软盘旱育秧，每盘播种量 120 g。栽插行株距为 30.0 cm×13.2 cm，每穴 4

苗，栽插后及时查漏补缺。亩总施纯氮量 20 kg，基蘖肥∶穗肥为 6∶4，分蘖肥于移栽后 7 d 一次性施用，穗肥于倒 4 叶期和倒 2 叶期分 2 次施用，氮、磷、钾比例为 2∶1∶2，其中磷肥一次性作基肥施用，钾肥分基肥和拔节肥两次施用，各施 50%。

病、虫、草害防治按当地大面积生产统一实施。

3. 测定内容与方法

（1）灌溉用水量　自有效分蘖临界叶龄期至成熟，每池在灌溉时均用水表监测并记录每次灌溉量，以此计算总灌溉水量和灌溉水利用效率。

（2）土壤含水量　用土钻采集不同处理 0~15 cm 的土样，用 0.1 g 精度的天平称取土样的重量，在 105 ℃的烘箱内将土样烘 6~8 h 至恒重，然后测定烘干土样，计算含水量。

（3）茎蘖动态　每小区选取 2 个观察点，每点选取连续 10 穴定期调查，每 5 d 调查一次茎蘖数，直到抽穗期。

（4）干物质量及叶面积　于拔节期、抽穗期、抽穗后 20 d、成熟期，按每小区茎蘖数的平均数取代表性植株 3 穴，植株于 105 ℃下杀青 30 min，75 ℃下烘干至恒重，测定植株干物质重。采用美国 LI-COR 公司生产的 Li-Cor 3050 型叶面积仪测定水稻叶片总叶面积，并计算叶面积指数。

（5）叶片光合速率　选择晴朗无风的上午，于 9:00 采用美国 LI-COR 公司生产的 LI-6400 便携式光合测定仪测定稻株最上展开叶的光合速率。叶室 CO_2 浓度为 380 μmol/mol，使用红蓝光源，光量子通量密度（PFD）为 1 400 μmol/（m^2·s），温度 28~30 ℃，各处理重复测定 3 张叶片，取平均值。

（6）根重与根系活力　分别于拔节期、抽穗期和成熟期，在各处理取样 3 穴。以每穴水稻根为中心挖取长、宽、深均为 15 cm 的土块，将挖取的土块装于筛网袋中，用流水冲洗，再用农用压缩喷雾器冲洗干净，剪去地上部，称取根鲜重。然后将鲜根及地上部鲜重放置烘箱内 105 ℃杀青 30 min，80 ℃烘干至恒重，称量干重。

（7）产量及构成　成熟期每个小区收割 30 穴测定实际产量，每小区随机取 10 穴有代表性的稻株，测定产量构成因素。

（8）稻米品质　将水稻收获脱粒，晒干 3 个月后，依照国标 GB/T 17891—1999《优质稻谷》测定稻米糙米率、精米率、整精米率、垩白粒率、垩白大小、垩白度、长、宽、胶稠度等。采用近红外谷物分析仪测定稻米的蛋白质含量和直链淀粉含量。采用澳大利亚 Newport Scientific 仪器公司生产的 Super 3 型 RVA 快速黏度分析仪测定稻米淀粉黏滞特性，用配套软件 TWC 分析。

4. 结果与分析

4.1　不同土壤类型下灌溉方式的产量方差分析

产量方差分析表明（表 3-9-1），水分处理（A）、土壤类型（B）及其互作效应（A×B）均达极显著水平，不同处理年度间（C）差异也达极显著，而年度（C）与水分处理（A）、土壤类型（B）的互作效应均不显著。由于两年水稻生长期间温度和降水量的影响，导致年份间差异性显著。除此之外，两年内重复较好，数据具有一定的代表性。两年产量变化趋势一致，下文以 2016 年数据进行方差分析说明。

表 3-9-1　不同土壤类型下灌溉方式对水稻产量的方差分析

变异来源	自由度	平方和	均方	F 值	$F_{0.05}$	$F_{0.01}$
水分处理(A)	2	56 652.33	28 326.17	226.40**	3.59	6.11
土壤类型(B)	2	17 220.15	8 610.08	68.82**	3.59	6.11
年份(C)	1	3 573.05	3 573.05	28.56**	4.45	8.40
A×B	4	29 736.05	7 434.01	59.45**	2.96	4.67
A×C	2	723.40	361.70	2.90 ns	3.59	6.11
B×C	2	73.66	36.83	0.30 ns	3.59	6.11
A×B×C	4	840.30	210.07	1.68 ns	2.96	4.67
误差	34	4 253.95	125.12			
总变异	53	154 828.40				

注：** 表示在 0.01 水平上差异显著，ns 表示差异不显著($P>0.05$)。

4.2　不同土壤类型下灌溉方式对产量及其构成因素的影响

由表 3-9-2 与表 3-9-3 可知，不同灌溉方式对水稻产量的影响差异显著。黏土、壤土均在轻度节水灌溉(-15 kPa)处理产量最高，且显著高于其他两个处理；而砂土在常规灌溉(CK)处理的产量最高，且显著高于轻度和重度节水灌溉处理。以 2015 年试验结果为例(表 3-9-2)，黏土、壤土在轻度节水灌溉分别较常规灌溉增产 13.7%、14.3%；重度节水灌溉分别较常规灌溉增产 9.2%、8.5%；轻度节水灌溉分别较重度节水灌溉增产 4.1%、5.3%。砂土在轻度节水灌溉和重度节水灌溉时，其产量较常规灌溉分别下降了 7.7%、12.3%。不同土壤类型下水稻产量对不同灌溉方式的变化幅度有所差异，表现为壤土较黏土和砂土分别高 2.2%～3.4% 和 1.0%～24.9%。2016 年也有相似的试验结果(表 3-9-2)。

表 3-9-2　不同土壤类型下灌溉方式对水稻产量及其构成因素的影响(2015)

土壤类型	水分处理	每亩穗数/万穗	每穗粒数/粒	亩群体颖花量/万朵	结实率/%	千粒重/g	亩产/kg
黏土	CK	20.95a	123.71c	2 591.72b	90.41c	24.71c	557.26c
	-15 kPa	20.73a	135.63a	2 811.61a	93.77a	26.12a	633.51a
	-25 kPa	20.66a	130.85b	2 682.70b	92.76b	25.57b	608.73b
	平均值	20.78	130.06	2 695.34	92.31	25.47	599.83
CV/%		0.73	4.61	4.07	1.87	2.79	6.48
壤土	CK	21.09a	124.47c	2 625.07c	90.83c	25.24c	573.60c
	-15 kPa	20.85a	137.11a	2 858.74a	93.85a	26.16a	655.34a
	-25 kPa	20.87a	131.73b	2 749.21b	92.51b	25.82b	622.51b
	平均值	20.94	131.10	2 744.34	92.40	25.74	617.15
CV/%		0.64	4.84	4.26	1.64	1.81	6.66
砂土	CK	21.02a	124.37a	2 614.26a	90.66a	25.22a	568.42a
	-15 kPa	20.71a	123.15a	2 550.44ab	89.29b	24.86ab	524.80b
	-25 kPa	20.66a	119.83b	2 475.69b	87.85c	24.12b	498.32c
	平均值	20.80	122.45	2 546.80	89.27	24.73	530.51
CV/%		0.94	1.92	2.73	1.57	2.27	6.67

表 3-9-3 不同土壤类型下灌溉方式对水稻产量及其构成因素的影响(2016)

土壤类型	水分处理	每亩穗数/万穗	每穗粒数/粒	亩群体颖花量/万朵	结实率/%	千粒重/g	亩产/kg
黏土	CK	21.24a	125.81c	2 672.20b	91.46c	25.46c	599.41c
	-15 kPa	20.96a	137.41a	2 880.11a	94.31a	26.58a	663.17a
	-25 kPa	20.58a	130.29b	2 681.36b	93.18b	26.04b	637.74b
	平均值	20.93	131.17	2 744.56	92.98	26.03	633.44
CV/%		1.58	4.46	4.28	1.44	2.15	5.07
壤土	CK	21.41a	126.55c	2 709.54b	91.74c	25.34c	616.54c
	-15 kPa	21.03a	138.30a	2 908.40a	94.64a	26.61a	699.36a
	-25 kPa	20.76a	133.56b	2 772.76b	93.17b	26.07b	658.51b
	平均值	21.07	132.80	2 796.90	93.18	26.01	658.14
CV/%		1.55	4.45	3.63	1.56	2.45	6.29
砂土	CK	21.15a	126.21a	2 669.43a	91.28a	25.48a	591.20a
	-15 kPa	20.71a	124.63a	2 580.98ab	89.49b	25.09b	548.52b
	-25 kPa	20.55a	120.62b	2 466.66b	88.75b	24.74c	517.84c
	平均值	20.80	123.82	2 572.36	89.84	25.10	552.52
CV/%		1.49	2.33	3.95	1.45	1.47	6.67

就产量构成因素而言，黏土、壤土在三种灌溉方式下穗数无显著差异。以 2015 年试验数据为例，黏土和壤土下，轻度节水处理较常规灌溉显著增加了每穗粒数、结实率和千粒重，每穗粒数分别增加 9.6%、10.2%，结实率分别增加 3.7%、3.3%，千粒重分别增加 5.7%、3.6%；砂土则相反，表现为在轻度节水和重度节水灌溉的穗粒数较常规灌溉分别下降了 1.0%、3.7%，结实率分别下降 1.5%、3.1%，千粒重分别下降 1.4%、4.4%。从变异系数来看，不同土壤下穗粒数最大，说明不同的灌溉方式对水稻穗粒数的影响程度最大。因此，在黏土、壤土配以轻度节水灌溉能促进分蘖早发，稳定穗数，增加穗粒数，提高群体总颖花量，实现高产增产。

4.3 不同土壤类型下灌溉方式对群体茎蘖数和成穗率的影响

由表 3-9-4 可知，整个生育期水稻的茎蘖数表现为常规灌溉(CK)最高、轻度节水灌溉(-15 kPa)次之、重度节水灌溉(-25 kPa)最低。在拔节期、成熟期，黏土、壤土、砂土在不同灌溉方式下的群体茎蘖数无显著差异，抽穗期黏土、壤土、砂土在轻度节水灌溉和重度节水灌溉的茎蘖数显著低于常规灌溉，分别降低了 6.8%和 12.8%、7.7%和 13.6%、3.8%和 7.8%，且重度节水灌溉较轻度节水灌溉分别降低 6.4%、6.3%、4.1%。黏土、壤土的成穗率在轻度节水灌溉显著高于常规灌溉，分别高出 3.8%、3.9%，较重度节水灌溉分别高 1.3%、2.0%；而砂土的成穗率在轻度节水灌溉和重度节水灌溉较常规灌溉分别下降 2.9%和 5.9%。壤土的最高成穗率(-15 kPa)比黏土和砂土的最高成穗率(-15 kPa 和 CK)分别高 0.78%和 4.34%。说明黏土、壤土在轻度节水灌溉下能够有效降低无效分蘖的发生，控制高峰苗数，提高茎蘖成穗率，而砂土在常规灌溉处理的茎蘖成穗率明显提高。

表 3-9-4　不同土壤类型下灌溉方式对水稻茎蘖数和成穗率的影响

土壤类型	水分处理	拔节期/（万苗·亩$^{-1}$）	抽穗期/（万苗·亩$^{-1}$）	成熟期/（万苗·亩$^{-1}$）	成穗率/%
黏土	CK	24.81a	23.11a	20.24a	81.58c
	-15 kPa	23.65b	21.54b	19.96a	84.40a
	-25 kPa	23.38b	20.16c	19.47a	83.28b
壤土	CK	24.86a	22.84a	20.31a	81.69c
	-15 kPa	23.52b	21.07b	20.13a	85.59a
	-25 kPa	22.85b	19.74c	19.06a	83.41b
砂土	CK	24.67a	21.34a	20.11a	81.52a
	-15 kPa	23.53b	20.52b	18.63a	79.18b
	-25 kPa	22.78b	19.68c	17.48b	76.73c

4.4　不同土壤类型下灌溉方式对叶面积指数的影响

在不同土壤类型下灌溉方式对水稻生育期叶面积指数有显著影响。在不同灌溉方式下三种土壤的水稻叶面积指数随着生育期呈现先上升后下降趋势（表 3-9-5）。拔节期三种土壤的叶面积指数表现为常规灌溉高于轻度节水灌溉、高于重度节水灌溉；而在抽穗期、抽穗后 20 d、成熟期，三种土壤的叶面积指数差异显著，其中黏土、壤土均在轻度节水灌溉的叶面积指数显著高于常规灌溉，砂土则表现为常规灌溉高于轻度节水灌溉、高于重度节水灌溉。在不同的灌溉方式下壤土、黏土均在 -15 kPa 处理的叶面积指数最高，砂土在 CK 处理的叶面积指数最高，且成熟期壤土的最高叶面积指数（-15 kPa）比黏土和砂土的最高叶面积指数（-15 kPa 和 CK）增加 1.8%、12.2%。

表 3-9-5　不同土壤类型下灌溉方式对叶面积指数的影响

土壤类型	水分处理	拔节期	抽穗期	抽穗后 20 d	成熟期
黏土	CK	4.26a	6.68c	5.13b	1.48b
	-15 kPa	4.17b	7.25a	5.42a	1.63a
	-25 kPa	4.12b	7.02b	5.28ab	1.51b
壤土	CK	4.29a	6.83c	5.25c	1.52b
	-15 kPa	4.25a	7.35a	5.57a	1.66a
	-25 kPa	4.16a	7.08b	5.33b	1.53b
砂土	CK	4.20a	6.79a	5.22a	1.48a
	-15 kPa	4.14a	6.51b	5.03b	1.42a
	-25 kPa	4.16a	6.34c	4.76c	1.27b

4.5　不同土壤类型下灌溉方式对群体干物质积累量的影响

不同的灌溉方式对不同土壤类型下不同生育期的干物质积累表现不同。在不同灌溉方式下三种土壤的水稻群体干物质积累量随着生育期呈现上升趋势（表 3-9-6）。拔节期三种土壤在不同灌溉方式下的干物质积累量无显著差异；抽穗期黏土和壤土均在轻度节水灌溉的群体干物质积累量显著高于常规灌溉，高于重度节水灌溉，分别高 8.3%、9.4%，6.0%、5.3%，砂土则表现为常规灌溉高于轻度节水灌溉 4.0%，高于重度节水灌溉 8.1%；成熟期群体物质积累量黏土和壤土在轻度节水灌溉较常规灌溉分别高 11.7%、12.1%，较重度节水灌溉高 8.0%、7.1%，砂土表现为常规灌溉高于轻度节水灌溉 6.0%，高于重度节水灌溉 10.6%。拔节至抽穗阶段黏土、壤土在轻度节水灌溉的群体物质积累量较常规灌溉分别高 13.1%、15.5%，较重度节水灌溉分别高 7.8%、7.1%，砂土在常规灌溉下较轻度和重度节水灌溉分别高 5.4%、10.7%；抽穗至成熟阶段群体物质积累量黏土、壤土在轻度节水灌溉分别较常规灌溉和重度节水灌溉高 14.2% 和 15.1%、7.6% 和 8.3%，砂土则在常规灌溉下较轻度和重度节水灌溉分别高 3.3%、15.4%。不同土壤类型下水稻干物质积累对不同灌溉方式的变化幅度有所差异，成熟期表现为壤土较黏土和砂土分别高 3.6%~4.9%、0.02%~19.2%。说明壤土、黏土配以适当的灌溉方式能够提高中后期群体的生长，砂土在常规灌溉下可以保证中后期群体生长。

表 3-9-6　不同土壤类型下灌溉方式对水稻群体亩干物质积累量的影响

土壤类型	水分处理	拔节期积累量/kg	抽穗期积累量/kg	成熟期积累量/kg	拔节—抽穗		抽穗—成熟	
					积累量/kg	比例/%	积累量/kg	比例/%
黏土	CK	250.61a	754.45c	1 089.60c	503.84c	46.24a	335.15c	30.76c
	−15 kPa	246.87a	816.95a	1 216.70a	570.08a	46.85a	382.75a	31.46a
	−25 kPa	241.52a	770.50b	1 126.27b	528.98b	46.97a	355.77b	31.59b
	平均值	246.33	780.63	1 144.19	534.30	46.69	357.89	31.27
CV/%		1.86	4.16	5.72	6.26	0.84	6.67	1.43
壤土	CK	255.63a	765.03c	1 128.44c	509.41c	45.14a	363.41c	32.20c
	−15 kPa	248.29a	836.86a	1 265.20a	588.57a	46.52a	418.34a	33.06a
	−25 kPa	245.24a	794.90b	1 181.20b	549.66b	46.53a	386.30b	32.70b
	平均值	249.72	798.93	1 191.61	549.21	46.06	389.35	32.65
CV/%		2.14	4.52	5.79	7.21	1.73	7.09	1.32
砂土	CK	249.74a	761.45a	1 125.40a	511.72a	45.74a	360.95a	32.07a
	−15 kPa	246.95a	732.33b	1 061.60b	485.38b	45.72a	349.27b	31.92a
	−25 kPa	242.20a	704.60c	1 017.27c	462.40c	45.45a	312.67c	30.74b
	平均值	246.30	732.79	1 068.09	486.50	45.64	340.96	31.58
CV/%		1.55	4.08	5.09	5.07	0.35	7.39	2.32

4.6　不同土壤类型下灌溉方式对群体光合势、群体生长率和净同化率的影响

‘南粳 9108’在不同生育阶段的群体光合势、净同化率和群体生长率特征如表 3-9-7 所示。从光合势来看，拔节至抽穗阶段三种土壤在不同灌溉方式下无显著差异；抽穗至成熟阶段，黏土、壤土在轻度节水灌溉下显著高于常规灌溉和重度节水灌溉，分别高 8.8% 和 4.1%、8.8% 和 4.6%，砂土则在常规灌溉下光合势最高，壤土的最高光合势(−15 kPa)比黏土和砂土的最高光合势(−15 kPa 和 CK)分别高 1.46%、10.42%。

表 3-9-7 不同土壤类型下灌溉方式对水稻群体光合势、净同化率和群体生长率的影响

土壤类型	水分处理	光合势/($m^2 \cdot d \cdot m^{-2}$)		群体生长率/($g \cdot d \cdot m^{-2}$)		净同化率/($g \cdot d \cdot m^{-2}$)	
		拔节—抽穗	抽穗—成熟	拔节—抽穗	抽穗—成熟	拔节—抽穗	抽穗—成熟
黏土	CK	142.28a	208.08c	19.38b	11.17b	3.60b	2.08bc
	-15 kPa	148.46a	226.44a	21.93a	13.32a	3.94a	2.39a
	-25 kPa	144.82a	217.52b	20.35ab	11.86b	3.74b	2.18b
壤土	CK	144.53a	211.14c	19.59b	11.11bc	3.59c	2.04c
	-15 kPa	150.80a	229.76a	22.64a	14.28a	4.00a	2.52a
	-25 kPa	146.12a	219.56b	21.14a	12.88b	3.85b	2.34b
砂土	CK	141.57a	208.08a	19.68a	11.70a	3.68a	2.19a
	-15 kPa	138.45a	199.67b	18.67a	10.98ab	3.57b	2.10b
	-25 kPa	137.15a	192.78bc	17.78a	10.09b	3.42c	1.94c

从群体生长率来看，拔节至抽穗阶段，黏土、壤土均在轻度节水灌溉下高于常规灌溉，与重度节水灌溉无显著差异；抽穗至成熟阶段，黏土、壤土均在轻度节水灌溉下显著高于常规灌溉，高于重度节水灌溉，砂土则表现为在拔节至抽穗阶段不同灌溉方式下的群体生长率无显著差异，在抽穗至成熟阶段常规灌溉显著高于重度节水灌溉。从净同化率来看，在拔节至抽穗、抽穗至成熟阶段，黏土、壤土均在轻度节水灌溉下显著高于常规灌溉，砂土表现为常规灌溉高于轻度节水灌溉、高于重度节水灌溉。由此可以看出，黏土、壤土在轻度和重度节水灌溉下可以提高水稻中后期的群体生长率，提高抽穗后的净同化率。

4.7 不同土壤类型下灌溉方式对叶片光合速率的影响

不同的灌溉方式对不同土壤类型下不同生育期的叶片光合速率表现不同。三种土壤下的叶片光合速率随着生育期呈现先上升后下降的趋势(表 3-9-8)。在拔节期，三种土壤在不同灌溉方式下无显著性差异；在抽穗期、抽穗后 20 d、成熟期，黏土、壤土表现为在轻度节水灌溉下叶片光合速率最高、重度节水灌溉次之、常规灌溉最低，砂土则表现为常规灌溉下的叶片光合速率显著高于轻度节水灌溉、高于重度节水灌溉，且壤土的最高叶片光合速率(-15 kPa)高于黏土和砂土最高叶片光合速率(-15 kPa 和 CK)。

表 3-9-8 不同土壤类型下灌溉方式对水稻叶片光合速率的影响 单位：μmol/($m^2 \cdot s$)

土壤类型	水分处理	拔节期	抽穗期	抽穗后 20 d	成熟期
黏土	CK	16.11a	17.16c	12.07c	6.40b
	-15 kPa	16.07a	22.24a	15.37a	7.73a
	-25 kPa	15.96a	20.45b	13.83b	7.21ab
壤土	CK	14.82a	17.21c	12.64b	6.67b
	-15 kPa	14.94a	22.39a	16.02a	8.04a
	-25 kPa	14.87a	20.95b	15.38a	7.21ab
砂土	CK	14.52a	17.34a	12.43a	6.91a
	-15 kPa	14.27a	16.01a	11.25b	6.02a
	-25 kPa	13.97a	15.11b	10.03c	5.25b

4.8 不同土壤类型下灌溉方式对蒸腾速率和气孔导度的影响

在相同的土壤条件下，水稻在不同灌溉方式下蒸腾速率和气孔导度的变化趋势相类似(表 3-9-9、表 3-9-10)。拔节期，三种土壤在不同的灌溉方式下蒸腾速率和气孔导度无显著性差异；抽穗期、抽穗后 20 d、成熟期，黏土、壤土均表现为轻度节水灌溉的蒸腾速率和气孔导度大多低于常规灌溉，重度节水灌溉的蒸腾速率和气孔导度显著低于常规灌溉，砂土则表现为在常规灌溉下的蒸腾速率和气孔导度显著高于轻度和重度节水灌溉。

表 3-9-9 不同土壤类型下灌溉方式对水稻叶片蒸腾速率的影响 单位：mmol/(m^2·s)

土壤类型	水分处理	拔节期	抽穗期	抽穗后 20 d	成熟期
黏土	CK	10.11a	9.22a	7.83a	4.52a
	-15 kPa	10.09a	8.65b	7.34b	4.21a
	-25 kPa	9.82a	8.31b	7.27b	3.76b
壤土	CK	10.15a	9.55a	8.26a	4.75a
	-15 kPa	10.12a	9.07b	8.05b	4.88a
	-25 kPa	9.96a	8.78b	7.56b	4.45b
砂土	CK	10.11a	8.83a	7.04a	3.61a
	-15 kPa	9.91a	8.02b	6.78a	3.17b
	-25 kPa	9.87a	7.74b	6.35b	2.86b

表 3-9-10 不同土壤类型下灌溉方式对水稻气孔导度的影响 单位：μmol/(m^2·s)

土壤类型	水分处理	拔节期	抽穗期	抽穗后 20 d	成熟期
黏土	CK	357.58a	339.59a	317.09a	246.78a
	-15 kPa	354.25a	332.59a	302.18b	229.17b
	-25 kPa	353.41a	314.48b	298.44b	216.31b
壤土	CK	362.61a	345.18a	325.27a	253.04a
	-15 kPa	364.09a	325.97b	315.43b	243.07a
	-25 kPa	352.99a	321.57b	304.33c	224.82b
砂土	CK	358.64a	343.70a	316.02a	228.73a
	-15 kPa	349.14a	331.41a	307.79a	206.32b
	-25 kPa	345.84a	316.62b	272.86b	197.38b

4.9 不同土壤类型下灌溉方式对根系干重的影响

在不同灌溉方式下三种土壤的根系干重随着生育期呈现先上升后下降的趋势(表 3-9-11)。拔节期，三种土壤在不同灌溉方式下根系干重均表现为常规灌溉高于轻度节水灌溉、轻度节水灌溉高于重度节水灌溉；抽穗期、成熟期，黏土、壤土的根系干重在轻度节水灌溉下最高、重度节水灌溉次之、常规灌溉最低，砂土则表现为常规灌溉显著高于轻度节水灌溉、高于重度节水灌溉，且壤土的最高根系干重(-15 kPa)分别比黏土(-15 kPa)和砂土(CK)的最高根系干重和高 3.9%、18.2%。这是因为轻度节水灌溉(-15 kPa)水层浅，土壤中氧气含量较高，有利于根系呼吸，可加快根系生长。

表 3-9-11　不同土壤类型下灌溉方式对水稻根系干重的影响

土壤类型	水分处理	亩根干重/kg		
		拔节期	抽穗期	成熟期
黏土	CK	54. 17a	98. 58c	53. 34c
	-15 kPa	53. 03ab	120. 94a	68. 67a
	-25 kPa	51. 87b	106. 37b	57. 07b
壤土	CK	55. 22a	108. 55c	54. 53c
	-15 kPa	54. 16b	125. 63a	79. 84a
	-25 kPa	53. 65b	114. 19b	66. 24b
砂土	CK	54. 18a	106. 25a	54. 86a
	-15 kPa	52. 86b	95. 62b	46. 77b
	-25 kPa	51. 97b	88. 51c	40. 36c

4. 10　不同土壤类型下灌溉方式对根系氧化力的影响

不同土壤类型下不同灌溉方式对根系氧化力的影响如图 3-9-1 所示。三种土壤的根系氧化力随着生育进程呈下降趋势。拔节期，三种土壤在不同灌溉方式下无显著差异；抽穗期、成熟期，黏土、壤土均表现为轻度节水灌溉显著高于常规灌溉，砂土在常规灌溉下的根系氧化力高于轻度节水灌溉、高于重度节水灌溉，且壤土的最高根系氧化力(-15 kPa)高于黏土和砂土(-15 kPa和 CK)的根系氧化力。

4. 11　不同土壤类型下灌溉方式对根系伤流量的影响

在不同灌溉方式下黏土和壤土的根系伤流量随着生育期先上升后下降(图 3-9-2)。拔节期，三种土壤在不同灌溉方式下均表现为常规灌溉高于轻度节水灌溉、高于重度节水灌溉；抽穗期、抽穗后 20 d、成熟期，黏土、壤土在轻度节水灌溉下的根系伤流量显著高于常规灌溉、高于重度节水灌溉，且重度节

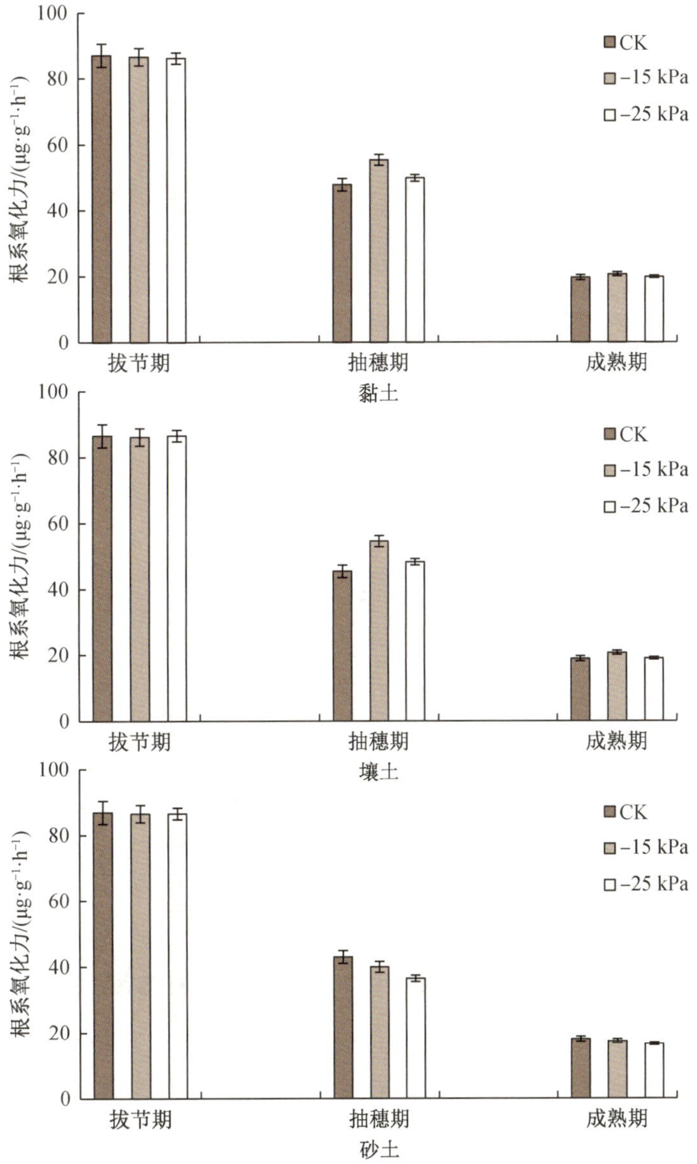

图 3-9-1　不同土壤类型下灌溉方式对水稻根系氧化力的影响

水灌溉显著高于常规灌溉，砂土在常规灌溉下的根系伤流量显著高于轻度节水灌溉、高于重度节水灌溉，且壤土在轻度节水灌溉下的最高根系伤流量高于黏土和砂土的最高伤流量。

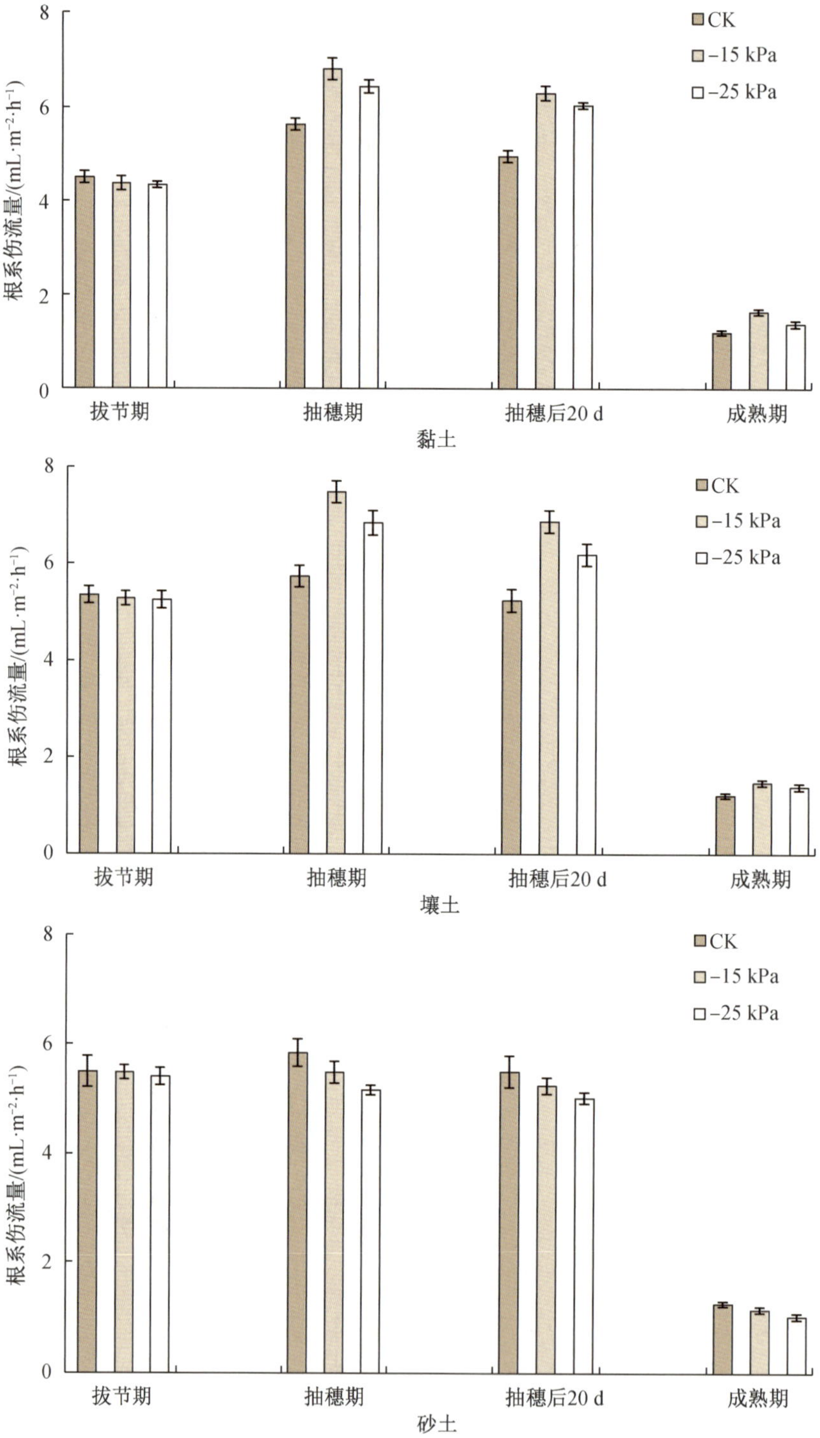

图 3-9-2　不同土壤类型下灌溉方式对水稻根系伤流量的影响

4.12　不同土壤类型下灌溉方式对加工品质的影响

加工品质主要包括糙米率、精米率、整精米率，稻米加工品质优劣的直接体现指标是其整精米率。从表 3-9-12 可以看出，三种土壤在不同灌溉方式下对糙米率、精米率、整精米率具有显著影响。在不同灌溉方式下，黏土、壤土均在轻度节水灌溉下的糙米率、精米率、整精米率最高，且显著高于其他处理；而砂土在常规灌溉下的糙米率、精米率、整精米率最高，显著高于轻度节水灌溉和重度节水灌溉。其中，黏土、壤土在轻度节水灌溉下的糙米率、精米率、整精米率较常规灌溉分别高 7.5%、8.9%、9.9%以及 7.2%、10.2%、10.1%，砂土则在常规灌溉下较轻度节水灌溉分别高 5.8%、2.5%、3.0%。

表 3-9-12　不同土壤类型下灌溉方式对稻米加工品质的影响

土壤类型	水分处理	糙米率/%	精米率/%	整精米率/%
黏土	CK	77.64c	68.27c	65.28c
	-15 kPa	83.48a	74.35a	71.74a
	-25 kPa	80.37b	72.48b	68.27b
壤土	CK	78.66c	68.31c	65.80c
	-15 kPa	84.30a	75.28a	72.43a
	-25 kPa	81.94b	72.81b	68.33b
砂土	CK	77.38a	67.76a	65.03a
	-15 kPa	73.17b	66.09b	63.12b
	-25 kPa	69.40c	64.02c	62.27c

4.13　不同土壤类型下灌溉方式对外观品质的影响

垩白是指稻米(精米)中白色不透明的部分，主要因为米粒胚乳中淀粉和蛋白质颗粒填塞疏松而形成的，垩白率、垩白大小、垩白度是反映稻米外观品质的重要指标。由表 3-9-13 可知，在不同灌溉方式下三种土壤的垩白率、垩白大小、垩白度受到不同程度的影响。黏土、壤土均表现为常规灌溉的垩白率、垩白大小、垩白度显著高于轻度节水灌溉，砂土表现为常规灌溉的垩白率、垩白大小、垩白度显著低于轻度节水灌溉。说明壤土、黏土条件下适宜的节水灌溉能够改善稻米的外观品质。

表 3-9-13　不同土壤类型下灌溉方式对稻米外观品质的影响

土壤类型	水分处理	垩白率/%	垩白大小/%	垩白度/%
黏土	CK	32.02a	25.11a	6.22a
	-15 kPa	23.06c	18.12c	3.64b
	-25 kPa	27.48b	22.34b	4.85bc
壤土	CK	30.06a	23.17a	6.03a
	-15 kPa	22.12c	17.05c	3.04bc
	-25 kPa	27.33b	20.16b	4.51b
砂土	CK	25.04c	23.32c	6.05c
	-15 kPa	28.32b	25.02b	7.36b
	-25 kPa	30.77a	29.80a	7.89a

4.14　不同土壤类型下灌溉方式对食味和营养品质的影响

稻米的蒸煮食味品质主要取决于直链淀粉含量、胶稠度和蛋白质含量。由表 3-9-14 可知，在不同灌溉方式下，三种土壤的直链淀粉含量、胶稠度和蛋白质含量均无显著差异。

表 3-9-14 不同土壤类型下灌溉方式对稻米食味和营养品质的影响

土壤类型	水分处理	胶稠度/mm	蛋白质含量/%	直链淀粉含量/%
黏土	CK	82.87a	8.13a	14.33a
	-15 kPa	85.03a	8.15a	14.76a
	-25 kPa	84.21a	8.09a	14.45a
壤土	CK	83.05b	8.12a	14.45a
	-15 kPa	86.20a	8.17a	14.68a
	-25 kPa	85.43a	8.17a	14.47a
砂土	CK	82.92a	8.07a	14.37a
	-15 kPa	81.57a	7.95a	14.36a
	-25 kPa	79.87a	7.53a	13.94a

4.15 不同土壤类型下灌溉方式对 RVA 谱特征值的影响

淀粉 RVA 谱特性是反映稻米食味性的重要指标。一般而言，食味品质较好的品种一般具有较大的崩解值和较低的消减值。由表 3-9-15 可知，在不同灌溉方式下对三种土壤的 RVA 有不同的影响。黏土、壤土均在轻度节水灌溉下的崩解值最高、消减值最低，砂土在常规灌溉下的崩解值最大、消减值最低。由此可见，在壤土、黏土条件下将土壤水势控制在-15 kPa 处理能有效改善稻米的食味品质。

表 3-9-15 不同土壤类型下灌溉方式对稻米 RVA 谱特征值的影响

土壤类型	水分处理	最高黏度/cP	热浆黏度/cP	最终黏度/cP	崩解值/cP	消减值/cP
黏土	CK	2 082c	1 553a	2 318a	530c	236a
	-15 kPa	2 275a	1 300c	2 021c	975a	-254c
	-25 kPa	2 117b	1 457b	2 191b	661b	74b
壤土	CK	2 171c	1 617a	2 340a	554c	169a
	-15 kPa	2 340a	1 306c	2 073c	1 034a	-267c
	-25 kPa	2 202b	1 485b	2 217b	717b	15b
砂土	CK	2 007a	1 305c	2 145c	701a	138c
	-15 kPa	1 977a	1 387b	2 216b	590b	240b
	-25 kPa	1 865c	1 478a	2 337a	387c	472a

4.16 不同土壤类型下灌溉方式对灌溉用水量及其利用效率的影响

由表 3-9-16 可知，不同灌溉方式对不同土壤类型下的灌溉用水量和水分利用效率影响不同。黏土、壤土和砂土在轻度节水和重度节水灌溉（-15 kPa 和-25 kPa）处理下的灌溉用水量显著低于常规灌溉（CK），在轻度节水灌溉下的用水量较常规灌溉分别减少了 12.7%、13.9%、18.5%，且重度节水灌溉较轻度节水灌溉分别减少 3.5%、3.7%、6.0%。黏土、壤土和砂土在轻度节水灌溉的水分利用效率显著高于常规灌溉，且与重度节水灌溉无显著差异，分别较常规灌溉高 26.8%、32.1% 和 15.1%；在重度节水灌溉下分别较常规灌溉提高 25.9%、27.7%、14.0%。表明黏土、壤土在轻度节水和重度节水灌溉均提高了水分利用效率，并增加了产量。

表 3-9-16　不同土壤类型下灌溉方式对灌溉用水量和水分利用效率的影响

土壤类型	水分处理	灌溉用水		水分利用效率	
		亩用量/m^3	占对照比例/%	数值/($kg \cdot m^{-3}$)	占对照比例/%
黏土	CK	519a	100	1.12b	100
	-15 kPa	453b	87	1.42a	127
	-25 kPa	437b	84	1.41a	126
壤土	CK	532a	100	1.12b	100
	-15 kPa	458b	86	1.48a	132
	-25 kPa	441b	83	1.43a	128
砂土	CK	617a	100	0.93b	100
	-15 kPa	503b	82	1.07a	115
	-25 kPa	473b	77	1.09a	117

三、创建的新技术方案

（一）建立的科学原理与技术内涵

根据近年来不同土壤与水稻品种不同灌溉方式对水稻产量、品质与群体质量及水分利用的影响结果，从丰产优质与资源高效利用的角度出发，初步建立了兴化市机插水稻丰产优质与水资源高效利用的节水灌溉技术：移栽至返青期实施浅水与适度露田相结合，水层深度2~3 cm，露田1~2次；返青至有效分蘖临界叶龄期前一个叶龄($N-n-1$)实施浅水灌溉，水层深度3~5 cm，秸秆还田稻田适当露田1~2次；够苗或有效分蘖临界叶龄期($N-n$)至穗分化初期自然断水轻搁田，低限土壤水势-25 kPa，并保持至穗分化初期；穗分化至成熟前一周实施干湿交替灌溉，即每次灌3~5 cm浅水层，待自然落干、土壤水势达-15 kPa低限时再灌水3~5 cm，如此循环，收获前一周断水。

（二）配套技术

主要包括壮秧培育技术、麦秸秆全量还田技术、基本苗精确定量与高质量栽插技术、养分高效管理技术、高产优质生育诊断与调控技术、病虫草无害化综合防控技术等。

（三）应用范围

该技术方案适用于黏土与壤土土壤上水稻丰产优质高效栽培，高肥力砂土土壤水稻节水灌溉可以参照执行。

（四）应用注意事项

该技术建立的前提是需要有与丰产优质栽培相配套的壮秧培育、基本苗精确定量与肥料精确定量等技术，并确保水稻在有效分蘖临界叶龄期或者稍前一个叶龄达到目标产量预期穗数苗，在此基础上进行搁田与搁田后节水灌溉。如栽插苗数过多，基蘖肥过高，水稻生育前期群体过大，够苗期提前，则应提早搁田，并减少灌溉次数，孕穗前实施重度节水灌溉，孕穗抽穗后实施轻度节水灌溉；如栽插苗数少，基蘖肥数量少，水稻生育前期群体小，有效分蘖临界叶龄期苗数不够，则应增施肥料，并实施带肥软搁田，或轻度灌溉。

同时，研究还发现，不同水稻品种需水特性具有一定差异，粳稻宜轻度节水灌溉，籼稻可以轻度至重度节水灌溉。

四、示范应用取得的效果与效益

节水方案建立后，课题组于2016年开始先后在兴化、姜堰等基地进行了水稻节水栽培专题试验与百亩连片综合示范，并经定点追踪调查，高产田亩产达758.6 kg，比大面积节水15.8%，百亩方亩产达713.7 kg，比大面积节水11.6%，大面积应用后一般节水10%以上，增产5%以上。社会经济与生态效益显著。

五、与对照技术的技术经济指标比较

经专题试验与大面积高产示范比较结果表明，建立的水稻高产优质高效节水栽培技术方案与常规对照相比，一般亩增产6.6%~13.9%，节水12%以上，水分利用效率提高20%以上，平均亩增产增收110元以上，亩节本增收6元以上，亩增纯效益120元以上。

六、应用前景与发展建议

我国是一个水资源十分紧缺的国家，水稻是我国第一大耗水作物。因此开展水稻节水高产优质高效栽培技术研究及应用，是我国节水农业共同关注的焦点，也利于有效确保我国稻米数量、质量安全及其可持续生产，应用前景十分广阔。建议加大示范推广的投入力度，促进技术的大面积示范应用。

第十节　稻麦两熟制中水稻节肥技术方案

提要：针对江苏省高产水稻氮肥用量高、氮磷钾比例失衡，及由此带来的氮肥利用率低与损失严重的问题，通过在水稻生产大市兴化开展的田间小区试验与大田技术集成示范，研究了秸秆全量还田条件下稻麦全年高产节肥技术。结果表明，水稻亩产690~780 kg水平，氮肥(N)、磷肥(P_2O_5)、钾肥(K_2O)的亩适宜用量分别为17.5~18.0 kg、4.0 kg、8.0 kg，氮肥基蘖肥与穗肥配比为(6∶4)~(7∶3)。与常规施肥比较，水稻节约氮肥22%~25%，亩施18 kg N处理的氮肥利用率提高5.8个百分点。水稻分蘖期施用锌肥，有利于提高叶片叶绿素含量与光合速率，但对产量影响不大。创建的水稻小苗壮秧、适期移栽，氮肥、磷肥、钾肥平衡施用，水稻基肥干深施，追肥以水带氮的高效施肥技术，已为当地的农业生产合作社与当地农民所采用。

一、科学问题与技术需求

随着对水稻高产的追求，生产上化肥尤其是氮肥用量居高不下(朱兆良 等，2013)。据调查，兴化市水稻、小麦的亩氮肥分别高达24 kg、21 kg，超过了高产稻麦对氮肥的需求(冯洋 等，2014)。同时在江苏省大部分地区都实行秸秆全量还田条件下(常志州 等，2014)，对秸秆还田带来的大量养分(王德建 等，2015；汪军 等，2010)，尤其是80%以上的钾素归还(戴志刚 等，

2010)，在地方农技推广部门的推荐施肥技术中并没有给予重视，造成一些高产示范地块磷、钾养分过分积累。这些不合理的养分投入，不仅降低了化肥养分的利用效率，增加了肥料投入成本(徐富贤 等，2009；朱兆良 等，2013；冯洋 等，2014；于飞 等，2015；张刚 等，2016)，而且过量的氮、磷养分投入，还增加了农业生产的面源污染风险(于飞 等，2015；王桂良 等，2015；Liu et al.，2013)。因此，当前农业生产上迫切需要解决秸秆还田条件下，高产稻麦肥料运筹与施肥技术难题，创新高产、高效的水稻节肥技术模式。

二、开展的试验与研究

该项技术研究在江苏兴化市项目创新示范方内进行，主要研究内容包括麦茬稻稳产节肥机理、节肥模式构建和节肥技术集成示范三部分，其中麦茬稻稳产节肥机理采用小区试验进行，节肥模式采用田块示范，节肥技术集成示范融合到栽培模式中进行示范推广。该研究的目标是在优化栽培技术的基础上，提出配套的水稻高效施肥技术，并规模化生产，实现机插水稻亩产700~750 kg，化肥利用率提高5.0%以上，并将节肥技术模式应用到稻麦两熟高产平衡方案中去，进行示范推广。示范方内土壤肥力较高，详见表3-10-1。

表3-10-1　示范方内供试土壤养分状况(2015)

项目	有机质/($g \cdot kg^{-1}$)	全氮/($g \cdot kg^{-1}$)	碱解氮/($mg \cdot kg^{-1}$)	速效磷/($mg \cdot kg^{-1}$)	速效钾/($mg \cdot kg^{-1}$)	pH值
供试土壤	26.2	1.57	128.7	34.7	220.1	5.73

试验1：麦茬水稻高产节肥机理研究

该试验于2015年6—11月在兴化市项目创新示范方内进行，采用小区试验，在小麦秸秆全量还田、水稻适期足苗的基础上，试验包括4个氮肥用量(分别为亩用氮量0 kg、16.0 kg、20.0 kg、24.0 kg，氮肥基蘖肥与穗肥配比为6：4，分别以N0、N16、N20、N24表示)，以及N20(7：3)、N20(控释肥，80% N为控释肥，作基肥，20% N为尿素，作穗肥)、N20+Zn共7个处理(表3-10-2)，每个处理3次重复，小区面积27.0 m^2。水稻栽插密度为每平方米27穴，每穴4苗。其他管理措施同大田试验。监测项目包括水稻苗情动态、SPAD值、光合作用、叶面积，于收获时进行考种、测产，并采集植株与土壤样品，分析其养分含量。试验中磷肥均作基肥施用，钾肥的基肥与穗肥各占50%；施用的控释肥为包膜尿素(商品名艾萨斯，江苏艾萨斯新型肥料工程技术有限公司生产)，锌肥为硫酸锌，作分蘖肥施用。

表3-10-2　2015年兴化市钓鱼镇水稻高产节肥机理试验处理

序号	处理	基蘖肥：穗肥	亩施肥量/kg		
			N	P_2O_5	K_2O
1	N0	—	0	4	8
2	N16	6：4	16	4	8
3	N20	6：4	20	4	8
4	N24	6：4	24	4	8
5	N20(7：3)	7：3	20	4	8
6	N20(控释肥+尿素)	80%控释肥：20%尿素	20	4	8
7	N20+Zn	6：4，分蘖肥施Zn	20	4	8

试验 2：麦茬水稻高产节肥技术模式示范

水稻节肥技术模式采用大区示范，在自然地块上(面积 450~460 m^2)进行，水稻移栽方式为模拟机插。试验包括 4 个模式，分别为常规施肥、节氮 1、节氮 2、节氮 3。为了探索不同施肥模式的长期效应，大区示范在同一地块上连续进行了稻—麦—稻 3 季栽种，以反映不同氮肥用量累积效应，减少土壤高肥力带来的氮肥需求量不真实，使节肥技术模式更可信。

2015 年水稻节氮示范，4 个施肥模式的亩氮肥用量分别为 24.0 kg、22.0 kg、20.0 kg、18.0 kg，分别计作 N24、N22、N20、N18，各施肥模式的磷钾肥亩用量相同，分别为 P_2O_5 4.5 kg、K_2O 8.0 kg。氮肥用作基肥、分蘖肥、穗肥的比例为 4∶2∶4，详见表 3-10-3。磷肥全部基施，钾肥基肥和穗肥各占 50%。示范处理不设重复，分别在每块地灌水的上、中、下游各设置 1 个监测点进行相关测定，其中产量采用样方法测定，样方面积 4~6 m^2。其他测定内容与方法同小区试验。

2015—2016 年小麦过渡试验，示范采用稻麦轮作，麦季节肥示范处理在稻季对应的示范处理中进行，氮肥用量设 4 个梯度，分别为 N21、N18、N15、N12，氮肥的基蘖肥与穗肥配比均为 6∶4，其中 N18 和 N15 处理增加基蘖肥与穗肥的比为 7∶3 的处理。麦季磷钾肥亩用量分别为 P_2O_5 6.0 kg、K_2O 4.5 kg。磷肥全部基施，钾肥基肥和穗肥各占 50%。该季度小麦试验为第 1 季水稻和第 2 季水稻之间的过渡示范，用以探索稻—麦两熟制中连续减肥的效应。

2016 年水稻节氮示范，依据当地水稻氮肥用量在下降的情况，2016 年水稻节氮示范的氮肥用量进行相应调整，调整后的处理分别为常规施肥(N22.5)、节氮 1(N20)、节氮 2(N17.5)、节氮 3(N15)；其中 N17.5 处理增加基蘖肥与穗肥配比为 7∶3 的处理。其他设置与测定内容同 2015 年水稻节氮示范试验(表 3-10-3)。

化肥高效施用技术，采用氮肥深施，以水带氮的施肥技术。改水稻基肥氮泡田后施用为泡田前深施，追肥在田面有薄层水时施用，等田面水自然落干后，再灌水。小麦基肥采用旋耕深施，追肥在小到中雨前施用。同时考虑到秸秆还田返还的一定量的钾磷，钾肥减量 50%、磷肥减量 40%。

表 3-10-3　2015(2016)年兴化市钓鱼镇水稻高产节肥示范处理

处理	代号	基蘖肥∶穗肥	亩用量/kg		
			N	P_2O_5	K_2O
常规施肥	N24	6∶4	24.0(22.5)	4.5	8.0
节氮 1	N22	6∶4	22.0(20.0)	4.5	8.0
节氮 2	N20	6∶4	20.0(17.5)	4.5	8.0
节氮 3	N18	6∶4	18.0(15.0)	4.5	8.0

试验 3：麦茬水稻高产节肥技术集成示范

该部分集成示范融合到栽培模式中进行示范推广，此处不再赘述。

三、主要研究结果

(一) 麦茬水稻高产节肥机理研究

1. 氮肥用量与配比对水稻生长的影响

(1) 对分蘖动态的影响　试验于 2015 年 6 月 22 日插秧，插秧后随机选择每个处理的 2 个重复，在选定的小区选择 10 穴水稻，每穴固定 4 株秧苗，共 40 株秧苗，定点观测秧苗的茎蘖变化。不同处理的苗情变化如图 3-10-1 所示，结果表明，插秧后 9 d 观测，由于受成活率不同的影响，苗数有所下降，此后分蘖迅速增加，近 30 d 时分蘖发生基本停止。按照茎蘖数的多少，本试验中不同处理可分为 3 组：N24(每平方米 345 株)、N16(每平方米 335 株)、N20(7∶3，每平方米 334 株)、N20 控释肥(每平方米 329 株)>N20+Zn(每平方米 288 株)、N20(每平方米 283 株)>N0(每平方米 263 株)，由此可见，施氮量高的处理、氮肥前期比例高的 7∶3 处理、控释肥处理有利于水稻分蘖发生。

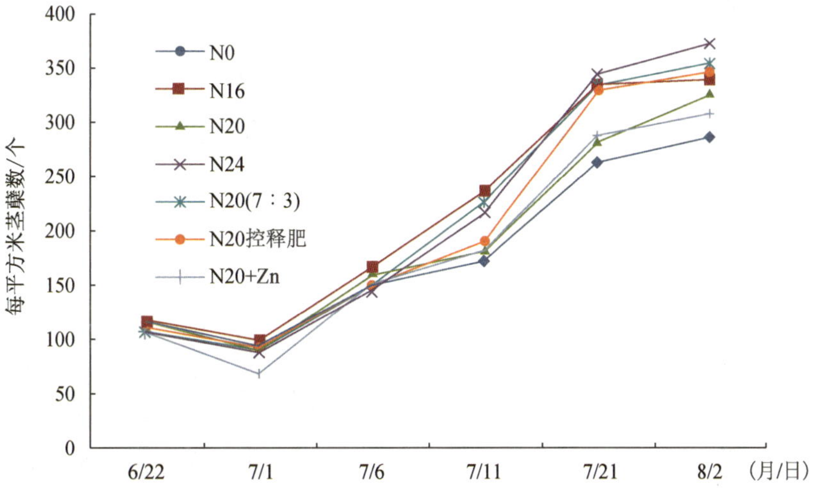

图 3-10-1　不同施肥处理的水稻茎蘖动态变化

(2) 对水稻抽穗期生理特性的影响　水稻抽穗期是生理代谢急剧提高的时期。2015 年 9 月 7 日测定了试验不同处理小区秧苗的叶片 SPAD 值(叶绿素相对含量)、光合作用速率、叶面积、地上部分生物量等指标。不同处理的水稻叶片 SPAD 值如图 3-10-2 所示，不同氮肥用量处理中，水稻叶片 SPAD 值随着氮肥用量的增加而增加(P<0.05)；相同氮肥用量处理中，N20(7∶3)处理高于 N20(6∶4)处理，施用 Zn 肥的叶片 SPAD 值显著提高，控释肥处理下水稻秧苗后期的 SPAD 值显著低于其他相同氮肥用量的处理(图 3-10-2)。

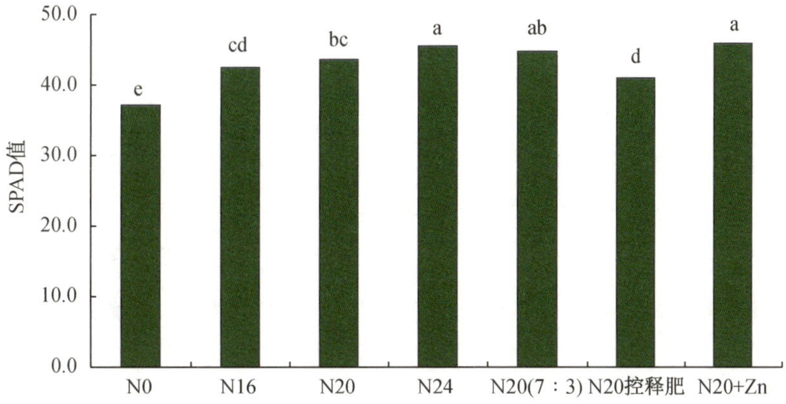

图 3-10-2　不同施肥处理对水稻抽穗期 SPAD 值的影响

抽穗期的生理特性指标如图 3-10-3 所示。结果表明，水稻净光合速率随氮肥用量的增加而提高，但不同施肥用量之间没有显著差异；在相同氮肥用量处理中，N20(7∶3)处理>N20(6∶

4) +Zn 处理、N20(6∶4)处理≥N20 控释肥处理。气孔导度变化趋势与净光合速率变化趋势基本相似，也是 N20(7∶3)处理最高，N20 控释肥处理较低(图 3-10-3)。水稻叶片的胞间 CO_2 浓度虽有分异，但不同处理之间没有显著差异。蒸腾速率也是随着氮肥用量的增加而升高，除 N0 处理外，不同氮肥处理之间没有显著差异，其中 N24 与 N20 处理显著高于 N0 处理。

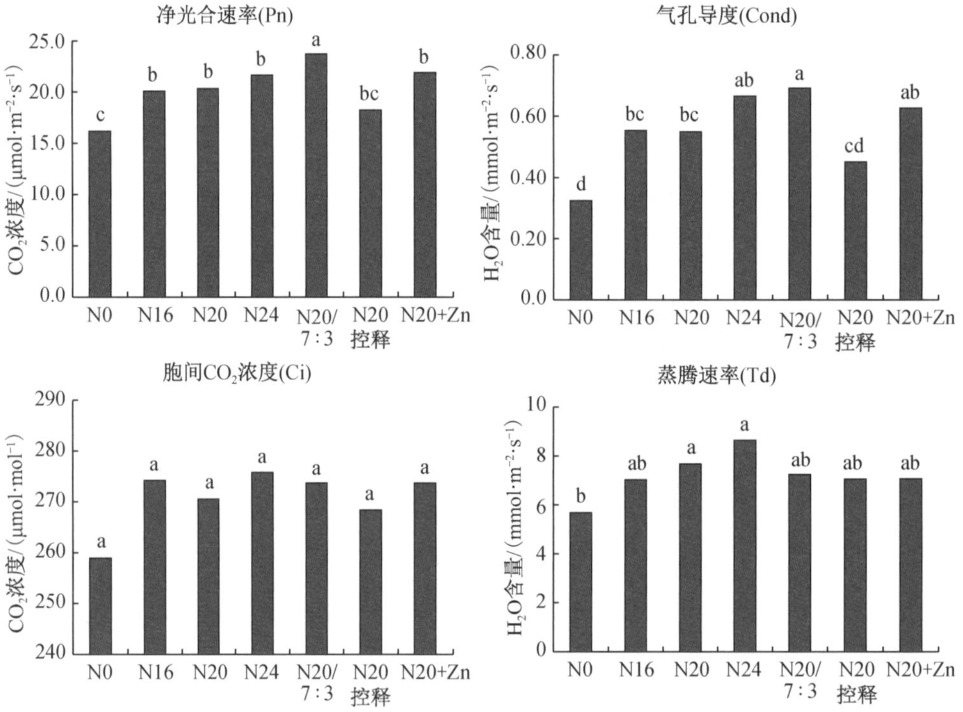

图 3-10-3　不同施肥处理对水稻抽穗期生理特性的影响

2. 氮肥用量与配比对水稻产量的影响

（1）对水稻产量构成要素的影响　在水稻收获时，每个小区按照每穴平均茎蘖数选取有代表性的 4 穴稻株进行考种分析。结果表明，不同处理间水稻籽粒千粒重值在 22.2~25.9 g 之间，瘪粒率为 7.8%~20.7%(图 3-10-4)。高氮处理的千粒重显著低于低氮处理，千粒重从高到低依次为 N0>N16>N20>N24 处理，水稻籽粒的瘪粒率变化规律正好相反。这表明氮肥缺乏时，水稻生长以主茎成穗为主，吸收的氮素主要用于生殖生长。当氮肥施用过量时，水稻生长过旺，增加了空瘪率。

等施氮量条件下，不同氮肥运筹间水稻籽粒千粒重呈现 N20+Zn(6∶4)>N20 控释肥>N20(7∶3)>N20(6∶4)，瘪粒率规律则相反，表明增施 Zn 肥和施用控释肥均有利于提高氮肥利用率与水稻的生殖生长，同时氮肥前置同样有利于增加水稻千粒重。

（2）对水稻产量的影响　尽管该试验田块的地力水平很高，不施氮肥 N0 处理水稻亩产量高达 578 kg，但施用氮肥仍能显著提高水稻产量，N16~N24 处理的亩产量水平在 778~821 kg，增产幅度 34.6%~42.0%(图 3-10-5)。然而 3 个氮肥用量梯度之间没有显著差异，N16 处理水稻产量已经达到最高水平，再增施氮肥，产量反而略有下降，带来氮肥偏生产力下降，N16、N20、N24 处理的氮肥偏生产力每千克氮分别产出 15.2 kg、11.5 kg 与 8.3 kg 稻谷。相同氮肥用量下，N20(6∶4)与 N20(6∶4)+Zn 处理的产量略高于 N20(7∶3)与 N20(控释肥)处理，但 4 个处理之间没有统计上的显著差异($P<0.05$)。

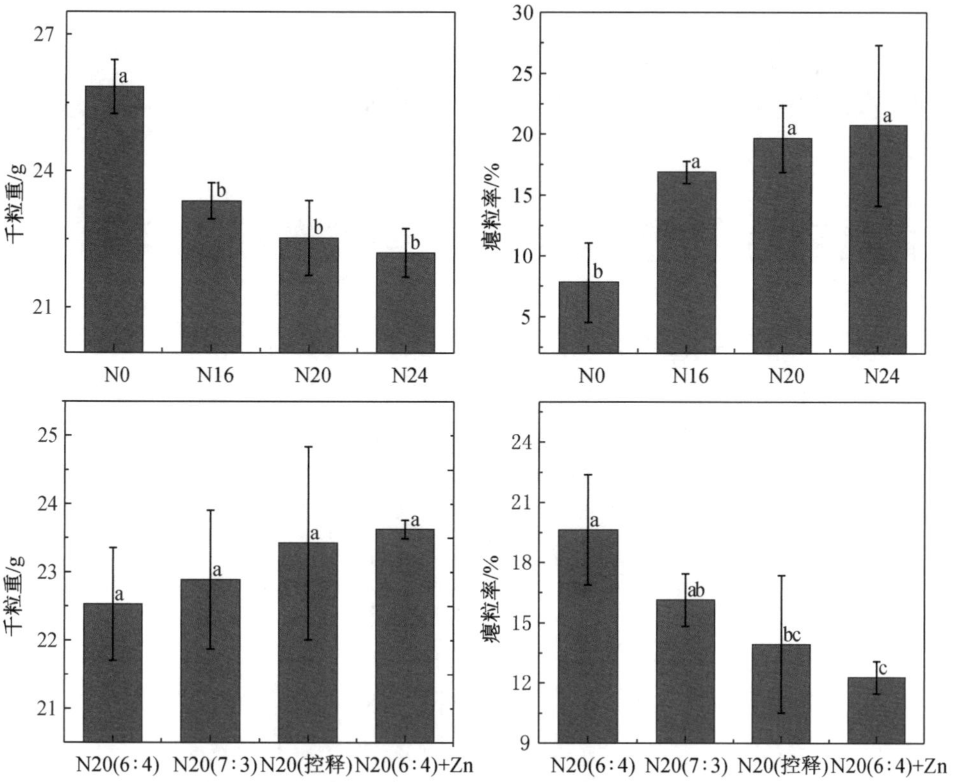

图 3-10-4 氮肥用量与配比对水稻产量构成要素的影响

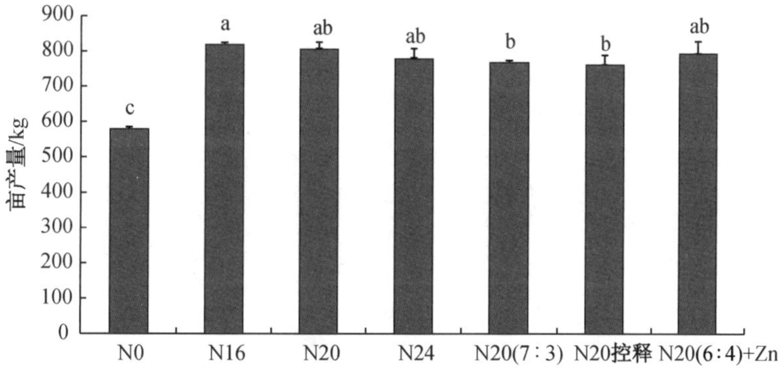

图 3-10-5 氮肥用量与配比对水稻产量的影响

与上述生理指标相比，水稻产量与抽穗期 SPAD 值不是很吻合，净光合速率、气孔导度都随着氮肥用量的增加而增加，而在 N16～N24 区间水稻产量没有显著差异，在 N24 处理下有所下降。水稻籽粒的千粒重随着氮肥用量的增加而下降，空瘪率随着氮肥用量的增加而增加，因而氮肥用量太高会使水稻产量下降。

3. 氮肥用量与配比对土壤养分的影响

2015 年水稻收获后，采集各处理土壤样品，分析其养分含量。结果表明，施氮量显著影响土壤有机质、全氮、碱解氮含量，随施氮量的增加均呈增加趋势，土壤有效钾含量变化不显著，施氮处理下土壤 pH 值较不施氮处理有所下降（表 3-10-4）。在等氮量下，N20（6∶4）处理的土壤有机质、全氮、碱解氮、速效磷含量均高于 N20（7∶3）处理，控释肥处理的土壤全氮显著降低、碱解氮有所增加，添加锌肥处理的土壤养分含量同其他处理间差异不显著。总体而言，由于供试土壤肥力较高，小区试验的土壤养分变化不是很显著。

表 3-10-4　氮肥用量及配比对土壤养分的影响(2015)

处理序号	处理代号	有机质/kg	全氮/(g·kg^{-1})	碱解氮/(mg·kg^{-1})	速效磷/(mg·kg^{-1})	有效钾/(mg·kg^{-1})	pH 值
1	N0	25.1b	1.50b	120c	25.8b	233a	5.81a
2	N16	26.7ab	1.58ab	129b	31.2a	210a	5.72ab
3	N20	26.2ab	1.60ab	136a	32.2a	210a	5.63b
4	N24	27.4a	1.61a	136a	25.8b	230a	5.79a
5	N20(7：3)*	23.7b	1.42b	124c	27.4b	212b	5.72a
6	N20(控释肥)	24.6b	1.45b	139a	30.6ab	250a	5.73a
7	N20+Zn	24.3b	1.50b	126bc	34.8a	165c	5.71a

注：除＊处理外，其余处理氮肥的基蘖肥与穗肥均为 6：4；每列数据分上下两组分别进行处理间的差异分析，同一列同一组的数值后带有不同字母的处理间有显著差异($P<0.05$)，不同处理间的多重比较采用 Duncan 法。

4. 主要研究结果

综上所述，可以得出如下结论：

1）在稻麦秸秆全量还田下，节氮处理 N16、N20 的水稻产量略高于常规施肥 N24，氮肥前后期比例(基蘖肥：穗肥)为 6：4 处理的产量略高于 7：3，但均没有显著差异($P>0.05$)。

2）分蘖期添加 Zn 肥(硫酸锌)有利于提高水稻叶片叶绿素含量，提高净光合速率与气孔导度，但对产量影响不大；控释肥处理(包膜尿素)下叶片 SPAD 值、光合作用指标均低于 N20 对照，产量也略低。

3）不同氮肥用量一季水稻试验后，土壤养分除 N16 处理的碱解氮、N24 处理的速效磷显著降低外，其他养分指标没有显著变化。

（二）水稻高产节肥技术示范

1. 氮肥用量与配比对水稻分蘖的影响

在 2016 年稻季示范处理中，选择 N22.5、N17.5 与 N15 三个施肥水平监测秧苗的茎蘖动态(图 3-10-6)。各监测点初始亩基本苗统一调整为 7.1 万苗，从图 3-10-6 中可以看出，分蘖初期(7 月 5 日)，不同处理之间没有差异(亩 7.5 万苗左右)；中后期差别逐渐增大，7 月 23 日不同

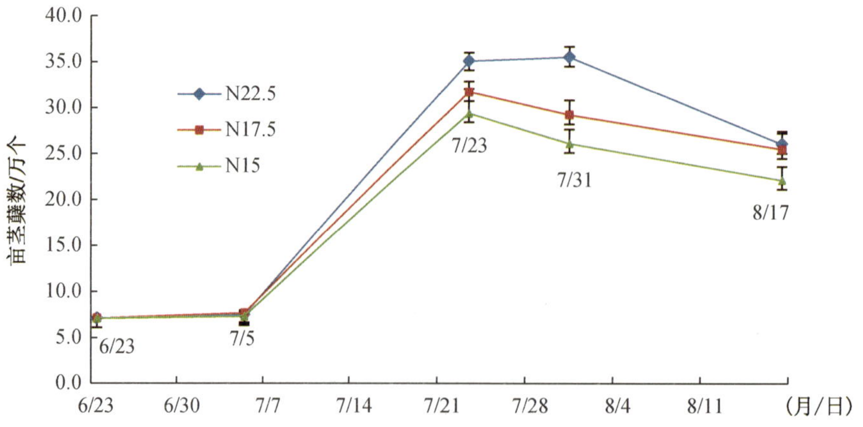

图 3-10-6　示范方氮肥用量对水稻苗情动态的影响(2016)

处理之间差异显著，呈现以下规律，N22.5 处理(亩 35.1 万苗)>N17.5 处理(亩 29.2 万苗)>N15 处理(亩 26.1 万苗)；后期(8 月 17 日)，N22.5 处理(亩 26.1 万苗)与 N17.5 处理(亩 25.5 万苗)下秧苗的茎蘖数基本相等，均显著大于 N15 处理的茎蘖数(亩 22.2 万苗)。表明减氮处理 N17.5 的成穗数较常规施氮处理 N22.5 没有显著减少。

2. 氮肥用量与配比对水稻产量的影响

2015 年(第一季)不同节肥处理示范方水稻产量结果如图 3-10-7a 所示，与常规施肥 N24 处理产量(亩产 815 kg)相比，3 个减氮处理水稻产量没有显著差异($P<0.05$)，节氮 1(N22)、节氮 2(N20)和节氮 3(N18)处理的水稻亩产量分别为 777 kg、773 kg 和 779 kg，分别比常规施肥下降 4.7%、5.2%和 4.4%。

2016 年(第三季，第二季为小麦)不同节肥处理水稻产量如图 3-10-7b 所示，常规施肥(N22.5)、节氮 1(N20)、节氮 2(N17.5)、节氮 3(N15)处理的水稻亩产量分别为 641 kg、657 kg、690 kg、627 kg，节氮处理 N20、N17.5 与 N15 分别比常规施肥处理增产 2.5%、7.6%与 -2.2%，节氮处理水稻产量变化趋势呈抛物线，至 N17.5 处理时产量最高，随后下降，N17.5 处理产量显著高于 N22.5 与 N15($P<0.05$)。其变化趋势与图 3-10-6 所展示的水稻分蘖后期的苗数基本相吻合，到 8 月 17 日，N22.5 处理与 N17.5 处理两者的茎蘖总数相近，呈现出 N17.5 处理的有效穗数与成穗率均高于 N22.5 处理的特征。

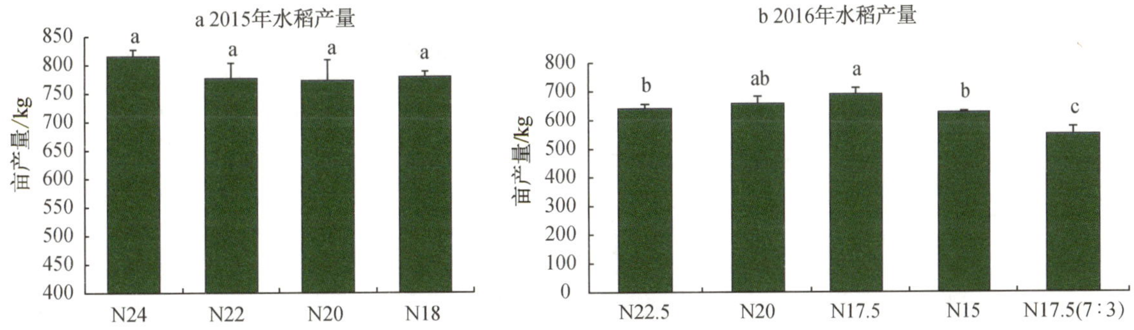

图 3-10-7　示范方不同氮肥处理的水稻产量

与 2015 年相比，2016 年水稻产量明显降低。造成减产的原因：一是 2016 年水稻生长后期光照不如 2015 年充足；二是示范方水稻后期喷施矮壮素，产生不同程度的药害。同样，2015 年小区试验中 N20(6：4)处理的产量略高于 N20(7：3)的处理，但 2016 年大区示范中 N17.5(6：4)处理的产量显著高于 N17.5(7：3)的处理，N17.5(7：3)处理的产量比 N17.5(6：4)处理的产量下降了 20.3%($P<0.05$)。田间观测记录显示，N17.5(7：3)处理田块也受到上风口田埂喷施除草剂飘洒的影响，水稻明显受到药害(图 3-10-8)。

图 3-10-8　示范方水稻受喷施除草剂药害影响情况(2016)

3. 不同氮肥处理的氮肥利用率

基于2015年小区试验和大区示范的水稻产量，笔者分析了稻季不同施氮水平下氮肥利用率和氮肥农学利用率(图3-10-9)。不同氮肥用量下水稻氮肥利用率变化如图3-10-9a所示，随着氮肥用量的增加，水稻的氮肥利用率呈下降趋势，与常规施肥N24处理相比，N22、N20、N18与N16处理氮肥利用率分别提高了0.3%、4.9%、18.8%与29.8%，净提高了0.1、1.5、5.8、9.2个百分点。

除N24比N22略高外，氮肥农学利用率也随着施肥量的增加而下降(图3-10-9b)，N16、N18、N20、N22与N24处理氮肥农学利用率每千克氮分别为15.2 kg、11.2 kg、9.7 kg、9.0 kg与9.9 kg稻谷。

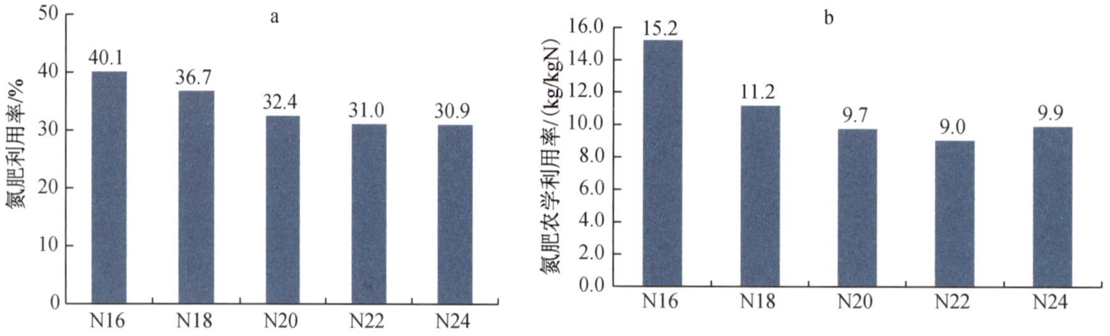

图3-10-9 示范方水稻氮肥利用率与氮肥农学利用率(2015)

4. 稻麦周年节肥模式下土壤养分变化

示范方稻田在进行了1个稻麦轮作周期后的耕层土壤养分变化状况如表3-10-5所示。结果表明，施氮量显著影响土壤有机质、全氮、碱解氮、速效磷含量，随施氮量的增加均呈增加趋势，N22.5处理下土壤有机质、全氮、碱解氮、速效磷均显著高于其他处理，但土壤速效钾含量变化不显著；施用氮肥对土壤pH值有显著的影响，施用氮肥可导致土壤酸化，其中高氮处理(N22.5)较低氮处理(N15)降低0.31个pH单位。总体而言，土壤养分随氮肥用量的增加而增加，pH值呈下降趋势。

表3-10-5 示范方不同处理1个稻麦周年后土壤养分的变化

处理	有机质/ $(g \cdot kg^{-1})$	全氮/ $(g \cdot kg^{-1})$	碱解氮/ $(mg \cdot kg^{-1})$	速效磷/ $(mg \cdot kg^{-1})$	速效钾/ $(mg \cdot kg^{-1})$	pH值
常规N22.5	26.4a	1.62a	123a	31.2a	228a	5.77b
节氮1-N20	23.1b	1.48b	116b	20.1b	210a	6.04a
节氮2-N17.5	23.2b	1.43b	114b	20.8b	208a	5.98ab
节氮3-N15	23.3b	1.48b	116b	18.5b	200a	6.08a

5. 主要研究结果

1）2015—2016年在示范方连续开展的稻—麦—稻3季节肥示范表明，第1季水稻，氮肥亩用量在18.0~24.0 kg范围内，水稻亩产量达773~815 kg，节氮处理的水稻产量略有下降，但没有显著差异，氮肥配比(基蘖肥：穗肥)6：4时水稻产量高于7：3。在节氮处理中，N18处理不但产量较高，亩产达到779 kg，而且氮肥利用率较常规施氮N24处理提高18.8%，净增加5.8个百分点。2016 年第三季水稻，氮肥亩用量 15.0～22.5 kg 范围内，以 N17.5 处理的水稻产量最高，亩产达到 690 kg。

2）稻麦连续节氮栽培的土壤养分变化表明，节氮处理下土壤有机质、全氮、碱解氮、速效磷均有显著下降，但土壤仍保持水稻高产所需的养分水平。

3）综合产量、氮肥利用率与土壤养分状况，在秸秆全量还田条件下，示范方水稻高产（亩产 690～779 kg）的氮肥亩适宜用量为 17.5～18.0 kg，氮肥配比以（6∶4）～（7∶3）为宜。与当地常规施肥（亩用氮 22.5～24.0 kg）相比，水稻节约氮肥 22.0%～25.0%。

四、麦茬水稻优质高产节肥技术

综合两年试验与示范结果，构建的麦茬水稻高产节肥技术包括整地技术、肥料适宜用量技术、肥料高效施用技术、水分管理技术 4 部分内容，具体技术如下：

（1）整地技术　精细整地，适期播种，保证质量。水稻秸秆采用切碎旋耕或覆盖还田，小麦收获后即进行旋耕秸秆还田。水稻机插秧采用毯式小苗壮秧，在 6 月 20 日前移栽，机插密度每亩 1.75 万苗（行距 30 cm，株距 12.5 cm），每穴 4～5 苗。

（2）肥料适宜用量技术　在稻麦秸秆全量还田下，水稻 N、P_2O_5、K_2O 亩适宜用量分别为 17.5～18.0 kg、4.5 kg、8.0 kg，氮肥的基蘖肥与穗肥比为 6∶4。

（3）肥料高效施用技术　氮肥采用“深施、以水带氮”的施肥技术，水稻基肥在上水泡田前 5 d 左右旋耕深施，追肥在稻田田面有薄层水时施用，等其自然落干，再进行下一次灌水。小麦基肥结合秸秆还田进行旋耕施下，追肥在小到中雨前施下。

（4）水分管理技术　采用湿润灌溉技术，其余农事活动与当地生产相同。

五、示范应用取得的效果与效益

2015—2016 年，该项技术在江苏兴化市钓鱼镇项目创新示范方内进行为期 2 年、3 季连续节氮栽培的示范工作，综合两年示范结果，麦茬水稻高产节肥技术与示范方内当地常规水稻栽培方法相比较，取得了以下效果与效益：

1）基于田间试验与示范验证，获得了兴化市稻田高产稳产的亩适宜氮肥用量为 17.5～18.0 kg 的结论，比常规施肥（亩用 22.5～24.0 kg）亩节约氮肥 5.0～6.0 kg，减少氮肥用量 22.0%～25.0%。磷、钾肥用量也有所减少。

2）2015 年和 2016 年示范方内，适宜氮肥用量下水稻亩产量分别达到了 779 kg 和 690 kg。与常规施肥相比，在产量基本持平的前提下，氮肥利用率提高 18.8%，净提高 5.8 个百分点，实现了项目考核指标，即机插秧水稻亩产量 700～750 kg、化肥利用率提高 5%以上的目标。

3）该项麦茬水稻高产节肥技术，通过为期两年的示范，已被兴化市当地农民所接受，并应用在高产水稻水肥管理中。

六、与对照技术的技术经济指标比较

该技术参考的对照技术为兴化当地农民常规水稻种植技术，稻季亩氮肥用量为 22.5～24.0 kg，水稻亩产量达 641～815 kg。与对照技术相比，采用该技术种植水稻，水稻亩产量达 690～779 kg，较对照技术产量没有显著变化，基本持平；但采用该技术水稻季亩可节约氮肥 5.0～6.0 kg；磷、钾肥用量也有不同程度减少。

七、应用前景与发展建议

该技术是基于课题组多年研究基础，经兴化稻麦高产示范验证总结出来的节肥技术模式，节肥效果明显，技术可操作性强，易于推广。建议把该节肥模式组合到水稻高产高效优质栽培技术中推广，利于实现稻麦周年平衡高产的节氮及提高氮素利用率的目标。

第十一节　稻麦两熟制中小麦节肥丰产技术方案

提要：针对江苏省稻茬小麦生产中氮肥施用量偏高以及氮肥利用率低的问题，以苏中地区兴化市钓鱼镇为重点试验基地，研究稻茬晚播小麦节肥稳产栽培技术，集成稻茬晚播小麦节肥稳产抗倒栽培技术模式。并在钓鱼、周庄、城东、陈堡、茅山、戴南等7个镇建立核心示范方进行验证，较大面积生产，节肥增产增效效果显著。试验区迟播(较当地适播期晚播10 d)小麦每亩基本苗数量18万，施氮量15 kg，施氮比例(基肥：分蘖肥：拔节肥：孕穗肥)4：2：1：3运筹方式的产量及氮肥生理效率最高，施氮比例5：1：2：2运筹方式的产量及氮素表观利用率较高，按全省小麦平均收购价格计(2016年为1.88元/kg，2017年为2.28元/kg)，亩效益分别达493.01元(2016)和736.07元(2017)。过晚播(较适播期晚30 d)小麦每亩采用22万基本苗，15 kg施氮量，施氮比例5：1：2：2或6：0：2：2运筹方式的小麦产量及氮肥农学效率、氮肥生理效率较高，按全省小麦平均收购价，亩效益分别达300.14元(2016)和581.43元(2017)。

一、科学问题与技术需求

我国稻茬小麦主要分布在长江流域和淮河沿岸水稻种植地区，面积在6 600万亩左右，主要分布在江苏、安徽、四川、湖北等省，约占我国南方小麦种植面积的80%。江苏是稻茬麦种植面积最大的省，稻茬麦面积占全省小麦种植面积的70%左右，稻麦周年协调高产一直是江苏省农业的重点。由于近年来水稻轻简栽培方式的发展以及粳稻品种的大面积应用，严重制约稻茬小麦生产潜力的发挥，急需研究稻茬小麦迟播与过晚播节肥稳产技术，稻茬麦迟播与过晚播小麦产量不高的主要原因如下：

(一) 气候的变化和种植制度的改变导致小麦不能适期播种

充分利用温光等自然资源使小麦生长发育过程与最佳季节同步是实现高产的关键(裴雪霞等，2008)。在小麦高产栽培技术措施中，适期播种是形成冬前壮苗的关键，是培育高产群体的基础(郭文善 等，2012)。随着江苏水稻种植方式的改变，直播稻和机插秧加上偏迟熟粳稻品种的推广，水稻熟期较常年推迟10~15 d，甚至更长时间(何瑞银 等，2008)，加之水稻收获后常遇阴雨天气，近几年来晚播小麦的面积有扩大趋势，已严重影响小麦产量与品质潜力的发挥。

(二) 缺少耐晚播、综合抗性好的品种

晚播小麦全生育期明显缩短，抽穗开花和成熟期较适播期延迟(王萍 等，1999)，易遭遇

不良的环境因素，赤霉病、白粉病发病重，灌浆期遭遇高温、收获期遇连阴雨的灾害天气频次增加，产量不高、品质下降(王龙俊 等，1999；Ehdaie B et al.，2001；兰涛 等，2005；杨桂霞 等，2010)，因此稻茬晚播小麦生产上需要出苗早、发根快、分蘖多、苗期繁茂性好、中后期抗病、耐渍、灌浆快、成熟早、抗穗发芽的耐晚播小麦品种(高德荣 等，2014)。但实际情况是大多数推广的高产小麦新品种生育期均较长，晚播后会出现各种各样的问题，产量表现极不稳定。

(三) 肥料用量偏多，生产利用效率低

氮肥合理使用促进了产量的提升(潘庆民 等，1999)。稻茬小麦在晚播条件下，普遍存在氮肥施用偏多的问题，过量投入的氮肥，雨露淋溶、土壤反硝化、氨挥发等途径使氮素损失增加，导致肥料利用率下降(张继林 等，1988；张耀兰 等，2013)。施肥方式与晚播小麦吸肥规律也不相符，也是造成氮肥的利用率进一步降低，损失率扩大的因素。因此，科学合理施用肥料也成为晚播小麦亟须解决的生产问题。

(四) 农机农艺协调配套性差

我国小麦生产机械化普及程度越来越高，小麦生产全过程从选种、整地、播种、开沟、施肥、灌溉、病虫草综合防治、收获、翻晒烘干、运输、贮藏等环节均实现机械化生产，机械化程度和质量都大有改进。在稻茬小麦生产过程中，播种期普遍存在土壤含水量高，机械耕整地质量差，机条播缺苗断垄现象严重等问题，因此不同墒情条件下实现小麦高产的农机与农艺配套技术也是小麦机械化过程中亟待解决的问题(张金宝 等，2010)。

二、开展的试验与研究

针对稻茬晚播小麦存在的问题，重点进行了耐晚播早熟、高产、氮高效品种筛选和晚播小麦节肥稳产栽培技术试验，具体试验方案如下：

(一) 耐晚播氮高效小麦品种筛选

选用江苏省目前推介应用的‘宁麦14’‘宁麦19’‘苏麦188’‘扬麦16’‘扬麦22’‘扬辐麦4号’‘扬麦23’‘扬麦25’等8个品种。

迟播(较适期播推迟10 d)：扬州点分别于11月11日(2015)与11月15日(2016)播种。过晚播(较适播期推迟30 d以上)：兴化点分别于12月5日(2015)和12月9日(2016)播种。

试验方案见第一部分第二章第六节“基于稻麦高产高效的小麦规模化栽培技术”。

(二) 稻茬晚播小麦节肥稳产试验

(1) 迟播选用‘扬麦23’　2015年11月11日播种，2016年11月15日播种(较当地适宜播期迟10 d左右)，采用三因素裂区试验，以密度为主区，设每亩14万、18万两个基本苗水平；以施氮量为副区，设每亩12 kg、15 kg、18 kg三个水平；氮肥运筹为小裂区，设基肥：分蘖肥：拔节肥：孕穗肥分别为40%：20%：10%：30%(简记为4：2：1：3，下同)、5：1：2：2、6：0：2：2三个水平，基肥于播种前施用，分蘖肥于4~5叶期施用，拔节肥于叶龄余数2.5时施用，孕穗肥于叶龄余数1.2~0.8时施用；P_2O_5、K_2O均为亩用6 kg，基施与拔节期追施各占50%。人工条播。

(2) 过晚播选用‘扬麦23’　2015年12月5日播种，2016年12月9日播种(较当地适宜播期迟30 d以上)，采用三因素裂区设计，以密度为主区，设每亩18万、22万、26万三个基本苗水平；以施氮量为裂区，设每亩 12 kg、15 kg、18 kg 三个水平；氮肥运筹为小裂区，设基肥∶分蘖肥∶拔节肥∶孕穗肥分别为 4∶2∶1∶3、5∶1∶2∶2、6∶0∶2∶2 三个水平。基肥于播种前施用，分蘖肥于 4~5 叶期施用，拔节肥于叶龄余数 2.5 时施用，孕穗肥于叶龄余数 1.2~0.8 时施用；P_2O_5、K_2O 均为每亩 6 kg，基施与拔节期追施各 50%。机械条播。

三、主要研究结果

（一）晚播小麦品种氮效率比较

由表 3-11-1 可以看出，在迟播(较适播期推迟 10 d 左右)条件下，‘扬辐麦 4 号’‘扬麦 23’‘扬麦 25’‘苏麦 188’氮肥偏生产力、氮肥农学效率、氮肥表观利用率都处在较高或最高水平，两小麦品种产量均高于其他小麦品种。‘扬麦 22’‘宁麦 19’的氮肥农学效率和氮肥生理效率均较低。

表 3-11-1　迟播条件下不同小麦品种氮效率的差异

年度（播种日期）	品种	亩实际产量/kg	氮肥偏生产力/($kg \cdot kg^{-1}$)	氮肥农学效率/($kg \cdot kg^{-1}$)	氮肥生理效率/($kg \cdot kg^{-1}$)	氮肥表观利用率/%
2015—2016（11 月 11 日）	宁麦 14	498.40c	33.23cd	10.56bc	27.52bc	38.38ab
	宁麦 19	470.61d	31.37d	9.44c	26.48bc	35.66b
	苏麦 188	511.37bc	34.09bc	11.51ab	26.55bc	43.35a
	扬麦 16	503.96c	33.60c	10.09bc	25.27c	39.95ab
	扬麦 22	519.93abc	34.66abc	10.78bc	27.83bc	38.73ab
	扬辐麦 4 号	533.60ab	35.57ab	12.72a	32.59a	39.04ab
	扬麦 23	543.57a	36.24a	12.71a	30.68ab	41.43ab
2016—2017（11 月 15 日）	宁麦 14	496.25de	33.08de	10.42cd	29.40ab	35.43bc
	宁麦 19	475.79e	31.72e	9.69d	28.23ab	34.31c
	苏麦 188	539.83ab	35.99ab	11.78abc	27.97ab	42.11a
	扬麦 16	522.04bc	34.80bc	10.95abcd	29.26ab	37.41abc
	扬麦 22	512.70cd	34.18cd	10.79bcd	27.86b	38.72abc
	扬辐麦 4 号	549.61a	36.64a	12.55a	32.36a	38.77abc
	扬麦 23	545.61ab	36.37ab	12.34ab	31.17ab	39.60ab
	扬麦 25	531.38abc	35.43abc	12.27ab	30.81ab	39.81ab

注：同列数据后的不同小写字母代表处理间差异水平在 5% 显著，下同。氮肥偏生产力(kg/kg) = 施肥处理籽粒产量/施氮量；氮肥农学效率(kg/kg) = (施肥处理籽粒产量 - 不施肥处理籽粒产量)/施氮量；氮肥生理效率(kg/kg) = (施肥处理籽粒产量 - 不施肥处理籽粒产量)/(施肥处理氮素积累量 - 不施肥处理氮素积累量)；氮肥表观利用率(%) = (施肥处理氮素积累量 - 不施肥处理氮素积累量)/施氮量×100%。

过晚播(较适播期推迟 30 d 左右)条件下(表 3-11-2)，‘宁麦 14’和‘宁麦 19’氮肥偏生产力、氮肥农学效率以及生理效率均较低；‘苏麦 188’两年的产量差异较大，氮效率各项指标年度间差异较大，‘扬麦 22’具有较高的氮肥偏生产力以及氮肥表观利用率；‘扬麦 23’以及‘扬辐麦 4 号’的氮肥农学效率和氮肥表观利用率均较高，其他氮效率指标同样表现较好，产量亦较高。

表 3-11-2 过晚播条件下不同品种氮效率的差异

年度（播种日期）	品种	亩实际产量/kg	氮肥偏生产力/（kg·kg^{-1}）	氮肥农学效率/（kg·kg^{-1}）	氮肥生理效率/（kg·kg^{-1}）	氮肥表观利用率/%
2015—2016（12 月 5 日）	宁麦 14	438.57ab	29.24abc	10.65	28.19ab	37.77
	宁麦 19	419.53b	27.97c	10.53	26.81bc	39.26
	苏麦 188	417.63b	27.84c	10.36	25.85c	40.10
	扬麦 16	447.18ab	29.81ab	10.63	28.51a	37.30
	扬麦 22	458.20a	30.55a	10.88	27.29abc	39.86
	扬辐麦 4 号	433.09ab	28.87bc	10.98	27.17abc	40.41
	扬麦 23	453.56a	30.24ab	11.06	28.55a	38.73
2016—2017（12 月 9 日）	宁麦 14	475.66bc	31.71bc	11.93ab	31.25ab	38.17
	宁麦 19	455.28c	30.35c	11.29b	29.85ab	37.81
	苏麦 188	485.38ab	32.36ab	13.03a	30.93ab	42.13
	扬麦 16	480.66ab	32.04b	11.98ab	30.82ab	38.86
	扬麦 22	501.85a	33.46a	12.71a	29.66b	42.87
	扬辐麦 4 号	494.67ab	32.98ab	13.21a	33.19a	39.80
	扬麦 23	493.42ab	32.89ab	13.28a	30.80ab	43.13
	扬麦 25	488.33ab	32.56ab	12.58ab	30.91ab	40.69

综合而言，‘扬辐麦 4 号’和‘扬麦 23’在晚播不同天数条件下各项氮效率指标均表现较好，且产量较高，属于稻茬晚播小麦高产高效品种；‘扬麦 22’与‘苏麦 188’在晚播不同天数条件下以及不同年份间表现不一，稳定性较差；‘宁麦 14’及‘宁麦 19’在晚播不同天数条件下均较低，属于低产低效品种。

（二）稻茬迟播小麦（较适播期晚 10 d 左右）丰产节肥生产技术

2015—2017 年于扬州大学江苏省作物栽培学重点实验室试验场进行，以‘扬麦 23’为材料，通过不同播种密度和氮肥运筹方式，构建不同的产量群体结构，分析稻茬迟播小麦氮素吸收与利用特性，运用^{15}N 示踪技术分析不同群体基肥与追肥利用差异，研究提出稻茬晚播小麦提高氮肥利用效率的技术途径，为节肥减氮、提升稻茬晚播小麦产量潜力，集成晚播小麦丰产高效栽培技术体系提供理论依据和技术支撑。

1. 不同产量群体氮素吸收与利用效率的差异

1.1 氮素积累量的差异

根据迟播条件下不同处理的实际产量，分为高产群体Ⅰ（亩产>533 kg）、高产群体Ⅱ（亩产 500~533 kg）和中高产群体（亩产<500 kg）三种类型。分蘖（越冬）期、拔节期、孕穗期、开花期及成熟期氮素积累量在群体之间表现为高产群体Ⅰ>高产群体Ⅱ>中高产群体，高产群体Ⅰ与高产群体Ⅱ无显著差异（表 3-11-3）。高产群体Ⅰ各生育期氮素积累分别较中高产群体提高 21.21%、11.48%、9.85%、10.02%、3.37%（2015—2016）；16.67%、11.83%、10.35%、10.55%、11.60%（2016—2017），差异均达显著水平。相关分析表明（图 3-11-1），开花期与成熟期的氮素积累量与产量均呈抛物线关系，开花至成熟期的氮素积累量与产量呈现显著的线性正相关关系。由此说明，控制开花期与成熟期氮素积累量在适宜的范围以及增加开花至成熟期氮素积累量，有利于籽粒产量的提高。

表 3-11-3　不同产量水平群体氮素积累量的差异

年度（播种日期）	亩产水平/kg	亩实际产量/kg	亩氮素积累量/kg				
			分蘖（越冬）期	拔节期	孕穗期	开花期	成熟期
2015—2016（11 月 11 日）	<500	491.11±7.38c	0.99±0.03b	4.27±0.05b	7.51±0.23b	10.38±0.41b	13.65±0.42b
	500~533	520.50±7.73b	1.21±0.08a	4.61±0.27a	8.11±0.52a	11.14±0.71a	14.62±0.79a
	>533	541.47±6.74a	1.20±0.08a	4.76±0.09a	8.25±0.26a	11.42±0.47a	14.11±0.50a
2016—2017（11 月 15 日）	<500	496.54±4.54c	0.96±0.10b	4.48±0.12b	7.92±0.19b	11.47±0.50c	14.57±0.52b
	500~533	519.85±11.75b	1.05±0.07ab	4.78±0.16a	8.40±0.32a	11.84±0.35b	15.08±0.37b
	>533	547.98±7.61a	1.12±0.08a	5.01±0.21a	8.74±0.32a	12.68±0.58a	16.26±0.61a

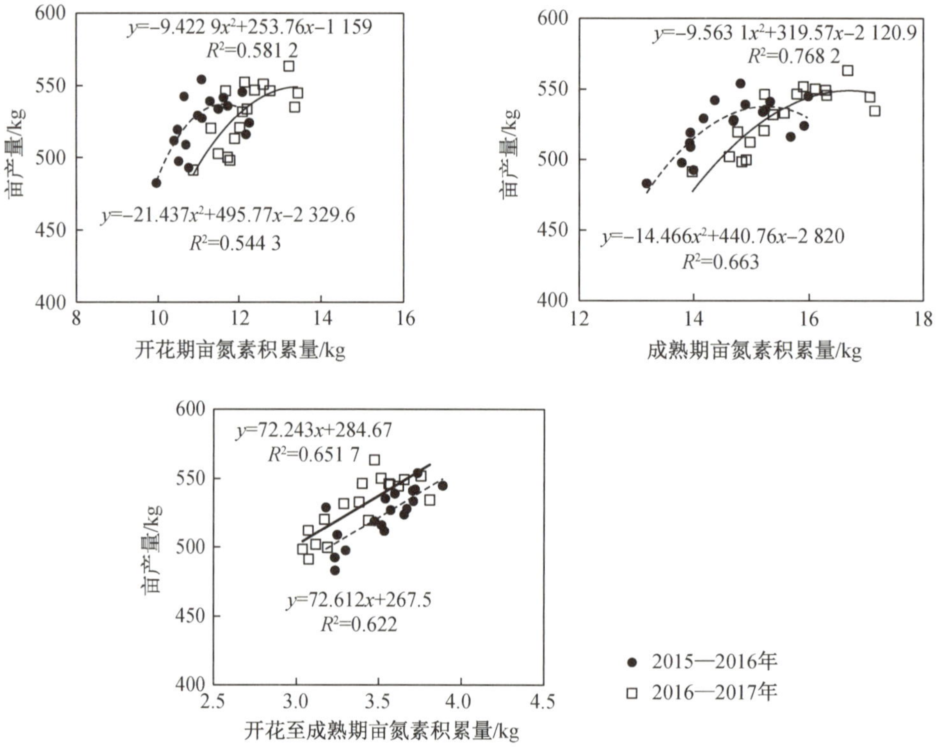

图 3-11-1　开花期、成熟期以及花后氮素积累量与产量的关系

1.2　主要生育阶段氮素积累量的差异

出苗至分蘖期氮素积累量较低，分蘖后各生育时期的阶段亩氮素积累量均在 2.5~4.0 kg 之间（表 3-11-4）。2015—2016 年度高产群体 Ⅰ 的各生育阶段的氮素积累量与高产群体 Ⅱ 无显著差异，出苗至分蘖、分蘖至拔节、孕穗至开花期以及开花至成熟期阶段氮素积累量显著高于中高产群体。2016—2017 年度，不同群体在拔节至孕穗期的氮素积累量同样无显著差异，其余四个阶段高产群体 Ⅰ 分别较中高产群体提高 16.67%、13.93%、10.71% 和 13.04%，差异达显著水平，同时在孕穗至开花以及开花至成熟阶段的氮素积累量显著高于高产群体 Ⅱ。说明，迟播小麦要实现亩产 500 kg 高产应适当提高群体孕穗至开花期氮素积累量，特别是开花至成熟期的氮素积累量，有利于获得高产。

表 3-11-4　不同产量水平群体各生育阶段亩氮素积累量的差异

年度（播种日期）	亩产水平/kg	不同生育阶段亩氮素积累量/kg				
		出苗—分蘖	分蘖—拔节	拔节—孕穗	孕穗—开花	开花—成熟
2015—2016（11 月 11 日）	<500	0. 99±0. 03b	3. 28±0. 05b	3. 23±0. 23a	2. 89±0. 24b	3. 26±0. 04b
	500~533	1. 21±0. 08a	3. 40±0. 21ab	3. 49±0. 29a	3. 03±0. 31ab	3. 48±0. 18a
	>533	1. 20±0. 08a	3. 55±0. 08a	3. 49±0. 23a	3. 16±0. 25a	3. 70±0. 11a
2016—2017（11 月 15 日）	<500	0. 96±0. 10b	3. 66±0. 21b	2. 46±0. 28a	3. 64±0. 31b	2. 99±0. 01c
	500~533	1. 05±0. 07ab	3. 84±0. 22ab	2. 64±0. 37a	3. 48±0. 21b	3. 19±0. 18b
	>533	1. 12±0. 08a	4. 17±0. 31a	2. 56±0. 23a	4. 03±0. 33a	3. 38±0. 12a

1. 3　氮效率的差异

由表 3-11-5 可以看出，两年度不同产量群体的氮肥表观利用率均表现为中高产群体>高产群体Ⅱ>高产群体Ⅰ，差异未达到显著水平。中高产群体的氮肥表观利用率最高，分别达到 46. 38%（2015—2016）和 45. 02%（2016—2017），同时中高产群体的氮肥偏生产力显著高于高产群体Ⅰ，但其产量水平较低，属于高效不高产类型。高产群体Ⅰ除氮肥偏生产力外，其他指标均与高产群体Ⅱ及中高产群体无显著差异。高产群体Ⅰ的产量分别较中高产群体提高 10. 25%（2015—2016）、10. 36%（2016—2017），属于高产高效群体。

表 3-11-5　不同产量水平群体氮效率的差异

年度（播种日期）	亩产水平/kg	氮肥偏生产力/（$kg \cdot kg^{-1}$）	氮肥农学效率/（$kg \cdot kg^{-1}$）	氮肥生理效率/（$kg \cdot kg^{-1}$）	氮肥表观利用率/%
2015—2016（11 月 11 日）	<500	40. 93±0. 61a	13. 61±0. 61a	29. 41±1. 35a	46. 38±3. 52a
	500~533	35. 77±6. 64b	12. 31±2. 08a	29. 84±3. 52a	41. 08±3. 04a
	>533	33. 54±3. 48b	12. 50±1. 32a	30. 57±2. 67a	41. 08±4. 87a
2016—2017（11 月 15 日）	<500	41. 38±0. 38a	12. 16±0. 56a	27. 21±2. 31a	45. 02±5. 96a
	500~533	37. 94±5. 56ab	12. 23±1. 10a	28. 82±2. 30a	42. 60±4. 46a
	>533	33. 17±3. 46b	11. 65±1. 41a	29. 31±2. 39a	39. 83±4. 52a

2. 肥料氮（^{15}N）标记在迟播小麦植株中的分配与运转

2. 1　肥料氮（^{15}N）的分配

从表 3-11-6 可以看出，该试验条件下，小麦生育期间施入土壤中的氮素肥料，因挥发淋溶及径流损失量在每亩 4. 60 kg 左右，低密度处理大于高密度处理，不同种植密度间的差异不显著。作物对肥料氮素的积累量高密度处理显著高于低密度处理；0~20 cm 土层中残留的肥料氮则高密度处理显著低于低密度处理，较低密度处理降低 19. 93%。说明晚播小麦适当增加播种密度有利于增加植株对肥料氮的吸收，减少土壤中肥料残留，提高氮肥利用率。

表 3-11-6　肥料氮（^{15}N）的分配（2016—2017，11 月 15 日播种）

每亩苗数/万苗	亩作物吸收		0~20 cm 亩土壤残留		亩损失	
	量/kg	占比/%	量/kg	占比/%	量/kg	占比/%
14	5. 00b	33. 32b	5. 37a	35. 79a	4. 63a	30. 89a
18	6. 31a	42. 09a	4. 30b	28. 68b	4. 58a	29. 23a

2.2 开花期植株对土壤氮和肥料氮(^{15}N)的吸收比例

开花期小麦植株吸收的氮素主要以来自土壤中的氮素为主，占67.47%~71.54%(表3-11-7)，高密度处理吸收肥料中的氮较低密度处理增加了14.30%，相应减少了土壤氮素的吸收比例。低密度处理下，基肥氮素的积累量高于追肥，高密度处理与之相反。高密度处理的基肥与追肥的氮素吸收比例高于低密度处理。表明晚播条件下，增加种植密度有利于提高植株开花期前对肥料氮的吸收。

表3-11-7 开花期植株群体对土壤氮和肥料氮(^{15}N)的吸收比例(2016—2017，11月15日播种)

亩基本苗/万苗	亩地上部氮素积累量/kg	肥料氮						亩土壤氮/kg	占总氮百分比/%
		亩基肥氮/kg	占总氮百分比/%	亩追肥氮/kg	占总氮百分比/%	亩总肥氮/kg	占总氮百分比/%		
14	13.35b	2.13b	15.96a	1.67b	12.51b	3.80b	28.46b	9.55a	71.54a
18	14.51a	2.33a	16.06a	2.39a	16.47a	4.72a	32.53a	9.79a	67.47a

2.3 开花期^{15}N在植株各器官中的分配

开花期叶片、茎鞘中积累的氮素主要来自基肥中的氮素(表3-11-8)，随着密度的增加，显著增加了叶片和穗中追肥氮的吸收比例。因此，增加追肥中氮素的比例能够更好地满足植株对氮素的吸收与利用。

表3-11-8 开花期^{15}N在植株各器官中的分配(2016—2017，11月15日播种)

亩基本苗/万苗	肥料来源	亩氮素积累量/kg				分配比例/%		
		叶	茎鞘	穗	合计	叶	茎鞘	穗
14	基肥氮	0.50a	1.11a	0.53a	2.14a	6.62a	14.77a	7.06a
	追肥氮	0.39b	0.73b	0.55a	1.67b	5.22b	9.73b	7.34a
18	基肥氮	0.49b	1.25a	0.59b	2.33a	6.53b	16.64a	7.86b
	追肥氮	0.68a	1.04b	0.68a	2.40a	9.04a	13.82b	9.04a

2.4 成熟期植株对土壤和肥料氮(^{15}N)的吸收比例

成熟期小麦植株吸收氮仍表现为以土壤氮素为主(表3-11-9)，高低两种密度土壤氮素的吸收比例分别为65.35%和69.83%，差异达显著水平。高密度处理吸收肥料氮较低密度处理增加了14.67%，相应减少了吸收来自土壤氮素的比例。两种密度条件下，追施氮吸收比例高于基肥氮。表明迟播条件下，增加种植密度提高植株对肥料氮素的吸收，主要是提高了追肥氮的吸收，导致氮肥利用率提高。

表3-11-9 成熟期植株群体对土壤氮和肥料氮(^{15}N)的吸收比例(2016—2017，11月15日播种)

亩基本苗/万苗	亩地上部氮素积累量/kg	肥料氮						亩土壤氮/kg	占总氮百分比/%
		亩基肥氮/kg	占总氮百分比/%	亩追肥氮/kg	占总氮百分比/%	亩总肥氮/kg	占总氮百分比/%		
14	16.54b	2.43b	14.69a	2.56b	15.48b	4.99b	30.17b	11.55a	69.83a
18	18.24a	2.85a	15.63a	3.47a	19.02a	6.32a	34.65a	11.92a	65.35b

2.5　成熟期^{15}N 在植株各器官中的分配

小麦开花后，随着籽粒灌浆成熟，原贮存于叶、茎鞘以及穗轴+颖壳中的氮素向籽粒中转运，成熟期叶、茎鞘、穗轴+颖壳氮素积累量分别为每亩 0.07 kg 至 0.18 kg，籽粒中氮素的积累量显著增加，为每亩 2.08~3.01 kg（表 3-11-10）。成熟期茎鞘中积累的氮素主要来自基肥氮，叶片、穗轴+颖壳中的氮素更多是来自追肥中的氮素。增加密度，提高了籽粒中氮素的吸收。低密度下，籽粒氮素积累量来自基肥的分配量仅占 27.78%，来自追肥的分配量为 29.42%；高密度下，籽粒氮素积累量来自基肥的分配量占 33.13%，来自追肥的分配量为 40.15%。追肥氮吸收比例上升幅度高于基肥氮。由此说明，迟播条件下增加密度与追肥比例能够促进其他器官的氮素向籽粒运转，提高籽粒对氮素的吸收与利用。

表 3-11-10　成熟期^{15}N 在植株各器官中的分配（2016—2017，11 月 15 日播种）

亩基本苗/万苗	肥料来源	亩氮素积累量/kg					分配比例/%			
		叶	茎鞘	穗轴+颖壳	籽粒	合计	叶	茎鞘	穗轴+颖壳	籽粒
14	基肥氮	0.07b	0.18a	0.10b	2.08a	2.43a	0.93b	2.45a	1.29b	27.78a
	追肥氮	0.10a	0.11b	0.14a	2.21a	2.56a	1.40a	1.48b	1.88a	29.42a
18	基肥氮	0.07b	0.18a	0.11b	2.48b	2.84b	0.93b	2.46a	1.44b	33.13b
	追肥氮	0.14a	0.15b	0.17a	3.01a	3.47a	1.84a	1.96b	2.27a	40.15a

3. 不同产量群体籽粒品质的差异

对不同产量群体籽粒品质进行分析（表 3-11-11），高产群体Ⅰ蛋白质含量、湿面筋含量、沉降值均高于高产群体Ⅱ及中高产群体，分别较中高产群体提高了 16.74%、18.99%、25.49%（2015—2016）以及 15.31%、12.54%、22.26%（2016—2017），高产群体Ⅰ促进蛋白质含量以及湿面筋含量的提高，有利于中强筋品种‘扬麦 23’品质的提高，因此迟播条件下通过密肥的调控，能够实现晚播小麦优质与高产的协同提高。

表 3-11-11　不同产量群体籽粒品质的差异

年度（播种日期）	亩产水平/kg	蛋白质含量/%	湿面筋含量/%	淀粉含量/%	容重/（g/L）	沉降值/mL
2015—2016（11 月 11 日）	<500	11.65±0.40b	23.07±1.47b	64.32±0.74a	867.30±12.11a	28.48±2.74b
	500~533	12.89±1.26ab	25.77±2.02ab	62.81±1.32ab	865.70±10.48a	33.05±4.58a
	>533	13.60±0.99a	27.45±2.27a	62.09±0.96b	857.03±6.70a	35.74±3.05a
2016—2017（11 月 15 日）	<500	11.95±0.66b	26.32±1.38b	63.67±0.43a	856.19±10.93a	28.12±0.96b
	500~533	12.72±0.97ab	26.33±2.55b	63.48±1.54a	854.27±12.75a	29.05±5.00b
	>533	13.78±0.94a	29.62±2.22a	62.03±1.21a	847.61±5.11a	34.38±2.86a

4. 迟播小麦节氮丰产栽培技术

密度与氮肥互作对‘扬麦 23’产量及氮肥利用效率有显著的调控效应（表 3-11-12、表 3-11-13），随着密度以及施氮量的增加，产量呈先上升后下降的趋势。高密度条件下，氮肥偏生产力、氮肥农学效率、氮肥生理效率显著下降。在每亩 18 万基本苗、12 kg 纯氮条件下，5∶1∶2∶2 和 6∶0∶2∶2 氮肥运筹比例具有较高的氮肥偏生产力、氮肥农学效率和氮肥生理效率，亩产量达 519 kg；在每亩 18 kg 施氮量条件下，亩产量高于 515 kg。增施氮肥产量提升幅度少，氮肥利用率显著下降。说明迟播条件下，每亩 18 万基本苗，15 kg 纯氮，采用 5：1：2：2 和 6：0：2：2 运筹方式可实现丰产与节肥的协调统一。

表 3-11-12　密度与氮肥运筹对迟播条件下‘扬麦 23’氮肥利用效率的影响(2015—2016，11 月 11 日)

亩基本苗/万苗	亩施氮量/kg	氮肥运筹	亩实际产量/kg	氮肥偏生产力/(kg·kg^{-1})	氮肥农学效率/(kg·kg^{-1})	氮肥生理效率/(kg·kg^{-1})	氮肥表观利用率/%
14	12	4：2：1：3	483. 13d	40. 26e	12. 95def	30. 52cde	42. 43ef
		5：1：2：2	492. 51cd	41. 04de	13. 73bcd	27. 91fg	49. 20a
		6：0：2：2	497. 69bcd	41. 47cd	14. 16abc	29. 80cde	47. 52ab
	15	4：2：1：3	511. 70abcd	34. 11h	12. 26efg	31. 50bc	38. 93g
		5：1：2：2	539. 04abc	35. 94fg	14. 09abc	31. 05cd	45. 37bc
		6：0：2：2	527. 19abc	35. 15gh	13. 30b～e	30. 23cde	43. 99cde
	18	4：2：1：3	542. 16ab	30. 12i	11. 91fgh	34. 16a	34. 87i
		5：1：2：2	533. 60abc	29. 64ij	11. 44ghi	28. 97efg	39. 48g
		6：0：2：2	528. 04abcd	29. 34ij	11. 13hi	30. 33cde	36. 69hi
18	12	4：2：1：3	508. 92abcd	42. 41bc	13. 39bcd	31. 10cd	43. 06de
		5：1：2：2	529. 02abc	44. 09a	15. 07a	33. 53a	44. 94cd
		6：0：2：2	519. 04abcd	43. 25ab	14. 24ab	33. 08ab	43. 03de
	15	4：2：1：3	553. 98a	36. 93f	13. 72bcd	34. 10a	40. 23fg
		5：1：2：2	544. 86ab	36. 32f	13. 11cde	27. 27g	48. 07a
		6：0：2：2	541. 16ab	36. 08fg	12. 86def	29. 47def	43. 65cde
	18	4：2：1：3	535. 45abc	29. 75ij	10. 40ij	28. 96efg	35. 92i
		5：1：2：2	523. 90abcd	29. 11ij	9. 76j	24. 61h	39. 66g
		6：0：2：2	516. 16abcd	28. 68j	9. 33j	24. 33h	38. 34gh

表 3-11-13　密度与氮肥运筹对迟播条件下‘扬麦 23’氮肥利用效率的影响(2016—2017，11 月 15 日)

亩基本苗/万苗	亩施氮量/kg	氮肥运筹	亩实际产量/kg	氮肥偏生产力/(kg·kg^{-1})	氮肥农学效率/(kg·kg^{-1})	氮肥生理效率/(kg·kg^{-1})	氮肥表观利用率/%
14	12	4：2：1：3	491. 36e	40. 95a	13. 63a～d	27. 46ghi	44. 18de
		5：1：2：2	498. 47de	41. 54a	14. 23a	24. 78j	51. 36a
		6：0：2：2	502. 03de	41. 84a	14. 52a	26. 26i	49. 58ab
	15	4：2：1：3	519. 59b～e	34. 64b	12. 79a～f	28. 52efg	40. 63fg
		5：1：2：2	546. 50abc	36. 43b	14. 58a	28. 20fg	47. 46bc
		6：0：2：2	532. 93abcd	35. 53b	13. 68ab	27. 13ghi	45. 99cd
	18	4：2：1：3	546. 27abc	30. 35c	12. 14a～f	30. 58bcd	36. 43i
		5：1：2：2	550. 07ab	30. 56c	12. 35a～f	27. 41ghi	41. 32fg
		6：0：2：2	531. 82a～d	29. 55c	11. 34b～f	27. 75gh	37. 25i

（续表）

亩基本苗/万苗	亩施氮量/kg	氮肥运筹	亩实际产量/kg	氮肥偏生产力/(kg·kg⁻¹)	氮肥农学效率/(kg·kg⁻¹)	氮肥生理效率/(kg·kg⁻¹)	氮肥表观利用率/%
18	12	4∶2∶1∶3	499.81e	41.65a	12.63a~f	29.38def	39.52gh
		5∶1∶2∶2	520.48bcde	43.37a	14.36a	31.69b	42.07ef
		6∶0∶2∶2	512.26cde	42.69a	13.67abc	31.58bc	40.04fgh
	15	4∶2∶1∶3	551.83ab	36.79b	13.57a~d	33.40a	38.19hi
		5∶1∶2∶2	563.39a	37.56b	14.35a	29.66de	45.61cd
		6∶0∶2∶2	545.61abc	36.37b	13.16a~e	30.15cd	40.93fg
	18	4∶2∶1∶3	549.16ab	30.51c	11.16c~f	31.52bc	33.25j
		5∶1∶2∶2	544.49abc	30.25c	10.90def	26.67hi	38.32hi
		6∶0∶2∶2	534.49a~d	29.69c	10.35f	26.17ij	36.93i

（三）苏中稻茬过晚播小麦（较适播期晚 30 d 左右）高效稳产技术研究

2015—2017 年于兴化钓鱼基地创新区选择推介的机械条播方式，通过不同播种密度和氮肥运筹处理，构建不同的群体结构，分析稻茬过晚播小麦不同产量群体氮素吸收积累与分配特征，提出过晚播小麦氮肥利用率高、产量高的栽培技术，集成过晚播小麦稳产高效栽培新模式。

1. 不同产量群体氮素吸收与利用效率的差异

1.1 氮素积累量的差异

根据过晚播条件下不同处理的实际产量，分为中高产群体（亩产>450 kg）、中产群体（亩产 400~450 kg）和低产群体（亩产<400 kg）三种类型。植株在分蘖（越冬）期、拔节期、孕穗期、开花期和成熟期氮素积累量在群体之间表现为中高产群体>中产群体>低产群体，群体之间差异均达显著水平（表 3-11-14）。中高产群体分别较中产群体提高 14.71%、10.53%、10.96%、12.54%、12.42%（2016—2017）。相关分析表明，开花期氮素积累量与产量呈抛物线关系，成熟期以及开花期至成熟期的氮素积累量与产量均呈现显著的正相关关系（图 3-11-2）。由此说明，增加开花期至成熟期以及成熟期氮素积累量，有利于籽粒产量的提高。在过晚播条件下，开花期亩氮素积累量应控制在 11.0~12.0 kg，成熟期亩氮素积累量以及开花期至成熟期亩氮素积累量分别高于 14.0 kg 和 3.0 kg。

表 3-11-14　不同产量水平群体各生育时期氮素积累量的差异

年度（播种日期）	亩产水平/kg	亩实际产量/kg	不同生育时期亩氮素积累量/kg				
			分蘖（越冬）期	拔节期	孕穗期	开花期	成熟期
2015—2016（12 月 5 日）	<400	386.99c	0.89c	3.42c	5.44c	9.28c	12.04c
	400~450	424.46b	0.92b	3.75b	5.89b	10.38b	13.11b
	>450	457.18a	0.96a	4.00a	6.26a	11.26a	14.11a
2016—2017（12 月 9 日）	400~450	431.54b	0.68b	3.23b	6.02b	10.21b	12.88b
	>450	475.17a	0.78a	3.57a	6.68a	11.49a	14.48a

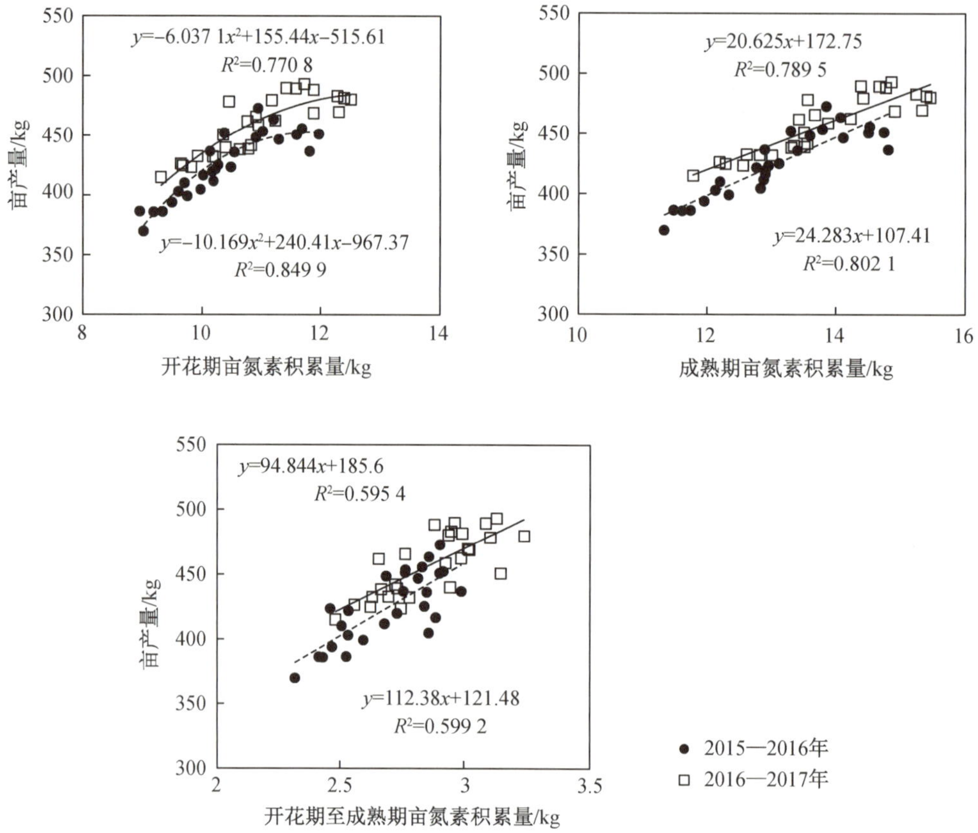

图 3-11-2　开花期、成熟期以及花后氮素积累量与产量的关系

1.2　主要生育阶段氮素积累量的差异

中高产群体各生育阶段的氮素积累量均显著高于低产群体(表 3-11-15)，除 2015—2016 年开花期至成熟期氮素积累量与中产群体未达显著水平差异外，其余阶段均显著高于中产群体。出苗至分蘖期的氮素积累量与产量呈散点分布(图 3-11-3)，分蘖期至拔节期、孕穗期至开花期以及开花期至成熟期的氮素积累量与产量均呈显著的正相关关系，提高阶段的氮素积累量有利于产量的提高；拔节期至孕穗期的氮素积累量 2015—2016 年呈线性正相关关系，2016—2017 年呈抛物线关系，说明过多地增加拔节期至孕穗期的氮素积累量对产量的提高无明显作用。由此说明，过晚播小麦，亩产 450 kg 中高产群体孕穗期至成熟期应当具有较高的氮素吸收能力，孕穗期至开花期以及开花期至成熟期的亩氮素积累量分别在 5.0 kg 以及 3.0 kg 左右，有利于获得较高产量。

表 3-11-15　不同产量水平群体各生育阶段亩氮素积累量的差异

年度（播种日期）	亩产水平/kg	不同生育阶段亩氮素积累量/kg				
		出苗—分蘖	分蘖—拔节	拔节—孕穗	孕穗—开花	开花—成熟
2015—2016（12 月 5 日）	<400	0.90±0.06c	2.52±0.14c	2.02±0.09c	3.84±0.20c	2.46±0.10b
	400~450	0.98±0.08b	2.78±0.14b	2.13±0.10b	4.49±0.42b	2.72±0.16a
	>450	1.01±0.10a	2.99±0.09a	2.26±0.11a	5.00±0.34a	2.85±0.06a
2016—2017（12 月 9 日）	400~450	0.68±0.03b	2.55±0.14b	2.80±0.12b	4.19±0.37b	2.66±0.09b
	>450	0.85±0.08a	2.72±0.15a	3.11±0.19a	4.81±0.44a	2.99±0.14a

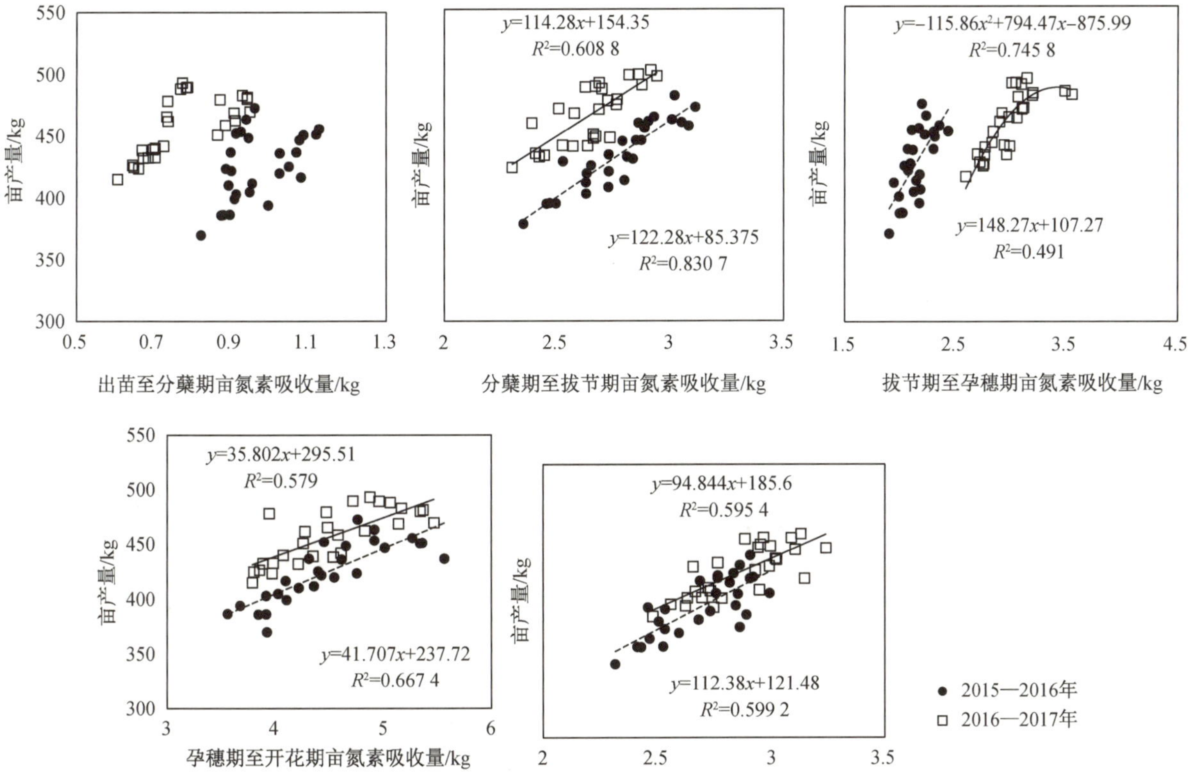

图 3-11-3　各生育阶段氮素积累量与产量的关系

1.3　主要生育阶段氮素吸收速率的差异

小麦在不同生育阶段对氮素的吸收速率因植株生长量不同而存在差异，出苗至分蘖、分蘖至拔节氮素吸收速率偏低，此后迅速提升。不同产量群体对氮素的吸收速率存在差异。孕穗至开花期是氮素吸收速率最高的阶段，开花后氮素吸收速率显著下降(表 3-11-16)。2015—2016 年度，中高产群体各生育阶段的氮素吸收速率均显著高于低产群体，除开花期至成熟期氮素吸收速率与中产群体未达显著差异水平外，其余阶段均显著高于中产群体。2016—2017 年度，中高产群体的各生育阶段的氮素吸收速率分别高于中产群体 24.93%、5.94%、11.07%、14.70%和 12.00%，除分蘖期至拔节期外，其余各生育阶段中高产群体的氮素吸收速率均显著高于中产群体。亩产 450 kg 中高产群体各生育阶段氮素吸收速率显著高于中、低产群体，要求孕穗期至开花期亩氮素吸收速率达 350 g/d，开花期至成熟期亩氮素吸收速率大于 70 g/d。

表 3-11-16　不同产量水平群体各生育阶段氮素吸收速率的差异

年度(播种日期)	亩产水平/kg	亩阶段氮吸收速率/(g·d^{-1})				
		出苗—分蘖	分蘖—拔节	拔节—孕穗	孕穗—开花	开花—成熟
2015—2016(12 月 5 日)	<400	12.67±0.67c	72.00±4.00c	118.67±5.33c	274.67±14.00c	61.33±2.67b
	400~450	14.00±1.33b	79.33±4.00b	125.33±6.00b	321.33±30.00b	68.00±4.00a
	>450	14.67±1.33a	85.33±2.67a	132.67±6.67a	357.33±24.00a	71.33±1.33a
2016—2017(12 月 9 日)	400~450	10.67±0.67b	67.33±4.00a	186.67±8.00b	299.33±26.67b	66.67±2.00b
	>450	13.33±1.33a	71.33±4.00a	207.33±12.67a	343.33±31.33a	74.67±3.33a

1.4　主要生育阶段氮素吸收百分率的差异

2015—2016 年度，小麦植株氮素吸收呈现两个峰值，第一峰值出现在分蘖期至拔节期，第二峰值出现在孕穗期至开花期；2016—2017年度仅出现孕穗期至开花期一个高峰，但两年度试验拔节期至开花期氮素吸收百分率超过50%，为小麦生育过程中的吸收高峰（表3-11-17）。2015—2016年度，中高产群体出苗至分蘖期、分蘖期至拔节期以及开花期至成熟期的氮素吸收百分率均低于中、低产群体，但差异均未达显著水平，拔节期至孕穗期的氮素吸收百分率显著低于低产群体，但孕穗期至开花期的氮素吸收百分率却显著高于低产群体。2016—2017年度，中高产群体分蘖期至拔节期、拔节期至孕穗期以及开花期至成熟期的氮素吸收百分率均低于中产群体，但出苗至分蘖期以及孕穗期至开花期的氮素吸收百分率高于中产群体。说明过晚播小麦亩产450 kg中高产群体在孕穗期至开花期吸收更多比例的氮素有利于产量的提高。

表3-11-17　不同产量水平群体各生育阶段氮素吸收百分率的差异

年度（播种日期）	亩产水平/kg	氮素吸收百分率/%				
		出苗—分蘖	分蘖—拔节	拔节—孕穗	孕穗—开花	开花—成熟
2015—2016（12月5日）	<400	7.65±0.40a	21.47±0.52a	17.19±0.70a	32.75±1.52b	20.94±0.57a
	400~450	7.47±0.45a	21.20±0.97a	16.29±0.56b	34.24±1.72ab	20.80±0.98a
	>450	7.17±0.45a	21.20±0.95a	16.00±0.28b	35.41±1.20a	20.22±1.02a
2016—2017（12月9日）	400~450	5.25±0.16b	19.80±0.34a	21.76±0.70a	32.48±1.37a	20.71±0.80a
	>450	5.85±0.45a	18.82±1.02b	21.50±0.90a	33.16±1.65a	20.67±1.28a

1.5　氮效率的差异

2015—2016年度不同产量群体的氮肥表观利用率存在差异（表3-11-18），中产群体的氮肥表观利用率最高，达到47.30%，其次为中高产群体，均高于低产群体，说明中产与中高产群体具有较高的氮素吸收能力。中产群体的氮肥偏生产力最高，与中高产、低产群体差异未达显著水平。中高产群体的氮肥农学效率以及氮肥生理效率均高于中、低产群体，较低产群体分别提高18.67%、13.16%，差异达显著水平，说明中高产群体虽吸收氮素能力低于中产群体，但是中高产群体植株体内的氮素转运能力高，产量较高。2016—2017年亩产450 kg中高产群体氮肥偏生产力、氮肥农学效率、氮肥表观利用率以及氮肥生理效率均高于中产群体，但差异均未达显著水平。

表3-11-18　不同产量水平群体氮效率的差异

年度（播种日期）	亩产水平/kg	氮肥偏生产力/（kg·kg^{-1}）	氮肥农学效率/（kg·kg^{-1}）	氮肥生理效率/（kg·kg^{-1}）	氮肥表观利用率/%
2015—2016（12月5日）	<400	28.23±4.11a	8.84±1.07b	21.20±0.91b	41.63±4.13a
	400~450	30.29±4.75a	10.48±1.54a	22.19±2.11ab	47.30±5.45a
	>450	26.83±2.30a	10.49±1.04a	23.99±2.66a	44.00±4.81a
2016—2017（12月9日）	400~450	30.68±5.08a	10.50±1.30a	26.18±1.75a	40.10±4.02a
	>450	31.60±4.73a	11.21±1.49a	26.54±2.60a	42.37±5.28a

2. 不同产量群体籽粒品质的差异

2015—2016年度不同产量群体之间籽粒淀粉含量表现为低产群体>中产群体>中高产群体，但差异未达显著水平（表3-11-19）。中高产群体的籽粒湿面筋含量显著高于中、低产群体，中高产群体的蛋白质含量以及沉降值均略高于低产群体，但差异不显著。2016—2017年度中高产群体的湿面筋含量、容重以及沉降值均高于中产群体，而蛋白质含量以及淀粉含量则低于中产群体，但群体间指标差异均未达显著水平。因此，过晚播条件下通过合理肥水调控能够使‘扬麦23’产量达到亩产 450 kg 的同时，籽粒的蛋白质含量以及湿面筋含量还能达到国家强筋小麦标准，实现了过晚播小麦的优质高产。

表 3-11-19　不同产量群体小麦籽粒品质的差异

年度（播种日期）	亩产水平/kg	蛋白质含量/%	湿面筋含量/%	淀粉含量/%	容重/（g·L^{-1}）	沉降值/mL
2015—2016（12 月 5 日）	<400	14.94±0.70a	31.33±1.24b	62.37±0.87a	850.27±6.95a	39.18±2.66a
	400~450	14.73±0.72a	31.46±1.18b	62.28±0.78a	853.69±6.88a	39.52±2.25a
	>450	15.09±0.65a	32.83±1.02a	61.84±0.95a	849.71±6.66a	41.36±1.62a
2016—2017（12 月 9 日）	400~450	15.53±0.67a	33.40±1.06a	59.70±0.53a	857.65±4.67a	37.85±3.29a
	>450	14.96±0.68a	34.04±1.30a	59.56±0.52a	860.17±3.92a	38.99±2.19a

3. 过晚播小麦节氮稳产栽培技术

从表 3-11-20 与表 3-11-21 可以看出，在过晚播条件下，当施氮量相同时，增加密度，产量提高显著，密度从每亩 18 万苗增加至 22 万苗时，不仅产量增加，氮肥偏生产力、氮肥农学效率、氮肥生理效率、氮肥表观利用率均有提高。在每亩 22 万基本苗、12 kg 纯氮条件下，施肥比例 5∶1∶2∶2、6∶0∶2∶2 具有较高的氮肥偏生产力、氮肥农学效率和氮肥表观利用率，但产

表 3-11-20　密度与氮肥运筹对过晚播‘扬麦 23’氮肥利用效率的影响(2015—2016)

亩基本苗/万苗	亩施氮量/kg	氮肥运筹	亩实际产量/kg	氮肥偏生产力/（kg·kg^{-1}）	氮肥农学效率/（kg·kg^{-1}）	氮肥生理效率/（kg·kg^{-1}）	氮肥表观利用率/%
18	12	4∶2∶1∶3	369.89f	30.82bc	8.73g~j	21.99g~j	39.70jkl
		5∶1∶2∶2	385.96ef	32.16b	10.07d~g	22.32gh	45.10fg
		6∶0∶2∶2	386.53ef	32.21b	10.12d~g	21.07ij	48.02e
	15	4∶2∶1∶3	386.25ef	25.75ef	8.07hij	21.28hij	37.95l
		5∶1∶2∶2	402.99b~f	26.87e	9.19f~i	21.61g~j	42.53g~j
		6∶0∶2∶2	393.98def	26.27ef	8.59g~j	20.80jk	41.31h~k
	18	4∶2∶1∶3	399.30cdef	22.18g	7.45j	19.76kl	37.73l
		5∶1∶2∶2	404.79b~f	22.49g	7.76ij	18.95l	40.95ijk
		6∶0∶2∶2	411.85a~f	22.88g	8.15hij	19.66kl	41.47h~k
22	12	4∶2∶1∶3	410.21b~f	34.18a	11.51a~d	24.22de	47.53ef
		5∶1∶2∶2	423.54a~f	35.30a	12.62a	23.58ef	53.54ab
		6∶0∶2∶2	421.88a~f	35.16a	12.48ab	23.79ef	52.49bc
	15	4∶2∶1∶3	436.89a~e	29.13d	10.99b~e	25.63bc	42.88ghi
		5∶1∶2∶2	453.56a~d	30.24cd	12.10abc	24.61cde	49.16de
		6∶0∶2∶2	448.55a~d	29.90cd	11.77abc	24.61cde	47.81ef
	18	4∶2∶1∶3	452.23a~d	25.12f	10.01d~g	26.27b	38.10l
		5∶1∶2∶2	463.56ab	25.75ef	10.64c~f	25.21bcd	42.20hij
		6∶0∶2∶2	472.89a	26.27ef	11.16a~d	27.79a	40.15i~l

（续表）

亩基本苗/万苗	亩施氮量/kg	氮肥运筹	亩实际产量/kg	氮肥偏生产力/（kg·kg^{-1}）	氮肥农学效率/（kg·kg^{-1}）	氮肥生理效率/（kg·kg^{-1}）	氮肥表观利用率/%
26	12	4：2：1：3	419.89a~f	34.99a	11.13a~d	22.24ghi	50.02cde
		5：1：2：2	425.31a~f	35.44a	11.58a~d	21.83g~j	53.03ab
		6：0：2：2	416.63a~f	34.72a	10.86cde	19.44l	55.84a
	15	4：2：1：3	436.16a~e	29.08d	9.99d~g	22.72fg	43.96gh
		5：1：2：2	436.88a~e	29.13d	10.03d~g	19.69kl	50.96bcd
		6：0：2：2	450.89a~d	30.06cd	10.97b~e	21.24hij	51.63bcd
	18	4：2：1：3	446.89a~e	24.83f	8.92g~j	22.74fg	39.21kl
		5：1：2：2	451.33a~d	25.07f	9.16f~i	21.39hij	42.85ghi
		6：0：2：2	455.77abc	25.32ef	9.41e~h	21.43hij	43.91gh

表 3-11-21　密度与氮肥运筹对过晚播‘扬麦 23’氮肥利用效率的影响(2016—2017)

亩基本苗/万苗	亩施氮量/kg	氮肥运筹	亩实际产量/kg	氮肥偏生产力/（kg·kg^{-1}）	氮肥农学效率/（kg·kg^{-1}）	氮肥生理效率/（kg·kg^{-1}）	氮肥表观利用率/%
18	12	4：2：1：3	415.04g	34.59abc	11.35a~g	28.40abc	39.98b~h
		5：1：2：2	426.45fg	35.54abc	12.30abc	28.33abc	43.43a~g
		6：0：2：2	423.60fg	35.30abc	12.07a~d	25.96a~d	46.48a~e
	15	4：2：1：3	424.86fg	28.32efg	9.74d~h	27.53a~d	35.36fgh
		5：1：2：2	432.15efg	28.81def	10.22c~h	25.45bcd	40.17b~h
		6：0：2：2	432.47efg	28.83def	10.24c~h	26.34a~d	38.89b~h
	18	4：2：1：3	438.49d~g	24.36g	8.87gh	25.25bcd	35.14gh
		5：1：2：2	439.12d~g	24.40g	8.91gh	23.34cd	38.15c~h
		6：0：2：2	440.07c~g	24.45g	8.96gh	24.07bcd	37.21d~h
22	12	4：2：1：3	432.78efg	36.07abc	11.06a~h	28.20abc	39.23b~h
		5：1：2：2	441.97b~g	36.83ab	11.83a~e	25.14bcd	47.05a~d
		6：0：2：2	461.93a~g	38.49a	13.49a	29.35ab	45.97a~e
	15	4：2：1：3	478.41a~e	31.89cde	11.89a~e	31.55a	37.69d~h
		5：1：2：2	489.49ab	32.63b~e	12.63abc	28.05a~d	45.02a~f
		6：0：2：2	493.23a	32.88bcd	12.88ab	27.85a~d	46.25a~e
	18	4：2：1：3	465.73a~f	25.87fg	9.21fgh	28.74abc	32.03h
		5：1：2：2	488.41abc	27.13fg	10.47b~h	27.49a~d	38.07c~h
		6：0：2：2	489.81ab	27.21fg	10.54b~h	29.33ab	35.95fgh
26	12	4：2：1：3	450.84a~g	37.57a	11.72a~e	26.37a~d	44.46a~g
		5：1：2：2	458.76a~g	38.23a	12.38abc	26.04a~d	47.55abc
		6：0：2：2	462.56a~g	38.55a	12.70abc	25.17bcd	50.45a
	15	4：2：1：3	479.67a~e	31.98cde	11.30a~h	27.15a~d	41.62a~h
		5：1：2：2	480.31a~e	32.02cde	11.34a~g	23.37cd	48.53ab
		6：0：2：2	483.16a~d	32.21cde	11.53a~f	24.51bcd	47.06a~d
	18	4：2：1：3	468.90a~f	26.05fg	8.82h	23.58bcd	37.39d~h
		5：1：2：2	481.57a~d	26.75fg	9.52e~h	23.75bcd	40.10b~h
		6：0：2：2	469.85a~f	26.10fg	8.87gh	22.33d	39.73b~h

量偏低；在每亩22万基本苗、18 kg施氮量，施肥比例6∶0∶2∶2处理，氮肥生产力、氮肥农学效率、氮肥生理效率最高，同时具有较高的产量。当密度增加至每亩26万基本苗时，相同施氮量，籽粒产量无显著差异，氮肥表观利用率参数指标互有高低。说明在过晚播条件下，每亩26万基本苗、15 kg纯氮、6∶0∶2∶2处理以及每亩22万基本苗、18 kg纯氮、6∶0∶2∶2和5∶1∶2∶2处理可实现过晚播小麦节肥稳产栽培。

（四）稻茬晚播小麦增密抗倒技术研究

小麦晚播后由于密度的增加，群体茎蘖增加，个体与群体质量下降（刁操铨，1994），茎秆发育不良，植株节间充实度降低，导致小麦抗倒性能下降，茎倒伏风险增加（陈晓光 等，2011；樊高琼 等，2012；李华英 等，2015），进而影响产量与品质。为了给迟播小麦抗逆高产栽培提供技术支持，2015—2016年于扬州大学江苏省作物栽培学重点实验室试验场通过研究密度、氮肥施用量与比例对迟播小麦产量以及茎秆形态特性、茎秆化学成分等抗倒性状的影响，以期通过调控密度、施肥的互作效应来缓解迟播小麦高产与倒伏的矛盾，为迟播小麦大面积抗逆高产栽培提供参考。

1. 密肥处理对迟播小麦表观倒伏率、抗倒伏指数和产量的影响

在11月11日迟播条件下，密度从每亩14万苗增加到18万苗，植株抗倒伏指数下降，高密度较低密度处理平均下降15.35%，倒伏等级、倒伏率均增加（表3-11-22）。随着施氮量的增加，倒伏等级、倒伏率增加，抗倒伏指数降低。不同氮肥运筹比例之间则表现为4∶2∶1∶3处理的倒伏等级、倒伏率以及倒伏系数低于6∶0∶2∶2处理，抗倒伏指数高于6∶0∶2∶2处理。其中亩18万的基本苗、18 kg施氮量、6∶0∶2∶2运筹处理倒伏严重，乳熟中期发生5级倒伏率达60%，抗倒伏指数仅为18.24，其余处理倒伏均发生在蜡熟初期，对产量的影响较小。在每亩14万基本苗、12 kg施氮量条件下小麦群体均未发生倒伏。

表3-11-22　密度与氮肥对迟播小麦表观倒伏率、抗倒伏指数以及产量的影响（11月11日播种）

亩基本苗/万苗	亩施氮量/kg	氮肥运筹	倒伏等级	倒伏率/%	倒伏系数	抗倒伏指数	亩产量/kg
14	12	4∶2∶1∶3	1	0.00	0.00	34.15a	483.13g
		6∶0∶2∶2	1	0.00	0.00	31.24b	497.67fg
	15	4∶2∶1∶3	1	0.00	0.00	31.76ab	511.73def
		6∶0∶2∶2	3②	27.50	0.83	27.94cd	527.20b~e
	18	4∶2∶1∶3	3②	31.67	0.95	27.09d	542.13ab
		6∶0∶2∶2	3②	57.50	1.73	22.61f	528.07b~e
18	12	4∶2∶1∶3	1	0.00	0.00	30.59bc	508.93ef
		6∶0∶2∶2	3②	16.67	0.50	25.34de	519.07b~f
	15	4∶2∶1∶3	3②	32.30	0.97	25.94de	554.00a
		6∶0∶2∶2	3②	60.00	1.80	23.67ef	541.13abc
	18	4∶2∶1∶3	4②	47.50	1.90	24.19ef	535.47a~d
		6∶0∶2∶2	5①	60.00	3.00	18.24g	516.13c~f

注：表中①表示倒伏时期为乳熟中期；②表示倒伏时期为蜡熟初期。

抗倒伏指数与倒伏系数呈极显著的负相关关系（$y=-0.2005x+6.3661$，$R=-0.94$）（图3-11-

4)，抗倒伏指数与产量呈抛物线关系（$y=-0.586\ 1x^2+28.552x+189.03$，$R^2=0.77$）。‘扬麦 23’在迟播条件下，抗倒伏指数达 25 左右时可实现亩产 540.0 kg 左右的产量水平，可作为兼顾高产与抗倒伏的指标。

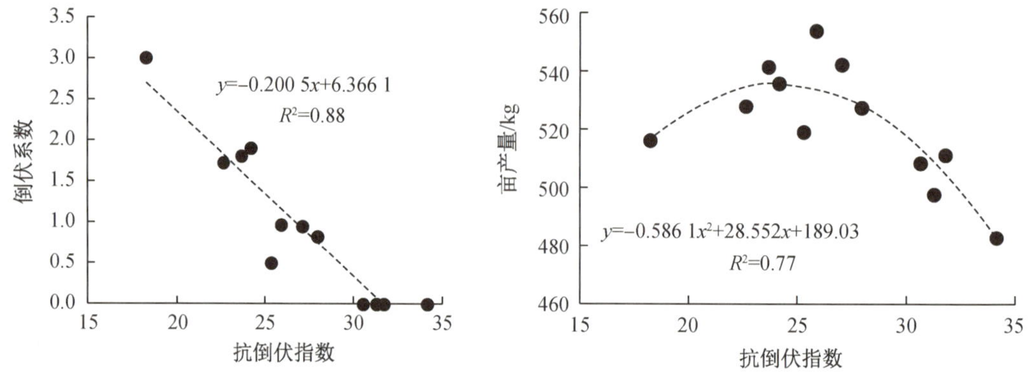

图 3-11-4　迟播小麦抗倒伏指数与倒伏系数和产量的关系

2. 密肥处理对迟播小麦基部节间、穗下节间长度以及株高的影响

小麦植株基部第一、第二节间长度与植株的抗倒伏性呈负相关关系，随密度与施氮量的增加，基部第一、第二节间，基部节间总长以及穗下节间的长度均增加，但对基部第二节间长度的调控效应未达显著水平（表 3-11-23）。氮肥运筹按 4∶2∶1∶3 处理较 6∶0∶2∶2 处理有利于控制基部第一、第二节间总长度，增加穗下节间的长度，植物抗倒性能提高。因此，在适宜的密度下，适度减少氮肥总量、基肥比例以及拔节期氮素的施入，对抑制基部节间伸长、增加穗下节间长度，有显著促进作用。

表 3-11-23　密度与氮肥对迟播小麦基部节间、穗下节间长度以及株高的影响

亩基本苗/万苗	亩施氮量/kg	氮肥运筹	基部节间长度/cm			穗下节间/cm	株高/cm
			Ⅰ	Ⅱ	Ⅰ+Ⅱ		
14	12	4∶2∶1∶3	5.48c	8.51	13.99c	30.36bc	84.19
		6∶0∶2∶2	5.51c	8.60	14.11bc	30.04c	83.34
	15	4∶2∶1∶3	5.69bc	8.92	14.61abc	31.34abc	84.73
		6∶0∶2∶2	5.87abc	9.01	14.88abc	30.71abc	85.63
	18	4∶2∶1∶3	5.88abc	9.08	14.96abc	31.22abc	85.95
		6∶0∶2∶2	6.04abc	9.13	15.17abc	31.23abc	85.38
18	12	4∶2∶1∶3	5.93abc	8.88	14.82abc	31.29abc	85.50
		6∶0∶2∶2	6.03abc	9.04	15.07abc	30.94abc	84.17
	15	4∶2∶1∶3	6.11abc	9.02	15.13abc	32.02ab	85.60
		6∶0∶2∶2	6.25ab	9.05	15.30abc	31.59abc	85.67
	18	4∶2∶1∶3	6.27ab	9.19	15.46ab	32.57a	86.61
		6∶0∶2∶2	6.40a	9.29	15.69a	32.44a	86.29

3. 密肥处理对基部节间单位长度干重的影响

小麦植株基部节间单位长度干重反映茎秆的充实度，是植株抗倒性的又一指标。各处理基部第一节间单位长度干重均大于基部第二节间，随密度的增加基部节间单位长度干重下降，高密度各处理平均基部第一、第二节间单位长度干重较低密度处理分别下降 10.42%和 9.95%(图 3-11-5)。随施氮量增加，两种密度条件下基部两节间的单位长度干重均下降，差异达显著水平。在相同密度与施氮量条件下，4∶2∶1∶3 运筹处理的基部节间单位长度干重要高于 6∶0∶2∶2 处理，但差异未达显著水平。

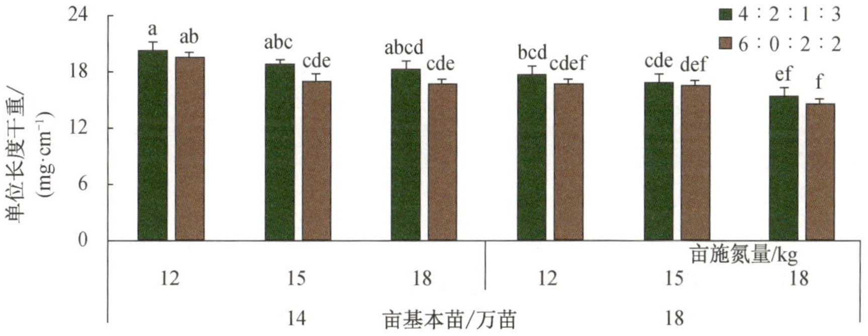

(a)

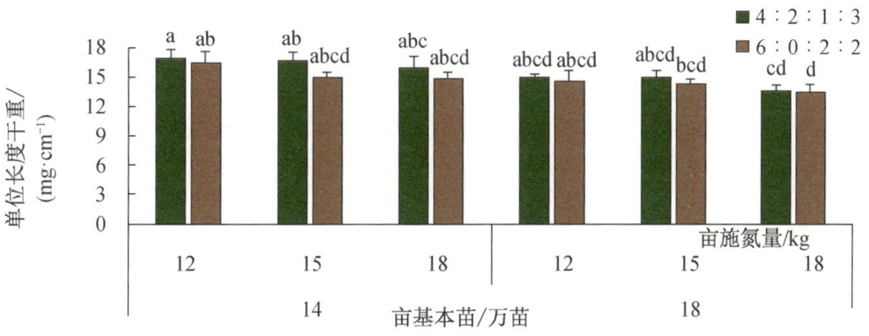

(b)

图 3-11-5 密度与氮肥对迟播小麦基部第一(a)、第二(b)节间的单位长度干重的影响

4. 密肥处理对迟播小麦基部第二节间木质素合成的影响

小麦植株基部节间木质素含量高低反映茎秆机械组织的充实度高低，是茎秆抗倒性的内在指标。由表 3-11-24 可知，基部第二节间木质素含量在其伸长后不同天数均随施氮量以及密度的增加而下降，高密度条件下差异较小，尤其是 30~40 d 时亩 12 kg 与亩 15 kg 施氮量处理下木质素含量基本相同；采取 4∶2∶1∶3 运筹方式较 6∶0∶2∶2 运筹方式能够增加木质素含量，有利于增强迟播小麦茎秆抗倒能力。

表 3-11-24 密度与氮肥对迟播小麦基部第二节间木质素含量的影响

亩基本苗/万苗	亩施氮量/kg	氮肥运筹	木质素含量/(OD_{280}·g^{-1})(FW)				
			0 d	10 d	20 d	30 d	40 d
14	12	4∶2∶1∶3	84.32a	168.90a	284.36a	318.26a	350.74a
		6∶0∶2∶2	73.29b	154.24b	260.96bc	305.63b	335.20bc
	15	4∶2∶1∶3	81.77a	158.21b	267.49b	302.21b	340.54ab
		6∶0∶2∶2	69.50c	142.09c	243.98de	282.56d	324.80c
	18	4∶2∶1∶3	70.50bc	143.37c	255.11cd	288.71c	306.15d
		6∶0∶2∶2	63.86d	131.25d	234.19f	270.11e	291.17efg

（续表）

亩基本苗/万苗	亩施氮量/kg	氮肥运筹	木质素含量/（OD_{280} · g^{-1}）（FW）				
			0 d	10 d	20 d	30 d	40 d
18	12	4∶2∶1∶3	64.94d	137.68c	244.51de	275.55e	300.54de
		6∶0∶2∶2	57.82e	127.90de	227.72f	262.54f	295.58def
	15	4∶2∶1∶3	64.14d	129.53d	233.63ef	267.08f	302.46de
		6∶0∶2∶2	56.41e	115.01f	214.71gh	256.65g	282.88gh
	18	4∶2∶1∶3	56.72e	122.12e	224.58fg	265.15f	285.43fgh
		6∶0∶2∶2	51.68f	112.10f	207.34h	251.48g	273.97h

注：OD_{280} 指吸光度 280 nm 下的测定值；FW 即鲜重。

四、稻茬迟播与过晚播小麦节肥抗倒栽培技术

小麦节肥抗倒栽培首先是选用抗倒性强的品种，并因品种和播期确定合理的基本苗数，在此基础上科学确定施肥量和运筹比例。稻茬小麦迟播稳产栽培技术组合为：品种选用‘扬麦 23’与‘扬辐麦 4 号’，亩基本苗数量 18 万左右，亩施氮量 15 kg，基肥、分蘖肥、拔节肥、孕穗肥施用比例为 5∶1∶2∶2 或 4∶2∶1∶3，磷钾肥亩用量 6 kg，群体氮肥利用率高，抗倒性强，可获得亩产 500 kg 以上目标产量。

稻茬过晚播栽培技术组合为：品种选用‘扬麦 22’与‘扬麦 23’，亩基本苗数量宜在 22 万左右，亩施氮量 15 kg，基肥、分蘖肥、拔节肥、孕穗肥施用比例为 5∶1∶2∶2 或 6∶0∶2∶2，磷钾肥亩用量在 6 kg，群体氮肥利用率高，抗倒性强，可获得亩产 450 kg 以上目标产量。

五、示范方取得的效果与效益

稻茬迟播与过晚播小麦能否实现高产高效是小麦生产中的突出问题，该研究结果表明，迟播条件下（表 3-11-25、表 3-11-26），亩 18 万基本苗处理下的平均总收入与纯收入均高于亩基本苗 14 万处理。相同密度条件下，随施氮量的增加，迟播小麦的成本不断增加，纯收入先增加后

表 3-11-25　不同密度与氮肥处理组合对迟播小麦经济效益的影响（2015—2016）

亩基本苗/万苗	亩施氮量/kg	氮肥运筹	亩产量/kg	亩总收入/元	亩总成本/元	亩纯收入/元
14	12	4∶2∶1∶3	483.13	908.29	510.82	397.47
		5∶1∶2∶2	492.51	925.93	510.82	415.11
		6∶0∶2∶2	497.69	935.66	490.82	444.84
	15	4∶2∶1∶3	511.70	962.00	538.70	423.30
		5∶1∶2∶2	539.04	1 013.40	538.70	474.70
		6∶0∶2∶2	527.19	991.11	518.70	472.41
	18	4∶2∶1∶3	542.16	1 019.26	566.57	452.69
		5∶1∶2∶2	533.60	1 003.17	566.57	436.60
		6∶0∶2∶2	528.04	992.72	546.57	446.15

（续表）

亩基本苗/万苗	亩施氮量/kg	氮肥运筹	亩产量/kg	亩总收入/元	亩总成本/元	亩纯收入/元
18	12	4：2：1：3	508.92	956.77	520.60	436.17
		5：1：2：2	529.02	994.57	520.60	473.97
		6：0：2：2	519.04	975.79	500.60	475.19
	15	4：2：1：3	553.98	1 041.48	548.47	493.01
		5：1：2：2	544.86	1 024.34	548.47	475.87
		6：0：2：2	541.16	1 017.38	528.47	488.91
	18	4：2：1：3	535.45	1 006.65	576.35	430.30
		5：1：2：2	523.90	984.93	576.35	408.58
		6：0：2：2	516.16	970.38	556.35	414.03

表 3-11-26　不同密度与氮肥处理组合对迟播小麦经济效益的影响(2016—2017)

亩基本苗/万苗	亩施氮量/kg	氮肥运筹	亩产量/kg	亩总收入/元	亩总成本/元	亩纯收入/元
14	12	4：2：1：3	491.36	1 120.29	510.82	609.47
		5：1：2：2	498.47	1 136.51	510.82	625.69
		6：0：2：2	502.03	1 144.63	490.82	653.81
	15	4：2：1：3	519.59	1 184.67	538.70	645.97
		5：1：2：2	546.50	1 246.01	538.70	707.31
		6：0：2：2	532.93	1 215.09	518.70	696.39
	18	4：2：1：3	546.27	1 245.50	566.57	678.93
		5：1：2：2	550.07	1 254.16	566.57	687.59
		6：0：2：2	531.82	1 212.55	546.57	665.98
18	12	4：2：1：3	499.81	1 139.56	520.60	618.96
		5：1：2：2	520.48	1 186.70	520.60	666.10
		6：0：2：2	512.26	1 167.94	500.60	667.34
	15	4：2：1：3	551.83	1 258.18	548.47	709.71
		5：1：2：2	563.39	1 284.54	548.47	736.07
		6：0：2：2	545.61	1 243.98	528.47	715.51
	18	4：2：1：3	549.16	1 252.09	576.35	675.74
		5：1：2：2	544.49	1 241.45	576.35	665.10
		6：0：2：2	534.49	1 218.64	556.35	662.29

下降，亩 15 kg 施氮量处理下的平均收益最高。在低施氮量条件下，5：1：2：2 与 6：0：2：2 处理的纯收入高于 4：2：1：3 处理，而高施氮量条件下，4：2：1：3 与 5：1：2：2 处理的纯收入要高于 6：0：2：2 处理。由此可见，在迟播条件下，亩 18 万的基本苗，亩 15 kg 施氮量，4：2：1：3(2016)与 5：1：2：2(2017)的氮肥运筹方式，经济效益最高。

过晚播条件下(表 3-11-27、表 3-11-28)，亩基本苗数量 22 万处理下的平均总收入与纯收入均高于亩基本苗 18 万和 26 万处理。亩 18 万基本苗条件下，随施氮量的增加，过晚播小麦的成本不断增加，但总收入增加较小，纯收入呈下降趋势；亩 26 万基本苗条件下，随施氮量的增加，过晚播小麦的平均纯收入先增加后下降；而在亩 22 万基本苗条件下，表现不一，2015—2016 年度，随施氮量的增加，纯收入增加，但亩 15 kg 与亩 18 kg 施氮量处理的平均纯收入差异较小，而 2016—2017 年度则表现为随施氮量的增加，平均纯收入先增加后下降。相同密度与施

表 3-11-27　不同密度与氮肥处理组合对过晚播小麦经济效益的影响(2015—2016)

亩基本苗/万苗	亩施氮量/kg	氮肥运筹	亩产量/kg	亩总收入/元	亩总成本/元	亩纯收入/元
18	12	4：2：1：3	369.89	695.39	525.49	169.90
		5：1：2：2	385.96	725.61	525.49	200.12
		6：0：2：2	386.53	726.68	505.49	221.19
	15	4：2：1：3	386.25	726.16	553.36	172.80
		5：1：2：2	402.99	757.62	553.36	204.26
		6：0：2：2	393.98	740.68	533.36	207.32
	18	4：2：1：3	399.30	750.69	581.23	169.46
		5：1：2：2	404.79	761.00	581.23	179.77
		6：0：2：2	411.85	774.27	561.23	213.04
22	12	4：2：1：3	410.21	771.19	535.27	235.92
		5：1：2：2	423.55	796.26	535.27	260.99
		6：0：2：2	421.88	793.13	515.27	277.86
	15	4：2：1：3	436.89	821.35	563.14	258.21
		5：1：2：2	453.56	852.69	563.14	289.55
		6：0：2：2	448.55	843.28	543.14	300.14
	18	4：2：1：3	452.23	850.19	591.01	259.18
		5：1：2：2	463.57	871.50	591.01	280.49
		6：0：2：2	472.89	889.04	571.01	318.03
26	12	4：2：1：3	419.89	789.39	545.05	244.34
		5：1：2：2	425.31	799.59	545.05	254.54
		6：0：2：2	416.63	783.27	525.05	258.22
	15	4：2：1：3	436.16	819.99	572.92	247.07
		5：1：2：2	436.89	821.34	572.92	248.42
		6：0：2：2	450.89	847.68	552.92	294.76
	18	4：2：1：3	446.89	840.15	600.79	239.36
		5：1：2：2	451.33	848.49	600.79	247.70
		6：0：2：2	455.77	856.85	580.79	276.06

表 3-11-28 不同密度与氮肥处理组合对过晚播小麦经济效益的影响(2016—2017)

亩基本苗/万苗	亩施氮量/kg	氮肥运筹	亩产量/kg	亩总收入/元	亩总成本/元	亩纯收入/元
18	12	4：2：1：3	415.04	946.29	525.49	420.80
		5：1：2：2	426.45	972.30	525.49	446.81
		6：0：2：2	423.60	965.80	505.49	460.31
	15	4：2：1：3	424.86	968.69	553.36	415.33
		5：1：2：2	432.15	985.30	553.36	431.94
		6：0：2：2	432.47	986.02	533.36	452.66
	18	4：2：1：3	438.49	999.75	581.23	418.52
		5：1：2：2	439.12	1 001.19	581.23	419.96
		6：0：2：2	440.07	1 003.36	561.23	442.13
22	12	4：2：1：3	432.78	986.74	535.27	451.47
		5：1：2：2	441.97	1 007.69	535.27	472.42
		6：0：2：2	461.93	1 053.20	515.27	537.93
	15	4：2：1：3	478.41	1 090.77	563.14	527.63
		5：1：2：2	489.49	1 116.05	563.14	552.91
		6：0：2：2	493.23	1 124.57	543.14	581.43
	18	4：2：1：3	465.73	1 061.87	591.01	470.86
		5：1：2：2	488.41	1 113.58	591.01	522.57
		6：0：2：2	489.81	1 116.77	571.01	545.76
26	12	4：2：1：3	450.84	1 027.92	545.05	482.87
		5：1：2：2	458.76	1 045.98	545.05	500.93
		6：0：2：2	462.56	1 054.65	525.05	529.60
	15	4：2：1：3	479.67	1 093.66	572.92	520.74
		5：1：2：2	480.31	1 095.10	572.92	522.18
		6：0：2：2	483.16	1 101.60	552.92	548.68
	18	4：2：1：3	468.90	1 069.10	600.79	468.31
		5：1：2：2	481.57	1 097.99	600.79	497.20
		6：0：2：2	469.85	1 071.26	580.79	490.47

氮量条件下 5：1：2：2 与 6：0：2：2 处理的纯收入均高于 4：2：1：3 处理。由此可见，在过晚播条件下，亩 22 万基本苗，采用亩 15 kg 施氮量，6：0：2：2 运筹方式，按全省小麦平均收购价，亩效益分别达 300.14 元(2016)和 581.43 元(2017)。

六、与对照技术的经济指标比较

通过稻茬晚播小麦高产高效栽培技术在兴化钓鱼基地的示范推广应用，显著提高了晚播小麦产量，减少氮肥用量，籽粒品质达国家优质标准，获得了显著的社会经济效益。试验区迟播(较适播期晚 10 d 左右)小麦采用亩 18 万基本苗，亩 15 kg 施氮量，4：2：1：3 运筹方式产量及氮肥生理效率最高，较亩 18 kg 施氮量氮肥生理效率提高 5.14%；5∶1∶2∶2 运筹方式产量及氮肥表观利用率较高，较亩 18 kg 施氮量表观利用率提高 8.4%，按全省小麦平均收购价格计，亩效益分别达 493.01 元(2016)和 736.00 元(2017)。

过晚播(较适播期晚 30 d 左右)小麦采用亩 22 万基本苗，亩 15 kg 施氮量，6∶0∶2∶2 运筹方式小麦产量及氮肥农学效率、氮肥生理效率较高，氮肥表观利用率较生产上亩 18 kg 施氮量提高了 10.3%，按全省小麦平均收购价，亩效益分别达 300.14 元(2016)和 581.43 元(2017)。

七、应用前景与发展建议

在小麦高产栽培技术措施中，适期播种是充分利用温光等自然资源并合理运用栽培技术使小麦生长于较佳的环境中，形成冬前壮苗，改善群体质量，从而实现高产的基础(乔玉强，2014)。由于近年来生产中大面积推广偏迟熟粳稻，水稻收获期推迟，加之水稻收获后常遇阴雨天气，导致小麦难以适期播种，晚播小麦的面积增加(尚毅 等，2015)。该项目实施期间连续两年遭遇连阴雨天气，导致小麦无法适期播种，播期较适播期推迟一个月左右，严重威胁小麦生产。随着小麦播期的推迟，冬前有效积温减少导致出苗推迟、次生根减少、分蘖减少或无分蘖，到越冬期难以形成壮苗越冬，后期干物质积累量减少、成穗率降低，最终导致有效穗数减少、穗型小。小麦晚播还会造成赤霉病、白粉病的严重发生，灌浆期遭遇高温危害的风险及连续阴雨天气导致烂麦场，造成大面积晚播小麦难以实现高产。项目区经过两年的试验与研究，提出了晚播小麦高产高效栽培技术方案。通过控制播种密度和氮肥运筹的组合，构建合理的高产群体结构，提高后期光合生产能力，有效缓解不利的生产条件和气候因素对小麦产量造成的影响，实现稻茬迟播小麦亩产 500 kg、过晚播小麦亩产 450 kg 以上的产量水平，并获得较高的经济效益。总结提出的稻茬迟播与过晚播小麦技术体系，为稻茬晚播小麦安全生产提供理论依据和技术支撑。该技术对解决苏中地区稻麦两熟周年高产矛盾意义重大，实现晚播小麦节肥丰产抗逆栽培。

第十二节　品牌稻米基地规范化生产技术（以江苏兴化为例）

提要：江苏省兴化市地处里下河地区腹地，生态资源优越，是全省最大的水稻种植县(市)。针对制约兴化大米品质提高的技术瓶颈，通过筛选推广优质食味品种、研究集成配套机械化育插秧、节肥节水和病虫草害绿色防控等关键技术，培育粮食生产经营新型主体，建设标准化生产基地，组织订单生产，实行全程质量控制，建立了优质绿色兴化稻米生产技术体系，提升了“兴化大米”品牌知名度和市场影响力，使其先后荣获第十三届中国国际农产品交易会金奖、第十六届中国绿色食品博览会金奖、全国十大大米区域公用品牌和国际有机食品博览会金奖，被评为全国十佳魅力农产品。“兴化大米”具有腹白少、籽粒小而圆，米饭晶莹剔透，口感软滑，富有弹性，散发着浓郁的茉莉香味等特点。

一、科学问题与技术需求

兴化地处江淮之间，江苏里下河地区腹部，属北亚热带湿润区，四季分明。东近黄海、西临大运河、南靠长江、北依苏北灌溉总渠，平均地面真高 1.8 m，境内地势低平、河沟纵横、湖泊众多、水网密集，总面积 2 393.35 km^2，其中陆地面积 1 949.65 km^2，占总面积的 81.46%，水面面积 443.70 km^2，占总面积的 18.54%。水资源十分丰富，是长江中下游地区具有典型特色的精华农区、国家级生态示范方、江苏省优势农产品苏中里下河迟熟中粳稻优势区(朱会林，2007)。水稻种植历史悠久，在张郭镇蒋庄 5 000 多年前的良渚文化遗址中发现了炭化米。兴化自古就是生产好米的地方，素有"鱼米之乡"之称，水稻种植面积连续多年保持全省第一位置。

"兴化大米"于 2009 年被认证为国家地理标志保护产品和集体商标产品(孙向东，2012)，由于种植水稻比较效益不高，品种优势不突出，传统的精耕细作方式已不适应现代水稻产业的发展，自发采取迟播迟栽、过量增加肥水与农药的投入等粗放式生产方式，不仅造成环境污染，而且直接增加了生产成本。同时，兴化稻米品牌多，多为大路货，市场影响力有限，直接制约了兴化稻米品质提升和效益提高(阮书江 等，2018)。结合土地流转与水稻种植规模化经营进程加快的新特点，以品牌稻米产业化发展为切入点，扬州大学张洪程院士领衔的技术团队，集中组织了全省水稻生产科技的优势力量，以兴化为实施区，开展了适度规模生产条件下优质水稻绿色高产增效技术体系的创新研究与示范推广，破解了规模生产条件下，优质稻米生产上存在的优质品牌稻米规模经营与关键技术应用、基地建设与社会化服务、绿色高效与品牌创建三大制约瓶颈，培育了一大批兴化品牌稻米规范化生产经营主体、基地和品牌。兴化品牌大米荣获 2015 年第十三届中国国际农产品交易会金奖，"兴化大米"荣获 2016 中国十大大米区域公用品牌(吴慧芳，2018)，2017 年由本项目资助的"洁香河"有机米获中国国际有机食品博览会金奖，被称为"中国好大米、兴化好味道"。

二、开展的试验与研究

决定稻米品质的首要因素是品种，这是内因，其次是保优栽培技术措施，收购、贮藏和加工也是决定稻米品质不可或缺的环节。2012 年以来，兴化市引进了优质食味品种'南粳 9108'，经过几年的示范种植，'南粳 9108'表现出优质、高产、多抗和广泛适应性，得到了农户和市场的接受和认可。围绕'南粳 9108'品种及其配套保优栽培技术，重点开展了以下研发内容：

1.'南粳 9108'优质高产高效精确定量栽培技术试验攻关

2015—2017 年连续三年在钓鱼试验创新基地组织开展了'南粳 9108'稳定优质高产高效精确定量栽培技术试验攻关，结合钵苗机插、精确肥水运筹、病虫害绿色综合防控，研明了'南粳 9108'高产超高产优质高效栽培技术途径，实现了技术应用的重演，经省科技厅组织专家实产验收，2015 年、2016 年和 2017 年'南粳 9108'钵苗机插百亩超高产攻关方平均亩单产分别达到 878.4 kg、829.5 kg 和 849.9 kg(表 3-12-1)。

表 3-12-1 '南粳 9108'机插超高产精确栽培示范方产量及构成

年度	亩有效穗数/万穗	每穗粒数/粒	亩群体颖花量/万朵	结实率/%	千粒重/g	亩理论产量/kg	亩实际产量/kg
2015	25.18	136.8	3 444.62	94.90	27.22	889.81	878.4
2016	24.72	135.6	3 352.03	93.80	26.98	848.31	829.5
2017	24.93	135.5	3 378.02	93.67	27.02	854.96	849.9
均值	24.94	136.0	3 391.56	94.12	27.07	864.36	852.6

2. 播期机插稻对产量和品质影响的试验研究

试验地点在兴化市兴东镇集成展示区进行(兴东镇联发村)，试验品种为‘南粳9108’。试验设置5/15(Ⅰ)、5/20(Ⅱ)、5/25(Ⅲ)、5/31(Ⅳ)、6/5(Ⅴ)、6/10(Ⅵ)、6/15(Ⅶ)(月/日)共7个播期处理，3次重复，小区面积25 m^2，旨在探讨不同播期条件下‘南粳9108’机插稻产量形成特征及品质指标。结果表明，随播期推迟，‘南粳9108’机插稻产量显著下降，糙米产量、精米产量、整精米产量及精米蛋白质产量呈规律性下降趋势(表3-12-2)。

表3-12-2 不同播期‘南粳9108’机插稻对产量及构成因素的影响

播期	亩有效穗数/万穗	每穗颖花数/朵	亩群体颖花量/万朵	结实率/%	千粒重/g	2015年亩实际产量/kg	2016年亩实际产量/kg
Ⅰ	24.53a	127.1a	3 118.4a	94.5a	27.07a	784.6a	784.7a
Ⅱ	24.39a	126.2a	3 077.6b	93.9a	27.12a	770.0a	777.3a
Ⅲ	24.31ab	124.1b	3 017.4c	93.1b	27.00a	748.0b	755.5b
Ⅳ	24.21ab	122.4c	2 963.9d	91.9c	26.97a	718.7c	733.3c
Ⅴ	24.10b	120.1d	2 894.9e	89.6d	26.99a	682.0d	696.7d
Ⅵ	23.86c	118.1e	2 717.6f	87.2e	26.91a	638.0e	674.6e
Ⅶ	23.69c	115.5f	2 736.3g	85.5f	26.89a	586.7f	623.3f
CV	1.2%	3.6%	4.8%	4.4%	0.2%	10.1%	8.2%

分析稻米的主要品质性状，在播期的影响下，受影响最大的为整精米率，其次是精米率，糙米率受影响最小。播期推迟，机插稻稻谷的糙米率、精米率和整精米率均呈上升趋势，说明播期推迟，加工品质呈变优趋势。进一步分析表明，糙米产量、精米产量和整精米产量均受播期影响较大，其中糙米产量受播期影响最大。播期推迟，机插稻糙米产量、精米产量和整精米产量均呈下降趋势(表3-12-3)。

营养品质指稻米中蛋白质含量等具体指标。随播期推迟，精米中蛋白质含量呈下降趋势。分析精米中蛋白质产量发现，其随播期推迟明显下降。说明播期推迟，稻米营养品质下降。

表3-12-3 播期对‘南粳9108’机插稻主要品质性状的影响

播期	糙米率/%	亩糙米产量/kg	精米率/%	亩精米产量/kg	整精米率/%	亩整精米产量/kg	蛋白质含量/%
Ⅰ	85.29c	669.2a	71.84e	563.7a	64.75d	508.1a	10.2a
Ⅱ	85.66b	665.9a	73.08de	568.1a	64.87d	504.3b	10.0ab
Ⅲ	85.55b	646.2b	73.11d	552.2b	65.70c	496.3b	9.9bc
Ⅳ	85.80a	629.2c	72.86c	534.3c	66.63bc	488.6c	9.7c
Ⅴ	86.28a	601.1d	74.65b	520.1d	67.25b	468.5d	9.3d
Ⅵ	86.09a	580.8e	75.20ab	507.3e	68.94b	465.1e	9.4d
Ⅶ	85.91a	535.5f	76.45a	476.5f	70.92a	442.1f	9.6c
CV	0.4%	9.8%	2.2%	8.1%	3.4%	7%	3.2%

3. 施氮量对机插稻产量和品质的影响试验

试验于2015年、2016年在兴化市兴东镇集成展示区进行，品种为‘南粳9108’。试验设亩施氮量为0 kg(Ⅰ)、15 kg(Ⅱ)、17.5 kg(Ⅲ)、20 kg(Ⅳ)、22.5 kg(Ⅴ)、25 kg(Ⅵ)6个水平，

氮肥运筹基肥、蘖肥、穗肥比例为 2∶4∶4，分蘖肥于机插后 5 d、12 d 按 4∶6 比例分 2 次施用，穗肥于倒 4 叶期、倒 2 叶期按 7∶3 分 2 次施用。磷、钾肥亩施用量为 7.5 kg，分别作基肥和促花肥施用。小区面积 25 m^2，3 次重复。旨在探讨不同施氮水平对‘南粳 9108’产量和品质的影响。试验研究结果表明，随着施氮量的增加，‘南粳 9108’的产量呈先增后降趋势，2015 年以每亩 22.5 kg 处理产量最高，折合亩产 709.2 kg，2016 年以每亩 20 kg 处理产量最高，折合亩产 699.4 kg，在亩施氮量 25 kg 的条件下产量不增反降，2 年的试验结果产量趋势相似(表 3-12-4)。分析不同氮处理的产量结构，单位有效穗随着施氮量的增加而增加，但处理Ⅳ、Ⅴ、Ⅵ差异不明显。每穗总粒数随着施氮量的增加而增加。结实率和千粒重均随着施氮量的增加而下降，可见，‘南粳 9108’机插稻亩施氮量掌握 20 kg 左右，有利于实现高产稳产。

表 3-12-4　氮肥处理‘南粳 9108’机插稻产量及构成因素

氮肥处理	亩穗数/万穗	每穗颖花数/朵	亩群体颖花量/万朵	结实率/%	千粒重/g	亩实际产量/kg	
						2015 年	2016 年
Ⅰ	15.65c	114.56c	1 678.3d	94.89a	27.06a	430.9d	427.5d
Ⅱ	22.58b	127.89b	2 888.2c	93.40b	26.84a	642.1c	637.0c
Ⅲ	23.08b	132.08a	3 048.3b	92.29b	26.75a	680.0b	682.5b
Ⅳ	23.92a	132.99a	3 180.7a	92.21b	26.76a	695.7a	699.4a
Ⅴ	23.67a	133.41a	3 157.8a	91.88c	26.62b	709.2a	696.7a
Ⅵ	23.42a	131.82a	3 087.2a	90.54c	26.50b	698.2a	694.3a

分析不同施肥水平条件下‘南粳 9108’机插稻的品质指标，可以看出，‘南粳 9108’的糙米率、精米率、整精米率等均随着施氮量的增加而提高，说明适当氮素有利于提高加工品质指标。垩白粒率随着施氮量的增加呈下降趋势。分析营养品质中直链淀粉含量和蛋白质含量发现，随着施氮量的增加，精米中直链淀粉含量降低，而蛋白质含量提高，说明施氮量的增加，稻米营养品质提高(表 3-12-5)。

表 3-12-5　不同氮肥水平对‘南粳 9108’机插稻主要品质性状的影响

施氮水平	糙米率/%	精米率/%	整精米率/%	垩白粒率/%	直链淀粉含量/%	蛋白质含量/%
Ⅰ	83.42c	73.33d	68.21d	19.77a	14.82a	7.78c
Ⅱ	84.81b	75.59c	71.29c	15.64b	13.63b	8.26b
Ⅲ	84.92b	75.71bc	72.04bc	14.36c	12.89c	8.34ab
Ⅳ	85.05ab	75.92b	72.37b	12.31d	12.78c	8.36ab
Ⅴ	85.28a	76.21a	73.39a	12.27de	12.49cd	8.44ab
Ⅵ	85.89a	76.35a	73.84a	12.06e	12.16d	8.58a

4.‘南粳 9108’机械种植方式比较试验研究

2015—2017 年在钓鱼试验创新基地进行不同机械种植方式对‘南粳 9108’群体质量的影响试验研究，设计钵苗机插、毯苗机插和机械条直播三种方式，设计钵苗机插 4 个株行距配置、毯苗机插 4 个株行距配置，探索‘南粳 9108’不同机械种植方式和机插株行配置对不同类型水稻品种产量和群体质量的影响。试验结果表明，不同机械种植方式水稻产量差异明显，‘南粳

9108’钵苗机插最高，直播最低，毯苗机插居二者之间。与钵苗机插相比，毯苗机插和直播生育进程延迟，生育期缩短。钵苗机插稻更能充分利用温光资源，穗足、穗大、粒重，产量优势明显。

不同钵苗机插行株距配置下，‘南粳 9108’产量变化明显，宜采用行距 33 cm，配套株距 13 cm，协调穗粒结构，提高结实率和千粒重而稳产高产。

以打造“兴化大米”品牌为目标，实施技术创新区、集成展示区、核心示范方与集中服务区和辐射推广区“五区”协同推进，重点开展‘南粳 9108’优质品种的示范推广，组织开展‘南粳 9108’绿色优质高效技术单项技术研究攻关和集成技术展示推广，建立兴化优质稻米品牌生产技术体系和技术规范，建立一批以粮食规模生产经营主体为依托的优质稻米生产基地，建立以“科研单位+推广单位+示范基地+种粮大户”的成果示范推广机制和“品种+技术+基地+品牌”品牌稻米产业化运作机制，发展“订单种植”或“合同生产”，形成品牌稻米的产前、产中和产后完整的产业化开发新模式，提高兴化品牌稻米规范化生产技术的覆盖率。

三、构建的规范化栽培技术方案

（一）兴化稻米品牌规范化栽培方案

采用稻麦两熟制优质水稻机械化绿色高效栽培模式。兴化地处里下河优质迟熟中粳稻优势区域，以稻麦两熟连作为主，根据兴化地区的生态和气候特点，设计小苗机插方式有利于协调与前茬小麦的茬口衔接矛盾，同时，利用钵苗和印刷稀播等方式，适期早播，延长秧龄，以争取更多的有效热量资源，生产出优质稻米产品。因此，“优质食味品种+壮苗机插+绿色生态安全技术”是兴化品牌稻米生产环节的主推模式。

（二）筛选确立兴化品牌稻米的原粮品种

品种是制约稻米品质的关键因子。结合兴化生态特点和耕作制度，试验引进筛选适合兴化优质稻米生产开发的原粮品种成为广大农业科技人员攻克瓶颈的重要举措，通过连续多年的筛选和示范推广，筛选出优质食味品种以迟熟中粳‘南粳 9108’为主，早熟晚粳‘南粳 5055’和迟熟晚粳‘南粳 46’搭配的优质原粮品种。机插栽培方式条件下的产量及综合生产能力品种比较试验表明，优质迟熟中粳‘南粳 9108’丰产稳产、品质优、综合性状好、适应性广的优势非常突出，得到了广大种植农户、生产加工企业和市场的充分认可和接受，主体品种地位进一步确立，2018 年全市推广优质食味稻米品种面积 119.6 万亩，占水稻面积的 89.6%，其中‘南粳 9108’为当家品种，面积 118.7 万亩，‘南粳 46’‘南粳 5055’约 0.9 万亩。优质食味品种成为地理标志产品“兴化大米”的优质原粮品种。

（三）明确了‘南粳 9108’机插条件下主要质量指标和栽培途径

1. 群体质量指标

专题试验研究和大面积示范推广验证结果表明，优质食味品种‘南粳 9108’属源库协调型品种，结实率和粒重相对稳定，攻取足够颖花是实现机插高产的重要前提和途径（朱明 等，2017）。相关分析表明，‘南粳 9108’产量与群体颖花量呈极显著的正相关关系，其单位总颖花量（x）与实际产量（y）的线性回归方程为 $y=-103.242\,74+0.213\,26x$（$R^2=0.891\,2^{**}$，$n=82$）。进一步分析典型田块的产量构成，在机插条件下，‘南粳 9108’亩有效穗数基本稳定在 23 万~25 万之间，但穗型的可塑性较强，要实现亩产 700 kg，亩群体颖花量应在 2 880 万以上，栽培重点是稳定穗数、主攻大穗。‘南粳 9108’机插稻优质高产群体主要指标：亩干物质积累，拔节期为

200 kg 左右，抽穗期要达到 800 kg 以上，成熟期达 1 350 kg 左右，抽穗到成熟积累 550 kg 左右；叶面积指数，拔节期为 4.0~4.5，孕穗期多数在 7.5~8.0（有效叶面积率在 92%以上），成熟期仍有 2.5~3.0。

明确了‘南粳 9108’机插稻优质高产群体茎蘖动态和成穗率指标：$N-n-1$ 叶龄期够苗，即有效分蘖临界叶龄期前 1 个叶龄群体够苗；高峰苗一般应控制在适宜穗数的 1.4 倍左右；成穗率，一般在 70%~80%。

2. 栽培途径

即优化稻麦茬口衔接，适期播种，精播匀播，培育标准秧苗；适龄机插，提高大田耕整质量，定量机械栽插，建立大田高质量的群体起点；适时定量肥水管理，促进早生快发，在有效分蘖临界叶龄期前 1 个叶龄达到群体预期适宜穗数；够苗期前即群体茎蘖数达到预计穗数的 80%~90%时，开始自然断水落干搁田，遵循“早、轻、多”搁田的原则，及时有效控制高峰苗数，提高成穗率。因苗及早施用好穗肥，主攻壮秆大穗；后期采取合理的水浆管理、病虫防治措施，养根保叶，增强根系活力与地上部光合生产能力，提高后期物质积累量与群体库容充实度（张洪程 等，2010；王洁 等，2014）。

（四）规范化技术措施

1. 关键技术

1.1　品种应用

一般麦后茬建议选用迟熟中粳品种‘南粳 9108’，在部分轮作休耕等早茬田以及稻田综合种养基地田可以示范种植‘南粳 5055’或‘南粳 46’。

1.2　标准化培育壮苗技术

采用水稻规模化集中育秧技术培育适龄机插壮秧。稀播匀播、软（硬）盘全旱育秧。比重选种、药剂浸种，合理的落谷量，毯苗机插育秧苗秧龄 15~20 d，叶龄 3~4 叶，苗基部茎宽 2.0~2.5 mm，根数 12~15 条，地上百株干重 2.5~3.5 g，秧苗盘根要求秧块提起后不散落，秧苗最佳高度为 12~15 cm，适宜高度为 10~18 cm。要求秧块每平方厘米成苗 1.5~2.0 株。

1.3　精确机插技术

精细整地，适当沉实 1~2 d 后机插。行距 30 cm，株距 10.0~12.0 cm，尽量适当缩小株距，亩栽 1.7 万~1.8 万穴，增大取秧秧块面积（亩栽不少于 30 盘），以亩基本苗数量 7 万左右为宜。栽插适宜的基本苗，有利于塑造优质群体，改善群体质量，提高产量和品质。

1.4　肥料减量增效技术

根据优质食味品种配套机械化、绿色品牌化种植的生产需求，推广测土配方化肥减施增效技术，一般每亩大田掌握需施纯氮 18~20 kg，氮肥的基蘖肥与穗肥比为 6∶4 或 7∶3。亩施 P_2O_5 6~8 kg，K_2O 8~10 kg，磷、钾肥分别在耕翻前和拔节期各施用 50%。增施硅、锌等微肥，肥料利用效率提高 10%以上，实现优质稻米产量和品质形成。

1.5　节水灌溉技术

机插秧后，采用浅水湿润灌溉法，水深不超过 5 cm，并适当露田（阴天或晚上露田 2~3 次）促扎根活棵长粗，而后浅水灌溉。开好丰产沟，群体茎蘖苗达到够苗 80%~90%时脱水搁田，应多次轻搁，以增加土壤的通透性，有利于气体交换和释放有害气体。出穗后灌浅水层，自然落干至表土湿润，手按有印迹，但手不粘土，再灌浅水层，如此往复，直至收获前 7 d 断水待收。

2. 配套技术

2.1 麦秸秆全量还田机械配套技术

在久保田588型等收割机麦秸秆切碎(<8 cm)基础上，上水浸泡3 d，以中型拖拉机、灭茬旋耕机机组实现秸秆还田、农机工程与农业生物技术、农艺技术相配套，一次完成麦秸秆切碎、匀草、灭茬、旋耕、混合和埋没。

2.2 病虫草无害化防治技术

示范推广“清园控害+综合诱杀+生化调控”等绿色防控新模式，采用合理耕作制度、轮作换茬、种养(稻鸭、稻渔等)结合、健身栽培等农艺措施。示范推广黑光灯、振频式杀虫灯、色光板、防虫网覆盖等物理防治技术。开展病虫草害监测预警，推广“一拌一调一喷”简约化防控技术模式，采用种苗处理技术、健身栽培技术和水稻穗期病虫害集中防控技术，有效控制水稻主要病虫草发生危害，减少化学农药使用2~3次，减少农药使用量20%以上，每亩水稻节省病虫草害防治成本20元以上。

2.3 稻米贮藏与加工

采用低温远红外干燥技术，干燥均匀，精确控制含水率，减少黄米、断米现象。采用保鲜库进行稻谷仓储，实现稻米的保鲜，保持最佳口感。采用稻米精碾、抛光、色选等调质技术，以及稻米分级及各类包装、保鲜处理技术，提高稻米产品科技含量和外观商品品质。

（五）品牌基地建设要点

1. 建立高标准基地

建立一批高标准的优质稻米生产基地是打造品牌稻米的基础。随着粮食规模化生产经营进程的推进，涌现出了一大批懂技术、会管理、善经营、有实力的优质粮食生产经营主体，以优质水稻绿色高效标准化生产技术推广和高标准优质稻米生产基地建设为抓手，大力发展优质稻米生产。2018年由5家品牌稻米龙头企业牵头，兴化已建立20万亩优质稻米原粮生产基地，通过政策扶持，项目集聚和品牌叠加，基地建设规模和规范化生产水平进一步提高，实现了稻米品质、品牌质量和生态社会效益的多赢。

2. 推进标准化生产

围绕“兴化大米”品质提升和品牌建设，依托科研推广技术优势和专业化服务体系，从产地环境、品种选择、种植模式、田间管理、收获贮藏等环节着手，严格按照地理标志产品“兴化大米”生产技术规程组织实施，全面统一品种、统一机播机插、统一施肥、统一植保、统一收获推行的标准化生产模式，加强绿色、有机认证力度，提升“兴化大米”标准化生产基地建设水平。

3. 实施产业化推进

组建“兴化大米”运营中心，推进优质粮食生产基地产业化发展，鼓励参建主体按照“兴化大米”品牌建设规划和市场需求，组建优质粮食生产联盟，按照“核心基地+种粮大户+优质品种+保优技术+订单种植+品牌打造”的产业化开发机制，组织基地与“兴化大米”收购加工企业开展优良品种规模化种植、标准化订单生产和优质优价统一收购，实现统一供种、统一栽培方式、统一施肥、统一绿色防控、统一收购贮藏全产业链监管，确保“兴化大米”原粮稻谷品质优良均一。

4. 实行质量全程监管

加强对“兴化大米”生产投入品的规范使用和监管，通过种植绿肥提升地力水平，降低化学肥料用量，加强对农药等投入品的使用监督和指导，从源头上把好生产安全关。建立健全质量追溯管理制度，强化信息采集和监管系统建设，实现基地优质水稻生产有记录、信息可查询、质量可追溯。

5. 强化稻米品牌营销

将品牌稻米产品进行商标注册、质量认证、产地认证、绿色产品认证及有机产品认证等，通过广告宣传引导，扩大品牌知名度。充分借助互联网平台，线上线下结合，拓宽销售渠道，扩大产品销量，实行优质优价。同时在生产高端有机大米品牌时，选用稻鸭共作、稻虾共作、水稻—绿肥生态种养循环生产等绿色、有机生产模式。

四、示范应用取得的效果与效益

（一）经济效益

创新区：2016—2018 年累计建立水稻核心区面积 1 266 亩，平均单产 847.7 kg，平均较全市增幅 36.0%，平均亩净增效益 769.5 元，累计新增效益 97.8 万元。

核心展示区：三年累计建立 15 个水稻集成技术展示区，面积 23 992 亩，平均亩产 724.0 kg，平均较全市增幅 16.2%，平均亩净增效益 394.5 元，累计新增效益 950.6 万元。

应用示范方：三年累计 52.92 万亩，平均亩产 428.6 kg，平均较全市增幅 8.0%，平均亩净增效益 207.6 元，累计新增效益 11 072.4 万元。

（二）社会效益

体现在技术层面上，通过攻关创新与集成应用相结合，构建了以‘南粳 9108’机插优质高产超高产优质群体质量指标定量诊断调控、肥水管理精确定量为标志的精确定量栽培、机械化高产栽培和清洁化生态栽培技术体系，为促进大面积平衡增产提供了技术支撑。体现在经济层面上，通过建立高标准兴化品牌稻米核心基地、技术应用基地、订单生产和全程专业化服务，加快推进了“主导品种、主推技术、主体培训”工程，提高了规模种植农户科学种田水平，促进了先进稻作技术的推广普及，实现了增产增效。优质食味大米‘南粳 9108’的推广，推动了粮食供给侧的改革。体现在社会层面上，促进了农村劳动力的有序转移，加快了农业生产机械化进程，提高了劳动生产率。同时，通过培植“五有”专业化服务合作社，开展“五统一”专业化服务，提高了科技成果的到位率和准确率。依托“基地+技术+订单+品牌”等产业化开发机制，通过订单生产，实现了科技成果推广与产业化开发联动，提高了水稻综合生产能力和“兴化大米”品牌效应，2015 年以‘南粳 9108’为原粮的“兴化大米”荣获 CCTV-7 第五届十佳魅力农产品、第十六届中国绿色食品博览会金奖、第十三届国际农产品交易会金奖，2016 年获“中国大米十大区域公用品牌”。

（三）生态效益

通过优质稻米品牌基地建设，提高全市农户特别是粮食适度规模经营主体优质稻米的标准化生产水平，推动了秸秆还田的实施，控制了秸秆的焚烧，有效地保护了环境；控肥减氮技术、绿色防控技术的实施，有效地规范了稻田投入品的安全施用，既降低成本，又减少了稻田面源污染，保护了生态环境，提高了产品质量，有利于促进农业的可持续发展。

五、与对照技术的技术经济指标比较

（一）增产效果显著

与大面积相比，展示区优质品牌稻米规范化生产基地 3 年水稻平均亩产 723.5 kg，亩增产

76.7 kg，增幅 11.9%(表 3-12-6)。

表 3-12-6　项目展示区水稻产量情况

示范方	水稻亩产/kg			平均
	2016 年	2017 年	2018 年	
钓鱼展示区	751.5	765.4	770.3	762.4
城东展示区	714.8	718.7	721.7	718.4
临城展示区	705.7	728.8	719.5	718.0
陈堡展示区	712.1	709.4	726.9	716.1
周庄展示区	703.5	728.2	738.8	723.5
茅山展示区	708.1	711.3	721.9	713.8
戴南展示区	710.8	711.6	714.2	712.2
展示区平均	715.2	724.8	730.5	723.5
非项目区	643.7	636.8	659.8	646.8
增量	71.5	88.0	70.7	76.7
增幅/%	11.1	13.8	10.7	11.9

(二)优质优价增效

在项目区推广优质食味稻米规范化生产技术，实施订单农业标准化生产，水稻销售价格明显提升，三年稻谷单价平均为每千克 2.95 元，比非项目区每千克稻谷增近 0.1 元；亩产值平均达 1 983.4 元，亩增 192.7 元，增幅 10.8%(表 3-12-7)。

表 3-12-7　项目示范方水稻产值

类型	年度	亩产量/kg	每千克稻谷价格/元	亩产值/元
示范方	2016	664.7	2.89	1 921.0
	2017	673.5	2.99	2 013.8
	2018	680.9	2.96	2 015.5
	平均	673.0	2.95	1 983.4
非项目区	2016	616.5	2.84	1 750.9
	2017	625.0	2.92	1 825.0
	2018	628.0	2.86	1 796.1
	平均	623.2	2.87	1 790.7
示范方较非项目区增量		49.8	0.08	192.7
增幅/%		8.0	2.8	10.8

(三)节支增效

与非项目区相比，项目区种子成本亩平均 33.5 元，亩节本 5.9 元；肥料成本亩平均 165.1 元，亩节本 10.7 元；农药成本亩平均 82.6 元，亩节本 11.3 元；灌排成本亩平均 83.9 元，亩节本 5.2 元。三年生产成本亩平均 948.8 元，亩节本 14.8 元(表 3-12-8)。

表 3-12-8　项目示范方水稻生产亩成本　　单位：元

类型	年度	种子	肥料	农药	灌排	机械作业	用工成本	其他	合计
示范方	2016	33.4	157.5	82.2	76.6	196.6	337.9	61.7	945.9
	2017	32.5	163.8	89.8	83.6	190.4	321.2	72.1	953.4
	2018	34.5	173.9	75.8	91.4	183.2	312.1	76.4	947.3
	平均	33.5	165.1	82.6	83.9	190.1	323.7	70.1	948.9
非项目区	2016	38.3	164.5	94.6	79.9	184.1	341.7	54.5	957.6
	2017	38.9	175.3	101.1	89.5	177.9	327.4	58.3	968.4
	2018	41.1	187.6	86.1	98.0	169.8	320.9	61.6	965.1
	平均	39.4	175.8	93.9	89.1	177.3	330.0	58.1	963.7
示范方较非项目区增量		-5.9	-10.7	-11.3	-5.2	12.8	-6.3	12.0	-14.8
增幅/%		-15.0	-6.1	-12.0	-5.8	7.2	-1.9	20.7	-1.5

六、应用前景与发展建议

兴化品牌稻米基地规范化生产技术是针对兴化里下河地区优质水稻生产过程中存在的突出问题和瓶颈因素进行关键技术的创新与集成，是目前江苏及全国同类地区水稻生产上急需的技术成果，该成果推广应用后，在相同品种和施肥水平条件下，比当地传统栽培方式增产 7%以上，增加效益 15%以上，推广应用前景十分广阔。技术成果在江苏里下河周边地区均可推广应用。在江苏省其他地区也有较好的借鉴作用，在推广时应根据本地区的气候特征和土壤质地确定合理的播期、选择适宜的优质食味稻米品种，配套绿色精确栽培技术，建设高标准生产基地，打造大米品牌，提高附加值。

第十三节　兴化红皮小麦基地规范化生产技术

提要：江苏省兴化市地处里下河腹部地区，常年种植小麦面积 110 万亩左右，“兴化红皮小麦”是地理标志保护产品。但由于品种多乱杂，标准化种植水平低，“兴化红皮小麦”优势日益趋弱，近年来，该市结合重点科技项目建设，围绕“兴化红皮小麦”品牌建设，选择优质中强筋小麦品种‘扬麦 23’，通过高产和抗逆栽培技术研究，改进和熟化机械化播种技术、精确定量施肥技术、灌排技术、化控技术、病虫草害综合绿色防控技术、特殊天气条件下的抗逆栽培技术，集成优质红皮小麦规范化生产技术，“兴化红皮小麦”品牌效应不断放大，有力地促进了全市优质小麦产业和“五得利集团兴化面粉有限公司”面粉加工的健康发展，实现了显著的经济效益、生态效益和社会效益。

一、科学问题与技术需求

兴化地处苏北里下河腹部地区，属北亚热带湿润区，四季分明。境内水域广阔，现有五湖八荡，主要河道 22 条，中小河道纵横密布。土地肥沃，有机质含量高，地面平坦，平均地面真高

1.8 m，独特的地理和气候条件，十分有利于中筋小麦的品质和产量形成。兴化市是我国传统主食专用小麦的最优势生产区域，水利及农田保障设施齐备，属宜耕宜种地区，素有“江淮福地，水乡明珠”之称。兴化小麦具有优异的蒸煮效果，特别是麦香浓郁，面条口感与弹性较佳，在21世纪初期，兴化市种植的以‘扬麦158’‘扬麦11’和‘扬麦16’为代表的红皮小麦品种，在历届中筋蒸煮类小麦品质评比中均列前茅，“兴化红皮小麦”被国家质检总局列为地理标志保护产品。

由于种植小麦比较效益不高，加上农村劳动力弱化，传统的精耕细作方式已不适应现代小麦产业的发展，茬口紧张导致的迟播迟栽、过量肥水与农药投入的粗放种植，不仅带来环境污染的风险，而且直接增加了生产成本，降低了小麦的品质和效益。同时，由于品种多乱杂，且单一品种连片规模化种植面积快速缩小，不同品质类型的品种插花种植现象普遍；加上小麦收获混收混储，中低筋不分，对小麦品质影响严重，兴化红麦变成了低附加值的小麦。结合土地的流转，以“兴化红皮小麦”产业化发展为切入点，扬州大学张洪程院士领衔的技术团队，以兴化为实施区，开展了适度规模生产条件下优质红皮小麦绿色高产增效技术体系的创新研究与示范推广，发展适度规模化种植水平，提高种植的组织化程度，实现良种良法提高小麦标准化生产，正确引导农民选择优质品种的种植，确保兴化红皮小麦品质不断提升。

二、开展的试验与研究

（一）红皮小麦高产栽培技术研究

1. 开展了优质品种的筛选与推广

围绕“兴化优质红皮小麦”品种的选择，在兴化市粮食园区开展了优质小麦的品种筛选，连续两年‘扬麦23’均表现出较好的丰产性，产量名列前茅，穗数和穗粒数较为协调，稳产性好，而且成熟期较大面积生产应用的品种要早2 d左右。品质检测结果表明，蛋白质、面筋含量高，属优质中强筋小麦品种，确定‘扬麦23’为里下河地区优质红皮小麦的主推品种。

2015年秋播品种(系)筛选14个(表3-13-1)。

表3-13-1　2015年不同小麦品种(系)产量及产量结构

序号	品种	亩穗数/万穗	每穗粒数/粒	千粒重/g	亩理论产量/kg	亩实际产量/kg
1	宁麦19	36.9	30.8	39.3	446.7	388.9
2	宁麦22	33.1	34.6	39.5	452.4	379.7
3	宁麦23	30.8	36.4	39.1	438.4	371.3
4	华麦6号	42.3	29.6	37.8	473.3	402.9
5	扬辐麦4号	36.6	33.9	39.2	486.4	437.8
6	苏麦8号	33.0	31.7	39.1	409.0	347.7
7	生选6号	40.2	27.9	36.5	409.4	354.9
8	镇麦10号	35.6	28.3	39.7	400.0	340.3
9	宁麦09-72	35.8	34.0	38.3	466.2	401.9
10	扬富麦101	36.4	37.8	39.1	538.0	445.8
11	农丰88	39.5	32.2	38.1	484.6	413.4
12	扬麦20	34.7	38.0	39.4	519.5	432.2
13	扬麦22	36.8	39.4	37.4	542.3	465.3
14	扬麦23	34.1	40.8	38.6	537.0	467.7

2016 年秋播筛选品种(系)15 个(表 3-13-2)。

表 3-13-2　2016 年不同小麦品种(系)产量及产量结构

序号	品种	亩穗数/万穗	每穗粒数/粒	千粒重/g	亩理论产量/kg	亩实际产量/kg
1	宁麦 21	36.9	31.8	40.3	472.9	435.1
2	宁麦 22	33.1	35.6	40.5	477.2	439.1
3	宁麦资 12-6	30.8	37.5	40.1	463.2	426.1
4	华麦 6 号	40.3	33.6	38.8	525.4	483.4
5	华麦 7 号	36.6	34.9	39.2	500.7	460.7
6	苏麦 8 号	33.0	31.7	39.1	409.0	376.3
7	镇麦 10 号	35.6	33.3	40.7	482.5	443.9
8	镇麦 12 号	35.8	37.3	42.3	564.8	519.7
9	扬富麦 101	36.4	37.8	39.1	538.0	494.9
10	扬麦 20	34.7	38.6	40.4	541.1	497.8
11	扬麦 23	34.8	41.4	39.8	573.4	527.5
12	扬麦 25	34.1	40.8	39.6	550.9	506.9
13	亿麦 9 号	40.2	27.9	38.5	431.8	397.3
14	罗麦 10 号	39.5	32.2	39.1	497.3	457.5
15	金运麦 1 号	36.3	32.1	38.2	445.1	409.5

2. 小麦超高产栽培攻关研究

为进一步探索‘扬麦 23’的优质高产高效栽培技术，连续两年度在兴化市钓鱼镇姚家村建立百亩高产攻关区。实施情况：2015—2016 年度，11 月 11 日机条播，亩播种量 10.0 kg，亩基本苗数量 18.4 万。封闭化除，播后立即机械开沟(墒情适宜)，3~5 叶期进行化控。肥料运筹，基肥、分蘖肥、拔节肥、孕穗肥比例为 5∶1∶2.5∶1.5，亩总施氮量 18.3 kg，拔节、孕穗肥分别在倒 2.5 叶、倒 0.5 叶期分施，结合病虫害防治喷肥阿瑞斯硅钾肥 2 次各 60 mL。拔节期亩茎蘖苗数量 64.6 万，亩成穗数 34.7 万，成穗率 53.7%，每穗 40.42 粒，千粒重 39.4 g，亩理论产量 552.6 kg，经泰州市作栽站测产验收，亩产 510.2 kg；2016—2017 年度，11 月 8 日播种，亩播种量 10.0 kg，亩基本苗数量 19.1 万，亩总施氮量 17.9 kg，其他措施基本同上年。最终亩成穗数 34.17 万，每穗 42.21 粒，千粒重 40.32 g，亩理论产量 581.5 kg，2017 年经江苏省农业委员会组织专家组验收，102 亩‘扬麦 23’平均亩产 518.7 kg，最高田块达 535.0 kg。两年的实践表明：11 月上旬抢早机条播，每亩播种量 10 kg，亩基本苗数量 18 万左右；精确施肥，亩施纯氮 18 kg 左右，能取得 500 kg 以上的亩产量。

3. 稻草机械全量旋耕还田技术研究

秸秆还田是秸秆综合利用的主要途径，也是培肥地力的有效措施。2016 年 11 月 16 日在兴化市粮食园区用洋马收割机(秸秆长度<10 cm)和普通收割机(秸秆长度>10 cm)分别收获两个田块，收获匀草后分别用小型条播机(不带镇压功能)和犁旋一体秸秆还田作业机(带镇压功能)条播，这样设计 4 个处理。供试品种‘宁麦 14’，每亩播种量 12.0 kg，基苗肥、平衡肥、拔节孕穗肥比例 5∶1∶4，亩总施氮量 17 kg。从表 3-13-3 可见，秸秆长度在 10 cm 内、镇压的出苗率高，最终穗数也高。从最终产量来看，也是此处理最高，除了穗数足以外，粒重也高。

表 3-13-3　稻秸秆全量还田小麦不同作业方式产量结构比较

作业方式	基本苗/万苗	亩穗数/万穗	每穗粒数/粒	千粒重/g	亩理论产量/kg
粉碎(秸秆长度<10 cm)、机条播	18.67	37.93	32.16	39.54	482.32
粉碎(秸秆长度>10 cm)、机条播	17.67	36.82	32.07	39.28	463.83
粉碎(秸秆长度<10 cm)、机条播、镇压	19.33	38.56	31.85	40.46	496.90
粉碎(秸秆长度>10 cm)、机条播、镇压	18.33	37.46	32.14	39.89	480.26

4. 筛选优质生化制剂，达到增产效果

好的生化制剂能起到壮苗、抗倒、增加产量、提高品质的效果，为了筛选出好的生化产品，助力增产提质，开展该项研究。

共展示新产品 3 组(拌种剂、叶面肥、抗逆抗倒剂)，从结果看，示范的几种新型的生化产品能起到一定的增产效果，拌种剂可增加穗数，叶面肥可提高粒重，抗逆抗倒剂能起到很好的降低株高、防止倒伏的效果，同时能够增加粒数，提高千粒重，在生产上均可以推广应用。

4.1　小麦拌种剂

供试品种‘扬麦 23’，2015 年 11 月 16 日播种，每亩播种量 13 kg。小麦拌种剂为适麦丹、HW001、天歌源。使用方法：适麦丹，24%咯菌腈+24%苯醚甲环唑 20 mL 兑水 1 kg 拌 10 kg 麦种，晾干后直接播种；HW001，腐殖酸、生物炭、微量元素锌铁及维生素 B 等水剂 500 g 加 1 000 mL 水稀释后，加入 2 袋粉剂搅拌均匀，拌种量 40 kg，晾干后播种；天歌源，17%天歌源 100 mL 加 25%劲护 3 mL 兑水 1 kg 拌 10 kg 麦种，晾干后直接播种。

拌种剂与对照相比，出苗率没有明显的差异，但出苗相对整齐。从最终产量结构调查看，拌种剂成穗数、千粒重均高于对照，其中“天歌源”成穗数最高，产量也最高(表 3-13-4)。

表 3-13-4　不同拌种剂处理小麦产量及产量结构

序号	不同拌种剂	亩穗数/万穗	每穗粒数/粒	千粒重/g	亩理论产量/kg
1	适麦丹	32.55	39.86	38.7	502.11
2	HW001	34.42	37.46	39.1	504.14
3	天歌源	35.15	38.83	38.6	526.84
4	清水对照	32.06	39.08	38.3	479.86

4.2　新型叶面肥

新型叶面肥采用阿瑞斯硅钾肥与粒宝宝。使用方法：阿瑞斯硅钾肥在孕穗期、扬花期亩用 70 g 左右兑水 30 kg 细喷雾；粒宝宝在小麦破口期至扬花期使用，亩用 100~150 mL 兑水 30 kg 喷雾。施用后提高了穗数和粒重，产量增幅在 5%左右(表 3-13-5)。

表 3-13-5　不同叶面肥处理小麦产量及产量结构

叶面肥	亩穗数/万穗	每穗粒数/粒	千粒重/g	亩理论产量/kg	亩实际产量/kg
阿瑞斯硅钾肥	34.05	39.86	38.80	526.61	497.45
粒宝宝	34.12	39.46	38.67	520.64	484.65
清水对照	33.57	38.13	38.10	487.69	460.96

4.3 抗逆抗倒新型生物试剂

使用劲丰、小胖墩与春泉矮壮丰提高小麦抗逆抗倒能力。劲丰，在抽穗扬花期，亩用100～120 mL兑水20～30 kg搅匀后叶面喷雾；小胖墩，小麦返青期至拔节期，亩用40 g兑水30 kg细喷雾；春泉矮壮丰，抽穗期每袋兑水10 kg喷施。使用抗逆抗倒剂，能降低株高和穗长，减少倒伏风险，每穗粒数、千粒重和产量略有提高，增幅不显著(表3-13-6)。

表3-13-6　不同抗逆抗倒剂处理小麦植株主要性状及产量结构

抗逆抗倒剂	株高/cm	穗长/cm	亩穗数/万穗	每穗粒数/粒	千粒重/g	亩实际产量/kg	增幅/%
小胖墩	85.6	9.96	34.1	38.79	38.5	467.08	2.21
劲丰	82.2	9.57	33.9	39.04	38.7	474.05	3.74
春泉矮壮丰	83.1	9.98	34.3	38.92	38.6	480.38	5.13
清水对照	87.2	10.45	33.9	38.86	38.2	456.96	—

(二)红皮优质小麦抗逆栽培技术研究

1. 晚播小麦施肥技术试验研究

灾害性年份，因为面积大，收获、播种时间长，小麦迟播现象时有发生，有针对性地开展了迟播条件下的播种量试验、肥料用量试验、肥料运筹试验，结果表明11月中下旬播种的田块用种量适当增加到每亩17.5～22.5 kg，以纯氮用量为每亩17 kg，基苗肥、分蘖肥、拔节孕穗肥施用比例5∶1∶4能取得较好的产量。

1.1 晚播麦肥料运筹试验

试验在粮食园区内进行。2015年12月2日播种，总施氮量为每亩17 kg，按肥料运筹设3个处理：A. 4∶2∶4，B. 5∶1∶4，C. 6∶1∶3。从最终产量来看，处理B平均亩产440.2 kg，为最高，处理A与之相接近，显著高于处理C(亩产410.0 kg)(表3-13-7)。结果说明迟播麦肥料要适当后移。

表3-13-7　不同肥料运筹的小麦产量及产量结构

处理	亩穗数/万穗	每穗粒数/粒	千粒重/g	亩理论产量/kg	亩实际产量/kg
A. 4∶2∶4	34.82	35.64	38.4	476.5	434.3Aa
B. 5∶1∶4	35.61	35.39	38.2	481.4	440.2Aa
C. 6∶1∶3	36.35	32.24	37.9	444.2	410.0Bb

1.2 晚播麦肥料用量试验

试验经过：在兴化粮食园区内，2015年12月2日播种，按肥料亩用量设3个处理：A. 纯氮14 kg，B. 纯氮17 kg，C. 纯氮20 kg。小区面积62 m^2，重复3次。从最终产量来看，亩施用20 kg产量最高，亩施用17 kg次之，二者产量差异不显著，均显著高于亩施用14 kg的处理(表3-13-8)。考虑到氮肥的投入成本及减少面源污染，生产上应优先选择亩施用17 kg纯氮。

表3-13-8　不同施氮肥量的小麦产量及产量结构

处理	亩穗数/万穗	每穗粒数/粒	千粒重/g	亩理论产量/kg	亩实际产量/kg
A. 氮14 kg	32.6	31.58	37.8	389.2	376.8Bb
B. 氮17 kg	33.9	34.67	38.3	450.1	425.5Aa
C. 氮20 kg	33.9	35.52	38.1	458.8	439.0Aa

2016 年 12 月 7 日播种，每亩播种量 20 kg，应用上述施肥技术，示范面积 50 亩。最终成穗量 40.1 万、每穗 31.2 粒、千粒重 39.6 g，亩产量达到 456 kg(2017 年 5 月天气特别适宜，小麦产量普遍较高)。

2. 稻田套播麦试验研究

在播种期间连续阴雨的条件下，套播不失为一种简便的抗逆栽培措施，可以达到提早播种的效果(张洪程 等，1994；许轲 等，2008)。作为一种应急播种方式在生产上多有应用，兴化市常年应用面积 20 余万亩。

2015—2016、2016—2017 年度开展不同共生期试验。试验设零共生和共生期 14 d 两个处理，2016 年 11 月 13 日、11 月 27 日分两次人工撒播，亩播种量 15 kg，亩基本苗数量分别为 26.3 万、23.2 万。机收时留茬高度 20~25 cm，其余稻草切碎长度控制在 6 cm 以下，并均匀抛撒覆盖，控制覆草厚度 3 cm，并辅以人工匀草，提高均匀度；在播后冬前田间墒情适宜时机开墒覆土，在稻草表面均匀覆盖一层 1 cm 厚细土。

2015—2016 年度共生期长的发生了较大面积倒伏，共生期长的产量明显低于共生期短的。2016—2017 年度共生期 14 d 的，由于收获水稻时有麦苗损伤，最终穗数还不及零共生的，但穗粒数和粒重高于零共生的，两者最终产量相近，共生期长的产量略高(表 3-13-9)。所以从生产上来看，应推荐零共生的，或者共生期在 5 d 内的，较为合理。

表 3-13-9　2016—2017 年不同种植方式的小麦产量及产量结构

播期(月/日)	共生天数/d	亩穗数/万穗	每穗粒数/粒	千粒重/g	亩理论产量/kg	亩实际产量/kg
11/13	14	34.24	35.58	40.3	496.7	451.7
11/27	0	35.23	34.54	40.1	488.0	448.9
平均		34.7	35.06	40.2	492.4	450.3

3. 迟播条件下小麦烂耕烂种与适墒播种试验研究

2015 年、2016 年，两年秋播期间均出现了连阴雨天气，秋收秋种受到严重影响，生产上出现了大面积超迟播现象。过去的研究表明，小麦播种宁迟勿烂，但针对 12 月才收割的水稻是否也采用上述方式值得研究。

实验设两个大的处理：A1. 烂耕烂种(水稻收获后立即播种，播种时间 2016 年 12 月 9 日)，A2. 适墒播种(等田间墒情适宜时再播种，播种时间 2016 年 12 月 16 日)。每个处理按播种方式分为两类：B1. 板茬直播，B2. 浅旋耕撒播；按播种量分为三类：C1. 15 kg，C2. 20 kg，C3. 25 kg。共 12 个处理(一种播种方式 6 个处理)。从实验结果看，A1 产量高于 A2，在过迟播种的条件下，创造条件抢早播种有利于产量提高。B1 处理产量高于 B2 处理，在播种方式的选用上以板茬直播好于浅旋耕撒播。A1B1、A1B2、A2B1、A2B2 四种因素下，产量都表现为 C3>C2>C1，即随着播种量(基本苗)增多，产量增加，各处理增产幅度差异明显。A1 因素处理浅旋耕撒播(B2)、板茬直播(B1)不同的播种量之间增幅较大，每亩产量差异 30.3~49.1 kg。A2 因素处理浅旋耕撒播(B2)不同播种量之间增幅较小，每亩产量差异 2.9~6.7 kg。板茬直播(B1)不同播种量间的差异较大，每亩产量差异在 16.8~56.3 kg。在墒情较差的情况下，无论是浅旋耕撒播或板茬直播，由于播种质量差，基本苗难以保证，增加播种量能增加基本苗，有利于穗数增加，故随着播种量的增加，产量增幅较大。在适墒播种的情况下，浅旋耕撒播麦由于播种质量较好，不同播种量之间基本苗差异并不大，穗数差异也不大，故不同播种量之间产量差异不大，增加播种量，增产幅度较小。而板茬直播麦则反之，不同播种量之间产量差异较大(表 3-13-10)。综上所述：在小麦过迟播种的情况下，抢早播种有利于产量的增加，在播种方式的选用上，无论是浅旋耕撒播或板茬直播都要以提高播种质量为基础，播种质量差的可通过增加播种量来提高基本苗，在能提高播种质量的基础上，可降低用种量，减少物化成本。

表 3-13-10　不同处理的小麦产量

墒情	播种方式	播种量	亩实际产量/kg	位次
A1	B1	C1	410.5	5
		C2	442.5	2
		C3	491.6	1
	B2	C1	349.4	11
		C2	392.5	8
		C3	422.8	3
A2	B1	C1	401.1	7
		C2	403.9	6
		C3	410.6	4
	B2	C1	310.6	12
		C2	366.9	10
		C3	383.7	9

三、构建的规范化栽培技术

(一) 技术思路

两年来的试验示范、高产攻关研究表明，选择综合性状好的优质高产品种如‘扬麦 23’等中强筋小麦品种，配套现有的高产栽培技术(机械化播种技术、精确定量施肥技术、灌排技术、化控技术、病虫草害综合绿色防控技术)，在特殊天气条件下积极应用抗逆栽培技术(独秆栽培技术、套播麦技术)，通过社会化服务组织(戴南常发农机专业合作社、兴化市利禾植保专业合作联社、兴化市益农植保专业合作社)开展全程机械化作业、植保统防统治、粮食烘干仓储集中服务。同时与面粉加工龙头企业——五得利集团兴化分公司等进行无缝对接，使产品符合加工企业的要求，开展订单种植，既保证了兴化面粉的品质，又增加了种植户种植效益。充分放大“兴化红皮小麦”的地理标志产品品牌效应。

(二) 优质中强筋小麦‘扬麦 23’优质高产群体生长指标

试验研究结果表明，‘扬麦 23’属穗粒并重型品种，有效穗数基本稳定在 33 万~35 万之间，每穗粒数在 39~42 粒之间，千粒重变幅较大，高产田块一般在 39~41 g，但拔节孕穗肥施用不足或后期早衰，粒重可降到 36 g 左右，所以‘扬麦 23’要实现亩产 450~500 kg，栽培重点是稳定穗数，减少颖花退化，主攻粒重(王汝利 等，2011)。

‘扬麦 23’优质高产群体干物质积累指标和叶面积指数等如下：

（1）干物质积累　拔节期为每亩 400 kg 左右；抽穗期要达到每亩 750~800 kg；成熟期总干物质量达每亩 1 300 kg 左右。

（2）叶面积指数　拔节期为 3.5~4.0；孕穗期多数在 5.5~6.0，达最大值。

（3）茎蘖动态和成穗率指标　冬前(12 月 20 日)群体茎蘖数达预期穗数的 1.4~1.6 倍，即每亩 45 万~55 万；拔节前达高峰苗，高峰苗数量控制在每亩 65 万~70 万；茎蘖成穗率达 45%~55%。

（三）集成红皮优质小麦现代化生产技术

1. 播种技术

（1）品种选用　选用生态适应性好、综合抗性强、高产稳产的中强筋红皮春性小麦品种‘扬麦 23’等，坚持连片种植，并与面粉加工龙头企业——五得利集团兴化分公司对接，开展订单种植受生产企业欢迎的小麦原粮。

（2）种子处理　播种前强调“晒种”和“拌种”。播前应晒种 2~3 d。每 10 kg 麦种用 15%天歌源种衣剂 100 mL 或适麦丹(24%咯菌腈+24%苯醚甲环唑)20 mL 兑水 1 kg 拌种，晾干后直接播种。预防小麦纹枯病等病害，同时起到壮根壮苗、提高出苗率和保苗率的效果。

（3）适期播种　以 10 月 25 日至 11 月 5 日播种为宜，最迟在 11 月 10 日前。

（4）播种量　适期播种，基本苗在 15 万~18 万；迟于播种适期，要适当增加播种量，每晚播一天增加 0.5 万~1.0 万基本苗，最多不超过预期穗数的 80%。适期播种种子发芽率正常情况下，可根据“斤种万苗”原则确定播种量，晚播、气温较低条件下田间出苗率下降，每千克种成苗数 1.2 万~1.4 万，需适当加大播种量。

具体应根据种子的质量和基本苗按式(3-13-1)计算。

$$播种量=\frac{基本苗数}{每千克种子粒数\times种子净度\times发芽率\times田间出苗率} \tag{3-13-1}$$

（5）播种方式　播种时要抢晴天适墒播种，消灭“三籽”（露籽、丛籽、深籽），提高播种质量。

在墒情适宜时应优选机械条播。秸秆还田，水稻收获时要及早和农机合作社对接，机械要普及切碎、匀铺装置。碎草切碎长度控制在 6 cm 以内，留茬高度 10 cm 以下，碎草匀铺不到位需人工辅助撒匀，无起堆，播深 2~3 cm，埋草深度达 10~15 cm，播后洇水沉实有利于一播全苗。

迟熟烂墒稻茬，可采用零共生套播，套播共生期控制在 5 d 内，种肥双套；机收时留茬高度 20~25 cm，其余稻草切碎长度控制在 6 cm 以下，并均匀抛撒覆盖，控制覆草厚度 3 cm，并辅以人工匀草，提高均匀度；稻草覆盖后洇水促出苗；在播后冬前田间墒情适宜时一定要高密度(畦面宽度 2.5 m 内)机开墒覆土，在稻草表面均匀覆盖一层细土。

迟播麦应采用独秆栽培技术(徐军 等，2010；季爱民 等，2012；孔祥英 等，2018)。该技术特点是加大播种量，以密补晚以穗定苗，争足穗。重点：一是增苗密植技术，根据晚播程度加大播种量，每亩基本苗相当于每亩适宜穗数 80%；二是在肥水运筹上关键是施足基肥，减少苗肥，控制无效分蘖，促进主茎大穗大粒(王志春，2012)。在以密补迟的同时，强调以质(高整地与播种质量)补迟、以管补迟、以匀补迟。以亩用纯氮 17 kg，基苗肥、分蘖肥、拔节孕穗肥施用比例

5∶1∶4 为宜。

在过迟播种的条件下，创造条件抢早播种有利于产量提高，播种方式选用浅旋耕种，同时要注意由于播种质量差，成苗率低，每千克种成苗数在 1.0 万~1.2 万，应在原有基础上再适当增加播种量。

2. 施肥技术

（1）施肥量及配比　每亩施肥总量及氮磷钾配比，纯氮 16~18 kg，早播稀播要调高施肥总量，晚播密播要调低施肥总量。N∶P_2O_5∶K_2O=1∶（0.4~0.6）∶（0.4~0.6）。

（2）肥料运筹　基肥∶苗肥∶拔节肥∶孕穗肥=5∶（1.0~1.5）∶（2.0~3.0）∶（1.0~1.5），即基苗肥占 50%，平衡肥占 10%~15%，拔节肥占 20%~25%，孕穗肥占 10%~15%；磷钾肥运筹，基苗肥∶拔节肥为 5∶5(钱正长 等，2018)。

（3）施肥方法　主动科学洇水施肥，改变传统的等天下雨被动施肥习惯，要做到肥水协调，墒情适宜。

1）基肥在播种前一次性施下，每亩施 45%的复合肥(N、P_2O_5、K_2O 均为 15%，下同)25~30 kg、尿素 5~7.5 kg。

2）苗肥在 1 叶 1 心期施用，每亩施尿素 3~5 kg，促平衡。

3）拔节肥在小麦基部第一节间定长、第二节间 2 cm 长时，群体叶色褪淡、主茎叶龄余数 2.5 叶左右时施用(一般为 3 月中下旬至 4 月上旬)，每亩施 45%复合肥 20 kg 左右。旺长田块要少施、迟施肥，苗弱田块应早施、多施。

4）孕穗肥在小麦剑叶期施用，每亩追施尿素 6~10 kg。

叶面喷肥在孕穗至扬花期亩用阿瑞斯 70 g 左右兑水 30 kg 细喷雾，可提高穗粒数和粒重，产量增幅在 5%左右。

3. 主要病虫草害的防治技术

推广普及综合防治技术，全面推行专业化统防统治体制与运行机制建设。根据植保情报科学配方，合理混用、轮换交替使用不同作用机制或具有负交互抗性的药剂，克服和推迟病虫害抗性的产生和发展。

4. 抗逆应变

（1）渍害　防御渍害的主要措施是因地制宜地开挖好内外三沟，沟系配套，确保灌得进、排得出，排水顺畅，达到雨止田干。外三沟标准：隔水沟(毛沟)深 100 cm 以上，导渗沟(农沟)深 120 cm 以上，大排沟(斗沟)深 150 cm 以上。内三沟标准：逐级加深田内墒沟，竖墒沟深 20~25 cm，横墒沟深 30~35 cm，田边及两端出水的竖墒与横墒，即出水墒沟深 40~45 cm。做到“一方麦田，两头出水，三沟配套，四面腾空，雨止田干”。在小麦返青后、拔节前要及时清沟理墒，清除沟内杂物、淤泥等，确保沟系畅通。在渍害严重时应根据受渍程度追施复合肥 10 kg 左右，同时进行叶面喷肥，可亩用阿瑞斯 30~40 g 兑水 30 kg 细喷雾。

（2）冻害　冻害预防可选用抗寒性较强的品种、适期播种等，减少冻害的发生；播后适度镇压。镇压是防止干冻死苗的重要措施。有条件的地方，要推广机械镇压，一定要做到泥草紧实无空隙，种土紧密结合；防止吊空苗及土壤跑墒，防止干冻死苗。板茬直播和稻田套播小麦，要增加沟泥、秸秆覆盖；在主茎 4~6 叶期亩用矮壮丰或矮苗壮 60 g 或 15%的多效唑可湿性粉剂 50~70 g 兑水 30~40 kg 喷雾，培育矮壮苗，增强抗寒抗倒能力。小麦拔节前受冻，一般不必施用恢复肥。拔节后发生冻害应及时补施恢复肥，减轻冻害损失，恢复肥追施数量应根据小麦茎蘖幼穗冻死率而定：对主茎和大分蘖幼穗冻死率超过10%的麦田要及时追施恢复肥，一般冻死率在10%~30%的麦田，可每亩追施尿素5 kg，冻死率超过30%的麦田每递增10个百分点，每亩增施尿素2~3 kg，上限值不超过15 kg，以争取动摇分蘖和后生高节位分蘖成穗，挽回产量损失。同时要注意恢复肥与常规施肥互不抵消。

（3）倒伏　除苗期化控壮苗外，如后期群体过大，可在抽穗扬花期，亩用劲丰100~120 mL兑水20~30 kg搅匀后叶面喷雾，能降低株高和穗长，提高每穗粒数和千粒重，增加产量（柳志伟等，2004）。

5. 适期收获

5月底至6月初收获。收获前要及早与农机专业化合作社对接，落实好收获机械；收获时要做到不同品种单独收获、单独运输；收获后需及时晾晒，如遇阴雨天气要提前与粮食烘干仓储企业对接，进行低温烘干。

四、示范应用取得的效果与效益

（一）经济效益

（1）创新区　2015—2016年度、2016—2017年度、2017—2018年度建立小麦高产攻关田面积1 266亩，平均亩产565.1 kg，平均较全市增幅43.9%，平均亩净增效益398.4元，累计新增效益50.9万元。

（2）核心展示区　两年度建立15个小麦集成技术展示区，面积23 992亩，平均亩产463.8 kg，平均较全市增幅18.1%，平均亩净增效益175.9元，累计新增效益424.6万元。

（3）应用示范方　面积52.92万亩，平均亩产428.6 kg，平均较全市增幅9.1%，平均亩净增效益94.6元，累计新增效益5 078.9万元。

（二）社会效益

确定了‘扬麦23’为兴化市的主推品种，提高了全市的优质小麦品种应用率，集成了红皮小麦规范化生产技术，解决了当前规模化生产的技术难题，指导全市乃至全省的小麦生产，通过标准化、规模化的优质品种生产，生产出优质红皮小麦，推进了供给侧的改革，为本地面粉加工龙头企业五得利集团兴化分公司提供了优质原粮，推动了品牌化建设，强化优质小麦生产基地建设和品牌创建，带动了大面积平衡增产增效。

通过项目实施，建立小麦现代化生产技术与机械、植保、粮食烘干等为主要内容的全程化服务集中区，推进机械保有率，推广普及机械化种植技术，机条播、秸秆机械还田技术。

（三）生态效益

通过推广有机肥、高效复合肥和减氮增钾补微相结合，实现氮肥投入的负增长，提高肥料利用率；通过合理应用健身栽培措施和物理防治方法，大力推行病虫害绿色防控，减少了农药量；大力推行病虫害绿色防控，不仅节约了生产成本，而且减少了面源污染。

五、与对照技术的技术经济指标比较

（一）增产效果显著

与大面积相比，优质红皮小麦基地3年亩均产463.5 kg，亩增产40.8 kg，增幅9.7%

（表 3-13-11）。

表 3-13-11　项目核心展示区小麦产量

示范方	小麦亩产/kg			平均亩产/kg
	2015—2016 年度	2016—2017 年度	2017—2018 年度	
钓鱼	470. 2	492. 0	498. 6	486. 9
城东	453. 1	458. 2	453. 8	455. 0
临城	458. 3	468. 8	461. 3	462. 8
陈堡	454. 5	455. 6	452. 6	454. 2
周庄	459. 4	469. 9	469. 3	466. 2
茅山	452. 4	470. 4	462. 4	461. 7
戴南	456. 4	462. 4	455. 1	458. 0
示范方平均	457. 8	468. 2	464. 7	463. 6
非项目区平均	415. 9	431. 5	420. 6	422. 7
示范方较非项目区增量	41. 9	36. 7	44. 1	40. 9
增幅	10. 1%	8. 5%	10. 5%	9. 7%

（二）产值效益提高

在项目区推广优质中强筋红皮小麦品种，示范方小麦产值、效益明显提高，亩产值平均 912. 7 元，增加 9. 9%，亩净增效益 94. 6 元(表 3-13-12)。

表 3-13-12　项目示范方小麦产值、效益

类型	年度	亩产量/kg	亩产值/元	亩净增效益/元
示范方	2015—2016	417. 3	801. 2	71. 9
	2016—2017	433. 8	967. 4	97. 3
	2017—2018	434. 7	969. 4	114. 6
	平均	428. 6	912. 7	94. 6
非项目区	2015—2016	385. 0	739. 2	—
	2016—2017	398. 0	883. 6	—
	2017—2018	395. 0	869. 0	—
	平均	392. 7	830. 6	—
示范方较非项目区增量		35. 9	82. 1	94. 6
增幅		9. 1%	9. 9%	—

（三）技术应用改进

（1）品种　本技术方案选择优质中强筋小麦品种‘扬麦 23’，规模化统一种植、分品种收储，原料内在品质一致性高，深受企业青睐，一般每千克可加价 0. 1 元左右；传统技术生产中，品种较多、乱、杂，中筋、弱筋混杂收储，内在品质一致性差，加工企业调整面筋含量难度大，不受加工企业欢迎。

（2）播种技术　该技术方案强调适期早播，适墒播种，播种量根据播期调整，适期播种采用精量、半精量播种，基本苗数量控制在 8 万～16 万；迟于播种适期，每晚播一天增加 0.5 万～1.0 万基本苗，最多不超过预期穗数的 80%。播种方式优选浅旋耕机条(匀)播、适期套播(0～7 d)、稻草覆盖还田等，播种前强调"晒种"和"拌种"，预防小麦纹枯病等病害，同时起到壮根壮苗、提高出苗率和保苗率的效果。确保一播成功，实现齐苗、匀苗、壮苗。传统生产粗放种植，以浅旋耕人工撒播为主，烂耕烂种现象严重，播种量控制不严格，早播不稀、晚播不密现象较为普遍，出苗不匀，群体不足或过大，造成穗数不足或倒伏，影响最终产量。

（3）秸秆还田　本技术方案强调农机农艺配套。一是水稻收获机械普及切碎、匀铺装置，碎草切碎长度控制在 10 cm 以内，碎草匀铺无起堆；二是进行灭茬埋草整地，确保稻草深度在 15 cm 以上，碎土大小控制在 3 cm 以下，覆盖率高，稻草覆盖率达 90%以上，作业后的田面平整。传统技术生产中，小型手扶拖拉机旋耕埋草作业，稻草富集于表层，泥草空隙大，吊空苗及土壤跑墒严重，抗冻害能力弱，冻害时有发生。

（4）肥料运筹　本技术方案实施精确定量施肥，根据目标产量、品质类型、播期来调整肥料运筹比例和用量，主动肥水运筹，根据作物吸肥规律施肥，适播小麦严格控制腊肥和返青肥，肥料利用率高；传统技术靠天施肥，有施用腊肥和返青肥的习惯，导致中期旺长，后期拔节孕穗肥难以施用，肥料利用率低。

六、应用前景与发展建议

兴化红皮小麦规范化生产技术是针对兴化里下河地区优质红皮小麦生产过程中存在的突出问题和瓶颈因素进行关键技术的创新与集成，是目前江苏及全国同类地区小麦生产上急需技术成果，该成果推广应用后，在相同品种和施肥水平条件下，比当地传统栽培方式增产 10%以上，增加效益 20%以上，在江苏里下河周边地区均可推广应用。

在江苏省其他地区也有较好的借鉴作用，在推广时应根据本地区的气候特征和土壤质地确定合理的播期、选择适宜的品种，同时应注重与面粉加工企业紧密合作，进行订单生产，培育壮大面粉品牌。

参考文献

Ahmadi S H, Andersen M N, Plauborg F, et al., 2010. Effects of irrigation strategies and soils on field grown potatoes: yield and water productivity [J]. Aricultural Water Management, 97:1923-1930.

Bossio D, Geheb K, Critchley W, 2010. Managing water by managingland: addressing land degradation to improve water productivity and rural livelihoods [J]. Aricultural Water Mangemant, 97:536-542.

Chauhan B S, Johnson D E, 2010. Implications of narrow crop row spacing and delayed *Echinochloa colona* and *Echinochloa crus-galli* emergence for weed growth and crop yield loss in aerobic rice [J]. Field Crops Research, 117(2):177-182.

Chu G, Chen T, Wang Z, et al., 2014. Morphological and Physiological traits of roots and their relationships with water productivity in water-saving and drought-resistant rice [J]. Field Crops Res, 162:108-119.

Ehdaie B, Waines J G, 2001. Sowing date and nitrogen rate effects on dry matter and nitrogen partitioning in bread and durum wheat [J]. Field Crops Research, 73(1):47-61.

Heap I, 2018. International survey of herbicide resistant weeds. http://www.weedscience.com.

Huanhe Wei, Tianyao Meng, Xiaoyun Li, et al., 2018. Sink-source relationship during rice grain filling is associated with grain nitrogen concentration [J]. Field Crops Research, 215:23-38.

Liu X J, Wang J C, Lu S H, et al., 2003. Effects of non-flooded mulching cultivation on crop yield nutrient uptake and nutrient balance in rice-wheat cropping systems [J]. Field Crops Research, 83(3):297-311.

Rouse C, Roma-Burgos N, Barbosa Martins B, 2019. Physiological assessment of non-target site restistance in multiple-resistant junglerice (*Echinochloa colona*) [J]. Weed Science, 67(6):622-632.

Wenshan Guo, Huu-hao Ngo, Jianxin Li, 2012. A mini-review on membrane fouling [J]. Bioresour Technol, 122(5):27-34.

Yao F X, Huang J L, Cui K H, et al., 2012. Agronomic performance of high-yielding rice variety grown under alternate wetting and drying irrigation [J]. Field Crops Research, Vol. 126:16-22.

白人朴,2011.关于水稻生产机械化技术路线选择的几个问题[J].中国农机化,(1):15-18.

蔡宏芹,张爱华,蒋国泽,等,2013.江苏省泰兴市麦田杂草种类调查及其防控措施[J].杂草科学,31(1):50-51.

曹卫华,2015.江苏省稻麦两熟区机械化生产模式及其效率研究[D].北京:中国农业大学.

常志州,陈新华,杨四军,等,2014.稻麦秸秆直接还田技术发展现状及展望[J].江苏农业学报,30(4):909-914.

陈爱大,杨红福,温明星,等,2011.高产优质多抗小麦新品种镇麦9号的选育和栽培技术[J].江苏农业科学,39(5):127-128.

陈香华,赵桂东,李茹,等,2012.不同药剂处理对小麦纹枯病防治效果的研究[J].金陵科技学院学报,28(4):50-52.

陈晓光,石玉华,王成雨,等,2011.氮肥和多效唑对小麦茎秆木质素合成的影响及其与抗倒伏性的关系[J].中国农业科学,44(17):3529-3536.

陈新,景闻,陈雷,等,2014.水稻侧深施肥机插秧技术试验[J].江苏农机化,161(2):25-26.

褚光,展明飞,朱宽宇,等,2016.干湿交替灌溉对水稻产量与水分利用效率的影响[J].作物学报,42(7):1026-1036.

戴志刚,鲁剑巍,李小坤,等,2010.不同作物还田秸秆的养分释放特征试验[J].农业工程学报,26(6):272-276.

刁操铨,1994.作物栽培学各论(南方本)(全国高等农业院校教材,农学类专业用)[M].北京:中国农业出版社:122.

董玉轩,顾中言,徐德进,等,2012.雾滴密度与喷雾方式对毒死蜱防治褐飞虱效果的影响[J].植物保护学报,39(1):75-80.

樊高琼,李金刚,王秀芳,等,2012.氮肥和种植密度对带状种植小麦抗倒能力的影响及边际效应[J].作物学报,38(7):1307-1317.

樊晓翠,2011.不同养分管理模式对重庆水稻产量和养分利用效率的影响[D].重庆:西南大学.

房锋,李美,高兴祥,等,2018.冬小麦田大穗看麦娘种群动态及对小麦产量的影响[J].植物保护学报,45(2):340-346.

冯洋,陈海飞,胡孝明,等,2014. 高、中、低产田水稻适宜施氮量和氮肥利用率的研究[J]. 植物营养与肥料学报,20(1):7-16.
高德荣,张晓,康建鹏,等,2014. 长江中下游麦区小麦迟播的不利影响及育种对策[J]. 麦类作物学报,34(2):279-283.
高兴祥,李建勇,李美,等,2016. 吡氟酰草胺除草活性及对小麦安全性测定[J]. 植物保护学报,43(2):329-335.
顾中言,2005a. 影响杀虫剂药效的因素与科学使用杀虫剂的原理和方法Ⅱ. 植物类型与杀虫药剂滞留量[J]. 江苏农业科学,4:46-50.
顾中言,2005b. 影响杀虫剂药效的因素与科学使用杀虫剂的原理和方法Ⅲ. 表面活性剂与杀虫剂药效的关系[J]. 江苏农业科学,5:57-59.
顾中言,2009. 植物的亲水疏水特性与农药药液行为的分析[J]. 江苏农业学报,25(2):276-281.
顾中言,徐广春,徐德进,等,2012. 稻田农药科学减量的技术体系及其原理[J]. 江苏农业学报,28(5):1016-1024.
顾中言,徐广春,徐德进,等,2013a. 稻田农药科学使用Ⅰ. 农药的选择原则和农药的田间桶混效应[J]. 江苏农业科学,41(8):112-115.
顾中言,许小龙,韩丽娟,2002. 一些药液难在水稻、小麦和甘蓝表面润湿展布的原因分析[J]. 农药学学报,4(2):75-80.
顾中言,许小龙,韩丽娟,2003. 表面活性剂在农药使用中的作用研究[J]. 现代农药,2(4):21-23,42.
顾中言,许小龙,徐广春,等,2013b. 稻田农药科学使用Ⅲ. 农药的沉积结构和喷雾器械、喷雾方式[J]. 江苏农业科学,41(10):96-101.
郭文磊,吴丹丹,张纯,等,2019. 5 种茎叶处理除草剂对直播稻田禾本科杂草的除草活性及田间防效[J]. 南方农业学报,50(6):1240-1246.
郭文善,2012. 小麦抗逆高产栽培技术[M]. 南京:江苏科学技术出版社:65-82.
国家环境保护局,1989-09-06[1990-02-01]. GB/T 4285—1989,农药安全使用标准[S].
国家质量技术监督局,2000-06-13[2000-10-01]. GB/T 8321. 1—2000,农药合理使用准则(一)[S].
国家质量技术监督局,2000-06-13[2000-10-01]. GB/T 8321. 2—2000,农药合理使用准则(二)[S].
国家质量技术监督局,2000-06-13[2000-10-01]. GB/T 8321. 3—2000,农药合理使用准则(三)[S].
国家质量技术监督局,2000-06-13[2000-10-01]. GB/T 8321. 6—2000,农药合理使用准则(六)[S]
何金均,王立臣,宋建农,等,2009. 水稻种植机械化发展现状及制约因素分析[J]. 农机化研究,31(2):1-4.
何瑞银,罗汉亚,李玉同,等,2008. 水稻不同种植方式的比较试验与评价[J]. 农业工程学报,124(1):167-171.
何秀玲,2013. 种子处理剂在植物保护领域的应用、存在问题及趋向[J]. 世界农药,35(6):25-29.
何志文,王建楠,胡志超,2010. 我国旋耕播种机的发展现状与趋势[J]. 江苏农业科学,273(1):361-363.
季爱民,赵建明,2012. 苏北沿海地区晚播小麦生育特点及独秆栽培高产配套技术[J]. 上海农业科技,330(1):49.
江苏省农业机械管理局,2016-09-20[2016-11-20]. DB32/T 3127—2016,稻秸秆还田集成小麦(施肥)播种机械化生产技术规程[S].

江苏省质量技术监督局,2016-09-20[2016-11-20].DB32/T 3126—2016,麦秸秆还田集成机插秧技术规范[S].
蒋敏,沈明星,沈新平,等,2014.长期不同施肥方式对麦田杂草群落的影响[J].生态学报,34(7):1746-1756.
金妙光,2009.基于精准农业预测中若干问题的研究[D].天津:天津大学.
金亦富,朱松,张瑞宏,等,2014.自由振动深松开沟施肥播种复式作业机的设计与试验[J].农业装备技术,40(5):14-16.
孔祥英,潘燕,赵元凤,等,2018.小麦浸种催芽晚播独秆栽培技术研究[J].农业开发与装备,195(3):155-156.
兰涛,潘洁,姜东,等,2005.生态环境和播期对小麦籽粒产量及品质性状间相关性的影响[J].麦类作物学报,25(4):72-78.
李华英,代兴龙,张宇,等,2015.播期对冬小麦产量和抗倒性能的影响[J].麦类作物学报,35(3):357-363.
李新国,2016.农作物秸秆还田机械化技术的研究与思考[J].新农村(黑龙江),(2):47.
刘爱芝,陶岭梅,韩松,等,2009.吡虫啉拌种控制全生育期小麦蚜虫有效剂量评价[J].植物保护,35(2):152-154.
刘汉文,秦海生,2014.发展粮食烘干机械化已成当务之急[J].湖南农机,(10):78-79.
刘汉文,秦海生,2015.热风式谷物烘干机的使用与维护[J].农村百事通,(19):54-56.
刘兴林,孙涛,付声姣,等,2015.水稻田除草剂的应用及杂草抗药性现状[J].西北农林科技大学学报(自然科学版),43(7):115-124.
刘洋,2014.麦田主要禾本科杂草的发生动态及防治措施[J].农药市场信息,(29):46-47.
刘玉良,郑术芝,2017.水稻产量相关性状驯化研究进展[J].植物学报,52(1):113-121.
柳志伟,刘素爱,2004.稻茬晚播小麦高产栽培技术[J].河南农业,(12):25.
潘庆民,于振文,王月福,等,1999.公顷产 9 000 kg 小麦氮素吸收分配的研究[J].作物学报,25(5):541-547.
裴雪霞,王姣爱,党建友,等,2008.播期对优质小麦籽粒灌浆特性及旗叶光合特性的影响[J].中国生态农业学报,63(1):121-128.
钱正长,陈春生,王春荣,等,2018.兴化红皮小麦规范化生产技术探究[J].南方农业,12(29):41-42.
乔玉强,曹承富,杜世州,等,2014.氮肥运筹和播种密度对晚播小麦群体总茎数及产量的影响[J].华北农学报,29(2):204-207.
任学祥,叶正和,丁克坚,等,2015.噻呋酰胺种衣剂防治小麦纹枯病效果及安全性研究[J].麦类作物学报,35(11):1588-1591.
阮书江,孙东海,朱会林,等,2018.兴化大米品牌战略研究[J].安徽农业科学,46(1):192-194.
尚毅,朱靖环,华为,等,2015.南方冬麦区小麦耐迟播高分蘖资源的鉴定与筛选[J].麦类作物学报,35(4):494-498.
施积文,2013.早播早栽促水稻持续增产[J].农民致富之友,471(22):72.
史建荣,王裕中,陈怀谷,等,2000.戊唑醇种子处理防治小麦纹枯病[J].植物保护,27(3):231-237.
宋建农,庄乃生,王立臣,等,2000.21 世纪我国水稻种植机械化发展方向[J].中国农业大学学报,5(2):30-33.

苏永中,杨荣,刘文杰,等,2014. 基于土壤条件的边缘绿洲典型灌区灌溉需水研究[J]. 中国农业科学,47(6):1128-1139.
孙立民,王福林,2009. 变量播种施肥技术研究[J]. 东北农业大学学报,40(3):115-120.
孙向东,2012. 关于金融支持做大做强"兴化大米"品牌的思考[J]. 商场现代化,690(7):41-42.
泰州市高港区人民政府,2017. http://www.gaogang.gov.cn/art/2017/4/21/art_52583_2044413.html.
汪军,王德建,张刚,等,2010. 连续全量秸秆还田与氮肥用量对农田土壤养分的影响[J]. 水土保持通报,24(5):40-44,62.
汪胜英,1992. 对我国旋耕机具迅速发展原因浅析[J]. 农业机械学报,(2):117-118.
王德建,常志州,王灿,等,2015. 稻麦秸秆全量还田的产量与环境效应及其调控[J]. 中国生态农业学报,23(9):1073-1082.
王桂良,崔振岭,陈新平,等,2015. 南方稻田活性氮损失途径及其影响因素[J]. 应用生态学报,26(8):2337-2345.
王建新,周明国,陆悦健,等,2002. 小麦赤霉病菌抗药性群体动态及其治理药剂[J]. 南京农业大学学报,25(1):43-47.
王洁,周有炎,沙安勤,等,2014. 机插水稻南粳9108高产生育特性及配套栽培技术[J]. 江苏农业科学,42(12):92-94.
王龙俊,陈维新,郭文善,等,1999. 晚茬小麦高产栽培技术途径[J]. 扬州大学学报(农业与生命科学版),20(2):44-48.
王萍,陶丹,宋海星,等,1999. 品种、播期和密度对冬小麦生育期和产量的影响[J]. 沈阳农业大学学报,30(6):602-605.
王汝利,张菊芳,谢成林,2011. 里下河地区稻茬晚播小麦高产栽培技术[J]. 上海农业科技,327(4):45-47.
王熙,2010. 精准农业大豆变量施肥控制技术研究[D]. 大庆:黑龙江八一农垦大学.
王志春,2012. 晚播麦高产优质高效配套栽培技术[J]. 江苏农业科学,40(5):59-61.
吴翠霞,刘伟堂,路兴涛,等,2016. 河南省3种麦田阔叶杂草对苯磺隆的抗性[J]. 麦类作物学报,36(9),1264-1268.
吴慧芳,2018."兴化大米"品牌战略研究[D]. 南京:南京理工大学.
徐德进,顾中言,徐广春,等,2011. 药液表面张力与喷雾方法对雾滴在水稻植株上沉积的影响[J]. 中国水稻科学,25(2):213-218.
徐德进,顾中言,徐广春,等,2012. 雾滴密度及大小对氯虫苯甲酰胺防治稻纵卷叶螟效果的影响[J]. 中国农业科学,45(4):666-674.
徐德进,顾中言,徐广春,等,2013. 喷雾器及施液量对水稻冠层农药雾滴沉积特性的影响[J]. 中国农业科学,46(20):4284-4292.
徐德进,顾中言,徐广春,等,2014. 喷雾方式对农药雾滴在水稻群体内沉积分布的影响[J]. 中国农业科学,47(1):69-79.
徐富贤,熊洪,谢戎,等,2009. 水稻氮素利用效率的研究进展及其动向[J]. 植物营养与肥料学报,15(5):1215-1225.
徐高明,2015. 稻麦施肥播种机的设计与试验研究[D]. 南京:南京农业大学.
徐广春,顾中言,徐德进,等,2012. 常用农药在水稻叶片上的润湿能力分析[J]. 中国农业科学,45(9):1731-1740.

徐广春,顾中言,徐德进,等,2014. 稻叶表面特性及雾滴在倾角稻叶上的沉积行为[J]. 中国农业科学,47(21):4280-4290.
徐军,范群英,孔金妹,等,2010. 小麦晚播独秆栽培技术探讨及应用分析[J]. 上海农业科技,319(2):62-63.
许轲,张洪程,戴其根,等,2008. 稻田套播麦共生期农田生态环境特征及对小麦生长的影响[J]. 中国农业科学,41(8):2263-2270.
许小龙,徐广春,徐德进,等,2011. 植物表面特性与农药雾滴行为关系的研究进展[J]. 江苏农业学报,27(1):214-218.
杨桂霞,赵广才,许轲,等,2010. 播期和密度对冬小麦籽粒产量和营养品质及生理指标的影响[J]. 麦类作物学报,30(4):687-692.
杨海燕,周丽花,陈雪琴,等,2017. 几种除草剂不同施药期对麦田禾本科杂草的防除效果比较[J]. 杂草学报,35(4),46-50.
杨洪建,颜士敏,李杰,2013. 江苏水稻生产成效与技术推广举措[J]. 耕作与栽培,190(1):62-65.
姚克兵,庄义庆,尹升,等,2018. 江苏小麦赤霉病综合防控关键技术研究[J]. 植物保护,44(1):205-209.
于飞,施卫明,2015. 近10年中国大陆主要粮食作物氮肥利用率分析[J]. 土壤学报,52(6):1311-1324.
袁方,李勇,李粉华,等,2016. 不同施肥方式对稻麦两熟制小麦田杂草群落的影响[J]. 应用生态学报,27(1):125-132.
袁晓明,王宏宇,赵玉凤,等,2012. 大耕深旋耕刀的制造工艺及其耐磨性[J]. 扬州大学学报(自然科学版),15(1):33-37.
詹国祥,李建国,许虎泉,2007. 水稻机械化直播技术研究及发展趋势[J]. 农业装备技术,33(5):12-14.
张朝贤,倪汉文,魏守辉,等,2009. 杂草抗药性研究进展[J]. 中国农业科学,42(4):1274-1289.
张刚,王德建,元春,等,2016. 秸秆全量还田与氮肥用量对水稻产量、氮肥利用率及氮素损失的影响[J]. 植物营养与肥料学报,22(4):877-885.
张洪程,戴其根,钟明喜,等,1994. 稻田套播麦高产高效轻型栽培技术研究[J]. 扬州大学学报(农业与生命科学版),15(4):19-23.
张洪程,龚金龙,2014. 中国水稻种植机械化高产农艺研究现状及发展探讨[J]. 中国农业科学,47(7):1273-1289.
张洪程,李杰,戴其根,等,2010. 机插稻"标秧、精插、稳发、早搁、优中、强后"高产栽培精确定量关键技术[J]. 中国稻米,16(5):1-6.
张继林,孙元敏,郭绍铮,等,1988. 高产小麦营养生理特性与高效施肥技术研究[J]. 中国农业科学,21(4):39-45.
张金宝,秦霞,孙佩贤,等,2010. 黄淮麦区种植密度对晚播冬小麦花后氮素代谢和利用率的影响[J]. 西北农林科技大学学报(自然科学版),38(12):112-116.
张璐,何瑞银,沈有柏,等,2017. 江苏省主要水稻种植模式技术对比分析[J]. 中国农机化学报,38(7):106-111,116.
张璐,景闻,沈有柏,等,2017. 水稻机插侧深施肥技术试验分析[J]. 江苏农机化,(4):54-56.
张瑞宏,缪宏,金亦富,2013. 水稻秸秆的无害化还田新方法[J]. 江苏农机化,(6):25-28.
张斯梅,顾克军,许博,等,2016. 稻秸还田与播种方式影响小麦出苗及产量的大田试验研究[J]. 中国农学通报,32(33):29-33.

张耀兰,曹承富,李华伟,等,2013. 氮肥运筹对晚播冬小麦产量、品质及叶绿素荧光特性的影响[J]. 麦类作物学报,33(5):965-971.

张自常,谷涛,杨霞,等,2017. 不同抗性稗草对水稻产量及其生理特性的影响[J]. 核农学报,31(8):1594-1603.

张自常,李永丰,张彬,等,2014. 稗属杂草对水稻生长发育和产量的影响[J]. 应用生态学报,25(11):3177-3184.

张自常,徐云姬,褚光,等,2011. 不同灌溉方式下的水稻群体质量[J]. 作物学报,37(11):2011-2019.

中华人民共和国国家质量监督检验检疫总局,2002-09-24[2003-03-01]. GB/T 8321.7—2002,农药合理使用准则(七)[S].

中华人民共和国国家质量监督检验检疫总局,2006-06-02[2000-12-01]. GB/T 8321.4—2006,农药合理使用准则(四)[S].

中华人民共和国国家质量监督检验检疫总局,2006-06-02[2000-12-01]. GB/T 8321.5—2006,农药合理使用准则(五)[S].

中华人民共和国国家质量监督检验检疫总局,2007-10-16[2008-05-01]. GB/T 8321.8—2007,农药合理使用准则(八)[S].

中华人民共和国国家质量监督检验检疫总局,2009-10-30[2009-12-01]. GB/T 8321.9—2009,农药合理使用准则(九)[S].

中华人民共和国国家质量监督检验检疫总局,中国国家标准化管理委员会,2007-07-26[2007-12-01]. GB/T 21015—2007,稻谷干燥技术规范[S].

中华人民共和国国家质量监督检验检疫总局,中国国家标准化管理委员会,2007-07-26[2007-12-01]. GB/T 21016—2007,小麦干燥技术规范[S].

中华人民共和国国家质量监督检验检疫总局,中国国家标准化管理委员会,2017-09-29[2018-04-01]. GB/T 6243—2003,水稻插秧机试验方法[S].

中华人民共和国农业部,2006-01-26[2006-04-01]. NY/T 995—2006,谷物(小麦)联合收获机械作业质量[S].

中华人民共和国农业部,2007-06-14[2007-09-01]. NY/T 1411—2007,小麦免耕播种机作业质量[S].

中华人民共和国农业部,2010-09-01[2020-08-15]. NY/T 1922—2010,机插育秧技术规程[S].

中华人民共和国农业部,2013-09-10[2014-01-01]. NY/T 498—2013,水稻联合收割机作业质量[S].

中华人民共和国农业部,2015-02-09[2015-05-01]. NY/T 500—2015,秸秆粉碎还田机作业质量[S].

中华人民共和国农业农村部,2019-08-01[2008-03-01]. NY/T 1534—2019,水稻工厂化育秧技术规程[S].

中华人民共和国农业农村部,2020-07-22[2020-11-01]. NY/T 989—2020,水稻栽植机械作业质量[S].

钟志堂,卢青,2015. 粮食烘干机市场前景分析[J]. 江苏农机化,166(1):46-48.

朱德峰,陈惠哲,2009. 水稻机插秧发展与粮食安全[J]. 中国稻米,92(6):4-7.

朱河霖,2012. 大马力旋耕机旋耕刀的激光冲击强化研究[D]. 扬州:扬州大学.

朱会林,2007. 关于推进兴化市优质稻米产业发展的对策[J]. 江苏农业科学,256(2):58-60.

朱明,邢志鹏,吴培,等,2017. 播种方式和栽插密度对毯苗机插水稻南粳产量及光合物质生产的影响[J]. 中国稻米,23(6):84-87.

朱松,2015. 秸秆全量还田大耕深双轴分层切土旋耕机的设计与性能试验[D]. 扬州:扬州大学.

朱松,张瑞宏,张剑峰,等,2015.水田旋耕施肥复式作业机设计与试验[J].农机化研究,(7):147-150.
朱新龙,2012.水稻育插秧机械化发展现状、制约因素与对策[J].湖北农机化,(4):16-17.
朱兆良,金继运,2013.保障我国粮食安全的肥料问题[J].植物营养与肥料学报,19(2):259-273.

第四章
稻麦两熟生产服务模式

第一节 稻麦粮食生产专业化社会化服务模式——以兴化市为例

提要：农业专业化社会化服务体系建设在现代农业发展中有重要意义。农业生产社会化服务体系当中，最为核心的便是服务模式，有效率的服务模式是农业生产社会化服务体系良好运转的基础。江苏泰州兴化在农业专业化社会化服务体系建设中有较好的基础，但存在着覆盖面小、服务量小、运行机制不健全、管理技术落后等问题。几年来借助重大科技项目建设，探索了统一服务、院企社共建、订单作业、一体化服务、政府购买服务等多种服务模式，不断完善专业化社会化服务体系，促进了科技成果转化，提高了社会化服务水平，提升了品牌和粮食生产效益。围绕“兴化大米”“兴化红皮小麦”品牌建设，加快推进了一体化服务，更好助推高端品牌建设，做大做强兴化优质稻米和优质红皮小麦产业，实现农业增效、农民增收。

一、兴化市稻麦生产专业化社会服务发展现状和存在的问题

（一）发展农业社会化服务意义

农业专业化社会化服务体系是指为满足农业生产与发展需要，政府、市场和社会三方为农民从事农业生产与经营提供各种服务所构成的服务网络与组织系统（李俏，2012）。从本质上来看，发展农业社会化服务体系就是运用组织形式解决生产力发展的问题，是实现农业现代化的基础力量（房华玄 等，2019）。党的十八大明确提出要“坚持和完善农村基本经营制度，构建集约化、专业化、组织化、社会化相结合的新型农业经营体系”。这不仅需要培育新型的农业经营主体以拓展经营形式，更需要建立一套新型的农业社会化服务体系作为支撑（孔祥智 等，2013）。建立新型农业社会化服务体系不仅是我国传统农业向现代农业转变的客观要求，也是农业现代化的主要内容（陈锡文，2011；龚继红，2011）。发达国家经验表明，农业社会化服务组织协同性是现代农业社会化服务体系建设的核心问题。我国农业社会化服务体系处于新旧交替时期，促进农业服务的社会化、市场化和专业化程度，提高农业服务能力，不仅体现中国特色农业现代化的市场规律要求，而且对破解二元经济和“三农”问题，实现城乡经济社会发展一体化具有重要历史

意义。

农业生产社会化服务体系当中，最为核心的便是服务模式，有效率的服务模式是农业生产社会化服务体系良好运转的基础（王小伟，2016）。在市场化的农业生产社会化服务的趋势下，存在着多种形式的市场结构，不同的服务主体依据不同要素的交易效率的比较，选择不同的剩余权分配，从而在市场机制的作用下，形成了多元化的服务组织，多元化的服务组织不断探索各种各样的服务模式，在市场化的模式下，政府提供的公益性的农业生产社会化服务也是必不可少的，我国亟须建立"科研机构、农业院校+政府部门+合作社+农户"与"政府涉农各部门/科研机构、农业院校+企业+合作社+农户"相结合的公益性农业生产社会化的服务模式。安尔康（2016）提出，创新和完善政府农业服务体制、完善农业社会化服务机制、加强服务主体的培育及为农业社会化服务的发展提供一个良好的运营环境。

（二）兴化市稻麦生产专业化社会服务发展现状

兴化作为全国重要的粮食生产大县，近年来，随着农业供给侧改革的深入推进，"兴化大米""兴化红皮小麦"产业快速发展，加快了一二三产业融合发展，为保障粮食生产的各类专业化服务组织蓬勃兴起，涌现出全程托管、代耕代种等服务方式，服务覆盖产前、产中、产后各环节，对粮食产业发展、培育农业农村经济新业态发挥了重要作用。

改革开放以来，由于家庭联产承包责任制改革后农户作为农业生产经营的基本单位，其生产经营规模小、生产标准化水平低、产品交易成本高、获得市场信息的能力低、增产不增收的现象时有发生，小农户与大市场的矛盾逐渐突出。农业面临缺乏竞争力、比较效益低下、基础脆弱、后劲不足、农村劳动力转移和农业劳动力老化等问题突出，解决这些问题的一个重要出路在于建立新型农业生产专业化社会化服务体系。为此兴化市采取政策扶持、示范引领、制度建设、强化管理等措施，专业化社会化服务组织不断发展壮大，社会化服务水平不断提高。截至 2014 年，全市专业化社会服务合作社总数 178 家，其中农机服务专业合作社 162 家，入社大中型配套耕作农机具 4 650 台，大中型拖拉机 2 586 台，联合收割机 4 147 台，高速插秧机 1 123 台，农机总动力达 1 160 300 kW。

（三）兴化市稻麦生产专业化社会服务发展存在的问题

兴化市稻麦生产专业化社会服务有了一定发展，但对照现代农业发展要求仍有差距，仍存在以下问题。

1. 涉及面不广

绝大多数的专业化社会化服务组织只局限于产中环节，有的甚至在生产中某个环节，覆盖粮食产业全产业链的社会化服务组织不多，尤其是产后服务、品牌建设是一弱项，适应不了粮食产业发展要求。

2. 总体规模还偏小

一方面，有很大一部分专业化服务主体存在机具单一化、小型化，服务单项化、松散化等问题，作业规模不大，组织化程度不高；另一方面，专业化服务组织以农机服务为主，技术服务偏弱，难以适应农业生产社会化发展的需要。

3. 运行机制不健全

近几年专业化社会化服务组织数量发展较快，但是部分合作社发展规范化程度低，管理松散，生产效益差，不按章程运作，内部分配不合理，成员利益得不到保障，"空壳化"现象严重。

4. 管理技术落后

农业专业化社会化服务组织的成员主要是农民，年龄大、文化低，小农意识强、合作意识淡薄。在经营管理方面，部分合作社理事长经营管理能力相对不高，部分组织专业化和组织化程度不高，投入不大，服务单一，缺乏进取意识，自我造血功能不强，专业化组织的生存很大程度依赖政策的扶持和项目的推动，往往是服务规模不大，服务能力较弱，服务方式老化，影响合作社的做大做强；在新技术成果推广应用方面，技术成果转化率不高，新品种、新技术、新模式在大面积生产应用不够普及，难以适应粮食生产绿色优质高效发展的需要。

二、兴化市稻麦生产专业化社会化服务模式探索

农业生产社会化服务体系当中，最为核心的便是服务模式。兴化结合重大科技项目建设，以扬州大学为依托，积极探索稻麦生产专业化社会化服务模式。

（一）统一服务模式

统一服务模式即“科研院校+农业部门+合作社+农户”模式。在生产各个环节统一提供专业化服务，农民承担相应生产费用。比较典型的是陶庄绿蛙植保合作社的全程托管模式，合作社由镇农业服务中心领办，以扬州大学为技术依托。2015 年以来合作社与兴化市陶庄镇三和庄、新徐等村农民订立合同，农民手中土地托管给合作社，扬州大学提供技术支撑，合作社负责全程生产，从品种选用、耕作、播栽、施肥、生产管理、统防统治等全过程服务工作，所收粮食归农民所有，合作社确保农民小麦亩产量 400 kg，水稻亩产量 600 kg；农民承担生产费用，小麦亩成本 440 元，水稻亩成本 720 元。这种模式通过生产规模化、集约化，降低生产成本，保证了农民的种植利益；解放农村劳动力，促进剩余劳动力转向第二、第三产业；促进新品种、新技术、新产品等农业科技成果转化和绿色优质高效生产模式的推广。由于要求专业化服务主体具备较强的服务能力，一般受实力、精力限制，实际推广应用面积不大，该模式主要在陶庄镇几个村应用，常年服务面积 3 000 亩左右。

（二）院企社共建模式

院企社共建模式即“科研院校+企业+合作社+农户”模式。由扬州大学提供技术支撑，企业扶持创建合作社，合作社与种粮农户签订作业服务合同，机械化作业，解决种粮户农机作业问题。如兴化市戴南镇 5 万多亩土地基本全部流转，成立了很多家庭农场和粮食专业合作社（张晨，2017），如果每个农场和粮食专业合作社都配备所有农机具，势必会造成机具管理困难、资源浪费、效率低下等问题。该镇与江苏常发锋陵农业装备有限公司、江苏常发农业装备有限公司合作，以企社共建的形式成立了“兴化市戴南常发农机服务专业合作社”，购置 54 台收割机、33 台拖拉机、90 台高速插秧机、6 台植保药械机和 12 组 12 t 烘干机。服务项目包括稻麦收割、耕作播种、育秧机插、粮食烘干、统防统治植保机械、粮食仓储、粮食加工等，服务全镇 50% 以上面积，在共建方式上，由常发集团以优惠价格逐步投入装备给合作社，通过 2~3 年的为农民提供作业服务和租赁方式分期回收货款。付清货款后，企业将机器的产权移交给承租用户，未被租用的装备移交作为合作社的资产。用户可以少出或不出资金获得机器的优先使用权。生产企业只是在建设初期（货款未回收阶段）承担合作社的管理工作，企业不参与分配合作社获得的利润，并在收回货款后移交农业装备与财产给合作社。这种模式较适合土地流转比较集中的地区，

要有大企业支撑，租赁期内农民在使用农机过程中一旦出现机器故障就容易出现矛盾，目前在全市应用不多。

（三）订单作业模式

订单作业模式即“科研院校+合作社+农户”模式。这是兴化市目前最普遍的服务模式，比较典型的是兴化市利禾植保专业合作联社绿色防控服务模式，泰州市禾友农资连锁有限公司在全市拥有连锁经营店45家，集植保技术研发、农资产品配供、产业化服务于一体，利用这一优势，公司成立了“兴化市利禾植保专业合作联社”，以江苏省农业科学院、扬州大学等为技术依托，为农户提供绿色防控服务模式，合作社与农户签订服务订单合同，为农户提供绿色植保服务，农民承担稻麦两熟每亩180元服务费用，合作联社配送农药并按时按质开展绿色防治。这种服务模式解决了当前农村劳动力不足的矛盾，缓解了农时紧张压力，保证了生产关键措施及时到田，促进新技术和绿色生产模式的推广，同时对专业化社会服务组织的技术、动力、财力有较高要求，一旦遇到某种病虫害大发生年份或防治不及时达不到效果，服务组织就必须增加防治次数和加大用药量，从而出现亏损。

（四）一体化服务模式

一体化服务模式即“科研院校+政府部门+企业+合作社+农户”模式。主要是以订单生产形式，为全产业链各个环节提供服务，通过“企业+基地+合作社+农户”组织形式，统一品种，统一栽插，统一肥水管理，统一病虫草害绿色防控，统一收获、加工、包装、品牌化销售，服务全产业链。比较典型的是兴化大米生产基地建设模式，扬州大学提供优质稻米产业化技术支撑，由兴化市贤人米业、江苏光明天成米业、江苏楚穗农业发展有限公司、兴化四季香米业和兴化万家福米业等5家“兴化大米”经营企业与兴化市钓鱼、周庄、陈堡等乡镇农民签订生产合同，建立了“兴化大米”11万多亩生产基地，农业部门积极介入，市农业部门与乡镇订立指导服务协议，乡镇农业部门与农民签订技术服务合同，指导和监管全过程生产，各专业服务组织与农户订立专业化服务合同，开展服务。这种模式应用呈上升势头，与订单生产结合，利于推广绿色优质高效生产，发展品牌农产品生产。在这种模式推广中，契约精神很重要，要求订单企业、农民必须有较高信誉和诚信，生产产品必须优质优价。

（五）政府购买服务模式

兴化市钓鱼镇国家现代农业园区核心展示区，创办了创优农机服务专业合作社，市财政出资285万元，购置各类先进农机具60台(套)，同时吸收附近村庄农机户带机入社，为产业园区及周边乡镇提供机耕、机播、机收、机植保、机烘干“一条龙”服务，服务面积近1万亩。由于以政府投入为主，其亩作业收费比市场价格低50元，调动了承包户种粮积极性。在取得经济效益的同时也发挥了社会效益，为全市农机化新技术、新机具的推广起到良好的示范效应(陈海霞 等，2012)。

三、兴化市稻麦生产专业化社会服务建设成效

通过几年努力，结合重大科技项目建设，兴化稻麦生产专业化社会服务体系不断完善，服务水平不断提高。

（一）推动农业科技成果和现代农业物质装备应用

专业化社会服务有相当部分是政府部门和事业单位等开展的公益服务，有不少乡镇的农业服务中心都领办粮食、农机、植保等专业化社会服务组织，这些有效促进了新品种、新技术、新产

品等农业科技成果转化、现代农业装备应用和高效生产模式的推广，如机插秧技术、绿色防控等技术的推广，高效植保机械、插秧机、粮食烘干设备等的应用，在近几年都有较快发展。到2017年底，全市已有大中型拖拉机2 852台，水稻高速插秧机2 150台，联合收割机4 568台，自走式高效植保机械320台，担架式植保机械612台，无人机80架，粮食烘干机组1 300多组，全市机械化水平达82%，全市粮食生产耕整地、收割、灌溉基本实现了机械化；应用稻麦周年丰产模式111万亩；优质食味稻米推广应用面积100万亩；实现水稻机插秧面积82.6万亩；病虫害专业化防治82.7万亩。

（二）提高专业化服务水平

到2017年底，兴化市已有实际运作的合作社、协会、家庭农场专业化社会服务组织225家，入社大中型机具总数7 359台，服务面积72.4万亩。全市现有省级以上农机合作社示范社31个，其中，国家级农机合作社示范社2个。全市已全面实现机械化耕作、收获；水稻机械化种植比例达83%；病虫害专业化防治专业化比例达60%左右；全市粮食生产绿色防控占40%以上；粮食烘干能力达62%；粮食订单生产80万亩。

（三）扩大专业化服务覆盖面

一是覆盖全市33个乡镇(街道)，到2017年全市已有14个乡镇实现稻麦生产全程机械化。二是覆盖稻麦全产业链开发，除涉及产前、产中、产后环节，另外还涉及新型农民培育、农业生产经营管理服务、金融服务和生活服务等。

（四）推进粮食适度规模经营发展

传统农业中，单个农户既要管好生产各个环节，又要跟踪市场的变化，适时调整产品结构，从事运输、加工、销售等经营活动。这样一种小而全的经营方式，难以提高生产效率、抗拒市场风险和自然灾害能力。开展专业化社会化服务，使单个农民互相联结成有力的群体，增强生产能力和抗击自然灾害、市场风险能力。从而促进土地流转，实现粮食的规模化生产，几年来兴化市粮食适度规模经营逐年扩大，粮食生产新型主体逐年增多，到2017年底全市粮食种植新型主体1 500多家，粮食适度规模经营面积40多万亩(表4-1-1)。

表4-1-1　专业化社会服务主体与粮食适度规模经营数量

年度	专业化服务主体数/家	新型主体数/家	适度规模经营面积/万亩
2010	59	103	2.31
2012	106	327	5.13
2014	178	796	20.16
2016	202	1 232	34.53
2017	225	1 546	40.68

（五）提升了品牌和粮食种植总体效益

发展专业化社会化服务，加强社会化协作，形成产前、产中、产后的各种社会化服务体系，生产规模效应彰显，集约化水平提高，提高了生产标准化水平，降低生产成本，尤其是人力成本，提升粮食种植总体效益。同时通过科研院校、政府部门、企业、协会、专业化合作社、粮食经营新型主体等多个组织通力协作，开展稻麦全产业链服务，全力打造区域公用品牌，品牌建设得到加强。

四、进一步发展专业化社会化服务体系建设

围绕“兴化大米”“兴化红皮小麦”品牌建设，促进稻麦全产业链开发，进一步完善和推进以政府为主导的一体化服务模式，构建以公共服务机构为依托、合作经济组织为基础、龙头企业为骨干、其他社会力量为补充，公益性服务和经营性服务相结合、专项服务和综合服务相协调的，为农业生产提供产前、产中、产后全过程综合配套服务的新型农业专业化社会化服务体系。在服务模式完善方面，在落实订单前要引入竞争机制，保证优质优价的绿色生产优质高效，订单落实后，有约束机制，保证履约效果，可引第三方平台介入，双方缴纳一定比例押金到第三方平台，粮食收购通过第三方平台结算，同时政府部门要全方位做好服务工作，加强科技、企业、专业化服务组织、新型主体联合，更好助推农产品高端品牌建设，做大做强兴化优质稻米和优质红皮小麦产业，实现农业增效、农民增收。

第二节　基于物联网的稻麦产业科技信息服务系统技术方案

提要：针对传统稻麦生长监测不高清、传感单一化、数据气象化、系统孤岛化、服务被动化等问题，创新部署了基于新一代物联网的稻麦产业科技信息服务系统。与以往的系统相比，该系统具有如下优点：一是基地架构应用了 800 万、600 万、400 万像素的高清摄像头集群，规避了传统采用 130 万或 200 万像素摄像头导致监测精度不高、苗情诊断难以开展等的问题；二是选用了 16 种传感器与 1 套稻麦病虫情物联网测报设备，避免了以往传感器偏气象类的弊端；三是配备落地式 98 英寸、4 K 分辨率液晶触摸一体机，高清呈现物联网监测实况，并可基于兴化市稻麦两熟平衡丰产指挥调度平台开展技术培训；四是实现了兴化市核心示范基地与扬州大学基地的联网一体并行，利于即时监测与远程诊断等。经应用，该系统性能稳定、数据可靠、平台先进、功能可用性和易用性强、用户满意度高，达到了预期目标。

一、科学问题与技术需求

传统的农业物联网系统存在如下弊端：一是监测精度不足，稻麦作物品种及其田间生长苗情不清，导致苗情在线诊断难以开展；二是传感部署不优，偏重于日照时数、空气温湿度、土壤温湿度、降水量、风速、风向等气象数据的获取，传感器类别单一化（何勇 等，2013；李瑾 等，2015），各地部署大多相近，而对作物生长感知、病虫害物联网测报应用等部署不多；三是屏幕显示不清，一般采用拼接屏，显示效果不佳，色彩呈现失真，且缺少专用指挥调度平台支撑；四是系统集成不力，往往形成“数据孤岛”，重建轻用，数据挖掘与共享应用不足（许世卫，2013；秦怀斌 等，2014；崔敏，2016），缺乏系统扩展理念，降低了系统的实用性与生产应用价值。

为了规避传统物联网技术方案的弊端，根据稻麦两熟制高产平衡技术方案的总要求，从稻麦周年生产全程数字化和信息化管理服务角度，创建了基于物联网的稻麦产业科技信息服务系统技术方案，旨在优化稻麦周年生产监测精度，优化传感部署，优化数据获取，优化管理服务，优化

诊断决策，提举数据质效，提升设备层级，提高系统水平，提供主动服务，提增方案效用。

二、开展的试验与研究

一是制定适于兴化市稻麦两熟生产应用的气象条件、苗情长势、农田墒情、土壤养分等监测标准规范。

二是研发兴化市与扬州大学基地联网并行的农业物联网系统及稻麦两熟平衡丰产指挥调度信息网络，架构集远程感知、视频监控、苗情诊断、短信发布、大屏显示等于一体的稻麦两熟平衡丰产指挥调度平台。

三、创建的技术方案

（一）制定水稻物联网诊断预警技术规范

运用水稻机插精确定量栽培等理论与技术成果，构建了气象条件、苗情长势、农田墒情及土壤地力(需要前期土壤养分测定)等诊断预警指标体系(表4-2-1至表4-2-4)，为农业专家进行气象灾害预警与防控、灌溉、施肥等决策诊断提供规范标准。

表4-2-1　主要气象灾害监测规范

监测内容	评价规范
低温冷害	1. 调查时间：水稻生长发育期间出现较长时间的持续性低温时和生殖生长关键时期(孕穗至开花期间)出现短期的强低温天气过程时。 2. 分类标准： (a) 轻度冷害：导致水稻单产降低5%~10%的冷害； (b) 中度冷害：导致水稻单产降低10%~15%的冷害； (c) 严重冷害：导致水稻单产降低15%以上的冷害
高温热害	1. 调查时间：7月下旬至8月上旬，开花灌浆期遇高温季节时，尤其关注抽穗前后各10 d。 2. 分类标准： (a) 轻度热害：日平均温度≥30 ℃，日最高气温≥35 ℃，且持续3~4 d； (b) 中度热害：日平均温度≥30 ℃，日最高气温≥35 ℃，且持续5~7 d； (c) 重度热害：日平均温度≥30 ℃，日最高气温≥35 ℃，且持续8 d以上
倒伏	1. 调查时间：灌浆后期，大风、大雨等自然灾害出现后和病虫害多发时。 2. 分类标准： (a) 倒伏型：植株倾斜，与地面夹角为0°~45°； (b) 倾斜型：植株倾斜，与地面夹角为46°~60°； (c) 直立型：植株倾斜，与地面夹角为61°~90°

表4-2-2　粳稻警示气温指标

时期	致害低温/℃	最适温度/℃	致害高温/℃	易发灾害及影响	防灾减灾措施
5月下旬	10	20~33	38	秧苗青枯死苗	上水调温；覆膜
6月上旬	14~16	20~34	38	—	—
6月中下旬	14~16	25~32	37	—	—
7月	14~16	25~32	35	洪涝； 低温寡照； 干旱	抢排水追肥，露田轻搁； 灌水调温，适量补肥； 调水灌溉抗旱
8月	18~22	25~32	35	高温热害； 倒2叶至孕穗期干旱	高温时段深灌水； 及时灌水，保持水层

（续表）

时期	致害低温/℃	最适温度/℃	致害高温/℃	易发灾害及影响	防灾减灾措施
9月上旬	15~20	25~30	35	台风暴雨导致倒伏	调优水稻群体；及时排水；破口期喷施抗倒剂
9月中下旬	15	25~30	35	低温冷害导致青枯	灌水保温，夜灌日排；叶面喷肥
10月上旬	14~15	25~30	35	—	—
10月中旬	14~15	23~28	35	—	—
10月下旬	13~15	23~28	35	—	—

表 4-2-3　土壤水位适宜指标

生育期	土壤水位/cm
幼苗期	2~3 cm 浅水勤灌
分蘖期	保持 2~3 cm 浅水层
控制无效分蘖期	搁田
长穗期	浅湿交替，即从 2~3 cm 浅水层落干至土壤水势-15 kPa 时，再灌 2~3 cm 水层
结实期	干湿交替，即从 2~3 cm 浅水层自然落干后至土壤水势-20 kPa 时，再灌 1~2 cm 水层

表 4-2-4　土壤养分监测指标

土壤养分指标	极丰富	丰富	一般	缺	极缺
有机质/(g·kg^{-1})	>30.0	25.0~30.0	20.0~25.0	15.0~20.0	<15.0
全氮/(g·kg^{-1})	>2.0	1.5~2.0	1.0~1.5	0.75~1.0	<0.75
碱解氮/(mg·kg^{-1})	>200	150~200	100~150	50~100	<50
速效磷/(mg·kg^{-1})	>20.0	15.0~20.0	10.0~15.0	5.0~10.0	<5.0
速效钾/(mg·kg^{-1})	>150	100~150	50~100	30~50	<30

pH 值	强碱性	碱性	中性	弱酸性	偏酸性	酸性
	>8.5	7.5~8.5	6.5~7.5	6.0~6.5	5.5~6.0	<5.5

（二）开发兴化市高清远程监控系统

在兴化市已建小型气象站的基础上，新配置 400 万像素苗情影像采集设备、设备支架、路由器、苗情影像采集立杆、供电系统、保护箱、农业物联网软件、50 M 带宽等，建成兴化市 400 万像素高清远程监控系统，实现苗情影像的即时获取与诊断共享（图 4-2-1），提升苗情监测能

图 4-2-1　兴化市高清远程监控系统监测效果

力，利于专家在线诊断决策与线上线下融合式技术培训等。

（三）开发兴化市稻麦两熟平衡丰产指挥调度平台

根据兴化市稻麦两熟平衡丰产技术示范推广与培训服务的需要，开发了兴化市稻麦两熟平衡丰产指挥调度平台(图 4-2-2)。该信息网包括项目概况、新闻中心、通知公告、环境数据、科技成果、监测规范、苗情诊断、知识问答等内容。

图 4-2-2　兴化市稻麦两熟平衡丰产指挥调度平台页面

（四）研发农业物联网系统

在兴化市农业技术推广中心、扬州大学农学院各配置了 1 台落地式 98 英寸、4 K 分辨率液晶触摸一体机的基础上，为了提升大田环境与作物生产相关数据获取能力，利于开展专家苗情监测与远程诊断，提升农业物联网系统的装备水平与应用价值，在扬州大学校内实验农场建设了农业物联网系统。该系统主要设备见表 4-2-5。

表 4-2-5　农业物联网系统设备配置情况

编号	系统配置	主要参数	单位	数量
1	空气温度传感器	范围：−30~70 ℃；精度：±0.2 ℃；分辨率：0.1 ℃，进口热敏电阻，高灵敏度	套	2
2	空气湿度传感器	范围：0~100%；精度：±3%；分辨率：0.1%，进口智能湿度传感组件；响应时间：5 s，低功耗 80 μW，传感器可完全浸没	套	2
3	风速传感器	测量范围：0~33 m/s；精度：±1 m/s；分辨率：0.1 m/s，标准风杯式，铝+不锈钢结构，阳极氧化+静电喷涂工艺；工作环境：温度−40~80 ℃	套	2
4	风向传感器	范围：0~360°（16 风向）；铝+不锈钢结构；启动风速：≤0.5 m/s；分辨率：1°；工作环境：温度−40~80 ℃	套	2

（续表）

编号	系统配置	主要参数	单位	数量
5	雨量传感器	承雨口径：200.00 mm；刃口锐角：45°；范围：0.1～4 mm/min（允许通过最大雨强 8 mm/min）；精度：±1%或±0.3 mm；分辨率：0.05 mm，0～60 mm 全程标定，称重式、不锈钢结构、24 h 累积	套	1
6	大气压力传感器	范围：0～110 kPa；精度：±0.5 kPa；分辨率：0.05 kPa，进口智能传感组件，可完全浸没	套	2
7	蒸发传感器	范围：0～240 mm；精度：±0.2%；分辨率：0.1 mm，低功耗、超大容积、不锈钢防护、稳定性卓越；口径：∅200 mm（等效）；供电方式：DC 7～12 V；环境温度：-40～80 ℃；温度补偿范围：-10～40 ℃，温度漂移≤0.03 mm/℃	套	2
8	土壤温度传感器	范围：-40～80 ℃；精度：±0.2 ℃；分辨率：0.05 ℃，进口 A 级 PT1000 组件、极佳的互换一致性；探头护体：20 mm×5 mm 不锈钢护体	套	6
9	土壤水分传感器	范围：0～100%；精度：±3%；分辨率：0.1%，频域反射技术（FDR）测量原理；探针长度：6 cm；探针直径：3 mm；探针材料：耐电解不锈钢；密封材料：丙烯腈-丁二烯-苯乙烯共聚物（ABS）+环氧树脂；工作电压：7～24 V（电压型）；稳定时间：<2 s；响应时间：<1 μs；测量区域：95%影响在以中央探针为中心，围绕中央探针的直径为 7 cm、高为 7 cm 的圆柱体	套	9
10	光照传感器	范围：0～120 klx；测量精度：±5%；分辨率：0.01 klx；反应时间：<2 s；光谱范围：400～760 nm；集成视觉修正片	套	2
11	日照时数传感器	智能组件、自带高精度时钟、超低功耗、可模拟量或 RS485 输出；最大偏差：1%；反应时间：10 s；方位角：45°仰角，360°范围内误差小于±1%；余弦修正：80°入射角；操作温度：-40～65 ℃	套	2
12	植物本体叶面湿度传感器	模拟叶面设计，测量范围：0～100%；测量精度：±5%，介电测量原理，具备自动调零功能，可完全浸没	套	2
13	植物本体叶面温度传感器	采用进口 PT1000A 铂金组件，夹片式设计，直接夹在叶片上进行接触式测量，夹片为白色，防止过度阳光直射温升。测量范围：-30～70 ℃；测量精度：±0.2 ℃；分辨率：0.1 ℃	套	2
14	二氧化碳传感器	量程：$0\sim2\,000\times10^{-6}$；精度：$\pm(4\times10^{-5}+3\%\ FS)$；温度漂移：<±0.2 FS/℃；稳定性：<2% FS，负载能力<500 Ω，带自校准功能	套	2
15	臭氧传感器	4～20 mA 输出+开关量输出，电化学传感器检测，量程：$0\sim5\times10^{-6}$	套	1
16	紫外线传感器	辐射范围：0～300 W/m^2；测量精度：±3%；光谱范围：290～390 nm；响应时间：<3 s	套	1
17	RTU 主机	高效节能：有线型低于 0.1 W，无线型小于 0.6 W；硬件存储：约 524 262 条；记录间隔：1 min～100 d；连续可调。支持无线通信，可防护粉尘、潮湿环境及雨水冲刷（IP65）	套	1
18	农业物联网网关	采集 8 路 4～20 mA 电流信号，直流电源 24 V，静态功耗 1.1 W；工作模式：服务器、客户端；通信方式：以太网、3G；通信接口：0/100 M 以太网端口、USB2.0 端口；采集精度：±0.5%；工作环境温度：-20～60 ℃	套	2
19	太阳能供电	30 W 太阳能板+38AH 胶体专用电池。标准系统配置即可保证气象采集装置在 15 个连续阴雨天保持正常工作，支持-30 ℃低温条件下连续工作	套	1

（续表）

编号	系统配置	主要参数	单位	数量
20	数据采集软件	通信端口识别等操作均由系统后台自动完成。软件功能可将采集器中的数据导出并存储为 EXCEL 表格、文本或数据库，具有功能强大的图表曲线显示组件，方便查看曲线走势及数据细节	套	1
21	病虫情物联网测报设备	1. 诱捕器(反向三漏斗飞蛾类诱捕器)：横切面为梨形，纵切面似椅子形；材质为聚碳酸酯(PC)。主诱捕器：总高度 40.0±0.2 cm，底部虫出口直径 4±0.1 cm；进虫漏斗高 23.5±0.1 cm，底部直径 18.2±0.1 cm，上部直径 2.2±0.1 cm；诱芯杆长 14.5±0.1 cm。上集虫器：高 29.5±0.1 cm，直径 16±0.1 cm，进虫口直径 2.2±0.1 cm。下集虫器：高 21.8±0.1 cm，直径 8.7±0.1 cm。 2. 支架：不锈钢材质，高 180±0.5 cm，直径 2.1±0.1 cm。 3. 防电箱：不锈钢材质，内含双层，主体长 29.5±0.2 cm，宽 25.0±0.2 cm，高 40.0±0.2 cm，外盖标注防电标识。 4. 网关：使用手机卡，GPRS 无线通信，一个网关可局域连接最多 8 个终端，外壳长 16.2±0.2 cm，宽 11.4±0.2 cm，高 3.2±0.2 cm。 5. 终端：局域通信，每个终端性诱、记录 1 种昆虫，软件 U 盘更新。外壳长 16.2±0.2 cm，宽 11.4±0.2 cm，高 3.2±0.2 cm。 6. 终端：2 个计数系统。 7. 太阳能板：单晶硅、铝合金边框；功率：50 W；工作温度：-40~85 ℃；开路电压 22.64 V，工作电压 17.49 V，短路电流 3.28 A，工作电流 2.86 A；尺寸：长 72 cm，宽 52 cm，高 3 cm。 8. 工作条件：电源电压(市电)220 V、50 Hz，蓄电池>12 V；工作温度：-40~65 ℃；工作相对湿度：20%~90% RH。 9. 检测敏感性：两套各双层 4 对红外，检测间隔<1 s。 10. 可监测靶标害虫大小范围：3~25 mm。 11. 害虫类别：水稻为稻纵卷叶螟，小麦为黏虫	套	2
22	苗情影像采集设备(800 万 px)	电压在 AC 24(1±42%)V 范围内变化时，设备可正常工作。支持水平手控速度最大为 500°/s，云台定位精度为±0.1°。分辨力不小于 2 000 TVL(分辨率为 3 840×2 160)。支持最低可用照度彩色 0.01 lx，黑白 0.001 lx。支持输出图像失真≤2.49%。支持宽动态不低于 120 dB。支持 32 条巡航路径，每条巡航可以添加 32 个预置点。支持 32 条模式路径，每条路径记录时间应大于 16 min。支持定时启动、断电记忆功能。支持主动注册、断线自动重连。红外距离不小于 650 m。信噪比支持不小于 63.1 dB。在网络直接环境下，只输出主码流、分辨率 3 840×2 160、帧率 25 fps、码率 4 M 时，网络延时≤100 ms。工作温度范围可达-50~70 ℃。设备泄漏电流应小于 0.1 mA。设备垂直旋转范围应达到-35~90°。样机支持自动光圈和手动光圈。支持最低照度可达彩色 0.000 5 lx，黑白 0.000 1 lx。样机支持五码流输出。码率设置可为 4 kbps~64 Mbps。支持音频编码格式，可设置为 G.711A、G.711Mu、G726、AAC、MPEG-Layer2、G722.1、G729、PCM，音频采样率最高为 64 kHz。支持云存储等	套	1
23	苗情影像采集设备(600 万 px)	支持 30 倍光学变倍。视频输出支持 2 592×2 592@ 15 fps，2 560×1 920@ 30 fps，2 048×1 536@ 30 fps，1 920×1 080@ 60 fps，分辨率 2 560×1 920。设备泄漏电流应小于 0.4 mA。电压在 AC 24(1±42%)V 范围内变化时，设备可正常工作。在静止场景下相同图像质量时，设备开启 smart264 功能后，与不开启相比，码流节约 1/3。支持宽动态不低于 105 dB。图像质量评分应不小于 4.2。信噪比支持不小于 58 dB(加权、BNC 输出)。应		

（续表）

编号	系统配置	主要参数	单位	数量
23	苗情影像采集设备(600 万 px)	不少于 1 000 个预置位。设备支持 32 条巡航路径，每条可设置 32 个预置点。设备支持 32 条模式路径，每条路径记录时间大于 15 min。支持最低照度可达彩色 0.001 lx，黑白 0.000 2 lx。不支持全景功能。设备垂直旋转范围应达-35°~90°。工作温度范围达-50~70 ℃。支持断电记忆。网络传输能力满足发送 1 000 个数据包，重复测试 3 次，每次丢包数小于 1 个。在网络直接环境下，只输出主码流、分辨率 2 560×1 920、帧率 25 fps	套	4
24	视频管理平台	支持 16 盘位。单台服务器应支持不少于 2 000 路的管理能力，并支持分布式扩容。单台服务器最大能支持不少于 1 000 Mbps 的视频转发以及视频码流存储能力。支持双机热备，主机宕掉时，备机会即时切换到主机模式，接管主机业务。支持全天录像、按日期录像、按星期录像、按任意有效时间段录像，支持辅码流存储	套	1
25	防雷器	原厂无线收发射器配套。支持 5.8 G 无线信号防雷	套	2
26	无线发射器	准工业级设计，支持室外高低温：-30~70 ℃。无线覆盖范围 3 km，最大可达 5 km。支持实时显示客户端与基站直线距离。5G 模式支持 4 920~6 100 MHz。支持基站/客户端的输入/输出流量控制。支持虚拟局域网(VLAN)划分，实现虚拟局域网功能。支持 802.1x 认证方式。水平 40°，仰角 15°	个	5
27	无线接收器	准工业级设计，支持室外高低温：-30~70 ℃。无线覆盖范围 3 km，最大可达 5 km。射频口防雷达 15 kV ESD。支持自动测距功能。5G 模式支持 4 920~6 100 MHz。支持基站/客户端的输入/输出流量控制。水平 90°，仰角 12°	个	2
28	8 盘位 32 路硬盘录像机	最大可接入 8 块接口为 SATA 的硬盘，单硬盘容量最大支持 10 TB，可通过 eSATA 接口接入外置硬盘。最大支持 32 路 IPC 接入，总码流为 512 Mbps；最大存储码流为 512 Mbps；最大转发码流为 512 Mbps；最大回放码流为 128 Mbps。可自适应接入 H.265、H.264、MPEG4 编码格式的网络视频并解码；支持 4 路分辨率为 4 000×3 000、帧率为 19 fps 或 8 路分辨率为 2 560×1 920、帧率为 25 fps 或 16 路分辨率为 1 920×1 080、帧率为 25 fps 的视频预览显示；最大支持 16 路分辨率为 1 920×1 080、帧率为 25 fps 的视频解码；支持 1 080 P×60 fps 解码显示。支持 RAID0、RAID1、RAID5、RAID6、RAID10、RAID50、RAID60、JBOD。支持 1/8、1/4、1/2、2、4、8、16、32、64、128、256 倍速回放录像；支持逐帧倒放；秒级回放。即时回放时间从 5 min 到 1 h 可调；按照事件类型查询单个或多个通道在某时间段的录像文件并回放；切片回放；标签回放。可回放存储在 U 盘、移动硬盘中的录像文件；可通过 HDMI1 和 HDMI2 接口将 3 840×2 160 分辨率的不同码流解码同时显示输出在两个 4 K 液晶屏上。统计结果支持日报表、周报表、月报表方式	台	1
29	4T 硬盘	4 000 G/7 200 RPM/128 M/SATA	个	1
30	大田作物农情监测服务器	2U 机架式服务器；非 OEM。处理器：配置 1 个 E5-2609V4 处理器，最大支持 2 个英特尔 E5-2600V4 系列处理器；内存：配置 8G DDR4 内存，24 个内存插槽，最大可扩展 768 GB 内存；硬盘：配置 2 块 1 TB SATA 热插拔硬盘，支持不少于 29 个热插拔 2.5 英寸 SATA/SAS 接口硬盘或固态磁盘；RAID：配置八通道高性能 SAS 卡，支持 RAID 0/1；I/O 扩展槽：提供		

（续表）

编号	系统配置	主要参数	单位	数量
30	大田作物农情监测服务器	不少于 6 个 PCI-E 3.0 插槽；管理软件：集成 BMC 管理芯片，支持 IPMI 2.0，KVM over IP 提供远程管理和远程诊断功能，每台配备服务器管理套件，全中文系统管理软件，能在外网对局域网内服务器进行管理；网络控制器：配置 2 个千兆网卡，集成 2 个或 4 个高性能千兆以太网控制器；电源：配置双电源，支持 600 W 或 750 W 电源	台	1
31	交换机	业务端口：16 个 10/100/1 000 Base-T 以太网端口，4 个 1 000 Base-X SFP 千兆以太网端口；整机交换容量：256 Gbps；包转发率：39 Mpps；端口聚合：支持 LACP 链路聚合；端口：支持 IEEE 802.3x 流控（全双工），支持基于端口速率百分比的风暴抑制，支持基于端口速率百分比、pps 和 bps 的风暴抑制；VLAN：支持基于端口的 VLAN；动态主机配置协议（DHCP）；智能弹性架构（IRF2）：支持 IRF2、分布式设备管理、分布式链路聚合、通过标准以太网接口进行堆叠；支持本地堆叠和远程堆叠；IP 路由：支持 IPv4 和 IPv6 三层路由功能；支持组播；生成树：支持 STP/RSTP/MSTP 协议；ACL：支持基于源 MAC 地址、目的 MAC 地址、源 IP 地址、目的 IP 地址、TCP/UDP 端口号、协议类型、VLAN 等 ACL；支持基于时间段的 ACL；支持基于全局、VLAN、端口（组）下发 ACL；支持基于硬件的 IPv6 ACL；支持 IEEE 802.1p/DSCP 优先级；支持优先级映射；支持端口信任模式；支持端口队列调度（SP/WRR/SP+WRR）	台	2
32	室外防水拾音器	基于自适应环境噪声消除技术，采用高灵敏度全指向性高保真微机电系统（MEMS）硅麦克风，全面拾音、清晰自然。拾音头内置雷击保护、电源极性反转保护。电源输入和音频输出线路 30 kV 空气接触放电静电保护。自适应动态降噪处理，内置高速 DSP 数字信号处理器。专用电位器，可靠音量调节。监听面积：5～100 m^2。音频传输距离：3 km。频率响应：20 Hz～20 kHz。灵敏度：-30 dB。最大承受音压：120 dB SPL。输出信号幅度：2.5 VPP/-25 dB。麦克风：防水型高保真镀银震膜电容咪头。信号处理电路：DSP 数字降噪，AGC 自动增益控制，ALC 自动电平控制。保护电路：雷击保护、电源极性反接保护。驱动能力：内置前置放大电路，可直接驱动耳机。连接方式：3 条引线（电源、音频、公共地）。传输线缆：3 芯 0.5 mm^2 屏蔽电缆。电源电压：12 V 直流稳压电源。电源电流：60 mA。麦克风防水防尘等级：IP66	个	2
33	室外防水音箱	灵敏度：89 dB；频率响应：200 Hz～18 kHz；防水处理：6 级；铝合金箱体，不锈钢金属网罩	个	2
34	室内音箱	信噪比：75 dB；频率范围：20 Hz～20 kHz；带话筒；金属保护网	套	1
35	大田农业物联网监测系统	1. 气象环境监测模块：对大田种植气象数据的降水量、空气温湿度、风速、风向等气象环境实时采集。结合生产辅助设置模块实现对异常数据进行及时预警预报。 2. 土壤墒情监测模块：通过采集不同土层土壤墒情数据，对土壤墒情进行实时监测。结合生产辅助设置模块实现对异常数据进行及时预警预报。 3. 苗情监测模块：通过设备，实现对大田作物苗情生长状态监测，可通过软件系统打开大田种植视频通道，以电脑端远程访问实时查看，并可远程控制视频球机旋转角度调节监测苗情范围。		

（续表）

编号	系统配置	主要参数	单位	数量
35	大田农业物联网监测系统	4. 作物本体监测模块：对区域 CO_2、植物本体温湿度、O_3、紫外线等信息实时采集。结合生产辅助设置模块实现对异常数据进行及时预警预报。 5. 病虫情监测模块：通过病虫采集设备，可实时自动监测水稻、小麦等病虫发生的数量和品种，并自动上报。 6. 生产辅助设置：通过对墒情、病虫情以及环境参数阈值的设定，实现自动预警预报功能。 7. 数据统计模块：以柱状、饼状、曲线等形式实现对传感器采集到的信息数据、历史数据进行统计分析。 8. 落地存储及扩展：传感器信息落地存储，支持上述应用；预留接口，可后续对接应用	套	1

在充分考虑扬州大学校内实验农场基地监测点的空间布局、系统安全性和实用性等的基础上，通过系统概念设计、详细设计、实地考察、设备部署与田间施工，构建起了功能多元、完备实用的农业物联网系统。相关系统界面见图 4-2-3 至图 4-2-10。

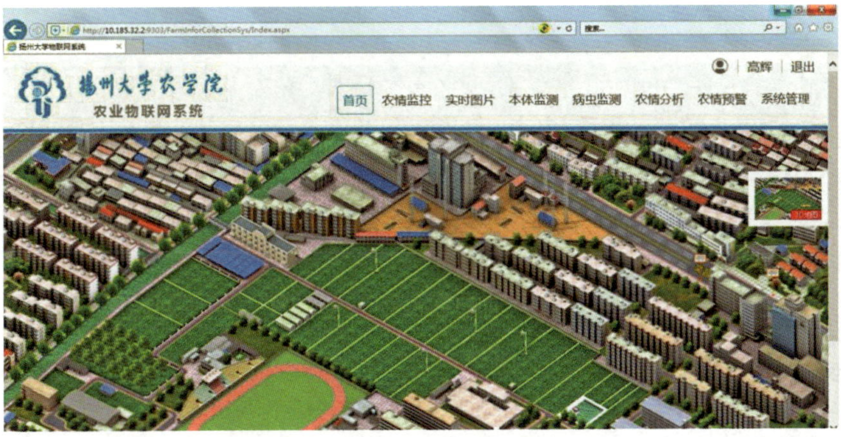

图 4-2-3　农业物联网系统主界面

图 4-2-4　农情监控总界面（右下图为兴化基地，其余为扬州大学校内实验农场基地）

图 4-2-5　高清远景监控效果

图 4-2-6　高清近景监控效果

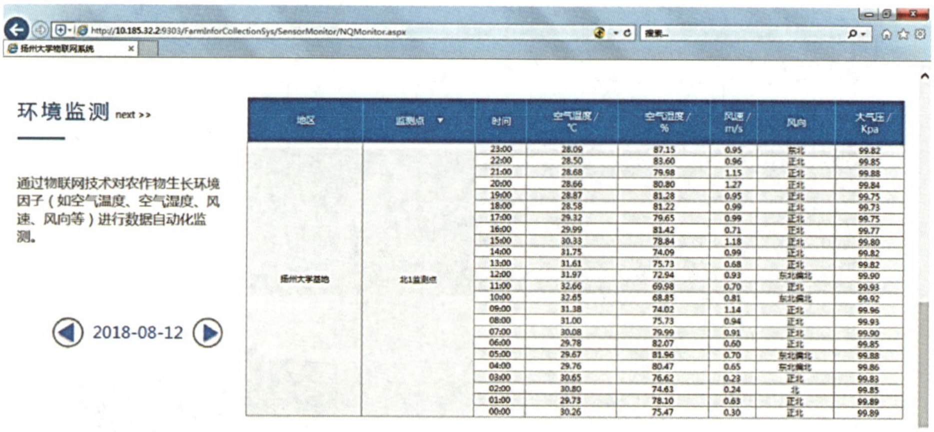

地区	监测点	时间	空气温度/℃	空气湿度/%	风速/m/s	风向	大气压/Kpa
扬州大学基地	北1监测点	23:00	28.09	87.15	0.95	东北	99.82
		22:00	28.50	83.60	0.96	正北	99.85
		21:00	28.68	79.98	1.15	正北	99.88
		20:00	28.66	80.80	1.27	正北	99.84
		19:00	28.87	81.28	0.95	正北	99.75
		18:00	28.58	81.22	0.99	正北	99.73
		17:00	29.32	79.65	0.99	正北	99.75
		16:00	29.99	81.42	0.71	正北	99.77
		15:00	30.33	78.84	1.18	正北	99.80
		14:00	31.75	74.09	0.99	正北	99.82
		13:00	31.61	75.73	0.68	正北	99.82
		12:00	31.97	72.94	0.93	东北偏北	99.90
		11:00	32.66	69.98	0.70	正北	99.93
		10:00	32.65	68.85	0.81	东北偏北	99.92
		09:00	31.38	74.02	1.14	正北	99.96
		08:00	31.00	75.73	0.94	正北	99.93
		07:00	30.08	79.99	0.91	正北	99.90
		06:00	29.78	82.07	0.60	正北	99.85
		05:00	29.67	81.96	0.70	东北偏北	99.88
		04:00	29.76	80.47	0.65	东北偏北	99.86
		03:00	30.65	76.62	0.23	正北	99.83
		02:00	30.80	74.63	0.24	北	99.85
		01:00	29.73	78.10	0.63	正北	99.89
		00:00	30.26	75.47	0.30	正北	99.89

图 4-2-7　环境即时监测数据

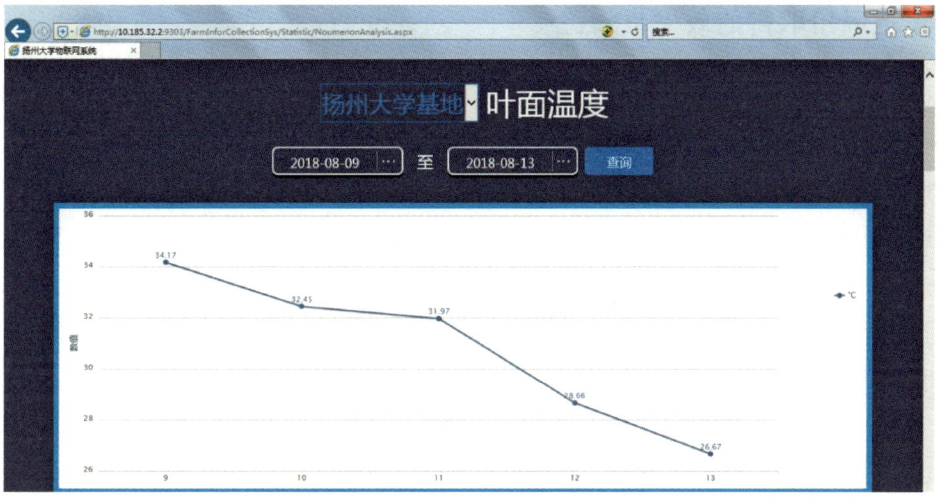

图 4-2-8　水稻叶面温度信息

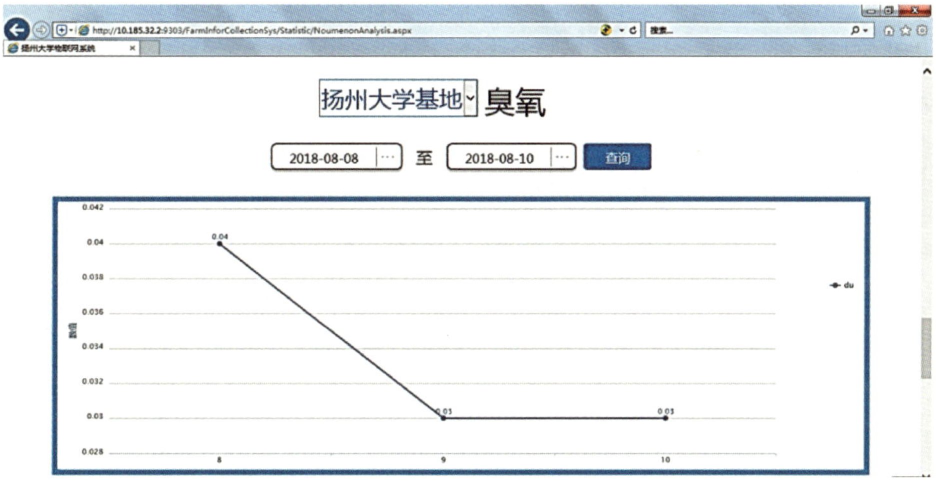

图 4-2-9　臭氧总量信息

虫害预警

时间：　　至　　查询

地区	时间	病虫名称	数量/只	评价	阈值
江苏省扬州市	2017-12-01	粘虫	0		1-3-10
江苏省扬州市	2017-12-01	银纹夜蛾	0		1-3-10
江苏省扬州市	2017-11-30	粘虫	0		1-3-10
江苏省扬州市	2017-11-30	银纹夜蛾	0		1-3-10
江苏省扬州市	2017-11-29	粘虫	1	轻发生	1-3-10
江苏省扬州市	2017-11-29	银纹夜蛾	0		1-3-10
江苏省扬州市	2017-11-28	粘虫	1	轻发生	1-3-10
江苏省扬州市	2017-11-28	银纹夜蛾	0		1-3-10

图 4-2-10　虫害预警信息

四、示范应用取得的效果与效益

针对传统稻麦生长监测不高清、传感单一化、数据“气象化”、系统孤岛化、服务被动化等问题(徐刚 等，2010；陈晓栋 等，2015)，创新部署了基于新一代物联网的稻麦产业科技信息服务系统。该系统架构应用了1个800万像素(扬州大学校内实验农场基地)、4个600万像素(扬州大学校内实验农场基地)和1个400万像素(兴化市钓鱼镇基地)的高清摄像头集群；选用了空气温度、空气湿度、风速、风向、雨量、大气压力、蒸发、土壤温度、土壤水分、光照、日照时数、植物本体叶面湿度、植物本体叶面温度、二氧化碳、臭氧、紫外线16种传感器与1套稻麦病虫情物联网测报设备；多基地配备落地式98英寸、4 K分辨率液晶触摸一体机，高清呈现物联网监测实况，实现了兴化市核心示范基地与扬州大学校内实验农场基地的联网并行，利于即时监测与远程诊断等。该系统性能稳定、数据可靠、平台先进、功能可用性和易用性强、用户满意度高，达到了预期目标。

经兴化市农业技术推广中心应用，项目组研发的基于物联网的稻麦产业科技信息服务系统及指挥调度平台等，集大屏显示、远程感知、视频监控、苗情诊断、数据信息发布等于一体，适于诊断决策与技术培训等，尤其是大屏系统使用便捷、即插即用、使用频次高、效果好，系统技术经济效果显著。

五、与对照技术的技术经济指标比较

与以往的系统相比，从稻麦生长监测高清度、传感器类型与数量、数据源获取能力、显示设备先进性、技术服务模式等来看，研创的基于新一代物联网的稻麦产业科技信息服务系统具有明显优点：一是规避了传统采用130万或200万像素摄像头导致监测精度不高、苗情诊断难以开展等问题；二是避免了以往传感器偏常规气象类的弊端；三是规避了LED屏不够高清与不支持触摸、拼接屏显示不完整等弊端；四是实现了多点联网并行，解决了数据信息共享不足的问题。

六、应用前景与发展建议

研发的稻麦产业科技信息服务系统先进性、适用性强，可示范、可推广、可移植、可扩展，应用前景广阔。下一步将在以下方面着力推进示范应用。

(一) 提升系统价值

根据稻麦生产一线需求，增加部署新型装备，如智能土壤水分监测仪、肥水施用田块精准管理信息系统、手机管理应用程序(APP)等(Ge Wenjie et al.，2014；Liu Yuan et al.，2013；徐元明 等，2016)，使得稻麦产业科技信息服务系统价值得到进一步提升，即时即地获取数据，即时即地精准管理。

(二) 开展数据挖掘

系统部署的传感器类型多，每小时即可获得大量数据。如何从这些数据中挖掘出有用、高质的信息，为农情管理提供诊断决策、预测预警等支撑，是下一步亟待推进的新课题。

(三) 完善配套功能

传感器、人工智能等技术演进速度甚快(赵文星 等，2016；施力文 等，2017；向绪友 等，2016)。在现有条件基础上，需要持续完善系统功能，如引进新型传感器，以进一步增强系统功能；选用人脸识别技术，强化农业工人农事活动管理；开发专题地理信息系统，加强农田、农机、仪器设备等智能化管理与调度等。

（四）扩点联网并行

扬州大学课题组目前在江苏省内外拥有20多个创新试验示范基地，如能实现联网并行，统一数据标准，则十分有利于专家远程诊断、即时指导交流与基地高效管理等。

（五）扩大示范应用

后续应形成系统操作手册与数据处理分析方法汇编，强化技术培训，促进生产应用，发挥科技作用。

第三节　切实强化社会化服务，推进稻麦提质增产

近年来，全省粮食生产持续稳定发展，仓满库盈，市场总体稳定，为经济社会发展大局起到了“压舱石”和“稳定锚”的作用。但也应看到，农业生产发展中一些老问题不断积累、新矛盾不断涌现，面临基础设施薄弱、生产方式粗放、农产品竞争力不强、农业比较效益下降、绿色发展推进难度大以及农技推广体系职能弱化等诸多困难和挑战(李杰 等，2017)。结合项目实施，选择典型项目区，通过实地走访和座谈，围绕转方式、调结构的背景下，如何稳定产能、提升质量和效益开展了相关调研，初步提出通过强化适度规模经营、推进社会化服务、健全农技推广体系建设等措施，促进稻麦均衡提质增产。

一、大力推进多种形式的适度规模经营

江苏省东海县平明镇是一个典型农业大镇，粮食产量连续多年超“亿斤”，居全国“亿斤”粮食乡之首。全镇土地总面积158 km^2，耕地面积15万亩，总人口7.2万人，人均2.08亩，远远高于全省平均水平。境内地势平坦，土地集中连片程度高。从这些基础条件看，发展规模经营具备明显优势，也是符合现实需要的，但在实践过程中，该镇的规模经营状况并不理想(吴晓佳 等，2012；杨洪建 等，2013；颜士敏 等，2013)。主要受三个方面影响：一是农民流出土地的意愿不高。随着经济发展，农村劳动力大量转移至非农领域，未转移就业的多数是年龄大、健康状况不好、文化层次低的农民，土地对于这部分农民来说仍然是主要的生活依靠，大多不愿意流转土地(王小羽，2016)。二是土地流转价格高。前几年，在各级政府扶持新型农业经营主体发展政策导向的作用下，许多农民返乡从事农业，土地流转需求量大，推高了土地流转价格。土地流转价格由几年前的每亩800元左右上涨到1 200元。该镇的一个大户，2016年以亩1 000元且每年递增2%的价格流转了2 000亩土地，创办了家庭农场，从事稻麦种植。由于土地流转成本较高，在近几年粮食价格不景气的情况下，实际经营收益较低。三是缺少规模经营带动“力量”。从走访调研情况看，无论是一般农户还是经营大户、私营业主都比较安于现状，转型升级的意识不强。不少地区都有较大的农业企业，具备带动片区发展优质稻米的能力，但经营者认为开拓高端产品市场风险大，不如低端产品市场稳定，多年来只生产普通稻米(净利润约0.04元/kg)，制约了其发挥带动力。粮食规模经营发展面临的问题有一定普遍性，在全省其他粮食产区都有不同程度的显现，十分值得关注。要发挥好规模经营对提高种粮效益、保障粮食供

给的积极作用，把握适度标准是关键。农业的生产经营不同于工业生产，大规模不一定能够产生大效益，但分散的小规模也不符合现代农业发展需要，必须统筹考虑地方劳动力转移水平、社会保障制度和农业资源状况等多种因素，细化提出地方粮食生产适度规模经营标准。同时，要强化土地流转的引导服务，加快土地流转市场化交易进程，盘活农村土地，促进农民土地收益最大化；制定土地流转片区指导价，防止出现农地非农化、非粮化。

二、大力推进专业化、标准化的社会化服务

由于土地流转意愿不足，发展土地集中型农业适度规模经营难度大，应该说发展服务型规模经营是农业生产大镇农业规模经营的现实选择。但不少大镇农业社会化服务相对薄弱，服务主体少、服务环节少，不足以降低农业生产经营成本，形成服务主导型农业适度规模经营。与农民交流发现，农业社会化服务不配套是当前制约农业增产增效的重要影响因素之一。一个种粮大户介绍说，2017 年，他家小麦产量还可以，本来是赚钱的，但在收割季节遇到连续阴雨天，因为自己没有烘干设备，也没有人提供这项服务，导致小麦发芽，最后只能低价出卖，一季亏了近 20 万元。同时，也有很多农民反映，现在的农业服务主要集中在收和种两个环节，种什么、怎么卖等这些农民自己很难"驾驭"的环节却没有服务。农业社会化服务对普通农户在增产增效增收方面具有一定的保障作用。要加快完善农业社会化服务体系，推动建立农业社会化服务目录，对公益性服务，加大对基层农业农经服务部门工作人员的培训力度，促进服务职能有效履行，或采取政府购买服务的方式选聘服务机构提供服务；对经营性服务，加快培育服务主体，为农民提供田间管理、技术指导、市场营销、融资等多个环节的服务(吴建国 等，2018；杨文军，2015)。同时，应该加大对联耕联种、土地托管等成功模式的宣传推广力度(邓建平 等，2013)。

三、全力加强基层农技推广体系建设

基层农业公共服务人员是提升现代农业科技水平的纽带、提供优质农业社会化服务的核心、推进农业现代化进程的关键。但调研发现，现在基层农技推广人员工作积极性不高，人手不足，年龄老化(江卫青 等，2014；李继武，2016)。项目区的一个 10 万多亩的粮食生产大镇，全镇农技站在职人员 10 人，其中高级农艺师 1 人，农艺师 3 人，助理农艺师 5 人，高级技工 1 人。分行业看，负责种植业生产的 3 人、农机 2 人、畜牧 2 人、林业 1 人、渔业 1 人。农技站负责人反映，站里工作人少事多、经费缺乏、人员老化、工资待遇低，在职人员劳动保险、医疗保险、公积金都没有解决，影响工作积极性。

基层农业公共服务普遍的情况：一是人员老化。中大专以上学历人员占到 50% 以上，但相当一部分人员是通过函授、自学考试获得学历的，缺乏全日制专业高等教育背景和系统理论知识积累。副高以上职称人员可谓"凤毛麟角"。技术推广人员年龄老化，推广队伍出现了"青黄不接"。乡镇随意调配农业服务人员做其他工作，影响本职工作。二是服务能力不足。基层农业公共服务机构工作经费普遍缺乏，推广服务手段落后。对农技人员来讲，新型农业经营主体发生很大变化，以传统粮棉油生产技术为主业的农技员难以满足高效设施农业技术需求(任改玲，2015)。三是工作压力大，待遇低。乡镇合并后，服务半径、服务内容都成倍增加，工作量明显加大。落实惠农政策、动植物检疫防疫、农产品质量安全检测监督、农村土地承包管理等工作要求越来越高，工作职责和压力越来越大。与之同时，收入偏低，工作积极性不高。当前江苏省正

处于全面深化农村改革、力争率先实现农业现代化的攻坚阶段，面临劳动力紧张、资源环境约束加大、农产品市场竞争加剧等一系列严峻挑战，对农业科技的依赖越来越高。

必须加快出台政策措施，努力打造一支与现代农业发展相适应、与产业结构相匹配、与新型经营主体需求相吻合的基层农业公共服务队伍。一要完善保障体系。要在明确基层农业公共服务机构公益性质的基础上，加快推进农业公共服务事业单位分类改革，尽快明确农业公共服务机构全额拨款事业单位性质。落实基层农业公共服务人员的生活条件和工资待遇(陈利江，2011)。二要完善考核机制。明确基层农业公共服务人员工作定位，科学制定考核标准，对于基层农业公共服务人员来讲，要以解决实际问题、对农业发展实际贡献和农民满意作为评价的重要标准，考核结果与绩效工资、晋职晋级、评先评优、合同续聘、业务培训、指导补助、表彰奖励等相挂钩。三要完善投入机制。深化“五有”乡站建设，完善多元化的财政投入机制，有效发挥先进设施设备的应有功能，确保工作正常开展。四要加强队伍建设。配足与服务任务相适应的专业人员。通过公开招聘、竞聘上岗、按岗聘用、合同管理方式，及时调整、充实基层农业公共服务队伍，实现基层农业公共服务队伍“量质齐增”。五要完善激励机制。在职称评定上，要针对基层农业公共服务人员工作实际，注重实绩，形成有基层农业岗位特点的专业技术人才评价机制。在表彰奖励上，要向基层一线倾斜，进一步营造全社会关注、关心、尊重基层农业公共服务人员的浓厚氛围。

参考文献

Ge Wenjie, Zhao Chunjiang, 2014. State-of-the-art and developing strategies of agricultural internet of things [J]. Transactions of the Chinese Society for Agricultural Machinery, 45(7):222-230,277.

Liu Yuan, Wang Ruizhi, Yang Zelin, 2013. Research on development and applications of agricultural internet of things [J]. Guangdong Agricultural Sciences, 101(1):60-67.

安尔康,2016. 完善我国农业社会化服务体系的对策研究[D]. 锦州:渤海大学.

陈海霞,亢志华,刘华周,2012. 与现代农业相适应的新型农业科技推广模式探讨——以兴化市为例[J]. 农业科技管理,31(5):71-75.

陈利江,2011. 三位一体构筑基层农业公共服务新体系[J]. 农村工作通讯,(18):28-29.

陈锡文,2011. 加快推进农业发展方式转变[J]. 理论视野,(1):48-49.

陈晓栋,原向阳,郭平毅,等,2015. 农业物联网研究进展与前景展望[J]. 中国农业科技导报,17(2):8-16.

崔敏,2016. 农业物联网研究与应用现状及发展对策[J]. 计算机与网络,45(15):222-230.

邓建平,杨洪建,李杰,2013. 兴化市土地全程托管种植模式的调查与思考[J]. 中国农技推广,29(1):4-6.

房华玄,魏玉军,2019. 农业社会化服务是现代农业发展的必然选择——基于天长市农业社会化服务的调研[J]. 中国农民合作社,(12):12-14.

龚继红,2011. 农业社会化服务体系中组织协同与服务能力研究[D]. 武汉:华中农业大学.

何勇,聂鹏程,刘飞,2013. 农业物联网与传感仪器研究进展[J]. 农业机械学报,44(10):216-226.

江卫青,张向飞,2014. 关于推进上海市农业公共服务体系建设的思考[J]. 上海农业科技,(6):1-2.

孔祥智,钟真,谭智心,2013. 加快建立新型农业社会化服务体系[J]. 农机科技推广,(10):6-7.

李继武,2016.基层农业公共服务中心建设存在的问题及措施[J].农业与技术,36(24):166.
李杰,杨洪建,邓建平,2017.江苏水稻生产现状和新形势下绿色可持续发展的技术对策[J].中国稻米,23(2):41-44.
李瑾,郭美荣,高亮亮,2015.农业物联网技术应用及创新发展策略[J].农业工程学报,(s2):200-209.
李俏,2012.农业社会化服务体系研究[D].杨凌:西北农林科技大学.
秦怀斌,李道亮,郭理,2014.农业物联网的发展及关键技术应用进展[J].农机化研究,(4):246-248.
任改玲,2015.新时期农业社会化服务体系建设研究[J].经济论坛,(6):71-73.
施力文,李超刚,刘畅,2017.农业物联网中通信技术分析与应用[J].南方农机,48(5):75-76.
王小伟,2016.中国农业生产社会化服务组织及其服务模式选择[D].成都:西南财经大学.
王小羽,2016.东海县农地流转现状调查及农户意愿影响分析[J].浙江农业科学,57(8):1350-1352.
吴建国,窦立明,2018.东海县积极推进农村土地"三权分置"改革[J].当代农村财经,(2):46-47.
吴晓佳,杨凯波,何安华,2012.土地规模经营要在规范中发展——江苏省东海县土地流转情况调研[J].农村经营管理,(8):24-25.
向绪友,周超,贺艺,2016.农业物联网应用推广存在的问题和改进建议[J].湖南农业科学,(1):81-85.
徐刚,陈立平,张瑞瑞,等,2010.基于精准灌溉的农业物联网应用研究[J].计算机研究与发展,47(s2):333-337.
徐元明,孟静,赵锦春,2016.农业物联网:实施"互联网+现代农业"的技术支撑——基于江苏省农业物联网示范应用的调查[J].现代经济探讨,(5):49-53.
许世卫,2013.我国农业物联网发展现状及对策[J].中国科学院院刊,(6):686-692.
颜士敏,陈丹,杨洪建,2013.发展适度规模经营促进江苏农业现代化[J].安徽农学通报,19(12):1,20.
杨洪建,颜士敏,李杰,2013.江苏水稻生产面临的问题与对策[J].中国稻米,19(4):70-73.
杨建昌,杜永,刘辉,2008.长江下游稻麦周年超高产栽培途径与技术[J].中国农业科学,41(6):1611-1621.
杨文军,2015.关于财政部门支持粮食适度规模经营的思考——以江苏省东海县为例[J].财政监督,(17):73.
张晨,2017.家庭农场发展的农业社会化服务对策研究——以兴化市为例[D].南京:南京理工大学.
赵文星,吴至境,刘德力,等,2016.基于农业物联网的果园环境智能监测系统设计[J].江苏农业科学,45(5):391-394.

第二部分

安徽、湖北与四川稻麦两熟

第五章
安徽稻麦绿色丰产增效技术创新集成及应用

摘要： 自2006年以来，安徽省项目组依托国家粮食丰产科技工程，致力于构建安徽最主要两大粮食作物水稻、小麦及其周年绿色高效种植模式与关键技术，在江淮稻麦主产区，选择代表性试验点，设置百亩专题攻关试验田、千亩集成示范片、万亩示范方与百万亩辐射区，采取“关键技术攻关—区域技术集成—示范推广应用”协同推进模式，以“光温资源优化利用与减灾避灾协同”为研究主线，以农机农艺融合为突破口，开展江淮稻麦两熟丰产、优质、高效、抗逆关键技术研究与应用，揭示了江淮稻麦种植区域温光资源分配特点，明确了区域温光资源优化利用技术途径，提出了稻、麦及稻麦周年丰产优质高效关键技术，构建了稻麦周年均衡增产的三种技术模式，经大面积示范应用，提质、增产、抗逆、节本、增效显著。

关键词： 江淮；水稻；小麦；稻麦周年；丰产优质增效；技术模式。

第一节 前言

安徽省位于我国中东部，地处暖温带和亚热带过渡地区，气候温暖湿润，土地总面积13.96万 km^2，其中耕地8 320万亩（许信旺 等，2011）。水稻和小麦是安徽省的两大粮食作物。安徽作为全国粮食主产区和粮食主要调出省份，常年粮食外调量700万t以上，其中稻谷约500万t，是国家重要的商品粮生产基地。其粮食生产状况不仅关系到全省人口口粮及饲料、工业用粮的供应，同时也对全国的社会经济用粮产生重要影响。根据国家统计局的数据，安徽稻麦自2004年来17连丰，2020年虽然前有疫情、后有特大洪涝灾害，但是稻麦总产依然高达3 286.9万t，较2003年的1 606.5万t增产104.6%。安徽稻麦总产占全国稻麦总产的9.6%，略高于江苏，仅次于河南，位居全国第二，而且稻麦基本均衡。可见，安徽稻麦生产在保障国家粮食安全中具有举足轻重的地位。

安徽省水稻种植区域主要分布于沿淮、江淮和沿江地区，近三年（2016—2018年，按2016年后农业农村部重新统计数，下同）安徽水稻年播种面积3 843.65万亩，占粮食播种面积的34.9%；总产1 632.9万t，占粮食总产的40.9%。小麦主要分布于淮北、沿淮和江淮，年种植面积为4 293.15万亩，占粮食播种面积的39.0%；总产1 629.2万t，占粮食总产的40.8%。稻麦产量占安徽粮食总产的81.7%，是安徽粮食安全生产的压舱石（陈刚 等，2015）。其中，稻麦两熟种植是安徽江淮区域粮食生产主体种植制度，周年两熟常年种植面积1 800万亩以上（陈刚 等，2015；杜祥备 等，2019）。

第二节 安徽江淮区域稻麦生产气候资源利用特征

安徽省地处我国南北气候过渡带，光温水资源充足，农业自然资源条件优越。全省年平均气温14~17 ℃，平均日照1 800~2 500 h，平均无霜期200~250 d，平均降水量800~1 800 mm。近年来，安徽江淮区域粮食丰产技术取得长足进步，但受气候变化和生产条件改变的影响，区域气候灾害频发，农业生产不稳定性增加，资源配置不合理与资源浪费问题突出，难以适应规模化新型农业生产需求，限制了该区作物高产高效协同发展（杜祥备 等，2019；习敏 等，2020）。气候因素在农业生产中的作用越来越重要，气候资源高效利用是现代可持续高产高效农业充分利用自然资源条件、提高产量的一个重要环节（葛道阔 等，2002；Reilly J et al.，2003；杨文坎 等，2004）。如何协调合理利用气候资源，形成高产高效的种植模式是当前可持续高产高效农业生产的重点。安徽江淮区域稻麦种植模式单一，稻麦高产模式周年自然资源分配与利用特征及其与产量关系尚不明确。为此，笔者针对性地开展了一系列的研究，探明了区域周年季节间资源配置特征和高效利用途径。

一、安徽江淮区域稻麦两熟制周年资源分配特征

通过对安徽江淮区域2009—2018年期间“十一五”“十二五”和“十三五”国家粮食丰产科技工程安徽省核心示范方代表性地点（表5-2-1）共182个田间水稻、小麦周年高产数据分析，明确江淮区域稻麦两熟制主要种植模式季节间资源分配特征。

表5-2-1 示范方地理分布位置

地区	试验点	经度	纬度
沿淮地区	凤台	116.58°	32.79°
	颍上	116.26°	32.66°
	怀远	116.88°	33.11°
江淮地区	滁州	118.32°	32.32°
	长丰	117.17°	32.29°
	六安	116.51°	31.76°
	合肥	117.27°	31.67°
	巢湖	117.88°	31.61°
	庐江	117.17°	31.44°
沿江地区	望江	116.69°	30.24°
	贵池	117.51°	30.51°
	池州	117.49°	30.66°
	安庆	117.06°	30.54°

（一）稻麦周年季节间光、温、水资源分布及变化趋势

笔者课题组分析了江淮不同地区光温水资源近20年历史资料和随时间的变化趋势（表5-2-2）。近20年安徽不同地区稻麦周年两熟模式下小麦季和周年辐射均呈降低趋势，尤其是小麦季；水

表 5-2-2　江淮不同地区种植模式气候资源变化特征

气候资源	季节	沿淮地区				江淮地区				沿江地区			
		粳稻—小麦		籼稻—小麦		粳稻—小麦		籼稻—小麦		粳稻—小麦		籼稻—小麦	
		范围	变化趋势/[(10a)$^{-1}$]	范围	变化趋势/[(10a)$^{-1}$]	范围	变化趋势/[(10a)$^{-1}$]	范围	变化趋势/[(10a)$^{-1}$]	范围	变化趋势/[(10a)$^{-1}$]	范围	变化趋势/[(10a)$^{-1}$]
辐射/(MJ·m^{-2})	小麦季	2 701.0~3 057.8	−14.6^{ns}	2 767.2~3 439.5	−23.8^{ns}	2 494.5~2 885.4	−21.5^{ns}	2 622.5~3 279.6	−23.7^{ns}	2 063.9~2 931.4	−22.4^{ns}	2 096.4~2 973.4	−24.3^{ns}
	水稻季	2 514.9~2 936.3	14.3^{ns}	2 389.6~2 681.6	21.2^{ns}	2 462.9~2 916.1	2.6^{ns}	2 283.5~2 690.0	3.7^{ns}	2 181.3~2 861.7	−24.5^{ns}	2 197.4~2 652.8	−25.1^{ns}
	周年	5 343.4~5 971.2	−0.4^{ns}	5 332.7~5 852.7	−5.7^{ns}	5 112.1~5 620.1	−18.9^{ns}	5 063.5~5 517.9	−20.0^{ns}	4 297.8~5 399.7	−46.9^{ns}	4 292.7~5 441.7	−49.3^{ns}
积温/℃	小麦季	1 925.2~2 424.7	1.9^{ns}	2 196.4~2 625.1	5.8^{ns}	2 047.8~2 555.7	4.6^{ns}	2 249.9~2 745.9	2.9^{ns}	2 243.2~2 715.0	0.1^{ns}	2 273.1~2 766.8	1.7^{ns}
	水稻季	3 990.1~4 269.9	−1.49^{ns}	3 822.8~4 120.0	−0.1^{ns}	4 015.1~4 317.8	7.3^{ns}	3 793.3~4 066.6	−7.5^{ns}	4 039.3~4 290.9	−17.3^{ns}	3 898.9~4 162.7	−16.8^{ns}
	周年	6 139.3~6 649.2	19.7^{ns}	6 148.2~6 616.7	13.3^{ns}	6 164.7~6 800.6	−2.7^{ns}	6 162.6~6 758.3	−4.6^{ns}	6 411.4~7 005.8	−17.2^{ns}	6 329.9~6 928.3	−15.5^{ns}
降水/mm	小麦季	85.3~439.6	2.8^{ns}	88.2~492.9	10.3^{ns}	167.5~664.1	9.2^{ns}	172.2~696.9	17.8^{ns}	337.1~1 030.2	20.6^{ns}	282.7~941.3	22.5^{ns}
	水稻季	446.5~987.5	3.1^{ns}	431.2~987.4	1.5^{ns}	627.6~1 083.8	15.8^{ns}	544.4~902.8	10.5^{ns}	698.2~1 588.9	40.3^{ns}	655.1~1 330.8	37.1^{ns}
	周年	890.7~1 374.4	5.9^{ns}	519.4~1 417.7	11.8^{ns}	866.3~1 651.2	25.0^{ns}	845.9~1 477.7	28.3^{ns}	1 120.1~2 404.0	60.8^{ns}	1 053.9~2 250.8	59.6^{ns}

注：ns 表示趋势未达到显著水平(P>0.05)。

稻季沿淮和江淮地区呈增加趋势，沿江地区呈降低趋势。不同地区积温小麦季呈增加趋势、水稻季大部分呈降低趋势，周年沿江地区呈增加趋势，江淮和沿淮地区呈降低趋势。降水小麦季、水稻季和周年总体呈增加趋势。

（二）稻麦两熟高产模式光、温、水资源分配

1. 辐射分配

小麦季、水稻季和周年累积辐射量沿淮地区分别为 2 965.6 MJ/m^2、2 684.3 MJ/m^2 和 5 359.8 MJ/m^2，江淮地区分别为 2 823.8 MJ/m^2、2 583.9 MJ/m^2 和 5 129.2 MJ/m^2，沿江地区分别为 2 563.1 MJ/m^2、2 583.3 MJ/m^2 和 4 959.8 MJ/m^2，从北向南累积辐射量逐渐减少（表 5-2-3）。周年辐射的差异主要是小麦季的差异，小麦季累积辐射量从北向南逐渐减少。粳稻—小麦模式小麦季累积辐射量低于籼稻—小麦模式，水稻季则相反。不同种植模式比较，粳稻—小麦模式小麦季、水稻季平均辐射分配率及两季比分别为 53.1%、51.9% 和 1.02，籼稻—小麦模式分别为 55.0%、49.8% 和 1.10。

表 5-2-3　江淮不同地区不同种植模式稻麦季间辐射资源分配

地区	种植模式	小麦季		水稻季		周年	
		辐射/（MJ·m^{-2}）	分配率/%	辐射/（MJ·m^{-2}）	分配率/%	辐射/（MJ·m^{-2}）	两季比
沿淮地区	粳稻—小麦	2 916.6±226.6b	54.3b	2 745.8±216.2a	51.1ab	5 372.4±331.6a	1.06b
	籼稻—小麦	3 014.5±240.8a	56.4a	2 622.7±212.7b	49.0b	5 347.2±326.3a	1.15a
江淮地区	粳稻—小麦	2 769.3±229.7c	53.7b	2 670.1±210.8ab	51.8ab	5 159.4±370.9b	1.04b
	籼稻—小麦	2 878.2±233.8b	56.4a	2 497.7±202.6c	49.0b	5 098.9±362.6b	1.15a
沿江地区	粳稻—小麦	2 550.9±256.8d	51.2c	2 624.9±264.2b	52.7a	4 982.8±474.5c	0.97b
	籼稻—小麦	2 575.2±257.6d	52.2c	2 541.6±264.5bc	51.5ab	4 936.8±466.9c	1.01b

注：表中同列不同小写字母表示 5%水平差异显著。周年指除水稻收获至小麦播种空档期外的稻麦在田时间段（即从小麦播种开始至水稻收获结束）的气象指标累积值。

2. 积温分配

小麦季、水稻季和周年积温沿淮地区分别为 2 366.7 ℃、4 031.1 ℃和 5 997.8 ℃，江淮地区分别为 2 430.6 ℃、4 051.1 ℃和 6 156.7 ℃，沿江地区分别为 2 509.5 ℃、4 127.0 ℃和 6 296.5 ℃，从北向南累积积温逐渐增加（表 5-2-4）。周年积温的差异主要是小麦季的差异，沿江地区小麦季

表 5-2-4　江淮不同地区不同种植模式稻麦季间积温资源分配

地区	种植模式	小麦季		水稻季		周年	
		积温/℃	分配率/%	积温/℃	分配率/%	积温/℃	两季比
沿淮地区	粳稻—小麦	2 290.1±127.0c	38.1bc	4 117.8±89.6a	68.5a	6 007.9±159.2c	0.56b
	籼稻—小麦	2 443.3±115.7ab	40.8ab	3 944.4±95.2b	65.9ab	5 987.7±140.5c	0.62a
江淮地区	粳稻—小麦	2 348.8±141.9b	37.8c	4 167.4±102.8a	67.1a	6 206.2±202.4b	0.56b
	籼稻—小麦	2 512.4±142.8a	41.1a	3 934.8±102.5b	64.4b	6 107.2±196.4bc	0.64a
沿江地区	粳稻—小麦	2 495.2±119.8a	39.5b	4 188.9±96.7a	66.2ab	6 324.1±173.2a	0.60ab
	籼稻—小麦	2 523.7±121.6a	40.3ab	4 065.1±98.6ab	64.8b	6 268.8±174.4ab	0.62a

注：表中同列不同小写字母表示 5%水平差异显著。

积温显著高于沿淮地区和江淮地区。粳稻—小麦模式水稻季积温显著高于籼稻—小麦模式，小麦季则相反。不同种植模式比较，粳稻—小麦模式小麦季、水稻季平均积温分配率及两季比分别为38.5%、67.3%和0.57，籼稻—小麦模式分别为40.7%、65.0%和0.63。

3. 降水分配

小麦季、水稻季和周年降水量沿淮地区分别为329.9 mm、709.8 mm和1 006.7 mm，江淮地区分别为460.6 mm、732.1 mm和1 130.7 mm，沿江地区分别为697.6 mm、863.2 mm和1 508.7 mm，从北向南降水量逐渐增加（表5-2-5）。降水量周年差异主要是小麦季的差异，沿江地区显著高于沿淮地区和江淮地区。季节间分配率同一地区不同种植模式间差异较小，不同地区间差异较大。沿淮地区小麦季、水稻季平均降水分配率及两季比分别为32.8%、70.5%和0.47，江淮地区分别为40.8%、64.8%和0.63，沿江地区分别为46.3%、57.2%和0.81。

表5-2-5　江淮不同地区不同种植模式稻麦季间降水资源分配

地区	种植模式	小麦季		水稻季		周年	
		降水/mm	分配率/%	降水/mm	分配率/%	降水/mm	两季比
沿淮地区	粳稻—小麦	316.1±95.4c	31.6c	714.8±198.0b	71.3a	1 001.9±241.0c	0.44c
	籼稻—小麦	343.7±109.6c	34.0c	704.7±203.1b	69.7a	1 011.4±255.2c	0.49c
江淮地区	粳稻—小麦	445.5±137.6b	39.0b	747.2±180.0b	65.4b	1 142.7±264.8b	0.60b
	籼稻—小麦	475.7±150.8b	42.5b	717.0±164.0b	64.1b	1 118.7±257.1b	0.66b
沿江地区	粳稻—小麦	701.6±185.5a	46.2a	872.6±274.1a	57.4c	1 520.2±411.8a	0.80a
	籼稻—小麦	693.5±188.9a	46.3a	853.7±257.9a	57.0c	1 497.2±397.7a	0.81a

注：表中同列不同小写字母表示5%水平差异显著。

（三）稻麦高产形成与光、温、水资源的关系

粳稻产量与生育期间总辐射量呈显著正相关（$P<0.05$），而与积温、降水量无显著相关关系（图5-2-1）。当粳稻季累积辐射大于2 387.0 MJ/m^2、积温达4 003.4~4 317.8 ℃、降水量在466.4~1 588.9 mm范围内，可获得亩产660 kg以上的产量。安徽地区粳稻生产主要受总辐射影响，尤其是沿江地区生育期累积辐射呈现降低趋势限制粳稻产量潜力的进一步提升。

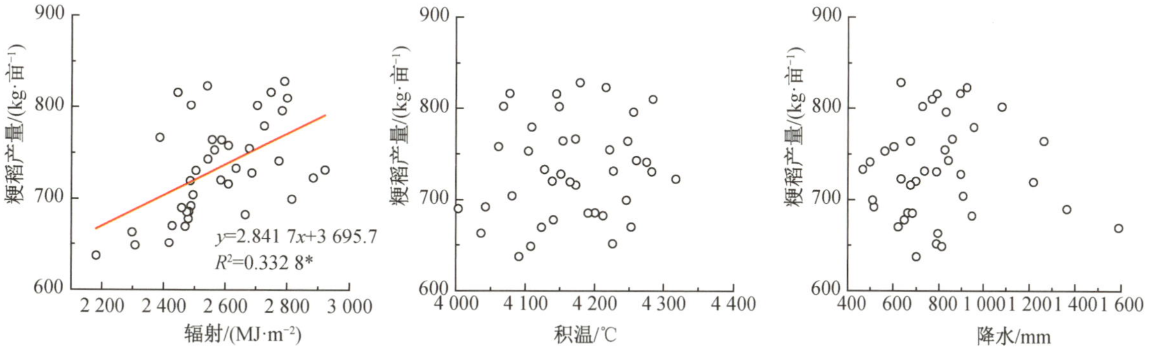

图5-2-1　江淮地区粳稻产量与气候资源的关系

籼稻产量与生育期间总辐射量呈显著正相关（$P<0.05$），而与积温、降水量无显著相关关系（图5-2-2）。籼稻获得亩产600 kg以上产量对气候资源的基本需求为：累积辐射大于2 301.1 MJ/m^2，

积温达 3 839. 1~4 163. 2 ℃，总降水量在 490. 9~1 347. 8 mm 范围内。生育期累积辐射较低是限制安徽地区籼稻产量潜力进一步提升的关键因素，尤其是沿江地区。

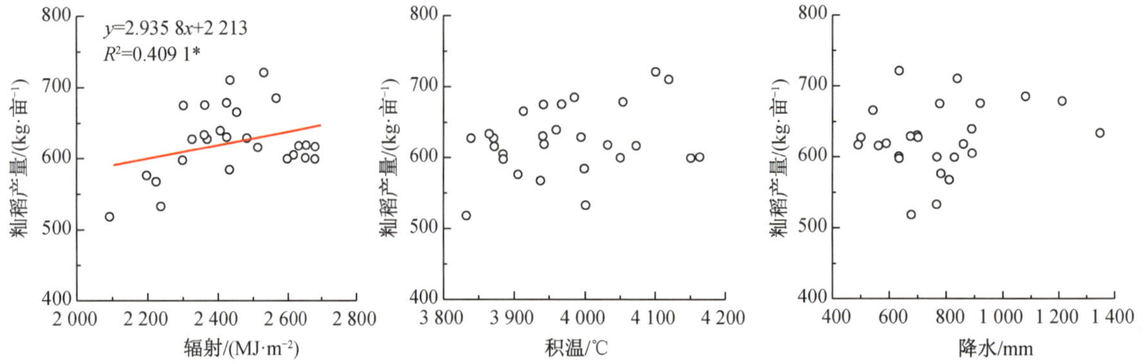

图 5-2-2　江淮地区籼稻产量与气候资源的关系

冬小麦产量与生育期间总辐射量、积温无显著相关关系，而与降水量呈二次函数关系（$P<0.05$，图 5-2-3）。冬小麦产量随着降水量增加先升高后降低，当降水量为 299. 0 mm 时，产量最高。当小麦季累积辐射达 2 685. 0~3 235. 2 MJ/m^2、积温达 1 925. 0~2 522. 6 ℃、降水量在 245. 5~439. 5 mm 范围内时，可获得亩产 450 kg 以上的产量。安徽地区稻茬麦生产主要受降水量影响。

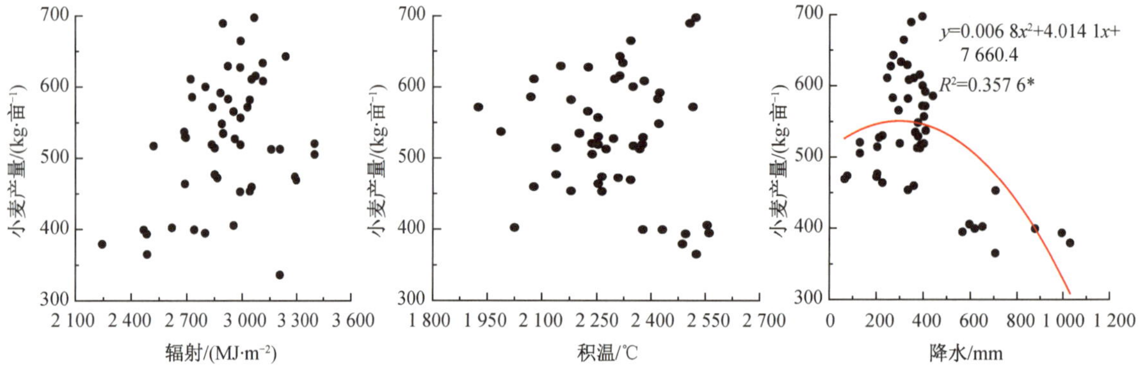

图 5-2-3　江淮地区小麦产量与气候资源的关系

（四）结论

研究探明了安徽不同地区稻麦周年气候资源配置特征，受气候变化影响，近 20 年气候资源演变向不利趋势发展。在当前生产模式下，安徽地区小麦和水稻季积温均已满足高产需求，生产均不受积温影响。沿淮和江淮地区小麦季辐射量均已满足高产需求，并造成了辐射资源的浪费（杜祥备 等，2019，2021；刁敏 等，2020）。水稻生产主要受辐射的影响，尤其是沿江地区辐射量较低，限制水稻产量潜力的进一步提升，受气候变化影响呈进一步降低趋势。而冬小麦生产主要是降水量过大限制产量潜力的进一步提高。依据上述结果，江淮区域稻麦两熟种植模式下，在满足小麦季辐射量达 2 685. 0 MJ/m^2、累积积温达 1 925. 0 ℃的前提下，充分发挥水稻季的高光效优势是提高周年产量和资源利用效率的关键。

二、安徽江淮区域稻麦两熟周年资源优化配置与高效利用途径

2013—2015 年，在安徽省合肥市庐江县白湖农场农技服务中心试验基地进行稻麦不同搭配

模式试验。试验处理包括了当地生产习惯常规种植模式(T2)，以水稻机插播种期调整为主导的早播(T1)和晚播(T3和T4)种植模式。具体种植方案及生育期详见表5-2-6。在此基础上，研究不同种植模式的光温水资源配置特征、产量形成和气候资源利用效率，以探索江淮地区高产与资源高效配置模式。

表5-2-6 2013—2015年不同处理种植方案及生育期

年度	种植模式	水稻					小麦				稻麦周年/d
		播种期	移栽期	亩基本苗/万苗	收获期	生育期/d	播种期	亩基本苗/万苗	收获期	生育期/d	
2013—2014	T1	5月5日	5月26日	5.6	10月13日	161	10月20日	20.0	5月24日	216	358
	T2	5月15日	6月8日	5.6	10月20日	158	10月30日	20.0	5月28日	210	355
	T3	5月25日	6月15日	5.6	10月28日	156	11月9日	24.0	5月30日	202	344
	T4	6月4日	6月25日	5.6	10月30日	148	11月19日	28.0	6月1日	194	336
2014—2015	T1	5月5日	5月26日	5.6	10月14日	162	10月20日	20.0	5月24日	216	359
	T2	5月15日	6月2日	5.6	10月18日	156	10月30日	20.0	5月28日	210	353
	T3	5月25日	6月12日	5.6	10月22日	150	11月9日	24.0	5月31日	203	347
	T4	6月4日	6月22日	5.6	10月28日	146	11月19日	28.0	6月2日	195	341

(一) 不同种植模式稻麦季间温、光、水资源配置特征

1. 积温分配

播期调节导致不同种植模式间积温差异显著(表5-2-7)。随着稻麦周年播期推迟，水稻生长季、小麦生长季和周年总积温量显著下降，主要由于全生育期缩短导致。与生产常规种植模式

表5-2-7 不同种植模式稻麦季间积温资源分配

年度	种植模式	水稻季		小麦季		周年	
		积温/℃	分配率/%	积温/℃	分配率/%	积温/℃	两季比
2013—2014	T1	4 190.2	62.2	2 455.5	36.4	6 741.7	1.71
	T2	4 086.2	61.6	2 402.2	36.2	6 629.0	1.70
	T3	3 980.9	61.6	2 301.8	35.6	6 457.8	1.73
	T4	3 794.2	60.4	2 226.2	35.4	6 284.2	1.70
2014—2015	T1	3 965.5	60.4	2 484.9	37.9	6 565.1	1.60
	T2	3 832.5	59.6	2 390.9	37.2	6 433.3	1.60
	T3	3 726.9	59.4	2 325.8	37.0	6 279.2	1.60
	T4	3 545.4	58.3	2 266.5	37.3	6 076.3	1.56
平均	T1	4 077.9a	61.3a	2 470.2a	37.1a	6 653.4a	1.65a
	T2	3 959.4b	60.6b	2 396.6b	36.7ab	6 531.2b	1.65a
	T3	3 853.9c	60.5b	2 313.8c	36.3b	6 368.5c	1.67a
	T4	3 669.8d	59.4c	2 246.4d	36.4b	6 180.3d	1.63b

注：表中同一列中不同字母表示5%水平差异显著。

T2 相比，水稻季、小麦季和周年总积温量 T1 模式分别增加 3.0%、3.1%和 1.9%；T3 模式分别减少 2.7%、3.5%和 2.5%；T4 模式生育期缩短导致累积积温分别减少 7.3%、6.3%和 5.4%。

2. 辐射分配

不同种植模式间截获辐射量差异显著(表 5-2-8)。稻麦周年播期推迟，水稻生长季、小麦生长季和周年总截获辐射量显著下降。与生产常规种植模式 T2 相比，水稻季、小麦季和周年总辐射量双季早播模式 T1 分别增加 5.1%、5.5%和 3.7%；双季适期晚播模式 T3 分别减少 0.2%、2.6%和 1.8%；双季晚播模式 T4 分别减少 2.6%、6.2%和 5.5%。早播显著提高了水稻季和小麦季总辐射量占周年总辐射量的分配比率，而晚播降低了小麦季分配率，增加了水稻季分配率。两季辐射比 T1、T2 模式间无差异，T3、T4 模式由于水稻季分配率显著增加导致两季比显著高于 T1 和 T2 模式。

表 5-2-8 不同种植模式稻麦季间辐射资源分配

年度	种植模式	水稻季		小麦季		周年	
		辐射/(MJ·m⁻²)	分配率/%	辐射/(MJ·m⁻²)	分配率/%	辐射/(MJ·m⁻²)	两季比
2013—2014	T1	2 675.1	48.6	2 710.8	49.3	5 501.3	0.99
	T2	2 582.7	48.3	2 568.1	48.0	5 350.8	1.01
	T3	2 645.6	49.9	2 503.1	47.2	5 299.2	1.06
	T4	2 579.8	50.5	2 428.6	47.5	5 113.2	1.06
2014—2015	T1	2 141.7	44.4	2 563.0	53.1	4 826.7	0.84
	T2	2 001.8	43.4	2 431.8	52.8	4 608.4	0.82
	T3	1 931.9	43.1	2 367.9	52.8	4 486.1	0.82
	T4	1 887.0	43.9	2 262.4	52.6	4 298.3	0.83
平均	T1	2 408.4a	46.5ab	2 636.9a	51.2a	5 164.0a	0.92b
	T2	2 292.3b	45.9b	2 500.0b	50.4b	4 979.6b	0.92b
	T3	2 288.8b	46.5ab	2 435.5ab	50.0b	4 892.7b	0.94a
	T4	2 233.4b	47.2a	2 345.5b	50.1b	4 705.8b	0.95a

注：表中同一列中不同字母表示 5%水平差异显著。

3. 降水分配

推迟稻麦周年播期，水稻生长季、小麦生长季和周年降水量显著下降(表 5-2-9)。不同种植

表 5-2-9 不同种植模式稻麦季间降水资源分配

年度	种植模式	水稻季		小麦季		周年	
		降水/mm	分配率/%	降水/mm	分配率/%	降水/mm	两季比
2013—2014	T1	842.4	61.2	530.4	38.6	1 375.6	1.59
	T2	767.9	59.1	530.8	40.9	1 298.7	1.45
	T3	720.9	57.6	523.1	41.8	1 251.7	1.38
	T4	672.1	56.0	509.6	42.5	1 199.5	1.32

（续表）

年度	种植模式	水稻季		小麦季		周年	
		降水/mm	分配率/%	降水/mm	分配率/%	降水/mm	两季比
2014—2015	T1	751.3	56.4	577.2	43.3	1 331.9	1.30
	T2	678.1	53.9	537.7	42.7	1 258.1	1.26
	T3	706.5	55.8	505.0	39.9	1 265.2	1.38
	T4	654.0	49.3	501.7	45.7	1 221.6	1.30
平均	T1	796.9a	58.8a	553.8a	41.0b	1 353.8a	1.45a
	T2	723.0ab	56.5ab	534.3a	41.8b	1 278.4ab	1.36b
	T3	713.7ab	56.7ab	514.1ab	40.9b	1 258.5ab	1.38ab
	T4	663.1b	52.7b	505.7b	44.1a	1 210.6b	1.31b

注：表中同一列中不同字母表示 5%水平差异显著。

模式间截获降水差异显著，与生产常规种植模式 T2 相比，T1 模式水稻季、小麦季和周年总降水量分别增加 10.2%、3.7%和 5.9%；T3 模式分别减少 1.3%、3.8%和 1.6%；T4 模式分别减少 8.3%、5.4%和 5.3%。晚播条件下水稻季降水分配率无显著变化，而小麦季 T4 模式显著增加。

（二）不同种植模式稻麦周年产量

种植模式显著影响水稻季、小麦季和周年产量（图 5-2-4）。与常规播期相比，晚播显著增加了水稻季产量，同时提高了周年产量占比，而早播产量则降低。水稻季产量 T3 模式显著高于其他模式。小麦季产量 T2 模式显著高于其他处理，晚播降低了小麦季占周年产量比重。而稻麦周年总产则以 T3 模式最高，显著高于 T1 和 T4 模式；不同模式间表现为 T3>T2>T1>T4。从两年平均看，T1、T2、T3 和 T4 模式周年亩总产分别为 1 078.3 kg、1 147.5 kg、1 169.9 kg 和 1 049.4 kg。稻麦双季适期晚播利于周年总产提高。

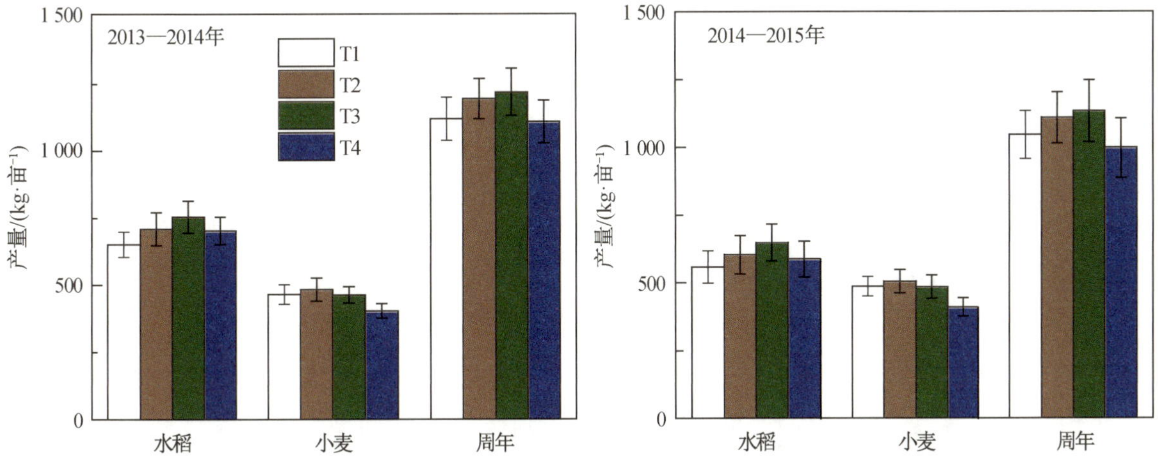

图 5-2-4　2013—2015 年不同种植模式稻麦及周年产量比较

（三）不同种植模式稻麦季节间温、光、水资源利用效率

播期显著影响作物单季和周年气候资源生产效率。双季晚播能增加水稻季的温度生产效率、光能生产效率和降水生产效率，而早播水稻季、小麦季和周年温度生产效率、光能生产效率和降

水生产效率均降低。与常规种植模式 T2 相比，T3 模式平均温度生产效率、光能生产效率和降水生产效率分别提高 9.77%、5.59%和 8.26%；T4 模式分别提高 5.98%、1.31%和 7.15%；而 T1 模式分别降低 10.50%、11.68%和 16.38%。小麦季温度生产效率、光能生产效率和降水生产效率，除 T3 和 T2 模式无显著差异外，过早或过晚播种均显著降低。稻麦周年温度生产效率、光能生产效率和降水生产效率除 T3 模式均增加外，过早或过晚播种模式均显著降低(表 5-2-10)。

表 5-2-10 不同种植模式稻麦及周年气候资源利用效率比较

年度	种植模式	温度生产效率/($kg \cdot hm^{-2} \cdot ℃^{-1}$)			光能生产效率/($g \cdot MJ^{-1}$)			降水生产效率/($kg \cdot mm^{-1}$)		
		水稻季	小麦季	周年	水稻季	小麦季	周年	水稻季	小麦季	周年
2013—2014	T1	2.32	2.83	2.47	0.36	0.26	0.30	11.54	13.11	12.12
	T2	2.59	3.00	2.68	0.41	0.28	0.33	13.78	13.59	13.70
	T3	2.82	3.00	2.81	0.43	0.28	0.34	15.60	13.22	14.51
	T4	2.76	2.71	2.63	0.41	0.25	0.32	15.60	11.83	13.77
2014—2015	T1	2.11	2.94	2.33	0.40	0.28	0.28	11.15	12.64	11.40
	T2	2.36	3.17	2.51	0.45	0.31	0.31	13.35	14.09	12.80
	T3	2.61	3.12	2.62	0.49	0.31	0.32	13.78	14.38	13.53
	T4	2.48	2.72	2.38	0.47	0.27	0.29	13.47	12.28	12.48
平均	T1	2.22b	2.89b	2.40c	0.38b	0.27b	0.29b	11.35c	12.88b	11.76c
	T2	2.48a	3.09a	2.60ab	0.43a	0.30a	0.32a	13.57b	13.84a	13.25b
	T3	2.72a	3.06a	2.72a	0.46a	0.30a	0.33a	14.69a	13.80a	14.02a
	T4	2.62a	2.72b	2.51b	0.44a	0.26b	0.31a	14.54a	12.06b	13.13b

注：表中同一列中不同字母表示 5%水平差异显著。

(四) 结论

通过协调水稻、小麦两季播期来优化两季间资源配置，成为提高资源利用效率、挖掘江淮地区稻麦周年产量潜力的重要途径。将水稻和小麦播期分别向后推迟 10 d，建立了一种稻麦周年双季适期晚播高产高效模式。冬小麦推迟至 10 月底至 11 月初播种，可为水稻季腾出 7~8 d 时间，将小麦季的部分光热资源转移给高贡献率作物水稻(可以为水稻增加周年 0.4%的积温、0.4%的辐射和 0.9%的降水)。小麦通过提高播种质量、适当加大密度，增加后期管理能有效补偿晚播造成的不利影响(胡焕焕 等，2008)。水稻晚播收获推迟，灌浆期延长 2~5 d，可促进水稻在田间充分灌浆和成熟。同时，水稻播期后移，孕穗开花期推迟 5~7 d，降低了扬花期遭遇高温热害的风险。稻麦周年最高亩产量达 1 170 kg，较传统种植模式每亩提高 22.4 kg，同时气候资源利用效率显著提升，实现了周年产量与资源利用效率(特别是水稻季)同步提高。

充分发挥水稻高光效和高增产潜力是江淮地区稻麦两熟种植周年丰产高效的关键。生产上可通过不同栽培措施延长水稻生育期来提高气候资源截获量，如采用不同类型品种水稻，周年生育期适宜的品种搭配，特别是耐晚播早熟高产冬小麦品种的选择与水稻晚熟高产品种的搭配，配合适宜密度、肥水调控等栽培措施，均可实现产量和资源利用效率双提升(姚义 等，2012；孙东海 等，2017；徐敏 等，2019；杜祥备 等，2021)。

第三节　安徽江淮区域稻麦周年丰产高效技术研究

针对安徽稻麦主产区品种多杂乱、茬口衔接矛盾突出、机械化及配套栽培技术研究储备不足，特别是在水稻轻简化栽培条件下，肥水高效运筹技术等落后于生产需求，导致作物群体质量差、资源利用率低、产量不高不稳等问题展开研究（陈刚 等，2015），最终实现以选用适宜机械化栽培方式，提高劳动生产效率；以优化茬口安排，充分利用生长季节，提高光温利用率（刁敏 等，2020）；以科学水肥管理，协同提升产量与品质（季雅岚 等，2019；孙雪原 等，2020）。

一、品种优选与搭配技术

（一）沿淮地区专用粳糯稻机插—半冬性小麦机条播

在沿淮地区选择中熟（145±5）d 的优质（二级以上）粳糯稻品种，搭配耐渍害、抗病（赤霉病）的半冬性小麦品种。

水稻毯苗机插于 5 月 10—15 日播种，6 月 5—15 日机插，栽插行株距 30 cm×（12～16）cm。钵苗机插于 5 月 5—10 日播种，6 月 5—15 日机插，栽插行株距 33 cm×（12～18）cm。小麦于 10 月 15—25 日播种，适宜行距 20～25 cm，亩基本苗控制在 16 万～20 万。小麦选用圆盘式小麦播种机，一次性完成开沟、播种、施肥、镇压（表 5-3-1）。

表 5-3-1　江淮稻—麦周年品种选用及播栽期优化配置技术参数

区域	品种搭配	机械化栽培方式	水稻播栽期	小麦播种期
沿淮地区	粳糯稻—半冬性小麦	水稻：毯苗、钵苗机插； 小麦：机条播	毯苗：5 月 10—15 日播种； 钵苗：5 月 5—10 日播种，6 月 5—15 日机插	10 月 15—25 日
江淮地区	籼稻—弱春性小麦	水稻：毯苗、钵苗机插、机直播； 小麦：机条播	毯苗：5 月 15—20 日播种； 钵苗：5 月 10—15 日播种，6 月 1—10 日机插，6 月 5 日前后机直播	10 月 20—30 日
沿江地区	粳稻—春性小麦	水稻：毯苗、钵苗机插或机直播； 小麦：机条播	毯苗：5 月 20—25 日播种； 钵苗：5 月 15—20 日播种，6 月 5—15 日机插	10 月 25 日至 11 月 5 日

注：毯苗秧龄控制在（20±2）d，钵苗秧龄控制在（27±3）d。

（二）江淮地区中籼水稻机插—弱春性小麦机条播

选择中熟（140±5）d、耐（穗期）高温、优质（三级以上）的中籼水稻品种，搭配抗逆耐迟播、抗病（赤霉病）、耐穗发芽的弱春性小麦品种。

水稻采用毯苗机插方式，于 5 月 15—20 日播种，6 月 1—10 日移栽，机插行株距 30 cm×（12～16）cm，秧龄 20 d 左右；采用钵苗机插方式，于 5 月 10—15 日播种，6 月 1—10 日移栽，机插行株距 33 cm×（12～18）cm，秧龄 30 d 左右。小麦于 10 月 20—30 日播种，适宜行距 20～25 cm，亩基本苗一般控制在 18 万～22 万。选用圆盘式小麦播种机，一次性完成开沟、播种、施肥、镇压。

（三）沿江地区优质中晚粳稻机插—春性小麦机条播

选择优质（二级以上）、中迟熟中粳稻（150±5）d 品种，搭配耐渍害、抗病（赤霉病）、耐穗发芽的春性小麦品种。

水稻毯苗机插于5月20—25日播种，6月5—15日机插，栽插行株距30 cm×(12~16) cm。水稻钵苗机插于5月15—20日播种，6月5—10日机插，栽插行株距33 cm×(12~18) cm。小麦于10月25日至11月5日播种，适宜行距20~25 cm，亩基本苗控制在20万~25万。小麦选用圆盘式小麦播种机，一次性完成开沟、播种、施肥、镇压。

二、丰产群体构建与诊断调控技术

(一) 水稻

1. 培育标准壮秧

培育壮秧是保证大田水稻足穗和壮秆促大穗的基础，也直接影响田间的栽插质量。研究提出了"因种精量稀播匀播，依龄精准旱管水控+两次精准化控"的精管模式，培育带蘖壮秧。一般，毯苗机插壮秧要求秧龄20~25 d，叶龄4.1~4.5叶，单株平均带蘖0.1~0.3个，苗高12~15 cm，茎基宽2.5~2.7 mm，根系盘结好。钵苗机插秧龄25~35 d，叶龄5.0~6.0叶，每钵成苗数2~3株，单株平均带蘖0.3~0.5个(表5-3-2、表5-3-3)。

表5-3-2 杂交稻毯苗壮秧标准与稀播成毯阈值指标

水稻类型	每盘播种量/g	秧龄/d	苗高/cm	根系盘结力/kg	充实度/($mg \cdot cm^{-1}$)	发根力/(条·$株^{-1}$)	稀播成毯阈值/cm^2
杂交籼稻	55~75	20~23	13~15	4.5~5.0	2.6~3.0	≥7.0	1.5±0.3
杂交粳稻	70~90	20~25	12~14	4.5~5.0	2.6~3.0	≥7.0	2.0±0.4

表5-3-3 钵苗带蘖壮秧标准

品种类型	播种至齐苗		适栽秧龄期					机插后	
	播种量/(粒·$钵^{-1}$)	成苗数/(株·$钵^{-1}$)	充实度/($mg \cdot cm^{-1}$)	茎鞘淀粉含量/($mg \cdot g$)	单株带蘖数	秧龄/d	发根力/(条·$株^{-1}$)	漏插率/%	缓苗期/d
杂交籼稻	2~3	2~3	1.8~2.4	≥150	0.3~0.5	25~35	8~10	≤5	0~3
杂交粳稻	2~3	2~3	2.0~2.7	≥140	0.3~0.5	25~35	8~10	≤5	0~3

2. 育秧方式

2.1 育秧准备

(1) 营养土准备与秧田制作　一般在4月中旬，将菜园土、耕作熟化的旱地土或稻田土提前培肥(15-15-15的复合肥亩用40~50 kg)，每100 kg营养土加0.5~1.0 kg壮秧剂配制，每亩机插大田准备营养土100 kg，盖籽素土10 kg；或者用商品化的育秧基质育秧。

(2) 秧田制作　选择排灌条件好，便于管理和运秧的田块作为秧田，秧田和大田比为1：(80~90)(旱育秧)或1：(70~80)(湿润育秧)，秧床宽度1.4~1.5 m，沟宽20~30 cm，深20 cm，秧田板面做到"实、平、光、直"。

2.2 播种摆盘

(1) 适宜播期　根据品种、茬口情况按照秧龄推算播种期，根据选定的水稻品种生育期和机具作业量，科学编排水稻品种播、栽期。毯苗机插油菜茬播种期为5月10—15日，麦茬5月

20—25 日；钵苗机插空茬播种期为 4 月初或 5 月初，油菜茬 5 月上旬，麦茬 5 月中下旬。

（2）种子处理　采用风选、水选等方式去除瘪谷和杂质，并于浸种前晒种 1~2 d，提高种子发芽势；将精选晾晒过的种子先用清水浸种 1 d，然后再用咪鲜胺加噻唑锌配液浸种 10~12 h，预防恶苗病等种传病害，捞出后用清水冲洗干净；采用日浸夜露，杂交籼稻 48 h、粳稻 60 h 即可露白，露白后用高浓度吡虫啉（含量 60%以上）拌种，控制秧苗期病虫；如播种时遇到下雨或者其他原因不能及时播种，应将露白的种子放在阴凉处摊开，但时间不能太长，以免种子发根长芽串结成团，影响播种质量。

（3）播种　采用工厂化育秧，机械化流水线匀播（漏播率<5%，均匀度>90%）、稀播，毯苗育秧播种量杂交籼稻每盘播干谷 60~80 g，杂交粳稻 70~90 g，常规稻 100~120 g；钵苗育秧播种量杂交稻 2~3 粒/钵，常规稻 4~5 粒/钵。盖种后再向秧盘喷洒一遍配制的敌克松药液[65%敌克松与水配制成 1：（1 000~1 500）倍液]，对秧盘泥土及盖土进行消毒。

（4）摆盘　将叠放的秧盘置于高温、高湿（相对湿度 85%以上）暗化室或者堆盘（高度以 20 张左右为宜，最好不超过 30 张）处理，用薄膜覆盖进行暗化催芽，放置 2 d 左右再上育秧架（工厂化育秧）或育秧苗床（同样用敌克松药液喷洒苗床消毒），苗床摆盘时注意盘与盘之间要靠紧，不留空隙，平铺整齐且往下压实，确保盘底与床面充分接触。

2.3　秧苗管理

（1）水管　摆盘后苗床沟放满水，水面以淹至床面盘底为宜，保持秧盘湿润，防止苗盘干裂引起秧苗生长异常及死苗；齐苗后采用旱育管理。雨天注意排水，防止苗床沟水淹没秧盘。育秧后期，特别是在移栽前 3~5 d，把苗床沟水放干。

（2）炼苗　育秧 7~8 d 后，白天打开拱棚两端农膜通风炼苗，晚上盖好防冻；10 d 后，白天打开棚顶农膜进行绿化炼苗，晚上盖起防冻，做到日揭夜盖。

（3）施肥与二次化控　采用培肥的营养土旱育秧原则上不需要追“断奶肥”；如育秧底土供肥不足，秧苗明显脱肥落黄，可按每盘加 5 g 尿素兑水 5 kg 制成营养液叶面追肥，并清水淋洗防烧苗。如秧龄超过 22 d（毯苗），在秧苗 2 期前后叶面喷施 200 mg/kg 烯效唑进行二次化控防徒长。移栽前施“送嫁肥”，可用 1%尿素加 1.5%磷酸二氢钾水溶液喷施，并清水喷洒一遍，以防肥害烧苗；施肥宜在取秧前 2~3 d 傍晚进行，依秧苗长势和天气而定；一般情况不施为好。

（4）病虫防治　育秧过程中防止苗瘟、立枯病、烂秧、虫害、鼠害以及畜禽危害，坚持带药下田。由于机插秧苗秧龄短，个体较嫩，移栽后容易遭受稻蟓甲等虫害，移栽前 3~5 d 进行 1 次药物防治，每亩用 2.5%快杀灵乳液 30~35 mL 兑水 40~60 kg 进行喷雾。在水稻纹枯病发生区，防治时每亩应加 12.5%井蜡蚜水剂 200 mL 和 10%吡虫啉乳液 15 mL，控制稻飞虱的带毒危害，做到带药移栽，一药兼治。

3. 阔行少本精确机插

合理群体起点，高质量精准机插（吴文革 等，2009）。毯苗机插秧龄以 18~22 d 为宜，最长不超过 25 d；钵苗移栽秧龄以 25~30 d 为宜，最长不超过 35 d。选择合适机型插秧机进行高质量机插（漏插率<5%，均匀度>85%）。机插行距 30.0 cm（毯苗）或 33 cm（钵苗），株距 12~16 cm（穗型越大，株距越大）。杂交稻每亩栽插 1.4 万~1.6 万穴，2~3 苗/穴；常规稻每亩 1.8 万~2.0 万穴，3~4 苗/穴（季雅岚 等，2019）（表 5-3-4）。

表 5-3-4 不同类型杂交稻机插适宜穴苗数与株行距配置参数

品种类型	行距/cm	株距/cm	穴苗数/株	穗型	行距/cm	株距/cm	穴苗数/株
杂交中籼	30~33	14~16	1~2	穗数型	23~25	12~14	2~3
杂交中粳	27~33	14~16	1~2				
杂交早籼	23~25	10~13	2~3	穗粒兼顾型	25~30	14~16	1.5~2.5
杂交晚粳	25~30	12~15	2~3	大穗型	30~33	15~18	1~2

4. 科学水浆管理

采用"浅—露—烤"水分管理+后期干湿交替优化灌溉方式（吴文革 等，2009；季雅岚 等，2019；徐秀娟 等，2019）。

（1）移栽期 淀浆沉实 2~3 d 后，薄水栽插，浅水促蘖，保持水深 3 cm 左右，促进低位分蘖的发生。田间每隔 9~12 m 开一条丰产沟（宽 30 cm，深 20 cm），以便排灌和烤田。

（2）栽后至有效分蘖期 栽插后活棵前 3~4 d 要保持薄水层湿润立苗，活棵后露田 1~2 d；之后保持 2~3 cm 浅水层至湿润状态，切忌长期保水，多次放水露田，降低秸秆还田危害；注意打好平水缺，雨天及时排水防涝。

（3）无效分蘖期至拔节期 适时搁田，分次轻搁，湿润管理。当田间茎蘖数达到预期穗数的75%~80%时应及时排放田水烤田，采取分次轻搁，湿润管理的方式，待沟水自然落干后再上新水，如此往复，直到拔节期。

（4）拔节孕穗至抽穗期 搁田复水后间歇湿润灌溉，每次上 3 cm 左右水层，待沟内水自然落干后再上水；抽穗扬花期遇高温灌深水（5~10 cm）调温。

（5）灌浆至成熟期 花后采取干湿交替、以干为主的管理模式，防止脱水过早，收获前 5~7 d 断水硬田，活熟到老。

5. 高产群体诊断

研究明确了不同栽培方式下水稻生育特性、产量结构及群体诊断定量化指标（表 5-3-5）。提出了"稳定前期叶增量，平抑中期最高 LAI，提高后期高效 LAI 后，以充分发挥其增产潜力"。在保证获得适宜穗数的基础上，主攻大穗，提高结实率（85%~90%）和粒重。高产水稻花后功能叶具有较长的绿叶期和较强的高效光合能力。杂交中籼毯苗机插有效穗数为每亩 15 万~17 万，穗粒数 180~200 粒，结实率 85%以上；杂交中籼钵苗机插有效穗数为每亩 15 万~17 万，穗粒数 190~220 粒，结实率 85%以上。

表 5-3-5 水稻机插高产群体特征

群体指标	毯苗机插		钵苗机插	
	杂交中籼	常规中粳	杂交中籼	常规中粳
亩产目标/kg	±650	±675	±675	±700
品质目标	2~3 级	1~2 级	2~3 级	1~2 级
亩有效穗数/万穗	15~17	20~24	15~17	20~22
每穗粒数/粒	180~200	130~150	190~220	140~160
结实率/%	≥85	≥92	≥85	≥92

（续表）

群体指标	毯苗机插		钵苗机插	
	杂交中籼	常规中粳	杂交中籼	常规中粳
千粒重/g	23~30	25~30	24~29	23~28
分蘖成穗率/%	≥65	≥70	≥67	≥72
拔节期叶面积指数	5.0~5.5	4.5~5.0	5.0~5.5	4.5~5.0
最大叶面积指数	8.0~8.5	7.5~8.0	8.0~8.5	7.5~8.0
高效叶面积指数	≥5.8	≥6.5	≥6.0	≥6.5
中期干物质积累占比/%	38~42	39~43	40~42	41~44
抽穗期茎鞘碳氮比/%	≥52	≥55	≥53	≥55
抽穗期亩干物重/kg	650~800	700~850	680~850	750~900
成熟期亩干物重/kg	≥1 300	≥1 400	≥1 350	≥1 450

（二）小麦

1. 不同区域稻茬小麦丰产高效群体特征指标

对于稻茬小麦而言，高群体茎蘖数、分蘖成穗率和适宜的LAI是获得高产的关键；旺盛的物质生产能力，尤其是花后有较高的光合物质积累是高产群体的物质生产特征。不同地区稻茬小麦丰产优质具体群体质量指标见表5-3-6。

表5-3-6　不同区域稻茬小麦丰产高效群体特征

群体指标	沿淮地区	江淮地区	沿江地区
亩产量水平/kg	450~500	400~450	350~400
亩穗数/万穗	35~40	30~35	25~30
每穗粒数/粒	32~38	30~36	26~34
千粒重/g	40~45	35~40	32~36
拔节期叶龄/叶	8~9	8~9	8
孕穗期最大叶面积指数	7	6~7	5~6
有效叶面积率/%	≥95	≥90	≥85
高效叶面积率/%	≥75	≥60	≥55
分蘖成穗率/%	>30	>30	>30
抽穗期亩干物重/kg	≥800	≥700	≥650
成熟期亩干物重/kg	>1 200	>1 000	>900

沿淮地区稻茬小麦具有目标亩产量450 kg以上潜力，丰产高效群体产量结构要求亩穗数30万~33万，群体特征为：孕穗期和开花期的叶面积指数分别在5.0、4.5左右，开花期的亩物质积累量在720 kg以上，成熟期的亩干物质积累量在1 050 kg以上，花后亩物质积累量在330 kg以上。

江淮地区稻茬小麦具有目标产量每亩400 kg以上潜力，丰产高效群体产量结构要求亩穗数27万~30万，群体特征为：孕穗期和开花期的叶面积指数分别在4.5、4.0左右，开花期的亩物质积累量在650 kg以上，成熟期的亩干物质积累量在950 kg以上，花后亩物质积累量在300 kg以上。

沿江地区稻茬小麦具有目标亩产量350 kg以上潜力，丰产高效群体产量结构要求亩穗数

24 万~27 万，群体特征为：孕穗期和开花期的叶面积指数分别在 4.2、3.8 左右，开花期的亩物质积累量在 600 kg 以上，成熟期的亩干物质积累量在 850 kg 以上，花后亩物质积累量在 250 kg 以上。

2. 田间管理

2.1 病虫草害及倒伏防治

稻茬小麦草害采用播种后出苗前“封闭化除”；在越冬前气温较高或返青后气温回暖、日均温达到 5~8 ℃时，对需要防治的麦田，再根据草相选用适宜的除草剂及时化除。

稻茬小麦区常见的病害为纹枯病、条锈病、白粉病、赤霉病等。其中，赤霉病应以预防为主。

稻茬麦倒伏较为常见，在选用正确的栽培技术基础上，可考虑辅以化控防倒技术。对于群体较大、有倒伏风险的麦田，应在起身拔节前亩喷施 60 g 浓度为 0.25%~0.40%的矮苗壮或 15%多效唑可湿性粉剂 50~75 g。拔节至孕穗期发现有倒伏风险的田块，可在孕穗至抽穗期间亩喷施劲丰 100 mL，降低植株重心防倒伏。

2.2 排灌

稻茬小麦生长期间雨水较多，应搞好以排水为主的田间沟渠，合理配置外三沟和内三沟，做到“三沟”配套，沟沟相连，排水通畅。要求田外沟深 1 m 以上；田头沟深 40 cm 以上，并与田外沟畅通；田内横沟间距小于 50 m、深 30~40 cm，田内竖沟间距小于 3 m、深 20~30 cm。若是采用高畦种植麦田，雨后注意清沟理墒，保持沟系畅通、排水顺畅，确保雨止田干。

注意播种后若遇干旱和墒情不适，可灌出苗水，促及时出苗，但切忌大水漫灌。拔节期若遇持续干旱应及时灌小水。灌浆期若遇到持续干旱和高温天气，也应及时灌水。

三、周年丰产高效肥料运筹新技术

（一）水稻“减前攻中保后”氮肥运筹

合理平衡施肥，构建“平衡”群体。采用“减前攻中保后”平衡精确定量施肥技术，降低基蘖肥比例，改 2 次分蘖肥为 1 次，增施穗肥比例(基蘖肥：穗肥为 6∶4 或 5∶5)，以前期促早发，中期控制无效生长，加强后期物质积累与转化；构建高质量群体，促进平衡生长。在前茬作物秸秆全量还田的条件下，基蘖肥与穗肥的运筹比例应调整至 7∶3，以通过增加基肥速效氮缓解分蘖期秸秆腐烂与秧苗争氮矛盾。穗肥集中在倒 4 叶或倒 3 叶用作促花肥，有利于巩固有效分蘖成穗，促进壮秆大穗形成。

施肥量确定：根据目标产量和土壤供肥能力合理确定施肥量，一般中等肥力田块具体施肥量参考表 5-3-7。

表 5-3-7　杂交稻机插栽培施肥量及氮肥运筹

品种类型	目标亩产量/kg	亩施氮(N)/kg	亩施磷(P_2O_5)/kg	亩施钾(K_2O)/kg	基蘖肥与穗肥比	穗肥施用时间
杂交中籼	750~800	14.0~16.0	5.0~5.5	10.0~11.0	6∶4	倒 3.5 叶+倒 1.5 叶
杂交中粳	750~850	16.0~18.0	5.0~6.0	10.0~12.0	6∶4~5∶5	倒 3.5 叶+倒 1.5 叶
	>850	18.0~24.0	5.0~6.0	18.0~22.0	6∶4~5∶5	倒 3.5 叶+倒 1.5 叶
杂交早籼	550	10.0~12.0	4.0~5.0	8.0~10.0	7∶3~8∶2	倒 2.5 叶
杂交晚粳	650	12.0~14.0	4.5~5.5	9.0~11.0	7∶3~6∶4	倒 2.5 叶

（二）小麦“减前攻中优后”氮肥运筹

明确江淮不同区域稻茬小麦高产高效栽培技术关键点是在获得适宜穗数的基础上，主攻每穗粒数与千粒重的协调增加。根据多年试验结果，通过调节氮肥施用量、施用时期及运筹比例，构建不同产量水平群体（表 5-3-8）。

沿淮地区稻茬小麦实现亩产 450 kg 以上产量的适宜施氮量和氮肥运筹比例技术组合为：亩施氮量 14～16 kg、基肥、促蘖肥、拔节肥三者比例为 5∶1∶4 或亩基施缓释肥 50 kg+拔节期亩追施尿素 10 kg。

江淮地区稻茬小麦实现亩产 400 kg 以上产量的适宜施氮量和氮肥运筹比例技术组合为：亩施氮量 13～15 kg，基肥、促蘖肥、拔节肥三者比例为 5∶1∶4 或亩基施缓释肥 45 kg+拔节期亩追施尿素 10 kg。

沿江地区稻茬小麦实现亩产 350 kg 以上产量的适宜施氮量和氮肥运筹比例技术组合为：亩施氮量 12～14 kg，基肥、促蘖肥、拔节肥三者比例为 5∶1∶4 或亩基施缓释肥 40 kg+拔节期亩追施尿素 10 kg。

表 5-3-8　不同区域稻茬小麦合理施肥量及氮肥运筹

区域	亩产量潜力/kg	亩施肥量	氮肥运筹比例
沿淮地区	450～500	$N-P_2O_5-K_2O$：14～16 kg、7～9 kg 和 8～9 kg 或缓释肥 50 kg+尿素 10 kg	5∶1∶4
江淮地区	400～450	$N-P_2O_5-K_2O$：13～15 kg、5～7 kg 和 8～9 kg 或缓释肥 45 kg+尿素 10 kg	5∶1∶4
沿江地区	350～400	$N-P_2O_5-K_2O$：12～14 kg、5～7 kg、6～8 kg 或缓释肥 40 kg+尿素 10 kg	5∶1∶4

（三）研制出了江淮稻麦控失型专用肥

安徽省农业科学院与中国科学院合肥物质研究院、安徽帝元生物科技有限公司等联合攻关，制备出高比表面、高分散性的纳米网状载体材料，并通过有机高分子进一步改性纳米网状凹凸棒土，研制出了新型肥料的控失剂（吴文革 等，2019）。在精确定量施肥技术原理指导下，充分利用先期精准施肥的研究技术成果，确定江淮稻麦专用肥配方（江淮稻麦之水稻专用肥基肥配方为 $N:P_2O_5:K_2O=22:13:15$；小麦一基一追施肥的基肥配方为 $N:P_2O_5:K_2O=23:15:12$；稻麦兼用肥配方为 $N:P_2O_5:K_2O=20:14:16$），再与不同型号的控失剂结合，优化造粒工艺，开发生产出适合江淮稻麦生长的控失型专用肥产品。

（四）建立新型控失肥周年平衡运筹技术模式

水稻亩基施 40～45 kg（籼）或 45～50 kg（粳）水稻专用控失肥（机插秧同步侧身施肥的可减量 10%～15%），省去分蘖肥（除水稻机插活棵后亩用尿素 1～2 kg 拌施除草剂外），孕穗期（倒 2.5 叶期）追施氮钾（复合）肥（$N:K_2O$ 为 23∶20）15～20 kg。

小麦亩基施 40～45 kg 小麦专用控失肥（机械条施减量 10%～15%），拔节期追施尿素 10 kg。

以上述绿色技术模式为核心，配套病虫草害综合防控和产后减损技术，优化集成了沿淮特色专用稻（粳糯稻）—半冬性小麦、江淮丘岗地中籼水稻机插—半冬性偏春性或春性小麦、沿江圩丘—平原区优质中粳稻机插—春性小麦 3 套提质丰产增效技术体系。

第四节　安徽江淮区域稻麦绿色丰产增效主要栽培技术模式

一、沿淮平原粳糯稻机插—半冬性小麦高畦条播周年丰产增效技术模式

针对沿淮平原水稻收获期间不同程度地遭遇持续阴雨天气，造成冬小麦不能适期播种，部分田块因不能播种导致撂荒等问题，以小麦高畦降渍播种为突破口，破解稻茬小麦适期播种和麦田渍害难题，提出沿淮粳糯稻机插—半冬性小麦高畦条播周年丰产增效技术体系，实现沿淮稻麦周年高产高效(安礼 等，2019；杜祥备 等，2020)。

(一) 资源优化配置

根据沿淮地区生态特点和生产需求，在满足两季作物热量需求的前提下，研究提出稻—麦周年两熟种植生长季节温光资源等最优分配指标。

水稻、小麦生育期分配比例为(135~150 d)：(222~232 d)，水稻、小麦积温分配比例为(38.1%~40.8%)：(65.9%~68.5%)，水稻、小麦辐射分配比例为(49.0%~51.1%)：(54.3%~56.4%)，水稻、小麦降水分配比例为(69.7%~71.3%)：(31.6%~34.0%)。

(二) 品种搭配

选择抗病、耐低温中熟粳糯稻品种(‘皖稻 68’‘皖垦糯 1 号’‘绿糯 3 号’等)+抗(赤霉)病、耐穗发芽半冬性弱春小麦品种(‘烟农 19’‘华成 3366’‘皖垦麦 1221’等)。

(三) 合理群体起点，高质量机插

水稻采用毯苗机插方式，于 5 月 10—15 日播种，6 月 5—15 日移栽，机插行株距(23~25) cm×(10~13) cm，秧龄 20 d 左右；采用钵苗机插方式，于 5 月 5—10 日播种，6 月 5—10 日移栽，机插行株距(27~33) cm×12 cm，秧龄 30 d 左右。漏栽率<5%，均匀度>85%。小麦 10 月 15—25 日播种，适宜行距 20~23 cm，亩基本苗数量一般控制在 15 万左右，每迟于适期下限 1 d，基本苗数量增加 0.5 万，最多不超过 25 万。小麦高畦降渍播种，采用高茬还田施肥开沟高畦播种一体机播种，畦面宽 1.7~2.0 m，高 18~25 cm，沟宽 25 cm，畦平面高于原地面 2~3 cm。

(四) 精确定量水肥运筹

水稻：亩基施 40~45 kg(籼)或 45~50 kg(粳)水稻专用控失肥(N：P_2O_5：K_2O 为 22：13：15)，孕穗期(倒 2.5 叶期)追施氮钾(复合)肥(N：K_2O 为 23：20)15~20 kg。

小麦：亩基施 45~50 kg 小麦专用控失肥(N：P_2O_5：K_2O 为 23：15：12)，拔节孕穗期追施尿素 10~15 kg。

水稻采取阶段性间歇精确定量灌溉模式，小麦注意及时清沟排水降渍，返青拔节期若遇干旱应结合施肥补充灌溉，肥水耦合节水节肥，配套病虫草害绿色防控技术等。

在颍上县、凤台县、怀远县、凤阳县、龙亢农场等 5 县(农场)开展了示范应用，并制定了《沿淮地区小麦水稻周年平衡增产技术规程》(DB34/T 1453—2011)，指导大面积规范生产。

二、江淮丘陵中籼水稻机插—弱春性小麦机条播周年丰产增效技术模式

针对江淮地区复杂的地形及过渡带气候特点，稻麦周年品种类型和茬口衔接不合理，光热资源

利用率低，农机农艺融合度不高，机械化栽培技术不完善等问题，集成以品种搭配、机械化栽培、群体起点构建、定量水肥运筹为核心的中籼水稻机插—弱春性小麦机条播周年丰产增效技术体系。

（一）资源优化配置

根据江淮地区生态特点和生产需求，在满足两季作物热量需求的前提下，研究提出稻—麦周年两熟种植生长季节温光资源等最优分配指标。水稻、小麦生育期分配比例为(140~155 d)：(217~222 d)，水稻、小麦积温分配比例为(37.8%~41.1%)：(64.4%~67.1%)，水稻、小麦辐射分配比例为(49.0%~51.8%)：(53.7%~56.4%)，水稻、小麦降水分配比例为(64.1%~65.4%)：(39.0%~42.5%)。

（二）品种搭配

选择中熟、耐(穗期)高温、优质(三级以上)中籼品种(‘徽两优898’‘Y两优2号’‘Y两优900’等)，搭配抗逆耐迟播、抗(赤霉)病、抗穗发芽的弱春性小麦品种(‘新麦21’‘轮选22’‘扬麦18’等)。

（三）合理群体起点，高质量机插

水稻采用毯苗机插方式，于5月15—20日播种，6月1—10日移栽，机插行株距30 cm×(12~16)cm，秧龄20 d左右；采用钵苗机插方式，于5月5—15日播种，6月1—10日移栽，机插行株距33 cm×(12~18)cm，秧龄30 d左右。漏插率<5%，均匀度>85%。小麦10月20—27日播种，适宜行距20~25 cm，亩基本苗一般控制在17万左右，每迟于适期下限1 d，基本苗数量增加0.5万，最多不超过25万。选用圆盘式小麦播种机，一次性完成开沟、播种、施肥、镇压。江淮圩丘—平原区推广机械开沟技术，实现“三沟”配套。

（四）定量水肥运筹

水稻：亩基施40~45 kg(籼)或45~50 kg(粳)水稻专用控失肥($N:P_2O_5:K_2O$为22：13：15)，孕穗期(倒2.5叶期)追施氮钾(复合)肥($N:K_2O$为23：20)15~20 kg。

小麦：亩基施40~45 kg小麦专用控失肥($N:P_2O_5:K_2O$为23：15：12)，拔节期追施尿素10 kg。

水稻采取阶段性间歇精确定量灌溉模式，小麦注意及时清沟排水降渍，返青拔节期若遇干旱应结合施肥补充灌溉，肥水耦合节水节肥，配套病虫草害绿色综合防控技术等。

在天长市、肥东县、霍邱县、寿县、定远县、肥西县、巢湖市、舒城县、无为县、桐城市等10县(市)开展了示范应用，并进一步制定了《江淮地区稻—麦周年平衡增产技术规程》(DB34/T 2101—2014)，指导大面积规范生产。

三、沿江中晚粳稻机直播—小麦机条播周年轻简丰产增效栽培技术模式

针对沿江地区生态特点和生产条件及籼改粳的技术需求，在满足两季作物热量需求的前提下，集成以品种搭配、机械化栽培、群体起点构建、精确定量水肥运筹为核心的水稻中晚粳稻机插—春性小麦机条播周年丰产增效技术体系。

（一）资源优化配置

在满足沿江地区稻麦两季作物热量需求的前提下，研究提出稻—麦周年两熟种植生长季节(温光资源等)最优分配指标，水稻、小麦生育期分配比例为(155~160 d)：(207~215 d)，水稻、小麦积温分配比例为(39.6%~42.3%)：(63.6%~65.8%)，水稻、小麦辐射分配比例为(51.8%~

53.4%)∶(52.3%~54.0%)，水稻、小麦降水分配比例为(58.1%~60.1%)∶(44.2%~45.9%)。

(二)品种搭配

选择早熟晚粳水稻品种(‘武运粳29号’‘武运粳23号’‘扬粳4227’‘常农粳7号’‘宁粳3号’‘南粳5055’和‘宁粳1号’等)，搭配耐渍害、抗(赤霉)病、耐穗发芽的春性小麦品种(‘宁麦13’‘苏麦188’‘扬麦18’‘扬麦20’等)。

(三)合理群体起点，高质量机插

水稻采用毯苗机插方式，于5月20—25日播种，6月1—10日移栽，机插行株距30 cm×(12~16)cm，秧龄20 d左右；采用钵苗机插方式，于5月10—15日播种，6月5—10日移栽，机插行株距33 cm×(12~18)cm，秧龄30 d左右。漏插率<5%，均匀度>85%。小麦10月25日至11月5日播种，适宜行距20~25 cm，亩基本苗数量一般控制在17万左右，每迟于适期下限1 d，基本苗增加0.5万，最多不超过25万。选用圆盘式小麦播种机，一次性完成开沟、播种、施肥、镇压。

(四)精确定量水肥运筹

水稻亩基施45~50 kg水稻专用控失肥(N∶P_2O_5∶K_2O为22∶13∶15)，孕穗期(倒2.5叶期)追施氮钾(复合)肥(N∶K_2O为23∶20)15~20 kg；小麦亩基施35~40 kg小麦专用控失肥(N∶P_2O_5∶K_2O为23∶15∶12)，返青拔节期追施尿素10 kg。

水稻采取阶段性间歇精确定量灌溉模式，小麦注意及时清沟排水降渍，返青拔节期趁雨施肥，肥水耦合节水节肥，配套病虫草害绿色综合防控技术等。

在望江县、庐江县、铜陵市、普济圩农场、九城畈农场、白湖农场等6县(市、农场)开展了示范应用。并进一步制定了《江淮地区稻—麦周年平衡增产技术规程》(DB34/T 2101—2014)，指导大面积规范生产。

第五节　安徽江淮区域稻麦生产气象灾害的预警与防控技术

安徽江淮地区稻麦生产的主要气象灾害：一是入夏的缺水干旱和入秋旱。江淮丘陵尤其是分水岭地区易缺水干旱导致大面积中稻不能及时移栽，造成长秧龄老秧迟栽，严重影响水稻正常生产，入秋旱和夹秋旱影响扬花授粉和后期灌浆结实(田红 等，2009)；二是7月下旬至8月下旬的高温热害。此时水稻正值抽穗扬花期，如遇连续多日大于35 ℃的高温，导致开花授精受阻，小花败育，空秕粒增加，可造成大幅度减产(孔令聪 等，2017)；三是稻茬小麦渍害严重。水稻收获后田间土壤水分大，小麦无法适期播种。连续阴雨年份，推迟到11月中下旬至12月上旬，甚至无法播种。稻茬小麦生育期降水多，高地下水位，易受渍害影响。因此，干旱、高温和渍害是影响安徽江淮区域粮食生产的主要气象灾害。针对该区生产实际，围绕“时序优化、播栽期调整、种植模式创新、抗逆稳产品种优选、壮秧培育、肥水运筹”，建立了江淮稻麦避灾补偿丰产栽培技术。

一、水稻旱灾补偿栽培技术

针对安徽江淮稻区旱灾频发的生产实际，特别是5月下旬到6月底经常性的干旱无水影响中稻的及时移栽和大田分蘖，8—9 月的入秋旱和夹秋旱影响扬花授粉和后期灌浆结实。研究提出“稀播壮秧、二次化控、秧田集约规避逆境、大田补偿栽培”一季中稻避灾稳产高产栽培技术体系，其核心技术包括：

（一）抗逆耐旱品种选用

在一些易旱稻区选用颖花形成能力强的大穗型、穗型整齐、感温性弱、前期株型紧凑的品种，耐旱能力较强，秧田分蘖滞增期和干重滞增期相对较迟，耐迟栽有利于稳产。如‘协优 52’‘皖稻 153’‘两优 6326’等品种。

（二）稀播化控培育高秧龄弹性壮秧

扩大秧田面积，超稀播秧龄 45~50 d，湿润育秧，亩播种量降至 7.5 kg 以下；预测龄秧不能适期移植的进行二次化控或进行严格肥控、水控（旱育秧），增加体内（主要是叶鞘）可溶性糖的含量，提高碳氮比，延缓其出叶速度，控制叶面积，改善群体内的密生生态状况，减缓秧苗分蘖消亡速率和失重速率，并加强超龄秧苗的管理。

（三）大田补偿性栽培

1. 因苗依龄合理补偿基本苗

到期不能及时移栽的，与正常中苗（湿润育秧 30 d 6.5 叶龄、旱育秧 6.0 叶龄）移栽相比，每迟栽 1.0 叶龄，亩基本苗数量增加 3 万。

2. 调整肥料运筹，重点补偿群体中后期的群体光合势

重施基面肥，调减促蘖肥（视苗情和生长季节施用促蘖平衡肥），增施壮秆孕穗肥，第一次穗肥比例增加到 25% 左右，酌情施用穗粒肥，减缓后期功能叶早衰，提高中期和后期的群体光合势，增加抽穗后的物质积累而提高产量。

3.“浅—搁—湿”节水灌溉技术

高效用水既是资源节约型农业发展的需要，更是水稻高产抗逆健身栽培的需要。近几年的反复实践表明，“浅—搁—湿”灌溉方式可以显著节省灌溉用水，而且完全符合水稻超高产栽培的要求，能有效调节水稻植株器官生长和群体结构，控制无效分蘖，降低高峰苗数，控制节间长度和改善冠层叶面积的分布状况，塑造高光效的库源结构。并且能有效地协调土壤内肥、水、气、温之间的矛盾，更新根系的生态环境，提高根系活力，增强抗逆能力，提高成穗率、结实率和千粒重。

技术关键点在于群体够苗前就开始烤田（高肥力田块群体茎蘖苗达预期穗数的 80% 左右时，中低等肥力田块达预期穗数的 90% 左右或等苗烤田），即“不够苗”提早断水搁田，改变了以往够苗或超苗搁田的方式。一般在有效分蘖临界叶龄期（$N-n$）前一个叶龄开始搁田，控制无效分蘖的大量发生，确保高峰苗出现在拔节叶龄期，峰值苗约为穗数的 1.3 倍。而搁田后则始终采取保持田间土壤沉实硬板的无水层湿润灌溉。既可以增产，又可显著节水。

二、水稻高温热害防御技术

针对江淮早中熟中稻抽穗扬花期适逢 7 月底 8 月初的高温天气，易诱发抽穗开花期的高温不实。本组研究提出了：

（一）优化时序、合理安排播栽期

因地制宜地用足水稻有效生长季节，使水稻生育进程与季节进程优化同步，既有利于避灾高产，又有利于优质高效。合理安排水稻生育进程，使其与季节变化优化同步，其原则是优先确定

最佳抽穗开花期，使结实期处于最适宜的温光环境，再依品种的播种—抽穗所需天数或积温来确定适宜的播期。

已有研究表明，籼稻抽穗期的适宜日均温为 26 ℃左右，结实期的适宜日均温为 23 ℃左右（粳稻分别低 1~2 ℃），日温差 10 ℃以上。根据近 7 年的温度资料推算出江淮不同生态区适宜的水稻抽穗扬花期：江淮北部为 8 月 6—16 日，江淮中部为 8 月 11—29 日，沿江江南为 8 月 7 日至 9 月 5 日。以一般杂交中籼水稻播始历期 100 d 计算，江淮稻区早播的期限在 4 月 28 日至 5 月 3 日之后，自北向南依次推迟。

（二）选用抗逆耐高温品种

花期对高温的敏感程度在品种之间存在着显著差异。通过 2003—2006 年的生产调查和 2005—2007 年高温筛选试验，初步表明，粳型品种、带有粳型亲缘关系的中籼组合花期耐高温能力较差；母本为特优、协优系统和父本为 559 组合耐高温能力较差。

（三）以水调温

抽穗开花期是水稻对温度最敏感的时期。应在田间高温出现的前天晚上或当日早晨灌水。通过调节田间水深能够有效调控水稻群体内部温度，水层越深田间热容量越大，地面温度越低，则植株中部和穗部温度越低。稻田水位不同，在高温条件下水稻群体内部温度存在显著差异。另外，在充足的田间水分条件下，水稻蒸腾速率较大，有利于降低水稻各部位温度，有利于降低或缓解水稻高温热害。

（四）增施氮肥和钾肥，保证后期养分供应

通过田间栽培管理措施可显著提高水稻的抗热避热能力。在前期施用基肥基础上，增施穗肥（氮肥和钾肥）可降低水稻穗部温度。同时，高温胁迫条件下喷施激动素、芸薹素、Ca^{2+}、美洲星可提高水稻对高温的抗性；孕穗开花期叶面喷施谷粒饱、磷酸二氢钾和硫酸锌等，也可提高结实率和粒重，减少产量损失。此外，采用扩行栽植方式，有利于群体通风和水稻冠层结构改善，促进植株蒸腾作用，有利于降低水稻各部位温度，对降低或缓解水稻高温热害会有一定作用。

三、稻茬小麦抗逆促生技术

建立了以“高畦降渍避灾+耐渍品种抗灾+栽培调节减灾”为核心的稻茬小麦抗逆促生技术，显著提升小麦抗逆抗灾能力，延长后期活力和功能，延缓了后期衰老，最终提高了产量（图 5-5-1）。

图 5-5-1　高畦降渍种植模式示意图

（一）创新高畦降渍种植模式

1. 技术参数

通过改造普通旋耕施肥播种机，左右各安装垄刀 3 把，开沟铲、梯形曲面开沟犁或圆盘开沟犁任选一对；旋耕刀 32 把以上，播种 11 行或 9 行。作业幅宽 250 cm 或 220 cm，耕深 16 cm。配套动力 73.55 kW 或 66.19 kW。匀速直线作业，做畦高度 18～20 cm，沟宽 25 cm 左右，畦面宽 2.0 m 或 1.8 m，畦面平直。

2. 优点

水稻低茬收割粉碎或留高茬粉碎，一次完成旋耕、灭茬、施肥、开沟、做畦、播种作业，省工节本效果显著。利用高茬还田施肥开沟高畦播种一体机，能够在土壤适墒、连续降水、水层覆盖、烂泥田等不同土壤条件下作业，克服了墒情对农机作业的限制，解决了稻茬小麦适期播种难题。前后茬紧密衔接，可有效利用温光资源，实现周年资源高效利用。配套优质、高产、抗寒性好、抗赤霉病、耐涝渍品种，精准配方施肥、排水降湿、因苗追肥、赤霉病防治等技术，形成了以“小麦高茬还田施肥开沟高畦播种一体机”作业为核心的江淮稻茬小麦高畦降渍机械化丰产增效技术模式。

3. 稻茬小麦高畦降渍种植模式的优势

以板茬撒肥旋耕播种开沟一体机和高茬还田施肥开沟高畦播种一体机种植方式表现最优，均较常规条播机增产显著（表 5-5-1）。各机播种植方式的千粒重差异皆不显著，而穗数、穗粒数和产量 D 显著高于 A、B 和 C，不同机播方式对产量及产量构成的影响表现为 D>C>B>A。高畦种植模式（D）产量最高，分别较 A、C 和 B 增产 16.81%、5.53% 和 11.60%。高畦栽培对小麦早发、成穗、穗粒数、千粒重及产量都有显著促进作用。

表 5-5-1　不同种植模式对小麦产量及产量构成的影响

种植模式	亩穗数/万穗	每穗粒数/粒	千粒重/g	亩产量/kg
A. 人工撒肥+收播一体机+拖拉机开沟	35.0b	34.7b	40.0a	413.5d
B. 人工撒肥+拖拉机带旋耕条播机+拖拉机开沟	35.7b	35.3a	40.4a	432.8c
C. 板茬撒肥旋耕播种开沟一体机	35.9b	36.5a	41.1a	457.7b
D. 高茬还田施肥开沟高畦播种一体机	37.2a	37.1a	41.3a	483.0a

注：表中同列不同小写字母表示 5%水平差异显著（$P<0.05$）。

高畦种植较常规条播显著提高小麦产量，增幅达 14.66%（表 5-5-2）。从产量结构调查情况可见，高畦种植小麦穗粒数增加（增幅 10.96%）是其高产的主要原因。主要小麦高畦种植抗逆性强，有利于冬前分蘖，大穗多。2017—2019 年在凤台多点进行示范，测产调查结果高畦小麦产量比常规条播增产 10.45%～22.04%。同时，高畦种植一次性作业，较常规种植模式节省了工序，可节省（机械）亩费用支出 50 元，小麦适期播种亩节约用种 20 元；平均小麦亩增产 50 kg，亩可增收 100 元，合计每亩可节本增收 170 元。

表 5-5-2　不同种植模式对小麦产量的影响

种植模式	亩穗数/万穗	每穗粒数/粒	千粒重/g	亩产量/kg
高畦种植	31.90a	39.98a	40.19a	500.7a
常规条播	31.23a	36.03b	38.81b	436.7b
增幅	2.15%	10.96%	3.56%	14.66%

注：表中同一列中不同字母表示差异达显著水平（$P<0.05$）。

（二）研究提出了耐渍品种筛选鉴定的方法，筛选推荐了耐渍抗逆小麦品种

1. 明确了渍害危害机理及主要生理、农艺鉴定指标

分析了渍水导致耕层土壤氧气的减少是小麦发生渍害最起始也是最根本的原因，而生理代谢适应主要包括无氧呼吸、可溶性糖的有效供应以及抗氧化剂活性的提高，明确了根系糖类储存、蔗糖水解酶活性的增强以及根系呼吸所需糖类的有效供应是植物重要的耐渍机制之一。据此，提出根茎糖比率作为耐渍小麦品种筛选、鉴定的主要生理指标，并根据渍害易发时期和敏感时期，确定了苗期的早期快速鉴定和孕穗期的二次鉴定校验。

苗期鉴定采取品种出苗期渍害处理后发芽率降低值（DPP 值）作为早期快速筛选指标，孕穗期鉴定采取孕穗期渍害处理后产量较正常生长产量降低百分率（YPP 值）作为指标。

$$\text{DPP}=\text{对照发芽率}-\text{渍害发芽率}$$

$$\text{YPP}=(\text{对照产量}-\text{渍害产量})/\text{对照产量}\times 100\%$$

2. 筛选推荐了耐渍抗逆丰产小麦品种

基于 39 份生产上使用和推广品种为材料，在苗期进行人工模拟渍害处理，以正常水分为对照，以单株干重和根系干重降幅≤10%+发芽率降幅≤6.0%的耐渍性指标筛选得到‘扬麦 11’‘宁麦 17’‘扬麦 16’‘扬麦 19’‘皖麦 56’‘扬辐麦 4 号’‘西农 979’等 7 个耐渍性强的品种。综合孕穗期校验的产量效应，推荐‘扬麦 11’‘宁麦 17’‘扬麦 16’等耐渍性较强的品种。

（三）集成创新稻茬小麦追氮+喷施 6-BA 的抗渍补偿栽培技术措施

渍水显著降低冬小麦产量，而叶面喷施氮肥、6-BA 能显著缓解渍害造成的不良影响，其中氮肥与 6-BA 正交互作用显著，即同时追施氮肥和喷施 6-BA 缓解小麦渍害的效果更佳（表 5-5-3）。研究表明，受渍后追施氮肥、叶面喷施 6-BA 和二者交互使用均能显著提高冬小麦花后抗渍性，其根系活力分别提高 15.6%、9.5%、20.9%，叶绿素含量分别提高 10.3%、15.0%、19.4%，净光合速率分别提高 7.4%、15.7%、24.1%，穗粒数分别提高 6.5%、8.2%、11.7%，千粒重分别提高 4.2%、5.8%、9.1%，籽粒产量分别提高 11.7%、17.4%、23.0%。因此易受渍害的稻茬小麦大田生产中，可采用同时追施氮肥和喷施 6-BA 的调控技术提高小麦抗渍性，减轻渍害影响。

表 5-5-3　渍害不同化控措施对小麦生理活性及产量的影响

处理	根系活力/（$mg\cdot g^{-1}\cdot h^{-1}$）	旗叶 SAPD	旗叶净光合速率	亩穗数/万穗	每穗粒数/粒	千粒重/g	亩产量/kg
CK	84.6c	34.1c	10.8c	31.6a	35.2c	36.1b	341.3d
亩追 N 1.5 kg	97.8b	37.6b	11.6b	31.8a	37.5b	37.6b	381.1c
喷施 6-BA	92.6b	39.2a	12.5b	32.4a	38.1b	38.2ab	400.8b
追 N+6-BA	102.3a	40.7a	13.4a	31.9a	39.3a	39.4a	419.9a

注：表中同一列中不同字母表示差异达显著水平（$P<0.05$）。

第六节　安徽江淮区域稻麦生产存在的问题与展望

一、安徽江淮稻麦生产存在的问题

（一）粮食生产比较效益低，增产与增收存在不一致现象

尽管国家近年来增加对农民的种粮补贴，但由于生产资料涨价等因素的影响，粮食生产的纯收入依然不高，种植业面临着价格难升、补贴难增、成本上升的约束。种粮的比较效益低，严重影响农民的种粮积极性，生产上往往过多强调省工省时节本，田间管理过于粗放、轻简而成为“懒种田”，稻麦播栽过于粗放、轻简，导致整地播种质量不高，精确定量难以实现，高产更高产压力大(孔令聪 等，2017；姚义 等，2012；杜祥备 等，2021)。

（二）粮食规模种植主体数量与种植规模大幅增加，对农业轻简机械化技术需求迫切

随着土地确权登记颁证工作全面完成，土地从千家万户向种植大户规模主体集中，推进了土地流转适度规模经营。而随着新型农业经营主体的发展，农业经营组织化和规模化水平不断提高，对稻麦周年轻简机械化提出了更高的要求，亟须在改善农机装备条件基础上的农机农艺融合配套技术。

（三）重水稻生产轻小麦生产，小麦生产成为影响规模种植周年增产的老大难

与普通农户相比，粮食规模种植主体在水稻生产上推广应用新品种、新技术积极性高，在推广应用主推品种、机插稻、测土配方施肥、病虫害统防统治等方面起到了率先作用。但与重视水稻生产相比，规模种粮主体对小麦生产的积极性、主动性不及普通农户，播种迟、播种质量差、管理粗放成为大户小麦生产的现状，导致产量低，效益差，常年小麦种植处于亏损状态(安礼 等，2019)。

（四）稻麦规模种植抗灾能力弱，遇灾害性天气损失重

安徽省位于南北过渡地带，自然灾害及病虫害频发。近几年，极端高温、低温、连阴雨、干热风等对稻麦生产带来不利影响(吴文革 等，2016)。病虫害方面，水稻恶苗病、纹枯病、稻瘟病、青枯病，小麦赤霉病、白粉病发生重，病害、高温逼熟、倒伏等都给稻麦生产带来严重影响。同时，随着秸秆还田的增加，地下害虫、全蚀病等危害也有加重趋势(吴文革 等，2016，2017；邢志鹏 等，2015)。

（五）稻麦秸秆周年全量还田质量不高，影响秧苗的生长素质

一是还田因机械动力不足，造成秸秆粉碎度不良，埋草厚薄不均匀，影响小麦播种出苗和水稻栽插质量。二是部分农机手操作水平不高，往往把控播栽深度不均，致使稻麦生长不良，分蘖少，根系发育不正常。三是稻麦秸秆全量还田后，秸秆腐烂分解还需要一定过程，其中不仅要与稻麦竞争土壤中的无机氮，同时还会释放出有毒有害物质，从而影响稻麦秧苗素质。

二、安徽江淮稻麦生产展望

（一）通过稻麦新品种筛选布局，促进稻麦种植结构优化、品质提升

根据市场供求变化和区域比较优势，促进稻麦生产由规模数量扩张向质量提升和结构优化方

向转变，不断提高稻麦生产比较效益和市场竞争力。建立品种生态适应性评价标准，加强区域主要育成品种的生态适应性和优质专用性评价，筛选出适应区域综合条件的稻麦周年高产优质专用品种；研究揭示该区稻麦两熟生育过程中资源要素的两季间优化配置机理、季内高效利用机制及其周年均衡丰产优质高效原理，以及作物对光热水肥等因素的响应机制，构建与自然资源匹配的稻麦新型种植模式。

（二）土壤培肥改良与肥水资源高效利用技术研究

坚持稻麦周年长期秸秆还田定位试验，研究长期秸秆还田条件下农田地力演变规律与地力提升途径、秸秆等有机物料提升土壤有机质的激发促进技术和生物驱动技术，以及有机—无机—生物耦合的全耕层培肥技术，提出以土壤有机质提升和全耕层培肥为核心的土壤培肥技术集成模式。通过新型高效肥料和新型施肥机械优化运用提高生产资料投入的精准性，同时，研究稻麦周年养分与水分吸收的时空耦合机理，提出不同生态区优化水肥交互管理模式和节水节肥栽培技术。

（三）稻麦气象灾害与病虫草害防控及应变补偿技术研究

研究稻麦逆境胁迫机理与避灾补偿栽培技术，进行气象灾害监测预警及防灾减灾管理；研究稻麦周年秸秆还田条件下病虫害发生变化规律，应用新型高效绿色防控投入品，辅助其他非化学防控措施，组装而成绿色防控技术模式，构建稻麦主要病虫草害农业防治、生物防治、物理防治一体化的绿色防控技术体系。

（四）稻麦农机农艺农信融合创新技术研究

研究稻茬小麦机械化耕整地质量和播种质量提升技术，不同稻作类型水稻机插秧及机械直播精确定量节本高效栽培技术，优化集成不同生态区稻麦周年丰产优质高效轻简机械化技术体系。构建不同区域农田土、肥、水、气等多层次本底信息数据库，制定基于云平台环境下的稻麦两熟制生产管理协同决策方案，开发稻麦生产轻简化作业信息管理关键技术与智能作业装备，建立“互联网+”型江淮稻麦两熟生产综合信息服务平台。

参考文献

Du X B, Chen B L, Shen T Y, et al., 2015. Effect of cropping system on radiation use efficiency in double-cropped wheat-cotton [J]. Field Crops Research, 170:21-31.

Reilly J, Tubieud F, Mccarl BUS, 2003. Agriculture and climate change: New results [J]. Climatic Change, 57(1):43-49.

安礼,刘东,贺文畅,等,2019. 稻茬麦高畦降渍机械化种植技术研究[J]. 安徽农学通报,25(5):101-103.

陈刚,吴文革,孙如银,等,2015. 氮肥追施方式对机插杂交中籼稻群体质量及产量形成的影响[J]. 中国土壤与肥料,(2):78-82.

杜祥备,孔令聪,习敏,等,2019. 江淮区域稻麦两熟制周年资源分配、利用特征[J]. 中国生态农业学报,27(7):1078-1087.

杜祥备,吴文革,王永玖,等,2020. 沿淮—淮北地区稻麦周年优质丰产高效栽培技术模式[J]. 安徽农学通报,26(6):43-44,152.

杜祥备，习敏，孔令聪，等，2021. 江淮地区稻-麦周年产量差及其与资源利用关系[J]. 作物学报，47(2)：351-358.

葛道阔，金之庆，石春林，等，2002. 气候变化对中国南方水稻生产的阶段性影响及适应性对策[J]. 江苏农业学报，18(1)：1-7.

龚金龙，张洪程，常勇，等，2011. 稻麦“双迟”栽培模式及其周年生产力的综合评价[J]. 中国水稻科学，25(6)：629-638.

胡焕焕，刘丽平，李瑞奇，等，2008. 播种期和密度对冬小麦品种河农 822 产量形成的影响[J]. 麦类作物学报，8(3)：490-495.

胡岳岷，刘元胜，2013. 中国粮食安全：价值维度与战略选择[J]. 经济学家，(5)：50-56.

季雅岚，吴文革，孙雪原，等，2019. 机插秧同步侧深施肥技术对水稻产量及肥料利用率的影响[J]. 中国稻米，25(3)：101-104.

孔令聪，肖扬书，曹承富，等，2017. 以农业科技创新促进粮食生产转型发展——以安徽省粮食丰产科技工程为例[J]. 农业科技管理，36(6)：57-60.

李潮海，苏新宏，谢瑞芝，等，2001. 超高产栽培条件下夏玉米产量与气候生态条件关系研究[J]. 中国农业科学，34(3)：311-316.

孙东海，阮书江，周有炎，2017. 粮食规模种植实现稻麦周年增产存在问题及对策[J]. 农业科技通讯，(12)：43-46.

孙雪原，季雅岚，吴文革，等，2020. 不同氮肥运筹对江淮南部稻茬小麦产量及氮肥利用的影响[J]. 耕作与栽培，40(4)：1-4+7.

田红，唐为安，温华洋，2009. 安徽气候变化对农业的影响评估及适应对策[A]. 第 26 届中国气象学会年会气候变化分会场论文集[C].

吴文革，习敏，李红春，等，2019. 不同水稻专用新型肥料减肥增效对比研究[J]. 安徽农业科学，47(2)：135-137，140.

吴文革，习敏，许有尊，等，2017. 籼粳交组合甬优 1540 钵育机插超高产的产量构成及其群体光合特征[J]. 扬州大学学报(农业与生命科学版)，38(1)：1-9.

吴文革，张健美，2009. 杂交中籼水稻机插“平衡栽培”技术研究[J]. 中国稻米，5：32-37.

吴文革，周永进，张健美，等，2016. 杂交中籼稻钵苗机插群体特征及产量形成优势分析[J]. 核农学报，30(7)：1427-1434.

习敏，杜祥备，吴文革，等，2020. 稻麦两熟系统适期晚播对周年产量和资源利用效率的影响[J]. 应用生态学报：31(1)：165-172.

邢志鹏，曹伟伟，钱海军，等，2015. 播期对机插水稻产量构成特征的影响[J]. 农业工程学报，31(13)：22-31.

徐敏，耿建云，朱训泳，2019. 六合区稻麦周年栽培常见问题及应对措施[J]. 农业开发与装备，(1)：63-64.

徐秀娟，吴文革，孔令聪，等，2019. 安徽省水稻机插秧技术创新与示范推广的实践与思考[J]. 农业科技管理，38(3)：64-66，81.

许信旺，孙满英，方宇媛，等，2011. 安徽省气候变化对水稻生产的影响及应对[J]. 农业环境科学学报，30(9)：1755-1763.

许有尊，孔令聪，周永进，等，2020. 江淮丘陵地区稻麦周年丰产优质增效栽培技术[J]. 中国稻米，26(3)：69-72.

杨建昌,杜永,刘辉,2008. 长江下游稻麦周年超高产栽培途径与技术[J]. 中国农业科学,41(6):1611-1621.
杨文坎,李湘阁,2004. 气候变化对越南北方水稻生产的影响[J]. 南京气象学院学报,27(1):55-64.
姚义,霍中洋,张洪程,等,2012. 不同生态区播期对直播稻生育期及温光利用的影响[J]. 中国农业科学,45(4):633-647.
翟修云,陆森林,毛金凤,2016. 稻麦周年生产产量 19.5 t/hm^2 群体特征和高产高效栽培技术[J]. 上海农业科技,6:58-59.
周永进,孔令聪,许有尊,等,2020. 安徽沿江—江南地区稻麦周年高产高效栽培模式[J]. 安徽农业科学,48(18):31-33,36.

第六章
湖北省稻麦周年丰产高效技术创新及发展

摘要：湖北省水稻种植面积常年高达 3 450 多万亩，小麦种植面积高达 1 500 多万亩，其中 50%~60%为稻茬麦，稻麦两熟是湖北省主要稻作制度。本章在介绍湖北省稻作自然资源条件及稻麦两熟制发展变化的基础上，介绍了近 20 年来，湖北省稻麦两熟制技术革新和麦茬稻高产栽培技术的研究进展和成果，包括稻麦两熟的品种搭配及"籼改粳""稀、控、重"中稻高产栽培模式，"壮、足、大"中稻高产栽培技术，稻麦两熟制秸秆还田及保护性耕作，以及形成的稻麦周年精确定量栽培技术、稻麦周年全程机械化丰产高效栽培技术。并提出湖北省稻麦两熟存在的问题及今后发展方向。

关键词：湖北省；籼改粳；精确定量栽培；保护性耕作；全程机械化。

第一节 前言

湖北省是粮食生产大省，素有"湖广熟，天下足"之美誉。地处中亚热带向北亚热带过渡区，属于典型的亚热带暖湿季风气候。光温资源充足，降水充沛，雨热同期，是单双季稻混作区及稻田两熟制种植区。两熟制中稻+冬作占主导地位，随着中稻高产技术体系建成，水稻和小麦生产机械化程度的提高，稻麦两熟占比逐渐增大。湖北省水稻种植面积常年高达 3 450 多万亩，小麦种植面积高达 1 500 多万亩，其中 50%~60%为稻茬麦（高春保 等，2016）。并且不断更新和逐步完善稻麦周年丰产高效技术体系。

第二节 稻麦两熟是湖北省的主要稻作制度

一、湖北省自然资源及条件

湖北省地处中亚热带向北亚热带过渡区，属典型的亚热带暖湿季风气候，年平均气温 15~17 ℃，7 月平均气温为 27~29 ℃，全省平均日照时数 1 150~2 245 h，全省无霜期 230~300 d。年降水量 800~1 600 mm，全省降水受印度洋孟加拉湾西南季风和太平洋东南季风影响，降水量主要集中于6—7月，雨热集中，7月中旬以后雨带逐渐北移退出湖北，冬季受西伯利亚干冷气团控制，降水量较少。年降水量地区分布特点是南多北少，山区多，平原河谷少。具有光能充足、热量丰富、无霜期长、降水丰沛、雨热同季等特点，为粮食作物全面发展创造了优越条件，宜于多熟种植。全省种植制度以一年两熟为主。光温资源与江淮稻区相近，是稻麦两熟适宜种植区域。

湖北省境内水系发达，水域广阔，河流纵横，湖泊棋布，素有“洪水走廊”“千湖之省”之称，长江自西向东横贯全省，并有洞庭湖的湘、资、沅、澧四水和汉江汇入干流。长100 km以上的河流有38条，10 km以上河流有1 700多条。全省地表水、地下水总量达1 035.9亿 m^3，全省客水量达6 394.66亿 m^3，水资源较为丰足，为水稻和小麦等粮食生产打下良好基础。

湖北省土地面积为18.95万 km^2，占全国陆地面积的1.94%。其中平原地区占19.9%，丘陵岗地占35.8%，山区占44.3%。耕地总面积为7 400万亩，人均耕地1.2亩，在耕地总量中，坡度<25°的宜耕地面积为450万 hm^2 左右，占耕地总面积的91%以上。

改革开放后，湖北省得益于国家工业化水平显著增长，有力地促进了粮食生产能力的提高、以水利化为主的中低产田改造和渍涝的排除，旱涝保收的基本农田面积已超过全省耕地面积的半数之多。以化肥为主体的物质投入的农业化学化水平也得到了大幅度提高。同时，农业机械化水平也得到了大幅度提升，机械化贯穿耕地—播种—施肥—田间管理—收获收割整个农业生产环节。2017年，全省耕地机械总数达到250万台，排灌机械总数达230多万台，已经较成熟，其他机械水平也相应得到较大的突破并有继续上升的趋势（图6-2-1）。2017年拥有农用机械操作证书的人员已经达到240万人次（数据来源湖北省统计年鉴）。其中稻麦联合收割机的发展及专业人员培训对稻麦全程机械化推广起到了促进作用。

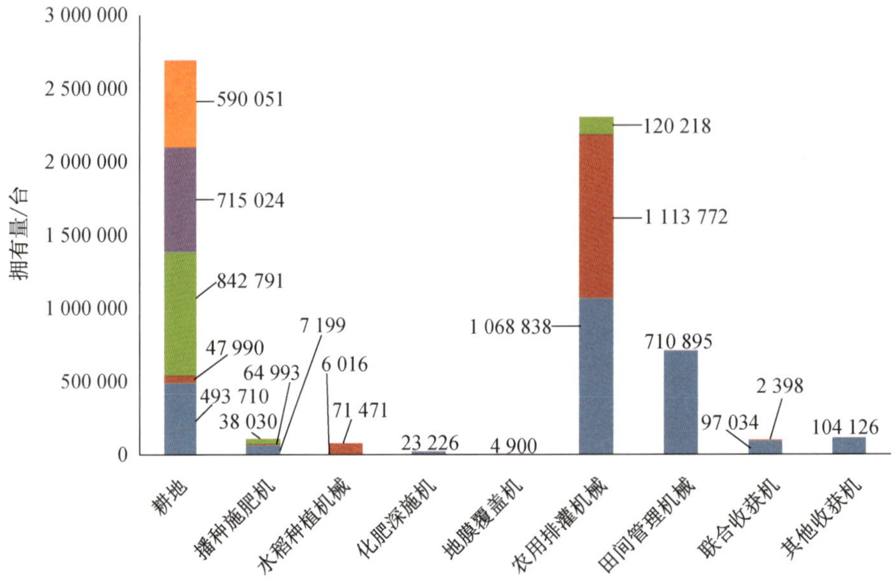

耕地机械：耕整机、机耕船、机引犁、旋耕机、深松机与机引耙；播种施肥机：播种机与免耕精少量播种机，施肥机；水稻种植机械：水稻直播机与水稻插秧机；化肥深施机；地膜覆盖机；农用排灌机械：排灌动力机械、农用水泵与节水灌溉类机械；田间管理机械：机动喷雾机；联合收获机：稻麦联合收割机与玉米联合收割机；其他收获机：大豆、油菜等收获机。各图柱颜色和台数与前述的各类作业机是由下而上一一对应的。

图6-2-1 湖北省不同类型农业机械拥有量

二、湖北省稻作制度概况

湖北省是水稻种植大省，全省水稻种植面积常年高达 3 450 多万亩，占总耕地面积 48%以上，是重要的水稻种植区(周立民 等，2012；万丙良 等，2018)。全省水稻可划为 7 个稻区，鄂中北丘陵、鄂东北山地、鄂东南低山丘陵、鄂西北山地、鄂西南山地、鄂东丘陵岗地以及江汉平原 7 个稻区。湖北省气候优越，是极好的稻田多熟制发展区域(汪金平 等，2008)。

长期以来湖北省的多熟种植模式有“油菜—棉花”“稻—油”“稻—麦”“冬闲—早稻—晚稻”“绿肥—早稻—晚稻”“蔬菜—早稻—晚稻”“玉米/花生”“马铃薯—玉米”(吴胜军，2007)。随着稻作高产高效栽培技术体系的建成以及农业机械化的推广，目前形成了以水稻为主的稻田多熟种植模式，例如“稻—麦”“稻—油”“稻—马铃薯”“玉米—水稻”、稻田种养以及集成资源节约高效、效能稳定提升、产品绿色优质的基于水稻生产的多种高效种养模式。其中“稻—麦”种植面积较大，达 900 多万亩(高春保，2016)。湖北省“十三五”提出要扩大“稻—麦”种植面积，发展“中粳—小麦”轮作模式。湖北省“十四五”提出要继续扩大“稻—麦”种植面积，发展“中粳—小麦”轮作模式。

三、湖北省稻麦两熟制的发展

湖北省耕地面积较大，是以长江流域为主的华中地区稻作区重要组成部分(表 6-2-1)，水稻种植面积 3 450 多万亩(230 万 hm^2)，稻谷总产 1 790.2 万 t，分别位居全国第六和第五。同时湖北省也是中国十大小麦生产省份之一，2013 年湖北省小麦种植面积和总产规模分别占全国第七位和第八位。2015 年湖北小麦种植面积到达 1 500 万亩(100 万 hm^2)，小麦总产达 400 万 t 以上。

表 6-2-1　长江中下游六省一市耕地面积、农作物播种面积(金姝兰 等，2011)

地点	不同年份耕地面积/万 hm^2							不同年份农作物播种面积/万 hm^2						
	1979	1983	1988	1993	1997	2004	2007	1979	1983	1988	1993	1997	2004	2007
上海	35.6	35.0	32.7	30.2	31.5	28.2	26.0	77.1	76.3	64.8	55.8	55.2	40.4	39.1
江苏	464.0	464.2	456.9	449.5	506.2	490.1	476.4	849.1	854.2	838.5	803.2	796.7	766.9	740.8
浙江	182.9	181.7	173.7	166.1	212.5	196.6	191.8	451.7	457.8	429.9	392.6	394.4	277.8	246.3
安徽	444.7	444.0	438.2	431.7	597.2	585.4	572.8	800.5	785.9	816.9	826.5	849.8	920.0	885.4
江西	253.3	238.7	235.9	232.6	299.3	288.2	282.7	569.9	546.5	539.6	572.1	603.8	518.3	524.5
湖北	375.7	369.9	349.9	339.3	495.0	478.9	378.9	777.7	739.8	722.9	712.6	773.9	715.6	703.1
湖南	344.4	339.7	332.6	327.3	395.3	389.8	378.9	833.4	774.6	749.6	765.4	800.9	788.6	739.1

近 30 年来水稻种植面积出现了先减后增的趋势。1978—2003 年水稻种植面积减少(图 6-2-2)，主要原因有两个：第一，水稻轻简化水平不高，劳动强度大，用工投入多，降低了收益，农民积极性降低，不少农民选择收益较高的经济作物生产；第二，全省大力推广高产中稻品种，双季稻种植面积减少，水稻复种指数下降。早稻以及双季晚稻种植区域的水稻实际种植面积在减少，早稻和双季晚稻种植面积的变化基本一致，鄂东南、鄂东北、江汉平原以及鄂西南的宜昌市和鄂中的荆门市早、晚稻种植面积减少程度极其显著，种植面积变化最小的是黄石市，但早、晚稻种植面积变化率也高达 28%和 25.7%，余下鄂中、鄂北和鄂西的随州市、襄阳市、十堰市、

神农架林区以及恩施州地区无早、晚稻种植，属于中稻种植区。中稻和单季晚稻种植面积变化则主要集中在鄂东和江汉平原地区，其中鄂东全部地区以及江汉平原的荆州市、天门市、仙桃市中稻种植面积都增加至少 40%(程航，1995；王嫚嫚 等，2017)。目前，湖北省以种植单季稻为主。2003 年至今，随着中稻精确定量高产高效栽培技术以及轻简化栽培技术体系的形成和推广，“籼改粳”工程的推进增加了农民的收入，从而提高了农民水稻种植的积极性，水稻种植面积出现上升趋势。一季中稻代替双季稻的种植模式以及中稻高产品种培育和高产栽培技术体系发展和完善，为“稻—麦”等种植模式的发展提供了空间(尹业华，2014)。

小麦种植也出现了先降后升的发展变化(图 6-2-2)。主要原因有：一是小麦高产品种缺乏，降低了农民的种植积极性。二是机械化水平不高，劳动强度大。三是江汉平原小麦产区的降水较多，赤霉病病害严重等。四是小麦收购价格低，严重打击了农民的种麦积极性。五是冬季作物油菜种植面积的增加。随着油菜优良品种的培育和推广应用，1978—2000 年，油菜种植面积出现大幅度增加，在一定程度上抑制了小麦的种植(敖立万 等，2000)。但是，近 20 年油菜种植面积不再增加，甚至出现下降的趋势，主要原因可能是油菜机械化难度高、劳动强度大，加上农村劳动力大量向城市转移，限制了其发展，且油菜的收益也较小麦低。如今，小麦种植面积出现了稳步上升的趋势。2003—2015 年间湖北省小麦种植面积从 1 192.5 万亩增加到了 1 639.5 万亩。主要原因有：第一，品种改良，小麦品质提高，使小麦收购价格提高，促进了农民种麦积极性的提高，一批优质高产高抗小麦品种在生产中得到示范推广，如‘郑麦 9023’‘鄂麦 18’‘鄂麦 23’‘襄麦 25’和‘鄂麦 596’等，以及新审定品种‘鄂麦 580’‘漯麦 6010’‘先麦 8 号’‘鄂麦 170’‘襄麦 35’‘郑麦 119’‘天民 198’等，不同生育期小麦品种得到极大的丰富。第二，机械化程度得到大幅提高，2014 年湖北省推广小麦全程机械化面积 720 万亩，占适宜推广面积的 50%以上；完成机械耕整土地 1 518 万亩，机播 6 990 万亩，机播率 43.3%，机收 1 539 万亩，机收率达 91.6%。小麦全程机械化得到较大的推广普及(郭子平 等，2014；高春保 等，2016)。其中“十二五”期间，湖北省农业科学院、湖北省农业技术推广总站、华中农业大学工学院、湖北省农机局等单位联合开展了稻茬麦少免耕机械播种联合攻关，有力促进了湖北省稻茬麦生产的机械化水平，稻茬麦机械播种从无到有，发展迅速。稻茬麦的机播技术得到大面积推广应用，加之稻作机械化的发展，“稻—麦”全程机械化技术日趋成熟，实现了降低成本、提高产量、节省

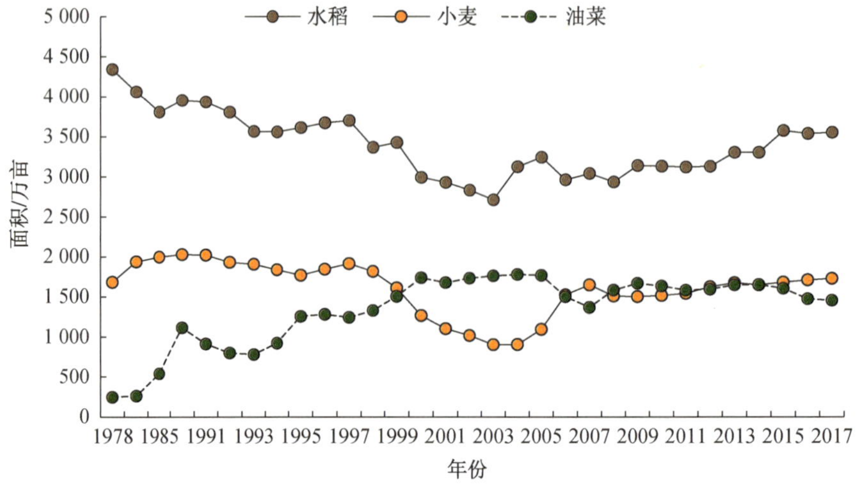

图 6-2-2　1978—2017 年湖北省水稻、小麦、油菜种植面积变化

劳动力和增加农民收益，极大地提高农民种麦积极性。第三，由于小麦精确定量栽培技术的发展推广，小麦产量提高，进一步提高了农民的积极性。第四，产业结构调整促进小麦生产，湖北省小麦种植面积一般常年稳定在 1 800 万亩左右。

四、湖北省稻麦两熟制的面积及分布

湖北省小麦种植主要集中于鄂中北地区(襄阳市、随州市以及荆门市)、江汉平原(荆州、仙桃、潜江、天门等)以及鄂西北(十堰市等)等重要种植区域。鄂中北地区小麦种植总面积达 885 万亩，占小麦总种植面积的 51.2%左右；江汉平原小麦种植面积达 462 万亩，占小麦总种植面积的 26.7%左右(表 6-2-2)。鄂中北地区以及江汉平原也是水稻种植的重要区域，属中纬度亚热带气候，四季分明，年平均日照时数 1 900~2 200 h，气候资源优越，有利于小麦的生长发育；江汉平原小麦产区，属亚热带季风气候，年均日照时数约 2 000 h，年太阳辐射总值 460~480 kJ/cm^2，降水充足。无霜期 240~260 d，10 ℃以上持续期 230~240 d，活动积温 5 100~5 300 ℃。江汉平原的粮食作物以水稻为主，其次为小麦。粮食产量占全省的 40%左右，被誉为湖北的“粮仓”。这两个区域均以“稻—麦”为主，也是湖北“稻—麦”两熟种植主要区域。据初步统计湖北小麦中 50%~60%为稻茬麦，即“稻—麦”种植面积在 750 万~900 万亩，并有上升趋势。“稻—麦”轮作是湖北省稻田多熟制的重要组成部分。

2017 年，由于小麦质量普遍较好，加之市场化收购积极，各地小麦价格高开高走，新麦开秤价格达 1.6 元/kg，普遍较上年提高 0.10~0.16 元/kg。宜城和襄阳 2017 年产 3 级白小麦收购价 2 360 元/t，极大地提高了农民小麦种植积极性。

表 6-2-2　2016—2017 年湖北省不同区域稻、麦种植面积　　单位：万亩

地区	粮食作物(总)	小麦	水稻
湖北省	**7 279.4**	**1 729.8**	**3 552.1**
武汉市	227.1	15.5	164.3
黄石市	138.3	11.6	99.8
十堰市	324.8	85.1	40.4
宜昌市	474.5	57.5	120.3
襄阳市	1 245.5	583.3	297.2
鄂州市	65.4	9.3	46.2
孝感市	552.0	127.1	385.7
荆门市	720.3	197.2	385.2
荆州市	1 116.6	265.5	727.6
黄冈市	611.4	61.2	489.7
咸宁市	306.3	10.0	225.3
随州市	327.3	106.3	195.2
恩施州	553.7	2.7	67.5
仙桃市	182.9	42.2	100.7
潜江市	163.3	55.0	88.8
天门市	261.3	99.9	118.2

第三节　湖北省稻麦两熟的技术创新及发展

一、品种搭配及“籼改粳”

水稻生产在我国国民经济、社会稳定和可持续发展等方面具有极其重要的作用。为提高水稻总产量和保障粮食生产安全，水稻育种学家不断培育出高产水稻品种，湖北省水稻品种发生了较大的变化。20 世纪 50 年代后期至 70 年代初期，矮化品种迅速运用到生产中，如早籼品种‘鄂籼 6 号’，晚粳品种‘鄂晚 5 号’；随着杂交育种技术发展，培育出一些高产杂交籼稻品种，如‘两优 287’‘两优 42’‘红莲优 6 号’‘扬两优 6 号’‘两优培九’等。杂交籼稻品种不断得到更新，现有一批适宜的较高产的杂交籼稻品种在湖北省推广使用，如‘珞优 8 号’‘C 两优华占’‘隆两优’等。同时我国稻作学家从 20 世纪 50 年代就开始对“北粳南移”进行探讨。湖北省也在不断进行“籼改粳”的尝试。2015 年通过两年的区试试验，审定推广了第一个中粳品种‘甬优 4949’（张似松 等，2012；汤颢军 等，2015）。随着高产栽培技术的建成推广，推广的中粳品种得到不断扩充，如‘甬优 12’‘甬优 1540’‘南粳 9108’等。与籼稻相比，粳稻表现出较高的产量潜力。而且由于粳稻需求量大，供应少，国家对粳稻的最低收购价定价比籼稻高 15%~20%（2014 年为 155 元每 50 kg，比籼稻高 12. 3%），这些极大地提高了农民种植中粳稻的积极性。同时研究发现，粳稻+冬作、机插秧、延后播种，在鄂中北地区可提高光温利用效率。粳稻+小麦模式按：稻季积温/麦季积温 = 10/3，周年光温生产潜力当量可提高至 85%以上（表 6-3-1）。因此，在湖北省粳稻适宜区域“籼改粳”以及发展粳麦两熟种植有利于提高经济效益和提高光温利用效率。可通过中熟粳稻（甬优 4949）/中熟小麦（湘麦系列），迟熟中稻（甬优 1540）/中早熟小麦（郑麦系列）以及中熟粳稻（甬优 4949）/中迟熟小麦（鄂麦系列）稻麦熟期搭配模式，实现稻麦周年吨粮和较高的光温利用效率。

表 6-3-1　中稻+冬作的光温分配及利用效率差异

模式	麦季与稻季有效积温比值（TR）	作物光温潜力当量	周年亩产量/kg
粳稻—马铃薯	0. 25	0. 80b	1 133. 3ab
粳稻—绿肥	0. 21	0. 83ab	920. 0cd
粳稻—油菜	0. 27	0. 83ab	1 020. 0abc
粳稻—小麦	0. 30	0. 85ab	1 186. 7a
籼稻—冬闲	0. 00	0. 81ab	746. 7d
籼稻—油菜	0. 26	0. 81ab	966. 7bc
籼稻—小麦	0. 29	0. 86a	1 193. 3a

湖北省地处南北过渡地带，属于单双季稻混作区。由于该区域气候及水土资源分布的特点，目前水稻生产过程中存在稻麦两熟、稻麦三熟、稻油两熟和稻田综合种养等多种种植制度，在此制度下，栽培种植的水稻品种类型较多，水稻的种植方式包括小苗机插、直播和人工移栽。冬作作物的收获期和各地所用水稻品种保证安全齐穗的安全播期，是制约水稻适播期的主要因素，依

此分析湖北省南北各地、各熟期类型品种的适宜播期。湖北的北部，小麦在5月底至6月初收获，水稻的可播栽期在6月1日左右；粳稻的安全齐穗期为9月24日，迟熟中粳品种安全播期为6月18日，即必须在6月18日前直播，才能确保安全齐穗。小苗机插，宜在可播栽期6月1日向前推15 d(秧龄期)，即5月15日播种。不可提早过多，以防超秧龄减产。人工移栽，宜在可播栽期6月1日向前推25 d(秧龄期)，即5月5日播种。在湖北的中部，小麦在5月25—30日收获，水稻的可播栽期在5月28日左右；粳稻的安全齐穗期为9月26日，迟熟中粳品种安全播期为6月21日，在可播栽(始)期之后半个多月，在生产中力争早播是增产的关键。小苗机插，宜在可播栽期5月28日向前推15 d(秧龄期)，即5月13日播种。不可提早过多，以防超秧龄减产。人工移栽，宜在可播栽期5月28日向前推25 d(秧龄期)，即5月3日播种。

在湖北的南部，油菜在5月15—20日收获，水稻的可播栽期在5月18日左右；粳稻的安全齐穗期为9月30日，早熟晚粳品种的安全播期为7月12日，远在可播栽期之后一个多月，生产中应于可播栽(始)期之后尽力争取早播，以利延长生育期，增加生长量，从而提高产量。小苗机插，宜在可播栽(始)期5月18日左右向前推15 d(秧龄期)，即5月3日左右播种，播期提早过多会因超秧龄而减产。人工移栽，宜在可播栽期5月18日向前推20 d(秧龄期)，即4月28日播种。

自2012年，湖北省将“籼改粳”纳入粮食工程重要任务之一，正式启动湖北省“籼改粳”工程。湖北省农业科学院、华中农业大学、湖北省农业技术推广总站等单位实行科研、教学、推广“三农”大协作，根据湖北省不同纬度地区温光资源特点，以外省引进优质品种筛选为基础，实施良种良法配套，初步研究集成了精确定量栽培、绿色调优栽培、机插秧等主体技术，配套了机械精量直播等辅助技术，促进了水稻栽培模式由产量型向产量、品质及安全兼顾型转变，为粳稻生产进一步发展提供技术支撑(汪本福 等，2018)。筛选出系列粳稻优质高产品种，如‘甬优4949’‘甬优12’‘甬优1540’‘热粳优35’‘WDR129’‘南粳9108’等。确定水稻生产区引种方向，鄂中北及鄂中丘陵山区粳稻品种从徐、淮等地引种较易成功，江汉平原等地粳稻品种从苏南、浙江等地引种较易成功。2013年，全省粳稻发展势头迅猛，种植面积较2012年扩大了2.4万亩，一季中粳每亩平均产量较2012年提高25 kg。项目区粳稻种植农户总增收0.54亿元，企业参与粳稻生产、良种繁育和大米加工等总增收0.54亿元。通过外省品种的引进和试种，亩产达到750 kg的粳稻种植较多，超过一些杂交籼稻品种，体现出粳稻生产较高产量潜力的优势。

同时，粳稻适应低温，安全生育期较长。目前湖北省种植制度下，北部地区以“小麦—中稻”为主。籼改粳后，北部地区粳稻生育期实际为155~160 d，空闲4~6 d，比籼稻空闲天数减少了7~16 d，充分利用了光温资源(万素琴 等，2016)。粳稻具有较强的感光性，适度迟播不会影响水稻的安全抽穗成熟，可以保障“短生育、小穗型栽培”的机插稻正常抽穗成熟，有效解决了鄂中及鄂北地区中籼杂交稻生产中出现的播期早、秧龄大，不利于机插的问题，为稻作全程机械化发展提供了基础。

二、“稀、控、重”中稻高产栽培

科研人员从总结和推广农民的高产经验入手，结合水稻超高产栽培的实际经验，开展从培育壮秧、器官建成、源库结构、光合生产到调控技术的系统研究，形成了具有一定特色的超高产栽培模式。湖北省高产栽培模式经历了三个递进阶段。2002年，王维金教授根据杂交水稻生长发育特性及其内在的生理代谢规律，并结合其生态条件，将杂交水稻产量动态形成过程与株型结合，提出了“稀、控、重”高产栽培模式，即“稀”播壮秧，宽行双株移栽；“控”制底肥用量，不施分蘖肥，够苗及时晒田，控制无效分蘖的大量发生；“重”施穗肥，提高单位面积的总颖花数，以实现高产栽培。但是这一高产栽培技术是在特定条件下形成的，具有一定的局限性。“稀、控、重”栽培法需要后期重施穗粒肥，容易引起水稻的贪青晚熟；且超高产栽培主要局限于试验田和小面积田块的超高产，而大面积水稻超高产稳产性低，重演性差。

三、“壮、足、大”中稻高产栽培

2005—2009 年，曹凑贵教授等人，为了解决稻麦以及稻油两熟区中稻生长季节紧、秧龄长不利于高产，劳动力紧张、栽秧不足、基本苗不够，鄂中丘陵、季节性干旱、供水不足，在不同区域高产栽培形态生理指标不好掌控、技术复杂等生产实际问题，通过研究不同农艺措施下杂交水稻的生物学特性、养分吸收利用、水分利用率以及产量形成等变化规律，整理归纳出超高产水稻的关键技术指标，构建不同产量水平结构的水稻群体，形成超高产栽培技术体系。提出了超高产水稻的主要群体特性为：

a. 产量构成方面：亩总有效穗≥16.5 万，分蘖成穗率≥68.0%，结实率≥88.2%，千粒重≥29.0 g。b. 叶面积指数方面：分蘖盛期的叶面积指数为 3.0~3.5，幼穗分化期为 6.5~7.2，齐穗期为 8.5~8.9，灌浆期(齐穗后 10 d)为 6.5~7.0。而且齐穗期的高效叶面积比率(上 3 片叶占有效叶面积的比率)为 60.0%~66.5%。c. 亩生物量积累方面：分蘖期为 140~165 kg，幼穗分化期为 550~650 kg，齐穗期≥900 kg，灌浆期≥1 000 kg，成熟期≥1 650 kg。形成“壮、足、大”水稻高产栽培理论。即“培育壮秧、保证足穗、形成大穗饱粒”。

（一）中稻“壮”苗高产的原理

“秧好一半谷”，足以证明秧苗素质的好坏对水稻产量的决定性作用。秧苗素质的好坏，对水稻生育期干物质积累量都会产生重要的影响，在水稻生长前期(拔节期以前)，秧苗素质越好，干物质积累量就越多，单株带蘖数为 5 个和 6 个时要显著高于较低蘖数的处理。研究表明，单株带蘖数较多的“壮”苗处理(S4、S5、S6)，水稻不同生育期的干物质积累量较多，单位面积有效穗数和每穗粒数、结实率显著提高，产量显著增加(表 6-3-2)。移栽时秧苗秧龄和栽插密度对水稻的生长发育和经济产量均产生重要的影响。移栽时秧苗秧龄越大(55 d)，秧苗素质越差，水稻分蘖盛期和幼穗分化期的叶面积指数越小，从而导致水稻生长后期积累的生物量减少和经济产量的显著降低。移栽时大秧龄秧苗对产量的负向影响主要是导致每平方米的有效穗减少，每穗总

表 6-3-2 秧苗单株带蘖数对水稻产量及其构成的影响

处理	有效穗/万穗	成穗率/%	每穗总粒数/粒	每穗实粒数/粒	千粒重/g	亩实际产量/kg
S2	14. 1b	56. 2c	157. 32b	125. 7b	25. 74a	418. 5b
S3	14. 7b	55. 9c	161. 01b	128. 0b	25. 87a	450. 4b
S4	15. 8ab	58. 6b	174. 37a	132. 0a	26. 11a	525. 6a
S5	16. 1a	60. 3a	179. 45a	138. 0a	25. 95a	551. 4a
S6	16. 5a	61. 2a	179. 74a	135. 7a	26. 02a	552. 8a

注：S2、S3、S4、S5、S6 分别代表秧苗单株带蘖数为 2 个、3 个、4 个、5 个、6 个。

粒数降低。因此长秧龄移栽时，可以通过培育多蘖壮秧，促使形成大穗，提高水稻的成穗率；或者增加栽插密度和每蔸基本苗数，可以弥补由于秧龄过大而导致的单株分蘖力下降、后期积累的生物量减少及单株有效穗的降低，最终可以达到增加水稻产量的目的。

（二）中稻“足穗”高产的理论依据

在水稻生产实践中，“足穗”永远是保证一定粮食产量水平的关键因子，也是操作过程中变化较大且不易掌控的因素。但是，不同栽培技术对“足穗”所赋予的含义存在明显的差异，对产量的贡献权重有所不同，穗粒数自我调节空间不一样，所要求的相关技术措施亦有明显不同。通常来说，水稻超高产栽培所需要的足够穗数受秧苗素质、栽插密度、氮肥运筹以及水分管理模式等因素综合影响。研究发现移栽时的栽插密度和水氮互作对水稻高产栽培“足穗”的影响作用十分突出。水稻不同生育时期的单位面积干物质积累量随着栽插密度的增大而增加，稀植(1万蔸每亩)有利于水稻个体健壮生长，显著增加水稻每穗总粒数和实粒数，但是，由于栽插密度过小，而导致单位面积总穗数严重不足，因而，产量显著低于密植处理(2万蔸每亩)，这主要与秧龄大小、品种的分蘖特性有关(表6-3-3)。适宜的氮肥水平显著增加水稻单位面积有效穗数和每穗总粒数，从而形成了水稻高产所需要的“足穗”和“大穗”（表6-3-4）。

表 6-3-3　不同栽插密度对水稻产量及其构成的影响

处理	每蔸穗数	亩总穗数/万穗	每穗总粒数/粒	每穗实粒数/粒	结实率/%	千粒重/g	亩实际产量/kg
M1	8.20a	9.84c	222.81a	199.60a	89.6a	29.89b	625.80c
M2	8.27a	13.23b	212.53b	190.13b	89.5a	30.85a	772.50b
M3	7.23b	14.47a	203.17c	179.96c	88.6a	30.58ab	835.80a

注：M1、M2、M3 分别代表每亩栽插 1.2 万蔸、1.6 万蔸、2.0 万蔸。

表 6-3-4　不同水分和 N 肥处理对水稻产量及其构成的影响

处理	亩有效穗数/万穗	每穗总粒数/粒	每穗实粒数/粒	结实率/%	千粒重/g	亩实际产量/kg
W1	12.3C	225.55a	171.08a	75.88a	26.84a	497.7b
W2	13.0B	220.42a	167.83a	76.15a	26.80a	530.2a
F0	10.6D	214.46D	169.72B	79.11A	26.96a	410.6D
F1	12.7C	226.47B	174.82A	77.19B	26.83a	470.1C
F2	13.9B	231.48A	173.62AB	75.00C	26.95a	611.3A
F3	15.0A	220.99C	161.89C	73.27D	26.70a	575.9B
W	29.89**	3.66	2.04	0.49	0.82	10.66*
F	47.48**	22.48**	15.22**	89.41**	0.78	42.11**
W×F	8.66**	1.45	0.75	0.77	0.34	1.59

注：W1 和 W2 分别代表淹水灌溉和干湿交替灌溉处理；F0、F1、F2、F3 分别代表氮肥每亩使用量为 0 kg/hm^2、6 kg/hm^2、12 kg/hm^2、18 kg/hm^2；* 表示差异达到 $P<0.05$ 显著水平，** 表示差异达到 $P<0.01$ 极显著水平。

因此我们提出了要通过培育壮苗，通过栽插密度、水分及肥料运筹等农艺措施达到“足穗”和“大穗”，从而达到高产的目的，即水稻“壮、足、大”高产栽培理论。

四、小麦精确定量栽培

湖北省自 2012 年以来，通过引用凌启鸿教授提出的精确定量栽培理论，对湖北小麦生产从播种量、播种期、施肥量、施肥比例、施肥时间等角度进行了精确定量，形成了适合湖北省小麦生产的精确定量技术，使得湖北省小麦生产得到一定的提高，极大地提高了农民的生产积极性。

根据气候、品种类型、土壤墒情确定了适宜播种期。鄂北小麦适宜播期为：半冬性品种 10 月 15—25 日，弱春性品种 10 月 25 日至 11 月 5 日。鄂中丘陵和江汉平原的适宜播期为 10 月 25 日至 11 月 5 日。稻茬小麦每亩需要基本苗数量 18 万～20 万，正常情况下每亩播种量 12.5～15.0 kg；鄂北地区旱茬小麦每亩基本苗数量 15 万～20 万，正常情况下每亩播种量 10.0～12.5 kg。在干旱年份和晚播条件下，要适当增加播种量，但也要避免盲目增大播种量，而导致基本苗过多。整地应达到土壤细碎，耕层松软，上虚下实，厢面呈龟背形，厢宽度应控制在 2.0～2.5 m。稻茬小麦前作水稻收获选择半喂入式收割机或者加装秸秆粉碎装置的全喂入式收割机收割，切割后的稻草抛撒均匀，选择适宜的旋耕机在宜耕期旋耕，旋耕深度应在 15～20 cm，使粉碎后的秸秆能均匀地混于表层土壤中。前茬砂性稻田收获前 7～10 d 要及时放水晒田，黏性稻田收获前 10～15 d 放水晒田，降低田间湿度，以利于水稻机械收割和收获后的秸秆还田作业。开好麦田“三沟”，厢沟、腰沟、围沟逐级加深，沟沟相通。厢沟深度和宽度均为 20～25 cm，腰沟深度和宽度均为 25～30 cm，围沟深度和宽度均为 30～35 cm。小麦全生育期每亩氮、磷、钾总施肥量分别为氮(N)12～14 kg、磷(P_2O_5)4～6 kg 和钾(K_2O)5～7 kg。稻茬小麦氮肥的基肥和追肥的比例为 6∶4；若秸秆全量还田，氮肥的基肥和追肥的比例应调整为 7∶3；在亩产 350～400 kg 的中高产地区，播种前每亩施 40～50 kg 的复合肥(N、P_2O_5、K_2O 总有效含量为 45%)作底肥；每亩施 5 kg 尿素作腊肥，看苗施肥以防苗期过旺；每亩施 5～10 kg 尿素作拔节肥和孕穗肥；磷钾肥可作为底肥在播前一次性施用。机械播种，播种行距以 18～20 cm 为宜；播种深度宜为 3 cm。

五、稻麦全程机械化栽培

为了减少农田土壤侵蚀，保护农田生态环境并获得生态效益与社会效益协调发展，湖北近几年也开展了少耕、免耕、地表微地形改造及地表覆盖等技术研究。针对土壤肥力退化、温室气体排放等问题，以碳调氮、增汇培肥、水肥减投、系统减排，进行秸秆还田、耕作、肥水调控、轻简化等技术创新，形成低碳稻作理论。提出了“4R”技术理论体系，即：①“Restock”增汇。秸秆还田，施有机肥，控施化肥，合理轮作，少耕或免耕。②“Reduce consume”减耗。增加生物农药防控，减少化学农药使用，轻简栽培，种养结合。③“Reduce emissions”减排。控水控肥，保护性耕作，种植低排品种，种养结合。④“Recycle”循环。秸秆还田，生物有机肥使用，稻田种养结合等实现资源循环利用。根据低碳理论，我们提出适合湖北省稻—麦发展的关键技术体系即“籼改粳”、秸秆还田、机械化、节水。稻—麦全程机械化发展加快和促进了湖北省保护性耕作理论向实践的转换(图 6-3-1)。

同时稻麦全程机械化的发展有效地解决了随着我国经济的发展和市场结构的调整，大量农村青壮年向城市涌入带来的农田耕作劳动力缺乏的困境(陈实 等，2019)。稻茬麦全程机械化包括

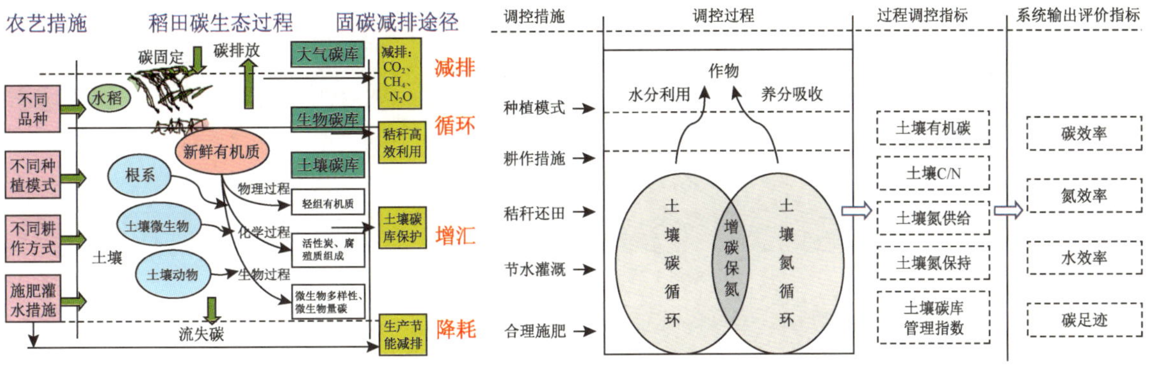

图 6-3-1　低碳稻作理论示意图

稻茬麦机械播种、开沟、施肥、植保、收获等技术。“十二五”期间，湖北省农业科学院、湖北省农业技术推广总站、华中农业大学工学院、湖北省农机局等单位联合开展了稻茬麦少免耕机械播种联合攻关，有效促进了湖北省稻茬麦生产的机械化水平，稻茬麦机械播种从无到有，发展迅速。2014 年湖北省推广小麦全程机械化面积 720 万亩，占适宜推广面积(1 400 万亩)的 51.4%；完成机械耕整土地 1 580 万亩，机播 700 万亩，机播率 43.3%；机收 1 540 万亩，机收率达 91.6%，比 2013 年分别增加 60 万亩，提高 1.6%；综合机械化水平达 77.5%。其中襄阳市小麦生产机械化水平走在全省前列，从 2009 年的 70.0%左右提高到 2013 年的 87.8%，年均提升 4.5%；小麦机械播种率由不到 40%提高到 65.4%，年均提高 6.4%(吴昭雄 等，2016)。统计年鉴数据表明，湖北省 2017 年小麦机播面积为 1 004 万亩，机播率高达 58%，小麦机收面积 1 601 万亩，小麦机收率达 92.6%(表 6-3-5)。稻茬麦的全程机械化为稻—麦全程机械化体系建立提供了基础。

水稻是湖北省第一大粮食作物，实现水稻生产全程机械化是增强湖北省粮食生产综合能力的根本途径。经过近十几年的艰辛努力，湖北省水稻生产过程中的耕地、植保、施肥、灌溉、收获等环节基本实现了机械化。据统计，2011 年湖北省机械耕地面积 2 920 万亩，机械植保 2 750 万亩，机械收获 2 681 万亩，机耕、机植保、机收水平分别为 94.1%、88.7%和 86.5%。但长期以来，水稻播插环节生产机械化一直是影响和制约湖北省水稻生产全程机械化的瓶颈和短板。近年来湖北省将发展水稻插秧机械化作为农机化工作的重中之重，取得了显著的成效。水稻机插面积不断增加，2008 年全省机插面积 320 万亩，2009 年为 444 万亩，2010 年为 551 万亩，2011 年为 686 万亩，每年以新增速度递增，呈现逐年加速发展态势。据统计数据显示，2017 年湖北省水稻机插面积增加到 1 374 万亩，机播面积 240 万亩以上。水稻机种植面积占水稻总生产面积的 50%左右。全省水稻机收率高达 95%以上。2017 年全省机电灌溉面积 4 938 万亩，机械植保面积 7 403 万亩。

2015—2017 年，湖北省财政厅、湖北省农业厅以及华中农业大学联合开展了“鄂中北稻(粳)—麦全程机械化高产优质栽培技术体系推广与示范”项目。项目示范面积 2 万亩，辐射推广面积 28 万亩。效果显著，降低了生产成本，减少劳动力的投入，每亩增收 100 元以上，极大地提高了农民积极性，加快了湖北省稻—麦全程机械化发展的进程。

表 6-3-5　湖北省 2016—2017 年小麦、水稻机械化生产情况

地区	小麦机播面积/万亩	小麦机收面积/万亩	水稻机耕面积/万亩	水稻机种植面积/万亩	水稻机收面积/万亩
湖北省	**1 004**	**1 601**	**3 290**	**1 643**	**3 213**
武汉市	27	36	222	101	221
黄石市	14	17	107	54	101
十堰市	24	56	50	11	35
宜昌市	26	50	119	56	111
襄阳市	432	548	299	164	296
孝感市	75	146	312	120	320
荆门市	102	177	279	198	284
荆州市	75	171	615	378	584
黄冈市	63	84	549	251	531
随州市	21	138	159	45	164
仙桃市	30	42	96	56	96
潜江市	38	44	54	29	54
天门市	62	69	92	18	93

第四节　湖北省稻麦两熟周年高产技术体系

一、稻麦周年精确定量栽培技术

凌启鸿教授提出“水稻要高产，技术要简化”是今后水稻栽培的方向。但是不科学的简化栽培与高产背道而驰。要解决技术简化与高产的矛盾，必须对技术实施科学的精确定量。水稻精确定量栽培根据水稻高产的生育规律，以“适宜的最少作业次数，在最适宜的生育时期用最适宜的物化技术数量”，即“三适宜”上精确定量，定向培育高产群体，达到“高产、优质、高效、生态、安全”的综合目标。2012—2017 年，曹凑贵教授等人将“精确定量”概念引入湖北，通过大量的试验实践，形成了符合湖北省水稻实际生产的精确定量指导体系，并在鄂中北地区大面积示范推广实施，效果显著。

第一，确定湖北省适宜的播栽期：对湖北省主要水稻产区的气候（温度）条件、水稻不同播期条件下抽穗结实期的变化情况和产量表现做了调研，相关数据见表 6-4-1 至表 6-4-3 以及图 6-4-1，以此为依据，结合适宜播栽期确定的基本原则，对湖北省不同水稻生产区域水稻适宜播插期进行分析。水稻最佳抽穗结实期的生态条件，首要因素是开花结实期的大气温度。一般认为抽穗期日平均温度 25 ℃，整个结实期日平均温度 21 ℃常年出现的日期，定为湖北省各地粳稻的最佳抽穗结实期。就全省总体而言，在 8 月 27 日至 10 月 27 日之间，湖北北部偏早一些，湖北南部偏迟一些。籼稻的最佳抽穗结实期的适宜温度一般比粳稻约高 2 ℃，整个结实期日平均温度

表 6-4-1　湖北省水稻生育期内不同生态区月平均温度　　单位:℃

试验点	4 月	5 月	6 月	7 月	8 月	9 月	10 月
襄州	15.7	21.8	23.2	26.2	26.6	22.5	18.4
随县	15.0	21.8	23.8	25.9	26.3	23.2	17.3
沙洋	16.1	22.1	23.5	26.3	26.9	23.5	19.5
公安	16.9	22.7	24.9	27.3	28.1	24.5	20.0
武穴	16.9	23.0	25.4	26.6	27.1	23.5	18.2

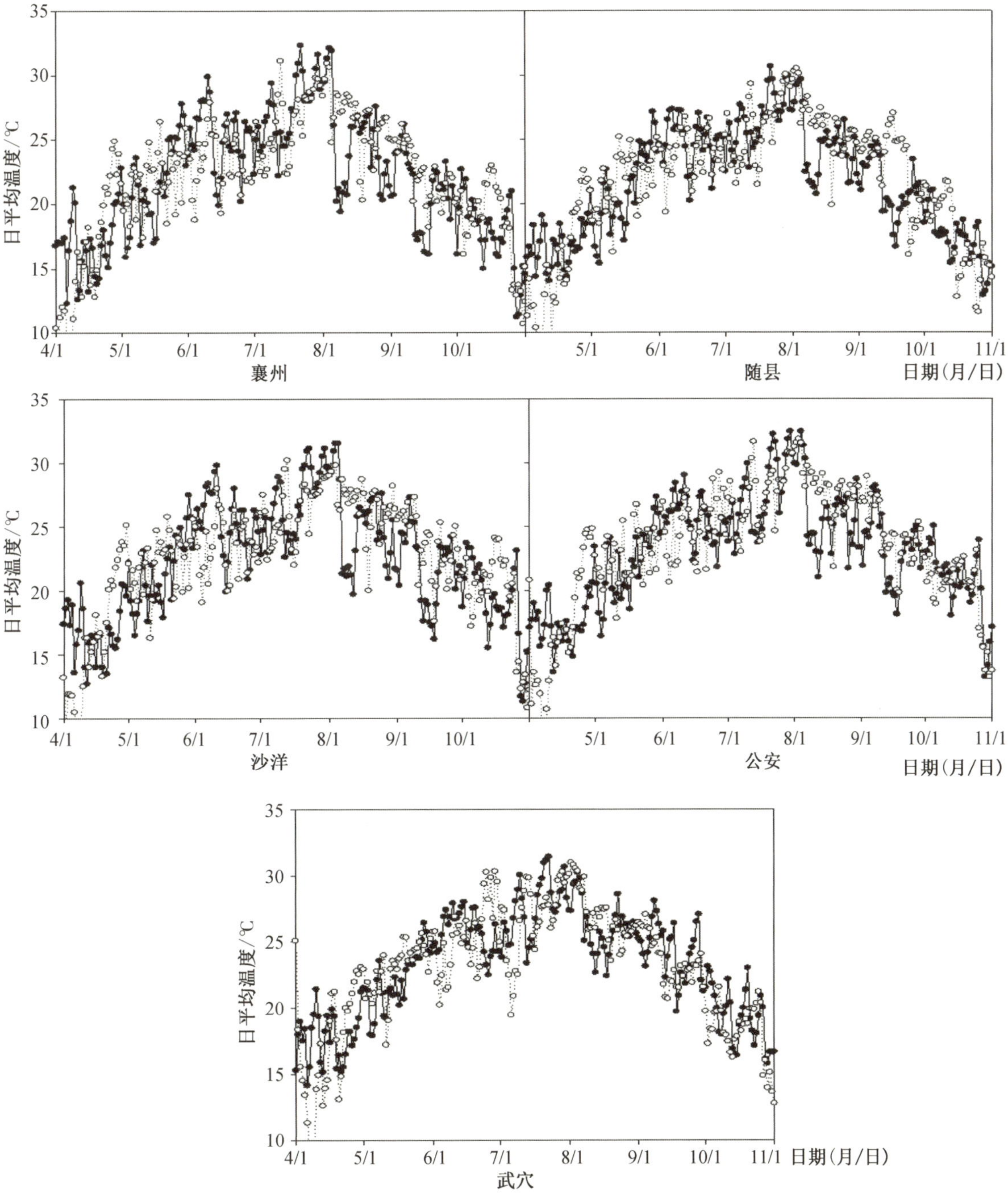

图 6-4-1　湖北省水稻生育期内不同生态区日平均温度

表 6-4-2 各生态区不同播期条件下籼粳稻抽穗结实期与主要生育阶段的生育天数的变化

试验点	品种类型	品种	播期（月/日）	拔节期（月/日）	抽穗期（月/日）	成熟期（月/日）	播种—拔节期/d	拔节—抽穗期/d	抽穗—成熟期/d	全生育期/d
襄州	粳稻	甬优4949	4/15	6/15	7/19	8/25	62	34	37	133
			4/25	6/20	7/24	8/30	57	34	37	128
			5/5	6/30	8/1	9/10	57	32	40	129
			5/15	7/10	8/8	9/15	57	29	38	124
			5/25	7/16	8/15	9/25	53	30	41	124
			6/4	7/27	8/29	9/28	54	33	30	117
		南粳9108	4/15	6/20	8/3	9/9	67	44	37	148
			4/25	6/25	8/5	9/13	62	41	39	142
			5/5	7/4	8/10	9/20	61	37	41	139
			5/15	7/15	8/18	9/25	62	34	38	134
			5/25	7/19	8/21	9/30	56	33	40	129
			6/4	7/26	8/24	10/9	53	29	46	128
随县	籼稻	扬两优6号	4/15	6/18	8/1	9/4	65	44	34	143
			4/25	6/23	8/3	9/8	60	41	36	137
			5/5	7/2	8/13	9/18	59	42	36	137
			5/15	7/13	8/24	9/25	60	42	32	134
			5/25	7/20	9/2	10/7	57	44	35	136
			6/4	7/31	8/30	10/10	58	30	41	129
		黄华占	4/15	6/15	7/22	8/25	62	37	34	133
			4/25	6/20	7/26	8/27	57	36	32	125
			5/5	6/30	8/4	9/8	57	35	35	127
			5/15	7/10	8/12	9/15	57	33	34	124
			5/25	7/16	8/20	9/25	53	35	36	124
			6/4	7/29	8/30	9/25	56	32	26	114
	粳稻	甬优4949	4/15	6/23	7/25	9/19	70	32	56	158
			4/25	6/27	7/31	9/19	64	34	50	148
			5/5	7/4	7/31	9/19	61	27	50	138
			5/15	7/6	8/5	10/1	53	30	57	140
			5/25	7/16	8/15	10/14	53	30	60	143
			6/4	7/26	8/23	10/19	53	28	57	138
		南粳9108	4/15	6/28	7/30	9/29	75	32	61	168
			4/25	7/6	8/2	10/1	73	27	60	160
			5/5	7/10	8/6	10/11	67	27	66	160
			5/15	7/14	8/12	10/14	61	29	63	153
			5/25	7/22	8/17	10/22	59	26	66	151
			6/4	8/1	8/26	10/21	59	25	56	140

（续表）

试验点	品种类型	品种	播期（月/日）	拔节期（月/日）	抽穗期（月/日）	成熟期（月/日）	播种—拔节期/d	拔节—抽穗期/d	抽穗—成熟期/d	全生育期/d
沙洋	籼稻	扬两优6号	4/15	6/29	8/7	9/19	76	39	43	158
			4/25	7/10	8/9	9/20	77	30	42	149
			5/5	7/14	8/12	10/3	71	29	52	152
			5/15	7/22	8/23	10/14	69	32	52	153
			5/25	7/24	8/31	10/22	61	38	52	151
			6/4	8/1	9/6	10/29	59	36	53	148
		黄华占	4/15	6/22	7/26	8/31	69	34	36	139
			4/25	6/26	7/29	9/4	63	33	37	133
			5/5	7/5	7/30	9/7	62	25	39	126
			5/15	7/10	8/4	9/19	57	25	46	128
			5/25	7/16	8/24	10/3	53	39	40	132
			6/4	7/29	9/3	10/19	56	36	46	138
	粳稻	甬优4949	4/15	6/20	7/26	9/14	67	36	50	153
			4/25	6/23	7/29	9/18	60	36	51	147
			5/5	7/1	8/2	9/23	58	32	52	142
			5/15	7/16	8/9	9/29	63	24	51	138
			5/25	7/20	8/13	10/8	57	24	56	137
			6/4	8/1	8/24	10/12	59	23	49	131
		南粳9108	4/15	6/22	8/1	9/16	69	40	46	155
			4/25	6/25	8/3	9/21	62	39	49	150
			5/5	7/2	8/10	9/25	59	39	46	144
			5/15	7/18	8/15	10/5	65	28	51	144
			5/25	7/22	8/17	10/10	59	26	54	139
			6/4	8/2	8/27	10/16	60	25	50	135
公安	籼稻	扬两优6号	4/15	6/25	7/30	9/15	72	35	47	154
			4/25	6/25	8/3	9/19	62	39	47	148
			5/5	7/3	8/16	9/24	60	44	39	143
			5/15	7/21	8/25	10/2	68	35	38	141
			5/25	7/23	8/28	10/13	60	36	46	142
			6/4	8/3	9/8	10/22	61	36	44	141
		黄华占	4/15	6/18	7/22	8/24	65	34	33	132
			4/25	6/21	7/24	8/29	58	33	36	127
			5/5	6/29	7/29	9/8	56	30	41	127
			5/15	7/19	8/11	9/22	66	23	42	131
			5/25	7/20	8/15	10/2	57	26	48	131
			6/4	7/29	8/30	10/11	56	32	42	130

（续表）

试验点	品种类型	品种	播期（月/日）	拔节期（月/日）	抽穗期（月/日）	成熟期（月/日）	播种—拔节期/d	拔节—抽穗期/d	抽穗—成熟期/d	全生育期/d
公安	粳稻	甬优4949	4/15	6/16	7/23	8/27	63	37	35	135
			4/25	6/24	7/28	9/2	61	34	36	131
			5/5	7/3	8/3	9/7	60	31	35	126
			5/15	7/13	8/8	9/12	60	26	35	121
			5/25	7/25	8/16	9/22	62	22	37	121
			6/4	8/2	8/22	10/2	60	20	41	121
		南粳9108	4/15	6/21	7/28	9/1	68	37	35	140
			4/25	6/28	8/3	9/6	65	36	34	135
			5/5	7/4	8/9	9/12	61	36	34	131
			5/15	7/13	8/14	9/19	60	32	36	128
			5/25	7/23	8/20	9/27	60	28	38	126
			6/4	8/2	8/28	10/5	60	26	38	124
武穴	籼稻	扬两优6号	4/15	6/19	8/7	9/10	66	49	34	149
			4/25	6/26	8/10	9/14	63	45	35	143
			5/5	7/5	8/14	9/21	62	40	38	140
			5/15	7/15	8/22	9/27	62	38	36	136
			5/25	7/29	8/29	10/10	66	31	42	139
			6/4	8/10	9/9	10/20	68	30	41	139
		黄华占	4/15	6/15	7/24	8/24	62	39	31	132
			4/25	6/23	8/2	8/29	60	40	27	127
			5/5	7/3	8/7	9/3	60	35	27	122
			5/15	7/13	8/15	9/13	60	33	29	122
			5/25	7/23	8/20	9/22	60	28	33	121
			6/4	8/5	8/29	9/30	63	24	32	119
	粳稻	甬优4949	4/15	6/18	7/20	9/1	65	32	43	140
			4/25	7/2	8/1	9/11	69	30	41	140
			5/5	7/14	8/4	9/18	71	21	45	137
			5/15	7/14	8/7	9/29	61	24	53	138
			5/25	7/18	8/16	10/6	55	29	51	135
			6/4	7/30	8/24	10/10	57	25	47	129
		南粳9108	4/15	6/16	7/23	9/29	63	37	68	168
			4/25	7/1	8/4	10/6	68	34	63	165
			5/5	7/12	8/7	10/11	69	26	65	160
			5/15	7/14	8/11	10/15	61	28	65	154
			5/25	7/20	8/19	10/18	57	30	60	147
			6/4	8/1	8/25	10/21	59	24	57	140

（续表）

试验点	品种类型	品种	播期（月/日）	拔节期（月/日）	抽穗期（月/日）	成熟期（月/日）	播种—拔节期/d	拔节—抽穗期/d	抽穗—成熟期/d	全生育期/d
武穴	籼稻	扬两优6号	4/15	6/20	7/30	9/4	67	40	36	143
			4/25	7/4	8/7	9/16	71	34	40	145
			5/5	7/16	8/9	9/25	73	24	47	144
			5/15	7/18	8/18	9/29	65	31	42	138
			5/25	7/21	8/27	10/7	58	37	41	136
			6/4	8/2	9/3	10/19	60	32	46	138
		黄华占	4/15	6/18	7/19	8/21	65	31	33	129
			4/25	7/2	8/2	8/30	69	31	28	128
			5/5	7/13	8/5	9/11	70	23	37	130
			5/15	7/16	8/9	9/27	63	24	49	136
			5/25	7/20	8/18	10/5	57	29	48	134
			6/4	7/30	8/26	10/10	57	27	45	129

表 6-4-3　各生态区不同播期条件下籼粳稻的产量

试验点	品种类型	品种	播期（月/日）	亩穗数/万穗	每穗粒数/粒	结实率/%	千粒重/g	亩产量/kg
襄州	粳稻	甬优4949	4/15	17.4a	232.2c	93.2bc	23.3b	873.8b
			4/25	14.8b	285.4ab	94.8ab	23.7a	947.1ab
			5/5	14.7b	267.1b	95.2ab	23.6ab	880.4b
			5/15	14.3b	300.3a	95.5a	23.7ab	973.8a
			5/25	15.3b	276.9ab	93.1bc	23.5ab	927.1ab
			6/4	17.5a	231.4c	92.3c	23.8a	887.1b
			CV/%	9.0	10.7	1.4	0.8	4.4
		南粳9108	4/15	28.0a	115.2b	86.1a	25.1b	700.4ab
			4/25	26.3a	140.8a	78.6b	25.0b	727.0ab
			5/5	22.1b	137.8a	85.9a	25.9b	680.3ab
			5/15	21.0b	133.4ab	85.8a	27.4a	660.3b
			5/25	23.1b	144.2a	87.3a	27.7a	807.1a
			6/4	21.8b	133.9a	79.6b	27.1a	627.0b
			CV/%	11.7	7.6	4.5	4.6	8.8
	籼稻	扬两优6号	4/15	17.5a	166.3c	90.2a	32.3a	847.1ab
			4/25	17.5a	178.5bc	93.8a	31.1b	913.8a
			5/5	16.4a	174.8c	91.2a	31.3b	813.7b
			5/15	18.0a	205.2a	75.5b	32.4a	900.5ab
			5/25	17.8a	211.5a	70.7b	32.4a	860.4ab
			6/4	18.1a	194.0ab	64.7c	30.8b	700.4c
			CV/%	3.6	9.5	15.2	2.3	9.3

（续表）

试验点	品种类型	品种	播期（月/日）	亩穗数/万穗	每穗粒数/粒	结实率/%	千粒重/g	亩产量/kg
随县	粳稻	黄华占	4/15	21.3b	132.5b	93.2a	24.4b	640.3c
			4/25	20.8b	142.7b	89.8a	25.1a	667.0c
			5/5	21.3b	174.9a	92.1a	23.8bc	813.7ab
			5/15	20.2b	174.9a	90.6a	22.2e	713.7bc
			5/25	23.9a	174.3a	89.6a	23.5cd	873.8a
			6/4	25.7a	146.4b	82.8b	23.0d	720.4bc
			CV/%	9.6	12.2	4.1	4.2	12.1
		甬优4949	4/15	14.7ab	297.6b	95.2a	23.3c	973.8a
			4/25	14.1b	297.4b	95.2a	23.3c	927.1ab
			5/5	14.6ab	292.6b	95.0a	24.3a	987.2a
			5/15	12.8c	345.8a	93.9a	23.4bc	973.8a
			5/25	12.8c	355.3a	93.4a	23.6bc	993.8a
			6/4	15.0a	312.8b	78.4b	23.7b	873.8b
			CV/%	7.2	8.5	7.2	1.5	4.8
		南粳9108	4/15	23.8a	172.1d	73.8abc	24.6c	740.4b
			4/25	23.1a	183.1bcd	71.1abc	24.7c	747.0b
			5/5	20.6b	194.4b	70.4bc	25.8b	727.0b
			5/15	19.0c	209.8a	75.8ab	26.3ab	793.7a
			5/25	18.4cd	184.7bc	76.1a	25.8b	667.0c
			6/4	18.0 d	174.0cd	68.6c	26.7a	573.6d
			CV/%	12.1	7.5	4.2	3.3	11.0
	籼稻	扬两优6号	4/15	17.9a	225.5bc	78.0b	30.3a	953.8a
			4/25	17.1ab	244.7a	76.9b	30.1a	967.2a
			5/5	16.1bc	221.0bc	83.8ab	30.5a	907.1ab
			5/15	15.0c	231.2b	87.2a	30.7a	933.3a
			5/25	16.1bc	217.2cd	77.6b	30.4a	827.1b
			6/4	16.0bc	206.5d	51.7c	30.7a	526.9c
			CV/%	6.0	5.8	16.5	0.8	19.6
		黄华占	4/15	19.8ab	192.7cd	90.5ab	24.7b	860.4a
			4/25	18.9b	180.2d	94.2a	25.6a	820.4a
			5/5	19.3b	200.0bc	92.0ab	24.4b	867.1a
			5/15	19.2b	228.1a	84.5c	22.9c	847.1a
			5/25	21.2a	210.6b	88.8b	22.9c	907.1a
			6/4	19.2b	200.6bc	78.1d	23.0c	687.0b
			CV/%	4.2	8.0	6.7	4.9	9.0
沙洋	粳稻	甬优4949	4/15	13.8bc	246.6c	93.9ab	23.5cd	753.7c
			4/25	14.8ab	232.7c	95.5a	24.2a	793.7bc
			5/5	15.6a	256.2bc	94.5ab	23.3d	880.4ab
			5/15	13.6c	282.6ab	92.4b	23.7bcd	840.4abc
			5/25	12.9c	275.5ab	94.0ab	24.1ab	800.4c
			6/4	14.9ab	289.2a	87.4c	23.9abc	893.8a
			CV/%	6.9	8.4	3.1	1.5	6.6

（续表）

试验点	品种类型	品种	播期（月/日）	亩穗数/万穗	每穗粒数/粒	结实率/%	千粒重/g	亩产量/kg
沙洋	粳稻	南粳9108	4/15	18.0bc	189.2a	76.8c	25.5cd	667.0a
			4/25	17.6c	169.1bc	80.2bc	26.2b	627.0ab
			5/5	18.7b	157.1c	88.1a	26.1bc	673.7a
			5/15	15.9d	174.6ab	84.3ab	25.1d	587.0b
			5/25	19.8a	156.0c	79.4c	25.9bc	633.7ab
			6/4	17.5c	157.7bc	78.8c	27.3a	593.6b
			CV/%	7.3	7.8	5.1	2.9	5.9
	籼稻	扬两优6号	4/15	13.3c	196.8b	93.3a	32.3a	787.1a
			4/25	14.0bc	171.1c	87.1b	31.8a	667.0b
			5/5	18.1a	178.4c	83.3bc	30.6b	820.4a
			5/15	14.2bc	177.8c	83.3bc	30.6b	647.0b
			5/25	15.4b	196.3b	80.4c	32.0a	780.4a
			6/4	15.6b	234.2a	52.5d	29.0c	553.6c
			CV/%	11.2	12.0	17.7	4.0	14.6
		黄华占	4/15	17.8b	174.2c	90.4abc	23.8c	667.0a
			4/25	20.1a	145.5d	91.9ab	24.6a	660.3a
			5/5	21.3a	140.4d	93.4a	24.4ab	680.3a
			5/15	16.8b	198.8a	88.9bc	22.9d	680.3a
			5/25	18.0b	187.4b	88.3c	23.9bc	713.7a
			6/4	21.6a	183.2bc	79.3d	23.4cd	740.4a
			CV/%	10.4	13.8	5.6	2.6	4.3
公安	粳稻	甬优4949	4/15	13.0b	257.5a	93.5a	23.4bc	733.7b
			4/25	12.0c	262.6a	92.3a	23.8ab	693.7bc
			5/5	12.4bc	245.2ab	91.2a	23.8a	660.3c
			5/15	15.2a	253.1ab	92.4a	23.2c	827.1a
			5/25	15.2a	257.7a	92.0a	23.8ab	853.8a
			6/4	15.7a	235.6b	91.7a	23.5abc	793.7a
			CV/%	11.6	3.9	0.8	1.1	10.1
		南粳9108	4/15	18.5c	161.0a	74.6c	25.0b	553.6bc
			4/25	19.4bc	165.3a	74.7c	25.2ab	600.3bc
			5/5	19.7b	138.0b	78.6b	25.4ab	540.3c
			5/15	21.1a	161.7a	84.4a	25.2ab	727.0a
			5/25	20.1ab	139.4b	82.9a	25.8a	600.3bc
			6/4	18.3c	159.2a	84.1a	25.5ab	620.3b
			CV/%	5.4	7.9	5.7	1.1	10.9

（续表）

试验点	品种类型	品种	播期（月/日）	亩穗数/万穗	每穗粒数/粒	结实率/%	千粒重/g	亩产量/kg
公安	籼稻	扬两优6号	4/15	16. 4a	172. 2b	85. 8b	30. 3d	733. 7a
			4/25	13. 4b	191. 5a	88. 7ab	31. 3c	713. 7a
			5/5	13. 3b	178. 0b	90. 6a	32. 5a	700. 4a
			5/15	15. 9a	176. 0b	85. 9b	31. 3c	753. 7a
			5/25	16. 0a	167. 9bc	67. 2c	32. 1ab	580. 3b
			6/4	16. 2a	160. 6c	66. 3c	31. 6bc	546. 9b
			CV/%	9. 5	6. 0	13. 6	2. 5	13. 0
		黄华占	4/15	19. 8bc	154. 1b	91. 4a	24. 5a	687. 0abc
			4/25	16. 9d	143. 6b	89. 5a	24. 1a	526. 9d
			5/5	19. 0c	158. 1b	82. 5b	23. 0bc	573. 6cd
			5/15	20. 6ab	183. 8a	89. 0ab	23. 4b	787. 1a
			5/25	21. 1a	161. 0b	89. 5a	23. 2bc	707. 0ab
			6/4	20. 0bc	157. 7b	90. 0a	22. 8c	647. 0bc
			CV/%	7. 5	8. 3	3. 5	2. 9	14. 4
武穴	粳稻	甬优4949	4/15	14. 2ab	226. 7cd	92. 6bc	23. 6c	707. 0c
			4/25	13. 7ab	257. 1ab	92. 0c	24. 8a	800. 4ab
			5/5	13. 2b	240. 4abc	92. 0c	24. 3b	707. 0bc
			5/15	13. 2b	238. 4bc	94. 3ab	24. 3b	727. 0bc
			5/25	14. 5a	261. 2a	94. 8a	23. 8c	853. 8a
			6/4	14. 4a	208. 6d	92. 2c	25. 0a	693. 7c
			CV/%	4. 1	8. 2	1. 3	2. 2	8. 7
		南粳9108	4/15	18. 3b	133. 9a	83. 8ab	25. 5d	520. 3bc
			4/25	18. 9b	126. 6a	80. 7ab	26. 8ab	513. 6c
			5/5	22. 4a	127. 4a	82. 3ab	26. 3bc	613. 6ab
			5/15	21. 8a	131. 5a	86. 7a	26. 2bc	647. 0a
			5/25	20. 5ab	120. 3a	78. 6ab	26. 1cd	506. 9c
			6/4	22. 0a	122. 9a	75. 7b	27. 4a	567. 0abc
			CV/%	8. 3	4. 0	4. 8	2. 4	10. 5
	籼稻	扬两优6号	4/15	14. 1bc	149. 3ab	90. 0a	33. 5c	633. 7a
			4/25	13. 5cd	147. 0ab	92. 1a	34. 3b	627. 0a
			5/5	13. 0d	151. 6a	90. 7a	33. 7bc	607. 0ab
			5/15	14. 7b	142. 4ab	89. 9a	32. 0d	607. 0ab
			5/25	16. 2a	134. 8ab	83. 9b	34. 2b	627. 0a
			6/4	14. 5b	134. 3b	79. 0c	35. 1a	540. 3b
			CV/%	7. 7	5. 2	5. 8	3. 1	6. 0

（续表）

试验点	品种类型	品种	播期（月/日）	亩穗数/万穗	每穗粒数/粒	结实率/%	千粒重/g	亩产量/kg
武穴	籼稻	黄华占	4/15	14.6c	167.5a	87.4ab	23.6d	506.9ab
			4/25	16.5b	130.7bc	84.6b	25.1b	453.6b
			5/5	16.7b	142.6b	87.3ab	24.4c	506.9ab
			5/15	20.6a	134.3b	84.9b	23.8d	560.3a
			5/25	20.6a	121.6cd	90.7a	23.8d	540.3a
			6/4	20.9a	116.8d	86.6ab	25.6a	540.3a
			CV/%	14.9	13.4	2.5	3.3	7.2

23 ℃常年出现的日期，定为湖北省各地籼稻的最佳抽穗结实期。就全省总体而言，在 8 月 21 日至 10 月 21 日之间，湖北北部偏早一些，湖北南部偏迟一些。春后日平均温度稳定在 10 ℃以上，是粳稻的早限播种期，在湖北省一般在 4 月 8—16 日，南部偏早，北部偏迟；日平均温度稳定在 12 ℃以上，是籼稻的早限播种期，在湖北省为 4 月 11—18 日，亦是南早北迟。分蘖和次生根发生的最低温度为 15 ℃，日平均温度稳定在 15 ℃以上时，才是安全移栽期(5 月中下旬)，过早移栽会造成僵苗。因此，覆膜保温育秧必须考虑安全移栽期，合理掌握秧龄和播期。

湖北省各生态区在水稻整个生育期内，日平均温度均在 10~35 ℃。在水稻生长期内，各点日平均温度均呈现出相似的规律：从 4 月初至 8 月初，日均温逐渐升高，8 月 1 日前后日均温达到最高，8—10 月，日均温逐渐下降。日平均温度整体变化趋势相同，都先升后降。在 8 月上旬和 9 月中旬有两次比较明显的降温，这两个月内，温度波动比较大。

随播期的推迟，产量呈现先增后减的趋势，最高产量出现在 5 月 15 日和 5 月 25 日，平均亩产为 757.0 kg，产量的变化主要受每穗粒数和结实率的影响。随县点(湖北北部)的平均亩产量为 803.7 kg，显著高于其他各点。‘甬优 4949’的平均亩产量为 807.1 kg，显著高于其他各品种。随县点‘甬优 4949’在 5 月 5 日播期亩产量最高为 993.8 kg。

第二，确定湖北省水稻育秧技术要点：水稻育秧的秧龄就全国而言有小苗(3~4 叶期)、中苗(4~5 叶期)、大苗(6~7 叶期)和二段(超)大苗(8~9 叶期)，而湖北以机插小苗和人工移栽大苗为主。湖北的机插小苗育秧始于 20 世纪 80 年代后期，特别近 10 年已经发展成为湖北省重要的育秧方式之一，近些年湖北省推行水稻工厂化集中育秧(图 6-4-2)，其技术内涵极为丰富。就载体而言，有双膜育秧、软盘育秧、硬盘育秧和穴钵盘育秧；就床土和基质的种类而言，有泥浆和筛土，以及多种品牌的商供水稻育苗基质；就床上培肥的方式方法而言，有取土前有机和无机肥料培肥，各种商供壮秧剂和培肥剂培肥；就床土水分状况和补水方式而言，有旱育秧和湿润育秧，补水方式有沟灌、喷灌、雾灌和滴灌等。此外，因育秧场所不同，又有全露地、覆膜、双膜覆盖、无纺布覆盖和室内等多种。经多年多点的实践表明，无论上述哪一种育秧方式方法，只要技术得当都能培育出适合机插的壮秧。人工移栽大苗则发展了水育秧(图 6-4-3)、旱育秧(图 6-4-4)、两段育秧等多项技术。无论应用哪种方式方法育秧，壮秧的基本要求都是一致的，关键技术要求也是共通的。

精准化管理

壮秧长势

图 6-4-2 水稻机插工厂化育秧

苗床准备

精量播种

壮秧长势

图 6-4-3 水稻湿润育秧

精量播种(拌种)

壮秧长势

图 6-4-4 水稻旱育秧

湖北省目前的机插小苗秧龄大多为3叶1心苗，其形态指标为：一是秧苗的叶龄不超过3叶1心，如大田平整度好，田土细软，也可用苗高大于11 cm的2叶1心苗移栽，则更有利于早分蘖。二是苗高在12~17 cm，苗高不足11 cm的是弱苗，不利于及早活棵早分蘖；苗高大于20 cm的是徒长苗或超秧龄苗，也不利于活棵早发。三是苗基粗度(大直径)大于等于2.5 mm，小于2.2 mm的是密播弱苗或严重缺肥的瘦苗。四是不定根数大于11条，这样的苗才有较强的发根力。五是叶片的长度大于叶鞘的长度，若叶鞘的长度大于叶片长度则为徒长苗。六是叶色鲜绿，无黄叶，秧苗的生理活性强。七是无病虫害。湖北省目前的手工移栽中苗秧龄大多为5叶1心苗，其形态指标为秧苗高20 cm左右，根数18~20条，100株地上干重5~6 g，带1~2个分蘖，叶色鲜绿，无黄叶，秧苗富有弹性。

第三，水稻基本苗数的精确定量：合理基本苗数(X)应是单位面积适宜穗数(Y)除以每个单株的成穗数(ES)。在理论上的通用公式为：$X=Y/ES$，用公式计算确定的基本苗数，可以确保在$N-n$叶龄之初够苗，确保穗数，提高成穗率和群体质量。

第四，精确定量施肥：水稻对氮、磷、钾三要素的吸收必须平衡协调，才能取得最大肥效和最高产量。高产水稻对氮(N)、磷(P_2O_5)、钾(K_2O)的吸收比例为1∶0.45∶1.2，这是反映三要素营养平衡协调的生理指标，但田间施肥应根据土壤特性、肥力和三要素的含量，通过农业农村部推荐的测土配方施肥试验来确定，各地均可查得合理配方施肥的氮、磷、钾比例和用量。根据斯坦福公式和大量实验，我们对水稻品种'甬优4949'的目标产量施氮比例进行了精确调控，发现'甬优4949'在湖北省地区按基蘖肥与穗肥比例在(6∶4)~(5∶5)更容易实现高产(表6-4-4)。

表6-4-4 不同氮肥分配比例对产量的影响

处理	基蘖肥∶穗肥	亩施氮量/kg	亩产量/kg
P1	10∶0	18	813.7±46.0c
P2	7∶3	18	895.1±17.3b
P3	6∶4	18	943.1±20.7a
P4	5∶5	18	918.5±4.7ab
P5	4∶6	18	910.5±21.3ab
P6	3∶7	18	899.8±5.3b

注：P3、P4为依照基蘖肥和穗肥的精量调节原则确定的施肥比例。

除此之外，我们还提出了精准灌溉技术：活棵分蘖阶段以浅水层(2~3 cm)灌溉为主，结合必要的排水露田。适时适度精确搁田：一是有效控制无效分蘖。二是做到土壤板实，不陷脚，复水后不能回软。三是提高抗逆性，特别是防止倒伏。长穗期应采用浅水层和湿润交替的灌溉方式。结实期(抽穗至成熟)的灌溉仍宜浅湿交替的灌溉方式，且结实期无水层期土壤水势的低限值较长穗期低。获得高产、优质的结实期灌溉的低限土壤水势指标值为：-10~-15 kPa，具体的灌水节奏同长穗期。据湖北各地多点试验结果，按上述灌溉技术进行稻田水分管理，产量较习惯灌溉法增加2.4%~9.1%，灌溉水节约了19.1%~31.2%，灌溉水利用率(每立方米灌溉水生产的稻谷重量)提高了31.8%~39.7%(表6-4-5)。

表 6-4-5 不同灌溉模式对产量的影响

灌溉模式	亩穗数/万穗	每穗粒数/粒	结实率/%	千粒重/g	亩产量/kg	较对照节水/%	较对照灌溉水利用率/%
传统灌溉—农民习惯	12.2b	225a	75.9a	26.8	498.2b	—	—
精确灌溉—干湿交替	13.1ab	220a	76.2a	26.8	510.3ab	19.1	31.8
精确灌溉—厢沟灌溉	13.8a	224a	76.4a	26.9	543.6a	31.2	39.7

二、稻麦周年全程机械化丰产高效栽培技术

稻麦周年全程机械化丰产高效栽培技术核心如下：

（1）籼改粳及稻麦品种搭配：筛选粳稻、小麦品种，发挥粳稻、小麦搭配光温水资源高效利用的优势；形成稻麦周年丰产。

（2）全程机械化：结合免耕、秸秆还田，全程机械化操作，机械耕地、施肥打药、工厂化育秧、机插秧以及机收等。

（3）秸秆还田：结合机械化操作、秸秆覆盖、腐熟，免耕，秸秆还田，土壤培肥等技术。

（4）配套技术：稻麦全程肥水一体化技术，中低产田改良、耕作改制、培肥土壤、减肥控药等技术。

2015—2017 年华中农业大学曹凑贵教授等人，将创新集成的适应湖北省水稻生产的精确定量栽培技术模式进行了大面积示范应用，取得了显著的社会、经济、生态效益。以种植中稻为主建成了精确定量栽培技术示范方 2 个，集成了水稻精确定量栽培技术 1 套；在试验示范方，实施百亩连片攻关与试验示范，百亩连片亩产达 800 kg 以上，试验示范亩产增加了 15%以上，肥、水利用效率提高了 15%以上，节工 10%～20%，效益增加了 20%～25%。累计辐射推广面积 500 万亩，平均亩增产 40 kg，按亩增效 100 元计，累计增产稻谷 20 万 t，增效 5 亿元（表 6-4-6 至表 6-4-8），极大地提高了农民的中稻种植积极性，有效地促进了稻麦轮作制度的发展。

表 6-4-6 粮食作物精确定量栽培技术核心试验示范方经济效益分析

示范地点	面积/亩	品种	栽培方式	生育期/d	亩产/kg	对照亩产/kg	比对照增产/%	比对照亩节本		比对照亩增收		比对照亩增效益	
								金额/元	增幅/%	金额/元	增幅/%	金额/元	增幅/%
襄阳市枣阳市吴店镇	5 000	甬优4949	机插	139	722.0	664.0	8.7	240.0	29.1	145.0	8.7	385.0	46.1
襄阳市谷城县经济开发区镇	1 000	甬优4149	机插	134	665.0	605.5	9.8	105.7	17.1	142.8	9.0	248.5	29.8
	1 500	甬优4949	机插	135	637.5	634.0	0.6	105.7	17.1	8.4	0.6	114.1	12.6
	1 500	甬优1540	机插	147	665.5	628.5	5.9	105.7	17.1	88.8	5.9	194.5	21.8
荆门市掇刀区团林镇	3 000	甬优4949	机插	135	723.6	610.3	18.6	55.0	5.2	312.7	18.6	367.7	21.8

（续表）

示范地点	面积/亩	品种	栽培方式	生育期/d	亩产/kg	对照亩产/kg	比对照增产/%	比对照亩节本		比对照亩增收		比对照亩增效益	
								金额/元	增幅/%	金额/元	增幅/%	金额/元	增幅/%
随州市随县安居镇	5 000	甬优4949	机插	147	632.0	489.5	29.1	148.0	36.0	378.5	29.7	506.5	39.7
襄阳市襄州区张家集镇	3 000	甬优4949	机插	145	746.0	711.2	4.9	105.0	13.8	176.0	4.9	281.0	10.1

表 6-4-7　粮食作物精确定量栽培技术核心试验示范方增产节肥效益分析

主茎总叶片数	伸长节间数	产量结构比对照增减								亩施氮肥量/kg	对照田亩施氮肥量/kg	比对照节氮/%
		亩穗数		每穗总粒数		结实率		千粒重				
		数量/万穗	增幅/%	数量/万粒	增幅/%	数值/%	增幅/%	数值/g	增幅/%			
15	6	17.6	11.2	215.2	18.9	81.9	2.5	24.5	2.2	12.5	13.5	7.4
15	6	17.0	5.5	229.8	1.6	81.4	6.1	26.7	0	13.5	15.0	10.0
15	6	19.9	3.9	168.7	16.9	89.6	5.2	26.1	0	13.5	15.0	10.0
15	6	20.2	7.4	205.2	1.7	78.3	6.4	26.3	0	13.5	15.0	10.0
16	6	15.7	4.8	339.8	48.5	88.6	2.9	22.5	3.1	13.0	15.0	13.3
16	6	1.3	9.1	230.7	7.3	1.6	2.0	0.4	1.8	16.0	18.0	11.1

表 6-4-8　粮食作物精确定量栽培技术辐射推广区增产节肥与经济效益分析

示范辐射推广区域	面积/万亩	品种	栽培方式	亩产量/kg	对照亩产量/kg	比对照增产/%	亩施氮肥量/kg	对照田亩施氮肥量/kg	比对照节氮/%	比对照亩节工省本		比对照亩增加的纯效益		比对照亩增产增收	
										金额/元	增幅/%	金额/元	增幅/%	金额/元	增幅/%
襄阳市枣阳市	3	甬优4949	机插	698.5	664.0	5.2	12.5	13.5	7.4	240.0	29.1	86.3	5.2	326.3	39.1
谷城县	2	甬优4949	机插	619.5	573.5	8.0	13.5	15.0	10.0	105.7	17.1	110.4	8.0	216.1	28.5
荆门市	2	甬优4949	机插	720.0	650.8	10.6	13.0	15.0	13.3	205.3	18.6	125.5	9.0	330.8	32.2
随州市随县	5	甬优4949	机插	688.4	670.5	2.7	18.0	18.0	0	74.0	52.1	47.5	2.6	26.5	1.5
	5	甬优4149	机插	612.5	609.4	0.5	18.0	18.0	0	74.0	52.1	8.2	0.5	65.8	4.0
	5	甬优1540	机插	765.0	749.8	2.0	18.0	18.0	0	74.0	52.1	40.4	2.0	33.6	1.7
襄州区	3	甬优1540	机插	688.6	676.6	1.8	18.0	18.0	0	74.0	52.1	32.0	1.8	42.0	2.3
	3	甬优4949	机插	687.2	669.4	2.7	14.4	16.7	13.8	95.0	12.5	89.0	3.6	184.0	7.2

第五节　湖北省稻麦两熟制的发展展望

一、湖北省稻麦两熟存在的问题

近年，农民卖粮难度大、成本高、风险大，水稻产业发展面临着农民种粮积极性普遍下降的问题，湖北稻麦两熟生产也面临气候变化、品质提升与全程机械化等系列问题。

（一）气候变化及光温资源利用问题

湖北地处南北气候过渡带，单双季混作，中稻生产常会遇见高温热害、低温冷害和旱涝等自然灾害，随着近些年气候与生产条件的变化，自然灾害频繁，湖北两熟制稻麦季间光热资源配置不合理及水土资源与作物生长需求不匹配的问题比较突出，导致湖北两熟制地区现有部分模式周年产量、资源利用效率以及经济效应偏低。湖北省 7 月中旬至 8 月上旬，水稻高温热害频率 20%~56%，高温热害发生最严重的是鄂东南，其次是江汉平原、鄂东北，最大频率 50%左右；湖北省一季籼稻抽穗扬花期遭遇低温冷害的频率达 15%左右。特别是为了提高产量，延长生育期，采用迟熟品种搭配，气候保证率下降，灾害风险更大；反之，采用生育期短的品种搭配，造成光温资源利用不充分。生产上缺乏生育期较短的小麦品种。整个区域缺乏生育期较短且高产、优质和多抗的小麦品种，小麦生产基本上为中迟熟或迟熟品种一种模式，从而使稻麦两熟生产中的前作后茬间品种搭配严重受到制约，不能实现早配迟、中配中及迟配早多种优化模式并存，不能最大限度适应自然生产条件，稻、麦产量和品质预期不稳定。应加大生育期较短且高产、优质和多抗的小麦品种选育和引进，尽早完成小麦品种生育期多样性配套，提高稻、麦生产的可靠性、稳定性和可预期程度。

为了实现水稻高产，必须选择生育期较长的中迟熟水稻品种，为了水稻在正常季节成熟、抽穗期结实期不受低温影响，不得不采用长秧龄的栽培方式；长秧龄条件下技术控制不到位时，常易造成秧苗素质下降显著，从而严重影响水稻的产量。稻、麦模式中，不同区域的毯苗育秧，根据气候、品种特点的正常秧龄一般以 15~25 d 为宜，最长不能超过 30 d，而且在 30 d 秧龄条件下必须采用减少播种量、加大秧苗生长发育调控、注重移栽前秧苗活力提升等强化秧苗素质培育的措施，才能定向控制秧苗素质，达到壮苗标准，实现水稻高产的基础条件。不同区域的钵苗秧常以 20~30 d 为宜，35 d 的长秧龄条件同样必须采用强化秧苗素质的培育措施以达到壮苗标准。

（二）全程机械化问题

从当前水稻种植和生长的情况看，制约水稻机械化水平提升的关键是水稻生产全程机械化发展的不足。稻麦两熟制机械化程度算是比较高的，但它涉及稻田耕整机械化、病虫害防治机械化、水稻收获机械化、水稻种植机械化等多个环节。目前这些环节仍存在农机农艺不配套等问题。如推广水稻机插秧同步侧深施肥技术，该技术能实现基肥、蘖肥用水稻专用缓释肥替换后合并使用，但缓释肥与水稻营养需求矛盾必须解决；如工厂化育秧苗，要解决批量生产与基地数量少、规模比较小、经济效益不是很明显的矛盾；同时要解决机械耕整与秸秆还田、土传病害，机械动力与土壤泥泞等矛盾。调查表明，当前湖北省水稻种植的机播机插率为 57.5%，相对于整地、收割等环节的机械率而言仍然较低。据种粮大户反映，当前水稻种植若全部使用机械作业，则机械购置成本较高；若使用抛秧移栽，则面临劳动力缺乏的问题。当前农业机械价格高，折旧换代快，维修成本高，补贴比例过低且范围窄，使得机械投入成为农民生产的一项重要支出和负担，这些从一定程度上限制了湖北省水稻种植全程机械化的进一步推进。此外，丘陵山地区由于地块偏小等原因而难以找到合适机械进行作业，也是限制水稻移栽机械化比率提高的原因。

1. 水稻机插秧问题

在壮秧培育方法上，超过 25 d 秧龄的毯苗壮秧或长于 30 d 秧龄的钵体苗壮秧的培育难度提高、稳定性降低、培育成本增加，研究适应不同条件下、适宜机械化栽插的长秧龄壮秧培育的标准化、轻简化方法亟待加强；适宜长秧龄栽插的机械研发有待加强。由于稻、麦模式下，水稻秧苗培育期气温相对较高，长秧龄条件的秧苗个体较大，壮秧常带有不同数量分蘖，秧苗根系发达，目前应用推广的插秧机械尚不能完成正常操作过程。大、中、小型插秧机械配套不完善，特别是丘陵或山区单块面积较小条件下，中型插秧机效率不高、效果不好，小型机械的插秧质量不达标。根据品种特性选配特异型号的插秧机械以适应高产。如优质株型紧凑型常规粳稻，宜选用行距为 26.4 cm 型号插秧机，增加栽插密度，弥补品种分蘖能力弱的不足，以利于有效发挥群体优势和增穗、增粒，实现高产稳产。

2. 机械耕整及秸秆还田问题

稻麦两熟接茬中秸秆对后季作物生长发育的影响不易控制。小麦收获后的秸秆处理不当常会对后季水稻移栽后秧苗生长造成严重影响：一方面，由于秸秆量过大，产生秸秆腐熟与秧苗生长争氧争氮的现象，造成秧苗生育延缓，甚至抑制秧苗生长；另一方面，是秸秆腐熟期过短，秸秆未腐熟造成对整地质量的影响，影响栽插质量，或分解过量的有毒物质影响秧苗生长发育。水稻收获后的秸秆处理也对小麦整地质量有直接的影响：一是水稻田因土壤水分过多导致小麦田整地质量差，二是过量的水稻秸秆使秸秆翻埋异常引起整地质量差，都导致小麦播种质量差，影响小麦全苗、匀苗和壮苗，最终造成小麦产量不高或不稳。加强在黏质或偏黏性土壤条件下水稻收获后麦田耕整机械的研发，提高秸秆处理效率和效果及整地质量是解决本地区小麦生产产量的有效途径之一。

（三）稻麦品质与优质栽培问题

稻米是中国 60%以上百姓的口粮，在膳食营养结构中始终占据着重要地位。在中国农业发展取得长足进步，粮食、畜牧、水产等大宗农产品供给能力不断提升，居民消费结构转型升级下，口粮消费逐年下降，而中高端优质稻米消费需求不断上升，优质、健康、安全、营养、品牌大米逐渐受到百姓的欢迎。湖北省地处南北过渡气候，90%以上是籼稻，一般消费者认为籼米比不上粳米，长江流域稻米食味品质赶不上东北大米；即使是籼改粳，其品质也不如高纬度地区。小麦品质也有类似问题，湖北省的气候条件特殊，特别是江汉平原，雨水较北方多，温差较北方小，小麦产量和品质都赶不上河南、安徽和江苏。这也制约了湖北省小麦的发展。

二、湖北省稻麦两熟的发展趋势

近些年，稻茬麦种植面积有所回升。归因于：①小麦品种与中稻品种的改良，使得小麦产量及中稻产量增加，大幅度实现了吨粮田建设，增加了农民收益；②优质稻麦品种的选育，提高了农产品特别是小麦的收购价格，极大地提高了农民冬种小麦的积极性；③机械化程度的提高，特别是稻茬麦机械化水平的提高，不仅节省时间和人力，而且还提高了小麦的播种水平，构建了较优的生长群体，提高作物产量，极大地鼓舞了农民的种植积极性。

就栽培技术而言，根据稻麦两熟地区的实际情况，稻麦两熟耕作栽培方式的发展趋势可归纳为以下八个方面：

1）从只注重产量提高向同步提高产量、品质与效益方向转变，引进和选育适宜不同区域的高产优质品种。

2）由于农村青壮劳动力向城镇转移，农村多为老人、妇女等劳动力较弱群体，对稻麦轻简化机械化栽培技术的渴望越来越大，所以高质高效轻简化机械化栽培是未来稻麦发展趋势之一。

3）提高稻麦轮作系统的肥水利用率仍是农业工作者的工作中心之一，未来的稻麦生产中将不断地采用和发展节水与节肥精确定量栽培技术。

4）以农户为单位的稻麦种植规模小、管理水平不一、产量品质形成不一，应推动区域集约化生产经营、规范和标准栽培生产技术，使得产量品质水平统一，均达到较优水平。

5）因地制宜，根据不同区域土壤和气候特点，选择相应的优质品种，生产当地优质稻麦产品；扩大高品质生产规模，构建农产品品质与加工业需求衔接桥梁，从而加快农产品销售，增加农民种植效益，提高农民积极性。

6）严禁焚烧稻麦秸秆，应综合利用稻麦秸秆资源，实施稻麦免耕套种、秸秆还田培肥土壤、秸秆作为畜牧饲料以及秸秆沼气发电等措施，避免对农田、空气和地下水产生污染，保护资源环境，达到可持续生态发展的目的。

7）随着栽培管理技术革新和信息技术的发展，未来互联网信息技术和智能化管理技术将大幅度用于稻麦生产中。

8）更要重视环境保护和产品安全卫生，研究推广环保型、无公害型清洁生产技术管理体系，推动稻麦产业向高产、优质、高效、生态、安全全方位发展。

参考文献

敖立万，李梅芳，2000. 湖北省小麦生产现状与发展思路[J]. 湖北农业科学，(5)：7-10.

陈实，刘颖，刘大鹏，2019. 农技推广率、农业机械化与湖北省水稻生产[J]. 农业技术经济，(6)：29-37.

程航，1995. 湖北省水稻生产发展现状、问题及对策[J]. 湖北农业科学，(3)：3-6.

高春保，佟汉文，邹娟，等，2016. 湖北省小麦“十二五”生产进展及“十三五”展望[J]. 湖北农业科学，55(24)：6372-6376.

郭子平，羿国香，汤颢军，等，2014. 大力提升湖北省小麦生产能力的建议[J]. 湖北农业科学，53(24)：5928-5930.

金姝兰，侯立春，徐磊，2011. 长江中下游地区耕地复种指数变化与国家粮食安全[J]. 中国农学通报，27(17)：208-212.

汤颢军，程建平，2015. 湖北省粳稻产业发展现状及推进建议[J]. 湖北农业科学，54(23)：5817-5818，5822.

万丙良，游艾青，2018. 湖北水稻种植业发展对策思考[J]. 农业科技管理，37(2)：56-59，66.

万素琴,秦鹏程,邓环,等,2016.湖北省一季中稻籼改粳气象条件利弊分析[J].气象,42(5):628-636.
汪本福,张枝盛,李阳,等,2018.新形势下湖北粳稻发展现状、存在问题及发展思路[J].中国稻米,24(5):93-95.
汪金平,李成芳,曹凑贵,等,2008.湖北省水稻发展对策研究[A].中国农学会耕作制度分会.中国农作制度研究进展2008[C].中国农学会耕作制度分会:中国农学会:5.
王嫚嫚,刘颖,高奇正,等,2017.湖北省水稻种植模式结构和比较优势时空变化[J].经济地理,37(8):137-144.
吴胜军,李涛,薛怀平,等,2007.湖北省农作物种植结构区划[J].安徽农业科学,(16):4978-4979,4984.
吴昭雄,秦建巍,蔡维,2016.水稻播栽机械化技术推广实证分析——基于湖北省26个粮食主产区的调查[J].农业工程,6(2):15-18.
尹业华,2014.湖北省粳稻发展的潜力及建议[J].湖北农业科学,53(12):2733-2735.
张似松,汤颢军,柴婷婷,等,2012.加快粳稻发展,进一步做强湖北省水稻产业[J].湖北农业科学,51(3):450-453.
周立明,秦少兰,2012.湖北省强力推进水稻机插秧技术[J].中国农机化,(2):6-9,20.

第七章
四川省稻麦轮作模式的演进与发展

摘要：四川(省)地势复杂，光热资源分布不均，两熟有余三熟不足，稻麦轮作两熟制在粮食生产中占有重要地位。但因水稻和小麦主产区的发展趋势存在地域差异，稻麦模式主要分布在成德绵一线。四川稻麦轮作下水稻和小麦的主栽品种和配套栽培技术随着生产条件改善和社会经济变迁而不断进步。水稻实现了从多穗增产到重穗增产，再到轻简栽培达到优质高产并重的转变。小麦也实现了从小窝疏株密植高产到机械精量播种丰产优质的转变。近年来，稻麦轮作周年高效生产综合技术更加受到重视和推广，为稻麦轮作的周年绿色高效生产提供了一定的支撑。根据四川地形，针对性地继续发展和优化稻、麦种植机械化，开展酿酒小麦专用品种筛选和绿色生产，丰富和优化秸秆还田技术，是稻麦种植体系未来的发展方向。

关键词：时空演变；播种面积；产量；品种；栽培技术。

水旱轮作模式能够合理有效地利用土地资源，提高复种指数，还具有改善土壤理化性状、减轻作物连作障碍等优点，在耕地面积不断减少与人口数量持续上升对粮食需求量增加的突出矛盾中，表现出重要地位和发展优势。稻麦轮作作为主要的水旱轮作模式之一，其发展具有悠久的历史，早在我国唐朝就有相关的种植实践，对我国的粮食生产做出了巨大的贡献(范明生 等，2008)。四川位于中国的西南地区，地形地貌复杂多样，包括平原、山地、丘陵和高原，导致光热资源分布不均，整体而言，少日照，多阴雨。以 2015 年为例，成都日照时数为 1 038.4 h，仅高于贵阳，远远低于北方地区(国家统计局，2016)。两熟有余三熟不足的光热资源使稻麦轮作在四川粮食生产中处于主导地位，但随着当地农业产业结构的发展以及市场需求的调控，对水稻和小麦的生产都提出了新的发展方向和挑战，稻麦轮作模式的发展也随之变迁。

第一节　近 40 年四川小麦和水稻生产的时空演变

一、小麦和水稻的播种面积

小麦和水稻是四川地区主要的粮食作物，在改革开放后的 20 年间(1979—1999 年)小麦总播种面积维持在 2 250 万亩以上，到 1998 年达到 2 800 万亩的最高值，水稻总播种面积维持在 3 000 万亩以上(图 7-1-1)。1999 年后，由于国家实施了农业结构战略性调整政策，小麦、水稻的播种面积都出现了下降趋势，特别是小麦播种面积急剧下降，与 1998 年最高峰相比，1999—2003 年的总播种面积下降了 31.0%，2003—2007 年播种面积稳定在 1 800 万～2 000 万亩，此后呈现直线下降趋势，至 2017 年，四川小麦播种面积只有 980 万亩，仅为 1979 年的 35.0%。水稻总播种面积也受到了影响，1999—2003 年播种面积逐年递减，跌破 3 000 万亩，但降低幅度较低，仅为 11.3%；而 2004 年以后，在国家实施免除农业税等农业优惠政策的驱动下，水稻播种面积有所回升，基本保持在 2 700 万亩的水平之上，至 2017 年全省水稻播种面积为 2 810 万亩，与 1979 年相比仅下降了 14.3%，约是同年小麦播种面积的 3 倍之多。

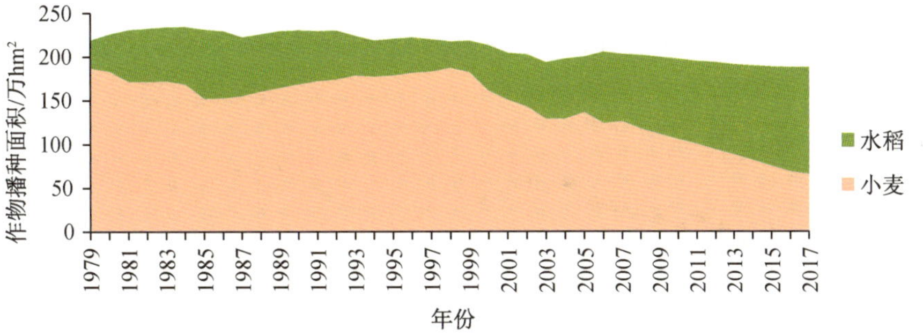

图 7-1-1　四川小麦和水稻播种面积变化

［资料来源：《四川统计年鉴(1997)》《四川统计年鉴(2018)》］

二、小麦和水稻的总产

如图 7-1-2 所示，全省小麦总产在 20 世纪八九十年代一直保持曲折性上升趋势，至 1997 年全省小麦总产最高达到 687.3 万 t，比 1979 年增长了 56.2%；1997 年之后，受播种面积减少的影响，除 2005 年总产略有回升之外，一致呈现直线降低趋势，至 2017 年全省小麦总产仅为 251.6 万 t，只有 1979 年总产的 57.2%。全省水稻总产在 20 世纪八九十年代保持曲折性上升趋

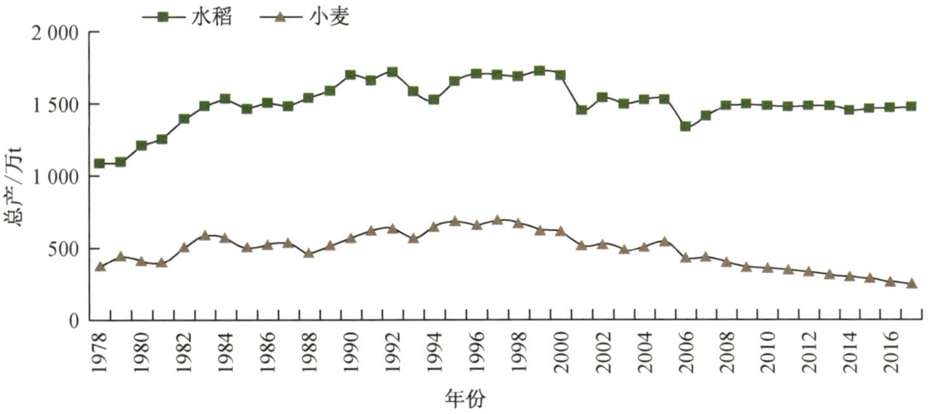

图 7-1-2　四川小麦和水稻总产变化

［资料来源：《四川统计年鉴(1997)》《四川统计年鉴(2018)》］

势，至 1999 年增加了 630.7 万亩，达到 1 724.4 万 t 的最高值，其中 1979—1984 年增长速度最快，其间全省水稻总产增长了 40.1%，增加了 438.8 万 t。1999 年之后，除 2001 年和 2006 年出现两次较为明显的减产外，全省水稻总产基本维持在 1 450 万~1 540 万 t。

三、小麦和水稻的单产

全省小麦和水稻的单产均表现出增加的态势，如图 7-1-3 所示。小麦亩产由 1979 年的 157.3 kg 增加到 2017 年的 257.3 kg，增加了 63.6%；其中 1979—1983 年增长速度最快，亩产达到了 227.3 kg，此后的 34 年间仅增加了 30 kg。水稻亩产由 1979 年的 333.3 kg 增加到 2017 年的 524.0 kg，增加了 57.2%；其中 1979—1984 年增长速度最快，亩产达到了 436.7 kg；2000 年水稻亩产达到了 531.3 kg 的最高水平，此后在 2001 年和 2006 年出现了大幅度降低，分别仅为 475.3 kg 和 435.3 kg，比上年单产水平分别降低 10.5%和 14.7%，其主要原因在于当年发生了严重的自然灾害；2003 年之后水稻单产稳中有升，但仍未超越 2000 年的最高水平。

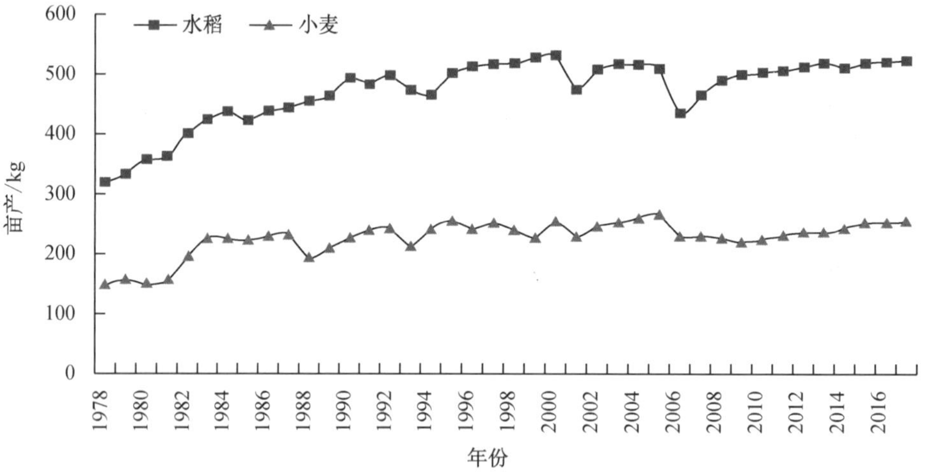

图 7-1-3　四川小麦和水稻单产变化

[资料来源：《四川统计年鉴(1997)》《四川统计年鉴(2018)》]

四、四川小麦和水稻的空间生产变动趋势

四川省 1986—2016 年各州市水稻、小麦生产变化如图 7-1-4 与图 7-1-5 所示。成都市在水稻生产中占有绝对优势，30 年间水稻总产均位居全省第一，其次为泸州市、达州市、宜宾市、德阳市、绵阳市、南充市，水稻总产均维持在 100 万 t 左右；甘孜州、阿坝自治州、攀枝花市和雅安市水稻产量较低(雅安市 1996 年除外)，其余均在 30 万 t 以下。除 1996 年各州市水稻总产增加导致全省水稻总产整体上升以外，成都市、内江市、乐山市、南充市、广安市和达州市水稻总产呈降低趋势，而自贡市、泸州市、宜宾市呈现增加趋势。总体而言，四川省水稻主产区主要集中在以成都平原为中心的平原丘陵地区，近年川东南所占比重逐渐有所增加。

四川小麦主产区主要集中在成都市、德阳市、绵阳市和南充市，年总产在 50 万 t 左右，其次为广元市、遂宁市、内江市、达州市、巴中市、资阳市和眉山市，以四川西北部甘孜、阿坝为代表的其余州市小麦产量较低。除 1996 年全省小麦产量总体提升外，成都市、自贡市、泸州市、内江市、乐山市、广安市、达州市、巴中市出现明显的降低趋势，其中乐山市降低最为显著，从

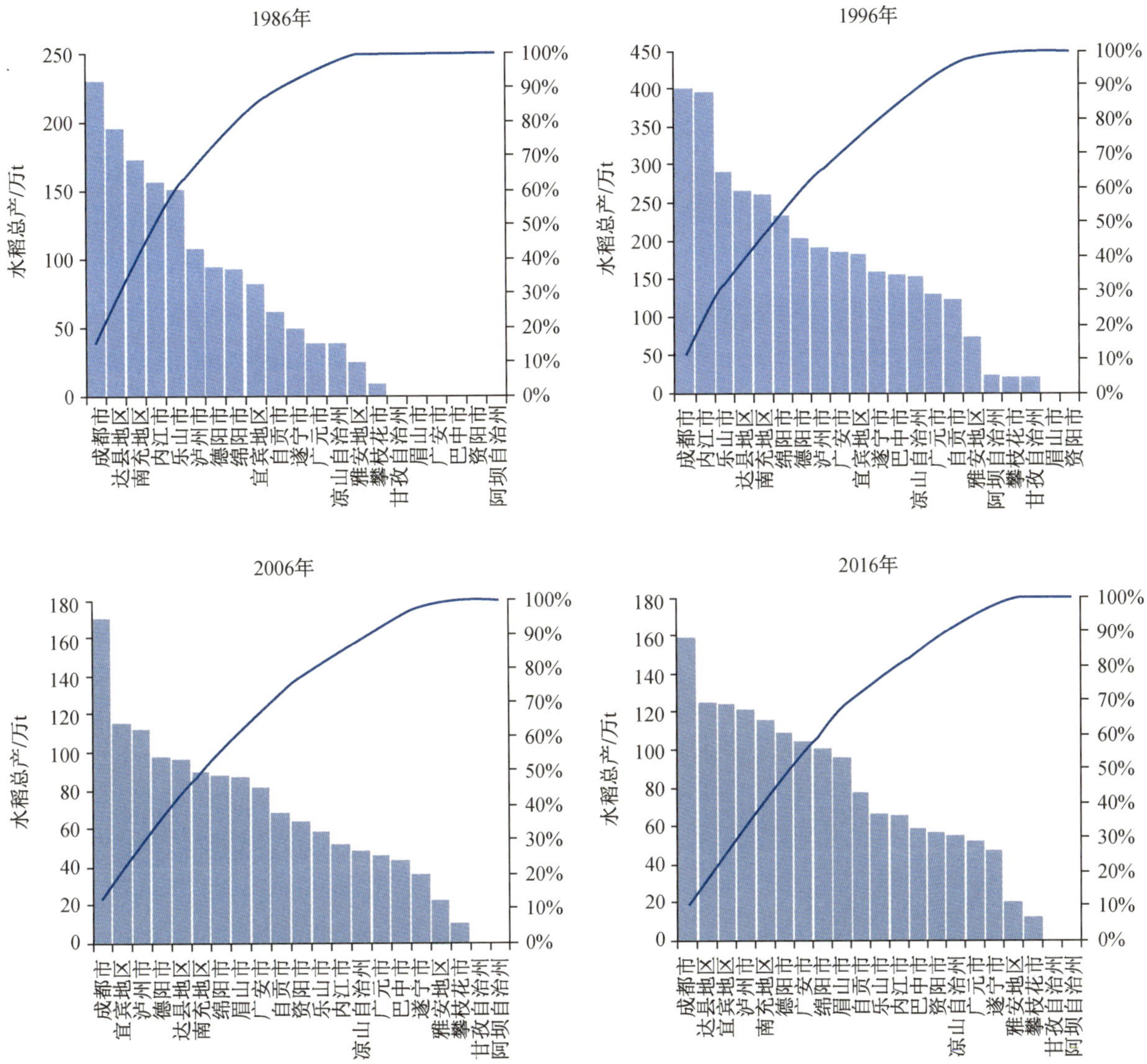

图 7-1-4　1986—2016 年四川各州市水稻产量变化

［资料来源：《四川统计年鉴（1987）》《四川统计年鉴（1997）》《四川统计年鉴（2007）》《四川统计年鉴（2017）》］

1986 年的 41.8 万 t 降至 2016 年的 0.4 万 t；而南充市、德阳市、绵阳市、广元市和遂宁市的小麦年总产基本维持不变，其中南充市近十年来小麦总产超越了成都市等地区，成为四川小麦主产区。总体而言，四川各州市小麦总产均呈现降低趋势。

至 2016 年，除南充市小麦年总产为 59.1 万 t，成德绵一线地区年总产在 30 万 t 以上外，其余各州市小麦年总产均在 27 万 t 以下。而南充市、遂宁市和绵阳市的大部分县区属于盆中浅丘麦区，该区小麦 80%以上分布在旱地，与玉米、甘薯、花生等间套种植（农业部小麦专家指导组，2008）。

由此可知，小麦和水稻主产区的发展趋势存在地域差异，丘陵区主要为冬水田—水稻一年一熟的稻田模式，小麦主要分布在旱地实行间套种植，因而稻麦模式在丘陵区的面积十分有限，而主要分布在成德绵一线，地势平坦、灌排方便的区域。

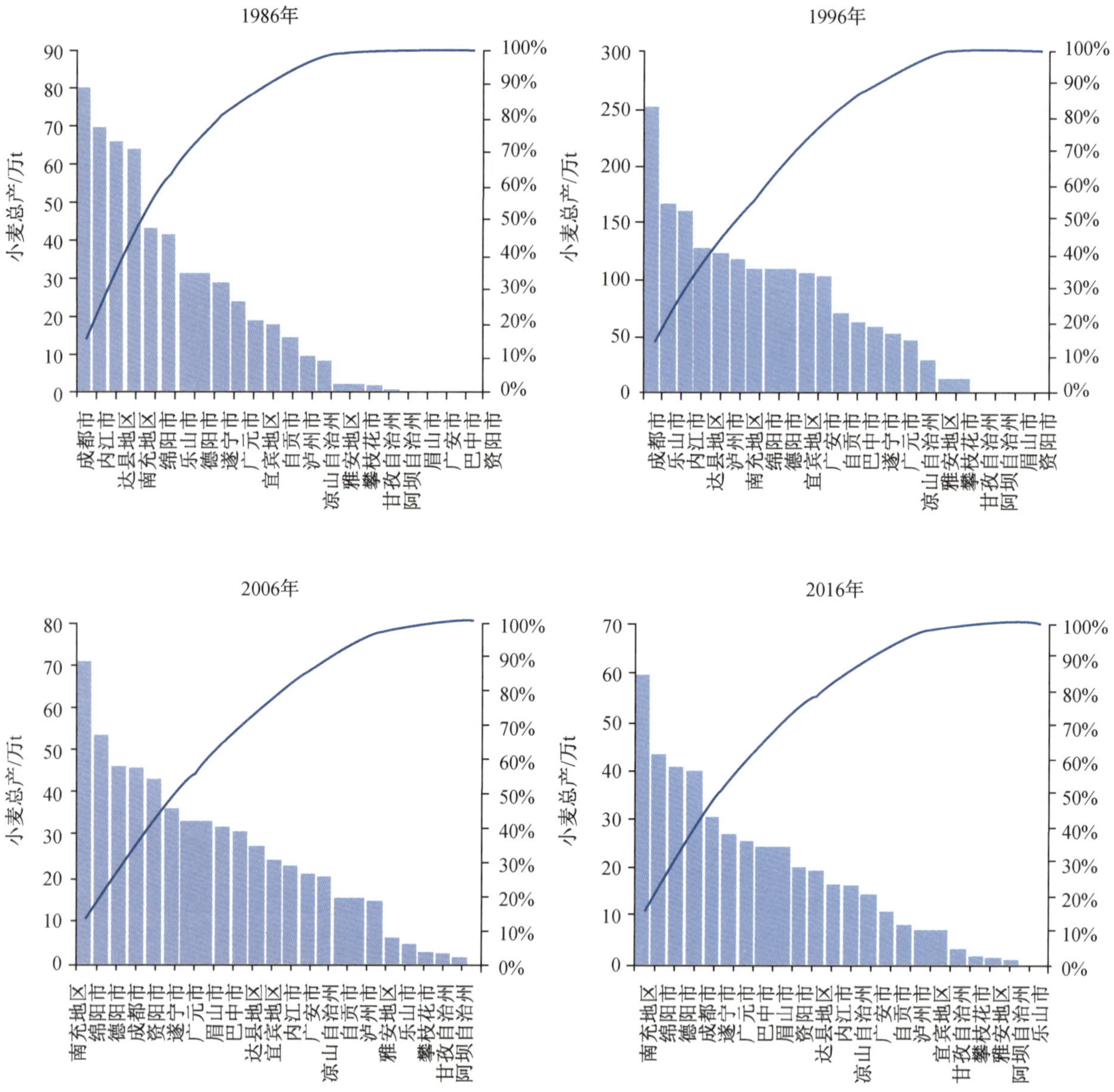

图 7-1-5 1986—2016 年四川各州市小麦产量变化

［资料来源：《四川统计年鉴（1987）》《四川统计年鉴（1997）》《四川统计年鉴（2007）》《四川统计年鉴（2017）》］

第二节 四川近 20 年稻麦轮作模式的变化

四川省稻作制主要分为一年一熟制，一年两熟制和一年三熟制，随着耕地面积的减少，稻田使用频率有所增加，复种指数提高，一熟制所占比例越来越低，两熟制和三熟制成为稻田种植的主导模式(图 7-2-1A)。

两熟制在稻田生产中占有优势地位，1997—2001 年所占比例均超过 50%，但从 1997—2008 年表现为波动性降低趋势，1997 年所占比例为 55. 9%，至 2008 年跌破 40%，此后两熟制所占比例有所回升，至 2013 年恢复到 44. 7%的比例。稻田两熟制主要包括四种模式，即小麦—中稻、油菜—中稻、蔬菜—中稻、绿肥(饲料)—中稻。其中小麦—中稻在1997—2001年间占有主导地位，但整体呈现降低趋势，播种面积从1997年的52.3万hm^2降低到2013年的20.5万hm^2，下降了60.8%，播种面积占两熟制的比例也从1997年的40.8%下降到了2013年的22.2%，其原因在于稻田两熟制整体呈减少趋势，但油菜—中稻播种面积基本维持在31.0万hm^2，而蔬菜—中稻的播种面积不减反增，1997年播种面积仅有11.7万hm^2，至2013年增加49.1%，达到了17.4万hm^2，油菜—中稻和蔬菜—中稻模式在稻田两熟制中的地位也越来越突出(图7-2-1B)。

稻田三熟制在20世纪末处于弱势地位，四川全省只有不到1/5的稻田实行三熟制，但发展过程中整体呈现先增加后降低的趋势，从1997年开始逐渐增加，至2009年达到最高值44.7%，

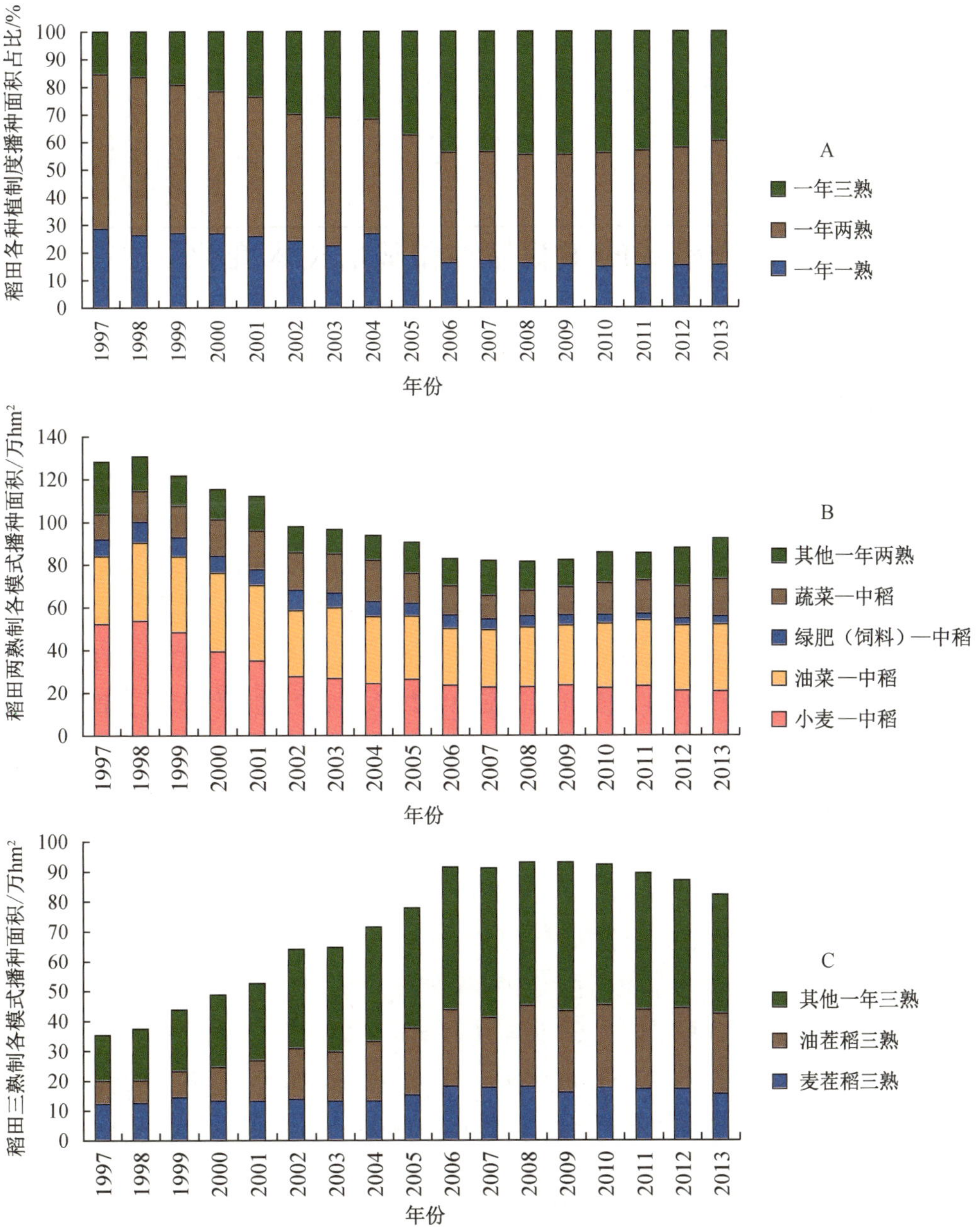

A—稻田各种植制度播种面积占比；B—稻田两熟制各模式播种面积；C—稻田三熟制各模式播种面积。以小麦(油菜)—水稻形式统计的两熟或三熟制播种面积数据各按50%计算。

图7-2-1 稻田各种植制度播种面积变化趋势

(资料来源：四川省农业厅，1998—2014)

此后三熟制略有减少，但基本维持在40%左右的比例。稻作三熟制中以麦茬稻和油茬稻与秋菜、秋马铃薯、秋红苕、秋大豆轮作的三熟为主，占稻田三熟制的50%左右，其中又以麦茬稻三熟制占有优势地位，1997年占稻田三熟制的比例高达34.4%，比油茬稻三熟制高12个百分点，但麦茬稻三熟制整体呈现降低趋势，到2001年其播种面积已经被油茬稻三熟制反超，至2013年油茬稻三熟制播种面积为麦茬稻三熟制的1.7倍(图7-2-1C)。

三熟制中，油菜—中稻—秋菜的播种面积增加较为明显，2013年的播种面积是1997年的3.5倍之多，约占稻田三熟制总面积的1/3，从而使小麦在稻田三熟制中的比例整体呈现降低趋势，但小麦—中稻—秋菜模式除外。从1997—2013年统计数据的变化趋势说明，随着稻田耕作制度的变化，以及农作产值追求的提高，小麦在稻田轮作体系中的地位越来越低，而油菜和蔬菜在稻田轮作体系中表现出了更强的生命力。但近年来随着现代农业职业经理人的兴起，以及种粮大户的逐渐增多，便于全程机械化种植的作物优势凸显，小麦—水稻模式逐渐彰显出新的发展势头。

第三节 稻麦轮作模式的主栽品种和栽培技术变化

一、总体概况

四川省1978—2016年主要农业科技获部省级及以上奖励的成果中有关水稻和小麦栽培技术及其推广应用的技术共计100余项，其中涉及稻麦轮作制度的有11项，分别是稻麦三熟跨“三纲”综合试验(1978)、稻麦高产施肥技术(1982)、成都平原稻田耕作制的定位研究(1987)、成都平原稻田新三熟技术的研究及推广应用(1990)、四川两熟稻田晚秋资源利用技术研究及应用(1994)、川东南稻田多熟种植制度及施肥制度评价(1996)、长江流域稻麦高产区多元多熟及稻麦两熟高产高效种植新技术(1996)、四川秸秆资源农田综合利用技术(2001)、稻茬麦免耕露播稻草覆盖高效简化栽培技术研究与推广(2001)、两季田固定厢沟双免耕栽培技术研究(2002)、两熟制稻田保护性耕作技术研究与应用(2005)(陈开勇 等，2018)，这11项成果均在2005年以前形成推广，多数定位在肥料施用、秸秆还田、保护性耕作等方面。

近年来，早熟稻麦轮作全程机械化周年高效生产技术模式、稻茬小麦超高产栽培技术、两季田水稻节水节肥高效栽培技术、杂交稻机械化育插秧技术、平原区农作物秸秆浅旋式生态还田水稻机插秧技术、麦(油)茬杂交中稻机插秧集中育秧技术、优质稻保优提质绿色高产高效栽培技术等先后被遴选为四川的主推技术(信息来源于历年四川省农业厅公告)。这些主推技术中涉及了稻麦轮作的水肥管理、秸秆还田、机械化生产，同时还考虑到了茬口衔接问题，不难看出，稻麦轮作周年高效生产综合技术更加受到重视，从而为稻麦轮作的发展提供了一定的支撑。

二、水稻主栽品种和栽培技术变化

四川稻麦轮作的水稻主栽品种和配套栽培技术也随着生产条件改善和社会经济变迁而不断进步。20世纪70—80年代，随着‘汕优2号’‘D优1号’‘汕优63’‘D优63’杂交稻品种的育成推广，主要配套推广了“温室育小苗、秧田攻蘖”两段育秧和多蘖壮秧高产栽培技术(陶诗顺等，2001）。进入 90 年代，提出了杂交稻育种应以改良株叶形态为主，走重穗型杂交稻之路，育成的代表性主推品种有‘冈优 22’‘冈优 527’‘Ⅱ优 162’‘D 优 527’等，配套技术主要是旱育稀植高产栽培技术（陶诗顺 等，2001）。同时，这一时期，随着对轻简技术的需求，开始研究和推广穴盘抛秧栽培技术。

20 世纪末期和 21 世纪初期，育种目标由高产转向高产、优质并重，育成并推广‘D 优 68’‘川香优 2 号’‘川香优 9838’‘泸香 615’‘K 优 047’和‘宜香优 1577’等产量品质较协调的杂交稻品种。栽培技术研究在国家粮食丰产科技工程等项目的支持下，也蓬勃发展起来。三角形强化栽培（马均 等，2002）、免耕高留茬抛秧（任万军 等，2008a）、优化定抛（任万军 等，2008b）等技术在麦茬水稻生产上并行推广应用。

近 10 多年来，育种目标进一步向优质和宜机械化作业聚焦，育成并推广了‘宜香优 2115’‘川优 6203’‘德优 4727’‘宜香 4245’‘旌优华珍’等优质稻品种。在品种筛选方面，研究形成了以日产量与优质食味为核心的筛选指标体系，除前述优质稻品种，还筛选出‘F 优 498’‘天优华占’‘C 两优华占’‘晶两优 534’等高日产量适宜机插的品种（何连华 等，2019）。栽培技术方面，在优化稀植手插保持一定面积的基础上，机插秧，特别是减穴稳苗机插技术得到迅猛发展（任万军 等，2008c）。优质稻保优提质绿色高产高效栽培技术也迅速得到推广应用（任万军 等，2017），机直播技术也在示范中发展（姜心禄 等，2008）。

三、小麦主栽品种和栽培技术变化

20 世纪 70—80 年代，稻茬麦田育成并主推了‘繁六’‘繁七’‘绵阳 11 号’等高产、早熟、抗病品种，配套主推小窝疏株密植技术。进入 90 年代，以‘川麦 30’‘绵阳 26’‘川农麦 1 号’等为代表的多抗、丰产、优质品种选育及推广，配套免耕稻草覆盖栽培技术为稻茬麦生产提供了保障。进入 21 世纪以来，耐肥抗倒、丰产优质和抗病虫的‘川麦 42’和‘川麦 44’成为主要的栽培品种（农业部小麦专家指导组，2008）。‘川麦 42’和‘川麦 44’两个品种因其同时具备多个优良性状，品种的生命力顽强，成为四川省多年的主导品种。

随着小麦新品种的培育，‘川麦 104’‘川麦 107’‘绵麦 367’和‘蜀麦 969’等高产潜力的品种代替了‘川麦 42’和‘川麦 44’在四川麦区的主导地位，同时也被写进了《稻麦（油）水旱轮作模式周年高产高效栽培技术规程》（DB51/T 1530—2012）的品种选择技术要点中（信息来源于历年四川省农业厅公告）。此外，在四川特殊的气候条件下，两熟有余三熟不足，但茬口衔接一直是制约稻麦轮作产量提升及其发展的关键问题之一。培育生育期适宜、高产优质的稻茬麦品种是解决茬口衔接问题的有效途径，以‘川农 23’‘川农 30’为代表的适应四川盆地稻麦两熟制的早播早熟型超高产小麦品种的培育为稻茬麦的发展提供了新的思路（谭飞泉，2008）。这一阶段，栽培技术上重点研究推广了小麦烯效唑干拌种、机械精量露播稻草覆盖栽培和半旋高效机播技术。

第四节　存在问题与发展展望

一、机械化发展助力轻简化生产

水稻、小麦是四川主要的粮食作物，稻麦模式的稳定发展是区域粮食安全的重要保障。然而目前随着社会及经济的快速发展，劳动成本快速提高，劳动力的短缺已成为四川农业发展中的突出问题。小麦和水稻生产过程中，机耕和机收的应用都较为广泛，而小麦播种和水稻播栽机械化全省水平均较低（农业部农业机械化管理司，2016），近年来水稻机插表现出蓬勃发展的趋势。小麦的播种也经历了撬窝点播到灭茬免耕带旋播种的转变，有效解决了湿害与草害问题，逐年得到推广，但其播种质量稳定性还受机具质量、机手作业熟练程度等的影响，大面积上的播种效果还有待进一步的提升。此外，施肥、打药等劳动力成本增加问题凸显，无人机代替人工施肥、打药等技术还有待进一步研究和优化。因此，根据四川地形，有针对性地继续发展和优化稻、麦种植中小型机械，实行耕、种、播、管、收全程机械化将会成为发展趋势，也是充分利用四川复杂地形，减少土地抛荒，提高土地产出的必由之路。

二、发展酿酒专用小麦品种绿色生产助力稻茬小麦产业发展

四川小麦生育期间高温高湿寡日照，籽粒灌浆期间雨水较多，导致四川小麦产量不高，蛋白质含量整体偏低，在分区上四川属于四川盆地中筋、弱筋麦区，但区域内稻茬小麦相比旱地，整体筋力更弱，适合于弱筋小麦发展。四川又是酿酒大省，白酒产业是全省传统优势产业。蛋白质含量低、淀粉含量高、粉质率高、种子活力强、发芽率高等是优质小麦品种酿酒制曲的重要条件，开展酿酒小麦专用品种筛选、绿色生产技术体系研发及基地建设，是四川小麦产业化发展的优势特色之路，也是四川稻茬小麦优质高产高效的必由之路。

三、栽培技术优化促进绿色高效生产

水稻、小麦由于耕作、栽培及灌溉方式的不同，导致植株根系、土壤养分淋溶迁移显著差异，进而影响土壤的养分分布，在单一作物收获后会出现特定土层养分亏缺或富集，进而影响后茬作物的生长。对此在稻麦轮作过程中，应深入研究该模式下养分的循环利用规律及在土壤中的分布规律，实现作物对养分的高效吸收利用以及耕地土壤的绿色可持续生产。此外，水稻与小麦均是高秸秆指数作物，收获季节由于秸秆私自焚烧以及随意堆放导致的环境及安全问题频繁发生。同时，秸秆的大量移除导致土壤养分及微量矿质元素亏缺，降低土壤生产力。因而实施秸秆还田是高效快捷绿色可持续生产的重要措施。但目前由于秸秆还田所引发的小麦出苗率低，水稻坐蔸、分蘖少、机插秧漂秧率高，以及还田秸秆所携带病虫害导致作物大面积减产等问题时有发生。因此如何丰富和优化秸秆还田技术，是稻麦种植体系要实现绿色高产生产必须攻克的难题。

参考文献

陈开勇，曾维忠，蒋敏，等，2018. 四川主要获奖农业科技成果索引（1978—2016 年）[M]. 成都：四川科学技术出版社.

范明生，江荣风，张福锁，等，2008. 水旱轮作系统作物养分管理策略[J]. 应用生态学报，19(2)：424-432.

国家统计局，2016. 中国统计年鉴[M]. 北京：中国统计出版社.

何连华，陈多，张驰，等，2019. 机插栽培籼杂交稻的日产量及与株型的关系[J]. 中国农业科学，52(6)：981-996.

姜心禄,池忠志,郑家国,2008. 成都平原杂交稻机械化直播技术研究初报[J]. 中国农机化,(5):69-71.
马均,陶诗顺,田彦华,等,2002. 水稻强化栽培试验初报[J]. 杂交水稻,17(5):42-44.
农业部农业机械化管理司,中国农业大学中国农业机械化发展研究中心,2016. 全国农业机械化统计资料汇编(2005—2013)[M]. 北京:中国农业科学技术出版社.
农业部小麦专家指导组,2008. 小麦高产创建示范技术[M]. 北京:中国农业出版社.
任万军,胡晓玲,杨万全,等,2008b. 水稻优化定抛的增产机理与关键技术[J]. 中国稻米,(3):54-56.
任万军,刘代银,伍菊仙,等,2008a. 免耕高留茬抛秧稻的产量及若干生理特性研究[J]. 作物学报,34(11):1994-2002.
任万军,杨万全,邓玲,等,2008c. 四川水稻机插旱育秧生长特点与配套技术初探[J]. 农机化研究,(1):138-141.
任万军,周虹,李娟,等,2017. 优质稻保优提质绿色高产高效栽培技术[J]. 四川农业科技,(11):8-10.
四川省农业厅,1998—2014. 四川省农业统计年鉴[M]. 成都:四川科学技术出版社.
四川省统计局,1987. 四川统计年鉴[M]. 北京:中国统计出版社.
四川省统计局,1997. 四川统计年鉴[M]. 北京:中国统计出版社.
四川省统计局,2007. 四川统计年鉴[M]. 北京:中国统计出版社.
四川省统计局,2017. 四川统计年鉴[M]. 北京:中国统计出版社.
四川省统计局,2018. 四川统计年鉴[M]. 北京:中国统计出版社.
谭飞泉,2008. 适应四川盆地稻麦两熟制的早播早熟型超高产新小麦品种的育种研究[D]. 成都:四川农业大学博士学位论文.
陶诗顺,马均,2001. 杂交水稻稀植优化栽培的理论与技术[M]. 成都:四川大学出版社.

致读者

社会主义的根本任务是发展生产力，而社会生产力的发展必须依靠科学技术。当今世界已进入新科技革命的时代，科学技术的进步已成为经济发展、社会进步和国家富强的决定因素，也是实现我国社会主义现代化的关键。

科技出版工作肩负着促进科技进步、推动科学技术转化为生产力的历史使命。为了更好地贯彻党中央提出的“把经济建设转到依靠科技进步和提高劳动者素质的轨道上来”的战略决策，进一步落实中共江苏省委、江苏省人民政府作出的“科教兴省”的决定，江苏凤凰科学技术出版社有限公司(原江苏科学技术出版社)于1988年倡议筹建江苏省科技著作出版基金。在江苏省人民政府、江苏省委宣传部、江苏省科学技术厅(原江苏省科学技术委员会)、江苏省新闻出版局负责同志和有关单位的大力支持下，经江苏省人民政府批准，由江苏省科学技术厅(原江苏省科学技术委员会)、凤凰出版传媒集团(原江苏省出版总社)和江苏凤凰科学技术出版社有限公司(原江苏科学技术出版社)共同筹集，于1990年正式建立了“江苏省金陵科技著作出版基金”，用于资助自然科学范围内符合条件的优秀科技著作的出版。

我们希望江苏省金陵科技著作出版基金的持续运作，能为优秀科技著作在江苏省及时出版创造条件，并通过出版工作这一平台，落实“科教兴省”战略，充分发挥科学技术作为第一生产力的作用，为全面建成更高水平的小康社会、为江苏的“两个率先”宏伟目标早日实现，促进科技出版事业的发展，促进经济社会的进步与繁荣做出贡献。建立出版基金是社会主义出版工作在改革发展中新的发展机制和新的模式，期待得到各方面的热情扶持，更希望通过多种途径不断扩大。我们也将在实践中不断总结经验，使基金工作逐步完善，让更多优秀科技著作的出版能得到基金的支持和帮助。

这批获得江苏省金陵科技著作出版基金资助的科技著作，还得到了参加项目评审工作的专家、学者的大力支持。对他们的辛勤工作，在此一并表示衷心感谢！

江苏省金陵科技著作出版基金管理委员会